TURING 图灵程序设计丛书

[美]

阿南德·拉贾拉曼（Anand Rajaraman）

杰弗里·大卫·厄尔曼（Jeffrey David Ullman）

尤雷·莱斯科夫（Jure Leskovec）

著

王斌 王达侃 译

Mining of
Massive Datasets
Third Edition

斯坦福
数据挖掘教程

（第3版）

人民邮电出版社

北　京

图书在版编目（CIP）数据

斯坦福数据挖掘教程：第3版 ／（美）尤雷·莱斯科
夫（Jure Leskovec），（美）阿南德·拉贾拉曼
（Anand Rajaraman），（美）杰弗里·大卫·厄尔曼
（Jeffrey David Ullman）著；王斌，王达侃译. -- 北
京：人民邮电出版社，2021.4（2024.1重印）
　（图灵程序设计丛书）
　ISBN 978-7-115-55669-1

　Ⅰ. ①斯… Ⅱ. ①尤… ②阿… ③杰… ④王… ⑤王
… Ⅲ. ①数据采集－教材②机器学习－教材 Ⅳ.
①TP274②TP181

中国版本图书馆CIP数据核字(2020)第262650号

内 容 提 要

本书由斯坦福大学"Web 挖掘"课程的内容总结而成，主要关注极大规模数据的挖掘。书中包括分布式文件系统、相似性搜索、搜索引擎技术、频繁项集挖掘、聚类算法、广告管理及推荐系统、社会网络图挖掘和大规模机器学习等主要内容。第 3 版新增了决策树、神经网络和深度学习等内容。几乎每节都有对应的习题，以此来巩固所讲解的内容。读者还可以从网上获取相关拓展资料。

本书适合作为本科生、研究生数据挖掘课程的教材，也适合对数据挖掘感兴趣的技术人员阅读。

◆ 著　　　[美] 尤雷·莱斯科夫（Jure Leskovec）
　　　　　　阿南德·拉贾拉曼（Anand Rajaraman）
　　　　　　杰弗里·大卫·厄尔曼（Jeffrey David Ullman）
　译　　　　王　斌　王达侃
　责任编辑　杨　琳
　责任印制　周昇亮

◆ 人民邮电出版社出版发行　　北京市丰台区成寿寺路11号
　邮编　100164　电子邮件　315@ptpress.com.cn
　网址　https://www.ptpress.com.cn
　北京虎彩文化传播有限公司印刷

◆ 开本：800×1000　1/16
　印张：28.25　　　　　　2021年4月第1版
　字数：668千字　　　　　2024年1月北京第6次印刷
　著作权合同登记号　图字：01-2020-4008号

定价：129.00元
读者服务热线：(010)84084456-6009　印装质量热线：(010)81055316
反盗版热线：(010)81055315
广告经营许可证：京东市监广登字 20170147 号

版 权 声 明

译 者 序

非常高兴本书的第 3 版也和读者见面了。本书中文版第 1 版于 2012 年上市，第 2 版于 2015 年上市，等待了 5 年之后，第 3 版也终于付梓。第 2 版和第 1 版相比，增加了社会网络分析、高维数据降维及大规模机器学习等内容；而第 3 版又在第 2 版的基础上增加了深度神经网络这个近年来非常热门的话题，同时对第 2 版的内容进行了扩充、修改和完善，包括在第 10 章扩充了社会网络分析的内容，在第 12 章扩充了决策树相关的内容，等等。

和前两个版本稍微不同的是，第 3 版诞生于所谓的"人工智能"时代。在这个时代，人工智能概念已经几乎全民皆知，而技术也已经渗透到社会、产品的方方面面，受到了政府、学术界、工业界甚至老百姓的高度关注。在人工智能时代，大规模数据越来越体现出其重要性。现代的大部分人工智能算法依赖于大规模数据，比如很多深度神经网络方法依赖于大规模标注数据，而诸如 BERT 的预训练模型则依赖于大规模无标注数据。大规模数据是物质基础，人工智能算法构建于该基础之上。"巧妇难为无米之炊"，没有"米"这个物质基础，人再聪明也做不出饭来。同样，没有大规模数据这个基础，当前大部分流行的人工智能算法也无法取得好的效果。大规模数据和人工智能相辅相成，缺一不可。

本书前两版出版之后，获得了不少读者的积极反馈，这些反馈也在第 3 版中有所体现。仍然需要指出的是，本书是一本面向大规模数据挖掘的技术书而非概念性图书，需要反复研读、认真实践才能真正理解。还有，本书主要基于 MapReduce 框架来介绍分布式挖掘算法的实现。目前大数据包罗万象、实现框架众多，数据挖掘并不是唯一关键技术，MapReduce 也不是唯一可选框架。读者可以通过阅读其他图书进行补充。

本书主要以 Web 上的数据为对象介绍大规模数据挖掘与机器学习。除了传统的聚类、频繁项发现及链接分析等内容外，它还介绍了数据流挖掘、互联网广告、推荐系统、社会网络分析、分布式机器学习及深度神经网络等近年来被广泛关注的话题。特别地，本书专门介绍了支持大规模数据挖掘的分布式文件系统及 MapReduce 分布式计算框架，还给出了在面对大规模数据时基于 MapReduce 框架的多个算法实现。换句话说，它的算法可以在大规模数据环境下真正"落地"，这无疑给想要或正在致力于人工智能研究或大规模数据挖掘的读者带来理解和实现上的巨大裨益。

第 3 版增加了一位译者王达侃。达侃曾在原著第一作者尤雷·莱斯科夫所在的斯坦福大学 SNAP 课题组学习，也正是他的积极联络，促成并加快了本书的翻译进程。他还主动请缨，承担了新增加的深度神经网络相关内容的翻译任务。

　　感谢本人就职公司所创造的工程师文化氛围，也希望我们的翻译能给技术人员带来帮助，通过技术带来更美好的生活。感谢我的家人，他们一直无怨无悔地给我最大的支持和包容。感谢所有对本书翻译做出贡献的人。

　　因我们水平有限，现有译文中肯定存在许多不足。希望读者能够和我们联系，提出疑问和勘误，以便不断改进本书质量。来信请联系 wbxjj2008@gmail.com，本书勘误会及时公布在图灵社区网站 ituring.cn 上。原书的初稿电子版等信息也可以从配套网站 Mining of Massive Datasets 下载。

　　此次翻译也正值新冠疫情期间，看到了一些、经历了一些，人生也有些新的感悟。我的儿子心心今年也进入了中学阶段，希望本书能给他带来力量、助他前行。

　　感谢所有让这个世界更美好的人，也祝愿这个世界越来越美好！

王　斌

2020 年 11 月 9 日于小米科技园

前　　言

　　本书源于阿南德·拉贾拉曼和杰弗里·大卫·厄尔曼于斯坦福大学教授多年的一门季度课程，是根据其教学材料汇编而成的。该课程名为"Web挖掘"（编号CS345A），原本是为高年级研究生设计的，但是现已成为高年级本科生能接受并感兴趣的一门课程。尤雷·莱斯科夫到斯坦福大学任职后，共同对相关材料进行了重新组织。他开设了一门有关网络分析的新课程CS224W，并为CS345A增加了一些内容，后者重新编号为CS246。三位作者还开设了一门大规模数据挖掘的项目课程CS341。目前本书包含了以上三门课程的所有教学内容。

本书内容

　　简单来说，本书是关于数据挖掘的，但是主要关注极大规模数据的挖掘。"极大规模"的意思是，这些数据大到无法在内存中存放。因为本书重点强调数据的规模，所以例子大多来自Web本身或者Web上导出的数据。另外，本书从算法的角度来看待数据挖掘，即数据挖掘是将算法应用于数据，而不是使用数据来"训练"某种类型的机器学习引擎。

　　本书的主要内容包括：

　　(1) 分布式文件系统和MapReduce，其中后者用于创建在极大规模数据集上成功应用的并行算法；

　　(2) 相似性搜索，包括最小哈希和局部敏感哈希的关键技术；

　　(3) 数据流处理以及针对快速到达、须立即处理且易丢失的数据的专用算法；

　　(4) 搜索引擎技术，包括谷歌的PageRank、链接作弊检测以及计算网页**导航度**（hub）和**权威度**（authority）的HITS方法；

　　(5) 频繁项集挖掘，包括关联规则、购物篮分析、**A-Priori**算法及其改进；

　　(6) 极大规模高维数据集的聚类算法；

　　(7) Web应用中的两个关键问题——广告管理和推荐系统；

　　(8) 对极大规模的图（特别是社会网络图）的结构进行分析和挖掘的算法；

　　(9) 通过降维来获得大规模数据集的重要性质的技术，包括SVD和隐性语义索引；

　　(10) 可以应用于极大规模数据的机器学习算法，包括感知机、支持向量机、梯度下降法、决策树和神经网络；

　　(11) 神经网络与深度学习，包括最重要的几个特例——卷积神经网络（CNN）、循环神经网络（RNN）和长短期记忆网络（LSTM）。

先修课程

为了让读者完全领会本书内容，我们推荐如下先修课程：

(1) 数据库系统入门，包括 SQL 及相关编程系统；

(2) 大学二年级的数据结构、算法及离散数学课程；

(3) 大学二年级的软件系统、软件工程及编程语言课程。

习题

本书包含大量习题，几乎每节都有对应的习题。较难的习题或其中较难的部分用叹号（！）标记，而最难的习题则标有双叹号（!!）。

在线支持

读者可以通过搜索 Mining of Massive Datasets，从本书配套网站获得更多资料，包括课件、课后作业、项目需求，以及本书相关课程的考试题。

Gradiance 自动化作业

本书使用 Gradiance 根问题技术，提供了一些自动化习题。学生可以在 Gradiance 网站上通过创建账号来访问公开课，并通过代码 1EDD8A1D 访问课程。授课老师可以创建账号，然后将用户名、学院名称及使用本书资料的请求发至 support@gradiance.com。

致谢

本书封面由 Scott Ullman 设计。

感谢 Foto Afrati、Arun Marathe 和 Rok Sosic 仔细阅读本书初稿并提出建设性的意见。

感谢 Rajiv Abraham、Ruslan Aduk、Apoorv Agarwal、Aris Anagnostopoulos、Yokila Arora、Stefanie Anna Baby、Atilla Soner Balkir、Arnaud Belletoile、Robin Bennett、Susan Biancani、Richard Boyd、Amitabh Chaudhary、Leland Chen、Hua Feng、Marcus Gemeinder、Anastasios Gounaris、Clark Grubb、Shrey Gupta、Waleed Hameid、Saman Haratizadeh、Julien Hoachuck、Przemyslaw Horban、Hsiu-Hsuan Huang、Jeff Hwang、Rafi Kamal、Lachlan Kang、Ed Knorr、Haewoon Kwak、Ellis Lau、Greg Lee、David Z. Liu、Ethan Lozano、Yunan Luo、Michael Mahoney、Sergio Matos、Justin Meyer、Bryant Moscon、Brad Penoff、John Phillips、Philips Kokoh Prasetyo、Qi Ge、Harizo Rajaona、Timon Ruban、Rich Seiter、Hitesh Shetty、Angad Singh、Sandeep Sripada、

Dennis Sidharta、Krzysztof Stencel、Mark Storus、Roshan Sumbaly、Zack Taylor、Tim Triche Jr.、Wang Bin、Weng Zhen-Bin、Robert West、Steven Euijong Whang、Oscar Wu、Xie Ke、Christopher T.-R. Yeh、Nicolas Zhao 和 Zhou Jingbo 指出了本书中的部分错误。当然，书中遗余的错误均由我们负责。

尤雷·莱斯科夫
阿南德·拉贾拉曼
杰弗里·大卫·厄尔曼
于加利福尼亚州帕洛阿尔托
2019 年 7 月

目　　录

第 1 章

数据挖掘基本概念

本章为全书的导论部分,首先阐述数据挖掘的本质,并讨论其在多个相关学科中的不同理解。接着介绍**邦弗朗尼原理**(Bonferroni's principle),该原理实际上对滥用数据挖掘能力提出了警告。本章还概述了一些非常有用的思想,它们本身虽然不属于数据挖掘的范畴,但是有利于理解数据挖掘中的某些重要概念。这些思想包括度量词语重要性的 TF.IDF 权重、哈希函数及索引结构的性质、包含自然对数底 e 的恒等式等。本章最后简要介绍了后续章节要涉及的主题。

1.1 数据挖掘的定义

20 世纪 90 年代,**数据挖掘**(data mining)是一个令人激动的、流行的新兴概念。到 2010 年左右,大家转而开始谈**大数据**(big data)。今天,流行语又变成了**数据科学**(data science)。但是,这里的本质概念一直没有变化:用最强大的硬件、最强大的编程系统和最高效的算法,来解决科学、商业、医疗健康、政府、人文以及众多人类努力探索的其他领域中的问题。

1.1.1 建模

对很多人而言,数据挖掘是从数据构建模型的过程,而该过程通常利用机器学习来实现。1.1.3 节会提到机器学习,其详细内容将在第 12 章介绍。但是,更一般地来说,数据挖掘的目标是算法。例如,第 3 章会讨论局部敏感哈希算法,第 4 章会介绍一系列流挖掘算法,这两章均不涉及任何模型。当然,在很多重要的应用中,建模是难点所在。一旦模型建好,那么使用该模型的算法就直截了当了。

例 1.1 考虑钓鱼邮件的检测问题。最普遍的做法是构建一个钓鱼邮件检测模型,方法或许是检查近期报告的钓鱼邮件,从中查找那些出现得异常频繁的词或者短语,比如 Nigerian prince 或者 verify account。该模型可以对词赋予权重:对在钓鱼邮件中频繁出现的词赋予正权重,而对非频繁出现的词赋予负权重。然后,用来检测钓鱼邮件的算法就很简单了。我们将模型应用于每封电子邮件,即将邮件中所有词的权重相加,当且仅当求和结果为正时判定该邮件为钓鱼邮件。寻找模型中的最佳权重非常困难,12.2 节将对此进行介绍。 □

1.1.2   统计建模

最早使用术语 data mining 的人是统计学家。data mining 或者 data dredging 最初是贬义词，意指试图抽取出数据本身不支持的信息的过程。1.2 节给出了这种挖掘情况下可能犯的几类错误。当然，data mining 现在的意义已经是正面的了。目前，统计学家认为数据挖掘就是**统计模型**（statistical model）的构建过程，而此处统计模型指的就是可见数据所遵从的总体分布。

例 1.2   假定现有的数据是一系列数字。这种数据相对于常用的挖掘数据而言显得过于简单，但这只是一个例子。统计学家可能会判定这些数字来自一个高斯分布（即正态分布），并利用公式来计算该分布最有可能的参数值。该高斯分布的均值和标准差能够完整地刻画整个分布，因而成为上述数据的一个模型。   □

1.1.3   机器学习

有些人将数据挖掘看作机器学习的同义词。毫无疑问，一些数据挖掘方法中适当使用了机器学习算法。机器学习的实践者将数据当成训练集来训练某类算法，比如贝叶斯网络、支持向量机、决策树和隐马尔可夫模型等。

在某些场景下，上述数据利用方式是合理的。机器学习适用的典型场景是人们对要在数据中寻找的目标几乎一无所知。比如，我们并不清楚到底是什么因素导致某些观众喜欢或者厌恶一部影片。因此，在 Netflix 竞赛要求预测观众对影片的评分时，基于已有评分样本的机器学习算法获得了巨大成功。在 9.4 节中，我们将讨论此类算法的一种简单形式。

不过，当能够更直接地描述挖掘的目标时，机器学习方法并不成功。一个有趣的例子是，WhizBang!实验室[①]曾试图使用机器学习方法在 Web 上定位人们的简历。但是不管使用什么机器学习算法，最后的效果都比不过人工设计的、直接通过典型关键词和短语来查找简历的算法。由于看过或者写过简历的人都对简历包含哪些内容非常清楚，所以网页是否包含简历很好判断。因此，在查找简历方面，使用机器学习方法相对于直接设计算法而言并无任何优势。

有些机器学习方法还存在另外一个问题，就是它们产生的模型虽然效果很好，但是可解释性差。某些情况下，可解释性不太重要。例如，如果问谷歌为什么将一封 Gmail 邮件判定为垃圾邮件，它可能做出类似这样的回复：“这封邮件看上去很像很多人识别出的垃圾邮件。”也就是说，这封邮件匹配上了当前谷歌开发的垃圾邮件模型，而该模型毫无疑问使用了某种机器学习算法。上述解释没有涉及模型的可解释性，却有可能让人满意。人们实际上并不关注谷歌到底是怎么做的，只要它能正确判定垃圾邮件即可。

另外，考虑一个汽车保险公司，它开发了一个模型来判断每位承保司机的风险以便分配不同的保费。如果保费提高，承保人可能很想知道新模型做了什么，以及它为什么改变了自己的风险估计值。遗憾的是，在很多机器学习方法尤其是“深度学习”中，模型涉及多层结构，其中的每

[①] 该初创实验室试图使用机器学习方法来进行大规模数据挖掘，并且雇用了大批机器学习高手来实现这一点。遗憾的是，该实验室未能存活下来。

一层均由很小的元素构成，而且都基于上一层的输入做出决策。在这种情况下，很难给出一致的模型解释。

1.1.4 建模的计算方法

与统计方法不同，计算机科学家倾向于将数据挖掘看成一个算法问题。这种情况下，数据模型仅仅是复杂查询的答案。例如，给定例 1.2 中的一系列数字，我们可以计算其均值和标准差。需要注意的是，这样计算出的参数可能并不是这组数据的最佳高斯分布拟合参数，尽管两者在数据集规模很大时非常接近。

数据建模有很多不同的方法。前面已经提到可以构造一个随机过程，并通过这个过程生成数据。其他的大部分数据建模方法可以被描述为下列两种做法之一：

(1) 对数据进行简明扼要的概括；

(2) 从数据中抽取出最突出的特征来代替数据并忽略剩余内容。

接下来，我们将探究上述两种做法。

1.1.5 数据概括

PageRank 是最有趣的数据概括形式之一，也是让谷歌获得成功的关键算法之一，我们将在第 5 章进行详细介绍。在这种形式的 Web 挖掘当中，Web 的整个复杂结构可由每个页面所对应的一个数字归纳而成。这种数字就是网页的 PageRank 值，即一个 Web 结构上的随机游走者在任意给定时刻处于该页的概率（这是一种极其简化的说法）。PageRank 有一个非常好的特性，就是能够很好地反映网页的重要性，即典型用户在搜索时期望返回某个页面的程度。

另一种重要的数据概括形式是聚类，将在第 7 章进行介绍。在聚类中，数据被看作多维空间下的点，而且空间中相互邻近的点将被赋予相同的类别。这些类别本身也会被概括表示，比如通过类别质心以及类别中各个点到质心的平均距离来描述。这些类别的概括信息综合在一起形成了整个数据集合的数据概括结果。

例 1.3 一个利用聚类来解决问题的著名实例发生在很久以前的伦敦，在整个问题的解决中并没有使用计算机。内科医生 John Snow 在霍乱暴发时在城市地图上标出了病例所在地点。图 1-1 给出了该地图的一部分，展示了病例的分布情况。

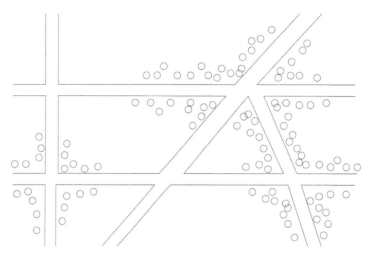

图 1-1   在伦敦市地图上标出的霍乱病例

图中显示，病例聚集在某些交叉路口。这些路口的水井已经被污染，离这些水井最近的居民染上了疾病，而未被污染的水井附近的居民则没有染病。如果没有对这些数据进行聚类，就难以揭露霍乱的起因。   □

1.1.6   特征抽取

基于特征的典型模型会从数据中寻找某个现象的最极端样例，并使用这些样例来表示数据。熟悉机器学习的一个分支——贝叶斯网络（并不在本书的讨论范围内）的读者应该知道，在贝叶斯网络中，可以利用寻找对象间的最强统计依赖来表示所有统计关联，从而表示出对象之间的复杂关系。下面介绍大规模数据集下的两种重要的特征抽取类型。

(1) 频繁项集（frequent itemset）   该模型适用于多个小规模项集组成的数据，就像我们将在第 6 章讨论的购物篮问题（market-basket problem）一样。我们寻找在很多购物篮中同时出现的小规模项集，这些频繁项集就是我们要找的刻画数据的特征。这种挖掘的原始应用的的确确发生在真实的购物篮场景下：在商店或者超市收银台结账的时候，会发现顾客同时购买了某些物品，例如汉堡包和番茄酱，这些物品就组成了所谓的频繁项集。

(2) 相似项（similar item）   很多时候，数据看上去相当于一系列集合，而我们的目标是寻找那些共同元素占比较高的集合对。一个例子是将在线商店（如亚马逊）的顾客看作其已购买的商品的集合。为了推荐顾客可能感兴趣的其他商品，亚马逊可以寻找与该顾客相似的顾客群，并把其中大部分人购买过的商品推荐给他。该过程称为**协同过滤**（collaborative filtering）。如果顾客的兴趣都很单一，即只购买某一类的商品，那么将顾客聚类的方法可能会起作用。然而，顾客大多对许多不同的商品感兴趣，因此对每个顾客而言，寻找兴趣相似的少量顾客并根据这些关联对数据进行表示的做法会更有用。我们将在第 3 章讨论相似性。

1.2 数据挖掘的统计限制

一类常见的数据挖掘问题涉及在大量数据中发现隐藏的异常事件。本节主要讨论这个问题，并介绍对滥用数据挖掘进行警告的邦弗朗尼原理。

1.2.1 整体情报预警

在 2001 年的 "9·11" 事件发生后，大家注意到有 4 个人不隶属于任何航空公司，却在 4 个不同的飞行学校注册学习了驾驶商用飞机。人们猜想，预测和防止 "9·11" 袭击所需的信息早已经存在于数据中，但是那时无法检查数据、监测可疑事件。这也触发了一个称为**整体情报预警**（Total Information Awareness，TIA）的计划，其目标是针对所有可获得的数据（包括信用卡收据、酒店记录、旅行数据以及许多其他类型的情报）进行挖掘，用于追踪恐怖活动。现在，**数据集成**（information integration）往往是解决重要问题的关键步骤，它能将来自不同数据源的相关数据组合起来，以便获得无法从任何单一数据源中得到的信息。

TIA 计划无疑引发了隐私权益倡导者的极大关注，最终并没有被国会通过。隐私和安全的折中这一棘手问题不在本书的讨论范围中，然而，TIA 或类似系统的可行性确实提出了很多技术问题。本节期望集中关注一个特殊的技术问题：如果在数据中同时寻找过多的东西，那么可能会有看似有趣的发现，但是这实际上只是简单的统计生成物，并没有任何重要意义。也就是说，如果想从数据当中发现疑似的恐怖活动，那么最终会不会找出很多无辜的行为——乃至虽然非法但不是恐怖活动的行为——导致警察登门造访甚至更糟的情形？答案取决于目标行为的定义有多窄。统计学家已经发现了该问题的各种形式，并且提出了一个理论来避免上述错误，我们将在下一节介绍。

1.2.2 邦弗朗尼原理

假定人们有一定量的数据并从中寻找某个特定类型的事件。即使数据完全随机，也可以期望该类型的事件会发生。随着数据规模的增长，这类事件的出现次数也随之上升。任何随机数据都会有一些不同寻常的特征，这些特征虽然看上去很重要，但是实际上并不重要。从这个意义上说，上述事件的多次出现纯属 "假象"。统计学上有一个称为**邦弗朗尼校正**（Bonferroni correction）的定理，给出了一个在统计上合理的方法来避免在搜索数据时出现的大部分虚假的返回结果。这里并不打算介绍该定理的统计细节，只给出一个非正式的版本，称为**邦弗朗尼原理**。该原理可以帮助我们避免将随机出现看成真正出现。在数据随机性假设的基础上，可以计算所寻找事件出现次数的期望值。如果该结果显著高于你所希望找到的真正实例的数目，那么可以预期，寻找到的任何事物几乎都是虚假的。也就是说，它们是在统计上出现的假象，而不是你所寻找事件的证据。上述观察结果是邦弗朗尼原理的非正式阐述。

以寻找恐怖分子为例，可以预期在任何时间点都几乎没有恐怖分子在活动。按照邦弗朗尼原理，只需要寻找那些几乎不可能出现在随机数据中的罕见事件来发现恐怖分子即可。下一节将给出一个扩展的例子。

1.2.3 邦弗朗尼原理的一个例子

假设我们确信在某个地方有一群坏人，我们的目标是把他们揪出来。再进一步假定我们有理由相信，这些坏人会定期在某个宾馆聚会来商讨他们的破坏计划。对于问题的规模，我们再给出如下假设。

(1) 有 10 亿人可能是坏人。

(2) 每个人每 100 天当中会有一天去宾馆。

(3) 一个宾馆最多容纳 100 个人。因此，100 000 个宾馆已足够 10 亿人中的 1%在某个给定的日子入住。

(4) 我们将对 1000 天的宾馆入住记录进行核查。

为了在上述数据中发现坏人的踪迹，我们可以找出那些在两个不同日子入住同一宾馆的人。但是假设实际上并没有坏人。也就是说，给定某一天，每个人都是随机地确定是否去宾馆（概率为 0.01），然后又是随机地从 10^5 个宾馆中选择一个。从上述数据中，我们能否推断出某两个人可能是坏人？

接下来做个简单的近似计算。给定某天，任意两个人都决定去宾馆的概率为 0.0001，而他们入住同一宾馆的概率应该是 0.0001 除以 10^5（宾馆的数量）。因此，在给定某天的情况下，两个人入住同一宾馆的概率是 10^{-9}。在任意给定的两个不同的日子，两人入住同一宾馆的概率就是 10^{-9} 的平方，即 10^{-18}。需要指出的是，上述推理中只需要两人两次中每次入住的宾馆相同即可，并不需要两次都是同一家宾馆[①]。

基于上述计算，我们必须要考虑到底出现多少次事件才意味着发生破坏。上例中，"事件"的含义是"两个人在两天中的每一天入住相同的宾馆"。为了简化数字运算，对于较大的 n，$\binom{n}{2}$ 大概等于 $n^2/2$。下面都采用这个近似值。因此在 10^9 中的人员组对个数为 $\binom{10^9}{2} = 5 \times 10^{17}$，而在 1000 天内任意两天的组合个数为 $\binom{1000}{2} = 5 \times 10^5$。疑似破坏事件的期望数目应该是上述两者的乘积再乘上"两个人在两天中的每一天入住相同的宾馆"的概率，结果为

$$5 \times 10^{17} \times 5 \times 10^5 \times 10^{-18} = 250\ 000$$

也就是说，大概有 25 万对人员看上去像坏人，即使他们根本不是。

现在假定实际上只有 10 对人员是真正的坏人。警察局需要调查 25 万对人员来寻找他们。除了会侵扰近 50 万无辜人们的生活外，所需的工作量也非常大，因此上述做法几乎是不可行的。

---

① 如第一天大家都住 A 宾馆，第二天都住 B 宾馆。但 A 可以不等于 B。——译者注

1.2.4 习题

习题 1.2.1 基于 1.2.3 节的信息，如果对数据做如下改变（其他数据保持不变），那么可能的嫌疑人员对的数目是多少？

(a) 观察的天数从 1000 天增加到 2000 天。

(b) 要观察的总人员数目上升到 20 亿（因此需要 200 000 个宾馆）。

(c) 只有两个人在三天的同一时刻入住相同宾馆的情况下，才进行嫌疑报告。

! **习题 1.2.2** 假定有 1 亿人的超市购物记录，每个人每年都会去超市 100 次，每次都会买超市里 1000 种商品中的 10 种。我们相信，两个恐怖分子会在一年中的某个时段购买相同的 10 种商品（比如制造炸弹的材料）。如果对购买相同商品集合的人员对进行搜索，那么能否期望我们发现的这类人员都是真正的恐怖分子？ [①]

1.3 相关知识

本节将简要介绍一些有用的主题，你可能在其他课程或研究中接触过它们，也可能根本没有听说过。这些主题对于数据挖掘的研究相当有益，包括：

(1) 用于度量词语重要性的 TF.IDF 指标；

(2) 哈希函数及其使用；

(3) 二级存储器（磁盘）及其对算法运行时间的影响；

(4) 自然对数的底 e 及包含它的一系列恒等式；

(5) 幂定律。

1.3.1 词语在文档中的重要性

数据挖掘的不少应用涉及根据主题对文档（词语的序列）进行分类的问题。一般来说，文档的主题主要通过找到一些能够体现该主题的特定词语来识别。例如，有关 baseball（棒球）的文章当中往往会出现类似 ball（球）、bat（球棒）、pitch（投球）以及 run（跑垒）之类的词。一旦将文档分类为关于棒球的主题，不难发现上述词语在文档当中出现得十分频繁。但是，在分类之前，并不能将这些词语识别为棒球主题的特征。

因此，分类的第一步往往是考察文档并从中找出重要的词语。为达到这个目的，我们可能会首先猜测文档中出现最频繁的词语最重要。但是，直觉和实际情况恰恰相反。出现最频繁的大部分词语肯定是类似于 the 或者 and 的常见词，这些词通常用于辅助表达，本身没有任何含义。实际上，英语中最常见的几百个词（称为**停用词**）往往在文档分类之前就被去掉了。

事实上，指示主题的词语往往相对罕见。但是，并非所有罕见词在指示主题时都同等重要。一方面，某些在整个文档集合中极少出现的词语（如 notwithstanding 或 albeit）并不能提供多少

---

① 也就是说，假定恐怖分子一定会在一年中的某个时段购买相同的 10 件商品。这里不考虑恐怖分子是否必须这样做。

有用的信息。另一方面，某个如 chukker（马球比赛中的一局）的词虽然和上述词语一样罕见，却能提示我们文档明显和马球运动有关。上述两类罕见词的区别与其是否在部分文档中反复出现有关。也就是说，在文档中发现类似 albeit 的词语并不意味着它会多次出现。但是，如果一篇文章提到了一次 chukker，那么很有可能会告诉我们 first chukker（第一局）发生了什么、second chukker（第二局）发生什么，等等。对于第二种情况，如果这类词在文档中出现，那么它们很可能会反复出现。

这种度量给定词语在少数文档中反复出现程度的形式化指标称为 TF.IDF（TF 指**词项频率**，是 term frequency 的缩写；IDF 指**逆文档频率**，是 inverse document frequency 的缩写；TF.IDF 表示**词项频率乘以逆文档频率**）。它通常采用如下方式计算。假定文档集中有 N 篇文档，f_{ij} 为词项 i 在文档 j 中出现的频率（即次数），于是，词项 i 在文档 j 中的词项频率 TF_{ij} 被定义为

$$\mathrm{TF}_{ij} = \frac{f_{ij}}{\max_k f_{kj}}$$

也就是词项 i 在文档 j 中的词项频率 f_{ij} 归一化结果，其中归一化通过 f_{ij} 除以同一文档中出现次数最多的词项（可能不考虑停用词）的频率来计算。因此，文档 j 中出现频率最高的词项的 TF 值为 1，而其他词项的 TF 值都是分数[①]。

假定词项 i 在文档集的 n_i 篇文档中出现，那么词项 i 的 IDF 定义如下：

$$\mathrm{IDF}_i = \log_2 \frac{N}{n_i}$$

于是，词项 i 在文档 j 中的得分被定义为 $\mathrm{TF}_{ij} \times \mathrm{IDF}_i$，具有最高 TF.IDF 得分的那些词项通常是刻画文档主题的最佳词项。

例 1.4   假定文档集中有 $2^{20} = 1\,048\,576$ 篇文档，并假定词 w 在其中的 $2^{10} = 1024$ 篇文档中出现，那么 $\mathrm{IDF}_w = \log_2(2^{20}/2^{10}) = \log_2(2^{10}) = 10$。考虑一篇文档 j，词 w 在其中出现 20 次，也是该文档中出现次数最多的词（停用词可能已被去掉）。那么 $\mathrm{TF}_{wj} = 1$，于是 w 在文档 j 中的 TF.IDF 得分为 10。

假定在文档 k 中，词 w 出现一次，而该文档中任一词语最多出现 20 次。于是有 $\mathrm{TF}_{wk} = 1/20$，w 在文档 k 中的 TF.IDF 得分为 1/2。   □

1.3.2   哈希函数

你可能听说过哈希表，也可能在 Java 类或类似的软件包中使用过哈希表。实现哈希表的哈希函数在多个数据挖掘算法中是核心要素，不过在这些算法中，哈希表和一般的形式有所不同。下面将介绍哈希函数的基本知识。

首先，哈希函数 h 的输入是一个**哈希键**（hash-key），输出是一个**桶编号**（bucket number）。假定桶的个数为整数 B，则桶编号通常是 0 和 $B-1$ 之间的整数。哈希键可以是任何类型的数据。哈希函数的一个直观性质是将哈希键"随机化"（randomize）。更准确地说，如果哈希键是随机

---

① 因为都是两个正整数词频相除。此外，TF.IDF 还有很多其他计算方法。——译者注

地从某个合理、可能的哈希键分布中抽样而成的，那么函数 h 将会把数目近似相等的哈希键分配到每个桶中。这一点有可能做不到，比如当所有可能的哈希键数目少于桶数目 B 时就是如此。当然，我们可以认为该总体不具有"合理"分布。然而，还存在更多微妙的原因可能导致哈希函数的结果不能接近均匀分布。

例 1.5 假设所有的哈希键都是正整数。一个常见且简单的哈希函数是 $h(x) = x \bmod B$，即 x 除以 B 之后的余数。如果哈希键的总体是所有的正整数，那么上述哈希函数产生的结果会非常均匀，即 1/B 的整数将被分到每个桶中。但是，如果哈希键只能是偶数值并且 B = 10，那么 $h(x)$ 的结果只能是 0、2、4、6 和 8，也就是说，此时哈希函数的行为明显不够随机。另外，如果选择 B = 11，那么会有 1/11 的偶数分到每个桶中，这时候哈希函数的效果则会很好。 □

对上例进行一般化：当哈希键都是整数时，如果选用一个与所有（或者大部分）可能的哈希键都具有公因子的 B，将会导致分配到桶中的结果不随机。因此，通常首选将 B 取为素数。尽管在这种情况下还必须考虑所有哈希键以 B 为因子的可能性，但是上述选择方法减小了非随机行为的可能性。当然，还有很多其他类型的哈希函数并不基于取模运算。这里不打算概述所有可能的哈希函数类型，但是 1.6 节中提到了一些相关的信息来源。

如果哈希键不是整数，要如何处理呢？从某种意义上说，所有数据类型的值都由比特位组成，而比特位序列总是可以解释成整数。但是，有一些简单的规则可以将通用的类型转化成整数。例如，如果哈希键是字符串，那么可以将每个字符转换成其对应的 ASCII 码或 Unicode 码，每个码可以解释为一个小整数。在除以 B 之前可以对这些整数求和，只要 B 小于字符串总体中各字节字符码的典型求和结果，那么最后对 B 取模的结果相对还是比较均匀的。如果 B 更大，那么可以将字符串拆分成多个组，每组包含多个字符，而一组字符可以连在一起被看成一个整数。然后，对每组字符对应的整数求和之后对 B 取模。比如，如果 B 大概为 10 亿或者说 2^{30}，那么每 4 个字符合成一组可以对应一个 32 位的整数，多个 32 位整数的求和结果将会相当均匀地分配到 10 亿个桶中去。

对于更复杂的数据类型，可以对上述将字符串转化为整数的思路进行扩展来递归处理。

- 对于记录型数据，记录中每个字段都有自己的类型，那么可以采用适合该类型的算法将每个字段递归地转换成整数，然后对所有字段转换出的整数求和，最后对 B 取模来将整数分配到不同桶中去。
- 对于数组型、集合型或包（bag）型[①]数据，数据中的所有元素属于相同的类型。可以先将每个元素的值转换成整数，然后求和并对 B 取模。

1.3.3 索引

给定某种对象的一个或多个元素值，**索引**是一种支持高效查找对象的数据结构。最常见的一种情况是对象都是记录，而索引是基于记录中的某个字段来建立的。给定该字段的值 v，根据索引能够快速返回该字段值等于 v 的所有记录。例如，假定有一个由一系列三元组<姓名, 地址, 电

---

① 一种允许集合中元素重复的数据类型。——译者注

话号码>组成的档案记录表以及基于电话号码字段建立的索引。当给定一个电话号码时，根据索引就能快速找到包含该号码的一条或者多条记录。

实现索引的方法有很多，这里并不打算一一介绍，1.6 节会给出扩展阅读的建议。但是，哈希表是一种简单的索引构建方法。哈希函数的输入键是用于建立索引的一个或者多个字段。对于某条记录来说，哈希函数会基于其中的哈希键进行计算，然后将整条记录分配到某个桶中，而桶的号码取决于哈希函数的结果。举例来说，这里的桶可以是内存或磁盘块中的一个记录表[①]。

于是，给定一个哈希键，我们可以先求哈希函数的值，然后根据该值寻找相应的桶，最后只需在该桶中寻找包含给定哈希键的记录即可。如果我们选取的桶数目 B 和档案中所有记录的数目大体相当，那么分配到每个桶的记录数目都会较小，这样在桶内部的搜索速度就会很快。

例 1.6　图 1-2 大致展示了包含姓名（name）、地址（address）和电话号码（phone）字段的记录的内存索引结构。这里，索引是基于电话号码字段构建的，而桶采用链表结构。图中所展示的电话号码 800-555-1212 哈希到了号码为 17 的桶。对于**桶头**（bucket header）构成的数组，其第 i 个元素实际上是第 i 个桶对应链表的头指针。图中展开了链表中的一个元素，它包含姓名、地址和电话号码字段组成的一条记录。事实上，该元素对应的记录正好包含电话号码 800-555-1212，但是该桶中的其他记录可能包含也可能不包含这个电话号码。我们只知道这些记录中的电话号码经过哈希变换之后结果都是 17。　　　　　　　　　　　　　　　　　　　　　　□

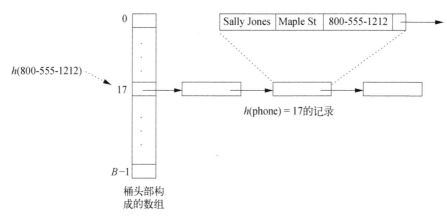

图 1-2　一个使用哈希表的索引，其中电话号码经过哈希函数映射到不同桶中，
桶的编号就是哈希结果值

1.3.4　二级存储器

当处理大规模数据时，数据一开始在磁盘还是内存上会导致计算的时间开销相差很大，很好地理解这一点相当重要。磁盘的物理特性是另外一个话题，有说不完的内容，本书只做简单介绍，感兴趣的读者可以按照 1.6 节的提示查阅相关资料。

---

① 由于多条记录可能会哈希到同一个桶中，每个桶通常由多条记录所组成的表构成。——译者注

1

磁盘呈**块**（block）结构，每个块是操作系统用于在内存和磁盘之间传输数据的最小单元。例如，Windows 操作系统使用的块大小为 64 KB（即 $2^{16} = 65\,536$ 字节）。**访问**（将磁头移到块所在的磁道并等待磁盘块在该磁头下旋转经过）和读取一个磁盘块需要大概 10 毫秒的时间。相对于从内存中读取一个字的时间，磁盘的读取延迟至少要慢 5 个数量级（即存在因子 10^5）。因此，如果只需要访问若干字节，那么将数据放在内存中将具压倒性优势。实际上，假如我们要简单地处理一个磁盘块中的每个字节，比如将块看成哈希表中的桶，并在桶的所有记录当中寻找某个特定的哈希键，那么将块从磁盘移到内存的时间会大大多于计算的时间。

我们可以将相关的数据组织到磁盘的单个**柱面**（cylinder）上，因为所有的块集合都在磁盘中心的固定半径内可达，所以不通过移动磁头就可以访问，从而能以每块显著小于 10 ms 的速度将柱面上的所有块读入内存。假设不论数据采用何种磁盘组织方式，磁盘上数据到内存的传送速度都不可能超过 100 MB/s。当数据集规模仅为 1 MB 时，这不是个问题。但是，当数据集规模为 100 GB 或者 1 TB 时，仅仅进行访问就存在问题，更何况还要利用它来做其他有用的事情。

1.3.5 自然对数的底 e

常数 e = 2.718 281 8... 具有一些非常有用的特性。具体而言，e 是当 x 趋向于无穷大时 $\left(1+\dfrac{1}{x}\right)^x$ 的极限。当 x 分别等于 1、2、3 和 4 时，上式的值分别近似于 2、2.25、2.37 和 2.44，所以很容易相信该序列的极限大概是 2.72。

一些看上去比较复杂的表达式可以通过代数公式来得到近似值。考虑 $(1+a)^b$，其中 a 很小（$a > 0$）。该式可以重写成 $(1+a)^{(1/a)(ab)}$，于是可以将 a 替换为 $1/x$（即 $x = 1/a$），得到 $\left(1+\dfrac{1}{x}\right)^{x(ab)}$，即

$$\left(\left(1+\frac{1}{x}\right)^x\right)^{ab}$$

因为假定 a 很小，所以 x 很大，$\left(1+\dfrac{1}{x}\right)^x$ 接近极限 e。于是上式可以通过 e^{ab} 来近似。

当 a 为负值时，类似的等式也成立。也就是说，当 x 趋向无穷大时，$\left(1-\dfrac{1}{x}\right)^x$ 的极限为 $1/e$。于是，当 a 是一个绝对值很小的负数时，$(1+a)^b$ 仍然近似等于 e^{ab}。换句话说，当 a 很小而 b 很大时（$a > 0$），$(1-a)^b$ 近似等于 e^{-ab}。

另外一些有用的等式来自 e^x 的泰勒展开公式，即 $e^x = \sum_{i=0}^{\infty} x^i/i!$ 或者说 $e^x = 1 + x + x^2/2 + x^3/6 + x^4/24 + \cdots$。当 x 很大时，上述数列的收敛速度较慢。当然，对于任何常数 x，由于 $n!$ 比 x^n 增长得快得多，该数列一定会收敛。然而，当 x 较小时，不论它是正是负，上述数列都会快速收敛，也就是说不需要计算太多项就可以得到较好的近似值。

例 1.7　令 $x = 1/2$，有

$$e^{1/2} = 1 + \frac{1}{2} + \frac{1}{8} + \frac{1}{48} + \frac{1}{384} + \cdots$$

即 $e^{1/2} \approx 1.648\ 44$。

令 $x = -1$，有

$$e^{-1} = 1 - 1 + \frac{1}{2} - \frac{1}{6} + \frac{1}{24} - \frac{1}{120} + \frac{1}{720} - \frac{1}{5040} + \cdots$$

即 $e^{-1} \approx 0.367\ 86$。　　　　　　　　　　　　　　　　　　　　　　　　□

1.3.6　幂定律

有很多现象通过**幂定律**（power law，也称幂律）将两个变量关联起来，也就是说，两个变量在对数空间下呈现出线性关系。图 1-3 给出了这样的一种关系，其中横坐标 x 和纵坐标 y 之间的关系为 $\log_{10} y = 6 - 2\log_{10} x$。

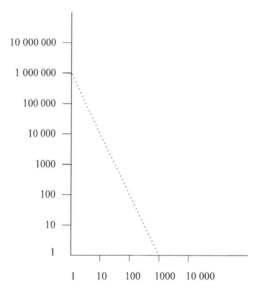

图 1-3　一个斜率为 -2 的幂定律关系图

例 1.8　我们来考察亚马逊网站上的图书销售情况，令 x 表示图书的销量排名，y 则对应销售排名为 x 的畅销图书在某个时间段的销量。图 1-3 表明，销售排行第 1 位的图书销量是 1 000 000 册，而排行第 10 位的图书销量为 10 000 册，排行第 100 位的图书销量为 100 册，以此类推可以得出排名中所有图书的销量。从图中可以看到，排名超过 1000 的图书销量是一个分数。这有些极端，实际上我们预测排名远远超过 1000 的图书销量的曲线应该变得比较平。此外，一条斜率不那么陡峭的直线更接近实际情况，而图 1-3 的直线斜率对于描述图书销量来说可能过于陡峭了。　　　□

马太效应

当幂值大于 1 时，幂定律的存在往往通过**马太效应**（Matthew effect）来解释。之所以如此命名，是因为在《圣经·马太福音》中，存在关于"富者越富"的一段话。很多现象表现出类似特性，即一旦某个特性获得高价值，就会导致该特性获得更大的价值。例如，如果某个网页有很多入链，那么人们更有可能找到该网页并从自己的某个网页链向它。另一个例子是，如果一本书在亚马逊上卖得很好，那么它很可能会登上首页广告。当顾客访问亚马逊网站时就会看到这则广告，其中的一些人会选择购买这本书，从而造成销量的继续增长。

关于 x 和 y 的幂定律的一般形式为 $\log y = b + a \log x$。如果增大对数的底（实际上没有影响），比如采用自然对数 e 作为方程两边的值，则有 $y = e^b e^{a \log x} = e^b x^a$。因为 e^b 是一个常数，所以可以用常数 c 代替。于是幂定律可以写成 $y = cx^a$，其中 a 和 c 都是常数。

例 1.9 在图 1-3 中，当 $x = 1$ 时 $y = 10^6$，当 $x = 1000$ 时 $y = 1$。第一次代入后有 $10^6 = c$，第二次代入后有 $1 = c(1000)^a$。由于我们知道 $c = 10^6$，第二次代入后可以得出 $1 = 10^6(1000)^a$，于是 $a = -2$。也就是说，如图 1-3 所示的幂定律可以表示为 $y = 10^6 x^{-2}$ 或 $y = 10^6/x^2$。 □

本书将有多处数据满足幂定律，举例如下。

(1) **Web 图中节点的度** 按照网页的入链数对所有网页排序。令 x 为网页在排序结果中的序号，y 为序号为 x 的网页的入链数，则 y 和 x 之间的关系和图 1-3 非常类似。这里的幂要稍大于图中的幂 -2，已经发现这种现象中的幂值接近 2.1。

(2) **商品的销量** 将商品（如亚马逊网站上的图书）按照去年一年的销量排序。假定销量排在第 x 位的商品的实际销量为 y，那么 y 和 x 的函数关系也和图 1-3 类似。在 9.1.2 节中，我们将讨论这种销量分布的影响，还会提到其中的"长尾"现象。

(3) **网站的大小** 计算网站上的网页数目，并根据该数目对网站排序。假定第 x 个网站的网页数目为 y，那么函数 $y(x)$ 也遵从幂定律。

(4) **Zipf 定律** 该幂定律最初来源于文档集中的词频统计。如果将词按照出现频率排序，y 表示排名第 x 位的词出现的次数，则可以得到一个幂定律，不过其斜率比图 1-3 中平缓得多。Zipf 的观察结果为 $y = cx^{-1/2}$。有趣的是，有不少其他类型的数据也满足这个特定的幂定律。比如，如果将美国各州按照人口数量排序，令 y 为人口第 x 多的州的人口数，则 y 和 x 近似地满足 Zipf 定律。

1.3.7 习题

习题 1.3.1 假定一个文档集由 1000 万篇文档组成。如果一个单词出现在 (a)40 篇或 (b)10 000 篇文档中，那么它的 IDF 值是多少（给出最接近的整数值）？

习题 1.3.2 假定一个文档集由 1000 万篇文档组成，词 w 出现在其中的 320 篇文档中。在一篇具体的文档 d 中，出现最多的词出现了 15 次，那么 w 出现 (a)1 次或 (b)5 次情况下的 TF.IDF 得分分别是多少？

！习题 1.3.3   假定哈希键是从常数 c 的所有非负整数倍数中抽取的，而哈希函数为 $h(x) = x \bmod 15$，那么常数 c 取何值时，h 是一个合适的哈希函数？也就是说，此时大量随机的哈希键选择能够近乎均匀地分到不同桶当中。

习题 1.3.4   以基于 e 的形式来近似表示下列数值。

(a) $(1.01)^{500}$　　(b) $(1.05)^{1000}$　　(c) $(0.9)^{40}$

习题 1.3.5   采用 e^x 的泰勒展开公式计算下列表达式，结果保留 3 位小数。

(a) $e^{1/10}$　　(b) $e^{-1/10}$　　(c) e^2

1.4   本书概要

本节将简要总结后续章节的内容。

第 2 章的内容与数据挖掘本身无关。更确切地说，第 2 章主要介绍用于促进大规模数据并行处理的编程系统。我们会介绍使用大量处理器进行互联的云计算架构，还会详细介绍基于 MapReduce 的编程系统，并为大规模数据处理中的很多常规运算提供基于 MapReduce 的算法。

第 3 章的主题是相似项发现。一开始将每个项都表示成多个元素的集合，而相似集合就是具有大部分公共元素的集合。这一章还解释了最小哈希和局部敏感哈希技术。这些技术的应用很广，并且往往给那些在大数据集上看似不可能解决的问题带来出奇高效的解决方案。

第 4 章关注数据流（也叫流数据）。流数据和数据库的区别在于，如果不及时处理流数据，那么这些数据将会丢失。流数据的一些重要例子包括搜索引擎上的搜索查询或者某个热门网站的点击数据等。这一章将介绍哈希技术的几个令人惊讶的应用。在这些应用当中，哈希技术使流数据的管理成为可能。

第 5 章仅介绍 PageRank 计算这个应用。PageRank 计算是让谷歌脱颖而出的一个重要思想，而且 PageRank 仍然是搜索引擎知道用户最想访问哪些网页的关键。PageRank 的扩展形式在反网页垃圾中（制造网页垃圾的另一个委婉的说法是"搜索引擎优化"[①]）也非常重要，我们将介绍该思想在反垃圾领域的一种最新扩展形式。

第 6 章介绍数据的购物篮模型、最典型的关联规则问题及频繁项集发现算法。在购物篮模型中，数据由大量购物篮组成，每个购物篮中包含少量项组成的项集。这一章将给出一系列频繁项对发现算法，其中频繁项对指的是同时出现在多个购物篮中的项。另外，这一章还会给出一系列用于发现大部分频繁项集[②]（比频繁项对大）的高效算法。

第 7 章考察聚类问题。假定有一个项集，其中两个项的远近可以通过某个距离指标来定义。聚类的目标是将大量数据项划分到子集合（称为簇）中，使得簇内数据项的距离较近，而簇间的数据项距离较远。

---

① 搜索引擎优化（Search Engine Optimization，SEO）是通过各种方法来提高网页排名的做法。需要指出的是，SEO 并不都是通过制造网页垃圾的手段来实现的。这里作者的说法有点绝对，并不代表译者的观点。——译者注

② 频繁项对考虑两个项共现，频繁项集可能考虑三个或者更多项的共现。——译者注

　　第 8 章主要考察在线广告及由其引发的计算问题。这一章将介绍在线算法的概念，即必须立即给出良好的响应而不能等到看见整个数据集才响应。**竞争率**（competitive ratio）是这一章中的另一个重要概念，它是在线算法所能保证的性能和最优算法性能的比值。最优算法指的是允许在看到所有数据之后再做决策的算法。上述概念用于设计良好的算法，当用户在搜索引擎中输入查询时，这些算法能够与广告商的出价匹配来显示相应的广告。

　　第 9 章介绍推荐系统。很多 Web 应用有给用户推荐其感兴趣的数据项的功能。Netflix 竞赛就是一个例子，该竞赛期望对用户感兴趣的电影进行预测。亚马逊则希望根据顾客的购买兴趣来推荐商品。推荐主要有两种方法：一是将数据项通过其特征来刻画，比如电影中的明星，然后推荐与已知用户喜欢的物品具有同样特征的物品；二是考察那些与当前用户具有相似爱好的用户，并根据他们喜欢的物品来向当前用户推荐（该技术通常称为协同过滤）。

　　第 10 章介绍社会网络及分析算法。社会网络最典型的例子是 Facebook 的朋友关系图，其中的节点代表人，而两个人如果是朋友的话，他们之间就有边相连。像 Twitter 上的粉丝关注构成的有向图也可以看成社会网络。社会网络中一个要解决的普遍问题是识别其中的"社区"，即一个个小规模的节点集合，但是集合内节点之间有大量的边连接。社会网络的其他问题也是图的一般性问题，比如传递闭包或图直径的计算，但是在网络规模如此巨大的情况下，解决这些问题也变得十分困难。

　　第 11 章介绍降维技术。给定一个极大的、通常比较稀疏的矩阵，我们可以将该矩阵想象为两类实体之间的关系表示，比如观众对影片的评分。直观上看，只会存在少量概念，而且概念的数目会比影片或观众的数目少很多，这些概念可以解释为什么某些观众喜欢某些影片。我们提供了几种将矩阵简化为多个矩阵乘积的算法，简化后矩阵的某一维要小很多，其中一个矩阵将一类实体与这些少量的概念相关联，另一个矩阵将概念和另一类实体相关联。如果处理正确的话，这些小矩阵的乘积会十分接近原始矩阵。

　　第 12 章讨论极大规模数据集上的机器学习算法，其中的技术包括感知机、支持向量机、基于梯度下降的模型求解、近邻模型和决策树等。

　　最后，第 13 章专门介绍神经网络和深度学习。在介绍一般神经网络思想的同时，这一章还介绍了几种特别重要的特殊神经网络，包括卷积神经网络、循环神经网络和长短期记忆网络。

1.5　小结

- ❑ **数据挖掘**　这个术语是指应用计算机科学的强大工具来解决科学、工业和许多其他领域的问题。通常，成功应用的关键是构建数据模型，即对最相关的数据特征的概括或简洁表示。

- ❑ **邦弗朗尼原理**　如果把预期在随机数据中多次出现看成一个有趣的数据特征，就别依赖于这个特征是显著的。对于实际中并不够少的特征而言，上述观察结果限制了我们的挖掘能力。

- **TF.IDF 指标**　TF.IDF 可以帮助我们确定文档集中的哪些词语对于确定每篇文档的主题有用。如果某个词在少量文档当中出现，那么它在所出现文档中的 TF.IDF 值较高且出现次数往往较多。
- **哈希函数**　哈希函数可以将某种数据类型的哈希键映射为整型的桶编号。好的哈希函数能够将所有可能的哈希键相对均匀地分到不同的桶中。哈希函数能够对任意数据类型进行处理。
- **索引**　索引是在给定一个或多个字段值时高效存取和检索数据记录的一种数据结构。哈希是构建索引的一种方式。
- **磁盘存储**　当数据必须存储在磁盘（二级存储器）中时，数据项的访问时间会远多于相同数据存储在内存中时所需的访问时间。当数据很大时，算法应该尽量将所需数据放入内存，这一点相当重要。
- **幂定律**　也称幂律。很多现象遵从一个可表示成 $y = cx^a$ 的定律，其中 a 是幂，通常取值在 -2 左右。包括销量排名第 x 位的图书销量或排名第 x 位的网页入链数等在内的数据都遵从幂定律。

1.6　参考文献

《数据挖掘导论》[1]非常清晰地介绍了数据挖掘基础知识。*Scientific Data Mining and Knowledge Discovery: Principles and Foundations* 主要从机器学习和统计学的角度来介绍数据挖掘。数据挖掘中统计方法和计算方法的区别可以参考论文 "Statistical modeling: the two cultures"。

对于哈希函数和哈希表的构建，可以参考《计算机程序设计艺术 卷 3：排序与查找》[2]。TF.IDF 指标的计算细节以及文档处理的其他相关知识可以参考《信息检索导论》[3]。索引管理、哈希表和磁盘数据处理的相关知识可以参考《数据库系统全书》。

论文 "Graph structure in the web" 探讨了 Web 图结构所满足的一些幂定律。马太效应最早见于论文 "The Matthew effect in science"。

扫描如下二维码获取参考文献完整列表。

---

① 该书已由人民邮电出版社出版，详见 ituring.cn/book/83。——编者注
② 该书已由人民邮电出版社出版，详见 ituring.cn/book/926。——编者注
③ 该书已由人民邮电出版社出版，详见 ituring.cn/book/2601。——编者注

第2章

MapReduce 和新软件栈

现代数据挖掘应用通常也称为"大数据"分析，需要快速处理极大规模的数据。在很多这类应用中，数据相当规整，给并行处理技术提供了大量机会。下面是两个重要的例子。

(1) 网页按重要性排序，这涉及一个迭代的矩阵-向量乘法计算，其中向量达到百亿维。该应用称为 PageRank，将在第 5 章介绍。

(2) 在社交网站上的朋友关系网络中进行搜索，该网络图结构包含上亿个节点和几十亿条边。第 10 章将介绍这类图上的运算。

为处理这样的应用，人们开发了一个新的软件栈（software stack）[①]。这些编程系统被设计成从计算集群（computing cluster）而不是单台超级计算机获得并行能力。计算集群是指大规模普通硬件的集合，其中的常规处理器（计算节点）通过以太网或价格低廉的交换机连接。软件栈下层是一种新形式的文件系统，称作分布式文件系统，其主要特征之一是存储单位比传统操作系统中的磁盘块大很多，另一个特征是提供数据冗余机制以防数据分布在上千个廉价计算节点上时频发存储介质故障。

在上述文件系统之上，人们开发了多个高级编程系统。整个新软件栈的核心是一个称为 MapReduce 的编程系统。MapReduce 使很多基于大规模数据的最常见计算能够在计算集群上高效实现，而且能够容忍计算过程中的硬件故障。

MapReduce 系统仍在迅速演化和扩展。现在，从更高层的编程系统（通常是 SQL 的某种实现）创建 MapReduce 程序十分普遍。而且，MapReduce 是更具普遍性、更强大思想的一个简单有用的例子。本章会介绍 MapReduce 的推广，首先讨论支持无环工作流的系统，然后介绍实现递归算法的系统。

本章最后将讨论如何设计优秀的 MapReduce 算法，该主题与在超级计算机上设计好的并行算法往往存在很大不同。在设计 MapReduce 算法时，我们常常发现最大的开销来自通信。因此，我们会讨论通信开销及其给最高效 MapReduce 算法带来的影响。对于多个常见的 MapReduce 应用，我们可以给出一系列算法族，在通信开销和并行度之间进行最优折中。

[①] 是为了实现某种完整的功能方案（例如某种产品或服务）所需的一套软件子系统或组件。——译者注

2.1   分布式文件系统

大部分计算是在由单处理器、内存、高速缓存和本地磁盘构成的单个**计算节点**（compute node）上完成的。过去，需要并行处理的应用（如大规模科学计算）都要使用专用的并行计算机，这些计算机包含多个处理器和专用硬件。然而，大规模 Web 服务的流行使得越来越多的计算在拥有几千个计算节点的计算装置上完成，这些节点之间或多或少相互独立。上述装置中的计算节点由普通硬件构成，与采用专用硬件的并行计算机相比，大大降低了硬件开销。

这些新的计算设备促进了新一代编程系统的产生。这些系统能够发挥并行的优势，同时避免可靠性问题。当计算硬件由成千上万个独立部件构成时，可靠性问题就会凸显，因为任何一个部件在任何时刻都有可能出现故障。本节将讨论上述计算装置的特点以及为利用这些特点而开发的专用文件系统。

2.1.1   计算节点的物理结构

上述新的并行计算架构有时也称为**集群计算**（cluster computing），其组织方式如下。计算节点存放在**机架**中，每个机架可以安放 8 ~ 64 个节点。单个机架上的节点之间通过网络互联，这里通常采用千兆位以太网。计算节点可能需要多个机架来安放，这些机架之间采用另一级网络或交换机互连。机架间节点的通信带宽一般略大于机架内以太网的带宽，但是考虑到机架间可能需要通信的节点对数目，这样的带宽可能是必要的。图 2-1 给出了一个大规模计算系统的架构。不过，实际中可能有更多机架，而每个机架上也可能安放更多计算节点。

在现实生活中部件会出现故障，而且部件（如计算节点和互连网络）越多，系统在任意给定时间内非正常运行的频率也越高。对于图 2-1 给出的系统来说，主要的故障模式包括单节点故障（比如某节点上的硬盘发生崩溃）和单机架故障（比如机架内节点间的互连网络及当前机架到其他机架的互连网络发生故障）。

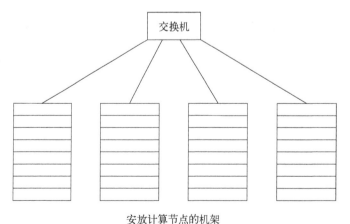

安放计算节点的机架

图 2-1   计算节点安放在机架上，机架通过交换机互连

一些重要的计算会在数千个计算节点上运行数分钟甚至数小时,如果一旦某个部件出现故障就必须终止并重启计算过程的话,那么该计算过程可能永远不会成功完成。上述问题的解决方式有两种。

(1) 文件必须多副本存储。如果不在多个计算节点上备份文件的话,那么一旦某个节点出现故障,在它被替换之前,上面的所有文件将无法使用。如果根本不备份文件,那么一旦硬盘崩溃,文件将会永久丢失。我们将在 2.1.2 节讨论文件管理。

(2) 计算过程必须分成多个任务。这样一旦某个任务失败,就可以在不影响其他任务的情况下重启它。MapReduce 编程系统就采用了这种策略,我们将在 2.2 节进行介绍。

2.1.2　大规模文件系统的结构

为了使用集群计算,文件系统不论在外观还是行为方式上都必须有别于单机上的传统文件系统。这种新的文件系统通常被称为**分布式文件系统**(distributed file system,DFS[①]),它的典型使用方式如下。

- □ 文件非常大,比如太字节级的文件。如果处理的文件都很小,那么使用DFS毫无意义。
- □ 文件极少更新。如果文件作为某些计算的数据读入,并且不时有额外的数据追加到文件尾部,就不适用了。举例来说,航空订票系统的数据量虽然很大,但是数据变化过于频繁,所以并不适合采用DFS。

在 DFS 中,文件被分成**文件块**(chunk),文件块的典型大小为 64 MB。文件块会被复制成多个副本(比如复制三份)放在三个不同的计算节点上。另外,存放同一文件块不同副本的节点应分布在不同机架上。这样在某个机架发生故障时就不至于丢失所有副本。通常情况下,一个机架发生"故障"是因为机架中计算节点的内部互联出现问题,此时该机架与外界不再能够通信。通常来讲,文件块的大小和复制次数可以由用户指定。

为寻找某个文件的文件块,可以使用另一个称为**主节点**(master node)或**名字节点**(name node)的小文件。主节点本身可以有多个副本,文件系统的总目录可以用于定位主节点的副本。总目录本身也可以有多个副本,所有使用 DFS 的用户都知道这些目录副本所在的位置。

DFS 的多个实现

文中提到的分布式文件系统在实际中已有多个应用,包括以下几种。

(1) **谷歌文件系统**(Google File System,GFS)是这种分布式文件系统的原型。

(2) **Hadoop 分布式文件系统**(Hadoop Distributed File System,HDFS)是 Apache 软件基金会发布的一个开源 DFS,和 Hadoop 一起使用,而 Hadoop 是 MapReduce 的一个具体实现(参考 2.2 节)。

(3) **Colossus** 是 GFS 的改进版本,但是相关的公开资料很少。但是 Colossus 的一个目标是提供实时文件服务。

---

① 尽管 DFS 过去还有别的含义,但这里仍然使用这一缩写。

2.2   MapReduce

MapReduce 是一种计算模式，并已被多个系统实现，包括谷歌的内部实现（简单地称为 MapReduce），还有可以从 Apache 基金会获得的流行开源实现 Hadoop 及 HDFS。我们可以通过某个 MapReduce 实现来管理多个大规模并行计算，并且同时保障对硬件故障的容错性。只需编写两个分别称作 **Map** 和 **Reduce** 的函数，系统就能够管理 Map 或 Reduce 并行任务的执行以及任务之间的协调，并且能够处理上述某个任务执行失败的情况。简而言之，基于 MapReduce 的计算过程如下。

(1) 有多个 Map 任务，每个任务的输入是 DFS 中的一个或多个文件块。Map 任务将文件块转换成一个**键–值**（key-value）对[①]序列。从输入数据产生键–值对的具体方式由用户编写的 Map 函数代码决定。

(2) **主控制器**（master controller）从每个 Map 任务中收集一系列键–值对，并将它们按照键值的大小排序。这些键又被分到所有的 Reduce 任务中，这样具有相同键值的键–值对最后会分到同一 Reduce 任务中。

(3) Reduce 任务每次作用于一个键，并将与此键关联的所有值以某种方式组合起来。具体的组合方式取决于用户编写的 Reduce 函数代码。

图 2-2 是上述计算过程的示意图。

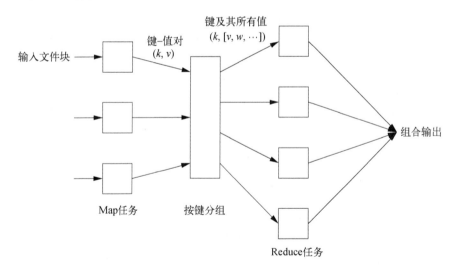

图 2-2   MapReduce 计算过程示意图

[①] 本书中"键–值"指的是 key-value，而"键的值"或"键值"指的是键本身的值，即键–值对中前者的值。请读者注意区分。——译者注

2.2.1 Map 任务

Map 任务的输入文件可以被看成由多个**元素**（element）组成，而元素可以是任意类型，比如一个元组或一篇文档。文档文件块是一系列元素的集合，同一个元素不能跨文件块存储。严格地说，所有 Map 任务的输入和 Reduce 任务的输出都是键-值对的形式，但是输入元素中的键通常无关紧要，应当忽略。之所以坚持输入和输出采用键-值对的形式，主要是希望能够组合多个MapReduce 过程。

Map 函数以一个输入元素为参数，产生零个、一个或多个键-值对，其中的键和值都可以是任意类型。另外，这里的键并非通常意义上的"键"，并不要求它们具有唯一性。恰恰相反，一个 Map 任务可以生成多个具有相同键的键-值对，即使这些键都来自同一个元素。

例 2.1 接下来将给出一个 MapReduce 计算的经典例子，即计算每个词在整个文档集中的出现次数。在本例中，输入文件是一个文档集，每篇文档都是一个元素。本例中的 Map 函数使用的键类型是字符串（词），值类型是整数。Map 任务读入一篇文档并将它分成词序列 $w_1, w_2, \cdots, w_n$，然后输出一个键-值对序列，其中所有的值都是 1。也就是说，该 Map 任务作用于文档的输出结果是键-值对序列

$$(w_1, 1), (w_2, 1), \cdots, (w_n, 1)$$

需要注意的是，单个 Map 任务通常会处理多篇文档，而每篇文档可能又会分成一个或多个文件块。也就是说，其输出不仅仅是上面所示意的单篇文档的键-值序列。需要注意的另外一点是，如果单词 w 在所有分配给 Map 任务的文档中出现 m 次，那么在输出结果当中将会有 m 个键-值对$(w, 1)$。2.2.4 节将介绍的另一种做法就是将这 m 个对合成单个对(w, m)，因为我们将会看到，Reduce 任务将会对值部分应用满足结合律和交换律的加法运算。 □

2.2.2 按键分组

只要 Map 任务全部成功完成，键-值对就会按键分组，而与每个键关联的值会构成一个值表。不管 Map 和 Reduce 任务具体做什么，**按键分组**（grouping by key）都由系统来完成。主控进程知道 Reduce 任务的数目，比如 r 个。该数目通常由用户指定并通知 MapReduce 系统。然后，主控进程选择一个哈希函数作用于键并产生一个 0 到 $r-1$ 的桶编号。Map 任务输出的每个键都被哈希，并根据哈希结果将其键-值对放入 r 个本地文件中的一个。每个文件都会被指派给一个 Reduce 任务。①

为了完成按键分组以及给 Reduce 任务的分发过程，主控进程合并每个 Map 任务输出的面向某个特定 Reduce 任务的文件，并将合并文件以键-值表对（key-list-of-value pair）序列的形式传给该 Reduce 任务。也就是说，对于每个键 k，处理键 k 的 Reduce 任务的输入形式为$(k, [v_1, v_2, \cdots, v_n])$，其中$(k, v_1), (k, v_2), \cdots, (k, v_n)$为来自所有 Map 任务的具有相同键 k 的所有键-值对。

---

① 用户可以视情况指定自定义的哈希函数或者其他方法来将键分配给 Reduce 任务。但是，不论使用什么算法，每个键仅分给一个 Reduce 任务。

2.2.3　Reduce 任务

Reduce 函数的输入参数是键及其关联值表组成的对，而 Reduce 函数的输出是零个、一个或多个键–值对构成的序列。这些键–值对的类型可以和 Map 任务传给 Reduce 任务的键–值对类型不同，但通常是同一类型。我们将把 Reduce 函数应用到单个键及其关联值表称为一个 Reducer。

一个 Reduce 任务会收到一个或多个键及其关联值表，也就是说，一个 Reduce 任务执行一个或多个 Reducer。所有 Reduce 任务的输出会合并为单个文件。

例 2.2　继续例 2.1 中单词计数的例子。Reduce 函数只是将所有的值相加，一个 Reducer 的输出由单词及其出现次数构成。因此，所有 Reduce 任务的输出为(w, m)对构成的序列，其中的 w 是所有输入文档中至少出现一次的词，而 m 是它在所有文档中出现的总次数。　　　□

Reducer、Reduce 任务、计算节点和偏斜性

如果想实现最大程度的并行，那么可以使用一个 Reduce 任务来执行每个 Reducer，即处理单个键及其关联值表。进一步，我们可以在不同的计算节点上运行每个 Reduce 任务，这样所有的执行过程都是并行的。这种方案通常不是最佳的。一个问题是我们创建的每个任务都有一定的开销，因此可能希望 Reduce 任务的数目少于不同键的数目。此外，通常键的数目要比可用计算节点的数目多得多，因此无法从大量 Reduce 任务中获益。

其次，不同键的值表大小通常有显著差异，因此不同的 Reducer 花费的时间也不相同。如果每个 Reducer 都用一个单独的 Reduce 任务来完成的话，那么任务本身就会表现出**偏斜性**（ skew），即任务的完成时间差异很大。使用比 Reducer 数目更少的 Reduce 任务，可以减少偏斜性带来的影响。如果键是随机发送给 Reduce 任务的，那么可以预计不同 Reduce 任务所需要的某个平均总时间。使用比计算节点数目更多的 Reduce 任务，可以进一步减弱偏斜性。这种做法下，长的 Reduce 任务可能会占满某个计算节点，而几个更短的 Reduce 任务可以在单个计算节点上串行运行。

2.2.4　组合器

有时候，Reduce 函数满足交换律和结合律。也就是说，所有需要组合的值可以按照任意次序组合，结果不变。例 2.2 中的加法就是一种满足交换律和结合律的运算。不论在求和过程中如何组合数 $v_1, v_2, \cdots, v_n$，最终的和都一样。

当 Reduce 函数满足交换律和结合律时，就可以将 Reducer 的部分工作放到 Map 任务中来完成。例如，在例 2.1 产生 $(w, 1), (w, 1), \cdots$ 的 Map 任务当中，可以在这些键–值对进行分组和聚合之前应用 Reduce 函数，即在 Map 任务当中使用 Reduce 函数。因此，这些键–值对可以被替换为一个键–值对，其键仍然是 w，值是上述所有键–值对中所有 1 之和。也就是说，单个 Map 任务产生的包含键 w 的键–值对可以组合成一个对(w, m)，其中 m 为 w 在该 Map 任务所处理文档集中的出现次数。需要注意的是，每个 Map 任务通常只会给出一个包含 w 的键–值对，因此仍然必须进行分组和聚合处理并将结果传输给 Reduce 任务。

2.2.5　MapReduce 的执行细节

接下来我们了解一下 MapReduce 程序的执行细节。图 2-3 给出了进程、任务和文件的交互概要。利用 MapReduce 系统（如 Hadoop）提供的调用库，用户程序会 fork 一个主控进程以及运行在不同计算节点上的一定数量的**工作进程**（Worker process）。一般而言，每个工作进程要么处理 Map 任务（这样的进程称为 Map worker，即 Map 工作机），要么处理 Reduce 任务（这样的进程称为 Reduce worker，即 Reduce 工作机），但是通常不会同时处理两个任务。

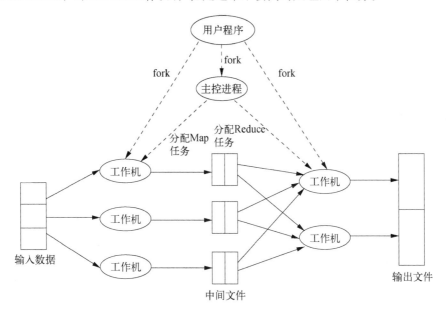

图 2-3　MapReduce 程序执行示意图

主控进程有多项职责，其中之一是创建一定数目的 Map 任务和 Reduce 任务，这些数目由用户程序来选定。主控进程将这些任务分配给不同的工作进程。对于输入文件中的每个文件块创建一个 Map 任务是较合理的做法，但是我们可能希望创建更少的 Reduce 任务。之所以限制 Reduce 任务的数目是因为每个 Map 任务都必须给每个 Reduce 任务建立一个中间文件，如果 Reduce 任务太多的话，中间文件的数目就会爆炸性增长。

主控进程记录每个 Map 任务和 Reduce 任务的运行状态（闲置、正在某个工作进程中执行，或者已经完成）。一旦运行任务结束，工作进程会向主控进程汇报，而主控进程会给工作进程分配一个新的任务。

每个 Map 任务可能会分配输入文件的一个或者多个文件块，然后按照用户编写的代码来执行。Map 任务会给每个 Reduce 任务创建一个文件，该文件存放于执行 Map 任务的工作进程所在的本地磁盘。这些文件的位置和大小信息会通知给主控进程，而每个文件将被分配给各自的 Reduce 任务。当 Reduce 任务被主控进程分配给某个工作进程时，该任务将获得所有的输入文件。

Reduce 任务执行由用户编写的代码，其最终结果会输出到一个文件中，而该文件是其整个分布式文件系统的一部分。

2.2.6 节点故障的处理

最糟糕的事情莫过于运行主控进程的计算节点崩溃。在这种情况下，整个 MapReduce 作业（MapReduce job）必须重启。但是，只有该节点崩溃时才会终止所有 MapReduce 任务，其他节点崩溃时可以通过主控进程来管理，整个 MapReduce 作业最终仍会完成。

假定某个运行 Map 任务的计算节点崩溃，由于主控进程会定期检查工作进程，它会发现节点崩溃的情况。所有分配到该工作进程的 Map 任务将不得不重新执行，甚至连已经完成的 Map 任务可能都要重启，原因在于，它们为目标 Reduce 任务输出的结果还在计算节点上，节点崩溃后结果不再可用。主控进程将所有需要重启的 Map 任务的状态都置为“空闲”，并在某个工作进程可用时安排它们重新运行。同时，主控进程还必须通知每个 Reduce 任务它们的输入位置（即对应 Map 任务的输出位置）已经发生改变。

如果运行 Reduce 任务的计算节点故障，那么处理起来要简单一些。主控进程只是将故障节点上运行的 Reduce 任务的状态置为“空闲”，并安排另外的工作节点按计划日程重新运行。

2.2.7 习题

习题 2.2.1 假设在一个大型语料（比如，Web 的一个副本）上运行本节介绍的 MapReduce 单词计数程序。我们将使用 100 个 Map 任务和一些 Reduce 任务。

(a) 假设在 Map 任务中不使用组合器，那么处理值表的多个 Reducer 之间会不会有很大的时间差异？为什么？

(b) 如果将 Reducer 组合成少量 Reduce 任务，比如说随机的 10 个任务，那么上述时间差异会不会十分显著？如果将 Reducer 组合成 10 000 个 Reduce 任务，结果会怎样？

! (c) 假设我们在 100 个 Map 任务中使用组合器，那么上述时间差异会不会十分显著？为什么？

2.3 使用 MapReduce 的算法

MapReduce 框架并不能解决所有问题，甚至有些可以基于多计算节点并行处理的问题也不宜采用 MapReduce。正如 2.1.2 节提到的那样，整个分布式文件系统只在文件巨大、更新很少的情况下才有意义。因此，不论是 DFS 还是 MapReduce 都不太适合管理在线零售数据，即使是使用数千计算节点来处理 Web 请求的大型在线零售商亚马逊网站也不适合。主要原因在于，亚马逊数据上的主要操作包括应答商品搜索需求、记录销售情况等计算量相对较小但更改数据库的过程[①]。不过，亚马逊可以使用 MapReduce 来执行大数据上的某些分析型查询，比如为每个用户找到和他购买模式最相似的那些用户。

---

① 即使你浏览但并不购买某件商品，亚马逊也会记录你曾经浏览过这件商品。

2

谷歌采用 MapReduce 最初是为了处理 PageRank 计算过程中必需的大矩阵–向量乘法（参见第 5 章）。我们马上就会看到，矩阵–向量和矩阵–矩阵计算非常适合采用 MapReduce 计算框架。另一类可以有效采用 MapReduce 框架的重要运算是关系代数运算。接下来我们将讨论 MapReduce 计算框架在上述两类运算中的应用。

2.3.1　基于 MapReduce 的矩阵–向量乘法实现

假定有一个 $n \times n$ 的矩阵 M，其第 i 行第 j 列的元素记为 m_{ij}。假定有一个 n 维向量 v，其第 j 个元素记为 v_j。于是，矩阵 M 和向量 v 的乘积是一个 n 维向量 x，其第 i 个元素 x_i 为

$$x_i = \sum_{j=1}^{n} m_{ij} v_j$$

如果 $n = 100$，就没有必要使用 DFS 或 MapReduce。但上述计算是搜索引擎中网页排序的核心环节，那里的 n 达到数万亿。[①]接下来我们首先假定这里的 n 很大，但还没有大到向量 v 无法放入内存的地步，而该向量是每个 Map 任务输入的一部分。

矩阵 M 和向量 v 会被各自存储在 DFS 的一个文件中。假定我们可以获得矩阵元素的行列下标，要么是从元素在文件中的位置获取，要么是从元素显式存储的三元组 (i, j, m_{ij}) 中获取。同样，我们假设向量 v 的元素 v_j 下标可以通过类似的方法来获得。

Map 函数　Map 函数应用于 M 的一个元素。但是如果执行 Map 任务的计算节点还没有将 v 读到内存，那么首先完整读入 v，然后 v 就可以被该 Map 任务中执行的所有 Map 函数所用。每个 Map 任务将整个向量 v 和矩阵 M 的一个文件块作为输入。对每个矩阵元素 m_{ij}，Map 任务会产生键–值对 $(i, m_{ij}v_j)$。因此，计算 x_i 的所有 n 个求和项 $m_{ij}v_j$ 的键值都相同。

Reduce 函数　Reduce 函数简单地将所有与给定键 i 关联的值相加即可得到结果 (i, x_i)。

2.3.2　向量 v 无法放入内存时的处理

上一节提到，如果向量 v 很大，那么它可能无法完整存放在内存中。当然，也不一定要将其放入计算节点的内存中，但是如果不放入，那么由于在计算过程中需要多次将向量的一部分导入内存，会导致大量的磁盘访问。一种替代方案是，将矩阵分割成多个宽度相等的**垂直条**（vertical stripe），同时将向量分割成同样数目的**水平条**（horizontal stripe），每个水平条的高度等于矩阵垂直条的宽度。我们的目标是使用足够的条来保证向量的每个条能够方便地放入计算节点的内存。图 2-4 是上述分割的示意图，其中矩阵和向量都分割成 5 个条。

---

① 这里的矩阵极其稀疏，每行平均大约只有 10 到 15 个非零元素。矩阵代表的是 Web 上的链接情况，当且仅当页面 j 有链接指向页面 i 时，矩阵元素 m_{ij} 才非零。需要指出的是，无法存储具有 10^{10} 个行和列的密集矩阵，因为其元素有 10^{20} 个。

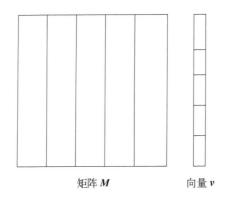

矩阵 M　　　向量 v

图 2-4　矩阵 M 和向量 v 的分割示意图，它们都被分成 5 个条

矩阵第 i 个垂直条只和向量的第 i 个水平条相乘。因此，可以将矩阵的每个条存成一个文件，同样将向量的每个条存成一个文件。矩阵某个条的一个文件块及对应的完整向量条会被输送到每个 Map 任务。然后，Map 和 Reduce 任务可以按照上一节所描述的过程来运行，不同的是之前Map 任务获得了完整的向量。

5.2 节还会讨论基于 MapReduce 的矩阵–向量乘法，因为该讨论针对的是某个具体的应用（PageRank 计算），所以有个额外的限制是结果向量必须和输入向量采用同样的分割方式，这样输出的结果才能作为另一轮矩阵–向量迭代相乘的输入。那时我们将会看到，最优的策略是将矩阵 M 分割成多个方块而不是垂直条。

2.3.3　关系代数运算

大规模数据上的很多运算被用于数据库查询。在很多传统数据库应用中，即使数据库本身很大，往往也只检索少量数据。例如，一个查询希望得到某个银行账户的余额。在这类查询上应用MapReduce 的效果并不明显。

然而，数据上的很多运算可以很容易地采用通用数据库查询原语来表述，即使这些查询本身并不在数据库管理系统中执行。因此，考察 MapReduce 应用的一个好的起点就是考虑关系上的标准运算。我们虽然假定你非常熟悉数据库系统、查询语言 SQL 和关系模型，但是这里还是对这些内容做个简单回顾。可以将**关系**（relation）看成由列表头（称作**属性**）组成的表。关系中的行称为**元组**（tuple）。关系中的属性集合称为关系的**模式**（schema）。我们经常写像 $R(A_1, A_2, \cdots, A_n)$这样的表达式，表示关系的名称是 R，其属性是 $A_1, A_2, \cdots, A_n$。

例 2.3　图 2-5 给出了一个描述 Web 结构的 Links 关系的一部分。关系中有两个属性：From和 To。每一行或元组都是一对 URL，表示至少存在一个链接从前一个 URL 指向后一个 URL。比如，图 2-5 中第一行(url1, url2)表示网页 url1 上存在一个链接指向网页 url2。尽管图中只给出了四个元组，但保存在典型搜索引擎中的实际 Web 关系或者仅仅一部分关系就包括数万亿个元组。□

一个关系不论有多大，在分布式文件系统中都可以存成一个文件。该文件的元素是关系中的元组。

From	To
*url*1	*url*2
*url*1	*url*3
*url*2	*url*3
*url*2	*url*4
⋮	⋮

图 2-5　关系 Links 由 URL 对集合组成，每个 URL 对表示第一个 URL
至少有一个链接指向第二个 URL

查询可以基于多个标准的关系运算来实现，这些运算通常称为**关系代数**（relational algebra），而查询本身常常被写成 SQL 语句。接下来要讨论的关系代数运算包括以下五个。

(1) **选择**（selection）　对关系 R 的每一个元组应用条件 C，得到仅满足条件 C 的元组。该选择运算的结果记为 $\sigma_C(R)$。

(2) **投影**（projection）　对关系 R 的某个属性子集 S，从每个元组中得到仅包含 S 中属性的元素。该投影运算的结果记为 $\pi_S(R)$。

(3) **并**（union）、**交**（intersection）**和差**（difference）　这些著名的集合运算可以应用于两个具有相同模式的关系的元组集合上。在 SQL 中也存在这些运算的**包**（bag，也称多重集）版本，这些版本在定义上不太直观。本书并不打算介绍这些运算的包版本。

(4) **自然连接**（natural join）　给定两个关系，比较其中对应的每对元组。如果两个元组的所有公共属性的属性值（即两个关系模式中的公共属性）一致，就生成一个新的元组，该元组由原来两个元组的公共部分加上非公共部分组成。如果两个元组的公共属性的属性值至少有一个不一致，那么就不输出任何元组。关系 R 和 S 的自然连接记为 $R \bowtie S$。虽然接下来主要讨论执行基于 MapReduce 的自然连接，但是这些方法同样适用于处理所有的**等值连接**（equijoin，在连接时，两个表中表示同一对象的属性的属性名称可以不一样）。例 2.4 将给出一个示例。

(5) **分组和聚合**[①]（grouping and aggregation）　给定关系 R，分组是指按照属性集合（称为**分组属性**）G 中的值对元组进行分割。然后对每个组的值按照某些其他属性进行聚合。通常允许的聚合运算包括 SUM、COUNT、AVG、MIN 和 MAX，每个运算的含义都显而易见。需要注意的是，MIN 和 MAX 运算要求聚合的属性类型必须具备可比性，如数或者字符串类型，而 SUM 和 AVG 则要求属性的类型能够进行算术运算。关系 R 上的分组-聚合运算记为 $\gamma_X(R)$，其中 X 为一个元素表，而每个元素可以是：

(a) 一个分组属性；

(b) 表达式 $\theta(A)$，其中 θ 是上述五种聚合运算之一（如 SUM），而 A 是一个非分组属性。

该运算对每个分组都输出一个元组结果。该元组由多个字段组成，其中每个分组属性对应一

---

① 有些对关系代数的描述并不包括这些运算，而且它们确实并不是关系代数最初定义的一部分。然而，这些运算在 SQL 中相当重要，因此现代关系代数都包含它们。

个字段，其字段值为该分组中的公共值。每个聚合运算也对应一个字段，字段值为对应分组的聚合值。例 2.5 将给出一个示例。

例 2.4　假定我们使用图 2-5 中的 Links 关系来寻找 Web 图中长度为 2 的路径。也就是说，要找一个三元 URL 组 (u, v, w)，其中从 u 到 v 有一个链接且从 v 到 w 有一个链接。实质上，为求解该问题，需要对 Links 关系本身进行自然连接运算。但是我们首先得想象有两个具有不同模式的关系，然后才能将问题求解看成自然连接。因此，想象存在 Links 关系的两个副本，分别是 $L1(U1, U2)$ 和 $L2(U2, U3)$。那么，通过计算 $L1 \bowtie L2$ 就可以对上述问题求解。也就是说，对 $L1$ 中的每个元组（即 Links 关系中的每个元组）$t1$ 及 $L2$ 中的每个元组（Links 关系中的另一个元组，该元组甚至可以是 $L1$ 中的元组自己）$t2$，考察它们的 $U2$ 元素是否相同，即 $t1$ 中的后一个字段和 $t2$ 中的前一个字段是否相等。如果这两个字段相等，那么就会以模式 $(U1, U2, U3)$ 产生一个元组结果。该结果由 $t1$ 的第一个字段、第二个字段（此时也是 $t2$ 的第一个字段）及 $t2$ 的第二个字段组成。

我们可能并不想要所有长度为 2 的路径，而只想要二元 URL 对 (u, w)，其中从 u 到 w 至少存在一条长度为 2 的路径。为达到这个目的，可以通过计算 $\pi_{U1, U3}(L1 \bowtie L2)$ 将第二个字段去掉。□

例 2.5　想象有一个社交网站拥有如下关系：

$$Friends(User, Friend)$$

该关系的每个元组 (a, b) 表示 b 是 a 的朋友。网站要对成员的朋友数目进行统计。第一步是计算每个用户的朋友数量，该过程可以通过分组和聚合运算完成，具体的运算为

$$\gamma_{User, COUNT(Friend)}(Friends)$$

上述运算按照第一个字段值将元组分组，因此对于每个用户而言就对应一个分组。然后，对每个组计算用户的朋友总数。最后的结果将是对每个分组输出一个元组，比如假设用户 Sally 有 300 个朋友，那么最后典型的分组输出结果为 (Sally, 300)。□

2.3.4　基于 MapReduce 的选择运算

选择运算实际上并不需要施展 MapReduce 的全部能力。尽管只需要单独的 Reduce 部分就可以完成选择运算，但是最方便的方式是只采用 Map 部分。以下给出了选择运算 $\sigma_C(R)$ 的一种 MapReduce 实现。

Map 函数　对 R 中的每个元组 t，检测它是否满足 C。如果满足，则产生一个键-值对 (t, t)。也就是说，键和值都是 t。

Reduce 函数　Reduce 函数的作用类似于恒等式，它仅仅将每个键-值对传递到输出部分。

需要注意的是，输出结果包含键-值对，所以它并不是一个关系。然而，只需要使用输出结果中的值部分或键部分就可以得到一个关系。

2.3.5　基于 MapReduce 的投影运算

投影运算的处理和选择运算很相似，但是投影运算可能会产生多个相同的元组，因此 Reduce 函数必须要剔除冗余元组。可以采用如下方式计算 $\pi_S(R)$。

Map 函数　对 R 中的每个元组 t，通过剔除 t 中属性不在 S 中的字段得到元组 t'，输出键-值对 (t', t')。

Reduce 函数　对任意 Map 任务产生的每个键 t'，将存在一个或多个键-值对 (t', t')，Reduce 函数将 $(t', [t', t', \cdots, t'])$ 转换成 (t', t')，以保证对该键 t' 只产生一个 (t', t') 对。

可以观察到上述 Reduce 操作实际就是在剔除冗余。该操作满足结合律和交换律，因此，与每个 Map 任务关联的组合进程可以剔除那些局部产生的冗余对。但仍然需要 Reduce 任务来剔除来自不同 Map 任务的两个相同元组。

2.3.6　基于 MapReduce 的并、交和差运算

首先考虑两个关系的并。假定关系 R 和 S 具有相同的模式。R 或 S 中的文件块将被分配给 Map 任务，文件块具体来自哪个关系并不重要。Map 任务实际上什么都不做，只是将输入元组作为键-值对传给 Reduce 任务，而后者只需要像投影运算一样剔除冗余。

Map 函数　将每个输入元组 t 转变为键-值对 (t, t)。

Reduce 函数　和每个键 t 关联的可能有一个或者两个值，两种情况下都输出 (t, t)。

为计算两个关系的交，可以使用与上述相同的 Map 函数。然而，Reduce 函数仅在两个关系都包含某个元组时才必须产生一个元组。如果键 t 有两个值 $[t, t]$ 构成的值表与之关联，那么 Reduce 任务会输出元组 (t, t)。然而，如果与 t 相关联的值表仅仅是 $[t]$，那么意味着 R 或 S 中不包含 t，因此我们不想为该交运算生成一个元组。此时需要一个值来表示"无元组"，比如 SQL 中的值 NULL。当基于输出结果构建关系时，这类元组将被忽略。

Map 函数　将每个输入元组 t 转变为键-值对 (t, t)。

Reduce 函数　如果键 t 的值表为 $[t, t]$，则输出 (t, t)，否则不产生任何结果。

R 和 S 的差 R–S 的计算要稍微复杂一点。只有出现在 R 中但不出现在 S 中的元组 t 才能出现在最终结果中。Map 函数可以将 R 和 S 中的元组输送给 Reduce 函数，但是必须告知每个元组到底来自 R 还是 S。因此，我们要把关系本身放进去作为键 t 的值。Map 和 Reduce 函数的具体过程如下。

Map 函数　对于 R 中的元组 t，产生键-值对 (t, R)。对于 S 中的元组 t，产生键-值对 (t, S)。需要注意的是，这里的值只是关系 R 或 S 的名称（更好的说法是，表示是关系 R 还是 S 的单个比特位），而非整个关系本身。

Reduce 函数　对每个键 t，如果相关联的值表是 $[R]$，则输出 (t, t)；否则，不产生任何结果。

2.3.7　基于 MapReduce 的自然连接运算

为了理解基于 MapReduce 的自然连接运算的实现，我们将考察一个特殊的例子：将 $R(A, B)$ 和 $S(B, C)$ 进行自然连接运算。该自然连接运算实际上要去寻找字段 B 相同的元组，即 R 中元组的第二个字段值等于 S 中元组的第一个字段值。接下来将使用两个关系中元组的 B 字段值作为键，而值为关系中的另一个字段以及关系的名称，因此 Reduce 函数会知道每个元组到底来自哪一个关系。

Map 函数 对于 R 中的每个元组 (a, b)，生成键–值对 $(b, (R, a))$，对 S 中的每个元组 (b, c)，生成键–值对 $(b, (S, c))$。

Reduce 函数 每个键值 b 会与一系列对相关联，这些对的形式要么是 (R, a)，要么是 (S, c)。基于 (R, a) 和 (S, c) 构建所有的对。该键及其值表的输出结果是一系列键–值对序列。键无关紧要，每个值为三元组 (a, b, c)，其中对应的 (R, a) 和 (S, c) 处于输入的值表当中。

上述算法在关系多于两个属性的情况下同样适用。假定 A 代表所有属于 R 但不属于 S 的属性，B 代表同时属于 R 和 S 的属性，C 代表仅在 S 中出现的属性。R 或 S 元组的键是所有同时属于 R 和 S 的属性的值所组成的列表，R 中元组的值是名称 R 加上属于 R 但不属于 S 的所有属性的值，S 中元组的值是名称 S 加上属于 S 但不属于 R 的所有属性的值。

Reduce 函数检查给定键的所有键–值对，并将 R 和 S 中的值以所有可能的方式组合。对每次配对来说，最终的元组由来自 R 的值、键值和来自 S 的值组成。

2.3.8 基于 MapReduce 的分组和聚合运算

同讨论连接操作一样，接下来我们通过一个极其简单的例子来说明基于 MapReduce 的分组和聚合运算。整个讨论中假定只有一个分组属性和一次聚合运算。假定对关系 $R(A, B, C)$ 施加运算 $\gamma_{A, \theta(B)}(R)$，那么 Map 函数主要负责分组运算，而 Reduce 函数则负责聚合运算。

Map 函数 对每个元组 (a, b, c)，生成键–值对 (a, b)。

Reduce 函数 每个键 a 代表一个分组，即对与键 a 关联的字段 B 的值表 $[b_1, b_2, \cdots, b_n]$ 施加 θ 运算。输出结果是 (a, x) 对，其中 x 是在上述值表上应用 θ 操作的结果。比如，如果 θ 是 SUM 运算，那么 $x = b_1 + b_2 + \cdots + b_n$；如果 θ 是 MAX 运算，那么 x 是 $b_1, b_2, \cdots, b_n$ 中的最大值。

如果存在多个分组属性，那么此时键就是这些属性对应的属性值表组成的一个元组。如果存在多个聚合运算，那么会在给定键的值表上应用 Reduce 函数进行每个聚合运算，产生包含键（如有多个分组属性，则基于这些分组属性来构建键）以及每个聚合运算的结果。

2.3.9 矩阵乘法

矩阵 M 中第 i 行第 j 列的元素记为 m_{ij}，矩阵 N 中第 j 行第 k 列的元素记为 n_{jk}，矩阵 $P = MN$ 中第 i 行第 k 列的元素记为 p_{ik}，其中

$$p_{ik} = \sum_j m_{ij} n_{jk}$$

需要指出的是，上述矩阵乘法中 M 的列数必须等于 N 的行数，才能保证上式中基于 j 求和是有意义的。

可以把矩阵看成一个具有如下三个属性的关系：行下标、列下标以及它们对应的值。因此，可以把矩阵 M 看成关系 $M(I, J, V)$，其元组为 (i, j, m_{ij})；可以把矩阵 N 看成关系 $N(J, K, W)$，其元组为 (j, k, n_{jk})。大型矩阵通常十分稀疏（绝大部分元素为 0），因为零元素可以被忽略，所以大矩阵特别适合采用关系表示。然而，在文件中，矩阵元素的下标 i、j、k 可能并不和元素一起显式出现。这种情况下，Map 函数就必须根据数据的位置来构建元组的 I、J 和 K 字段。

2

矩阵乘积 MN 大致是一个自然连接运算再加上分组和聚合运算。也就是说，关系 $M(I, J, V)$ 和 $N(J, K, W)$ 的自然连接只有一个公共属性 J，对于 M 中的每个元组 (i, j, v) 和 N 中的每个元组 (j, k, w)，两个关系的自然连接会产生元组 (i, j, k, v, w)。该五字段元组代表了两个矩阵的元素对 (m_{ij}, n_{jk})。我们的实际目标是对元素求积，即产生四字段元组 $(i, j, k, v \times w)$。一旦在 MapReduce 操作后得到该结果关系，接下来就可以进行分组和聚合运算了，其中 I 和 K 是分组属性，$V \times W$ 的和是聚合结果。也就是说，矩阵乘法可以通过两个 MapReduce 运算的级联来实现，整个过程如下。

Map 函数 对每个矩阵元素 m_{ij} 产生键-值对 $(j, (M, i, m_{ij}))$，对每个矩阵元素 n_{jk} 产生键-值对 $(j, (N, k, n_{jk}))$。注意上述值当中的 M、N 并不是矩阵本身，而是矩阵的名字（像自然连接中与此相似的 Map 函数中一样）。更好的说法是，它们是表示元素来自 M 还是 N 的一个比特位。

Reduce 函数 对每个键 j，检查与之关联的值的列表。对每个来自 M 的值 (M, i, m_{ij}) 和来自 N 的值 (N, k, n_{jk})，产生键-值对，其中的键为 (i, k)，值为元素的乘积 $m_{ij}n_{jk}$。

接下来通过另一个 MapReduce 运算来进行分组聚合运算。

Map 函数 该函数只是一个恒等函数。也就是说，对每个键为 (i, k)、值为 v 的输入元素来说，该函数会产生相同的键-值对结果。

Reduce 函数 对每个键 (i, k)，计算与此键关联的所有值的和，结果记为 $((i, k), v)$，其中 v 是矩阵 $P = MN$ 第 i 行第 k 列的元素值。

2.3.10 基于单步 MapReduce 的矩阵乘法

对于同一个问题而言，可以采用的 MapReduce 实现策略通常不止一种。对于上一节的矩阵乘法 $P = MN$ 问题，你可能期望只通过单步 MapReduce 过程来实现①。实际上，如果在两个函数中分别加入更多工作，这个期望是可以实现的。首先利用 Map 函数来创建需要的矩阵元素集合以计算结果 $P = MN$ 中的每个元素。注意，M 或 N 的一个元素会对结果中的多个元素有用，因此一个输入元素将会转变为多个键-值对。键的形式是 (i, k)，其中 i 是 M 的一行，k 是 N 的一列。Map 和 Reduce 函数的主要功能如下。

Map 函数 对于矩阵 M 中的每个元素 m_{ij}，产生所有的键-值对 $((i, k), (M, j, m_{ij}))$，其中 $k = 1, 2, \cdots$，直到矩阵 N 的列数。同样，对于矩阵 N 中的每个元素 n_{jk}，也产生所有的键-值对 $((i, k), (N, j, n_{jk}))$，其中 $i = 1, 2, \cdots$，直到矩阵 M 的行数。和前面一样，这里的 M 和 N 实际上只是指出值到底来自哪个关系的比特位。

Reduce 函数 每个键 (i, k) 相关联的值 (M, j, m_{ij}) 和 (N, j, n_{jk}) 将组成一个表，其中 j 对应所有可能的值。对于每个 j，Reduce 函数必须将具有相同 j 值的 (M, j, m_{ij}) 和 (N, j, n_{jk}) 接通。一个简单的方法是将所有 (M, j, m_{ij}) 和 (N, j, n_{jk}) 分别按照 j 值排序并放到不同的列表中。将两个列表的第 j 个元组中的 m_{ij} 和 n_{jk} 抽出来相乘，然后将这些积相加，最后与键 (i, k) 组对作为 Reduce 函数的输出结果。

我们可能会注意到，如果 M 的一行或 N 的一列过大，不能放进内存，那么 Reduce 任务将不得不使用外部排序方法来对给定键 (i, k) 所关联的值排序。但在这种情况下，矩阵本身也会很大，

---

① 但是，我们会在 2.6.7 节看到，对于矩阵乘法而言，两遍 MapReduce 算法通常要优于单遍 MapReduce 算法。

可能有 10^{20} 个元素。如果矩阵很密集的话，我们不太可能尝试上述计算方法。但是如果矩阵比较稀疏，那么与任意键相关联的值会少得多，此时对积的求和运算就可以在内存中进行。

2.3.11 习题

习题 2.3.1 设计 MapReduce 算法来实现下列功能，其中每种功能的输入都是整数构成的大文件，而输出则是下面的情形之一：

  (a) 最大整数；

  (b) 所有整数的平均值；

  (c) 整数集合，但是每个整数只出现一次；

  !(d) 输入中不同整数的出现次数。

  上面每一种情况下，都假设每个元组对的键被忽略或抛弃

习题 2.3.2 2.3 节在进行矩阵-向量乘法时假设矩阵 M 是方阵。现在假定 M 是一个 $r \times c$ 的一般矩阵，其中 r 和 c 分别是矩阵 M 的行数和列数。请对本节中的算法进行修改，以适应这种一般性的情况。

  !**习题 2.3.3** 在 SQL 中的关系代数实现中，关系并不表示成集合，而是包，即一个元组可以出现多次。这种情况下，原有的并、交、差等概念就要做相应的扩展。请写出 R 和 S 包的下列运算的 MapReduce 实现算法：

  (a) 包并（bag union） 定义为元组的包，其中元组 t 出现的次数为其在 R 和 S 中的出现次数总和；

  (b) 包交（bag intersection） 定义为元组的包，其中元组 t 出现的次数为其在 R 和 S 中的出现次数的最小值；

  (c) 包差（bag difference） 定义为元组的包，其中元组 t 出现的次数为其在 R 和 S 中的出现次数的差。如果元组在 S 中出现的次数比在 R 中多，那么该元组不出现在最终结果中。

  !**习题 2.3.4** 选择运算也可以基于包来进行。运算的结果也是那些满足选择条件的元组，不过这些元组之间可以有重复。请给出这种选择运算的一个基于 MapReduce 的实现。

  习题 2.3.5 关系代数运算 $R(A, B) \bowtie_{B<C} S(C, D)$ 能够产生形如 (a, b, c, d) 的元组，其中 (a, b) 来自关系 R，(c, d) 来自 S，并且 $b < c$。假定 R 和 S 都是集合，给出上述运算的一个 MapReduce 实现。

  !**习题 2.3.6** 2.3.5 节提到剔除冗余的操作满足结合律和交换律，请证明这一事实。

2.4 MapReduce 的扩展

事实已经证明 MapReduce 具有很强大的影响力，以至于引发了一系列扩展和改进。经过扩展或改进的系统和 MapReduce 系统一样具备如下特性：

  (1) 它们都建立在分布式文件系统之上；

  (2) 它们都管理着大量任务，这些任务是用户编写的少量函数的实例化结果；

  (3) 它们都为大任务执行过程中发生的大部分故障提供处理方法，以免重启整个任务。

本节首先讨论工作流系统，该系统通过支持函数的无环网络调用来扩展 MapReduce，其中每个函数由一组任务来实现。虽然已经有许多这样的系统（请参考 2.8 节），但一个越来越流行的选择是加州大学伯克利分校的 Spark。谷歌的 TensorFlow 也同样重要。虽然 TensorFlow 由于专门用于机器学习应用而未被普遍视作一个工作流系统，但是它实际上有一个工作流架构。

另一类系统使用数据的图模型。计算发生在图的节点上，消息从任一节点发送到其任一相邻节点。这种类型的原始系统是谷歌的 Pregel，它有自己独特的故障处理方法。但是现在，在工作流系统上实现图模型功能并使用工作流系统的文件系统和故障管理功能已经是一种普遍做法了。

2.4.1 工作流系统

工作流系统（workflow system）将 MapReduce 从一个简单的两步工作流（Map 函数输出结果并传递给 Reduce 函数）扩展为函数集的任意组合，并通过一个无环图来表示函数之间的工作流。也就是说，存在一个无环**工作流图**（flow graph），其中 $a \rightarrow b$ 表示函数 a 的输出结果是函数 b 的输入（a 和 b 是工作流图的两条边，分别对应两个函数）。

从一个函数传递到下一个函数的数据是同类元素构成的文件。如果某个函数的输入是单个文件，那么这个函数将被独立地应用于该输入文件中的每个元素，就像 Map 和 Reduce 函数被分别应用于它们的输入元素一样。函数的输出是一个文件，由将函数应用到每个输入的结果整合而成。如果一个函数的输入来自不止一个文件，那么来自每个文件中的元素可以以各种方式组合。但是，该函数本身被应用于输入元素的组合，该组合中来自每个输入文件的元素最多只有一个。在 2.4.2 节中讨论并（union）和关系连接（relational join）的实现时，我们将看到此类组合的示例。

例 2.6 图 2-6 给出了一个工作流的示意图。图中有 5 个函数 f、g、h、i、j，数据采用特定的方式从左向右传递，因此该数据流图是无环图，任何任务只有在输入准备好之后才能输出数据。比如，函数 h 的输入是分布式文件系统中的一个已有文件。h 的每个输出元素会传递给函数 i 和 j，其中 i 同时接受 f 和 h 的输出作为输入。j 的输出要么保存在分布式文件系统中，要么传递给调用该数据流的应用。□

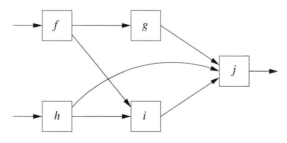

图 2-6 一个比两步 MapReduce 更复杂的工作流示例

类似于 Map 和 Reduce 函数，工作流中的每个函数可以由很多任务执行，每个任务会被分配一部分输入。主控进程负责将整个工作分割成多个任务来执行，每个任务都是一个函数的具体实现，而分割算法通常通过哈希函数将输入元素分配给合适的接收元素任务。因此，与 Map 任务类似，每个执行函数 *f* 的任务会输出一个数据文件，该文件会传递给每个执行 *f* 后续函数的任务。主控进程会在合适时机（产生文件的任务已经执行完成时）分发这些文件。

工作流中的函数及执行它们的任务与 MapReduce 任务具有一个共同的重要特性：**阻塞性**（blocking property），即只有任务完成之后才会将输出传递给接收任务。因此，如果某个任务失败，其结果将不会传递给它在工作流中的任何后续任务。[①]这样的话，主控进程才能在其他计算节点上重启该任务，同时不用担心结果会与之前传递给其他任务的输出重复。

很多工作流应用系统是 MapReduce 任务的级联。一个例子是三个关系的连接运算，其中一个 MapReduce 过程将前两个关系连接，另一个 MapReduce 过程将第三个关系和前面两个关系的连接结果相连接。两个过程都可以使用与 2.3.7 节中类似的实现算法。

以单个工作流的方式来实现这种级联有一个优点。举例来说，任务间的数据流动及复制可以通过主控进程来管理，这样就不需要将 MapReduce 过程输出的临时文件存放在分布式文件系统中了。通过定位那些已有一份输入副本的计算节点任务，可以避免很多通信开销。如果先存储某个 MapReduce 过程的结果，然后启动新的 MapReduce 任务，那么这种开销很难避免（尽管 Hadoop 及其他 MapReduce 系统也试图定位那些输入已到位的 Map 任务）。

2.4.2　Spark

Spark 本质上是一个工作流系统。相比于早期的工作流系统，它在如下几个方面有所进步：

(1) 处理故障时更高效；

(2) 在计算节点上对任务进行分组和对函数执行进行调度时更高效；

(3) 集成了编程语言的一些功能和函数库，其中前者包括循环（严格来说，它不属于无环工作流这类系统）。

Spark 的中心数据抽象称为**弹性分布式数据集**（Resilient Distributed Dataset，RDD）。RDD 是某类对象构成的文件。到目前为止，我们看到的 RDD 主要是 MapReduce 系统中使用的键-值对文件。它们也是图 2-6 中讨论过的函数之间传递的文件。RDD 中的"分布式"是指一个 RDD 通常会被分解成多个块，这些块可能保存在不同的计算节点上；而"弹性"则是期望能够从 RDD 的任意或所有块的故障中恢复过来。然而，与 MapReduce 的键-值对抽象不同，组成 RDD 的元素是没有类型限制的。

Spark 程序由一系列步骤组成，每个步骤通常会将一些函数应用于某个 RDD 然后生成另一个 RDD。这种操作称为**转换**（transformation）。也可以从周围的文件系统（如 HDFS）中获取数据，将其变成一个 RDD，并将该 RDD 返回给周围的文件系统，或者产生一个结果返回给调用 Spark 程序的应用。后一种操作称为**执行**（action）。

我们不会试图列出所有可用的转换和执行操作，也不会只关注某种特定编程语言的字典，因为 Spark 操作被设计成可以用许多编程语言来表达。以下是一些常用操作。

[①] 正如我们将在 2.4.5 节看到的那样，阻塞性只在无环工作流中才成立，支持递归的系统无法利用该特性来处理故障。

1. Map、Flatmap 和 Filter

Map 转换以一个函数为参数，并将该函数应用于某个 RDD 的所有元素，从而生成另一个 RDD。这个操作应该会让我们想起 MapReduce 的 Map，但是两者并不完全相同。在 MapReduce 中，Map 函数首先只能应用于键-值对，其次产生一组键-值对，其中每个键-值对被认为是 Map 函数输出中的一个独立元素。而在 Spark 中，Map 函数可以应用于任意对象类型，但结果只会生成一个对象。结果对象的类型可以是集合，但这与从一个输入对象生成多个对象是不同的。如果希望从单个对象生成一组对象，Spark 提供了另一个转换操作，称为 Flatmap。它类似于 MapReduce 的 Map，但并不要求所有类型都是键-值对。

例 2.7　假设输入 RDD 是类似于例 2.1 中进行词数统计的文档文件。我们可以编写一个 Spark Map 函数，以一篇文档为输入生成一系列二元对，每对的形式都是$(w, 1)$，其中 w 是文档中的一个单词。但是，如果这样做，那么输出 RDD 就是一个集合列表，每个集合由一篇文档的所有词组成，每个词与 1 组成对。如果想复制例 2.1 中描述的 Map 函数，那么需要使用 Spark 中的 Flatmap 转换。该操作应用于文档的 RDD，产生另一个 RDD，后者的每个元素都是单个$(w, 1)$对。　　□

Spark 还提供了一种称为 Filter 的操作，类似于限制形式的 Map。与将函数作为参数不同，Filter 转换采用一个谓词作为参数，该谓词应用于输入 RDD 中的对象类型。谓词为每个对象返回 true 或 false，而 Filter 转换的输出 RDD 仅由输入 RDD 中那些返回 true 的对象组成。

例 2.8　我们接着看例 2.7，这次假设要避免计算停用词：像 the 或者 and 那样的常见词。我们可以编写一个 Filter 函数并将要删除的单词列表内置于其中。如果将函数应用于某个$(w, 1)$对，当且仅当 w 不在列表上时，该函数返回 true。然后，我们可以编写一个 Spark 程序，首先将 Flatmap 应用于文档的 RDD，生成一个 RDD R_1，R_1 由$(w, 1)$对构成，其中单词 w 在任何文档中的每次出现对应一个$(w, 1)$。之后，程序将这个删除停用词的 Filter 应用于 R_1，生成另一个 RDD，记为 R_2。R_2 也由$(w, 1)$对构成，其中单词 w 在任何文档的每次出现对应一个$(w, 1)$，不过这里的 w 不能是停用词。　　□

2. Reduce

在 Spark 中，Reduce 是一个执行操作，而不是转换操作。也就是说，Reduce 操作应用于一个 RDD，但是会返回一个值，而不是另一个 RDD。Reduce 的参数是一个函数，该函数接受属于特定类型 T 的两个元素，并返回另一个同样属于类型 T 的元素。当应用到一个元素类型为 T 的 RDD 时，Reduce 就会反复应用于每对连续元素，并将它们归约到单个元素。当只剩下一个元素时，该元素就成为了 Reduce 操作的结果。

例如，如果 Reduce 的参数是加法函数，且 Reduce 的这个实例应用于整数元素构成的 RDD，那么结果将是单个整数，它是 RDD 中所有整数的和。只要函数参数满足结合律和交换律（比如加法），那么元素以何种顺序组合到输入 RDD 中并不重要。当然，这里也可以使用任意函数，只要我们对于任意顺序的元素组合满意即可。

3. 关系数据库运算

有许多内置的 Spark 操作在行为上类似于 RDD 所表示关系上的关系代数运算。也就是说，将 RDD 的元素看作关系的元组，连接（Join）这一转换操作接受两个 RDD，其中每个 RDD 表示一种关系，每个 RDD 的类型必须是键–值对，并且这两个关系的键类型必须相同。然后，该转换操作分别从两个 RDD 各找一个键值相等的对象，比如 (k, x) 和 (k, y)。对于每次找到的对，连接会操作产生键–值对 $(k, (x, y))$，输出的 RDD 由所有这样的对象构成。

SQL 中的分组（group-by）运算也通过转换 GroupByKey 在 Spark 中实现。此转换将类型为键–值对的 RDD 作为输入，输出 RDD 也是一组具有相同键类型的键–值对。输出的值类型是输入类型的值列表。GroupByKey 按键对其输入 RDD 进行排序，每个键 k 产生一对 $(k, [v_1, v_2, \cdots, v_n])$，其中 v_i（$1 \leqslant i \leqslant n$）是与输入 RDD 中的键 k 相关联的所有值。注意，GroupByKey 正是 MapReduce 在后台执行的那个操作，以便能按键对 Map 函数的输出进行分组。

2.4.3　Spark 实现

Spark 的实现与 Hadoop 或其他 MapReduce 的实现有许多不同。我们将讨论其中两个重要的改进：RDD 的惰性评估（lazy evaluation，也称延迟评估）和 RDD 血统（lineage）。在此之前，应该提一下 Spark 与 MapReduce 的一个类似之处，即大型 RDD 的管理方式。

回想一下，当将 Map 应用于大型文件时，MapReduce 会将该文件划分为多个块，并为每个或一组块创建一个 Map 任务。块及其任务通常分布在许多不同的计算节点中。同样，许多 Reduce 任务可以在不同的计算节点上并行运行，每个任务都从由 Map 传递到 Reduce 的整个键-值对集合上取出一部分进行处理。Spark 也允许将任一 RDD 划分为多个块，每个块称为一个**分割块**（split）。每个分割块都可以指定给不同的计算节点，并且可以在每个分割块上并行地执行该 RDD 上的转换。

1. 惰性评估

正如 2.4.1 节中提到的那样，工作流系统通常利用阻塞特性进行错误处理。为此，将一个函数应用于单个中间文件（类似于 RDD），并且只有在函数完成之后，才会将该函数的输出提供给该输出的使用者。然而，Spark 实际上只在需要时才对 RDD 使用转换操作，这通常是因为它必须应用某个执行操作。例如，在周围的文件系统中存储计算后的 RDD 或者将结果返回给某个应用。

这种**惰性评估**策略的好处是，许多 RDD 并不是一次全部构建好的。当在一个节点上创建一个 RDD 的分割块时，可以立即在同一个计算节点上使用它对其应用另一个转换操作。这种策略的好处是，该 RDD 从不存储在磁盘上，也从不传输到另一个计算节点，因此在一些情况下能以数量级方式节省运行时间。

例 2.9　考虑例 2.8 中提到的情况，其中 Flatmap 应用于一个 RDD，我们将其称为 R_0。注意，RDD R_0 是通过将外部文档文件转换为 RDD 而创建的。由于 R_0 是一个大文件，我们将把它分成几个分割块，然后并行处理。

R_0 上的第一个转换会应用 Flatmap 来为每个词创建一系列 $(w, 1)$ 对。对于 R_0 的每个分割块，结果 RDD（在例 2.8 中称为 R_1）的一个分割块在同一个计算节点上被创建。然后，R_1 的这个分割块被传递给转换 Filter，这将消除第一个元素是停用词的对。当此 Filter 应用于当前分割块时，结果是位于相同计算节点的 RDD R_2 的一个分割块。

　　但是，如果不对 R_2 应用执行操作，Flatmap 和 Filter 转换都不会发生。例如，Spark 程序可以将 R_2 存储在周围的文件系统中，或者执行一个 Reduce 操作来计算单词的出现次数。只有当程序达到这个执行操作时，Spark 才会对 R_0 应用 Flatmap 和 Filter 转换，并在每个拥有 R_0 分割块的计算节点上并行地运行这些转换。因此，R_1 和 R_2 的分割块只存在于创建它们的计算节点本地。除非程序员显式地要求对它们进行维护，否则只要在本地使用后，这些分割块就会被删除。　　□

2. RDD 的弹性

　　对于 RDD 的弹性，大家会很自然地问：在例 2.9 中，如果某个计算节点在创建一个 R_1 分割块之后并在将其转换为一个 R_2 分割块之前出现故障，会发生什么情况？由于 R_1 没有备份到文件系统中，所以它会不会永远丢失？Spark 中替代中间值冗余存储的办法是记录它创建的每个 RDD 的"血统"。该血统告诉 Spark 系统如何重建该 RDD 或者在需要时重建 RDD 的分割块。

　　例 2.10　再次考虑到例 2.9 描述的情况，R_2 的血统会表明它是通过在 R_1 上应用停用词剔除这个特殊的 Filter 来创建的。类似地，R_1 是通过在 R_0 上应用将文档单词转换为$(w, 1)$对的 Flatmap 操作而创建的，而 R_0 是从周围文件系统的一个特定文件创建的。

　　例如，如果丢失了 R_2 的一个分割块，我们就知道可以从对应的 R_1 分割块重建它。但是由于该 R_1 分割块存在于同一个计算节点中，我们可能也丢失了这个分割块。如果这样的话，可以再从 R_0 的相应分割块重构它。当然，如果这个计算节点失败，R_0 的分割块可能也丢失了。但是我们知道，可以从周围的文件系统重构 R_0 的分割块，而文件系统很可能是冗余的、不会丢失。因此，Spark 将找到另一个计算节点，在那里重新构造文件系统中丢失的 R_0 分割块，然后应用已知的转换来重新构造 R_1 和 R_2 的相应分割块。　　□

　　从例 2.10 可以看出，Spark 中的节点故障恢复要比 MapReduce 或冗余存储中间值的工作流系统更复杂。然而，出现故障时更复杂的恢复通常意味着正常时有更快的速度。Spark 程序运行得越快，运行时出现节点故障的可能性就越小。

　　我们应该将 Spark 在面对故障时仍然能够执行程序的需要与长期文件的冗余存储需要进行对照。在很长一段时间内，故障几乎肯定会出现，所以如果不对文件进行冗余存储，就很可能会丢失文件的一部分。但在短时间内，比如几分钟甚至几小时内，很可能不会出现故障。因此，如果短时间确实存在故障，愿意付出更多代价是合理的。

2.4.4　TensorFlow

　　TensorFlow 是最初由谷歌开发的一个开源系统，用于支持机器学习应用。与 Spark 一样，TensorFlow 也提供了一个编程接口，可以用来编写一系列程序步骤。尽管像 Spark 一样可以进行代码段的反复迭代，但 TensorFlow 程序通常是无循环的。

　　Spark 和 TensorFlow 的一个主要区别来自程序各步之间传递的数据类型。TensorFlow 使用张量代替 RDD，而张量简单来说就是一个多维矩阵。

　　例 2.11　常数（比如 3.141 59）被看作一个零维张量。向量是一维张量。例如，向量$(1, 2, 3)$可以在 TensorFlow 中写成$[1., 2., 3.]$。矩阵是二维张量。例如，矩阵

$$
\begin{array}{cccc}
1 & 2 & 3 & 4 \\
5 & 6 & 7 & 8 \\
9 & 10 & 11 & 12
\end{array}
$$

在 TensorFlow 中表示为[[1., 2., 3., 4.], [5., 6., 7., 8.], [9., 10., 11., 12.]]。

更高维数组在 TensorFlow 中也可以表示。例如，一个全 0 的立方体可以表示为[[[0., 0.], [0., 0.]], [[0., 0.], [0., 0.]]]。 □

尽管张量实际上是 RDD 的一种受限形式，TensorFlow 的强大之处在于它选择的内置操作。线性代数运算可以作为函数调用。例如，如果希望矩阵 C 是矩阵 A 和矩阵 B 的乘积，那么可以这样表达

```
C = tensorflow.matmul(A, B)
```

甚至更强大的常见机器学习方法都内嵌为 TensorFlow 语言中的操作，单条语句就可以调用一个以张量形式表示的模型。该模型使用类似于梯度下降（将在 9.4.5 节和 12.3.4 节中讨论）的方法从训练数据中构建，而训练数据同样可以表示为一个张量。

2.4.5 MapReduce 的递归扩展版本

很多大规模计算实际上是递归求解。一个重要的例子就是第 5 章会讲到的 PageRank。该计算简单而言就是一个矩阵-向量乘法不动点的计算。基于 MapReduce 计算 PageRank，可以通过迭代应用 2.3.1 节介绍的矩阵-向量乘法算法，或者采用 5.2 节将介绍的一种更复杂的策略来实现。通常，整个计算过程会迭代一个未知的步数，每一步都是一个 MapReduce 任务，直到连续两步迭代之间的结果充分接近才认为计算过程收敛。另一种在大规模数据上递归求解算法的例子是梯度下降，我们刚刚在介绍 TensorFlow 时提到过。

递归通常通过 MapReduce 过程的迭代调用来实现，原因是真正的递归任务并不具备独立重启失效任务所必需的特性。对于一个相互递归的任务集，其中每个任务的输出至少为某些其他任务的输入，不可能直到任务结束才产生输出。如果所有任务都遵循这个原则的话，那么任何任务永远都不能收到任何输入，任何工作者都无法完成。因此，在存在递归工作流（即工作流图不是无环的）的系统中，必须引入一些特别的机制来处理任务失效问题，而不只是简单地重启。下面先考察一个采用工作流的递归实现样例，然后讨论处理任务失效的各种方法。

例 2.12 假设有一个有向图，它的边可以通过关系 $E(X, Y)$ 来表示，即从节点 X 到节点 Y 有一条边。我们的目标是计算路径关系 $P(X, Y)$，即在 X 和 Y 之间存在一条路径，路径的长度至少为 1。一个简单的递归实现算法如下：

(1) 一开始令 $P(X, Y) = E(X, Y)$；

(2) 当 P 发生改变时，将下列元组加入 P

$$
\pi_{X, Y}(P(X, Z) \bowtie P(Z, Y))
$$

也就是说，寻找节点 X、Y，其中 X 到某个节点 Z 存在路径，而 Z 到 Y 也存在路径。

图 2-7 是组织递归任务来执行计算的示意图。这里存在两类任务：**连接任务**和**去重任务**。连接任务有 n 个，每个任务对应哈希函数 h 的一个输出结果。当发现 a、b 之间存在路径时，元组

$P(a, b)$就会变成两个编号分别是 $h(a)$ 和 $h(b)$ 的连接任务的输入。当第 i 个连接任务收到输入元组 $P(a, b)$时，它的工作就是寻找某些以前看到过的元组（该任务将这些元组存在本地）。

(1) 将 $P(a, b)$存在本地。

(2) 如果 $h(a) = i$，则寻找元组 $P(x, a)$并输出元组 $P(x, b)$。

(3) 如果 $h(b) = i$，则寻找元组 $P(b, y)$并输出元组 $P(a, y)$。

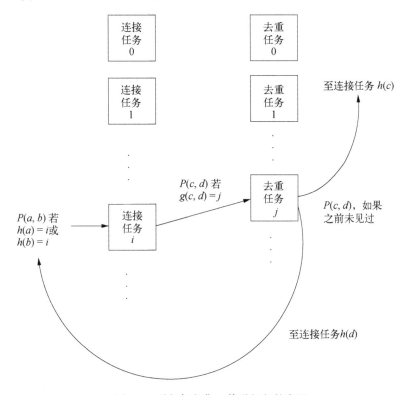

图 2-7　递归任务集上传递闭包的实现

注意，只在极为罕见的情况下才会有 $h(a) = h(b)$，此时步骤(2)和步骤(3)才会同时执行。但通常来说，对于一个给定的输入元组，步骤(2)和步骤(3)只有一个会执行。

同时还存在 m 个查重任务，每个任务对应哈希函数 g 的一个输出结果，而 g 有两个输入参数。如果 $P(c, d)$是某个连接任务的输出，那么它将传递给第 j 个查重任务，其中 $j = g(c, d)$。接收到 $P(c, d)$之后，第 j 个查重任务会检查以前是否收到过该元组，因为这是查重任务。如果以前收到过，该元组将被忽略。否则，它将会在本地存放并传递给两个编号为 $h(c)$ 和 $h(d)$ 的连接任务。

每个连接任务会输出 m 个文件，每个文件都对应一个查重任务，而每个查重任务又会输出 n 个文件，每个对应一个连接任务。这些文件可以按照任一策略进行分发。一开始，$E(a, b)$这个表示边的元组被分发到查重任务，$E(a, b)$将以 $P(a, b)$的方式传送到编号为 $g(a, b)$的查重任务。主控进程将一直等待，直到每个连接任务完成对其完整输入的一轮处理。然后，所有的输出文件将分发到查重任务作为它们自己的输入。查重任务的输出结果又传递连接任务作为它们下一轮的输入。另一种可选的方式为，每个任务可以一直等待，直到它产生足够的输出来证明传送输出文件到目标任务的合法性，即使该任务还没使用所有的输入时也可以这样做。   □

在例 2.12 中，两类任务并不是必需的。其实，由于连接任务必须保存以前收到的元组，因此它在收到重复元组时就可以进行去重处理。但是，当必须从任务失效中恢复时，采用例 2.12 的做法就具有优势。如果每个任务都保存其曾经产生的所有输出文件，并且连接任务和查重任务分别放置在不同的机架上，那么就可以处理任何单计算节点故障或单机架故障。也就是说，一个必须重启的连接任务能够获得以前产生的所有结果，这些结果是查重任务所必需的输入。反之亦然。

在上述计算传递闭包的例子中，没有必要防止重启任务产生原先任务产生过的结果。在传递闭包的计算中，某条路径的重新发现也不影响最终的结果。然而，很多计算不能容忍的一种情况是，原始任务和重启任务都将同样的输出传递给另外一个任务。例如，当计算的最后一步是聚合（比如图中每个节点能够达到的节点数目）时，计算两次路径就会获得错误的结果。

至少已经有如下三种方法能用于递归程序运行中的故障处理。

(1) 递归 MapReduce：将递归编写为一个 MapReduce 作业或一系列 MapReduce 作业的反复执行过程。然后，可以依赖 MapReduce 实现的故障机制来处理任何步骤的故障。这种系统的第一个例子是 HaLoop（参见 2.8 节）。

(2) Spark 方法：Spark 语言实际上包括迭代语句，比如 for 循环，允许实现递归。这里，使用 Spark 的惰性评估和血缘机制实现故障管理。此外，Spark 程序员可以选择存储递归的中间状态。

(3) 整体同步系统：这些系统利用图模型来计算，下一节将进行介绍。它们通常利用另一种称为周期性快照（periodic checkpointing）的弹性策略。

2.4.6   整体同步系统

在计算集群中实现递归算法的另一种方法以谷歌的 Pregel 系统为代表，这是第一个使用基于图的整体同步系统来处理大量数据的系统。这类系统将数据看成图，图中每个节点大致对应一个任务（在实际中大规模图的若干节点可能会被打包到一个任务中，就像例 2.12 的连接任务一样）。每个图节点会产生输出消息给图中的其他节点，而每个节点会对从其他节点传来的输入消息进行处理。

例 2.13   假定我们的数据是带边权重的图，目标是为图中的每个节点寻找到其他任一节点的最短路径长度。一开始，每个图节点 a 都保存诸如 (b, w) 的对的集合，其中 w 是从 a 到 b 的已知最短路径，这表示 a 到 b 的边权重为 w。这些事实最初被以三元组 (a, b, w) 的方式传递给其他所有节点。[①]当节点 a 收到三元组 (c, d, w) 时，它会计算当前到 c 的距离。也就是说，如果本地保存了 (c, v)，就把它找出来。它同时还会找出 (d, u)，如果该元组存在的话。如果 $w + v < u$，那么 (d, u) 将被替换为 $(d, w + v)$，如果不存在 (d, u)，那么 $(d, w + v)$ 将保存在节点 a 上。两种情况下，消息 $(a, d, w + v)$ 都会被传递给其他节点。   □

---

① 虽然该算法会造成大量的通信开销，但是这里只是为了说明 Pregel 计算模型而给出的一个简单样例。

Pregel 中的计算组织成**超步**（superstep）。在每个超步中，任意节点在上一步收到的所有消息将被处理（如果当前超步就是第一步，则进行初始化处理），然后那些节点产生的所有消息都会传递给目标节点。正是这种将多个消息打包的方式使得这种方法被冠以"整体同步"的名字。

以这种方式对消息分组有一个非常重要的优点。网络通信时通常需要大量开销来发送任意消息，但是消息可能会很短。假设在例 2.13 中，我们在每次发现一个新的最短距离事实时都会向相关节点发送一个新消息。如果网络图很大，那么发送的消息数量将非常巨大，并且此类算法的实现是不现实的。但是，在整体同步系统中，负责管理图中多个节点的任务可以将其节点发送的所有消息打包发送到另一个任务管理的任一节点上。这种做法通常可以减少发送所有消息所需时间的数量级。

Pregel 中的故障处理

当某个计算节点失效时，Pregel 不会尝试在该计算节点上重启失效任务。与此相反，Pregel 在执行完一些超步之后会记录整个计算的现场，即记录检查点情况。检查点会对每个任务的全部状态进行记录，因此，当有需要时就能从检查点重启。一旦某个计算节点失效，整个任务将从最近的检查点重启。

上述恢复策略尽管会重做很多并未失效的任务，但是在很多场景下还是令人满意的。这里再回顾一下 MapReduce 系统仅支持失效任务重启的原因：主要是为了保证整个任务在失效情况下的期望完成时间不比无失效时长太多。只要失效的恢复时间远短于两次失效间的平均时间，那么任意失效处理系统就能满足上述要求。因此，Pregel 系统有必要在执行若干超步之后记录检查点以保证在这些超步中失效概率很低。

2.4.7 习题

! **习题 2.4.1** 假定某个作业包含 n 个任务，每个任务的运行时间是 t 秒。因此，如果不出现失效情况的话，所有计算节点上的执行任务的时间总和是 nt。再假设一个任务在每个作业每秒钟的失效概率是 p，当某任务失效时，重启的管理开销要在整个作业执行之外增加 $10t$ 秒钟。请问整个作业期望的总执行时间是多少？

! **习题 2.4.2** 假定一个 Pregel 作业在每个超步中失效的概率是 p，建立检查点的执行时间（对所有计算节点求和）是超步执行时间的 c 倍，那么为了使得整个作业的执行时间最小化，在两次建立检查点之间应该运行多少次超步？

2.5 通信开销模型

到目前为止，本章介绍了在计算集群上实现的一系列算法，本节主要介绍一个度量这些算法质量的模型。我们假定这里的计算采用 2.4.1 节讨论的无环工作流来描述。很多应用的瓶颈在于任务间的数据移动，比如将 Map 任务的输出结果传输给适当的 Reduce 任务。作为示例，我们以单步 MapReduce 作业实现多路连接运算。我们会看到在某些情况下，该方法比直接采用两路连接的级联效率更高。

2.5.1 任务网络的通信开销

设想某个算法基于无环网络组成的任务来实现。这些任务可以是标准 MapReduce 算法中 Map 任务输出给 Reduce 任务，或者是多个 MapReduce 作业的级联，或者是一个更一般化的工作流结构，比如该结构中包含多个任务，其中每个任务都实现了图 2-6 中的工作流。[①]某个任务的**通信开销**就是输入的大小。该大小可以通过字节来度量。但是，因为下面将以关系数据库运算为例，所以我们将元组的数目作为度量指标。

算法的通信开销是实现该算法的所有任务的通信开销之和。我们将集中关注通过通信开销来度量算法效率的方法。特别地，我们在估计算法的运行时间时并不考虑每个任务的执行时间。虽然也存在例外，即任务的执行时间占据主要比例，但这种情况在实际中很罕见，我们还是基于下列原因主要关注通信开销。

- ❑ 算法中的每个执行任务一般都非常简单，时间复杂度常常和输入规模成线性关系。
- ❑ 计算集群中典型的互连速度是 1 Gb/s。这看上去很快，但是与处理器执行指令的速度相比，还是要低一些。此外，在很多集群架构中，当多个计算节点需要在同一时间互连时会产生竞争。因此，在任务传输元素的同等时间内，计算节点可以在收到的输入元素上面做大量工作。
- ❑ 即使任务在某个计算节点上执行，而且该节点正好有任务所需的文件块副本，文件块也通常存放在磁盘上。将文件块输送到内存的时间可能会长于文件块到达内存后所需的处理时间。

假定通信开销占主要地位，那么为什么仅仅计算输入规模而不是输出规模？该问题的答案主要包括两个要点。

(1) 如果任务 τ 的输出是另一个任务的输入，那么当度量接收任务的输入规模时，任务 τ 的输出的规模已经被计算。因此，没有理由计算任务的输出规模，除非这些任务的输出直接构成整个算法的最终结果。

(2) 但在实际当中，算法的输出规模与输入规模或算法产生的中间数据相比，几乎都要更小一些。这主要是因为大量输出如果不经过概括或聚合处理就不能用。举例来说，尽管我们在例 2.12 中讨论了一个图的完整传递闭包的计算，但是实际上想要的可能简单很多，比如只需要计算从每个节点出发可达的节点数目，或者单个节点可达的节点集合。

例 2.14 本例计算 2.3.7 节中连接算法的通信开销。假设对 $R(A, B)$、$S(B, C)$ 这两个关系进行连接运算，即求解 $R(A, B) \bowtie S(B, C)$，关系 R 和 S 的规模分别是 r 和 s。R 和 S 文件的每个文件块传递给一个 Map 任务，因此所有 Map 任务的通信开销之和是 $r + s$。需要注意的是，在典型的执行过程中，每个 Map 任务将在一个拥有相应文件块的计算节点执行，因此 Map 任务的执行不需要节点间的通信。但是 Map 任务必须从磁盘读入数据。因为所有 Map 任务所做的只是将每个输入元组简单地转换成键-值对，所以不论输入来自本地还是必须要传送到计算节点，它们的计算

---

① 需要注意的是，该图中表示的是函数而非任务。如果是任务网络，那么以图中例子为例，可能会有多个任务执行函数 f，而每个任务将数据传递给执行函数 g 和函数 i 的每个任务。

开销相对于通信开销都会很小。

Map 任务的输出规模之和与其输入规模大体相当。每个输出的键-值对传给一个 Reduce 任务，该 Reduce 任务不太可能与刚才的 Map 任务在同一计算节点上运行。因此，Map 任务到 Reduce 任务的通信有可能通过集群的互连来实现，而不是从内存到磁盘的传输。该通信的开销为 $O(r+s)$，因此连接算法的通信开销是 $O(r+s)$。

Reduce 任务针对属性 B 的一个或多个值执行 Reducer 过程（Reduce 函数应用于单个键及其关联值表）。每个 Reducer 将收到的输入分成来自 R 和来自 S 的元组。每个来自 R 的元组和每个来自 S 的元组产生一个输出。连接的输出规模可能比 $r+s$ 大也可能比它小，这取决于给定的 R 元组和 S 元组能够连接的可能性。举例来说，如果有很多不等的 B 字段值，那么可以想象结果的规模会较小，而如果不同的 B 字段值很少，输出的规模则可能会很大。

如果输出规模很大，那么从 Reducer 产生所有输出的计算开销就会比 $O(r+s)$ 大很多。然而，我们将遵循如下假设：如果连接的输出规模较大，那么可以通过某些聚合操作来减少输出的规模。聚合运算往往在 Reduce 任务中执行并输出结果。必须将该连接的结果发送给其他一系列执行该聚合操作的任务，因此通信开销至少与产生连接结果的计算开销成正比。□

2.5.2 时钟时间

尽管通信开销往往影响集群计算环境下的算法选择，我们也必须意识到**时钟时间**（wall-clock time）的重要性。所谓时钟时间是指并行算法花费的时间。只要稍加推理，就可以通过将所有工作分配给一个任务来最小化总的通信开销。但是这种算法的时钟时间会非常长。到目前为止，我们提到的算法都将工作公平地分配给不同的任务，因此在给定可用计算节点数目的情况下时钟时间会尽可能短。

2.5.3 多路连接

为了理解如何通过分析通信开销来选择集群计算环境下的算法，本节将以**多路连接**（Multiway Join）为例进行深入考察。存在一个一般性理论供我们进行如下处理。

(1) 在三个或更多关系的自然连接中，选定关系的某些属性并将它们的值哈希到一定数量的桶中。

(2) 对每个属性选择桶的数目，使得这些数目的乘积为 k，其中 k 是即将使用的 Reducer 的数目。

(3) 利用桶编号向量标记 k 个 Reducer 中的每一个，其中向量的每一个分量对应属性上的哈希结果。

(4) 将每个关系的元组传递给可能会找到元组与之连接的所有 Reducer。也就是说，给定元组 t 的某些哈希属性有值，因此可以对这些值进行哈希来确定 Reducer 标识向量中的部分分量。标识向量中的其他分量是未知的，因此 t 一定要传递给未知分量所有可能取值所对应的所有 Reducer。

2.5.4 节会给出上述一般性技术的例子。

这里我们仅考察三个关系的连接运算，即 $R(A, B) \bowtie S(B, C) \bowtie T(C, D)$。假定关系 R、S 和 T 的规模分别是 r、s 和 t。简单起见，假定下列事件的概率是 p：

(1) 一个 R 元组和一个 S 元组的 B 字段一致的概率；

(2) 一个 S 元组和一个 T 元组的 C 字段一致的概率。

如果先利用 2.3.7 节的 MapReduce 算法连接 R 和 S，那么通信开销是 $O(r+s)$，中间连接 $R \bowtie S$ 的结果规模是 prs。然后我们将该结果与 T 连接，此次 MapReduce 作业的通信开销为 $O(t + prs)$。因此，整个算法由两个二路连接构成，总的通信开销是 $O(r+s+t+prs)$。另一种做法是先连接 S 和 T，再与 R 连接，这种做法的通信开销是 $O(r+s+t+pst)$。

第三种做法是采用单个 MapReduce 作业来一次性连接三个关系。假定我们计划用 k 个 Reducer 来完成该作业。选择数字 b 和 c 分别代表将字段 B 和字段 C 哈希到的桶数目。令 h 表示将字段 B 的值映射到 b 个桶的哈希函数，g 表示将字段 C 的值映射到 c 个桶的另一个哈希函数。要求 $bc = k$，也就是说，每个 Reducer 对应一对桶，其中一个容纳字段 B 的值，另一个容纳字段 C 的值。每当 $h(v) = i$ 且 $g(w) = j$ 时，对应桶对 (i, j) 的 Reducer 就负责连接元组 $R(u, v)$、$S(v, w)$ 和 $T(w, x)$。

因此，输送 R、S、T 元组给相应 Reducer 的 Map 任务必须将 R 元组和 T 元组输送到不止一个 Reducer 中。对于一个 S 元组 $S(v, w)$，我们知道其 B 字段和 C 字段的值，因此可以将该元组只传递给 $(h(v), g(w))$ 对应的 Reducer。但是，R 元组 $R(u, v)$ 呢？我们知道它只会传递到 $(h(v), y)$ 对应的 Reducer，但是 y 值不得而知。就我们所知，字段 C 可以取任意值。因此，必须将 $R(u, v)$ 传递给 c 个 Reducer，这是因为 y 可以是对应 C 字段值的 c 个桶的任意值。类似地，必须将 T 元组 $T(w, x)$ 传递给 $(z, g(w))$ 对应的 Reducer，其中 z 可以取任意值。这种 Reducer 的数目是 b。

三路连接的计算开销

　　每个 Reduce 任务必须完成三个关系中部分关系的连接，一个问题就是这种连接的执行时间是否和输入规模呈线性关系。尽管更复杂的连接可能在线性时间内无法完成，但是我们给出的例子中的连接能够在每个 Reduce 进程中高效执行。首先，对 R 中的 B 字段建立索引来组织所接收到的 R 元组。同样，对 T 中 C 字段建立索引来管理 T 元组。然后，考虑每个接收到的 S 元组 $S(v, w)$。利用 R 中 B 字段索引找到所有满足 $R.B = v$ 的 R 元组，利用 T 中 C 字段索引找到所有满足 $T.C = w$ 的 T 元组。

例 2.15　假设 $b = c = 4$，因此 $k = 16$。可以将这 16 个 Reducer 想象成按照矩形来安排（参见图 2-8）。图 2-8 中有一个假想的 S 元组 $S(v, w)$，满足 $h(v) = 2$ 且 $g(w) = 1$。Map 任务仅将该元组传递给 Reducer$(2, 1)$。对于另一个 R 元组 $R(u, v)$，由于 $h(v) = 2$，该元组被传递给所有形如 $(2, y)$ 的 Reducer，其中 $y = 1, 2, 3, 4$。最后，我们看到有一个 T 元组 $T(w, x)$，由于 $g(w) = 1$，它应该被传递给所有形如 $(z, 1)$ 的 Reducer，其中 $z = 1, 2, 3, 4$。注意，我们是在进行元组连接运算，这三个元组仅仅只在一个编号为 $(2, 1)$ 的 Reducer 中才会相遇。　　　　□

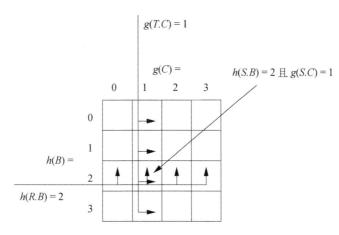

图 2-8　16个 Reducer 一起来完成一个三路连接运算

现在我们假定 R、S 和 T 的规模各不相同，和前面一样分别用 r、s 和 t 来表示。如果将 B 字段值哈希到 b 个桶，将 C 字段哈希到 c 个桶，其中 $bc = k$，那么将所有元组传递到合适的 Reducer 的总通信开销是下列值的和：

(1) s　将每个元组 $S(v, w)$ 仅仅传递一次到 Reducer $(h(v), g(w))$；

(2) cr　将每个元组 $R(u, v)$ 传递到 c 个 Reducer $(h(v), y)$，y 的可能取值有 c 个；

(3) bt　将每个元组 $T(w, x)$ 传递到 b 个 Reducer $(z, g(w))$，z 的可能取值有 b 个。

另外，将每个关系的每个元组输入某个 Map 任务还有 $r + s + t$ 的开销，这个开销是固定的，与 b、c 和 k 无关。

我们必须选择 b 和 c，它们要满足限制条件 $bc = k$，并且要使得 $s + cr + bt$ 最小。可以采用拉格朗日乘子法求解，即令函数 $s + cr + bt - \lambda(bc - k)$ 对 b 和 c 的偏导数值为 0。即必须求解方程组

$$\begin{pmatrix} r - \lambda b = 0 \\ t - \lambda c = 0 \end{pmatrix}$$

由于 $r = \lambda b$ 且 $t = \lambda c$，将两个等式对应的左边与左边相乘、右边与右边相乘有 $rt = \lambda^2 bc$，又由于 $bc = k$，于是得到 $rt = \lambda^2 k$，求得 $\lambda = \sqrt{rt / k}$。因此，当 $c = t/\lambda = \sqrt{kt / r}$，$b = r/\lambda = \sqrt{kr / t}$ 时通信开销取最小值。

将上述取值代入公式 $s + cr + bt$ 得到 $s + 2\sqrt{krt}$。这就是 Reduce 任务的通信开销，然后再加上 Map 任务的通信开销 $s + r + t$。因此，总的通信开销是 $r + 2s + t + 2\sqrt{krt}$。大部分情况下，由于 $r + t$ 通常比 $2\sqrt{krt}$ 小一个 $O(\sqrt{k})$ 因子，因此可以忽略 $r + t$。

例 2.16　本例主要考察在什么情况下三路连接的通信开销会低于两个二路连接的级联。为简化讨论，假设 R、S 和 T 都是同一个关系 R。R 代表社交网络（如 Facebook）中的"朋友"关系。Facebook 大约有 1 000 000 000 个注册用户，每个用户平均拥有 300 个朋友。因此，关系 R 有 $r = 3 \times 10^{11}$ 个元组。假设我们想计算 $R \bowtie R \bowtie R$，或许这是为达到如下目的所需计算的一部分：

找出每个用户所拥有的朋友的朋友的朋友的数目或者找出具有最多的朋友的朋友的朋友的用户。[1]

R 关系自身三路连接的开销是 $4r + 2r\sqrt{k}$，其中 Map 任务的开销是 $3r$，而 Reduce 任务的开销是 $r + 2\sqrt{kr^2}$，由于假设 $r = 3 \times 10^{11}$，因此整个连接的开销是 $1.2 \times 10^{12} + 6 \times 10^{11}\sqrt{k}$。

接下来考虑 R 自身连接之后再与 R 进行连接，即两次二路连接的开销。第一次连接中每个 Map 和 Reduce 任务的开销是 $2r$，因此第一次连接的通信开销仅为 $4r = 1.2 \times 10^{12}$。但是 $R \bowtie R$ 的输出结果规模很大，我们无法给出具体的数目，因为朋友往往会落到不同的子圈子中，所以对于一个拥有 300 个朋友的人而言，其朋友的朋友数目可能会远远小于最大的可能值 90 000。假定我们对 $R \bowtie R$ 的规模采用非常保守的估计，规模值不是 $300r$，而是仅为 $30r$，即 9×10^{12}。因此，第二次连接 $(R \bowtie R) \bowtie R$ 的通信开销为 $1.8 \times 10^{13} + 6 \times 10^{11}$。于是，两次连接的总开销为 $1.2 \times 10^{12} + 1.8 \times 10^{13} + 6 \times 10^{11} = 1.98 \times 10^{13}$。

我们想知道三路连接的开销 $1.2 \times 10^{12} + 6 \times 10^{11}\sqrt{k} < 1.98 \times 10^{13}$ 是否成立，而要成立的话必须有 $6 \times 10^{11}\sqrt{k} < 1.86 \times 10^{13}$，即 $\sqrt{k} < 31$。也就是说，如果使用的 Reducer 数目不多于 $31^2 = 961$，将优先考虑使用三路连接方法。 □

星型连接

商业数据挖掘中的一个常用结构是**星型连接**（Star Join）。例如，连锁商店（如沃尔玛）会保存一个事实表，表中的每个元组代表一次销售记录。该关系形为 $F(A_1, A_2, \cdots)$，其中每个属性 A_i 代表的是销售中的一个重要字段（主键），比如顾客、顾客购买的物品、分店号或销售日期等。对每个键属性又存在一个维度表给出属性的相关信息。例如，维度表 $D(A_1, B_{11}, B_{12}, \cdots)$ 可能代表顾客，A_1 是该顾客的 ID，也是本关系的主键。每个 B_{1i} 可以是顾客的姓名、地址、电话等信息。通常来说，事实表会远远大于维度表。比如，一个事实表可能有 10 亿个元组，而 10 个维度表中的每个表有 100 万个元组。

分析师通过提交**分析型查询**（analytic query）来进行数据挖掘，这些查询往往通过将事实表和几个维度表连接（星型连接）后再聚合为一个有用的形式来实现。举例来说，分析师可能提出查询"将 2010 年每个月的短裤销售情况按地区和颜色聚合成表"。在本节提出的通信开销模型下，通过多路连接方式将事实表和维度表进行连接几乎肯定会比关系的两两连接要高效。实际上，不论有多少可用计算节点，都应将事实表存储在所有这些节点并将维度表永远按照我们所要的方式复制，这样才能连接事实表和所有维度表。在这种特殊情况下，只有主属性（上面的 A_1、A_2……）会被哈希到桶中，每个主属性对应的桶数目与其维度表的规模成正比。

2.5.4 习题

习题 2.5.1 计算如下每个算法的通信开销，计算结果基于算法中使用的关系、矩阵或向量规模的函数来表示。

---

[1] 这类用户，或者更一般地说是那些具有巨大延伸朋友圈的人，是通过赠送免费样品开展营销计划的最佳对象。

(a) 2.3.2 节的矩阵–向量乘法。

(b) 2.3.6 节的并算法。

(c) 2.3.8 节的聚合算法。

(d) 2.3.10 节的矩阵相乘算法。

! **习题 2.5.2** 假定关系 R、S 和 T 的规模分别是 r、s 和 t。我们希望使用 k 个 Reducer 来计算三路连接 $R(A, B) \bowtie S(B, C) \bowtie T(A, C)$。我们将字段 A、B 和 C 分别哈希到 a、b 和 c 个桶中，其中 $abc = k$。每个 Reducer 都与一个桶编号向量相关联，该向量的三个分量分别对应三个哈希函数的结果。试确定 a、b 和 c 的值（结果都表示为 r、s、t 和 k 的函数），使得算法的通信开销最小。

! **习题 2.5.3** 假定对事实表 $F(A_1, A_2, \cdots, A_m)$ 和维度表 $D_i(A_i, B_i)$ 进行星型连接，其中 $i = 1$, 2, $\cdots$, m。假设有 k 个 Reducer，每个任务都有一个桶编号向量与之关联，向量的每个分量分别对应主属性 $A_1, A_2, \cdots, A_m$。假设属性 A_i 经哈希后的桶数目为 a_i，很自然地，$a_1, a_2, \cdots, a_m = k$。最后假定每个维度表 D_i 的规模是 d_i，事实表的规模比维度表的规模要大得多。如果采用单个 MapReduce 过程实现，那么求 $a_1, a_2, \cdots, a_m$ 的值，使得星型连接的开销最小。

2.6 MapReduce 复杂性理论

下面将进一步深入讨论 MapReduce 算法的设计。2.5 节介绍了这样一种思想：Map 任务和 Reduce 任务之间的通信开销会占据这些任务的大部分时间。接下来将考察其他需要 MapReduce 的场景与通信开销的关系，特别是想缩减时钟时间并在主存当中执行每个 Reducer。回想一下，一个 Reducer 是指在单个键及其关联值表上的 Reduce 函数执行过程。本节探索的重点在于，对于很多问题来说，有一大堆需要不同通信量的 MapReduce 算法可用。此外，算法使用的通信量越小，那么它在其他方面可能就越差，包括时钟时间和所需的主存大小等。

2.6.1 Reducer 规模及复制率

现在我们介绍刻画 MapReduce 算法族的两个参数。第一个是 **Reducer 规模**（reducer size），记为 q。该参数是单个键的关联值表中元素数目的上界。在选择 Reducer 规模时，心里至少要有如下两个目标。

(1) 通过将 Reducer 规模设置得很小，就可以强制确定有多个 Reducer。也就是说，按照 Map 任务对问题输入的切分方式而形成很多不同的键。如果还创建了很多 Reduce 任务，甚至对每个 Reducer 创建一个任务的话，那么就会高度并行，此时预期的时钟时间就会很短。

(2) Reducer 规模可以设置得足够小，以便确保单个 Reducer 关联的计算可以完全在 Reduce 任务所在的计算节点的主存中运行。不论 Reducer 做的计算如何，如果能够避免在主存和磁盘之间反复移动数据，就能极大地减少运行时间。

第二个参数是**复制率**（replication rate），记为 r。r 定义为所有 Map 任务在所有输入上产生的键-值对的数目除以输入的数目。也就是说，复制率是从 Map 任务到 Reduce 任务每个输入上的平均通信开销（通过键-值对计数来计算）。

例 2.17   考虑 2.3.10 节的一遍矩阵相乘算法。假设涉及的所有矩阵都是 $n \times n$ 的，于是复制率 r 等于 n。原因非常容易理解：对于每个元素 m_{ij}，会产生 n 个键-值对，这些对的键的形式都是 (i, k)，其中 $1 \le k \le n$。同样，对于另一个矩阵的每个元素 n_{jk}，也会产生 n 个键-值对，每个键-值对的键是所有 (i, k) 的一个，其中 $1 \le i \le n$。这种情况下，不仅对一个输入元素产生的平均键-值对数目为 n，而且对每个输入来说该数值就是 n。

我们也会看到，所需的 Reducer 规模 q 为 $2n$。也就是说，对每个键 (i, k)，有 n 个键-值对表示第一个矩阵中的元素 m_{ij}，还有 n 个键-值对来自第二个矩阵的元素 n_{jk}。尽管 Reducer 规模和复制率分别取 n 和 $2n$ 只代表一遍矩阵乘法中的一个具体算法，我们将会看到该算法是一大堆算法中的一个，实际上代表了一个极端情况，此时 q 尽可能小，而 r 取最大值。更一般地，r 和 q 之间的折中关系可以表示为 $qr \ge 2n^2$。   □

2.6.2   一个例子：相似性连接

为了解 r 和 q 在实际当中如何折中，下面将考察一个著名的问题，称为**相似性连接**（similarity join）。该问题中，给定一个拥有大规模元素的集合 X 以及一个相似度度量函数 $s(x, y)$，后者可以度量 X 中的元素 x 和 y 的相似程度。在第 3 章我们会学到相似度的重要概念，并且会学到一些快速寻找相似元素的技巧。但是这里只考虑上述问题的最原始形式，即必须考察 X 中的每对元素，并通过函数 s 确定它们的相似度。我们假设 s 函数是对称的，即 $s(x, y) = s(y, x)$，同时假定对 s 的其他信息一无所知。算法输出的是相似度超过某个给定阈值 t 的元素对。

例如，假定我们有一个 100 万张图片组成的数据集，每张图片都是 1 MB。因此，整个数据集的大小为 1 TB。我们不会给出相似度函数 s 的具体描述，但 s 可能在图片的颜色分布一致或者在相应区域颜色分布一致的情况下得到更高的值。任务的目标是寻找具有相同类型对象或场景的图片对。这个问题十分困难，但是按颜色分布来分类一般有助于实现目标。

下面看看使用 MapReduce 来实现在该问题中发现的自然并行机制时的计算方式。输入是键-值对 (i, P_i)，其中 i 是图片的 ID，P_i 是图片本身。因为要对每对图片进行对比，所以对每个双 ID 构成的集合 $\{i, j\}$ 使用一个键。这样大约有 5×10^{11} 对 ID。而对每个键 $\{i, j\}$ 都与两个值 P_i 和 P_j 关联，因此对应 Reducer 的输入为 $(\{i, j\}, [P_i, P_j])$。于是，Reduce 函数能够简单地将相似度函数 s 应用于两张图片的值上。也就是说，计算 $s(P_i, P_j)$ 并确定相似度计算的结果是否高于阈值，如果高的话就输出这两张图片。

可惜的是，上述算法会彻底失败。因为所有的表都不超过两个值，所以 Reducer 规模是很小的，或者说全部输入的大小不会超过 2 MB。尽管我们不是特别清楚 s 函数的运算过程，一个合理的期望是该函数需要的内存不会超过可用的内存。但是，由于对每张图片都会产生 999 999 个键-值对，其中每个键-值对对应的是数据集中的一张其他图片，因此算法的复制率为 999 999。于是 Map 任务和 Reduce 任务的通信总量为 1 000 000（这么多张图片）× 999 999（复制率）× 1 000 000（每张图片的大小）。该值为 10^{18} 字节，或者说 1 EB。这么大规模的数据在吉字节带宽的以太网

下进行传输将需要 10^{10} 秒，大约相当于 300 年[①]。

好在，在可能的一系列算法中，上述算法只是一个极端。我们可以通过将图片分为 g 组（每组 $10^6/g$ 张）来表示这些算法。

Map 函数　对输入元素 (i, P_i) 生成 $g-1$ 个键-值对，对每个键-值对，键是可能的集合 $\{u, v\}$ 中的一个，其中 u 是图片 i 所在的组，v 是另一个组。关联的值为 (i, P_i)。

Reduce 函数　考虑键 $\{u, v\}$，关联的值列表将包含 $2 \times 10^6/g$ 个元素 (j, P_j)，其中 j 要么属于 u 组，要么属于 v 组。Reduce 函数对列表中的每对 (i, P_i) 和 (j, P_j) 应用相似度函数 $s(P_i, P_j)$，其中 i 和 j 属于不同的组。此外，我们需要比较属于同一组的图片，但是并不想在所有 $g-1$ 个键包含给定组编号的 Reducer 中进行相同的计算。有很多方法可以处理这个问题，其中一个如下：在编号为 $\{u, u+1\}$ 的 Reducer 上比较 u 组的元素，其中 "+1" 采用的是循环上的意义。也就是说，如果 $u = g$（即 u 是最后一组），那么 $u+1$ 就是第一组。否则，$u+1$ 代表的就是编号比 u 大 1 的那个组。

于是可以将复制率和 Reducer 规模算成组数 g 的函数。每个输入元素转换为 $g-1$ 个键-值对。也就是说，复制率为 $g-1$。由于假设组数 g 仍然相当大，于是 r 近似等于 g。Reducer 规模为 $2 \times 10^6/g$，因为这是每个 Reducer 表上值的数目。每个值大约 1 MB，因此输入需要的存储量是 $2 \times 10^{12}/g$ 字节。

例 2.18　如果 g 为 1000，那么输入需要大约 2 GB。对于典型的计算机内存来说，可以存下所有的输入。此外，现在所有的通信量为 $10^6 \times 999 \times 10^6$，大约为 10^{15} 字节。尽管这个数目的通信量仍然巨大，但是已经是原始算法的 1/1000。还有，此时的 Reducer 数目仍然在 50 万左右。由于不可能拥有这么多计算节点，可以将所有 Reducer 分到很小数目的 Reduce 任务中，并使得所有计算节点保持忙碌状态。也就是说，我们可以达到计算集群所能提供的最大并行度。　　□

只要每个 Reducer 的输入能够放入内存，上述这类算法的计算开销就与组数 g 无关。原因在于，计算量是函数 s 在图片对上的应用结果。不管 g 的值如何，s 对每个图片对应用且只应用一次。因此，尽管上述算法中的工作可以用不同方法分配到 Reducer 中，但所有算法都进行相同的计算。

2.6.3　MapReduce 问题的一个图模型

本节开始研究的技术让我们可以证明，对很多问题来说，复制率的下界为 Reducer 规模的函数。我们首先介绍问题的图模型。这里的图描述了问题的输出与输入之间的依赖关系。可利用的核心思想是：由于 Reducer 操作上互相独立，对每个输出而言，都一定存在某个 Reducer 会收集所有针对该输出所需的输入。对每个可以通过 MapReduce 解决的问题都有：

(1) 一个输入集合；

(2) 一个输出集合；

(3) 输入和输出之间有多对多的关系，其中每个关系描述的是产生某个输出所必需的输入。

[①] 在一个常规的集群中，有很多交换机用于连接计算节点的子集，因此并非所有的数据都要通过单个吉字节交换机。但是，所有可用的通信量仍然足够小，因此在我们假设的数据规模下使用该算法是不可行的。

例 2.19   图 2-9 给出了 2.6.2 节介绍的相似度连接问题的一张图，其中图片数目是 4 而不是 100 万。输入是图片，输出为所有可能的 6 个图片对。每个输出都与其两个输入元素相连。像图中这样，输出其实是输入的所有配对的问题非常普遍，后面我们将它称为"所有对"（all-pair）问题。   □

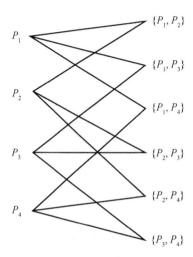

图 2-9   一个相似度连接中的输入–输出关系图

例 2.20   矩阵乘法会给出一个更复杂的图。如果将 $n \times n$ 的矩阵 M 和 N 相乘得到矩阵 P，那么有 $2n^2$ 个输入 m_{ij} 和 n_{jk}，有 n^2 个输出 p_{ik}。每个输出 p_{ik} 与 $2n$ 个输入相关：$m_{i1}, m_{i2}, \cdots, m_{in}$ 和 $n_{1k}, n_{2k}, \cdots, n_{nk}$。此外，每个输入与 n 个输出相关。比如，m_{ij} 与 $p_{i1}, p_{i2}, \cdots, p_{in}$ 有关。图 2-10 给出了在一种简单情况下的矩阵乘法中输入–输出关系，其中三个矩阵都是 2×2 矩阵：

$$\begin{bmatrix} a & b \\ c & d \end{bmatrix}\begin{bmatrix} e & f \\ g & h \end{bmatrix} = \begin{bmatrix} i & j \\ k & l \end{bmatrix}$$ □

在例 2.19 和例 2.20 的问题中，所有的输入和输出都清晰地展示了出来。但是，在其他一些问题中，输入和输出可能无法在该问题的任何实例中展示出来。这种问题的一个例子就是 2.3.7 节所讨论的 $R(A, B)$ 和 $S(B, C)$ 的自然连接。我们假设属性 A、B、C 都属于有限域，因此可能的输入和输出数目都是有限的。输入为所有的 R 元组和 S 元组，其中 R 元组由 A 域的一个值和 B 域的一个值组成，而 S 元组由 B 域的一个值和 C 域的一个值组成。输出为所有可能的三元组，元组的每个元素依次来自 A、B、C。输出(a, b, c)与两个输入 $R(a, b)$ 和 $S(b, c)$连接。

但是在连接运算的一个实例中，只有某些可能的输入会展示出来，因此只会产生可能的一些输出。上述事实并不会影响该问题的图。我们仍然需要知道每个可能的输出如何与输入关联，而不管该输出是否在给定实例中展示出来。

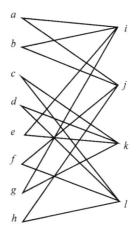

图 2-10　矩阵乘法中的输入–输出关系

2.6.4　映射模式

现在我们已经知道如何将 MapReduce 处理的问题表示成图，接下来可以定义用于解决某个给定问题的 MapReduce 算法的需求了。每个算法必须有一个**映射模式**（mapping schema），即如何表示算法所用的多个 Reducer 产生输出的过程。也就是说，对于给定问题给定 Reducer 规模 q 时，映射模式是指输入到一个或多个 Reducer 的分配方式。这种分配方式能够做到以下两点。

(1) 任何一个 Reducer 都不能分配超过 q 个输入。

(2) 对于问题的每一个输出而言，至少有一个 Reducer 会被分配与输出关联的所有输入。此时我们说，该 Reducer **覆盖**（cover）了输出。

(1)是 Reducer 大小的简单定义。(2)是合理的，因为 Reducer 只能看到给它的输入。如果所有 Reducer 都看不到输出依赖的所有输入，那么所有 Reducer 都不能够正确地生成该输出，因此假定的算法将再不起作用。应该说，对任意 Reducer 规模而言，映射模式的存在可以将单个和多个 MapReduce 作业能够解决的问题区分开来。

例 2.21　重新考虑 2.6.2 节"所有对"连接中讨论的"分组"策略。为使问题一般化，假设输入为 p 张图片，我们将它们放到 g 个大小相等的组中，每个组中的输入大小都等于 p/g。输出的数目为 $\dbinom{p}{2}$，或者说近似等于 $p^2/2$。一个 Reducer 会收到两个组的输入，也就是 $2p/g$ 个输入，因此所需要的 Reducer 规模为 $q = 2p/g$。每张图片会被发送给由本组和其他 $g-1$ 组之一构成的对所对应的 Reducer。因此，复制率为 $g-1$，或者说大概为 g。如果在 $q = 2p/g$ 中将 g 替换为复制率 r，那么就有 $r = 2p/q$。也就是说，复制率与 Reducer 规模成反比。这种关系十分普遍：Reducer 规模越小，复制率就越大，因此通信量就越大。

这一族算法可以通过一族映射模式来描述，每个模式对应每个可能的 q。在 $q = 2p/g$ 的映射模式中，有 $\binom{g}{2}$ 或者说大约 $g^2/2$ 个 Reducer。每个 Reducer 对应一个组对，输入 P 会分配组对给包含 P 的组的那些 Reducer。因此，每个 Reducer 分配的输入不会超过 $2p/g$。实际上，每个 Reducer 分配的输入数目正好是这个值。此外，每个输出都被某个 Reducer 所覆盖。具体地说，如果输出是来自两个不同的组 u 和 v 所构成的组对，那么该输出会被 $\{u, v\}$ 所对应的 Reducer 所覆盖。如果输出仅仅对应来自一个组 u 的输入，那么该输出会被几个 Reducer 所覆盖，这些 Reducer 对应所有 $v \neq u$ 条件下的 $\{u, v\}$。需要注意的是，我们介绍的算法只选择了上述多个 Reducer 中的一个来计算输出，但是其实任意一个都**可以**。   □

一个输出依赖于某个输入这个事实意味着，当该输入在 Map 任务中处理时，至少会生成一个键-值对用于计算该输出。该值不一定是输入本身（比如例 2.21），而是来自输入。重要的是，对每个相关的输入和输出都有唯一的键-值对需要进行通信。注意，严格说来，因为输入可以直接自己传给 Reducer，而且不管 Map 函数在输入上做了什么变换，该变换也可以被 Reducer 用于产生该输出，所以对于给定的输入和输出来说，不要求一定需要一个以上的键-值对。

2.6.5   并非所有输入都存在时的处理

例 2.21 中所有可能的输入都会存在，这是因为可以将输入集合定义为那些在数据集中真正存在的图片。但是，正如在 2.6.3 节结尾讨论的那样，像计算连接这样的任务中会有问题，其中输入-输出图描述的是，输入可能存在，而输出只在至少一个输入在数据集中存在时才得到。实际上，对于连接操作来说，要得到输出，两个相关的输入必须同时存在。

对于输出可能缺失的问题，算法仍然需要映射模式。理由是，所有输入或任一输入子集可能存在，因此如果所有与某个输出有关的输入碰巧存在的话，没有映射模式的算法就无法生成所有可能的结果，也没有任何 Reducer 可以覆盖该输出。

某些输入不存在产生的唯一影响在于，当从可能的算法族中选择某个算法时，我们可能会重新考虑 Reducer 规模 q 的期望值。具体说来，如果选择的 q 使得所有输入都可以放入内存的话，那么我们不妨加大 q 的值，因为要考虑有部分输入不存在的情况。

例 2.22   假设我们知道对于某个键及其关联的 q 值列表，可以在内存中运行 Reduce 函数。但是，我们也知道只有 5% 的可能输入真正在数据集中存在。于是，对于 Reducer 规模 q，某个映射模式实际会发送大约 $q/20$ 的输入给每个 Reducer。换句话说，我们可以使用 Reducer 规模为 $20q$ 的算法，并期望平均只有 q 个输入真正出现在每个 Reducer 的列表中。因此，可以选择 $20q$ 作为 Reducer 规模，或者由于真正出现在每个 Reducer 上的输入数目有一定的随机性，可以选择一个稍小的 Reducer 规模，比如 $18q$。   □

2.6.6   复制率的下界

例 2.21 介绍的相似性连接算法族使得我们可以在通信量和 Reducer 规模之间进行折中，并且通过 Reducer 规模还可以在通信量和并行度之间进行折中，或者在通信量和在内存中执行 Reduce 函数的能力之间进行折中。如何知道是否获得了最优的折中结果？ 如果我们能够给出一个匹配的下界，只能知道最小可能的通信量。将映射模式的存在作为起点，我们往往可以给出这样的一个下界。下面给出该技术的一个大致思路。

(1) 对于有 q 个输入的 Reducer 能够覆盖的输出数目，给出一个上界。该上界记为 $g(q)$。这一步可能很难，但是对于像"所有对"问题这样的例子来说，这一步相当简单。

(2) 确定问题产生的输出总数。

(3) 假设有 k 个 Reducer，其中第 i 个 Reducer 有 $q_i < q$ 个输入。注意 $\sum_{i=1}^{k} g(q_i)$ 一定不会小于第(2)步计算出的输出数目。

(4) 对第(3)步得到的不等式进行处理，会得到 $\sum_{i=1}^{k} q_i$ 的一个下界。通常，这一步使用的技巧是将一些因子 q_i 替换为其上界 q，但是保留某一个 q_i 不变。

(5) 由于 $\sum_{i=1}^{k} q_i$ 是从 Map 任务到 Reduce 任务的通信总量，将第(4)步得到的下界除以输入的数目，得到的就是复制率的下界。

例 2.23   这些步骤看起来难以理解，下面以"所有对"问题为例来介绍，帮助大家理解。回想一下例 2.21 中给出了复制率 r 的一个上界 $2p/q$，其中 p 是输入的数目，q 是 Reducer 规模。下面将会展示 r 的一个下界是上述数字的一半。也就是说，尽管有可能对算法进行改进，[①]但是对于给定的 Reducer 规模，任意通信量的缩减量最多为其两倍。

对于第(1)步，注意如果 Reducer 得到 q 个输入，其覆盖的输出数目不可能超过 $\binom{q}{2}$，或者说大约 $q^2/2$。对于第(2)步，我们知道，对于每个 Reducer 来说，必须覆盖的输出数目为 $\binom{p}{2}$ 或者说 $p^2/2$。因此，第(3)步构造的不等式为：

$$\sum_{i=1}^{k} q_i^2 / 2 \geqslant p^2 / 2$$

两边都乘以 2，有：

$$\sum_{i=1}^{k} q_i^2 \geqslant p^2 \tag{2-1}$$

接下来要进行第(4)步的处理。按照提示，我们注意到式(2-1)左边的每个求和项都是两个因子 q_i 的乘积，因此我们可以保留一个 q_i 而将另一个替换为 q。由于 $q \geqslant q_i$，因此只能增加左边的大小，从而保持不等式仍然成立：

$$q \sum_{i=1}^{k} q_i \geqslant p^2$$

---

① 事实上，对于 p 的某些值，r 非常接近 p/q 的算法是存在的。

两边同时除以 q 有：

$$\sum_{i=1}^{k} q_i \geq p^2 / q \qquad\qquad (2\text{-}2)$$

最后一步，即第(5)步是将式(2-2)两边除以输入的数目 p。因此，左边为 $(\sum_{i=1}^{k} q_i)/p$，正好等于复制率，而右边变成 p/q。也就是说，我们给出了 r 的下界：

$$r \geq p/q$$

上式表明，正如前面声称的那样，例 2.21 的算法族的复制率至多为可能的复制率的两倍。☐

2.6.7   案例分析：矩阵乘法

本节会将下界技术应用于单遍矩阵乘法算法中。在 2.3.10 节中我们见过这样一个算法，但是那只是所有可能算法族中的一个极端情况。具体说来，对于那个算法而言，一个 Reducer 对应输出矩阵的单个元素。在前面的"所有对"问题中，我们将输入分组，以更大的 Reducer 规模为代价，减少通信量。这里可以采用类似的方法，将两个输入矩阵的行和列分成条块（band）。每个对由第一个矩阵的某个行条块和第二个矩阵的某个行条块组成，它们被某个 Reducer 用于生成输出矩阵的某个元素方阵。图 2-11 给出了一个例子。

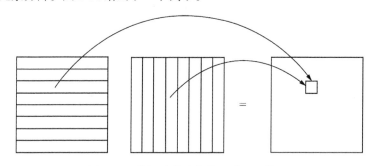

图 2-11   将矩阵分成条块以减少通信量

更详细地说，假设我们希望计算 $MN = P$，这三个矩阵都是 $n \times n$ 矩阵。将 M 分成 g 个条块，每个条块包含 n/g 个行，而将 N 的所有列也分成 g 个条块，每个条块包含 n/g 个列。这种分组如图 2-11 所示。键对应两个条块，其中一个来自 M，一个来自 N。

Map 函数   对 M 中的每个元素，Map 函数生成 g 个键-值对。每种情况下的值都是元素本身，同时还带有行号和列号，这样 Reduce 函数才能识别。键则是元素所属的条块和 N 中某个条块所组成的对。类似地，对 N 中的每个元素，Map 函数也生成 g 个键-值对。键为该元素所属条块和 M 中任一条块构成的对，而值为元素自身及其行列号。

Reduce 函数   Reducer 对应键(i, j)，其中 i 和 j 分别是 M 和 N 中的一个条块，该 Reducer 收到的值列表由 i 和 j 条块中的所有元素构成。因此，它获得了计算 P 中所有由 M 中 i 条块中的行及 N 中 j 条块中的列计算出来的元素所需要的值。比如，图 2-11 给出了 M 中的第 3 个条块和 N

中的第 4 个条块，它们联合在一起在 Reducer (3, 4) 上计算 P 中的一个元素方阵。

每个 Reducer 会从每个矩阵那里得到 $n(n/g)$ 个元素，因此 $q = 2n^2/g$。由于每个矩阵的每个元素会发送给 g 个 Reducer，因此复制率为 g。也就是说，$r = g$。组合 $r = g$ 及 $q = 2n^2/g$，会有 $r = 2n^2/q$。于是，对于相似性连接来说，复制率和 Reducer 规模成反比。

可以证明上述复制率的上界同时也是下界。也就是说，通过单遍 MapReducer，我们不可能比上面介绍的算法族做得更好。有趣的是，如果使用类似 2.3.9 节讨论的两遍 MapReduce，将看到对于相同的 Reducer 规模来说，可以得到更小的通信量。下面不会给出该下界的完整证明过程，而是给出一些要点。

对于第(1)步，我们必须为大小为 q 的 Reducer 所覆盖的输出数目给出一个上界。首先，注意，如果某个 Reducer 只能从 M 的一行获得部分而不是所有元素，那么这一行的元素都没有用，该 Reducer 在 P 的那一行不会产生任何输出。类似地，如果 Reducer 收到 N 中某一列的部分而不是全部元素，这些输入也没有任何作用。因此，我们可以假设，最佳的映射模式将给每个 Reducer 传送 M 的某些完整行和 N 的某些完整列。当且仅当收到 M 中完整的第 i 行以及 N 中完整的第 k 列时，该 Reducer 才能生成输出元素 p_{ik}。第(1)步的剩余部分是要给出当 Reducer 收到相同数目的行和列时最多能够覆盖的输出数目，关于这一点我们作为练习留给大家。

但是，假设 Reducer 收到 M 的 k 行以及 N 的 k 列，那么 $q = 2nk$，于是 k^2 个输出被覆盖。也就是说，收到 q 个输入的 Reducer 最多可以覆盖的输出数目 $g(q)$ 为 $q^2/4n^2$。

对于第(2)步，我们知道输出的数目为 n^2。在第(3)步中观察到如果存在 k 个 Reducer，其中第 i 个 Reducer 收到 $q_i \leqslant q$ 个输入的话，那么有：

$$\sum_{i=1}^{k} q_i^2 / 4n^2 \geqslant n^2$$

即：

$$\sum_{i=1}^{k} q_i^2 \geqslant 4n^4$$

从上述不等式出发，可以推出：

$$r \geqslant 2n^2 / q$$

上述算术处理过程类似于例 2.23，同样作为习题留给大家完成。

现在考虑 2.3.9 节所介绍的两遍矩阵乘法算法的一般化。首先，注意到第一遍计算中对每个元组 (i, j, k) 都可以使用一个 Reducer。该 Reducer 只有 m_{ij} 和 n_{jk} 两个元素。这种思路可以推广到对矩阵中的较大元素集合使用 Reducer。这些元素集合在各自的矩阵中构成方阵。图 2-12 给出了这种思路。我们可以将两个输入矩阵 M 和 N 分成 g 个条块，每个条块包含 n/g 行或者 n/g 列。行条块和列条块一交叉就可以将每个矩阵分成 g^2 个方阵，每个方阵包含 n^2/g^2 个元素。

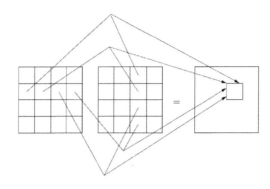

图 2-12   在一个两遍 MapReduce 算法中，将矩阵分成多个方阵

M 中的方阵对应行集合 I 和列集合 J，N 中的方阵对应行集合 J 和列集合 K。这两个方阵会计算产生输出矩阵 P 中行集合 I 和列集合 K 对应方阵的部分项。但是，上述两个方阵并不能计算 P 中相应元素的完整值，它们只是对求和结果做出了部分贡献。其他一些方阵对，有一个来自 M，另一个来自 N，也会对 P 中同一方阵有所贡献。这些贡献的示意参见图 2-12。在图中可以看到，M 中所有固定数目的行集合 I 如何与 N 中固定数目的列集合 K 进行配对，而集合 J 则在不断变化。

因此在第一遍 MapReduce 中，对于所有的 I、J、K，我们计算 M 中方阵(I, J)和 N 中方阵(J, K)的乘积。然后，在第二遍 MapReduce 中，对于每个 I 和 K 在所有可能的集合 J 上进行求和运算。具体来说，第一遍的 MapReduce 工作流程如下。

Map 函数   键是相应的行集和列集的编号组成的三元组(I, J, K)。假设元素 m_{ij} 属于行集合 I 和列集合 J，于是从 m_{ij} 出发可以生成 g 个键-值对，其中值均等于 m_{ij}，同时还有其行号 i 和列号 j，以便进行定位。对于每个键(I, J, K)都有一个键-值对，其中 K 可以是 N 中 g 个条块中的任意一个。类似地，对于 N 中元素 n_{jk}，如果 j 属于集合 J、k 属于集合 K，那么 Map 函数会生成 g 个键-值对，其中的值由 n_{jk}、j 和 k 构成，而键(I, J, K)中的 I 可以是任意一个。

Reduce 函数   对应(I, J, K)的 Reducer 收到的输入包含所有元素 m_{ij}，其中 i 属于 M 中的集合 I，j 属于 M 中的 J。同时该 Reducer 也收到所有元素 n_{jk}，其中 j 属于 N 中的集合 J，k 属于 N 中的 K。于是可以对于所有属于 I 的 i 和属于 K 的 k，计算：

$$x_{iJk} = \sum_{j \ \text{in} \ J} m_{ij} n_{jk}$$

注意，第一遍 MapReduce 过程的复制率为 g，因此总通信量为 $2gn^2$。另外还要注意，每个 Reducer 会收到 $2n^2/g^2$ 个输入，于是 $q = 2n^2/g^2$。于是，$g = n\sqrt{2/q}$。因此，通信总量 $2gn^2$ 可以写成 q 的表达式 $2\sqrt{2}n^3/\sqrt{q}$。

第二遍 MapReduce 过程很简单，它只需要将所有集合 J 上的 x_{iJk} 进行累加即可。

Map 函数   我们假设 Map 任务运行于前一过程中执行 Reduce 任务的计算节点，这样在过程之间就不需要通信。Map 函数将某个元素 x_{iJk} 作为输入，其中我们假设前面的 Reducer 过程最后标出了 i 和 k，这样就能知道这一项对 P 中的哪个元素有贡献。这里会生成一个键-值对，其中键为(i, k)，值为x_{iJk}。

Reduce 函数　Reduce 函数只是简单地将与键(i, k)关联的值进行累加，得到输出元素P_{ik}。

由于有n个可能的i值、n个可能的k值以及g个可能的J值，而每个x_{iJk}只会通信一次，因此上述第二个过程中 Map 任务和 Reduce 任务之间的通信量为gn^2。如果还记得在第一个 MapReduce 过程的分析中有$g = n\sqrt{2/q}$的话，就可以将第二个过程中的通信量写成$n^2 g = \sqrt{2}n^3/\sqrt{q}$。这个值正好是第一个过程中通信量的一半，因此两遍处理的算法的总通信量为$3\sqrt{2}n^3/\sqrt{q}$。尽管这里不会给出具体证明，但是如果不将M和N分成方阵而是分成长方形（长方形的一边等于另一边长度的两倍），我们可以做得更好。这种情况下，我们可以得到一个更小的常数 4 来代替$3\sqrt{2} \approx 4.24$，这样就得到了一个通信量为$4n^3/\sqrt{q}$的两遍 MapReduce 算法。

现在回忆一下，我们计算出的单遍算法的通信量为$4n^4/q$。这里不妨假设q小于n^2，否则就可以在单个计算节点上使用串行算法而根本不需要 MapReduce。因此，$n^3/\sqrt{q}$小于n^4/q，如果q接近其最小可能值$2n$的话[1]，那么两遍算法的通信量就比单遍算法好一个$O(\sqrt{n})$因子。此外，可以预期通信量上的差异就是消耗上的显著差异。两个算法的算术运算次数都是$O(n^3)$。很自然，两遍算法的任务管理开销比单遍算法要大。另外，两遍算法中的第二遍应用了一个满足结合律和交换律的 Reduce 函数，因此在算法的第二遍中通过使用一个组合器有可能会节省一些通信开销。

2.6.8　习题

习题 2.6.1　描述能够对下列问题建模的图模型。

(a) $n \times n$矩阵乘以n维向量；

(b) $R(A, B)$和$S(B, C)$的自然连接，其中A、B、C的值域大小分别是a、b、c；

(c) $R(A, B)$的分组和聚合操作，其中A为分组属性，B按照 MAX 运算进行聚合。假设A和B的值域大小分别是a和b。

！习题 2.6.2　单遍矩阵乘法算法需要的复制率r不低于$2n^2/q$，请给出具体证明，包括：

(a) 对于某个固定的 Reducer 规模，当某个 Reducer 收到M和N中相同数目的行和列时，该 Reducer 可以覆盖最多数目的输出；

(b) 从$\sum_{i=1}^{k} q_i^2 \geq 4n^4$开始所需的算术推导。

！！习题 2.6.3　假设输入为长度为b的位串，而输出对应海明距离为 1 的串对[2]。

(a) 证明大小为q的 Reducer 最多能够覆盖的输出数目为$(q/2)\log_2 q$；

(b) 利用(a)的结果来证明复制率r的下界为$b/\log_2 q$；

(c) 对于(b)中给出的复制率，其中q分别等于 2、2^b及$2^{b/2}$时，证明存在这样的算法。

！！习题 2.6.4　如果p是某个质数的平方，试证明对于"所有对"问题存在一个映射模式，使得$r \leq 1 + p/q$。

---

[1] 如果q小于$2n$，那么 Reducer 甚至不能得到完整的一行和一列，因此根本就不可能计算出任何输出。

[2] 当两个位串仅有 1 位不同时，其**海明距离**为 1。你可以先翻到 3.5.6 节了解海明距离的一般性定义。

2.7　小结

❑ **集群计算**　它是大规模应用的一种常用架构，由计算节点（处理器芯片、内存和磁盘）集群而成。计算节点安装在机架上，机架上的节点之间通常通过千兆以太网互连。机架之间也通过高速网络或交换机互连。

❑ **分布式文件系统**　近年来开发的一种面向大规模文件系统的架构。文件由大小为 64 MB 左右的文件块构成，每个文件块会有多个副本分别存放在不同的计算节点或机架上。

❑ **MapReduce**　该编程系统允许人们在集群计算环境下开发并行程序，并能管理在长时间计算中可能出现的多节点硬件故障。主进程管理多个 Map 任务和 Reduce 任务，失效计算节点上的任务由主进程安排重启。

❑ **Map 函数**　该函数代码由用户编写。它将输入的一系列对象集合转换为零个或者更多个键-值对，键值不一定要有唯一性。

❑ **Reduce 函数**　MapReduce 编程系统会将所有 Map 任务产生的键-值对排序，并将某个给定键的所有关联值形成一个列表，最终将键-表对传递给 Reduce 任务。通过运用由用户编写的函数，每个 Reduce 任务将每个表中的元素合并。所有 Reduce 任务产生的结果形成了整个 MapReduce 过程的输出。

❑ **Reducer**　Reduce 函数在单个键及其关联值表的应用称为 Reducer，这样称呼往往很方便。

❑ **Hadoop**　该编程系统是 Hadoop 分布式文件系统（HDFS）和 MapReduce（Hadoop 本身）的一个开源实现，可以通过 Apache 基金会获取。

❑ **计算节点失效的处理**　MapReduce 系统支持重启那些因所在计算节点或节点所在机架发生故障而失效的任务。由于 Map 和 Reduce 任务仅在任务完成后才将结果传递给其他任务，可以重启失效任务而无须担心任务的运行效果重复。仅仅在主控节点发生故障时，才需要重启整个作业。

❑ **MapReduce的应用**　并非所有的并行算法都适合采用MapReduce框架，本章讨论了基于MapReduce的矩阵-向量乘法及矩阵-矩阵乘法的简单实现。另外，关系代数的主要运算很容易采用MapReduce实现。

❑ **工作流系统**　MapReduce 已经一般化为支持任意无环函数集的系统，每个函数都可以实例化为任意数目的任务，而每个任务在一部分数据上执行对应函数。

❑ **Spark**　这个流行的工作流系统引入了弹性分布式数据集（RDD）和一种可以编写 RDD 的许多常见操作的语言。Spark 有很多高效的特性，包括 RDD 的惰性评估以避免中间结果的二级存储，以及 RDD 血统以根据需要重构 RDD。

❑ **TensorFlow**　这个工作流系统是专门为支持机器学习而设计的。数据被表示为多维数组或张量，内置的操作能够执行许多强大的运算，如线性代数和模型训练等。

❑ **递归工作流**　当实现一个带有递归关系的函数集时，系统并不总能保留重启任何失效任务的能力，这是因为递归任务在失效前可能已经产生输出并且该输出已经被其他任务所用。有多种在计算过程中设立检查点的方法，可以重启单个任务或者从最近检查点重启所有任务。

- **通信开销模型** 很多 MapReduce 应用系统或者类似系统在每个任务重做的事情都非常简单。于是，主要的开销通常是数据从创建地到使用地的传输开销。在这些情况下，算法的效率可以通过计算所有任务的输入规模之和来估量。
- **多路连接** 某些情况下，复制连接中关系的元组并将三个或更多关系的连接作为单个 MapReduce 作业来计算会更有效。拉格朗日乘子技术可以用于优化每个关系的复制度。
- **星型连接** 分析式查询往往包括一个大事实表和多个较小的维度表的连接过程。这些连接总是可以采用多路连接技术来高效实现。另一种方法是将事实表分布到各节点并永久复制维度表，采用的策略与对事实表和每个维度表多路连接时所采用的策略相同。
- **复制率及 Reducer 规模** 通常而言，通过复制率来度量通信量是十分方便的。所谓复制率是指每个输入的通信量。此外，Reducer 规模是指任一 Reducer 所关联输入的最大数目。对很多问题来说，可以推导出复制率的一个下界，它是以 Reduce 规模表示的函数。
- **将问题表示为图** 很多经验证可以用 MapReduce 计算来实现的问题可以表示为图，其中图中的节点表示输入和输出，而一个输出会与计算该输出需要的所有输入相连接。
- **映射模式** 给定问题的图结构以及 Reducer 规模，映射模式是指将输入分配给一个或多个 Reducer 的方法，其中每个 Reducer 分配到的输入的数目不会超过 Reducer 规模。当然，对每个输出来说，存在某个 Reducer 获得计算输出所需的所有输入。任意 MapReduce 算法都需要一个映射模式，这个要求是 MapReduce 算法有别于一般并行计算方法的一个重要特征。
- **基于 MapReduce 的矩阵乘法** 存在一个单遍 MapReduce 算法族，可以实现最低复制率 $r = 2n^2/q$ 的 $n \times n$ 矩阵乘法运算。另外，对于同一问题，具有相同 Reducer 规模的两遍 MapReduce 算法的通信开销可以减少 n 的因子倍。

2.8　参考文献

谷歌文件系统 GFS 的介绍参见论文 "The Google file system"。谷歌的 MapReduce 参考论文 "Mapreduce: simplified data processing on large clusters"。有关 Hadoop 和 HDFS 的信息可以参考 Apache Hadoop 网站。有关关系及关系代数的细节参考《数据库系统基础教程》。

最早的几个工作流系统包括威斯康星大学的 Clustera（参见 "Clustera: an integrated computation and data management system"）、加州大学欧文分校的 Hyracks（以前称为 Hyrax，参见 "Hyracks: A flexible and extensible foundation for data-intensive computing"）以及微软的 Dryad（参见 "Dryad: distributed data-parallel programs from sequential building blocks"）和后来的 DryadLINQ（参见 "DryadLINQ: a system for general-purpose distributed dataparallel computing using a high-level language"）。

Flink 是一个开源工作流系统，用于处理流数据（参见 Apache Flink 网站）。它最初是在柏林工业大学的 Stratosphere 项目（参见 "The Stratosphere platform for big data analytics"）中开发的。Spark 中的许多创新在论文 "Resilient distributed datasets: A faulttolerant abstraction for in-memory cluster computing"中进行了描述。Spark 的开源实现参考 Apache Spark 网站。关于 TensorFlow 的信息页参考 TensorFlow 网站。

实现递归的迭代 MapReduce 方法来自 HaLoop（"HaLoop: efficient iterative data processing on large clusters"）。有关递归的集群实现版本的讨论请参考（"Cluster computing, recursion, and Datalog"）。

Pregel 来自论文 "Pregel: a system for large-scale graph processing"。有一个名为 Giraph（参见 Apache Giraph 网站）的 Pregel 开源版本。GraphLab（参见 "Distributed GraphLab: a framework for machine learning and data mining in the cloud"）是另一个著名的并行实现图算法的系统。GraphX（参见 Apache Spark 网站 GraphX 页面）是一个图形化的 Spark 前端。

除了本章介绍的系统外，还有很多其他构建在分布式文件系统或 MapReduce 上的系统，这些系统虽然没有介绍，但是值得了解。"Bigtable: a distributed storage system for structured data"介绍了谷歌的 BigTable —— 一个大规模对象存储的实现。一个有所不同的方向来自雅虎的 Pnuts（参见 "Pnuts: Yahoo!'s hosted data serving platform"）。比如后者支持有限形式的事务处理。

PIG（参见 "Pig latin: a not-so-foreign language for data processing"）是基于 Hadoop 的关系代数的实现。类似地，Hive（参见 Apache Hadoop 网站 Hive 页面）在 Hadoop 上实现了一个受限的 SQL 语句集合。Spark 也提供了一个类 SQL 的前端（参见 Apache Spark 网站 SQL 页面）。

MapReduce 算法的通信-开销模型以及多路连接的最优实现来自论文 "Optimizing joins in a MapReduce environment"。有关复制率、Reducer 规模及其关系的内容来自论文 "Upper and lower bounds on the cost of a MapReduce computation"。习题 2.6.2 和习题 2.6.3 的答案也可以从中获得。习题 2.6.4 的答案可以参考论文 "Matching bounds for the all-pairs MapReduce problem"。

扫描如下二维码获取参考文献完整列表。

第 3 章

相似项发现

一个基本的数据挖掘问题是从数据中获得"相似"项。我们将在 3.1 节中介绍该问题的相关应用，并且给出一个网页近似查重的具体例子。这些近似重复的网页可能是抄袭网页，也可能是仅仅在主机信息及其他镜像网页信息上有所不同的镜像网页。

寻找相似项对的最原始做法是检查每个项对。当处理大型数据集时，即使给定大量硬件资源，查看所有项对的代价也过于高昂。例如，即使只有 100 万个项，也要对 5000 万对数据进行检查。但是按照当今的标准，100 万个项只是一个"小"数据集。

因此，了解一系列称为**局部敏感哈希**（locality-sensitive hashing，LSH）的技术是一件令人惊喜的事情。这允许我们只关注那些可能相似的项对，而不必查看所有项对。因此，我们有可能避免原始算法所要求的计算时间以平方级增长。但是，由于假反例性（即漏检项对）的存在，LSH通常存在一个缺点：有些相似的项对没有包含在被检查的数据中。当然，通过仔细的调整，可以通过增加比对数目来减少假反例性的比例。

LSH 的基本思想是使用许多不同的哈希函数对项进行哈希，而且这些哈希函数并不是常规的哈希函数。它们经过精心设计，具有这样的性质：如果项相似，则它们更可能出现在同一个哈希函数桶中；如果项不相似，则它们不太可能出现在同一个哈希函数桶中。这样，我们可以只检查**候选对**（candidate pair），即那些最终出现在至少一个哈希函数的同一个桶中的项对。

我们通过相似文档查找这个问题来开始 LSH 的讨论，相似文档指的是拥有大量相同文本的文档。首先介绍一种将文档转换为集合（参见 3.2 节）的方法，这样可以将交集很大的集合对应的文档看成相似文档。更准确地说，我们通过集合的 **Jaccard 相似度**（Jaccard similarity）即集合的交集和并集的大小之比来度量集合之间的相似度。我们需要的第二个关键技巧是**最小哈希**（minhashing，参见 3.3 节），这种方法将大集合转换为比其小很多的表示。这些更小的表示称为**签名**（signature），它们仍然能够比较精确地估计所代表集合的 Jaccard 相似度。最后，在第 3.4节中，我们将看到如何将 LSH 内在的装桶思想应用到签名中。

在 3.5 节中，我们开始学习如何将 LSH 应用于集合以外的那些项。我们考虑距离度量的一般概念，即事物之间的相似程度。然后，在 3.6 节中，我们考虑 LSH 的一般思想。3.7 将介绍如何在集合之外的数据类型上应用 LSH。之后，3.8 节详细讨论了 LSH 思想的几个应用。最后，3.9节考察了另外一些用于查找相似集合的技术。当要求的相似度非常高时，这些技术会比 LSH 更高效。

3.1 集合相似度的应用

我们将首先关注一个特定的"相似度"概念,即通过计算交集的相对大小来获得集合之间的相似度。这种相似度称为 Jaccard 相似度,将在 3.1.1 节介绍。然后我们将考察相似集合查找的具体应用,包括文本内容相似的文档查找及协同过滤中相似顾客和相似产品的查找。为了将文档间文本相似度问题转换为集合求交的问题,我们会使用一种称为 shingling 的技术,将在 3.2 节中介绍。

3.1.1 集合的 Jaccard 相似度

集合 S 和 T 的 Jaccard 相似度为 $|S \cap T|/|S \cup T|$,也就是集合 S 和 T 的交集和并集大小之间的比值。以下的讨论中将 S 和 T 的 Jaccard 相似度记为 $\mathrm{SIM}(S, T)$。

例 3.1 图 3-1 中有 2 个集合 S 和 T,它们的交集中有 3 个元素,并集中有 8 个元素。因此,$\mathrm{SIM}(S, T) = 3/8$。☐

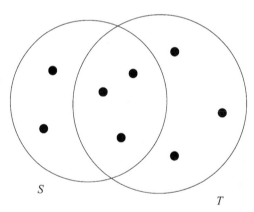

图 3-1 Jaccard 相似度为 3/8 的两个集合

3.1.2 文档的相似度

有一类重要问题能够在采用 Jaccard 相似度的情况下取得较好的效果,那就是在大语料库(如 Web 或新闻语料)中寻找文本内容相似的文档。需要理解的是,这里的相似度主要侧重于字面上的相似,而非意义上的相似。如果是后者,则必须考察文档中的词语及其用法。意义相似度计算也是个非常有趣的问题,但是需要通过其他技术来解决,1.3.1 节已经有所提及。然而,文本字面上的相似度同样有很多非常重要的应用,不少涉及检查两篇文档之间是否完全重复或近似重复。首先,检查两篇文档是否完全重复非常容易,只要一个字符一个字符地比较,只要有一个字符不同则两篇文档就不同。但是,很多应用当中两篇文档并非完全重复,而是大部分文本重复。下面给出几个例子。

1. 抄袭文档

检查抄袭文档可以考验发现文本相似度的能力。抄袭者可能会从其他文档中将某些部分的文本据为己用，还可能对某些词语或者原始文本中的句序进行改变。尽管如此，最终的文档也许仍然有很多内容来自别人的原始文档。当然，复杂的抄袭文档很难通过简单的字面比较来发现。

2. 镜像网页

重要或流行的网站往往会在多个主机上建立镜像以共享加载内容。这些**镜像**站点的页面十分相似，但是基本不可能完全一样。例如，这些网页可能包含与其所在的特定主机相关的信息，或者包含对其他镜像网站的链接（即每个网页都指向其他镜像网站而不包括自己）。一个相关的现象就是课程网站的互相套用。这些网页上可能包含课程说明、作业和讲义等内容。相似的网页之间可能只有课程名称与年度的差别，而不同年份之间只会有微小的调整。能够检测出这种类型的相似网页是非常重要的，因为如果能够避免在返回的第一页结果中包含几乎相同的两个网页，那么搜索引擎就能产生更好的结果。

3. 同源新闻稿

一个记者通常会撰写一篇新闻稿然后分发到各处，比如通过美联社到多家报纸，然后每家报纸会在其网站发布该新闻稿。每家报纸会对新闻稿进行某种程度的修改。比如去掉某些段落或者加上自己的内容。最可能的一种情况是，在新闻稿周围会有报纸自己的徽标、广告或者指向自己网站中其他文章的链接等。但是每家报纸的核心内容还是原始的新闻稿。诸如谷歌新闻之类的新闻汇总系统能够发现此类文章的所有版本，但为了只显示一篇文章的内容，系统需要识别文本内容上相似的两篇文章，尽管这两篇文章并不完全一样。[①]

3.1.3 协同过滤——一个集合相似问题

另一类非常重要的集合相似度应用称为**协同过滤**（collaborative filtering），其中，系统会向用户推荐相似兴趣用户所喜欢的那些项。我们将在9.3节中详细介绍协同过滤，这里只给出一些常见的例子。

1. 在线购物

亚马逊网站有数以百万计的顾客，售出的商品也有数百万，其销售数据库中记录了哪些顾客购买了哪些商品。如果两个顾客购买的商品集合具有较高的Jaccard相似度，我们就说这两个顾客的兴趣相似。类似地，若两件商品的购买顾客集合之间具有较高的Jaccard相似度，那么就认为这两件商品相似。值得注意的是，我们往往期望镜像网站之间的相似度能够超过90%，但是两个顾客之间的Jaccard相似度却不可能那么高（除非他们俩都只购买了一件相同的商品），甚至只要两个顾客之间的Jaccard相似度仅仅达到20%就足以判断两人的喜好相似。对于商品之间的相似度也是如此，即两件商品之间的Jaccard相似度不用太高就已经值得注意了。

正如我们将在第9章讨论的那样，协同过滤除了相似顾客或商品的发现之外，还需要一些其

---

① 新闻汇总系统还包括相同主题文档的发现，即使文档之间文本内容上并不相似。相同主题文档的发现同样需要一个相似度搜索过程，但是还需要应用集合的Jaccard相似度之外的技术。

他工具。例如，两个喜欢科幻小说的亚马逊顾客可能各自从网站购买了很多科幻小说，但是它们之间的交集很小。然而，通过将相似度发现与聚类（参见第 7 章）技术融合，就可能发现科幻小说彼此类似而将它们归为一类。这样，通过询问他们是否在多个相同类下购买商品，我们就能得到一个更强的顾客相似度概念。

2. 电影评分

Netflix 不仅记录了每个用户租借电影的情况，而且记录了顾客对这些电影的评分情况。如果电影被许多相同用户租借或者打高分，那么就可以认为这些电影相似。如果用户租借很多相同的电影或者对它们的评分都很高，那么就可以认为这些用户兴趣相似。同上面的亚马逊销售的例子一样，这里的相似度不必太高就已经值得注意了。同样，对电影按照流派聚类能使问题更容易解决。

当数据包含评分而不只是二值信息（已购买/未购买或喜欢/讨厌）时，我们不能简单地依赖于将集合看成顾客或商品的表示。以下是处理过程中的一些可选做法。

(1) 忽略低评用户/电影对。也就是说，如果某个用户对某个电影评分很低，则认为该用户没看过该电影。

(2) 在进行用户比较时，假设每部电影可以有两类标签："喜欢"或"讨厌"。如果用户对某个电影评分很高，那么将用户集合中对应该电影的元素置为"喜欢"。如果用户对电影评分很低，那么就将相应位置上的元素置为"讨厌"。于是，可以在这些集合中找出高的 Jaccard 相似度。可以采用同样的方法进行电影之间的比较。

(3) 如果用户的评分范围为 1~5 星，则将评分为 n 的电影在集合中重复放 n 次。这样就可以通过所谓包（bag）之间的 Jaccard 相似度来计算用户之间的相似度：在计算 B 和 C 的交集时，将某元素在 B、C 中出现的最小次数作为其在交集中的出现次数；计算 B 和 C 的并集时，将某个元素在两个集合上的出现次数之和作为其在并集上的出现次数。[①]

例 3.2   两个包 $\{a, a, a, b\}$ 和 $\{a, a, b, b, c\}$ 之间的相似度为 1/3。两者的交集由两个 a、一个 b 组成，因此其大小为 3。两个包的并集等于这两个包的大小之和，这里等于 9。因为包的 Jaccard 相似度最有可能是 1/2，所以 1/3 表明两个包非常相似，这一点通过它们的内容很容易看出来。□

3.1.4   习题

习题 3.1.1   计算三个集合 $\{1, 2, 3, 4\}$、$\{2, 3, 5, 7\}$ 和 $\{2, 4, 6\}$ 两两之间的 Jaccard 相似度。

习题 3.1.2   计算三个包 $\{1, 1, 1, 2\}$、$\{1, 1, 2, 2, 3\}$ 和 $\{1, 2, 3, 4\}$ 两两之间的 Jaccard 相似度。

!! **习题 3.1.3**   假定全集 U 有 n 个元素，随机选择两个子集 S 和 T，每个子集都有 m 个元素，请问 S 和 T 的期望 Jaccard 相似度是多少？

---

① 尽管包的并集通常定义（比如在 SQL 标准中的定义）为两个包中所有元素的迭加，但这种定义会带来集合 Jaccard 相似度的不一致性。在上述包并集的定义下，集合和其本身的并集的元素数目是它们交集元素数目的两倍，因此最大的 Jaccard 相似度为 1/2 而不是 1。如果要求集合与其自身的 Jaccard 相似度为 1 的话，可以将包的并集进行重新定义，比如结果包中的某个元素数目为其在两个集合中出现的最大次数。这种定义并不是简单地对每种情况下的相似度加倍，而是给出了一个合理的包相似度度量方法。

3.2　文档的 shingling

为了识别字面上相似的文档，将文档表示成集合的最有效的方法是构建文档中的短字符串集合。如果文档采用这样的集合表示，那么有相同句子甚至短语的文档之间将会拥有很多公共集合元素，即使两篇文档中的句序并不相同也是如此。本节将介绍一个最简单也是最常用的方法——shingling 及其一个有趣的变形。

3.2.1　k-shingle

一篇文档就是一个字符串。文档的 k-shingle 定义为其中任意长度为 k 的子串。于是，每篇文档可以表示成文档中出现一次或者多次的 k-shingle 的集合。

例 3.3　假设文档 D 为字符串 abcdabd，选择 k = 2，则文档 D 中的所有 2-shingle 组成的集合为{ab, bc, cd, da, bd}。

注意子串 ab 在文档中出现了两次，但是在集合中只算一次。shingle 的一个变形是将文档表示成包而不是集合，这样每个 shingle 的出现次数也被考虑在内。但是，这里并不基于包的表示形式。□

对于空白串（空格、tab 和回车等）的处理存在多种策略。将任意长度的空白串替换为单个空格或许很合理。采用这种做法，会将覆盖两个或更多词的 shingle 和其他 shingle 区分开来。

例 3.4　假定选择 k = 9，但是去掉所有的空白字符，那么下面的两个句子"The plane was ready for touch down"和"The quarterback scored a touchdown"在字面上存在一定的相似度。但是如果保留空格，那么前面的句子包含的 shingle 有 touch dow 和 ouch down，而后面的句子包含 touchdown。但是如果都去掉空格的话，两者都包含 touchdown。□

3.2.2　shingle 大小的选择

理论上，我们可以选择任意的常数作为 k。但是，如果选择的 k 太小，那么可以推测大部分长度为 k 的字符串会出现在大部分文档中。如果这样做，就会有很多 Jaccard 相似度很高的文档，即使它们之间没有任何相同的句子甚至短语。一个极端的例子是 k = 1，大部分网页中有很多常见字符，而其他字符相对较少，因此，此时几乎所有网页之间都有较高的 Jaccard 相似度。

到底要选择多大的 k 值依赖于文档的典型长度以及典型的字符表大小。需要记住的重要事项是：

k 应该选择得足够大，以保证任意给定的 shingle 出现在任意文档中的概率较低。

因此，如果文档集由电子邮件组成，那么选择 k = 5 应该比较合适。为理解这其中的原因，假定邮件中只有字符和普通的空白符（尽管实际当中，大部分可打印 ASCII 字符有可能偶尔出现在邮件中）。于是，所有可能的 5-shingle 个数为 $27^5 = 14\,348\,907$。因为典型的邮件长度会远远低于 1400 万个字符，所以我们希望 k = 5 将会处理得很好，实际上的确如此。

然而，上述计算还有更加微妙之处。显然邮件中出现的字符不止 27 个，但是所有的字符出现的概率并不相同。常见字符和空白符处于支配地位，而在 Scrabble 拼字游戏中具有较高分值的字母 z 及其他字符则出现较少。因此，即使短邮件也会包含很多由常见字符构成的 5-shingle，彼此无关的邮件都包含这些 shingle 的概率会比上面计算所暗示的概率要高。一个很好的经验规则是把邮件想象为只由 20 个不同的字符构成，其中 k-shingle 的数目大概为 20^k。而对于像研究论文一样的大文档来说，选择 $k = 9$ 则比较安全。

3.2.3 对 shingle 进行哈希

可以不将子字符串直接用作 shingle，而是通过某个哈希函数将长度为 k 的字符串映射为桶编号，然后将得出的桶编号看成最终的 shingle。于是，可以将文档表示成这些桶编号整数构成的集合，这些桶编号代表了一个或多个文档中出现的 k-shingle。举例来说，对于文档可以构建 9-shingle 集合，然后将每个 9-shingle 映射为 0 和 $2^{32}-1$ 之间的一个桶编号。因此，每个 shingle 由 4 字节而不是 9 字节来表示。这样做不仅在数据量上得到了压缩，并且可以对哈希后得到的整数 shingle 进行单字机器运算。

我们注意到，尽管使用 9-shingle 然后将它们映射成 4 字节整数来表示文档与直接使用 4-shingle 来表示文档所使用的空间一样，但是前者具有更强的文档区分能力。具体原因在 3.2.2 节中已经有所提及。如果使用 4-shingle，那么大部分 4 字节序列不太可能或根本不可能在典型文档中出现。因此，实际有效的不同 shingle 数目远小于 $2^{32}-1$。正如 3.2.2 节所说，假定英文文本中仅有 20 个字符出现得较频繁，那么可能出现的不同 4-shingle 的数目仅为 $20^4 = 160\,000$。但是如果使用 9-shingle，那么出现的不同 9-shingle 的数目就比 2^{32} 要多。1.3.2 节也曾经讨论过，当将这些 9-shingle 映射成 4 字节时，差不多任意组合的 4 字节序列都有可能出现。

3.2.4 基于词的 shingle

shingle 的另一种形式被证明在 3.1.2 节提到的新闻报道近似重复检测中非常有效。该问题一个可利用的不同点在于网页中的新闻报道部分往往与其周边元素的写作风格差异很大。新闻报道和大部分散文包含大量停用词（参考 1.3.1 节），包括最常见的 and、you 和 to 等。在很多应用中，我们想忽略这些停用词，因为它们对于文章信息（如主题）没有任何作用。

然而，对于新闻报道的近似重复检测来说，将 shingle 定义为一个停用词加上后续的两个词（不管是不是停用词）会形成一个有用的 shingle 集。在进行页面表示时，这种做法的优势在于，新闻文本比周边元素提供了更多的 shingle 集。不要忘了我们的目标是寻找具有相似新闻报道的网页，而不管周边元素如何。因此，上述做法在表示时更偏向新闻文本中的 shingle 集。于是，新闻内容相同但周边材料不同的网页的 Jaccard 相似度高于周边材料相同但新闻内容不同的网页的相似度。

例 3.5 一则广告可能只有一段简短的文本 "Buy Sudzo."，但是具有相同含义的新闻报道可能是 "*A* spokesperson *for the* Sudzo Corporation revealed today *that* studies *have* shown *it is* good *for* people *to* buy Sudzo products."。尽管并没有规定应该将哪些固定数目的高频词看成停用词，我

们还是将这句话中所有可能的停用词标成了斜体。基于停用词加上后续两个词构建的前 3 个 shingle 如下：

```
A spokesperson for
for the Sudzo
the Sudzo Corporation
```

很显然，在这种构造方式下，上面的句子包含 9 个 shingle，而广告文本则一个 shingle 都没有。□

3.2.5 习题

习题 3.2.1 3.2 节第一句话（The most effective way to represent documents as sets, for the purpose of identifying lexically similar documents is to construct from the document the set of short strings that appear within it）中的前 10 个 3-shingle 有哪些？

习题 3.2.2 如果采用 3.2.4 节所示的基于停用词的 shingle 表示方法，并且假定所有长度不超过三个字母的单词都是停用词，那么 3.2 节第一句话中的 shingle 有哪些？

习题 3.2.3 长度为 n 字节的文档中最多有多少个 k-shingle？这里假设字母表足够大，以保证长度为 k 的字符串的个数至少是 n。

3.3 保持相似度的集合摘要表示

shingle 集合非常大，即使将每个 shingle 都哈希为 4 个字节，一篇文档的 shingle 集合所需要的空间仍然大概是该文档所需空间的 4 倍。如果有数百万文档，很可能不能将这些文档的 shingle 集合都放入内存中。[①]

本节的目标是将上述大集合替换成规模小很多的**签名**（signature）表示。对于签名而言，我们所需要的重要特性是能够仅仅通过比较两篇文档的签名集合就可以估计实际 shingle 集合之间的 Jaccard 相似度。当然，通过签名无法得到原始 shingle 集合之间 Jaccard 相似度的精确值，但是估计结果与真实结果相差不大，并且签名集合越大，估计的精度也越高。例如，50 000 字节文档的 shingle 可能会映射为 200 000 字节的哈希结果，然后替换成 1000 字节大小的签名集合。基于最终签名集合得到的原始文档 Jaccard 相似度的估计值与真实值的差异也就在几个百分点之内。

3.3.1 集合的矩阵表示

在介绍如何构建大集合的小签名之前，将一系列集合表示成其**特征矩阵**（characteristic matrix）对于理解非常有帮助。矩阵的列对应集合，行对应全集（所有集合中可能的元素组成全集）中的元素。如果行 r 对应的元素属于列 c 对应的集合，那么矩阵第 r 行第 c 列的元素为 1，否则为 0。

---

① 另一个需要密切关注的问题是，即使所有的集合都可以放入内存中，所需要的对的数目也可能会多到无法估计每对的相似度。3.4 节将给出该问题的一种解决方案。

例 3.6   图 3-2 中给出了全集 $\{a, b, c, d, e\}$ 中元素组成的多个集合的矩阵表示。这里 $S_1 = \{a, d\}$，$S_2 = \{c\}$，$S_3 = \{b, d, e\}$，$S_4 = \{a, c, d\}$。图中最上面一行和最左边一列并非矩阵的一部分，而是表示各行和各列的含义。   □

元素	S_1	S_2	S_3	S_4
a	1	0	0	1
b	0	0	1	0
c	0	1	0	1
d	1	0	1	1
e	0	0	1	0

图 3-2   4 个集合的矩阵表示

需要记住的是，特征矩阵并非数据真正的存储方式，而是一种非常有用的数据可视化方式。在实际中，数据不会存储为矩阵的一个原因就是该矩阵往往非常**稀疏**（0 的个数远远多于 1 的个数）。只存储 1 所在的位置能够大大节省存储的开销，同时又能完整地表示整个矩阵。此外，人们往往基于其他目的而把数据存储成其他格式。

举例来说，如果行代表商品、列代表顾客，则每个顾客可以表示成其所购买的商品集合，该数据可能真实存在于销售记录库的数据表中。表中的元组可能会包含商品、顾客及一些销售的细节信息，比如销售日期和所使用的信用卡信息。

3.3.2   最小哈希

我们想要构建的集合的签名由大量计算（比如数百次）的结果组成，而每次计算是特征矩阵的**最小哈希**（minhashing）过程。本节将介绍理论上的最小哈希计算方法，随后介绍一个实际当中较好的近似计算方法。

为了对特征矩阵每列所表示的集合进行**最小哈希计算**，首先选择行的一个排列转换[1]。任意一列的最小哈希值是在排列转换后的行排列次序下第一个列值为 1 的行的行号。

例 3.7   对于图 3-2 中的矩阵，假定采用 $beadc$ 的行序重新排列。该排列转换定义了一个最小哈希函数 h，它将某个集合映射成一行。接下来基于函数 h 计算集合 S_1 的最小哈希值。按照 $beadc$ 的顺序来扫描集合 S_1 所对应的第一列，由于 b 行对应的值为 0，需要往下继续扫描到行 e，即排列转换次序中的第二行，其对应的 S_1 列值仍为 0。于是再往下处理到行 a，此时其对应值为 1。因此，我们有 $h(S_1) = a$。

尽管物理上不可能对非常大的特征矩阵进行排列转换，最小哈希函数 h 却隐式地将图 3-2 中矩阵的行重新排列，使之变成图 3-3 中的矩阵。在新矩阵当中，h 函数的值可以通过从上往下扫描直至遇到 1 为止。因此，我们有 $h(S_2) = c$、$h(S_3) = b$ 及 $h(S_4) = a$。   □

---

[1] 设函数 f: $A \to A$，A 是一个集合。如果 f 是一一映射，就称 f 是 A 的一个排列转换，有时也称置换运算。即将行号重新排列。——译者注

元素	S_1	S_2	S_3	S_4
b	0	0	1	0
e	0	0	1	0
a	1	0	0	1
d	1	0	1	1
c	0	1	0	1

图 3-3　图 3-2 所示矩阵的一个行排列转换结果

3.3.3　最小哈希和 Jaccard 相似度

在集合的 Jaccard 相似度及集合的最小哈希值之间存在非同寻常的关联：

两个集合经随机排列转换之后得到的两个最小哈希值相等的概率等于这两个集合的 Jaccard 相似度。

为了理解上述结论的原因，必须对两个集合同一列所对应的所有可能结果进行枚举。假设只考虑集合 S_1 和 S_2 所对应的列，那么它们所在的行可以按照所有可能的结果分成如下三类：

(1) 属于 X 类的行，两列的值均为 1；

(2) 属于 Y 类的行，其中一列的值为 0，另一列的值为 1；

(3) 属于 Z 类的行，两列的值都为 0。

由于特征矩阵十分稀疏，大部分行属于 Z 类。但是 X 和 Y 类行数目的比例决定了 SIM(S_1, S_2) 和概率 $h(S_1) = h(S_2)$ 的大小。假定 X 类行的数目为 x、Y 类的行的数目为 y，则 SIM(S_1, S_2) = $x/(x+y)$。原因是 $S_1 \cap S_2$ 的大小为 x 而 $S_1 \cup S_2$ 的大小为 $x+y$。

接下来考虑 $h(S_1) = h(S_2)$ 的概率。设想所有行进行随机排列转换，然后我们从上到下进行扫描处理，在碰到 Y 类行之前碰到 X 类行的概率是 $x/(x+y)$。[①]但是如果从上往下扫描遇到的除 Z 类行之外的第一行属于 X 类，那么肯定有 $h(S_1) = h(S_2)$。如果首先碰到的是 Y 类行，而不是 Z 类行，那么值为 1 的那个集合的最小哈希值为当前行。但值为 0 的那个集合必将会进一步扫描下去。因此，如果首先碰到 Y 类行，那么此时 $h(S_1) \neq h(S_2)$。于是，我们可以得到最终结论，$h(S_1) = h(S_2)$ 的概率是 $x/(x+y)$，而这也是两个集合 Jaccard 相似度的计算公式。

3.3.4　最小哈希签名

本节再次回顾前面介绍的一系列集合的特征矩阵表示 M。为表示这些集合，我们随机选择 n 个排列转换用于矩阵 M 的行处理，其中 n 一般为一百或几百。对于集合 S 对应的列，分别调用这些排列转换所决定的最小哈希函数 h_1, h_2, $\cdots$, h_n，则可以构建 S 的**最小哈希签名**（minhash signature）向量$[h_1(S), h_2(S), \cdots, h_n(S)]$，该向量通常写成列向量方式。因此，可以基于矩阵 M 构建

---

① 因为是随机排列转换，所以该概率是在所有 $x+y$ 行中碰到 x 行的概率。——译者注

一个**签名矩阵**，将 M 的每一列替换成该列所对应的最小哈希签名向量即可。

需要注意的是，签名矩阵与 M 的列数相同但行数只有 n。即使不显式表示 M 中的全部元素而只采用适合于稀疏矩阵的某种压缩形式（比如只存储 1 所在的位置）来表示，通常情况下签名矩阵所需要的空间仍比矩阵 M 本身的表示空间要小很多。

有关签名矩阵，值得注意的一点是，我们可以用它的列来估计签名矩阵每列对应的集合之间的 Jaccard 相似度。根据 3.3.3 节所证明的定理，我们知道在签名矩阵的给定行中，两列具有相同值的概率等于这两列对应的集合的 Jaccard 相似度。此外，由于最小哈希值所基于的排列是独立选择的，可以将签名矩阵的每一行看成一个独立的实验。因此，两列一致的期望行数等于对应集合的 Jaccard 相似度。此外，我们使用的最小哈希越多，即签名矩阵中的行数越多，那么 Jaccard 相似度计算的期望误差越小。

3.3.5　最小哈希签名的计算

对大规模特征矩阵进行显式排列转换是不可行的。即使对上百万甚至数十亿的行选择一个随机排列转换也极其消耗时间，而对行进行必要的排序则需要花费更多的时间。因此，类似图 3-3 给出的排列转换后的矩阵在概念上听起来十分吸引人，却缺乏可操作性。

幸运的是，我们可以通过一个随机哈希函数来模拟随机排列转换的效果，该函数将行号映射到与行数目大致相等数量的桶中。通常而言，一个将整数 $0, 1, \cdots, k-1$ 映射到桶号 $0, 1, \cdots, k-1$ 的哈希函数会将某些整数对映射到同一个桶中，而有些桶却没有被任何整数映射到。然而，只要 k 很大且哈希结果冲突不太频繁的话，差异就不是很重要。于是，我们可以继续假设哈希函数 h 将原来的第 r 行放在排列转换后次序中的第 $h(r)$ 个位置上。

因此，我们就可以不对行选择 n 个随机排列转换，取而代之的是随机选择 n 个哈希函数 $h_1, h_2, \cdots, h_n$ 作用于行。在上述处理基础上，就可以根据每行在哈希之后的位置来构建签名矩阵。令 $\mathrm{SIG}(i, c)$ 为签名矩阵中第 i 个哈希函数在第 c 列上的元素。一开始，对于所有的 i 和 c，将 $\mathrm{SIG}(i, c)$ 都初始化为 ∞。然后，对行 r 进行如下处理。

(1) 计算 $h_1(r), h_2(r), \cdots, h_n(r)$。

(2) 对每列 c 进行如下操作：

　　(a) 如果 c 在第 r 行为 0，则什么都不做；

　　(b) 如果 c 在第 r 行为 1，那么对于每个 $i = 1, 2, \cdots, n$，将 $\mathrm{SIG}(i, c)$ 置为原来的 $\mathrm{SIG}(i, c)$ 和 $h_i(r)$ 之中的较小值。

例 3.8　再次考虑图 3-2 对应的特征矩阵，我们在后面加上一些数据形成图 3-4。另外，将每一行替换成其对应的行号 $0, 1, \cdots, 4$。选择的两个哈希函数分别为 $h_1(x) = x + 1 \bmod 5$ 和 $h_2(x) = 3x + 1 \bmod 5$。两个哈希函数产生的结果显示在图 3-4 中的最后两列。注意到这里的两个简单哈希函数对应真正的行排列转换，当然这里只有当行数目为质数（这里为 5）时才会有真正的排列转换。通常来说，哈希结果会存在冲突，即至少有两行得到的哈希值相等。

行	S_1	S_2	S_3	S_4	$x+1 \bmod 5$	$3x+1 \bmod 5$
0	1	0	0	1	1	1
1	0	0	1	0	2	4
2	0	1	0	1	3	2
3	1	0	1	1	4	0
4	0	0	1	0	0	3

图 3-4　图 3-2 所示矩阵的哈希函数

现在模拟计算签名矩阵的算法。一开始，签名矩阵全都由 ∞ 构成：

$$
\begin{array}{c|cccc}
 & S_1 & S_2 & S_3 & S_4 \\
\hline
h_1 & \infty & \infty & \infty & \infty \\
h_2 & \infty & \infty & \infty & \infty
\end{array}
$$

首先，考虑图 3-4 中的第 0 行。此时，不论 $h_1(0)$ 还是 $h_2(0)$ 的结果值都是 1。而只有集合 S_1 和 S_4 在第 0 行为 1，因此签名矩阵中只有这两列的值需要修改。因为 $1 < \infty$，所以实际上是对 S_1 和 S_4 的对应列值进行修改，当前签名矩阵的估计结果为：

$$
\begin{array}{c|cccc}
 & S_1 & S_2 & S_3 & S_4 \\
\hline
h_1 & 1 & \infty & \infty & 1 \\
h_2 & 1 & \infty & \infty & 1
\end{array}
$$

接下来，我们下移到图 3-4 中的第 1 行。对于该行，只有 S_3 的值为 1，此时其哈希值 $h_1(1)=2$，$h_2(1)=4$。因此，将 SIG(1, 3) 置为 2，SIG(2, 3) 置为 4。因为第一行中其他列的值均为 0，所以签名矩阵中的相应列的元素保持不变。于是，新的签名矩阵为：

$$
\begin{array}{c|cccc}
 & S_1 & S_2 & S_3 & S_4 \\
\hline
h_1 & 1 & \infty & 2 & 1 \\
h_2 & 1 & \infty & 4 & 1
\end{array}
$$

图 3-4 第 2 行中只有 S_2 和 S_4 对应的列为 1，且其哈希值 $h_1(2) = 3$，$h_2(2) = 2$。S_4 对应的签名本应修改，但是签名矩阵中对应列值为 [1, 1] 小于相应的哈希值 [3, 2]，因此其签名最后不会修改。而 S_2 对应的列中仍然是初始值 ∞，我们将它替换为 [3, 2]，得到：

$$
\begin{array}{c|cccc}
 & S_1 & S_2 & S_3 & S_4 \\
\hline
h_1 & 1 & 3 & 2 & 1 \\
h_2 & 1 & 2 & 4 & 1
\end{array}
$$

再接下来处理图 3-4 中的第 3 行。此时只有 S_2 对应的列的值不为 1。哈希值 $h_1(3) = 4$，$h_2(3) = 0$。h_1 的结果 4 已经超过了矩阵中所有列上的已有值，因此不需要修改签名矩阵第 1 行的任何值。然而，h_2 的值 0 小于矩阵元素，因此将 SIG(2, 1)、SIG(2, 3) 及 SIG(2, 4) 减小为 0。需要注意的是，由于图 3-4 中 S_2 列在当前行的取值已经为 0，因此 SIG(2, 2) 不可能再减小。于是，此时得到的签名矩阵为：

	S_1	S_2	S_3	S_4
h_1	1	3	2	1
h_2	0	2	0	0

最后考虑图 3-4 中的第 4 行，此时 $h_1(4)=0$，$h_2(4)=3$。由于第 4 行只在 S_3 列取值为 1，我们仅仅比较 S_3 的当前值[2, 0]与哈希值[0, 3]即可。由于 $0<2$，因此将 SIG(1, 3)改为 0，而同时由于 $3>0$，因此 SIG(2, 3)保持不变。最终得到的签名矩阵[①]为：

	S_1	S_2	S_3	S_4
h_1	1	3	0	1
h_2	0	2	0	0

基于上述签名矩阵，我们可以估计原始集合之间的 Jaccard 相似度。注意到在签名矩阵中 S_1 和 S_4 对应的列向量完全相同，因此可以猜测 $\text{SIM}(S_1, S_4)=1.0$。如果回到图 3-4，我们会发现 S_1 和 S_4 的真实 Jaccard 相似度为 2/3。需要记住的是，签名矩阵中行之间的一致程度只是真实 Jaccard 相似度的一个估计值，因为本例规模太小，所以并不足以说明在大规模数据情况下估计值和真实值相近的规律。另外，在本例中，S_1 和 S_3 在签名矩阵中有一半元素一致（真实相似度为 1/4），而 S_1 和 S_2 在签名矩阵中没有相同元素，所以相似度估计值为 0（真实相似度也为 0）。　　　　□

3.3.6　对最小哈希加速

最小哈希的过程十分耗时，因为对于每个想要的最小哈希函数，需要检查整个 k 行矩阵 M。我们首先回到 3.3.2 节的模型，假设行实际上是排列的结果。但是，要在所有列上计算一个最小哈希函数，并不需要遍历排列最后的所有路径，而只需要看 k 行中的前 m 行。如果我们使 m 比 k 小，那么工作的减少比例 k/m 就很大。

然而，让 m 变小也有不利的一面。只要每个列的前 m 行中至少有一个 1（按照排列顺序），那么第 m 行之后的行对任何最小哈希值都没有影响而不需要查看。但是如果有些列的前 m 行全是 0 呢？对于这些列，没有对应的最小哈希值，而使用一个接下来要用的特殊符号 ∞。

当检查两列的最小哈希签名以估计它们对应集合之间的 Jaccard 相似度时（如 3.3.4 节所示），必须考虑到一列甚至两列签名元素包含的**最小哈希值**为 ∞ 的可能性。这里存在如下三种情况。

(1) 如果给定行中两列都不包含 ∞，则不需要做任何更改。如果这两个值相同，则将这一行作为等值的示例进行计数；如果这两个值不相等，则将这一行作为不等值的示例进行计数。

(2) 一列包含 ∞，而另一列则不包含 ∞。在这种情况下如果使用了原始排列矩阵 M 的所有行，那么具有 ∞ 的列最终会被赋予某个行号，而这个行号肯定不会是排列顺序中前 m 行。但是另一列确实有一个行号属于前 m 行之一。因此，肯定有一个最小哈希值不相等的示例，我们把签名

[①] 回想一下最小哈希的定义。对于 S_1 来说，假定使用最小哈希函数 h_1，S_1 的最小哈希值等于所有使得 S_1 的列值为 1 的 $h_1(x)$ 中的最小值（x 是行号）。对图 3-4 的例子来说，h_1 对行号作用之后，新的行号 1 对应的 S_1 的值为 1，其他新的行号都比 1 大。因此，签名矩阵中 h_1、S_1 对应的值为 1。其他可以以此类推。——译者注

矩阵的这一行作为这样的一个示例进行计数。

(3) 现在，假设两列都包含 ∞ 行。那么在原来的置换矩阵 M 中，两列的前 m 行都是 0。因此，我们对相应集合的 Jaccard 相似度一无所知，而该相似度只是最后 $k-m$ 行的一个函数，而这些行我们已经选择不会浏览。因此，把签名矩阵的这一行看作既不是相等值也不是不等值的示例进行计数。

只要第三种情况（两列都有 ∞）很少出现，我们得到的平均示例数目就基本等于签名矩阵中的行数。这种效果会部分降低对 Jaccard 距离估计的准确性，但降低程度不会太高。并且因为现在能够比检查 M 的所有行更快计算所有列的最小哈希值，所以有时间来应用更多的最小哈希函数。我们甚至会得到比原来更好的准确性，而且比以前更快。

3.3.7　使用哈希加速

和前面一样，我们有理由不按照 3.3.6 节中假设的方式对行进行物理置换。然而，在 3.3.6 节中，真排列的概念比在 3.3.2 节中更有意义。原因在于，我们并不需要构造 k 个元素的完整排列，而只需要从 k 行中选择少量的 m，然后随机选择这些行的排列即可。根据 m 的值和矩阵 M 的存储方式，按照 3.3.6 节建议的算法可能是有意义的。

然而，更有可能需要一种类似于 3.3.5 节的策略。现在，M 的行是固定的，没有进行排列。我们选择一个哈希函数对行号进行哈希，并仅为前 m 行计算哈希值。也就是说，我们遵循 3.3.5 节中的算法，但只在到达第 m 行时才停止，然后对每一列，以目前得到的最小哈希值作为该列的最小哈希值。

因为有些列可能在所有 m 行中都是 0，所以可能有一些最小哈希值是 ∞。假设 m 足够大以至于 ∞ 的最小哈希值很少，我们仍然可以通过比较签名矩阵的列来很好地估计集合的 Jaccard 相似度。假设 T 是由矩阵 M 前 m 行表示的全集元素的集合，S_1 和 S_2 是由 M 中两列分别表示的集合，那么 M 的前 m 行代表集合 $S_1 \cap T$ 和 $S_2 \cap T$。如果这两个集合都是空集（也就是说，两列的前 m 行都是 0），则这个最小哈希函数在两列中均为 ∞，将在估计列对应集合间的 Jaccard 相似度时被忽略。

如果 $S_1 \cap T$ 和 $S_2 \cap T$ 中至少有一个集合非空，那么这个最小哈希函数的两列具有相等值的概率就是这两个集合的 Jaccard 相似度，即

$$\frac{|S_1 \cap S_2 \cap T|}{|(S_1 \cup S_2) \cap T|}$$

只要 T 是从全集中随机选出的一个子集，上述比值的期望值就等于 S_1 和 S_2 的 Jaccard 相似度。然而，由于会有一些随机变动，根据 T 的不同，我们能在 M 的前 m 行中找到比类型 X（两列都是 1）和/或类型 Y（一列为 1，另一列为 0）平均行数更多或更少的结果。

为减轻这种变动，我们对每个最小哈希不使用相同的集合 T。相反，我们把 M 的行分成 k/m 组[①]。然后对于每个哈希函数，我们只检查 M 的前 m 行来计算一个最小哈希值，只检查第二个 m

---

① 接下来，为了方便起见，我们假设 m 均匀地除 k。它不重要，只要 k/m 很大，如果某些行不包含在任何组中，因为 k 不是 m 的整数倍。

行来计算另一个最小哈希值，其余以此类推。因此我们通过一个哈希函数及对 M 所有行的扫描得到 k/m 个最小哈希值。事实上，如果 k/m 足够大，我们可以通过将单个哈希函数应用到 M 的每个多行构成的子集，从而得到签名矩阵的所有行。

另外，通过使用 M 的每一行来计算上述最小哈希值，可以抵消掉由于任意某个行子集造成的 Jaccard 相似度的错误估计。也就是说，S_1 和 S_2 的 Jaccard 相似度确定了类型 X 行和类型 Y 行的比例。所有类型 X 行都分布在 k/m 个行集合中，类型 Y 行也是如此。因此，虽然某个 m 行集合一种类型的行数可能比平均值多，但一定有其他某个 m 行集合比同一类型的平均值少。

例 3.9   图 3-5 给出了一个矩阵，代表三个集合 S_1、S_2 和 S_3，全集由 8 个元素组成，即 $k=8$。我们选择 $m=4$，这样扫描一遍行会产生两个最小哈希值，一个基于前 4 行，另一个则基于后 4 行。

S_1	S_2	S_3
0	0	0
0	0	0
0	0	1
0	1	1
1	1	1
1	1	0
1	0	0
0	0	0

图 3-5   一个代表三个集合的布尔矩阵

首先，我们注意到这三个集合的 Jaccard 相似度分别是 $\text{SIM}(S_1, S_2) = 1/2$，$\text{SIM}(S_1, S_3) = 1/5$，$\text{SIM}(S_2, S_3) = 1/2$。现在，只看前面 4 行。无论我们使用什么哈希函数，S_1 的最小哈希值将是 ∞，S_2 的最小哈希值将是第 4 行的哈希值，S_3 的最小哈希值将是第 3 行和第 4 行哈希值中较小的那个。因此，S_1 和 S_2 的最小哈希值永远不会一致。这是有意义的，因为如果 T 是由前 4 行表示的元素集合，那么 $S_1 \cap T = $ 空集，因此 $\text{SIM}(S_1 \cap T, S_2 \cap T) = 0$。但在后 4 行中，$S_1$ 和 S_2 的 Jaccard 相似度仅限于最后 4 行所代表的元素，结果为 2/3。

我们的结论是，如果用上述哈希函数分别基于前 4 行和后 4 行生成两个最小哈希值来构建签名的话，S_1 和 S_2 的签名之间的期望匹配数目是 0 和 2/3 的平均值，或者说 1/3。因为 S_1 和 S_2 实际的 Jaccard 相似度是 1/2，所以这里有误差，但是不太大。在更大的例子中，最小哈希值基于远多于 4 行的情况下进行计算，预期的错误将接近于零。

类似地，我们可以看到在其他两对列上对行拆分的效果。对于集合 S_1 和 S_3，上半部分表示集合的 Jaccard 相似度为 0，下半部分表示集合的 Jaccard 相似度为 1/3。因此，S_1 和 S_3 签名中的期望匹配数目是上述两个值的平均值 1/6。与此形成对照的是，真正的 Jaccard 相似度 $\text{SIM}(S_1, S_3) = 1/5$。最后，当比较 S_2 和 S_3 时，我们注意到前 4 行这些列的 Jaccard 相似度是 1/2，后 4 行的 Jaccard 相似度也是 1/2，最终得到的平均值 1/2 也与真实相似度 $\text{SIM}(S_2, S_3) = 1/2$ 完全一致。   □

3.3.8 习题

习题 3.3.1 基于图 3-2 给出的具体例子来验证 3.3.3 节中定理的正确性，即 Jaccard 相似度与最小哈希值相等的概率相等，这包括如下两步：

(a) 计算图 3-2 中每两列之间的 Jaccard 相似度；

！(b) 对图中的每两列，计算在 120 个行排列转换中两列哈希成相同值的比例。

习题 3.3.2 使用图 3-4 的数据，计算增加如下两个哈希函数之后得到的签名矩阵：

(a) $h_3(x) = 2x + 4 \mod 5$；

(b) $h_4(x) = 3x - 1 \mod 5$。

习题 3.3.3 图 3-6 给出了一个 6 行的矩阵。

(a) 在使用如下三个哈希函数时，计算矩阵中每列的最小哈希签名：

$h_1(x) = 2x + 1 \mod 6$；

$h_2(x) = 3x + 2 \mod 6$；

$h_3(x) = 5x + 2 \mod 6$。

(b) 这些哈希函数中哪些是真正的排列转换？

(c) 计算上述所有量列之间 Jaccard 相似度的估计值和真实值的差异。

元素	S_1	S_2	S_3	S_4
0	0	1	0	1
1	0	1	0	0
2	1	0	0	1
3	0	0	1	0
4	0	0	1	1
5	1	0	0	0

图 3-6 习题 3.3.3 中的矩阵

！**习题 3.3.4** 既然已知 Jaccard 相似度与两个集合最小哈希值相等的概率有关，那么重新考虑习题 3.1.3。能否通过这种联系来对随机选择的集合之间的期望 Jaccard 相似度的计算问题进行简化？

！**习题 3.3.5** 试证明，如果两列的 Jaccard 相似度为 0，那么最小哈希的方法总是能得到正确的估计结果。

！！**习题 3.3.6** 有人可能会认为，估计列的 Jaccard 相似度时并不需要使用所有可能的行的排列转换。比如，只允许使用循环排列转换即可，即随机选择第 r 行，令其排在第一位，后面是第 $r+1$ 行、第 $r+2$ 行……直到最后一行，然后从头一行开始直到第 $r-1$ 行。如果行数为 n，那么总共只有 n 个循环排列转换。然而，这些排列转换却不足以正确地估计 Jaccard 相似度。给出一个两列的矩阵例子，其所有循环排列转换的平均结果并不等于 Jaccard 相似度。

！**习题 3.3.7** 假定使用一个 MapReduce 框架来计算最小哈希签名。如果矩阵按组块存储，每个组块对应一些列，那么很容易充分利用并行化。每个 Map 任务收到一些列和所有的哈希函数，然后计算这些给定列的最小哈希签名。然而，假定矩阵按行组块存储，那么 Map 任务收到的就是哈希函数和一些行集合。设计能够利用 MapReduce 处理这类数据的 Map 和 Reduce 函数。

! 习题 3.3.8　正如在 3.3.6 节中注意到的那样，当一列只有 0 值时，就会出现问题。如果我们使用整列（同 3.3.2 节一样）计算最小哈希函数，那么只有当该列代表空集时，才会得到全 0 构成的列。应该如何处理空集问题，才能确保不会在估计 Jaccard 相似度时引入错误？

!! 习题 3.3.9　例 3.9 中得到的三个 Jaccard 相似度的估计值都小于或等于真实的 Jaccard 相似度。对于另一对列，上半部和下半部的 Jaccard 相似度的平均值有没有可能超过实际的 Jaccard 相似度？

3.4　文档的局部敏感哈希算法

即使可以使用最小哈希将大文档压缩成小的签名并同时保持任意对文档之间的预期相似度，但是高效寻找具有最大相似度的文档对仍然是不可能的。主要原因在于，即使文档本身的数目并不大，需要比较的文档对也可能过多。

例 3.10　假定有 100 万篇文档，每篇文档使用的签名的长度为 250，则每篇文档需要 1000 个字节来表示签名。所有 100 万篇文档的签名数据占用 1 GB 空间，这个数字小于普通台式计算机的内存大小。然而，有 $\binom{1\,000\,000}{2}$ 即约 5000 亿个文档对需要比较。如果计算每两篇文档签名之间的相似度需要花费 1 微秒，那么这台计算机大约需要 6 天才能计算所有的相似度。　　　□

如果我们的目标是计算每对文档的相似度，那么即使采用并行机制来减少实耗时间，也没有办法来减少计算量。但是，实际中往往需要得到那些最相似或者相似度超过某个下界的文档对。如果是这样的话，就只需关注那些可能相似的文档对，而不需要研究所有的文档对。目前对这类问题的处理存在着一个称为**局部敏感哈希**[①]（Locality-Sensitive Hashing，LSH）或**近邻搜索**（near-neighbor search）的一般性理论。本节将考虑 LSH 的一个特定形式，它面向我们这里研究的具体问题而设计。在这些具体问题中，文档先表示为 shingle 集合，然后经过哈希处理表示为短签名集合。在 3.6 节中，我们将给出 LSH 的一般性理论、若干应用及相关的技术。

3.4.1　面向最小哈希签名的 LSH

LSH 的一般性做法就是对目标项进行多次哈希处理，使得相似项比不相似项更可能哈希到同一桶中。然后将至少有一次哈希到同一桶中的文档对看成**候选对**，我们只会检查这些候选对之间的相似度。我们希望大部分不相似的文档对将永远不会哈希到相同的桶中，这样就永远不需要检查它们的相似度。那些哈希到同一个桶中的非相似文档对称为**假正例**（false positive），我们希望它们在所有对中占的比例越低越好。同时，也希望大部分真正相似的文档对会至少被一个哈希函数映射到同一桶中。那些没有映射到相同桶中的真正相似的文档对称为**假反例**（false negative），

―――――――――
① 有不少地方也译为位置敏感哈希。——译者注

我们希望它们在所有真正相似文档对中的比例也很小。

如果拥有目标项的最小哈希签名矩阵，那么一个有效的哈希处理方法是将签名矩阵划分成 b 个**行条**（band），每个行条由 r 行组成。对每个行条，存在一个哈希函数能够将行条中的每 r 个整数组成的列向量（行条中的每一列）映射到某个大数目范围的桶中。可以对所有行条使用相同的哈希函数，但是对每个行条我们都使用一个独立的桶数组，因此即使是不同行条中的相同向量列，也不会被哈希到同一桶中。

例 3.11 图 3-7 给出了一个 12 行签名矩阵的一部分，它被分成 4 个行条，每个行条由 3 行组成。图中显式可见的行条 1 中第 2 列和第 4 列均包含列向量[0,2,1]，因此它们肯定会哈希到行条 1 下的相同桶中。因此，不管这两列在其他 3 个行条下的结果如何，它们都是一个相似候选对。图中显式给出的其他列也可能会哈希到行条 1 下的同一桶中。但是，由于此时两个列向量[1,3,0]和[0,2,1]不同，加上哈希的桶数目也不少，因此偶然冲突的预期概率会非常低。通常假设当且仅当两个向量相等时，它们才会哈希到同一桶中。

在行条 1 中不相等的两个列仍然还有另外三次机会成为候选对，只要它们在剩余的 3 个行条中有一次相等即可。然而，我们观察到，签名矩阵的两列越相似，在多个行条中的向量相等的可能性也越大。因此，直观上看，行条化策略能够使得相似列会比不相似列更有可能成为候选对。□

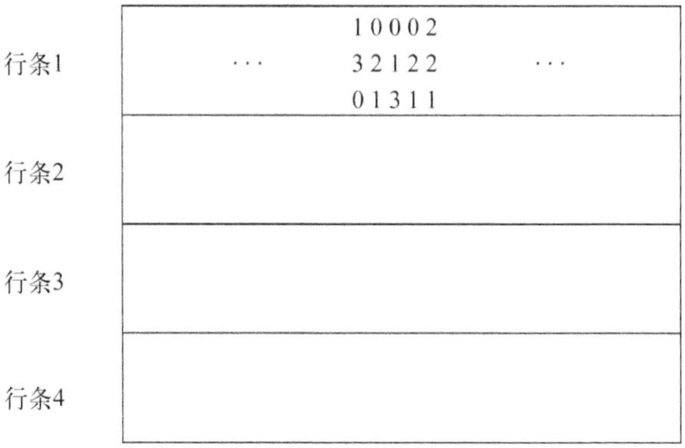

图 3-7 将一个签名矩阵分成 4 个行条，每个行条由 3 行组成

3.4.2 行条化策略的分析

假定使用 b 个行条，每个行条由 r 行组成，并假定某对具体文档之间的 Jaccard 相似度为 s。3.3.3 节的内容表明，文档的最小哈希签名矩阵中某个具体行中的两个签名相等的概率等于 s。接下来我们可以计算这些文档（或其签名）作为候选对的概率，具体计算过程如下：

(1) 在某个具体行条中所有行的两个签名相等的概率为 s^r；

(2) 在某个具体行条中至少有一对签名不相等的概率为 $1-s^r$；

(3) 在任何行条中的任意一行的签名对都不相等的概率为 $(1-s^r)^b$；

(4) 签名至少在一个行条中全部相等的概率，即成为候选对的概率为 $1-(1-s^r)^b$。

虽然可能并不特别明显，但是不论常数 b 和 r 的取值如何，上述形式的概率函数图像大致为图 3-8 所给出的 S-曲线（S-curve）。曲线中候选概率 1/2 处对应的相似度就是所谓的**阈值**（threshold），它是 b 和 r 的函数。阈值对应的大概是上升最陡峭的地方，对于较大的 b 和 r，相似度在阈值之上的对很可能成为候选对，而在阈值之下的对则不太可能成为候选对，这正是我们想要的结果。阈值的一个近似估计是 $(1/b)^{1/r}$。例如，如果 $b = 16$ 且 $r = 4$，那么由于 16 的 4 次方根为 2，阈值的近似值为 1/2。

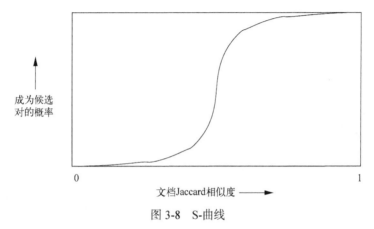

图 3-8   S-曲线

例 3.12   考虑 $b = 20$ 且 $r = 5$ 的情况，也就是说假定签名的个数为 100，分成 20 个行条，每个行条包含 5 行。图 3-9 以表格形式给出了函数 $1-(1-s^5)^{20}$ 的部分值。注意，这里的阈值，也就是曲线中部上升处的 s 值，仅仅比 0.5 稍大一点。另外还要注意，该曲线并非从 0 到 1 在阈值处跳跃的最理想步进函数，但是曲线中部的斜率十分显著。例如，s 从 0.4 变到 0.6，增加的函数值大于 0.6，因此中间部分的斜率大于 3。

又例如，$s = 0.8$ 时，$1-(0.8)^5$ 大约为 0.672。如果再求 20 次方得到大约 0.000 35，用 1 减去该值以后得 0.999 65。也就是说，如果认为两篇文档的相似度为 80%，那么在任意行条中，5 行中签名对全部相等的可能性只有约 33%，因而它们会成为候选对。然而，这里有 20 个行条，因此有 20 次机会成为一个候选对。在 3000 个对中，大致仅有 1 个相似度为 80% 的对不会成为候选对，即成为假反例。□

s	$1-(1-s^r)^b$
0.2	0.006
0.3	0.047
0.4	0.186
0.5	0.470
0.6	0.802
0.7	0.975
0.8	0.9996

图 3-9 $b = 20$ 且 $r = 5$ 条件下 S-曲线的值

3.4.3 上述技术的综合

本节将给出一个完整的相似项发现方法：首先找出可能的候选对相似文档集合，然后基于该集合发现真正的相似文档。必须强调的是，这种方法可能会产生假反例，即某些相似文档对由于没有进入候选对所以最终没有被识别出来。同样，该方法也可能会产生假正例，即在评估了某些候选对后，发现其相似度不足。

(1) 选择某个 k，并对每篇文档构建其 k-shingle 集合。将这些 k-shingle 映射成更短的桶编号（后一步可选）。

(2) 将文档-shingle 对按照 shingle 排序。

(3) 选择最小哈希签名的长度 n。将(2)中排好序的表传递给 3.3.5 节中的算法来计算所有文档的最小哈希签名。

(4) 选择阈值 t 来定义应该达到的相似程度使之被看做是预期的"相似对"。选择行条数 b 和每个行条中的行数 r，使得 $br = n$，而阈值 t 近似等于 $(1/b)^{1/r}$。如果避免假反例的产生很重要，那么选择合适的 b 和 r 以产生小于 t 的阈值。如果速度相当重要并且希望限制假正例的数目，那么选择合适的 b 和 r 来获得更高的阈值。

(5) 应用 3.4.1 节中的 LSH 技术来构建候选对。

(6) 检查每个候选对的签名，确定它们一致部分的比例是否大于 t。

(7)（该步可选）如果签名足够相似，则直接检查文档本身看它们是否真正相似。不相似的文档有时碰巧会具有相似的签名。

3.4.4 习题

习题 3.4.1 对 $s = 0.1, 0.2, \cdots, 0.9$，在下列 r、b 取值情况下求 S-曲线上 $1-(1-s^r)^b$ 的值：

❏ $r = 3$，$b = 10$；

❏ $r = 6$，$b = 20$；

❏ $r = 5$，$b = 50$。

! 习题 3.4.2 对习题 3.4.1 中的每个 (r, b) 对，计算阈值，即使得 $1-(1-s^r)^b$ 等于 $1/2$ 时 s 的值，并将该值与 3.4.2 节 $(1/b)^{1/r}$ 的估计值进行比较。

! 习题 3.4.3 利用 1.3.5 节介绍的技术来计算当 s^r 非常小时 S-曲线 $1-(1-s^r)^b$ 的近似值。

! 习题 3.4.4 假定我们希望采用 MapReduce 方式来实现 LSH。具体地说，这里假设签名矩阵的组块由列构成，每个元素为键-值对，其中键是列号，而值则是签名本身（也就说，这里的值实际上是一个值向量）。

(a) 说明如何通过单个 MapReduce 过程来生成所有行条的桶。**提示**：记住 Map 函数能够基于单个元素生成多个键-值对；

(b) 说明如何通过另一个 MapReduce 过程来将(a)的输出结果转换成需要比较的对列表。具体地说，对于每列 i，应该存在一个要与 i 比较且满足 $j > i$ 的列组成的列表。

3.5   距离测度

接下来我们稍微偏离主题来研究距离测度的一般性概念。尽管 Jaccard 相似度可以度量两个集合的相似程度，但是它并不是一个真正意义上的距离测度。也就是说，集合越接近，Jaccard 相似度却越大，而不是像距离一样越短。我们将看到，1 减去 Jaccard 相似度是一个距离测度，称为 Jaccard 距离（Jaccard distance）。

然而，Jaccard 距离并不是唯一有意义的能够度量相近程度的测度。接下来我们要介绍一些在实际中使用的其他距离测度。然后，3.6 节会介绍在有些距离测度上也可以应用 LSH 技术，从而只允许我们关注相近的点而不用比较所有点。在第 7 章讨论聚类时我们还会介绍距离测度的其他应用。

3.5.1   距离测度的定义

假定有一些点组成的集合，我们称这个集合为**空间**（space）。该空间下的**距离测度**（distance measure）是一个函数 $d(x, y)$，以空间中的两个点作为参数，输出是一个实数值。该函数必须满足下列准则：

(1) $d(x, y) \geqslant 0$（距离非负）；

(2) 当且仅当 $x = y$ 时，$d(x, y) = 0$（只有点到自身的距离为 0，其他距离都大于 0）；

(3) $d(x, y) = d(y, x)$（距离具有对称性）；

(4) $d(x, y) \leqslant d(x, z) + d(z, y)$（三角不等式）。

三角不等式是上述条件中最复杂的条件。它的直观意义是，如果从 x 点行进到 y 点，那么如果一定要求经过某个特定的第三点 z 则不会有任何好处。三角不等式准则使得所有的距离测度表现得如同其描述的是从一个点到另一个点的最短路径的长度。

3.5.2   欧氏距离

欧氏距离是最为人熟知的距离测度，也就是我们通常所想象的"距离"。在 n 维欧氏空间中，每个点是一个 n 维实数向量。该空间中的传统距离测度，即我们常说的 L_2 范式（L_2-norm）定义如下：

$$d([x_1, x_2, \cdots, x_n], [y_1, y_2, \cdots, y_n]) = \sqrt{\sum_{i=1}^{n} (x_i - y_i)^2}$$

也就是说，首先计算每一维上的距离，然后求它们的平方和，最后求算术平方根。

对于上述距离公式，很容易验证它满足上述距离四准则中的前三条。由于上面计算的是算术平方根，两点之间的欧氏距离不可能是负数。因为所有实数的平方非负，所以如果存在某个 i 满足 $x_i \neq y_i$，那么整个计算结果就严格大于 0。相反，只有当所有 i 都满足 $x_i = y_i$ 时，距离才为 0。由于 $(x_i - y_i)^2 = (y_i - x_i)^2$，对称性准则显然满足。至于欧氏距离是否满足三角不等式准则，则需要较多的代数学知识才能证明。但是欧氏空间有一个众所周知的特性，即一个三角形的两边之和不小于第三边。

欧氏空间下还有一些其他的距离测度方法。对于任意常数 r，L_r 范式的定义如下：

$$d([x_1, x_2, \cdots, x_n], [y_1, y_2, \cdots, y_n]) = \left(\sum_{i=1}^{n} |x_i - y_i|^r \right)^{1/r}$$

当 $r = 2$ 时，就是刚才提到的 L_2 范式距离。另一个常用的距离测度是 L_1 范式距离，也称为**曼哈顿距离**（Manhattan distance），即两个点的距离是每维距离的绝对值之和。之所以称为"曼哈顿距离"，是因为这里在两个点之间行进时必须要沿着网格线前进，就如同沿着城市（如曼哈顿）的街道行进一样。

另一个有趣的距离测度是 L_∞ 范式，也就是当 r 趋向于无穷大时 L_r 范式的极限值。当 r 增大时，只有那个具有最大距离的维度才真正起作用，因此，正式来讲，L_∞ 范式定义为在所有维度 i 下 $|x_i - y_i|$ 中的最大值。

例 3.13 考虑二维欧氏空间（即通常所说的平面）上的两个点 $(2, 7)$ 和 $(6, 4)$。它们的 L_2 范式距离为 $\sqrt{(2-6)^2 + (7-4)^2} = \sqrt{4^2 + 3^2} = 5$，$L_1$ 范式距离为 $|2-6| + |7-4| = 4 + 3 = 7$，而 L_∞ 范式距离为 $\max(|2-6|, |7-4|) = \max(4, 3) = 4$。 □

3.5.3 Jaccard 距离

正如本节一开始提到的那样，集合的 Jaccard 距离可以定义为 $d(x, y) = 1 - \text{SIM}(x, y)$，也就是说，Jaccard 距离等于 1 减去 x、y 的交集与并集的比值。我们必须验证该函数是一个距离测度。

(1) 交集的大小不可能大于并集的大小，因此 $d(x, y)$ 不可能为负值。

(2) 若 $x = y$ 则 $d(x, y) = 0$，这是因为 $x \cup x = x \cap x = x$。然而，如果 $x \neq y$，那么 $x \cap y$ 的大小严格小于 $x \cup y$ 的大小，因此，$d(x, y)$ 严格为正。

(3) 由于交集和并集运算都是对称的，即 $x \cup y = y \cup x$ 和 $x \cap y = y \cap x$，因此 $d(x, y) = d(y, x)$。

(4) 至于三角不等式，回顾一下 3.3.3 节我们就知道，$\text{SIM}(x, y)$ 是一个随机最小哈希函数将 x 和 y 映射为相同值的概率。因此，Jaccard 距离 $d(x, y)$ 为一个随机最小哈希函数将 x 和 y 映射为不同值的概率。所以，三角不等式条件 $d(x, y) \leq d(x, z) + d(z, y)$ 可以变换为命题：如果 h 是一个随机的最小哈希函数，那么 $h(x) \neq h(y)$ 的概率不高于 $h(x) \neq h(z)$ 的概率与 $h(z) \neq h(y)$ 的概率之和。然而，因为只要有 $h(x) \neq h(y)$，那么至少 $h(x)$ 和 $h(y)$ 中的一个一定与 $h(z)$ 不同。即它们不可能都是 $h(z)$，否则两者显然相等。因此上述命题为真。

3.5.4 余弦距离

在有维度的空间下**余弦距离**（cosine distance）才有意义，这些空间包括欧氏空间及离散欧氏空间，而后者包括坐标只采用整数值或布尔值（0 或 1）来表示的空间。在上述空间下，点可以代表方向。这里我们并不区分一个向量及其多倍向量[1]。因此，两个点的余弦距离实际上是点所

---

① 即向量的每一维都放大相同的倍数得到的向量。——译者注

代表的向量之间的夹角。不管空间有多少维，该夹角的范围是 0 ~ 180 度。

于是，我们首先计算夹角的余弦，然后应用反余弦函数（arc-cosine）将结果转化为 0 ~ 180 度的角度，从而最终得到余弦距离。给定向量 x 和 y，其夹角余弦等于它们的内积 $x \cdot y$ 除以两个向量的 L_2 范式（即它们到原点的欧氏距离）乘积。记住向量的内积 $[x_1, x_2, \cdots, x_n] \cdot [y_1, y_2, \cdots, y_n]$ 为 $\sum_{i=1}^{n} x_i y_i$。

例 3.14   两个向量分别为 $x = [1, 2, -1]$ 和 $y = [2, 1, 1]$，则内积 $x \cdot y = 1 \times 2 + 2 \times 1 + (-1) \times 1 = 3$。两个向量的 L_2 范式均为 $\sqrt{6}$，比如 x 的 L_2 范式为 $\sqrt{1^2 + 2^2 + (-1)^2} = \sqrt{6}$。因此，$x$ 和 y 的夹角余弦为 $3/(\sqrt{6}\sqrt{6}) = 1/2$，而余弦值为 1/2 的角大小为 60 度。因此，x 和 y 的余弦距离为 60 度。   □

我们必须证明余弦距离也是一个距离测度。由于定义在 0 和 180 之间，余弦距离非负。当且仅当两个向量表示同一方向时向量的夹角为 0。[①]余弦距离的对称性非常明显：x 和 y 的夹角显然与 y 和 x 的夹角相等。至于三角不等式则能够通过物理含义来最好地诠释，如要将向量 x 旋转到 y，可以先从 x 旋转到 z，然后再从 z 旋转到 y。两次旋转经过的夹角之和不会小于直接旋转所得到的夹角。

3.5.5   编辑距离

编辑距离只适用于字符串比较。两个字符串 $x = x_1 x_2 \cdots x_n$ 及 $y = y_1 y_2 \cdots y_m$ 的编辑距离等于将 x 转换为 y 所需要的单字符插入及删除操作的最小数目。

例 3.15   两个字符串 $x =$ abcde 和 $y =$ acfdeg 的编辑距离为 3。为将 x 转换为 y，需要进行如下操作：

(1) 删除字符 b；

(2) 在字符 c 之后插入字符 f；

(3) 在字符 e 之后插入字符 g。

可以验证，不存在少于三步的插入/删除操作序列能把 x 转换为 y。因此，x 和 y 的编辑距离 $d(x, y) = 3$。   □

另一种定义和计算编辑 $d(x, y)$ 的方法基于 x 和 y 的**最长公共子序列**（Longest Common Subsequence，LCS）的计算。通过在 x 和 y 的某些位置上进行删除操作能够得到某个字符串，基于上述方法构造出的 x 和 y 的最长公共字符串就是 x 和 y 的 LCS。编辑距离等于 x 与 y 的长度之和减去它们的 LCS 长度的两倍。

例 3.16   例 3.15 中的字符串 $x =$ abcde 和 $y =$ acfdeg 存在一个唯一的 LCS，即 acde。很显然，该字符串确实是能构造出来最长的公共字符串，因为它包含了所有同时在 x 和 y 中出现的字符。幸好这些公共字符在两个字符串中的出现次序也完全一样，因此，将它们合在一起就构成了 x 和 y 的 LCS。注意 x 的长度为 5，y 的长度为 6，LCS 的长度为 4。因此，它们的编辑距离为

[①] 我们注意到为了满足距离定义的第二条准则，这里必须把一个向量的多倍向量与原向量看成方向相同的向量，比如 [1, 2] 和 [3, 6]。如果把它们看成不同的向量，会给出其距离 0，这会违背只有 $d(x, x)$ 才会为 0 的准则。

$5 + 6 - 2 \times 4 = 3$，这与例 3.15 中直接算出的结果一致。

另一个例子是 $x = \text{aba}$，$y = \text{bab}$。它们的编辑距离为 2。例如，将 x 的第一个 a 删除然后在末尾插入 b 即可得到 y。x 和 y 有两个 LCS：ab 和 ba。每个 LCS 可以通过在两个字符串中各删除一个字符得到。实际当中两个字符串可能会同时存在多个 LCS，但是这些 LCS 的长度相等。因此，可以计算两者的编辑距离为 $3 + 3 - 2 \times 2 = 2$。 □

编辑距离是一个距离测度。显然，编辑距离非负，只有两个相等的字符串的编辑距离才会为 0。我们看到编辑距离是对称的，注意 x 到 y 的插入、删除的操作序列完全可以颠倒次序应用于 y 到 x 的转换过程中，此时 x 到 y 方向的插入操作变换为 y 到 x 方向的删除操作，同时 x 到 y 的删除操作变换为 y 到 x 的插入操作，反之亦然。编辑距离显然也满足三角不等式准则。将 s 转换为 t 的一种方法是先将 s 转换为 u，然后将 u 转换为 t。因此，s 到 u 的最少编辑操作数加上 u 到 t 的最少编辑操作数肯定不小于从 s 到 t 的最小编辑操作数。

非欧空间

需要注意的是，本节介绍的一些距离测度所定义的空间是非欧空间。欧氏空间有一个非常重要的性质，空间中的点的平均总是存在，并且也是空间中的一个点。关于这个性质我们会在第 7 章介绍聚类时再讨论。但是，在 Jaccard 距离所定义的集合空间上，两个集合的"平均"没有任何意义。同样，编辑距离所定义的字符串空间中"平均"也没有意义。

余弦距离所暗示的向量空间可能是也可能不是欧氏空间。如果向量的分量可以是任何实数，那么此时就是一个欧氏空间。但是，如果将向量的分量限定为整数，那么就是非欧空间。比如，我们注意到，在两个整数分量向量空间当中，无法找到向量[1, 2]和[3, 1]的平均值。如果把它们看作二维欧氏空间中的成员，其平均值为[2.0, 1.5]。

3.5.6 海明距离

给定一个向量空间，**海明距离**（Hamming distance）定义为两个向量中不同分量的个数。很显然，海明距离是一种距离测度。很明显，海明距离非负，当且仅当两个向量相等时，海明距离为 0。海明距离在计算时与向量的先后顺序无关。海明距离也明显满足三角不等式：如果 x 和 z 有 m 个分量不同，z 和 y 有 n 个分量不同，那么 x 和 y 中不同的分量个数不可能超过 $m + n$ 个。海明距离往往应用于布尔向量，即这些向量仅仅包含 0 和 1。但是，从理论上说，向量的分量可以来自任何集合。

例 3.17 向量 10101 和 11110 的海明距离是 3。很明显，这两个向量的第 2、第 4、第 5 位元素不同，而其他元素均相同。 □

3.5.7 习题

！**习题 3.5.1** 在非负整数空间中，下列哪些函数是距离测度？如果是，请给出证明。如果不是，请证明它不满足哪一条或哪几条准则。

(a) max(x, y)，即 x 和 y 中的较大值。

(b) diff(x, y) = $|x-y|$，即 x 和 y 的差的绝对值。

(c) sum(x, y) = $x + y$。

   习题 3.5.2   计算点(5, 6, 7)和点(8, 2, 4)的 L_1 范式及 L_2 范式距离。

!! **习题 3.5.3**   试证明，如果 i 和 j 是任意的正整数，且 $i < j$，那么任意两点的 L_i 范式距离一定大于它们的 L_j 范式距离。

   习题 3.5.4   计算下列集合对之间的 Jaccard 距离：

(a) {1, 2, 3, 4} 和 {2, 3, 4, 5}；

(b) {1, 2, 3} 和 {4, 5, 6}。

   习题 3.5.5   计算下列向量对之间的夹角余弦[①]：

(a) (3, -1, 2) 和 (-2, 3, 1)；

(b) (1, 2, 3) 和 (2, 4, 6)；

(c) (5, 0,-4) 和 (-1,-6, 2)；

(d) (0, 1, 1, 0, 1, 1) 和 (0, 0, 1, 0, 0, 0)。

! **习题 3.5.6**   试证明任意两个相同维度的布尔向量之间的余弦距离最多为 90 度。

   习题 3.5.7   计算下列字符串对之间的编辑距离（只使用插入和删除操作）：

(a) abcdef 和 bdaefc；

(b) abccdabc 和 acbdcab；

(c) abcdef 和 baedfc。

! **习题 3.5.8**   关于编辑距离，还有一些其他可用的定义方法。比如，在插入和删除操作之外，还可以加入如下操作。

   (a) 替换（mutation）   某个字符可以被另外一个字符替换。值得注意的是，一个替换操作总是可以由一个插入操作加上一个删除操作构成，但是如果允许替换操作的话，计算编辑距离的时候上述过程算一次而不是两次操作。

   (b) 交换（transposition）   即两个相邻字符交换位置。同替换操作一样，交换操作可以通过一个插入加上一个删除操作来模拟，但是在计算编辑距离时这两步只能算一次操作。

   假如编辑距离定义为一个字符串转换到另一个字符串所需的插入、删除、替换和交换操作的次数，那么基于该定义重新计算习题 3.5.7 中给出的问题。

! **习题 3.5.9**   试证明习题 3.5.8 中讨论的编辑距离确实是一个距离测度。

   习题 3.5.10   计算下列四个向量两两之间的海明距离：

000000、110011、010101 和 011100。

[①] 注意这里求的并不是两个向量的余弦距离，而是它们的夹角余弦。当然，你自己可以基于余弦表或者库函数来求解夹角值。

3.6 局部敏感函数理论

3.4 节中介绍了 LSH 技术是一个具体函数族（最小哈希函数族）上的应用例子，这些函数可以组合在一起（比如通过 3.4 节提到的行条化技术）来更有效地区分低距离和高距离对。图 3-8 中 S-曲线的陡峭程度能够反映从候选对中避免假正例和假反例的有效程度。

接下来将探索除最小哈希函数之外的其他函数族，它们也能非常高效地产生候选对。这些函数能够作用于集合空间和 Jaccard 距离，或者其他类型的空间和（或）距离测度。对于这些函数族来说，需要满足以下三个条件。

(1) 它们必须更可能选择近距离对而不是远距离对作为候选对。3.6.1 节将给出这个条件的精确定义。

(2) 函数之间必须在统计上相互独立，在这个意义上讲，两个或者多个函数的联合概率等于每个函数上独立事件的概率乘积。

(3) 它们必须在以下两个方面具有很高的效率。

    (a) 它们必须能够在很短的时间内识别候选对，该时间远低于扫描所有对所花费的时间。举例来说，最小哈希函数就具备这个能力，它将集合映射为最小哈希值的时间与数据的规模成正比，而不是与数据中集合数目的平方成正比。由于具有公共值的集合会映射到同一桶中，单个哈希函数产生候选对的时间远低于集合对的数目。

    (b) 它们必须可以组合在一起以更好地避免假正例和假反例，组合后函数所花费的时间也必须远低于对的数目。举例来说，3.4.1 节中的行条化技术组合了一系列单个哈希函数，每个哈希函数满足条件 3(a)，但是其本身并不符合我们所期望的 S-曲线的性质。然而，这些最小哈希函数组合在一起之后得到的函数具有 S-曲线的形状。

下面首先给出局部敏感函数的一般性定义，然后介绍该方法在多个应用的使用情况。最后讨论如何将局部敏感哈希理论应用到任意的数据上去，这些数据上采用余弦距离或者欧氏距离来计算相似度。

3.6.1 局部敏感函数

根据本节需要，我们将考虑一个判定函数，它判定两个输入项是否为候选对。很多情况下，函数 f 会对两个输入项求哈希值，最后的判定取决于两个哈希值是否相等。当 $f(x, y)$ 判定 "x 和 y 是一个候选对" 时，我们采用记号 $f(x) = f(y)$ 来表示，这样比较方便也很容易理解。同样我们使用 $f(x) \neq f(y)$ 来表示 $f(x, y)$ 判定 "x、y 不是候选对，如果没有其他函数必须要求判定 x、y 为候选对的话"。

这种形式的一系列函数集合构成了所谓的**函数族**（family of functions）。例如，哈希函数族中的每个函数都基于特征矩阵的一个可能的行排列转换而形成，这些函数构成一个函数族。

令 $d_1 < d_2$ 是定义在某个距离测度 d 下的两个距离值。如果一个函数族 F 中的每一个函数 f 都满足下列条件，则其称为 (d_1, d_2, p_1, p_2)-**敏感**的函数族：

(1) 如果 $d(x,y) \leqslant d_1$，那么 $f(x) = f(y)$ 的概率至少是 p_1；

(2) 如果 $d(x,y) \geqslant d_2$，那么 $f(x) = f(y)$ 的概率最大是 p_2。

图 3-10 给出了一个示意图，表示的是 (d_1, d_2, p_1, p_2)-敏感的函数族中的一个给定函数对两个输入项判断是否候选对的期望概率情况。需要注意的是，我们对距离在 d_1 和 d_2 之间的对的判定并没有任何说法，但是可以使 d_1 和 d_2 尽量靠近。当然这种靠近通常也会使得 p_1 和 p_2 相互靠近。后面会看到，我们可以在固定 d_1 和 d_2 的情况下尽量分开 p_1 和 p_2。

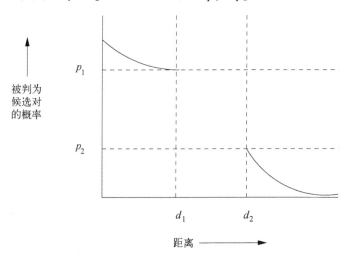

图 3-10   一个 (d_1, d_2, p_1, p_2)-敏感函数的表现示意图

3.6.2   面向 Jaccard 距离的局部敏感函数族

到目前为止，我们暂时只有一种找到局部敏感函数族的方法，即采用最小哈希函数族并假设距离测度采用 Jaccard 距离。同前面一样，我们采用这种方式来解释一个最小哈希函数 h：当且仅当 $h(x) = h(y)$ 时，x 和 y 是一个候选对。于是我们有：

对任意 d_1 和 d_2，$0 \leqslant d_1 < d_2 \leqslant 1$，最小哈希函数族是 $(d_1, d_2, 1-d_1, 1-d_2)$-敏感的。

该结论成立的原因在于，如果 x、y 的 Jaccard 距离 $d(x,y) \leqslant d_1$，那么 $\mathrm{SIM}(x,y)=1-d(x,y) \geqslant 1-d_1$。但是我们知道，$x$ 和 y 的 Jaccard 相似度等于最小哈希函数对 x 和 y 哈希之后结果相等的概率。对 d_2 或任意一个距离都可以采用类似的推导过程。

例 3.18   设 $d_1 = 0.3$，$d_2 = 0.6$，于是可以断言最小哈希函数族是 (0.3, 0.6, 0.7, 0.4)-敏感的。也就是说，如果 x 和 y 之间的 Jaccard 距离不大于 0.3（即 $\mathrm{SIM}(x,y) \geqslant 0.7$）时，那么对于最小哈希函数而言，将 x 和 y 哈希到相同值的概率至少为 0.7。如果 x 和 y 之间的 Jaccard 距离不小于 0.6（即 $\mathrm{SIM}(x,y) \leqslant 0.4$）时，那么最小哈希函数将 x 和 y 哈希到相同值的概率至多为 0.4。值得注意的是，对任意其他的 d_1 和 d_2，只要 $d_1 < d_2$，都存在相同的结论。   □

3.6.3 局部敏感函数族的放大处理

假设给定一个 (d_1, d_2, p_1, p_2)-敏感的函数族 F，我们可以对 F 进行**与构造**（AND-construction）得到新的函数族 F'。F' 的定义如下：F' 的每个成员函数由 r 个 F 成员函数组成，其中 r 是一个固定常数。若 f 在 F' 中，而 f 从 F 的成员函数集合 $\{f_1, f_2, \cdots, f_r\}$ 中构造，那么对于 $i = 1, 2, \cdots, r$，当且仅当对所有 i 都有 $f_i(x) = f_i(y)$ 时，才有 $f(x) = f(y)$。值得注意的是，上述构造实际上反映了单个行条中所有 r 行的每一行的效果：如果一个行条中 r 行的每一行的 x、y 值都相等（因此按照当前行来说是一个候选对），那么基于整个行条就可以认为 x 和 y 是候选对。

由于 F' 的成员函数都是从 F 的成员函数中独立选出的，可以断言 F' 是一个 $(d_1, d_2, (p_1)^r, (p_2)^r)$-敏感的函数族。也就是说，对于任意 p，如果 F 的一个成员函数判定 (x, y) 是候选对的概率为 p，那么 F' 的一个成员函数做相同判定的概率是 p^r。

另外一种构造方式称为**或构造**（OR-construction），它可以将一个 (d_1, d_2, p_1, p_2)-敏感的函数族 F 转换为 $(d_1, d_2, 1-(1-p_1)^b, 1-(1-p_2)^b)$-敏感的函数族 F'。F' 的每一个成员函数 f 由 b 个 F 中的成员函数 $\{f_1, f_2, \cdots, f_b\}$ 构成。当且仅当存在一个或者多个 i 使得 $f_i(x) = f_i(y)$ 时，才有 $f(x) = f(y)$。或构造过程实际上反映了将多个行条组合的效果：如果某个行条使得 x、y 可以成为候选对，那么 x 和 y 就成为候选对。

如果 F 中一个成员函数判定 (x, y) 为候选对的概率是 p，那么 $1-p$ 则是它判定其不是候选对的概率。$(1-p)^b$ 是所有 $f_1, f_2, \cdots, f_b$ 都判定 (x, y) 不是候选对的概率，而 $1-(1-p)^b$ 是至少有一个 f_i 判定 (x, y) 为候选对的概率，即 f 判定 (x, y) 为候选对的概率。

我们注意到，与构造过程降低了所有的概率，但是如果能够谨慎选择 F 和 r，就能使得小概率 p_2 非常接近于 0，同时大概率 p_1 显著偏离 0。类似地，或构造过程提升了所有的概率，但是如果能够谨慎选择 F 和 b，能使得 p_1 接近于 1 而 p_2 有界远离 1（即上界严格小于 1）。通过任意次序级联与构造和或构造过程，就可以使得 p_2 接近于 0，同时 p_1 接近于 1。当然，使用的构造数目越多，r 和 b 的值就要选择得越大，即必须从原始函数族中选择更多的函数。因此，最终的函数族越好，应用该函数族中函数的时间也越长。

例 3.19 假设原始的函数族是 F，首先使用与构造方式产生函数族 F_1（$r = 4$），然后对 F_1 再使用或构造产生第三个函数族 F_2（$b = 4$）。注意，F_2 中的每个成员函数都包含来自 F 的 16 个成员函数，该情形可以类比于从使用 16 个最小哈希函数开始，并将把它们看成 4 个行条且每个行条 4 行的情况。

上述 4 路与构造将概率 p 转换为 p^4，后续的 4 路或构造将概率进一步转换为 $1-(1-p^4)^4$。图 3-11 给出了上述转换过程中的一些概率结果值。该函数是一条 S-曲线，一开始在一小段范围内值较低，然后陡然上升（尽管上升得不是特别陡峭，因为斜率并没有比 2 大多少），最后在高值上保持相对稳定。像任何 S-曲线一样，它包含一个**不动点**（fixedpoint），即使得 S-曲线函数作用于 p 之后值仍然为 p。本例中，不动点是满足 $p = 1-(1-p^4)^4$ 的 p 值。从图中可以看到，不动点大约在 0.7 和 0.8 之间。在该点之下，这部分概率经过 S-曲线函数作用之后反而在下降。而在该点之上，这部分概率经过 S-曲线函数作用之后在上升。因此，如果在不动点之上选择高概率 p_1，在不动点之下选择低概率 p_2，我们就能达到预期效果，即低概率下降的同时高概率上升。

p	$1-(1-p^4)^4$
0.2	0.0064
0.3	0.0320
0.4	0.0985
0.5	0.2275
0.6	0.4260
0.7	0.6666
0.8	0.8785
0.9	0.9860

图 3-11 4 路与构造再加上 4 路或构造的效果示意图

假设 F 是一个最小哈希函数族，具有(0.2, 0.6, 0.8, 0.4)-敏感性。于是通过 4 路与构造加上 4 路或构造得到的函数族 F_2 具有(0.2, 0.6, 0.8785, 0.0985)-敏感性。如图 3-10 中 0.8 和 0.4 所在的行所示。通过将 F 替换为 F_2，可以降低**假反例率**（false negative rate）和**假正例率**（false positive rate）[①]，当然付出的代价是判定时所需要花费的时间是原来的 16 倍。

例 3.20 对于例 3.19 中的原始函数族 F，我们也可以先使用 4 路或构造然后再使用 4 路与构造，所花费的代价与例 3.19 一样。图 3-12 给出了这种构造所隐含的概率变换情况。例如，假定函数族 F 是(0.2, 0.6, 0.8, 0.4)-敏感的，那么构造后的函数族是(0.2, 0.6, 0.9936, 0.5740)-敏感的。我们看到，尽管构造后的函数族高概率非常接近 1，但同时低概率也得以上升，这增加了假正例的数目。因此，这种做法不一定是最优的。   □

p	$(1-(1-p)^4)^4$
0.1	0.0140
0.2	0.1215
0.3	0.3334
0.4	0.5740
0.5	0.7725
0.6	0.9015
0.7	0.9680
0.8	0.9936

图 3-12 4 路或构造再加上 4 路与构造的效果示意图

例 3.21 上述构造过程可以任意级联多次。比如，可以使用例 3.19 中的构造过程作用于最小哈希函数族，然后对结果应用例 3.20 中的构造方法。最后得到的函数族中的每个函数都由 256 个最小哈希函数构成。例如，如果原始的函数族是(0.2, 0.8, 0.8, 0.2)-敏感的，那么最终得到的函数族将是(0.2, 0.8, 0.999 128 5, 0.000 000 4)-敏感的。   □

---

① 也分别称为假阴率和假阳率。——编者注

3.6.4 习题

习题 3.6.1 假定最初函数族是最小哈希函数族，那么应用如下构造方法之后的效果如何？

(a) 一个 2 路与构造加上一个 3 路或构造；

(b) 一个 3 路或构造加上一个 2 路与构造；

(c) 一个 2 路与构造加上一个 2 路或构造再加上一个 2 路与构造；

(d) 一个 2 路或构造加上一个 2 路与构造加上一个 2 路或构造再加上一个 2 路与构造。

习题 3.6.2 给出习题 3.6.1 中构造出的每个函数族的不动点。

! 习题 3.6.3 概率 p 的任意函数（比如图 3-10 给出的函数）的斜率等于它的导数。最大的斜率所对应的点上的导数值最大。给出图 3-10 和图 3-11 中 S-曲线函数最大斜率对应的 p 值，并给出最大斜率值。

!! 习题 3.6.4 对习题 3.6.3 进行一般化处理，即以 r 和 b 的函数形式给出函数最大斜率对应的点及最大斜率值。最终的函数族基于最小哈希函数分别通过下列方式构造而得：

(a) 一个 r 路与构造加上一个 b 路或构造；

(b) 一个 b 路或构造加上一个 r 路与构造。

3.7 面向其他距离测度的 LSH 函数族

并不能保证每一个距离测度都有一个哈希函数构成的 LSH 函数族。到现在为止，我们只介绍了针对 Jaccard 距离的函数族。本节将介绍如何构建面向海明距离、余弦距离和标准的欧氏距离的 LSH 函数族。

3.7.1 面向海明距离的 LSH 函数族

构造面向海明距离的 LSH 函数族非常简单，假定有一个 d 维向量空间，$h(x, y)$ 表示向量 x 和向量 y 之间的海明距离。选取向量的任一位置（如第 i 个位置），则定义函数 $f_i(x)$ 为向量 x 的第 i 个位置上的分量，当且仅当 x 和 y 的第 i 个位置上的分量值相等时有 $f_i(x) = f_i(y)$。对随机选择的 i，$f_i(x) = f_i(y)$ 的概率为 $1 - h(x, y)/d$，即向量 x 和向量 y 中相等分量所占的比例。

上述情况和最小哈希遇到的情况几乎完全相同。因此，对任意 $d_1 < d_2$，由 $\{f_1, f_2, \cdots, f_d\}$ 构成的函数族是 $(d_1, d_2, 1 - d_1/d, 1 - d_2/d)$-敏感的哈希函数族。它与最小哈希函数族仅有两点不同。

(1) Jaccard 距离的取值范围是 0 到 1，而两个 d 维向量空间的海明距离的取值范围是 0 到 d。因此，必须对海明距离除以 d 来转换成概率值。

(2) 本质上，最小哈希函数的形式可以有无限可能，而海明距离的函数族 F 的规模仅为 d。

第一点倒无关紧要，只需要在适当的时候将海明距离除以 d 即可。第二点导致的问题却有些严重。如果 d 相对较小的话，那么使用与构造及或构造方式构建的函数数目则十分有限，因此会限制 S-曲线的陡峭程度。

3.7.2　随机超平面和余弦距离

3.5.4 节提到，两个向量的余弦距离是它们的夹角。比如，在图 3-13 中，向量 **x** 和 **y** 的余弦距离是它们之间的夹角 θ。需要注意的是，这些向量也可能在多维空间内，但两个向量一起总是可以定义出一个平面，两个向量的夹角也总是可以在这个平面上进行度量。图 3-13 给出的就是向量 **x** 和 **y** 构成的平面的俯视图。

假定选择一个通过坐标原点的超平面，该超平面和 **x** 及 **y** 构成的平面相交于一条直线。图 3-13 给出了两个可能的超平面，其中一个与 **x**、**y** 平面的交线由虚线段构成，另一个与 **x**、**y** 平面相交于虚点直线。在选择一个随机超平面时，实际上选择的是超平面的法向量 **v**，该超平面由所有与 **v** 的内积为 0 的点集合构成。

一方面，考虑向量 **v**，其与图 3-13 中投影为虚线段所代表的超平面正交，于是 **x**、**y** 分别处于超平面的两边。因此，内积 **v**·**x** 和 **v**·**y** 的符号相反。举例来说，假定在图 3-13 中 **v** 向量在 **x**、**y** 平面上的投影在虚线段之上，那么 **v**·**x** 为正，而 **v**·**y** 为负。当然，法向量 **v** 的方向也可能正好与刚才假定的方向相反，即其在 **x**、**y** 平面的投影在虚线段之下。这种情况下，**v**·**x** 为负，而 **v**·**y** 为正。不管如何，**v**·**x** 和 **v**·**y** 的符号都相反。

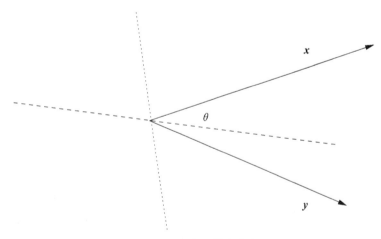

图 3-13　两个向量做出夹角 θ

另一方面，随机选择的向量 **v** 可能与类似图 3-12 中虚点直线所代表的超平面正交。这种情况下，**v**·**x** 和 **v**·**y** 的符号相同。如果 **v** 的投影在右边，则 **v**·**x** 和 **v**·**y** 的符号都为正。如果 **v** 的投影在左边，则两者的符号都为负。

那么随机选择的向量与虚线段而不是虚点直线所代表的超平面正交的概率是多少？随机选择的超平面与 **x**、**y** 平面的交线的各种角度的可能性均等。因此，随机选择的超平面类似于虚线段代表超平面的概率是 $\theta/180$，类似于虚点直线代表超平面的概率是 $1-\theta/180$。

因此，LSH 函数族 F 的每一个哈希函数 f 都来自一个随机选择的向量 v_f。给定两个向量 **x**、**y**，当且仅当内积 $v_f\cdot x$ 和 $v_f\cdot y$ 的符号相同时，$f(x)=f(y)$。于是，F 是一个面向余弦距离的 LSH 函数族。

它的参数在本质上与 3.6.2 节讨论的面向 Jaccard 距离的函数族一样，唯一不同的是这里距离的范围是 0 到 180，而 Jaccard 距离的范围是 0 到 1。也就是说，F 具备$(d_1, d_2, (180-d_1)/180, (180-d_2)/180)$-敏感性。在上述函数集基础上，我们可以采用前面最小哈希函数族的类似方法，按照我们的期望对函数集进行放大处理。

3.7.3 梗概

我们可以不用从所有可能向量中选择一个随机向量。事实证明，如果将所有向量的分量限制为+1 或者–1，那么从中选出的结果就足够随机。假定 v 是一个仅由+1 或者–1 构成的向量，那么一个任意向量 x 与 v 的内积等于 v 中+1 对应的 x 分量之和减去 v 中–1 对应的 x 分量之和。

如果选出一系列随机向量 $v_1, v_2, \cdots, v_n$，那么计算这些向量与任意向量 x 的内积得到 $v_1 \cdot x$，$v_2 \cdot x, \cdots, v_n \cdot x$，将所有结果向量中的正值替换为+1，负值替换为–1。最终的结果称为向量 x 的梗概（sketch）。如果结果中出现 0 值，那么可以对其进行任意处理，即随机地用+1 或者–1 代替该值。由于出现 0 内积的概率微乎其微，选择+1 或–1 来代替 0 对结果并不会造成实质影响。

例 3.22 给定一个四维的向量空间，选出三个随机向量 $v_1 = [+1, -1, +1, +1]$，$v_2 = [-1, +1, -1, +1]$ 和 $v_3 = [+1, +1, -1, -1]$。那么，对于向量 $x = [3, 4, 5, 6]$，其梗概是[+1, +1, –1]。计算过程如下：$v_1 \cdot x = 3 - 4 + 5 + 6 = 10 > 0$，因此梗概的第一个元素为+1。类似地，$v_2 \cdot x = 2$ 且 $v_3 \cdot x = -4$，因此梗概的第二个元素和第三个元素分别为+1 和–1。

考虑向量 $y = [4, 3, 2, 1]$，可以采用上述类似的方法计算得到其梗概为[+1, –1, +1]。由于 x 和 y 的梗概中相同元素的比例为 1/3，我们可以估计这两个向量的夹角为 120 度。也就是说，随机选择的一个超平面像图 3-12 所示的虚线段代表的超平面的可能性是像虚点直线代表的超平面的可能性的两倍。

但是，上述结论却大错特错。我们可以采用下列方法计算 x 和 y 的夹角余弦：首先计算 x 和 y 的内积 $x \cdot y = 6 \times 1 + 5 \times 2 + 4 \times 3 + 3 \times 4 = 40$，然后计算两个向量各自的大小，分别为：

$$\sqrt{6^2 + 5^2 + 4^2 + 3^2} \approx 9.274 \text{ 和 } \sqrt{1^2 + 2^2 + 3^2 + 4^2} \approx 5.477$$

基于上述结果可以计算 x 和 y 的夹角余弦值为 40/(9.274 × 5.477) ≈ 0.7875，可知该夹角大概在 38 度左右。但是如果考察所有 16 个不同的四维+1、–1 向量就会发现，其中只有 4 个向量与 x 的内积和与 y 的内积符号相反。这 4 个向量分别是上例中的 v_2、v_3 以及它们的补向量[+1, –1, +1, –1] 和[–1, –1, +1, +1]。因此，如果我们选择所有的 16 个向量来构成梗概的话，那么最后的夹角估计结果为 180/4=45 度。 □

3.7.4 面向欧氏距离的 LSH 函数族

现在我们转向欧氏距离（参见 3.5.2 节），看看是否能为这类距离构造一个局部敏感的哈希函数族。首先讨论二维欧氏空间。此时，函数族 F 上的每个哈希函数 f 都和二维平面中随机选出的一条直线相关联。如图 3-14 所示，可以选择常数 a 并将直线按照长度 a 分段，为讨论方便，图中的"随机"直线已调整为水平线。

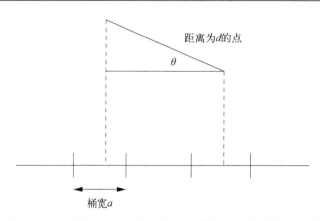

图 3-14　两个距离 $d \gg a$ 的点被哈希到同一个桶中的概率很小

在这里，函数 f 将点哈希到的目标桶就是直线上的每个分段。一个点在直线上的投影点所在的桶就是其哈希的目标桶。如果两个点的距离 d 比 a 小，那么两个点哈希到同一桶中的概率就不小。因此哈希函数 f 判定两个点相等概率也不小。比如，如果 $d = a/2$，那么两个点至少有 50% 的机会会被投影到同一桶中。实际上，如果随机选择的直线和两点构成的直线的夹角 θ 很大的话，那么两个点落入同一桶中的概率甚至更大。例如，若 θ 为 90 度，那么两个点肯定会落入同一桶中。

然而，假定 d 大于 a。为了保证两个点有概率落入同一桶中，必须要求 $d \cos \theta \le a$。图 3-14 中可以看出这样做的原因。需要注意的是，即使 $d \cos \theta \ll a$，也不能保证两个点一定会落入同一桶中。但是，我们能保证，如果 $d \ge 2a$，那么两个点落入同一桶中的概率不会超过 1/3。原因在于，如果要求 $\cos \theta \le 1/2$，则 θ 在 60 度和 90 度之间。如果 θ 在 0 度和 60 度之间，那么 $\cos \theta > 1/2$。但是由于 θ 是平面上两个随机选择的直线的较小夹角，其在 0 度和 60 度之间的概率是 60 度和 90 度之间概率的两倍。

我们最终的结论是，刚才得到的哈希函数族 F 具备 $(a/2, 2a, 1/2, 1/3)$-敏感性。也就是说，距离最多为 $a/2$ 的两个点落入同一桶中的概率至少是 1/2，而距离不小于 $2a$ 的两个点落入同一桶的概率最多为 1/3。同讨论的其他 LSH 函数族示例一样，我们可以根据需要对上述函数族进行放大处理。

3.7.5　面向欧氏空间的更多 LSH 函数族

3.7.4 节中给出的哈希函数族有一些地方不太令人满意。第一，该函数族只适用于二维欧氏空间，如果数据是多维空间上的点，会发生什么？第二，对于 Jaccard 距离和余弦距离来说，只要给定 $d_1 < d_2$，能够给出 d_1 和 d_2 距离对上的 LSH 函数族。在 3.7.4 节中，我们似乎给出了一个更强的条件 $d_1 < 4d_2$。

然而，实际上可以说对于任意满足 $d_1 < d_2$ 的距离对和任意维度的空间，都存在 LSH 函数族。该函数族中的哈希函数仍然可以基于空间上的随机直线及将直线分段的桶大小 a 导出，也仍然可以将点投影到直线的方式来构成哈希函数。给定 $d_1 < d_2$，我们可能并不知道距离为 d_1 的两个点哈希到同一桶的概率 p_1，但是我们能肯定，p_1 会大于距离为 d_2 的两个点落入同一桶的概率 p_2。原因

在于上述概率一定会随着距离的减小而上升。因此，即使 p_1、p_2 本身不易计算，我们也知道，对于任意 $d_1 < d_2$ 及任意给定的维度都存在具备(d_1, d_2, p_1, p_2)-敏感性的哈希函数族。

利用 3.6.3 节介绍的放大技术，可以将上面的两个概率调整到我们想要的任意值附近，并且能够根据需要将它们的差值调到任意大小。当然，如果要求两个概率相差越大，那么 F 中必须要使用的基本哈希函数的数目也越多。

3.7.6 习题

习题 3.7.1 假定对于六维向量，构造 6 个 LSH 函数构成的函数族。对于向量 000000、110011、010101 和 011100 中的每对向量，6 个函数当中的哪几个会判定它们是候选对？

习题 3.7.2 使用下列 4 个"随机"向量来计算向量的梗概：

$$v_1 = [+1, +1, +1, -1] \quad v_2 = [+1, +1, -1, +1]$$
$$v_3 = [+1, -1, +1, +1] \quad v_4 = [-1, +1, +1, +1]$$

计算下列向量的梗概：

(a) [2, 3, 4, 5]

(b) [−2, 3, −4, 5]

(c) [2, −3, 4, −5]

对(a)、(b)、(c)中 3 个向量的每一对向量，按照梗概估计出的夹角多大？真实的夹角又是多大？

习题 3.7.3 假定我们使用所有的 16 个分量值为+1 或−1 的四维向量来产生梗概。请计算习题 3.7.2 中 3 个向量的梗概。请在这种情况下比较夹角的估计值和真实值的差异。

习题 3.7.4 假设使用习题 3.7.2 中的 4 个向量来产生梗概：

! (a) a、b、c、d 满足什么条件，才能使得向量$[a, b, c, d]$的梗概是$[+1, +1, +1, +1]$？

!! (b) 考虑向量$[a, b, c, d]$和$[e, f, g, h]$，$a, b, \cdots, h$ 满足什么条件才能使得两个向量的梗概相同？

习题 3.7.5 假设在三维欧氏空间中有多个点：$p_1 = (1, 2, 3)$，$p_2 = (0, 2, 4)$和$p_3 = (4, 3, 2)$。考虑定义在 3 个坐标轴方向上的 3 个哈希函数（为使计算简便）。设哈希桶的长度为 a，哈希桶分别是$[0, a)$（即所有满足 $0 \leqslant x < a$ 的点 x 的集合）、$[a, 2a)\cdots$，反方向的哈希桶包括$[-a, 0)$等。

(a) 假定 $a = 1$，对于 3 条直线上的每一条，将每个点分配到相应桶中。

(b) 假定 $a = 2$，重复(a)的计算。

(c) 在 $a = 1$ 和 $a = 2$ 这两种情况下哪些是候选对？

! (d) 对每个点对，a 取何值时该点对是一个候选对？

3.8 LSH 函数的应用

本节将通过三个例子来介绍 LSH 的实际使用方法。每个例子中，前面介绍的技术必须要更改得满足问题本身的约束条件。本节中要介绍的三个问题如下。

(1) **实体关联**（Entity Resolution） 该术语的意义是将代表同一真实世界实体（如同一个人）

的数据记录彼此关联。这项任务需要解决的主要问题在于，记录之间的相似度计算既不是纯粹的集合相似度也不是纯粹的向量相似度。

(2) **指纹匹配**（Matching Fingerprints）   可以将指纹表示为集合。但是本节会探索一种有别于最小哈希的新的 LSH 函数族。

(3) **新闻报道匹配**（Matching Newspaper Articles）   在这里，我们将考虑一个不同的 shingle 定义方式，它主要关注在线报纸网页上的核心报道内容，忽略诸如广告及报纸相关材料之类的所有附加信息。

3.8.1   实体关联

很多情况下，我们会有多个可用的数据集，而且知道不同数据集上的哪些记录代表相同的实体。举例来说，不同的引用源可能会提供很多相同的图书或论文信息。一般情况下，我们可能拥有用于描述某种类型的实体（比如人或图书等）的记录来描述。这些记录的格式可能相同也可能不同，信息的种类也可能不同。

即使假定讨论中的字段名称本身相同，仍然有很多原因会使得某个实体在信息描述上相差很大。比如，由于拼写错误、缺少中间名缩写、昵称使用等多种原因，人名可能在不同的记录中表达不一。例如，Bob S. Jones 和 Robert Jones Jr. 可能是也可能不是同一个人。如果记录来自不同信息源，字段本身可能也不同。某个信息源可能包含"年龄"字段，而另外一个信息源可能不包含该名称字段。但是，后者有可能包含"生日"字段，当然它也有可能根本不包含任何有关出生的信息。

3.8.2   一个实体关联的例子

接下来介绍一个如何利用 LSH 来处理实体关联的实际例子。公司 B 雇用公司 A 为其招揽顾客。只要顾客维持其认购，公司 B 就会付给 A 年费。但是两个公司后来因为 A 提供给 B 的顾客数目认定不一致而发生了争执。每个公司都有近 1 000 000 条顾客记录，有些记录描述的是同一个人的信息，这些记录就是 A 提交给 B 的顾客信息。这些记录包含不同的数据字段，但遗憾的是，没有一个字段表示"该顾客是 A 提供给 B 的"。因此，需要对两个集合中的记录表进行匹配，从而确定是否有一对记录表示的是同一顾客。

每条记录都有顾客的人名、地址和电话号码字段。但是，出于多种原因，在描述同一顾客时，这些字段的值却可能有所不同。这些原因不仅包括上一节提到的拼写错误和其他姓名表述方法的不同，还包括一些 3.8.1 节中提到的其他的命名可能性。一位顾客可能将住宅电话给 A 但是将手机号码给 B。另外，顾客有可能搬家，因此只将新联系信息告诉了 B 而没有告诉 A（因为他们没必要和 A 继续保持联系）。电话的区号有时也会发生变化。

对这些记录进行识别的策略主要包括姓名、地址及电话号码这三个字段的差异性评分。我们创建一个得分，用以刻画分别来自 A 和 B 的两条记录描述的是同一顾客的可能性。对于每个字段，满分都是 100 分，因此，如果两条记录的三个字段完全匹配，则最后得分为满分 300 分。当然，每个字段中一旦不完全匹配就要扣除一些分数。我们采用编辑距离（参见 3.5.5 节）作为第一个字段的相似度计算方法，但是惩罚扣分会与距离的平方成正比。那么，在适当的情况下需要通过某个可用公开表来降低惩罚程度。比如，Bill 和 William 的编辑距离虽然是 5，但是可能会被当成只相差一个字符来处理。

然而，要实现一万亿对记录的打分也是不现实的。因此，可以使用一个简单的 LSH 函数来集中关注那些可能相似的对。这里使用了三个哈希函数，第一个函数对姓名字段进行处理，当且仅当姓名字段相等时，将记录归入同一桶中。类似地，第二个和第三个函数分别对地址和电话号码字段进行同样的处理。实际当中可以不采用哈希函数进行处理，而是首先对所有记录按照姓名字段排序，因此具有相同姓名字段的记录会连续出现，然后对具有相同姓名字段的记录按照三个字段计算总分。接着，将所有记录按照地址排序，以同样的方式对具有相同地址字段的记录进行评分。最后，记录再按照电话号码排序，对具有相同电话号码字段的记录进行评分。

上述方法不能处理那些所有三个字段都不完全匹配但确实表示同一个顾客的记录对。由于最终的目标是在法庭上判断两个人是否是同一个人，因此无论如何，上述记录对都不可能会被法官接受作为判定两人足够相似的证据。

3.8.3　记录匹配的验证

上述工作中一个遗留的问题是，到底两个记录的相似度得分有多高时，才能表明两条记录表示的是同一个人？就我们讨论的这个具体例子而言，存在一个非常简单的确定方法，该方法也可以在很多类似场景下使用。具体地，我们可以通过检查手头上记录的创建时间来确定。假定服务在公司 A 处购买但在 B 处注册的最大延迟时间为 90 天，那么随机选择的两条记录如果要匹配上的话，必须满足 B 中记录的创建时间必须在 A 中记录创建时间后的 0 到 90 天（平均延迟时间为 45 天）之内。

统计发现，具有 300 分满分的两条记录之间的平均延迟时间为 10 天。如果假定相似度得分为 300 分的两条记录都是真正同一个顾客的话，那么对于任意给定的得分 s，检查得分为 s 的所有记录对并计算它们的平均延迟时间。假定计算出的平均延迟时间为 x，得分为 s 的所有对中真正表示同一个顾客的比例为 f，那么有 $x = 10f + 45(1-f)$，即 $x = 45-35f$。于是我们发现得分为 s 的所有对中真正匹配的顾客比例为 $(45-x)/35$。

上述技巧可以在满足下列条件的场合中使用：

存在一个评分系统用来计算两条记录是否代表同一实体的可能性，并且存在某个字段，虽然它不在评分中使用，但是基于该字段可以推出正确对和错误对之间的平均差异指标。

例如，假定在上述例子两个公司的记录表中还存在一个"身高"字段。我们可以计算随机选出的记录中身高的平均差异，同时可以计算出所有得满分（即表示真正的同一个人）的记录对之间身高的平均差异。对于给定的得分 s，可以计算具有该得分的记录对之间的身高差异，并估计其中表示同一实体的概率。也就是说，如果 h_0 是满分对之间的平均身高差异，h_1 是随机对之间的平均身高差异，h 是得分为 s 的记录对之间的平均身高差异，那么得分为 s 的记录对中同一实体的比例为 $(h_1-h)/(h_1-h_0)$。

得分多高时记录才相互匹配？

实际情况各不相同，我们有兴趣知道 3.8.3 节的实验在 3.8.2 节的数据上应用的效果如何。如果分数下降到 185 分，那么 x 就十分接近 10。也就是说，这些分数意味着两条记录代表同一顾客的可能性为 1。注意，该例子中的 185 分大概相当于一个字段相等（这是基本条件，不然这两条记录不会被评分），另一个字段完全不同，而第三个字段之间有点小差异。另外，如果分数低至 115 分，那么此时的 x 的值就比 45 低很多，这意味着某些记录对确实表示同一个人。需要注意的是，115 分大概相当于一个字段相等，另两个字段仅有一点儿相似度的情况。

3.8.4   指纹匹配

利用计算机进行指纹匹配时，通常指纹不会表示成图像，而是表示成一系列**指纹细节特征点**（minutia）所在的位置。在指纹描述当中，一个指纹细节特征点指的是非寻常事件的发生位置，比如两个**纹路**（ridge）交汇或者碰到纹路端点的情况。如果用一个网格来覆盖指纹，那么就可以将指纹表示成包含有细节特征点的网格块集合。

理想情况下，在给定指纹覆盖网格之前，通常会对指纹的大小和方向进行规范化处理，所以对同一指纹的两张图像，我们会发现细节特征点处于完全相同的网格块中。这里并不讨论指纹图像的最佳规范化方法。我们假定采用了一些技术的组合来完成规范化处理，包括网格大小的选择以及当指纹细节特征点接近网格块边界时将它同时放到几个邻接的网格块中，假设这样做能够保证来自同一指纹的网格块中的指纹细节特征点共现概率显著高于来自不同指纹的网格块。

因此，指纹可以表示成网格块的集合，每个网格块代表的是指纹细节特征点的位置。于是，指纹识别就可以采用集合比较来处理，比如采用 Jaccard 相似度或距离来计算。需要指出的是，指纹的比对有如下两个版本。

❑ 通常情况下我们希望解决的是**多对一**（many-one）问题。比如枪上有一个指纹，我们要将它和一个大指纹库中的所有指纹比对，从而找出相匹配的那一个。

❑ **多对多**（many-many）问题指的是从整个指纹库找到那些可能是同一指纹的指纹对。

虽然我们一直在介绍的相似项查找方法都以多对多问题这个版本为例，实际上它们同样可以用于多对一问题的加速处理过程。

3.8.5   适用于指纹匹配的 LSH 函数族

我们可以采用 3.4 节介绍的标准 LSH 技术来对表示指纹的集合进行最小哈希。然而，由于这些集合是从本来就不大的网格块集合（大约在 1000 左右）中选出来的，我们并不清楚将这些小集合最小哈希成更简洁的签名是否存在必要性。接下来我们要介绍 LSH 的另外一种形式，它能很好地处理当前的数据类型。

假定有这样一个例子，在一个随机指纹的随机网格块找到指纹细节特征点的概率为 20%。此外，假定两个指纹来自同一根手指，若在其中一个指纹的给定网格块中包含指纹细节特征点，则在另一个指纹同样位置包含指纹细节特征点的概率为 80%。我们可以采用如下方法来定义哈希函数构成的 LSH 函数族 F。F 中的每个函数 f 基于三个网格块来定义。如果两个指纹在三个网格块中都包含指纹细节特征点，那么 f 的输出为 yes，否则输出 no。换一种说法，我们设想将所有三个网格块中都包含指纹细节特征点的指纹都映射到单个桶中，而将其他每个指纹都映射到各自的桶中。在下面的讨论中，我们将这些桶中的第一个桶看成 f 要的那个桶，并忽略所有其他的容纳单个指纹的桶[①]。

如果要解决多对一问题，可以使用 F 中的多个函数并预先计算出已有指纹的哈希值，即函数值为 yes 所对应的桶。然后，给定一个需要匹配的新指纹，求出它对应的桶，并将它和桶中所有的指纹进行比较。若要解决多对多问题，对每个函数都计算每个指纹所属的桶值，然后比较属于同一个桶中的所有指纹。

接下来讨论为使匹配的发现概率达到某个合理值所需的函数数目，这种情况下不需要将枪上的指纹同几百万指纹库中的每一个指纹进行匹配。首先，对于 F 中的一个函数，来自两个不同手指的指纹会被哈希到同一个桶中的概率是 $(0.2)^6 = 0.000\ 064$。原因在于，仅当每个指纹在三个网格块中的每个块中都有一个指纹细节特征点时，f 才会将它们映射到同一个桶中。这 6 个事件之间都是相互独立的，而每个事件的概率都是 0.2。

现在考虑两个来自同一手指的指纹在 f 下映射到同一个桶的概率。第一个指纹在三个网格块中的每个块含有属于 f 的指纹细节特征点的概率为 $(0.2)^3 = 0.008$。但是，如果上述概率成立的话，那么另一个指纹的相应概率为 $(0.8)^3 = 0.512$。因此，如果两个指纹来自同一手指，那么它们有 $0.008 \times 0.512 = 0.004\ 096$ 的概率会映射到 f 的桶中。但是，这只相当于 200 中取 1，并不够。然而，如果使用 F 的多个函数，但不要过多，那么就可以获得一个较高的概率来找到来自同一手指的指纹，同时又不会有太多既要考虑但又不真正匹配的假正例。

例 3.23 假定有一个具体的例子，从 F 中随机选择了 1024 个函数。下一步我们通过 1024 路或构造方式构建出新的函数族 F_1。那么 F_1 将同一手指的指纹放入至少一个桶中的概率是 $1-(1-0.004\ 096)^{1024} \approx 0.985$。与之相对，不同手指的指纹被放入相同桶的概率为 $1-(1-0.000\ 064)^{1024} \approx 0.063$。也就是说，差不多有 1.5% 的假反例和 6.3% 的假正例。□

例 3.23 的结果并非我们所能达到的最佳结果。它只让枪上指纹识别错误的概率为 1.5%，但是我们必须检查整个指纹库的 6.3%。增加来自 F 中的函数的数目会导致假正例数目上升，此时对减少已在 1.5% 之下的假反例个数作用却不大。我们也可以使用与构造方法，从而在不太增加假反例率的情况下大幅度降低假正例率。例如，可以从 F 中取出 2048 个函数，每 1024 个一组。对每个函数构建相应桶。但是，给定枪上的一个指纹 P：

(1) 从第一个组中找到 P 所属的桶，将这些桶合并；

(2) 对第二组函数重复(1)的做法；

(3) 对上述两个并集的结果求交集；

(4) 仅将 P 与交集中的指纹进行对比。

---

① 即对应 no 的那些桶。

　　注意，上述方法仍需要求大规模指纹集合的并集和交集，但是此时只需要比较其中的一小部分指纹。实际上，指纹的比较会占据整个识别过程的大部分时间，而在第(1)和第(2)步当中，指纹可以表示成其数据库中的整数索引号。

　　如果采用这种模式，那么检测到匹配指纹的概率为$(0.985)^2 \approx 0.970$，也就是说，此时的假反例率大约为 3%，假正例率为 $(0.063)^2 \approx 0.003\ 97$，即只需要检查整个数据库的 1/250 即可。

3.8.6　相似新闻报道检测

　　上一个例子关注大量在线新闻报告的组织问题，处理方法是将源自相同基本文字内容的网页进行聚类。对于诸如美联社的机构而言，生成新闻报道并将它分发到多家报纸是再普通不过的事情。每家报纸会把新闻报道放在网上，但是报道周围会放置报纸相关的特定信息，比如报纸的名称、出版地址、相关报道链接以及广告链接等。另外，报纸编辑人员也往往会对原始的报道进行修改，比如去掉最后几段或者从中间删掉一些文字等。因此，同样的一篇新闻报道，在不同报纸的网站上可能显得非常不同。

　　上述问题和 3.4 节的问题看上去非常相似，即寻找 shingle 集合具有较大 Jaccard 相似度的文档对。需要注意的是，这个问题也有别于描述同一事件的新闻报道的发现问题。后者需要一些其他技术，最典型的就是检查文档中的重要词汇集合（1.3.1 节中简要介绍了重要词汇的概念）并将不同报道按照相同主题聚类。

　　但是，有人提出了 shingle 方法的一个有趣变形，能够更有效地处理这里的数据类型。3.2 节介绍的 shingle 方法的一个问题是将文档的所有部分都同等对待。但是，实际上我们希望忽略文档的某些部分，比如广告或加上链接的其他报道的大标题等，这些信息都不是新闻报道本身的一部分。可以证明，散文文本和广告或大标题文本之间的区别非常显著。散文当中停用词的频率较高，会经常使用如 the 或者 and 等的一些高频词汇。停用词的总数目随着具体应用的不同而有所不同，但是通常用含几百个高频词的词表来作为停用词。

　　例 3.24　一个典型的广告可能仅仅包含 "Buy Sudzo" 两个词。但是如果在散文中表达相同意思时可能就会是 "I recommend that you buy Sudzo for your laundry." 这样一个长句子。在这个句子中，通常可以把 I、that、you、for 和 your 看成停用词。　　　　　　　　　　□

　　假定定义一个 shingle 为一个停用词加上后续的两个词。那么例 3.24 中的广告 "Buy Sudzo" 就没有 shingle，从而在包含该广告的网页的表示中不会反映出来。另外，例 3.24 中的长句子可以采用 5 个 shingle 来表示："I recommend that" "that you buy" "you buy Sudzo" "for your laundry" 和 "your laundry x"，其中 x 表示句子后面的那个词。

　　假定有两个网页，每个网页包括一半新闻文本和一半广告或其他低密度停用词的文本。如果新闻文本相同但是周边的内容不同，那么两个网页之间的相同 shingle 比例预计会较高，比如它们的 Jaccard 相似度为 75%。但是，如果周边信息相同但是新闻报道内容不同，那么共同的 shingle 比例会较低，可能是 25%。如果采用传统的 shingle 方法，如连续的 10 个字符为一个 shingle，那么不论是新闻文本还是周边内容相同，它们都可能会有一半 shingle 相同，即此时的 Jaccard 相似度为 1/3。

3.8.7 习题

习题 3.8.1 假定在参考文献当中试图进行实体解析，我们基于标题、作者列表及出版地点对每对文献进行评分。同时假定所有的参考文献都包括一个出版年份，并且最近 10 年每年的出现概率均等。我们进一步假定，满分对之间出版年份的平均差异为 0.1。[①]假定得分为 s 的文献对之间平均出版日期差异为 2。那么在得分为 s 的所有文献对中真正是同一文献的比例是多少？注意：不要错误地假定随机文献对之间的平均出版日期差异是 5 或 5.5，你必须精确计算该值，而上面已经给出了足够的信息。

习题 3.8.2 假定使用 3.8.5 节介绍的函数族 F，其中一个网格块中存在一个指纹细节特征点的概率是 20%，第二个指纹在同一网格块中存在一个指纹细节特征点的概率为 80%。F 中的每个函数基于三个网格块来构造。在例 3.23 中，我们基于 F 中 1024 个函数的或构造方法构建了函数族 F_1。假定我们使用基于 F 的 2048 路或构造方法构造的函数族 F_2。

(a) 计算 F_2 的假正例率和假反例率。

(b) 在 3.8.5 节末尾，我们曾经讨论可以对 F_1 的成员函数进行 2 路与构造来组织相同的 2048 个函数，试比较(a)的计算结果和这种方法的结果的差异。

习题 3.8.3 假定本题中的指纹识别问题采用与习题 3.8.2 相同的概率参数，但是使用的函数族 F' 虽然在定义上类似于 F，但是只使用两个随机选择的网格块。基于 F' 采用 n 路或方法来构造新的函数族 F_1'。那么 F_1' 的假正例率和假反例率分别是多少（采用 n 的函数来表示）？

习题 3.8.4 假设使用例 3.23 中的 F_1 函数族，但是要解决的是多对多问题。

(a) 如果两个指纹来自同一手指，那么它们不被比较的概率（即假反例率）是多少？

(b) 如果两个指纹来自不同手指，那么它们被比较的概率（即假正例率）是多少？

! **习题 3.8.5** 假定有类似习题 3.8.2 的函数集 F，基于 F 的 n 路或方法构造新的函数集 F_3，那么 n 取何值时 F_3 的假正例率和假反例率之和最小？

3.9 面向高相似度的方法

当所能接受的相似度相对较低时，基于 LSH 的方法表现得最为有效。当要寻找几乎相等的集合时，还存在一些可以更快的方法。这些方法还是精确的，即会找出所有满足相似度要求的对。也就是说，这里不会像 LSH 一样有假反例出现。

3.9.1 相等项发现

最极端的例子是发现完全相等的两个对象，比如全部字符完全相同的网页。非常直接的想法就是比较两篇文档并判定它们是否相等，但是仍然必须避免对所有的文档对都进行比较。第一种思路就是先对文档头部的少许字符进行哈希处理，然后只对进入同一桶的文档进行比较。如果所

---

① 我们可能预计平均值为 0，但是在实际当中确实会发生出版年份的错误。

有的文档不会拥有诸如 HTML 头部的公共部分时,上述方案应该非常有效。

第二种思路就是对整篇文档进行哈希处理。这种做法也是可行的。如果桶的数目足够的话,那么两篇不相等的文档映射到同一桶中的概率微乎其微。不过,这种做法的不足在于必须检查每篇文档的每个字符。如果限制一下,只对一小部分字符进行检查,那么就永远不必检查那些只映射到自己所在桶的单篇文章。

一种更好的方法是对所有文档选择某些固定随机点,并且仅依据此来进行哈希处理。这种方法一方面能够避免大部分或所有文档包含一个公共前缀的问题,另一方面也能避免对那些不在同一桶中的全部文档进行比较。当然,这种选取固定点方法的一个问题是,如果有些文档很短,那么它们可能不包含某些选择位置。但是,如果目标是寻找高相似度文档,那么我们永远不需要对长度差异很大的文档进行比较。我们将在 3.9.3 节具体应用这种做法。

3.9.2　集合的字符串表示方法

本节考察一个难度更大的问题,即在大规模集合中,发现所有具有很高 Jaccard 相似度的集合对。比如,寻找 Jaccard 相似度不低于 0.9 的集合对。首先,我们可以将全集中的所有元素按照某个固定的次序排序,然后通过以该顺序列出其元素来表示任一集合。这种列表本质上就是一个"字符"串,不过这里的"字符"指的是全集中的元素而不是通常意义下的字符。然而,这些字符串又不同于传统的字符串,主要表现在:

(1) 该字符串中任一字符的出现都不超过一次,并且

(2) 如果两个字符出现在两个不同的字符串中,那么它们在两个字符串中的先后次序一样。

例 3.25　假定全集由 26 个小写字母构成,并且采用通常的字母表顺序。于是,集合 $\{d, a, b\}$ 便可以采用字符串 abd 来表示。　　　　　　　　　　　　　　　　　　　　　　　□

接下来的讨论假设所有集合都采用上述字符串表示方法。因此,我们要谈谈字符串的 Jaccard 相似度,其严格意义是指字符串所代表的两个集合的 Jaccard 相似度。同样,也要谈谈字符串的长度,其实质上指的是字符串所代表的集合中元素的个数。

需要注意的是,虽然可以将 3.9.1 节提到的文档直接看成字符串,但是并不能直接使用本节中的做法。为了符合这里的做法,需要首先将文档变成 shingle 集合,然后分配一个固定的 shingle 排序方法,并最终将每篇文档表示成该次序下的 shingle 列表。

3.9.3　基于长度的过滤

一种使用 3.9.2 节字符串表示方法的最简方式是:首先将所有字符串按照长度排序,然后将每个字符串 s 将与其列表中后面不远的另一个字符串 t 进行比较。假定两个字符串 Jaccard 距离的上界是 J。对于任意一个字符串 x,记它的长度为 L_x。注意到 $L_s \leqslant L_t$。s 和 t 所表示的集合的交集的大小不可能超过 L_s,而其并集的大小不低于 L_t。因此,s 和 t 的 Jaccard 相似度 SIM(s, t) 最多为 L_s/L_t。也就是说,为使 s 和 t 之间能够对比,必须要求 $1-J \leqslant L_s/L_t$,即 $L_t \leqslant L_s/1-J$。

一个更好的符号排序方法

除了使用全集元素上显而易见的排序方法（如 shingle 的词典顺序）外，我们也可以采用低频符号优先的排序方法。也就是说，先确定每个元素在所有集合上出现的次数，然后按照该次数将元素从低到高排序。这样做的好处就是字符串前缀中的符号出现频率偏低。因此，该字符串哈希后对应桶中容纳的字符串数就相对较少[①]。于是，在需要检测某个字符串可能的匹配字符串时，将会发现其他要比较的候选串的数目较少。

例 3.26 假定有一个长度为 9 的字符串 s，我们的目标是寻找与 s 的 Jaccard 相似度不少于 0.9 的字符串。那么，在基于长度的排序方法中，只需要比较那些排在 s 之后长度最多为 $9/0.9 = 10$ 的字符串。也就是说，我们将 s 与排在它之后的所有长度为 9 和 10 的字符串进行比较。除此之外，不需要将 s 再和其他字符串比较。

假定 s 的长度为 8。那么 s 将与它后面长度最多为 $8/0.9 \approx 8.89$ 的字符串进行比较。也就是说，一个长度为 9 的字符串与 s 的 Jaccard 相似度不可能达到 0.9。所以，我们只需要将 s 与它后面的（排序后的）长度为 8 的字符串进行比较。□

3.9.4 前缀索引

除长度之外，还可以利用字符串的一些其他属性来限制相似串比对的数目。最简单的一种做法是对每个符号建立一个索引。需要再次提醒的是，这里所说的字符串中的一个符号实际上可以是全集中的任意一个元素。对每个字符串 s，选择由前 p 个符号组成的前缀。p 的大小必须取决于 L_s 和 Jaccard 距离的下界 J。在该前缀中每一个符号的索引中加入字符串 s。

实际上，每个符号的索引也就变成一个包含多个必须要相互比较的字符串所在的桶。接下来必须确定，任意其他满足 $SIM(s, t) \geq J$ 的字符串 t 的前缀中至少包含一个符号，该符号也在 s 的前缀中出现。

假定上面的条件不满足，即虽然 $SIM(s, t) \geq J$，但是 t 不含 s 中前 p 个字符中的任意字符。这种情况下，只有在 t 等于 s 除去前 p 个符号之后的字符串时，也就是 t 为 s 的后缀时，s 和 t 的 Jaccard 相似度才最大。此时 s 和 t 的 Jaccard 相似度为 $(L_s-p)/L_s$。为保证不必对 s 和 t 进行比较，必须满足条件 $J > (L_s-p)/L_s$。也就是说，p 至少必须为 $\lfloor(1-J)L_s\rfloor + 1$。当然，$p$ 要尽可能选得足够小，这样才不至于将字符串 s 放到多个不必要的桶中。因此，后面我们都取 $p = \lfloor(1-J)L_s\rfloor + 1$ 表示被索引后的前缀的长度。

例 3.27 假定 $J = 0.9$，若 $L_s = 9$，则 $p = \lfloor 0.1 \times 9 \rfloor + 1 = \lfloor 0.9 \rfloor + 1 = 1$。也就是说，只需要对 s 基于首字符索引。对于任意一个字符串 t，如果其索引前缀中不包含 s 的首字符，那么 t 和 s 的 Jaccard 相似度肯定会小于 0.9。假定 s 为 bcdefghij，则仅需要对 s 的首字符 b 建立索引。假定 t 的首字符不是 b，那么要考虑以下两种情况。

---

① 即冲突较少。——译者注

(1) 如果 t 的首字符为 a, 要满足 $\text{SIM}(s, t) \geq 0.9$, t 只可能是 abcdefghij。但是如果这样, 那么 t 必须对 a 和 b 建立索引。原因在于, 当 $L_t = 10$ 时, 其建立索引的前缀长度为

$$\lfloor 0.1 \times 10 \rfloor + 1 = 2$$

(2) 如果 t 的首字符是 c 或者更靠后的字母, 那么 s 和 t 要达到最大相似度, 当且仅当 $t =$ cdefghij, 但是此时 $\text{SIM}(s, t) = 8/9 < 0.9$。

一般而言, 当 $J = 0.9$, 长度在 9 之内的字符串需要对其首字符建立索引, 而长度在 10 ~ 19 的字符串需要对其头部两个字母建立索引, 长度在 20 ~ 29 的字符串需要对其头部前三个字母建立索引, 其余以此类推。   □

根据我们解决的问题到底是多对多问题还是多对一问题 (其区别参见 3.8.4 节), 上述索引机制也有两种使用方式。对于多对一问题, 我们对整个数据库创建索引, 对于新来的集合 S 查询匹配度, 首先将该集合转换成字符串 s, 该字符串称为**探测串** (probe string)。必须要考虑的前缀长度 $\lfloor (1-J)L_s \rfloor + 1$, 对于前缀中的每个字符, 将该字符在索引中对应的每个串与探测串进行比较。

如果需要解决的是多对多问题, 那么一开始字符串库和索引库都为空。对每个集合 S, 将它看成多对一问题中的新集合进行处理。于是, 将 S 转换成字符串 s, s 就是上面介绍的多对一问题中的探测串。但是, 在检查某个索引桶之后, 我们也要将 s 加入该索引桶中, 因此 s 可以与后来的可能匹配的新字符串进行比较。

3.9.5　位置信息的使用

考虑两个字符串 $s =$ acdefghijk 和 $t =$ bcdefghijk, 假定 $J = 0.9$。由于两个字符串的长度都是 10, 它们都基于头部的两个字符建立索引。于是, s 基于 a 和 c, t 基于 b 和 c 建立索引。因此, 不论 s 和 t 谁先谁后, 它们都能在字符 c 的索引中发现另一个串[①], 所以两者将会进行比较。然而, 字符 c 在两个字符串当中都处在第二个位置, 我们还知道有两个字符 (本例中是 a 和 b) 会出现在最终的并集但不在交集当中。因此, 即使 s 和 t 从第二个字符 c 开始的所有字符都相等, 最终的交集大小为 9 而并集大小为 11, 于是也只有 $\text{SIM}(s, t) = 9/11 < 0.9$。

如果不仅对符号建立索引, 而且对该符号在字符串中的位置索引, 就能避免对上述的 s 和 t 进行比较。也就是说, 对每个 (x, i) 对建立一个索引桶, 即表示符号 x 在前缀中的位置为 i。给定字符串 s, 假定 J 是期望的最小 Jaccard 距离。考察 s 的前缀中从 1 到 $\lfloor (1-J)L_s \rfloor + 1$ 位置上的符号, 如果其第 i 位置上的字符为 x, 则将 s 加到 (x, i) 对应的索引桶中。

令 s 为探测串, 接下来寻找那些必须比较的索引桶。对于 s 的前缀的字符, 我们从左开始考察, 并在考察中利用如下事实: 只需要寻找已检查桶中没有出现过的有可能匹配的字符串 t 进行比较。也就是说, 我们只需要一次性寻找某个候选匹配。因此, 如果 s 前缀中的第 i 个字符为 x, 那么只需要对某些较小的 j 来考察 (x, j) 所对应的桶的情况。

为计算 j 的上界, 假定字符串 t 的前 $j-1$ 个字符与 s 中的任意一个字符都不匹配, 但是 t 的第

---

① 即 s 会发现 t, t 也会发现 s。

j 个字符等于 s 的第 i 个字符。当分别从 s、t 第 i 和第 j 个字符开始的所有字符都相等时，$\text{SIM}(s, t)$ 取最大值（参见图 3-15）。如果确实如此，则此时 s 中有可能出现在 t 中的字符个数为 $L_s - i + 1$，这正好是两者交集的大小。同时，两者并集的大小至少是 $L_s + j - 1$。也就是说，s 至少为并集贡献 L_s 个字符，而 t 中至少会出现 $j-1$ 个不在 s 中的字符。交集大小和并集大小的比值至少是 J，于是必须有：

$$\frac{L_s - i + 1}{L_s + j - 1} \geq J$$

若单独考虑上述不等式，得到 $j \leq (L_s(1-J)-i+1+J)/J$。

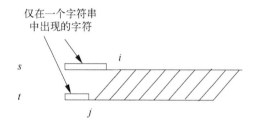

图 3-15　字符串 s 和 t，s 的前 $i-1$ 个字符和 t 的前 $j-1$ 个字符各不相同，
但随后的字符均相同

例 3.28　考虑字符串 $s = \texttt{acdefghijk}$，要求满足的最小 Jaccard 相似度 $J = 0.9$（如本节开头部分所讲的）。假定 s 为探测串。前面我们已经知道需要考虑 s 的前两个位置，即 i 等于 1 或 2。假定 i 取 1，那么 $j \leq (10 \times 0.1 - 1 + 1 + 0.9)/0.9$。也就是说，只需要比较 $(\texttt{a}, j)$ 所在的桶，其中 $j \leq 2.11$。因此，j 只能取 1 或 2，不能取更大的值。

现在假定 $i = 2$，那么 j 必须满足 $j \leq (10 \times 0.1 - 2 + 1 + 0.9)/0.9$，即 $j \leq 1$。得出结论，我们只需要考察 $(\texttt{a}, 1)$、$(\texttt{a}, 2)$ 和 $(\texttt{c}, 1)$ 所对应的索引桶，而不需要考虑其他的桶。形成鲜明对照的是，采用 3.9.4 节所示的方法，那么需要考察 $\texttt{a}$ 和 $\texttt{c}$ 对应的桶，即所有 $(\texttt{a}, j)$ 和 $(\texttt{c}, j)$ 对应的桶，其中 j 可以取任意值。□

3.9.6　使用位置和长度信息的索引

上一节考虑 j 的上限时，假定 s 在位置 i 及 t 在位置 j 之后的字符串完全相等（参考图 3-15）。我们不希望为字符串中的所有字符建立索引，否则会导致很大的工作量。但是，可以在索引当中加入当前索引位置之后的信息摘要。这样做会增加桶的数目，但是最终的数目仍在一个合理的范围内，并且可以使我们在不对整个字符串进行对比的情况下去除很多候选匹配对。主要的解决思路是对符号、位置和当前位置之后的后缀长度进行索引。

例 3.29　字符串 $s = \texttt{acdefghijk}$，其中 $J = 0.9$，将被映射到 $(\texttt{a}, 1, 9)$ 和 $(\texttt{c}, 2, 8)$ 的桶内。也就是说，s 的第一个位置上的字符为 $\texttt{a}$，其后缀的长度为 9。第二个位置上的字符为 $\texttt{c}$，其后缀的长度为 8。□

在图 3-15 给出的示意图中，假设 s 中第 i 个位置和 t 中第 j 个位置的后缀字符串长度完全相等。如果不相等，那么我们要么能获得一个 s 和 t（如果 t 更短）交集的更小的上界，要么会获得一个 s 和 t（如果 t 更长）的更大的下界。假定 s 有一个长度为 p 的后缀，而 t 有一个长度为 q 的后缀。

情况 1　$p \geqslant q$，这里交集的大小最大为

$$L_s - i + 1 - (p - q)$$

由于 $L_s = i + p$，上式可以改写为交集的大小 $q + 1$。当不考虑后缀的长度时，得到最小的并集大小为 $L_s + j - 1$。因此，当 $p \geqslant q$ 时，必须要求

$$\frac{q+1}{L_s + j - 1} \geqslant J$$

情况 2　$p < q$，这里交集的大小最大为 $L_s - i + 1$，这时不用考虑后缀的长度。然而，此时并集的大小不小于 $L_s + j - 1 + q - p$。若再次使用 $L_s = i + p$，则 $L_s - p$ 可以用 i 代替，于是并集的大小为 $i + j - 1 + q$。如果 Jaccard 相似度要求不低于 J，那么必须有

$$\frac{L_s - i + 1}{i + j - 1 + q} \geqslant J$$

例 3.30　再次考虑字符串 $s = $ acdefghijk。为了展示更多细节，这次选择 $J = 0.8$ 而不是 0.9。我们知道 $L_s = 10$，因为 $\lfloor (1-J)L_s \rfloor + 1 = 3$，所以接下来必须考虑 s 的前三个前缀位置。同前面一样，我们假定 s 的后缀长度为 p，t 的后缀长度为 q。

首先考虑 $p \geqslant q$ 的情况，此时对 q 和 j 的附加约束是它们必须满足 $(q+1)/(9+j) \geqslant 0.8$。下面分别在 $i = 1, 2, 3$ 时枚举所有满足上述不等式的 q 和 j。

$i = 1$　这里 $p = 9$，因此 $q \leqslant 9$。考虑所有可能的 q 值。

　　$q = 9$：由于 $10/(9+j) \geqslant 0.8$，j 可以等于 1、2 或者 3。注意，对于 $j = 4$，$10/13 > 0.8$。

　　$q = 8$：由于 $9/(9+j) \geqslant 0.8$，j 可以等于 1 或 2。而 $j = 3$ 时，$9/12 > 0.8$。

　　$q = 7$：由于 $8/(9+j) \geqslant 0.8$，j 只能等于 1。

　　$q = 6$：由于对任意整数 j 都有 $7/(9+j) > 0.8$，此时 j 不存在。对于更小的 q 值，情况也是如此。

$i = 2$　这里 $p = 8$，因此必须要求 $q \leqslant 8$。因为限制条件 $(q+1)/(9+j) \geqslant 0.8$ 不依赖于 i，[注①]所以可以采用上面同样的方法来处理，其中需要除去 $q = 9$ 的情况。因此，当 $i = 2$ 时可能的 j、q 取值如下：

　　(1) $q = 8$，$j = 1$；

　　(2) $q = 8$，$j = 2$；

　　(3) $q = 7$，$j = 1$。

$i = 3$　此时 $p = 7$，约束条件为 $q \leqslant 7$ 且 $(q+1)/(9+j) \geqslant 0.8$，唯一的可能性是 $q = 7$ 及 $j = 1$。

接下来必须考虑 $p < q$ 的情况，附加约束条件是

---

① 注意，i 不会影响 p 的值，而通过 p 可以对 q 加以约束。

$$\frac{11-i}{i+j+q-1} \geq 0.8$$

同前面一样，我们再次考虑所有可能的 i 值。

$i = 1$　由于 $p = 9$，所以要求 $q \geq 10$ 且 $10/(q+j) \geq 0.8$，所有可能的 q 和 j 值如下：

(1) $q = 10$，$j = 1$；

(2) $q = 10$，$j = 2$；

(3) $q = 11$，$j = 1$。

$i = 2$　由于 $p = 10$，要求 $q \geq 11$ 且 $9/(q+j+1) \geq 0.8$。因为 j 必须为正整数，所以上述不等式组无解。

$i = 3$　同 $i = 2$ 一样，无解。

将上面所有可能的 i、j 和 q 组合汇总，我们就会发现需要检查的所有索引桶集合构成图 3-16 所示的一个"金字塔"形。也就是说，必须检查那些 (x, j, q) 对应的索引桶，使得 s 的第 i 个符号为 x，j 是与桶关联的位置，q 是后缀的长度。　　□

	q	$j=1$	$j=2$	$j=3$
	7	x		
	8	x	x	
$i=1$	9	x	x	x
	10	x	x	
	11	x		
	7	x		
$i=2$	8	x	x	
	9	x		
$i=3$	7	x		

图 3-16　当字符串 $s = $ acdefghijk、$J = 0.8$ 时需要检查的桶（图中用 x 标记）

3.9.7　习题

习题 3.9.1　假定全集是小写字母，但这里要求的元素先后次序是：首先元音字母按照字母顺序排列，然后辅音字母按照逆字母顺序排列。试将下列集合表示成字符串：

(a) $\{q, w, e, r, t, y\}$；

(b) $\{a, s, d, f, g, h, j, u, i\}$。

习题 3.9.2　假定我们像 3.9.3 节一样只根据长度来过滤候选对。若字符串 s 的长度为 20，那么当 Jaccard 相似度下界 J 分别为如下值时，s 需要与哪些字符串进行比较？

(a) $J = 0.85$；

(b) $J = 0.95$；

(c) $J = 0.98$。

习题 3.9.3　假定字符串 s 的长度为 15，我们按照 3.9.4 节的方法对其前缀进行索引。

(a) 当 $J = 0.85$ 时需要对多少个前缀符号进行索引？

(b) 当 $J = 0.95$ 时需要对多少个前缀符号进行索引？

! (c) 当需要对 s 的前四个而不是更多前缀符号进行索引时，J 的取值范围是多少？

习题 3.9.4　假定字符串 s 的长度为 12，我们按照 3.9.5 节的方法对符号和位置进行索引，那么当 J 取如下值时，s 要与哪些符号–位置对进行比较？

(a) $J = 0.75$；

(b) $J = 0.95$。

! 习题 3.9.5　假定按照 3.9.5 节中的方法在索引中使用位置信息。字符串 s 和 t 都随机选自一个 100 个元素组成的全集。假设 $J = 0.9$，那么在下列情况下，s 和 t 会被比较的概率是多少？

(a) s 和 t 的长度均为 9；

(b) s 和 t 的长度均为 10。

习题 3.9.6　假定按照 3.9.6 节的方法同时对位置和后缀长度索引。若字符串 s 的长度为 20，那么在下列情况下，s 需要与哪些<符号, 位置, 长度>三元组比较？

(a) $J = 0.8$；

(b) $J = 0.9$。

3.10　小结

- **Jaccard 相似度**　集合之间 Jaccard 相似度等于交集大小与并集大小的比值。该相似度适合于多个应用，包括文档的文本相似度和顾客购物习惯的相似度计算等。

- **shingling**　k-shingle 指文档当中连续出现的任意 k 个字符。如果将文档表示成其 k-shingle 集合，那么就可以基于集合之间的 Jaccard 相似度来计算文档之间的文本相似度。有时，将 shingle 哈希成更短的位串非常有用，并且可以基于这些哈希值的集合来表示文档。

- **最小哈希**　集合上的最小哈希函数基于全集上的排列转换来定义。给定任意一个排列转换，集合的最小哈希值为在排列转换次序下出现的第一个集合元素。

- **最小哈希签名**　可以选出多个排列转换，然后在每个排列转换下计算集合的最小哈希值，这些最小哈希值序列构成集合的最小哈希签名。给定两个集合，产生相同哈希值的排列转换所占的期望比值正好等于集合之间的 Jaccard 相似度。

- **高效最小哈希**　由于实际上不可能产生随机的排列转换，通常会通过下列方法来模拟：选择一个随机哈希函数，利用该函数对集合中所有的元素进行哈希操作，并将得到的最小值看成集合的最小哈希值。

- **签名的局部敏感哈希**　该技术可以允许我们避免计算所有集合对或其最小哈希签名对之间的相似度。给定集合的签名，我们可以将它们划分成行条，然后仅仅计算至少有一个行条相等的集合对之间的相似度。通过合理地选择行条的大小，可以消除那些不满足相似度阈值的大部分集合对之间的比较。

❏ **距离测度** 距离测度是满足一定准则的、定义在空间上的点之间的函数。如果两个点重合，那么距离为 0，否则两点的距离大于 0。距离满足对称性，即两个点不管先后，距离都一样。距离测度必须满足三角不等式，即两点距离不大于这两个点分别到第三个点的距离之和。

❏ **欧氏距离** 最常见的距离概念是 n 维空间下的欧氏距离。该距离有时称为 L_2 范式，是两个点在各维上差值的平方和的算术平方根。适合欧氏空间的另一个距离是曼哈顿距离，或者称为 L_1 范式，指的是两个点各维度的差的绝对值之和。

❏ **Jaccard 距离** 1 减去 Jaccard 相似度也是一个距离测度，称为 Jaccard 距离。

❏ **余弦距离** 向量空间下两个向量的夹角大小称为余弦距离，该夹角的余弦值可以通过两个向量的内积除以两个向量的长度而得到。

❏ **编辑距离** 该距离测度应用于字符串空间，指的是通过需要的插入和（或）删除操作将一个字符串转换成另一个字符串的操作次数。编辑距离还可以通过两个字符串长度之和减去两者最长公共子序列长度的两倍来计算。

❏ **海明距离** 该距离测度应用于向量空间。两个向量之间的海明距离计算的是它们之间不相同的位置数目。

❏ **一般性局部敏感哈希理论** 假定一开始给定任一函数集合（比如最小哈希函数集合），集合中的函数可以用于相似度检测时决定某个项对是否要作为候选对进行后续比较。对这些函数仅需要给出两个约束参数，一个是若距离（根据距离测度）小于某个给定的限制值但这些函数却判定为候选对的概率下界，另一个是当距离大于某个另外的给定的限制值时函数判定为候选对的概率上界。然后，我们能通过使用与构造及或构造方法，提高邻居项判定为候选对的概率，同时降低超过某个范围的远距离项被判定为候选对的概率。

❏ **随机超平面及面向余弦距离的 LSH** 可以基于一系列基函数来为余弦距离测度构造通用的 LSH 函数族，每个函数可以采用随机选择的向量列表来表示。对于给定的向量 v 应用函数就是计算 v 和列表上的每个随机向量的内积。对于两个向量，通过上述方法可以计算出向量的梗概（即向量和随机选择的多个向量的内积的符号向量，每个分量为+1 或者−1），两者在位置上的一致性比值再乘以 180，便是两个向量夹角的估计值。

❏ **面向欧氏距离的 LSH** 构造欧氏距离下的 LSH 时，可以通过选择随机直线并将点投影到这些直线上，从而构造出一系列基函数。每条直线被分成多个固定长度的间隔，如果两个点落入同一间隔，则 LSH 函数会认为这两个点是候选对。

❏ **基于字符串比较的高相似度检测** 当所需要的 Jaccard 相似度阈值接近 1 时，相似项发现可以采用另外一种方法来实现，这种方法能够避免使用最小哈希和 LSH。另外，可以将全集排序，然后将集合表示成字符串，该字符串由集合元素排序而成。避免对全部集合对其字符串进行比较的最简方法是考虑字符串的长度，因为 Jaccard 相似度很高的集合之间其对应的字符串长度应该相差不大。如果将字符串排序，就可以保证每个字符串只与紧跟在它后面的一小部分字符串进行比较。

- **字符索引**　如果将集合表示成字符串，且需要达到的相似度阈值接近 1。那么就可以将每个字符串按照其头部的一小部分字母建立索引。需要索引的前缀的长度大概等于整个字符串的长度乘以给定的最大的 Jaccard 距离（即 1 减去最小 Jaccard 相似度）。
- **位置索引**　我们不仅可以索引字符串前缀中的字符，也可以索引其在前缀中的位置。如果两个字符串共有的一个字符并不出现在双方的第一个位置，那么我们就知道要么某些前面的字符出现在并集但不出现在交集中，要么在两个字符串中存在一个更前面的公共字符。这样的话，我们就可以减少需要比较的字符串对数目。
- **后缀索引**　我们不仅可以索引字符串前缀中的字符及其位置，还可以索引当前字符后缀的长度，即字符串中该字符之后的位置数量。由于相同字符但是后缀长度不同意味着有额外的字符必须出现在并集但不出现在交集中，因此上述结构能够进一步减少需要比较的字符串对数目。

3.11　参考文献

shingling 技术来源于论文 "Finding similar files in a large file system"。我们讨论的这种使用方式来自论文 "On the resemblance and containment of documents"。

最小哈希的思想来自论文 "Min-wise independent permutations"。避免检查所有元素以改进最小哈希的做法来自论文 "One permutation hashing"。

最早的局部敏感哈希著述参见论文 "Approximate nearest neighbor: towards removing the curse of dimensionality" 和 "Similarity search in high dimensions via hashing"。论文 "Near-optimal hashing algorithms for approximate nearest neighbor in high dimensions" 是本领域相关思想的一个有益的综述。

论文 "Similarity estimation techniques from rounding algorithms" 介绍了随机超平面的思想，可以用于对向量进行概括表示（即生成梗概）并能反映余弦距离。论文 "Finding near-duplicate web pages: a large-scale evaluation of algorithms" 认为，随机超平面加上 LSH 之后会比最小哈希加上 LSH 在检测相似文档方面更准确。

欧氏空间的点进行概括表示的技术在论文 "Locality-sensitive hashing scheme based on p-stable distributions" 中有介绍。论文 "SpotSigs: robust and efficient near duplicate detection in large web collections" 给出了基于停用词的 shingling 技术。

基于长度和前缀索引模式进行高相似度匹配的方法来自 "A primitive operator for similarity joins in data cleaning"。包含后缀长度的技术参见 "Efficient similarity joins for near duplicate detection"。

扫描如下二维码获取参考文献完整列表。

第 4 章

数据流挖掘

4

本书介绍的大部分算法假定从数据库中进行挖掘。也就是说，只要需要，所有数据都在手边可用。本章将给出另外一种假设：数据以一个或多个流的方式到来，如果不及时处理或者存储，数据将会永远丢失。此外，我们假定数据到来的速度实在太快，以致将全部数据存在活动存储器（即传统数据库）并在我们选定的时间进行交互是不可能的。

数据流处理的每个算法都在某种程度上包含流的汇总（summarization）过程。我们首先考虑如何从流中抽取有用样本，以及如何从流中过滤除大部分"不想要"的元素；然后展示如何估计流中的独立元素个数，估计方法所用的存储开销远少于列举所有所见元素的开销。

另外一种对流进行汇总的方法是只观察一个定长"窗口"，该窗口由最近的 n 个元素组成，其中 n 是某个给定值，通常较大。然后将窗口当作数据库的一个关系进行查询处理。如果有很多流并且/或者 n 很大，我们可能无法存下每个流的整个窗口。因此，即使对这些"窗口"也需要进行汇总处理。对于一个比特流窗口，其中的 1 的数目的近似估计是一个基本问题。我们将使用一种比存储整个窗口消耗更少空间的方法。该方法也能推广到对各种求和值进行近似。

4.1 流数据模型

我们首先讨论流中的元素和流处理过程，接下来解释流和数据库的区别以及在处理流时遇到的特殊问题，最后考察流模型的一些典型应用。

4.1.1 一个数据流管理系统

类比于数据库管理系统，流处理程序实际上也可以看成一种数据管理系统，该系统高度概括的组织结构参见图 4-1。任意数量的流可以进入系统，每个流可以按照各自的时间表来提供元素，不同流的数据率或数据类型不必相同，一个流中的元素到达时间间隔不一定要满足均匀分布。流元素的到达速率并不受系统的控制，这个事实将流处理和数据库管理系统中的数据处理区别开来。数据库管理系统控制数据从磁盘读出的速率，因此任何时候都不用担心在试图执行查询时会有数据丢失。

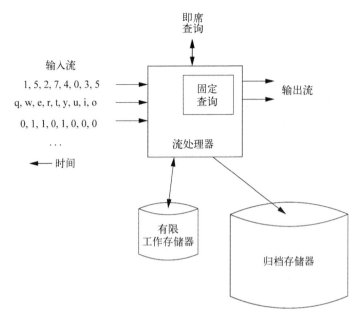

图 4-1　一个数据流管理系统

流可以在大容量**归档存储器**（archival store）上进行归档处理，但是我们假设在归档存储器上不能对查询进行应答。只有在特殊情况下才可以在归档存储器上使用耗时的检索过程来处理查询。流汇总数据或者部分流数据可以存在**工作存储器**（working store）上，该存储器可以用于应答查询。工作存储器可以是磁盘或者是内存，这取决于查询处理的速度需求。但是不管采用哪种存储介质，容量都是有限的，并不能存储所有流数据中的所有数据。

4.1.2　流数据源的例子

在继续介绍之前，先考虑一些很自然出现的流数据类型。

1. 传感器数据

设想有一个在大海中不停摇摆的温度传感器，它每小时会将海表面的温度读数传回基站。该传感器产生的数据是一个实数流。这个流意义不大，因为其数据率太低。它对现代技术不会造成什么压力，整个流数据实际上都可以在内存中永久存放。

现在我们给传感器装上一个 GPS 部件，并让它报告海表面的高度而不是温度。由于相对于海表面的温度而言，海表面的高度变化异常迅速，因此我们可以让传感器每 1/10 秒传回海表面的高度数据。如果每次传送的是 4 字节实数，那么每天产生的数据量为 3.5 MB。将这些数据填满内存都需要花费一定的时间，更不要说单个磁盘了。

但是，单个传感器可能没那么有意义。为了探索海洋行为，我们可能要部署 100 万个传感器，每个传感器都以每秒 10 次的速率传回数据。100 万个传感器并不算多，意味着大海上约每 388.5 平方千米才部署一个。现在，每天传回的数据就有 3.5 TB，这时肯定需要考虑哪些数据要存放在工作存储器、哪些数据只能放在归档存储器中。

2. 图像数据

卫星往往每天会给地球传回数太字节（TB）的图像流数据。监控摄像机产生的图像分辨率虽然不如卫星，但是摄像机的数量可能很多，而每个摄像机能够连续不断（比如每秒）地产生图像流。据说伦敦有 600 万台监控摄像机，而每台摄像机都会产生自己的一个图像流。

3. 互联网及 Web 流量

互联网当中的交换节点从很多输入源接收 IP 包流并将它们路由到输出目标。通常情况下，交换机的任务主要是传输数据而非保留或查询数据。但是将更多功能放入交换机已经成为一种趋势，比如 DoS 攻击（拒绝服务攻击）的探测能力或者基于网络的拥塞信息重新对包进行路由的能力。

网站收到的流包括各种类型。例如，谷歌一天收到几亿个搜索查询，雅虎的不同网站上收到数十亿次"点击"。基于这些流数据可以学习到很多有趣的结果。比如，诸如"sore throat"（咽喉痛或咽喉炎）之类的查询频次上升能够让我们对病毒的传播进行跟踪。某个链接的点击率的突然上升可能意味着有些新闻连向此网页，反之则可能意味着该链接失效急需修复。

4.1.3　流查询

对流进行查询主要有两种方式，其中一种称为**固定查询**（standing query）。图 4-1 给出了在流处理器当中**固定查询**所存放的位置。从某种意义上说，固定查询永远不变地执行并在适当的时候产生输出结果。

例 4.1　4.1.2 节一开始提到的海表面温度传感器产生的流数据上可能有这样一个固定查询，即当温度超过 25℃时输出警报。由于该查询仅依赖于最近的那个流元素，对它进行处理相当容易。

另外一个可能的固定查询是，每当一个新的温度读数到达时，输出最近 24 次读数的平均值。如果我们存储了最近 24 个流元素，那么对上述查询的处理也比较容易。当新的流元素到达时，由于排名倒数第 25 的流元素对于上述查询的处理不再有用，因此我们将它从工作存储器中去掉（除非其他的固定查询可能需要它）。

当然，我们可能还会做的另一个查询是迄今为止传感器所记录的最高温度。应答该查询时，不必保留整个流数据，只需要维护一个概要值（这里是当前的最高温度值）即可。当新的流元素到达时，我们将它与保存的最大值相比，并将结果设为两者当中的较大者，然后输出当前最大值作为查询的应答结果。类似地，如果需要全部时间的平均温度，只需要记录收到的读数数目和所有读数之和这两个值。每当新的读数到达时，很容易对上述两个值进行修改，然后将后者除以前者作为查询应答输出。　　　　　　　　　　　　　　　　　　　　　　　　　　　　　　　□

另一种形式的查询称为**即席查询**（ad hoc query），它对于当前某个或者多个流仅提交一次。如果我们没有存储所有流数据，当然通常情况下也做不到这一点，那么就不能指望系统能够应答关于流的任意查询。如果我们对通过即席查询界面提交的查询类型有些了解的话，就可以像例 4.1 一样通过存储数据流的合适部分或者流概要信息来为查询的应答做准备。

如果希望询问的即席查询类型较广，一种通常的办法是在工作存储器上保存每个流的**滑动窗口**（sliding window）。一个滑动窗口可以是最近到达的 n 个流元素（对某个 n），也可以是在最

近 t 个时间单位（比如一天）中到达的所有元素。如果将每个流元素看成一个元组，那么就可以把窗口看成关系数据库而在其上执行任意的 SQL 查询。当然，流管理系统必须在新元素到达时删除最早的那些元素，从而保持窗口的新鲜度。

例 4.2 网站常常喜欢报告上一月的独立用户数目。如果将每次登录看成一个流元素，我们就可以用一个窗口维护最近一个月的所有登录信息。我们必须将每次登录及其时间联系起来，以便确定它何时不再属于窗口。如果将窗口看成关系 Logins(name, time)，那么获得上月独立用户的数目就十分简单，只需要执行下列 SQL 查询即可：

```
SELECT COUNT(DISTINCT(name))
FROM Logins
WHERE time >= t;
```

其中 t 是一个常数，表示在当前时间一个月前的那个时间。

需要注意的是，我们必须能够在工作存储器上维护近一个月的所有登录流数据。然而，即使是最大的网站，一个月的登录数据量也不会超过几太字节，因此肯定可以全部存在磁盘上。 □

4.1.4 流处理中的若干问题

在讨论算法之前，我们先考虑流数据处理的一些限制。首先，流元素的分发速度通常很快。所以，必须对元素进行实时处理，否则就会永远失去处理它们的机会，除非访问归档存储器。因此，流处理算法通常在内存中执行，一般不会或者极少访问二级存储器，这一点相当重要。此外，即使当数据流很慢（参考 4.1.2 节的传感器数据的例子）时，也可能存在多个这样的数据流。虽然每个流本身基于很小的内存就能处理，但所有数据流的内存需求加在一起可能就很容易超过内存的可用容量。

因此，当内存足够大时，流数据的很多问题非常容易解决，但是要在一个真实规模的机器上获得现实的处理速度，问题就变得相当困难，需要引入新技术来解决。读者在阅读本章的流处理算法时，有两个一般化的结论值得牢记。

- 通常情况下，获得问题的近似解比精确解要高效得多。
- 和第 3 章一样，一系列与哈希相关的技术被证明十分有用。一般而言，为了产生与精确解相当接近的近似解，上述技术将十分有用的随机性引入了算法行为中。

4.2 流当中的数据抽样

作为流数据管理的第一个例子，我们将考察流中的可靠样本抽取问题。同很多流算法一样，该抽取"技巧"中的哈希使用方法在一定程度上与一般应用有所不同。

4.2.1 一个富有启发性的例子

一个需要解决的一般性问题是从流中选择一个子集，以便能够对它进行查询并给出统计性上对整个流具有代表性的结果。如果知道会有哪些查询，那么有很多可行的方法可以选择，但是我们要寻找的是支持样本上即席查询的技术。我们将介绍一个具体的问题，从中可以看到一般性的解决方法。

我们所用的具体例子如下：搜索引擎收到查询流，这些数据可以用于研究典型用户的行为[①]。假定这个流由三元组(user, query, time)组成，假设要回答查询“在过去一个月中典型用户所提交的重复查询的比例是多少”，并假设我们只希望存储 1/10 的流元素。

一种很显然的做法就是对每个搜索查询产生一个随机数（比如 0 ~ 9 的一个整数），并且当且仅当随机数为 0 时才存储该三元组。如果这样做，平均每个用户会有 1/10 的查询会被存储。统计上的波动会将一些噪声引入数据，但是如果用户提交的查询数目很多，那么大数定律会保证大部分用户所存储的查询比例非常接近 1/10。

然而，如果我们想得到用户提交的平均重复查询数目，那么上述抽样机制会带来错误的结果。假定某个用户在过去一个月中有 s 个搜索查询只提交过一次，有 d 个搜索查询提交过两次，并且不存在其他超过两次的搜索查询。如果我们抽样的查询比例为 1/10，那么在该用户的抽样查询[②]中，提交过一次的查询数目达到我们所期望的 $s/10$，而在出现两次的 d 个查询当中，只有 $d/100$ 会在样本当中出现两次，该值等于 d 乘以该查询两次出现在 1/10 样本中的概率。于是，在提交过两次的 d 个查询当中，有 $18d/100$ 个查询在样本中出现一次。原因在于 18/100 是原始出现两次的查询在选出的 1/10 样本出现一次的概率，当然整个流的其他 9/10 没有被选出。

本来，在所有搜索查询中重复搜索查询的比例的正确答案是 $d/(s + d)$。但是，如果采用上述抽样方法，我们得到的值为 $d/(10s + 19d)$。为了导出后面的公式，注意，在样本中 $d/100$ 个查询出现两次，而 $s/10 + 18d/100$ 个查询出现一次，因此基于样本推出的重复查询比例是 $(d/100)/(d/100 + s/10 + 18d/100)$，即 $d/(10s + 19d)$。很显然，s 和 d 无论取何正值，都无法满足 $d/(s + d) = d/(10s + 19d)$。

4.2.2 代表性样本的获取

和很多其他有关典型用户统计信息的查询一样，4.2.1 节讨论的查询不能从每个用户的搜索查询的抽样样本中得到正确答案。因此，必须挑出 1/10 的用户并将他们的所有搜索查询放入样本中，而不考虑其他用户的搜索查询。如果能存储所有用户的列表，那么不管它们最终是否落入样本中，都可以采用下面的处理过程：每当一个新的搜索查询到达流中时，我们会查找用户以判断其是否在已有样本中出现。如果出现，则将该搜索查询放入样本，否则丢弃该查询。然而，如果在我们的记录当中没有出现过当前用户，那么会产生一个 0 ~ 9 的随机整数。如果该随机整数为 0，那么就将该用户加入用户列表，并将其标记为 in。如果随机结果非 0，那么也将该用户加

[①] 这里提到了“用户”的概念，实际上，搜索引擎会从提交的查询中得到 IP 地址。这里假定唯一的 IP 地址标识唯一的用户，这种做法近似准确，但是严格意义上讲并不准确。

[②] 这里的抽样实际是对查询的出现抽样，而非按照查询本身抽样。因此不能在样本中保持不同频次查询的比例。具体来说，在原始 $s + 2d$ 个查询出现中，最终会抽样出 $(s + 2d)/10$ 个查询出现样本。显然，原来出现两次的查询仍然在样本中出现两次的概率为 1/100，因此，按 1/10 抽样出的查询出现里面，出现两次的查询数目为 $d/100$。而原来 $2d$ 次出现当中，在抽样样本中占据 $2d/10$ 次出现，因此原来的 d 个出现两次的查询中在样本中仅出现一次的数目为 $2d/10 - 2d/100 = 18d/100$。——译者注

入用户列表，但此时将它标记为 out。

　　只要能在内存中维护所有用户的列表以及它们的 in/out 决策表，上述方法就切实可行。这是因为没有时间在每个搜索查询到来时访问磁盘。通过使用哈希函数，就可以避免维护用户列表。也就是说，可以通过引入哈希函数将每个用户名哈希到编号为 0 ~ 9 的 10 个桶之一中去。选择样本时，如果提交当前查询的用户哈希到桶 0，那么就将该搜索查询放入样本，否则丢弃。

　　需要注意的是，桶中并不真正保存用户，实际上，桶中没有任何数据。事实上，这里是将哈希函数作为一个随机数生成器来使用的。该哈希函数的一个重要的特点就是，即使它在相同用户上应用多次，生成的"随机"数字也相同。也就是说，对任何用户都不需要存储其 in/out 决策，因为任何时候当该用户提交的查询到来时，都可以重构上述决策。

　　更一般地，我们可以从所有用户中得到任意用户比例的样本，比如 a/b。此时，只需要将用户名映射到 b 个编号为 0 ~ $(b-1)$ 的桶中即可。如果某个用户的哈希值小于 a，则将其搜索查询放入样本。

4.2.3　一般的抽样问题

　　上面给出的例子是接下来即将介绍的一般的抽样问题的一个典型代表。在一般的抽样问题中，我们的流由一系列 n 字段元组构成。这些字段的一个子集称为**关键词段**（key component），而样本的选择基于它来进行。在上面的例子中，存在三个字段，即 user、query 和 time，其中只有 user 才是关键词段。但是，我们也可以将 query 看成关键词段来选择查询样本，甚至可以将 user-query 对看成关键词段来构建样本。

　　假定抽样之后的样本规模为 a/b，那么就可以将每个元组的键值哈希到 b 个桶中的一个，然后将哈希值小于 a 的元组放入样本。如果关键词段包含的字段不止一个，那么哈希函数就要将这些字段的值组合起来形成单一的哈希值。最后得到的样本由有某些特定键值的所有元组构成。选出的键值数目占流中键值总数的比例大约为 a/b。

4.2.4　样本规模的变化

　　通常情况下，随着更多的流数据进入系统，样本的数目也会增长。在上面给出的例子中，对于选出的 1/10 用户，我们会永久保留他们的所有搜索查询。随着时间推移，同一个用户会有更多的搜索请求被累积起来，流中出现的一些新用户也会被选入样本当中。

　　如果我们对放入样本的流元组数目有预先安排的话，那么选出键值所占的比例必须改变，它会随时间推移越来越低。[①]为了保证在任何时候样本都由键值子集所对应的所有元组组成，我们选择一个哈希函数 h，它可以将键值映射到一个很大的取值范围 0, 1, $\cdots$, $B-1$。我们还维护**一个阈值**（threshold）t，它的初始值可以设置成最大的桶编号 $B-1$。任何时候，样本都由键值 K 满足 $h(K) \leqslant t$ 的元组构成。当且仅当满足同样条件的情况下，流中的新元组才会加入样本中。

---

　　① 因为每个选出键值上的元组会随时间推移不断累积，而能够存储的元组数目是有限的，所以只能去掉某些键值的元组，即降低选出键值数目占所有键值数目的比例。——译者注

如果样本中存储的元组数目超过分配的空间大小，那么就将阈值降低为 $t-1$，并将那些键值 K 满足 $h(K) = t$ 的元组去掉。为提高效率，还可以将阈值降低更多。无论何时需要将某些键值从样本中丢弃，都可以将几个具有最高哈希值的元组去掉。通过维护一张哈希值的索引表可以进一步提高效率，这时可以快速找到键值哈希为某个特定值的所有元组。[①]

4.2.5 习题

习题 4.2.1 假定流由满足模式 Grades(university, courseID, studentID, grade)的元组构成。假设大学字段（即 university）是唯一的，而课程编号（即 courseID）字段只在同一所大学内是唯一的（也就是说，不同的大学可能拥有同一个 courseID，如 CS101），学生编号（即 studentID）字段也在同一所大学内才会唯一（不同大学可能会为不同的学生分配同样的 studentID）。假定想基于大概 1/20 的样本数据来应答某些查询，那么对如下的每个查询，试给出样本的构造过程，即给出所用的关键属性集合：

(a) 对每所大学，估计在一个课程中的平均学生数目；

(b) 估计 GPA 不低于 3.5 分的学生所占的比例；

(c) 估计至少有一半学生得 A 的课程所占的比例。

4.3 流过滤

另一个常见的流数据处理方式是**选择**（selection）或称为**过滤**（filtering），即我们只想接受流当中满足某个规则的元组集合。被接受的元组会以流的方式传递给另一个过程，而其他元组被忽略。如果选择的规则基于元组的某个可计算属性得到（如第一个字段小于 10），那么选择操作很容易完成。当选择规则中包含集合元素的查找时，问题就变得更加困难。特别是在集合大到无法在内存中存放时，问题就变得尤其困难。本节将讨论一种称为**布隆过滤**（Bloom filtering）的技术，它可以去掉不满足选择规则的大部分元组。

4.3.1 一个例子

本节还是以阐述流过滤问题及其处理方法的一个例子为切入点。假定集合 S 中包含了 10 亿个允许的电子邮件地址，我们可以确信这些地址不是垃圾邮件地址。流数据由邮件地址及邮件本身组成的二元组构成。因为典型的邮件地址为 20 或更多字节，所以将 S 保存在内存当中是不合情理的。因此，要么基于磁盘访问来确定是否让任何给定的流元素通过，要么设计一种办法过滤掉大部分不想要的流元素，并且该方法所需的内存大小低于可用内存容量。

为了便于讨论，我们假定有 1 GB 的可用内存。在一种称为布隆过滤的技术当中，内存会被当成位数组来使用。这种情况下，由于 1 字节有 8 位，所以 1 GB 内存可以容纳 80 亿位。我们可

[①] 即可以根据哈希值直接定位到元组，也就是建立以哈希值为词典、元组为倒排记录的倒排索引。这样一旦要去掉哈希值为某个特定值 t 的元组，就可以通过该倒排索引直接定位这些元组。——译者注

以设计一个哈希函数 h，它将邮件地址映射到 80 亿个桶中。这时我们将 S 中的每个元素映射到某位并将该位设置为 1，而数组中所有其他的位仍为 0。

由于 S 中有 10 亿个元素，因此所有位当中有近 1/8 的位为 1。由于哈希函数可能将 S 的两个元素映射到同一个位，确切为 1 的位所占的比例会略低于 1/8。在 4.3.3 节中我们会讨论确切的比例是多少。当一个流元素到达时，我们对其邮件地址进行哈希操作，如果该邮件地址哈希之后对应的位为 1，那么就让邮件通过，但若对应的位为 0，则可以确信该邮件地址不属于 S，从而丢弃该流元素。

但是，可能有一些垃圾邮件地址也会通过。邮件地址不在 S 中的流元素中大约有 1/8 会被哈希到位 1 从而通过过滤。然而，由于大部分邮件是垃圾邮件（有报道称大约 80% 的邮件是垃圾邮件），剔除 7/8 的垃圾邮件得到的好处很大。进一步而言，如果想剔除所有垃圾邮件，只需要检查通过过滤的那些邮件（包含正常邮件和垃圾邮件）的邮件地址是否真正属于 S。这些检查过程需要使用二级存储器来访问 S 本身，当然也存在其他的做法，这些做法将在研究一般性布隆过滤技术时进行讨论。举一个简单的例子，我们可以将多个过滤器级联起来使用，每个过滤器能够从当前输入邮件中过滤掉 7/8 的垃圾邮件。

4.3.2　布隆过滤器

一个布隆过滤器由如下几部分组成。

(1) n 位组成的数组，每个位的初始值都为 0。

(2) 一系列哈希函数 $h_1, h_2, \cdots, h_k$ 组成的集合。每个哈希函数将"键"值映射到上述的 n 个桶（对应于位数组中 n 个位）中。

(3) m 个键值组成的集合 S。

布隆过滤器的目的是让所有键值在 S 中的流元素通过，而阻挡大部分键值不在 S 中的流元素。

位数组的所有位的初始值为 0。对 S 中的每个键值 K，利用每个哈希函数进行处理。对于一些哈希函数 h_i 和 S 中的键值 K，将每个 $h_i(K)$ 对应的位置为 1。

当键值为 K 的流元素到达时，检查所有的 $h_1(K), h_2(K), \cdots, h_k(K)$ 对应的位是否全部为 1。如果是，则允许该流元素通过；如果有一位或多位为 0，则认为 K 不可能在 S 中，于是拒绝该流元素通过。

4.3.3　布隆过滤方法的分析

如果某个元素的键值在 S 中出现，那么该元素肯定会通过布隆过滤器。但是，如果其键值不在 S 中，它也有可能会通过布隆过滤器。我们必须了解如何基于位数组长度 n、集合 S 的元素数目 m 及哈希函数的数目 k 来计算**假正例**（false positive）的概率[①]。

接下来我们使用飞镖投掷模型来模拟布隆过滤。假设有 y 支飞镖和 x 个靶位。每支飞镖投中

[①] 假正例率指的是所有真正的负例当中被判为正例的比例，这里就是本来不能通过过滤的元素中通过过滤的比例。

每个靶位的机会均等。那么飞镖投出之后，预计将有多少个靶位至少被投中一次？对该问题的分析类似于 3.4.2 节的分析，整个分析过程如下。

- 给定飞镖不能投中给定靶位的概率是 $(x-1)/x$。

- y 支飞镖中全部都没有投中给定靶位的概率是 $\left(\dfrac{x-1}{x}\right)^y$，该式子可以写成 $\left(1-\dfrac{1}{x}\right)^{x\left(\frac{y}{x}\right)}$。

- 根据 1.3.5 节，当 ε 很小时，公式 $(1-\varepsilon)^{1/\varepsilon} = 1/e$ 近似成立，于是我们可以得出结论：y 支飞镖全部都没命中给定靶位的概率约为 $e^{-y/x}$。

例 4.3 考虑 4.3.1 节中的例子，现在可以利用上面的概率公式来计算位数组中真正的 1 的预期数目。我们可以将每一位看成一个靶位，而集合 S 中的每个元素看成一支飞镖。于是，某个给定位为 1 的概率也就是该靶位被一支或多支飞镖投中的概率。由于 S 中存在 10 亿元素，因此有 $y = 10^9$ 支飞镖，而位数组容量为 80 亿，因此有 $x = 8 \times 10^9$ 个靶位。所以，给定靶位未被击中的概率是 $e^{-y/x} = e^{-1/8}$，而至少被投中一次的概率为 $1 - e^{-1/8}$，该数值约等于 0.1175。在 4.3.1 节中，我们认为 $1/8 = 0.125$ 是一个较好的近似值。事实上也确实如此，但是现在我们能够得到精确的计算结果。 □

我们将上述结论推广到更为一般的情况：集合 S 有 m 个元素，位数组容量为 n，而哈希函数有 k 个。靶位的数目为 $x = n$，飞镖的数目为 $y = km$。因此，投完所有飞镖之后某位仍然为 0 的概率是 $e^{-km/n}$。我们的目标是使得 0 的比例很大，否则非 S 中的元素至少有一次哈希为 0 的概率就太小，从而出现太多假正例。例如，我们可以将哈希函数的数目 k 选为 n/m 或更小，那么 0 出现的概率至少为 e^{-1}，即 37%。总而言之，假正例率是一个位为 1 的概率 $(1-e^{-km/n})$ 的 k 次方，即 $(1-e^{-km/n})^k$。

例 4.4 在例 4.3 中，我们发现数组中 1 的比例为 0.1175，该比例也就是假正例率。也就是说，一个非 S 中的元素如果哈希到 1 就会通过过滤，该概率为 0.1175。

假设我们使用同样的 S 和同样的位数组，但是此时使用两个不同的哈希函数。这相当于往 80 亿个靶位上投 20 亿支飞镖，某位为 0 的概率为 $e^{-1/4}$。一个非 S 中的元素若要成为假正例的话，就必须在两个哈希函数的作用下都映射为 1，而该概率为 $(1-e^{-1/4})^2 \approx 0.0493$。因此，增加一个哈希函数之后能够改进原有结果，这里将假正例率从 0.1175 降到 0.0493。 □

4.3.4 习题

习题 4.3.1 对于本节给出的例子（即采用 80 亿位对 10 亿个元素组成的集合 S 进行过滤），如果使用 3 个哈希函数，那么假正例率是多少？如果使用 4 个哈希函数呢？

！习题 4.3.2 假定可用的内存大小为 n 位，集合 S 有 m 个元素。这里不采用 k 个哈希函数的方法，而是将 n 位划分到 k 个数组中，然后对每个数组只进行一次哈希操作。这种做法下的假正例率是多少（表示成 n、m 和 k 的函数）？与那种使用 k 个哈希函数映射到单个数组的方法比起来，这样做怎么样？

!! 习题 4.3.3 在内存为 n 位、集合 S 有 m 个元素的情况下，哈希函数的数目取多少时假正例率最小（表示成 n 和 m 的函数）？

4.4　流中独立元素的数目统计

本节将考察我们想要在流上进行的第三种简单的数据操作。同前面提到的抽样和过滤相比，这里的操作需要一定的技巧，以便在合理的内存空间下实现。因此，我们使用了若干不同的哈希算法和一个随机算法，在每个流的空间开销都较小的情况下得到想要的近似结果。

4.4.1　独立元素计数问题

假定流元素选自某个全集。我们想知道流当中从头或某个已知的过去时刻开始出现的不同元素的数目。

例 4.5　作为上述问题的一个具有实用价值的例子，考虑某个网站对每个给定月份所看到的独立用户数目进行统计这一场景。此时，全集由所有的登录集合组成，每次有人登录都会产生一个流元素。这种统计很适合亚马逊之类的网站，其中典型用户会以其唯一的登录名登录。

一个类似的问题是诸如谷歌那样的网站，它不需要登录就可以提交搜索查询，可能只能通过用户提交查询时的 IP 地址来识别用户。大约有 40 亿个 IP 地址[①]，因此 4 个 8 位字节可以表示IP 地址全集。　　　　　　　　　　　　　　　　　　　　　　　　　　　　　　□

一种明显的问题解决方法是在内存中保存当前已有的所有流元素列表。具体来讲，可以采用某种高效的搜索结构来保存这些元素，比如哈希表或搜索树，这样就可以快速增加新元素，并且当元素到达时检查它是否已到达流中。只要独立元素数目不太多，该搜索结构就能全部放入内存中，此时计算出现在流中的独立元素的精确个数也不是什么问题。

但是，如果不同元素的数目太多，或者需要立刻处理多个流（比如，雅虎想计算一个月内每个页面的独立浏览用户个数），就无法在内存中存储所需数据。解决这个问题有多种做法。一种是使用更多的机器，每台机器仅仅处理一个或者几个流。另一种是将搜索结构的大部分存到一个二级存储器中，并对流元素进行分批处理，这样任何时候将某个磁盘块读入内存，该块数据中上就会执行大量的测试和更新等操作。当然我们也可以采用接下来将要讨论的策略，即仅仅对独立元素数目进行估计，但是此时使用的内存空间会比独立元素数目少很多。

4.4.2　FM 算法

通过将全集中的元素哈希到一个足够长的位串，就可以对独立元素个数进行估计。位串必须足够长，以致哈希函数的可能结果数目大于全集中的元素个数。比如，64 位对于 URL 的哈希操作已经足够。我们会选择多个不同的哈希函数，并利用它们对流中的每个元素进行哈希操作。哈希函数的一个重要性质是，相同元素上的哈希，结果也相同。我们注意到，该性质在 4.2 节的抽样技术中也至关重要。

FM 算法（Flajolet-Martin algorithm）的基本思想是，流中看到的不同元素越多，我们看到的不同哈希值也会越多。在看到的不同哈希值越多的同时，也越可能看到其中有一个值变得"异常"。

---

① 至少在 IPv6 流行之前 IP 地址就这么多。

我们将使用的一个具体的"异常"性质是该值后面会以多个 0 结束。虽然该值还有一些其他性质可用。

不论何时在流元素 a 上应用哈希函数 h，位串 $h(a)$ 的尾部都将以一些 0 结束，也可能没有 0。尾部 0 的数目称为 a 和 h 的**尾长**（tail length）。假设流当中目前所有已有元素 a 的最大尾长为 R。那么我们将使用 2^R 来估计到目前为止流中所看到的独立元素数目。

上述估计方法具有直观上的意义。给定流元素 a 的哈希值 $h(a)$ 末尾至少有 r 个 0 的概率为 2^{-r}。假定流中有 m 个独立元素，那么任何元素的哈希值末尾都不满足至少有 r 个 0 的概率为 $(1-2^{-r})^m$。迄今为止，这种类型的表达式我们应该不会陌生。上述表达式可以改写为 $((1-2^{-r})^{2^r})^{m2^{-r}}$。当 r 相当大时，上式内部的表达式的形式就是 $(1-\varepsilon)^{1/\varepsilon}$，其大小大约等于 $1/e$。因此任何元素的哈希值末尾都不满足至少有 r 个 0 的概率为 $e^{-m2^{-r}}$。于是可以得到如下结论：

(1) 如果 m 远大于 2^r，那么发现一个尾部长度至少为 r 的概率接近 1；

(2) 如果 m 远小于 2^r，那么发现一个尾部长度至少为 r 的概率接近 0。

基于上述两点我们可以得到结论，m 的估计值 2^R（R 是所有流元素中的最大尾长）不可能过高或过低。

4.4.3 组合估计

不过将很多不同哈希函数下获得的独立元素个数 m 的估计值进行组合存在一个"陷阱"。我们最初的假设是，假定在每个哈希函数上得到不同的 2^R 的值，然后求它们的平均值就可以得到真实 m 的近似值。使用的哈希函数越多，近似值与真实值越接近。然而，情况并非如此，原因与平均值的过高估计造成的影响有关。

考虑一个使得 2^r 远大于 m 的 r 值。发现 r 是流中所有元素的最大尾长存在一定的概率，假设这个概率为 p。于是，发现 $r+1$ 是流中所有元素哈希值末尾 0 的最大长度的概率至少为 $p/2$。然而，哈希值末尾 0 的长度每增加 1，2^R 的值就翻倍。因此，随着 R 的增长，每个可能的 R 对 2^R 的期望值的贡献越大。2^R 的期望值实际上是无穷大[①]。

另外一种组合估计的方法是取所有估计值的中位数。由于中位数不会受到偶然极大的 2^R 值的影响，因此上面谈到的对平均值的担心并不适用于中位数。不过中位数会受到另外一种缺陷的影响：它永远都是 2 的幂。因此，不论使用多少哈希函数，M 的正确值都在两个 2 的幂之间（比如 400），那么就不可能得到非常近似的估计。

当然，有一个方法可以解决上述问题：将两种策略组合起来。首先将哈希函数分成小组，每个组内取平均值。然后在所有平均值中取中位数。确实一个突然极大的 2^R 值会使得某些组的平均值很大。但是，组间取中位数会将这种影响降低到几乎没有的地步。进一步来说，如果每个组自身就足够大，那么只要使用足够的哈希函数，则每个组的平均值实际上可以是任何数，从而可以逼近真实值 m。为了保证可以得到任何可能的平均值，每个组的大小至少是 $\log_2 m$ 的一个小的倍数。

[①] 严格来说，哈希值是个定长位串，因此当 R 大于哈希值长度时，它对 2^R 并没有贡献。然而，上述效果并不足以避免 2^R 的期望值太大的结论。

4.4.4 空间需求

我们观察到在读取流数据时并不需要将看到的元素保存起来。唯一需要在内存保存的是每个哈希函数所对应的一个整数。该整数记录当前哈希函数在已有流元素上得到的最大尾长。如果只处理单个流，我们就可以使用几百万个哈希函数，这远多于得到近似估计值所需的数目。仅当需要同时处理多个流时，内存才会对与每个流关联的哈希函数数目有所限制。在实际应用中，每个流元素哈希值的计算时间对所用的哈希函数数目的限制更大。

4.4.5 习题

习题 4.4.1 假定某个流由整数 3、1、4、1、5、9、2、6 和 5 构成。给定的哈希函数形式为 $h(x) = ax + b \bmod 32$，其中 a 和 b 是给定常数。这里的哈希结果应被看成一个 5 位的二进制整数。那么，对下列每个哈希函数，试确定每个流元素的尾长并对独立元素数目进行估计：

(a) $h(x) = 2x + 1 \bmod 32$；

(b) $h(x) = 3x + 7 \bmod 32$；

(c) $h(x) = 4x \bmod 32$。

! 习题 4.4.2 你是否发现了在习题 4.4.1 中选择不同的哈希函数带来的问题？如果有个人想用的哈希函数形式为 $h(x) = ax + b \bmod 2^k$，你对他有什么建议？

4.5 矩估计

本节将上述独立流元素计数推广到更一般的问题，称为**矩**计算，包括不同流元素出现频率分布的计算。我们将定义所有阶的矩概念并集中关注二阶矩的计算，而对其他矩的通用计算算法都很容易从本节中的二阶矩算法简单扩展而成。

4.5.1 矩定义

假定一个流由选自某个全集上的元素构成，并假定该全集中的所有元素都排好序，这样我们可以通过整数 i 来标记该序列中的第 i 个元素。假设该元素的出现次数为 m_i，则流的 k 阶矩（kth-order moment 或 kth moment）是所有 i 上的 $(m_i)^k$ 之和。

例 4.6 流的零阶矩是所有元素中不为 0 的元素 m_i 的数目（即 $m_i > 0$ 则加 1，否则加 0）。[1] 也就是说，零阶矩是流中的独立元素个数。很显然，我们可以采用 4.4 节的方法来估计流的零阶矩。

流的一阶矩是所有元素 m_i 之和，也必须是整个流的长度。因此，一阶矩的计算非常容易，只需要计算当前流所看到的元素个数即可。

---

[1] 严格地说，由于某些全集中的某些元素的 m_i 可能为 0，为了保证零阶矩定义的有效性，需要显式定义 $0^0 = 0$。对于一阶和更高阶矩，如果 m_i 为 0，则其贡献确实为 0。

二阶矩是所有 m_i 的平方和，由于该数度量的是流中元素分布的非均匀性，它有时也称为**奇异数**（surprise number）。为了说明二阶矩的作用，假定我们有个长度为 100 的流，其中不同的元素个数为 11。很显然，这些元素最均匀的分布为：10 个元素出现 9 次，1 个元素出现 10 次。这种情况下，奇异数为 $10^2 + 10 \times 9^2 = 910$。另外一个极端是，1 个元素出现 90 次，让其余 10 个元素各出现 1 次，此时的奇异数为 $90^2 + 10 \times 1^2 = 8110$。 □

同 4.4 节一样，如果流中每个元素的出现次数都可以存放在内存中，那么任意阶矩的计算都毫无问题。然而，正如本节所述，如果内存容量不够的话，就需要在内存中保存有限的值来给出 k 阶矩的估计值。在独立元素计数问题中，内存中保存的每个值都是单个哈希函数产生的最大尾长。我们将看到对二阶及多阶矩阵估计有用的其他形式的值。

4.5.2 二阶矩估计的 AMS 算法[①]

现在我们假定一个具有特定长度 n 的流，下节将介绍在流不断增长时的处理方法。假设没有足够的内存空间来计算流中所有元素的 m_i。我们仍然可以在使用有限空间的情况下估计流的二阶矩，所使用的空间越多，估计结果也越精确。估计当中我们会计算一定数目的**变量**，对每个变量 X，保存以下内容。

(1) 全集当中的一个特定元素，记为 $X.element$。

(2) 一个整数，记为 $X.value$，它是变量 X 的值。为确定该值，我们在流中均匀随机地选择 1 和 n 之间的一个位置。将 $X.element$ 置为该位置上的元素，将 $X.value$ 的初始值置为 1。在流读取过程中，每再看到一个 $X.element$ 时，就将其对应的 $X.value$ 值加 1。

例 4.7 假定流为 $a, b, c, b, d, a, c, d, a, b, d, c, a, a, b$，流的长度为 $n = 15$。由于 a 出现 5 次，b 出现 4 次，c 和 d 各出现 3 次，因此二阶矩应为 $5^2 + 4^2 + 3^2 + 3^2 = 59$。假设维护三个变量 X_1、X_2 和 X_3。另外，假设"随机"选出的三个位置分别为 3、8 和 13，则可以基于这三个位置来定义各自对应的变量。

当到达位置 3 时，对应的元素为 c，因此 $X_1.element = c$，此时 $X_1.value = 1$。位置 4 包含 b，因此此时 X_1 的值不会改变。同样，位置 5、6 处的 X_1 值也不会改变。在位置 7，元素 c 再次出现，因此此时 $X_1.value = 2$。

位置 8 出现的是元素 d，于是 $X_2.element = d$，且 $X_2.value = 1$。位置 9 和位置 10 分别出现 a 和 b，因此 X_1、X_2 的值都不会受到影响。位置 11 出现元素 d，此时 $X_2.value = 2$。位置 12 处又出现 c，因此 $X_1.value = 3$。位置 13 出现元素 a，因此 $X_3.element = a$，且 $X_3.value = 1$。则在位置 14 处，$X_3.value = 2$。位置 15 处的元素是 b，它不会对 X_1、X_2 和 X_3 产生影响。所以，我们最终得到的值为：$X_1.value = 3$，$X_2.value = X_3.value = 2$。 □

基于任意一个变量 X，我们可以导出二阶矩的一个估计值，该值为 $n(2X.value - 1)$。

例 4.8 考虑例 4.7 中的三个变量。基于变量 X_1 得到的二阶矩的估计值为 $n(2X_1.value - 1) = 15 \times (2 \times 3 - 1) = 75$。另外两个变量 X_2 和 X_3 的最终值都是 2，因此基于它们得到的估计结果均为

---

① 即 Alon-Matias-Szegedy Algorithm。——译者注

$15 \times (2 \times 2 - 1) = 45$。前面我们提到该流的二阶矩的正确结果为 59，而基于上述三个变量估计出的结果的平均值为 55，与真实值已经相当接近。 □

4.5.3 AMS 算法有效的原因

可以证明，基于 4.5.2 节中方法构造出的任意变量的期望值都等于流的二阶矩。为使讨论更为方便，我们先给出一些记号。令 $e(i)$ 表示流中第 i 个位置上的元素，而 $c(i)$ 代表 $e(i)$ 出现在位置 i, $i+1$, $\cdots$, n 上的次数。

例 4.9 考虑例 4.7 中的流，由于位置 6 上的元素为 a，有 $e(6)=a$。由于 a 又在位置 9、13 及 14 上出现，加上位置 6 上的出现，有 $c(6)=4$。注意，a 虽然也在位置 1 上出现，但是这个事实对 $c(6)$ 毫无贡献。 □

$n(2X.value-1)$ 的期望值为所有 1 到 n 上的位置 i 上的 $n(2c(i)-1)$ 值的平均值，即

$$E(n(2X.value-1)) = \frac{1}{n}\sum_{i=1}^{n} n(2c(i)-1)$$

约去 $1/n$ 和 n，上式简化为

$$E(n(2X.value-1)) = \sum_{i=1}^{n}(2c(i)-1)$$

然而，要理解上述公式，我们必须要改变求和的次序。上式是对所有位置求和而并没有考虑不同元素，实际上我们可先考虑按元素分组求和，然后再对不同元素上的求和结果求和。例如，关注某个在流中出现次数为 m_a 的元素 a。上式右部对应 a 出现的最后一次位置上的 $2c(i)-1$ 的值为 $2 \times 1-1 = 1$，倒数第二次出现的位置上的值为 $2 \times 2-1 = 3$，倒数第三次、第四次出现的位置上的值分别为 5、7，以此类推，一直到第一次出现位置上的值 $2m_a-1$。也就是说，$n(2X.value-1)$ 的期望值可以改写为：

$$E(n(2X.value-1)) = \sum_{a} 1+3+5+\cdots+(2m_a-1)$$

注意，$1 + 3 + 5 + \cdots + (2m_a-1) = (m_a)^2$。这是由和中项数的简单推导来证明的，因此 $E(n(2X.value-1)) = \sum_{a}(m_a)^2$，这正是流的二阶矩定义。

4.5.4 更高阶矩的估计

本节估计 k 阶矩，其中 $k > 2$。我们采用的方法本质上与上一节估计二阶矩的方法完全一样。唯一不同的是基于变量来估计最终结果所用的公式有所差别。4.5.2 节使用公式 $n(2v-1)$ 将某个特定流元素 a 的出现次数 v 转换为流的二阶矩的估计。在 4.5.3 节中，我们看到了该公式有效的原因是：对于 $v = 1, 2, \cdots, m$，所有 $2v-1$ 的和为 m^2，其中 m 是元素 a 在流中出现的次数。值得注意的是，$2v-1$ 是 v^2 和 $(v-1)^2$ 的差值。假定现在要计算的是三阶矩而不是二阶矩，那么必须将 $2v-1$ 替换为 $v^3-(v-1)^3 = 3v^2-3v + 1$。于是有 $\sum_{v=1}^{m} 3v^2-3v + 1 = m^3$。因此，我们可以采用公式 $n(3v^2-3v + 1)$

来估计三阶矩，其中 $v = X.value$ 是 v 某个变量 X 的值。更一般地，对于任意 k 阶矩（$k \geq 2$）的估计，只需要将 $v = X.value$ 值转变为 $n(v^k - (v-1)^k)$ 即可。

4.5.5 无限流的处理

严格地说，上面对二阶及多阶矩的估计中都假定流的长度 n 是一个常数。在实际应用中，n 会随时间推移不断增长。但是，由于我们只需保存一些变量的值并在需要时计算值的某个函数与 n 的乘积，n 不断增长这个事实本身并不会造成问题。如果对流中已有元素计数并保存该数目（保存 n 只需 $\log_2 n$ 位），就可以在需要 n 的任何时候提供该值。

一个更严重的问题是，必须在选择变量位置的方式上非常小心。一方面，如果只对所有元素做一次选择，那么当流不断增长时，计算会偏向早期出现的元素[1]，从而造成矩估计的结果太大。另一方面，如果位置选择的等待时间太久[2]，那么在早期的元素位置上的变量不多，从而造成估计的可靠性并不高。

比较合理的技术是在任何时候都尽可能保有足够多的变量，并在流增长时丢弃某些变量。丢弃的变量会被新变量替代，但替代时必须保证：在任何时候为变量选择位置时，选择某个任意位置的概率和选择任意其他位置的概率要相等。假设我们拥有存储 s 个变量的空间，那么流中最早的 s 个位置中的每一个都被选为 s 个变量中某一个变量的位置。

归纳来说，假定流中已有 n 个元素，任意某个特定位置都使某个变量（总共 s 个变量）位置的概率满足均匀分布，值为 s/n。当第 $n+1$ 个元素到达时，选择上述位置的概率变为 $s/(n+1)$。如果不选择第 $n+1$ 个元素，那么 s 个变量仍然保持原来的位置。但是，如果第 $n+1$ 个元素被选到，就会以等概率丢弃当前 s 个变量中的一个，并将该变量替换为一个新的变量，该变量元素的位置为 $n+1$，值为 1。

当然，位置 $n+1$ 被选中的概率为 $s/(n+1)$，但所有其他位置被选中的概率也是 $s/(n+1)$，该结论可以通过数学归纳法对 n 进行归纳而证明。此时，归纳假设是在第 $n+1$ 个流元素到达之前，选择一个位置的概率为 s/n。当第 $n+1$ 个元素到达时，该元素位置没被选中的概率为 $1-s/(n+1)$，这种情况下，前 n 个位置上的每个位置被选中的概率仍是 s/n。但是，第 $n+1$ 个位置有 $s/(n+1)$ 的概率被选中。一旦选中，那么前 n 个位置上的每个位置被选中的概率减少为原来的 $(s-1)/s$。综合考虑上述两种情况，选中前 n 个位置上的每个位置的概率为

$$\left(1 - \frac{s}{n+1}\right)\left(\frac{s}{n}\right) + \left(\frac{s}{n+1}\right)\left(\frac{s-1}{s}\right)\left(\frac{s}{n}\right)$$

上述表达式可以简化成

$$\left(1 - \frac{s}{n+1}\right)\left(\frac{s}{n}\right) + \left(\frac{s-1}{n+1}\right)\left(\frac{s}{n}\right)$$

---

[1] 即选择的位置靠前。——译者注
[2] 即选择的位置靠后。——译者注

进一步得到

$$\left(\left(1-\frac{s}{n+1}\right)+\left(\frac{s-1}{n+1}\right)\right)\left(\frac{s}{n}\right)$$

最后简化为

$$\left(\frac{n}{n+1}\right)\left(\frac{s}{n}\right)=\frac{s}{n+1}$$

因此，通过基于 n 的数学归纳法，我们得到每个位置被选为变量位置的概率都是 s/n。

一个一般的流抽样问题

我们注意到，4.5.5 节介绍的技术实际上解决了一个更一般的问题。它提供了一种从流中选出 s 个元素样本的方式，这种方式可以保证在任何时候，所有的流元素都有相等的概率被选为样本。

为了说明该技术有用，回忆一下 4.2 节中选出键值属于某个随机选择子集的所有元组的例子。假定随着时间推移，和某个键关联的元组数目非常非常多。对于任一键 K，当 K 的一个新元组到达时，我们可以采用 4.5.5 节中的技术，将元组的数目限制为某个固定常数 s。

4.5.6　习题

习题 4.5.1　计算流 3, 1, 4, 1, 3, 4, 2, 1, 2 的二阶矩（即奇异数）和三阶矩。

! 习题 4.5.2　如果某个流有 n 个元素，其中有 m 个独立元素，那么可能的最大和最小奇异数分别是多少（表示成 m 和 n 的函数）？

习题 4.5.3　假设对习题 4.5.1 给出的流应用 AMS 算法来估计奇异数。对每个可能的 i 值，X_i 表示起始位置为 i 的变量，那么每个 $X_i.value$ 的值分别是多少？

习题 4.5.4　假设我们的目的是计算三阶矩，那么重复习题 4.5.3 中的计算过程。每个变量的最终值是多少？基于每个变量估计出的三阶矩分别是多少？将上述每个变量估计出的三阶矩进行平均得到的结果与真实值相差多少？

习题 4.5.5　采用数学归纳法证明对于任意 $m \geq 1$ 有 $1+3+5+\cdots+(2m-1)=m^2$。

习题 4.5.6　如果要计算四阶矩，那么如何将 $X.value$ 转换为四阶矩的估计值？

4.6　窗口内的计数问题

本节将注意力转向流中的计数问题。假定有一个窗口大小为 N 的二进制流，我们希望在任何时候都能回答"对任意 $k \leq N$，最近 k 位中有多少个 1"形式的查询。和前面几节一样，我们集中关注内存中无法容纳整个窗口的情况。接下来先给出一个对二进制流进行处理的近似算法，然后讨论如何对它进行扩展以应用于对数求和。

4.6.1 精确计数的开销

首先，假设我们想得到窗口大小为 N 的二进制流中最后任意 k（$k \leq N$）位中 1 的精确数目，那么可以断言必须存储窗口中的所有 N 位，因为任何长度小于 N 位的表示方法都无法得到精确结果。为证明这一点，假设存在一个长度小于 N 的表示方法可以表示窗口中的所有 N 位。由于 N 位的不同组合序列有 2^N 个，但是此时表示的数目小于 2^N，于是必定存在两个不同的位串 w 和 x，它们的表示却完全一样。因为 $w \neq x$，所以至少必须有 1 位不相同。设 w 和 x 的最后 $k-1$ 位相同，而倒数第 k 位却不相同。

例 4.10 如果 $w = 0101$ 且 $x = 1010$，则由于从右往左扫描的第 1 位就不同，因此 $k = 1$。如果 $w = 1001$ 且 $x = 0101$，则从右往左扫描的第 3 位不同，因此此时 $k = 3$。　　□

假设表示窗口内容的数据中不论采用哪种位串方式来表示 w 和 x，对于查询"最后 k 位当中有多少个 1"，不管窗口是否包含 w 或 x，查询应答算法都应该产生相同的答案，因为该算法只基于表示来进行。但是针对这两个位串的正确答案肯定不同。因此，前面给出的"存在长度小于 N 位的表示方法"的假设不正确，也就是说必须至少使用 N 位来回答上述查询。

实际上，即使仅仅回答查询"大小为 N 的整个窗口中包含多少个 1"，这个问题也需要 N 位，具体原因与上面类似。假定采用不到 N 位来表示窗口，于是可以采用上述方法来找到相应的 w、x 和 k。或许 w 和 x 会像例 4.10 中给出的两个示例一样，包含的 1 的数目相同。然而，如果在当前窗口后面加上任意的 $N-k$ 位，那么会出现这样一种情况：以 w 和 x 的右边 k 位为开始串的两个真实窗口的内容除了最左边一位之外，其他部分都相同[1]。因此，它们的 1 的数目并不相同。但是，由于 w 和 x 的表示是一样的，将它们加在表示相同的窗口之后，得到的表示必须仍然相同。因此，对于查询"窗口中的 1 的数目是多少"，我们可以强迫在两种可能的窗口内容之一的情况下的回答不正确。

4.6.2 DGIM 算法

接下来介绍一种最简情况下的处理算法 DGIM（Datar-Gionis-Indyk-Motwani）。该算法能够使用 $O(\log_2^2 N)$ 位来表示大小为 N 位的窗口，同时保证窗口内 1 数目的估计错误率不高于 50%。后面我们将介绍对该算法的改进，改进之后的算法能够在仍然只使用 $O(\log_2^2 N)$ 位的情况下，将估计的错误率降到任意大于 0 的分数 ε 之内（尽管当 ε 不断下降时，该复杂度会乘以某个不断增大的常数因子）。

首先，流中每位都有一个**时间戳**（timestamp），即它的到达位置。比如，第一位的时间戳为 1，第二位为 2，其余以此类推[2]。由于只需要区分长度为 N 的窗口内的不同位置，可以将所有时间戳都对 N 取模，这样它们就可以通过 $\log_2 N$ 位来表示。如果还存储了流中已看到的全部位数

---

① 这里等于构造了两个 N 位窗口，它们分别由 w 和 x 的右边 k 位加上任意相同的 $N-k$ 位组成。显然根据 k 的定义，这两个窗口除了第一位之外，其他位都相同。——译者注

② 需要注意的是，随着时间的推移，时间戳会大于 N，所以后面对时间戳要进行模 N 运算。——译者注

（即最近的时间戳）对 N 取模的结果，那么就可以基于该结果来确定其在窗口内的所在的时间戳。[①]

我们将整个窗口划分成多个**桶**[②]，每个桶中包含：

(1) 最右部的时间戳（即最近的时间戳）；

(2) 桶中 1 的数目，该数目必须是 2 的幂，我们将该数称为桶的大小。

为了表示一个桶，需要 $\log_2 N$ 位来表示其右部的时间戳（实际上是对 N 取模的结果）。为了表示桶中 1 的个数，只需要 $\log_2 \log_2 N$ 位。原因在于我们知道该数目 i 是 2 的幂，比如说 2^j，因此只需要对 j 进行二进制编码来表示 i 即可。因为 j 最大为 $\log_2 N$，所以对它进行表示需要 $\log_2 \log_2 N$ 位。于是，采用 $O(\log_2 N)$ 位已经足够表示一个桶。

当流采用上述桶表示方法时，必须遵循以下六条规则：

❑ 桶最右部的位置上总是为1；

❑ 每个1的位置都在某个桶中；

❑ 一个位置只能属于一个桶；

❑ 桶的大小从最小一直变化到某个最大值，相同大小的桶只可能有一到两个；

❑ 所有桶的大小必须都是2的幂；

❑ 从右到左扫描（即从远到近扫描），桶的大小不会减小。

例 4.11 图 4-2 给出了一个基于 DGIM 规则将二进制位流划分成多个桶的例子。我们看到流的最右部（最近）有两个大小为 1 的桶，其左边有一个大小为 2 的桶。需要注意的是，这个桶覆盖了 4 个位置，但是其中 1 的个数为 2。继续往左扫描，可以见到两个大小为 4 的桶。再往左我们至少可以看到一个大小为 8 的桶。

我们注意到桶之间可以存在一些 0。另外，从图 4-2 中还可以看到，桶之间不会重叠。桶大小会从 1 变化到最大值，相同大小的桶数目为 1 或 2，且桶的大小从右到左只可能会增加。　　❑

后续章节中，我们将从如下方面来解释 DGIM 算法：

(1) 为什么表示窗口的桶数目一定要小；

(2) 如何在错误率不高于 50% 的条件下，估计任意给定 k 情况下最后 k 位中 1 的个数；

(3) 如何在新的位到来时仍然继续维持 DGIM 的条件。

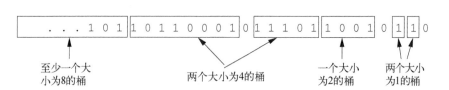

图 4-2　基于 DGIM 规则将位流划分成多个桶的例子

---

① 首先我们知道该窗口最右部时间戳对 N 取模的结果，假定为 x，任意给定一个非负整数 $y < N$，假定它是窗口内某个时间戳对 N 取模的结果，则很容易可以得到其在窗口内时间戳所在的位置。——译者注

② 不要将这里的"桶"和哈希中的"桶"混淆。

4.6.3 DGIM算法的存储需求

我们观察到每个桶可以采用 $O(\log_2 N)$ 位来表示。如果窗口的长度为 N，那么其中 1 的位数一定不会超过 N。假定最大桶大小为 2^j，那么 j 不可能超过 $\log_2 N$，不然该桶中 1 的个数会超过整个窗口内 1 的个数。因此，所有大小从 $\log_2 N$ 到 1 的桶不会超过两个，而且不可能有更大的桶。

总而言之，由于桶的数目为 $O(\log_2 N)$，而表示每个桶的空间开销是 $O(\log_2 N)$ 位，因此最终整个大小为 N 的窗口的桶表示所花费的空间大小为 $O(\log_2^2 N)$。

4.6.4 DGIM算法中的查询应答

假定对于某个满足 $1 \leq k \leq N$ 的整数 k，需要回答的问题是"窗口中最后 k 位中有多少个 1"。DGIM 算法会寻找某个具有最早时间戳的桶 b，它至少包含 k 个最近位中的一部分。最后的估计值为桶 b 右部（最近）所有桶的大小之和加上桶 b 的一半大小。

例 4.12 假定采用图 4-2 所示的流且 $k = 10$，那么需要应答的查询就变为"统计最右边的 10 位中 1 的个数"。本例中，该 10 位为 0110010110。假定当前的时间戳（即最右边位置上的时间戳）为 t，那么两个包含一个 1 的桶中分别包含时间戳 $t-1$ 和 $t-2$。这两个桶显然完全包含在回答结果中。图中大小为 2 的桶的时间戳为 $t-4$，该桶也完全被包含在回答结果中。然而，最右边的那个大小为 4 的桶只有部分内容会包含在回答结果中，其时间戳为 $t-8$。我们知道，该桶是最后一个对结果有贡献的桶，由于其左边的桶的时间戳都小于 $t-9$，因此完全在回答窗口之外。另外，由于该桶右边所有桶的左边存在一个时间戳不小于 $t-9$ 的桶，右边这些桶都在查询范围之内。

因此，最近 10 位中 1 的个数的估计值为 6，即两个大小为 1 的桶、一个大小为 2 的桶以及一个部分在范围之内的大小为 4 的桶的一半之和。当然，正确的答案是 5。 □

假定在上述查询应答的估计当中找到的桶 b 的大小为 2^j，即它的一部分在查询的范围之内。接下来考虑估计值和真实值 c 之间的差异程度。这里存在两种情况，一种是估计值比 c 大，另一种是估计值小于 c。

情况 1 估计值小于 c。最坏情况下，桶 b 中的所有 1 实际上在查询范围之内，这样估计值少算了桶 b 大小的一半，即 2^{j-1} 个 1。但是在这种情况下，c 至少为 2^j，实际上至少为 $2^{j+1}-1$。这是因为对于大小 $2^{j-1}, 2^{j-2}, \cdots, 1$，都至少存在一个桶。因此得出结论，这种情况下估计值至少为 c 的 50%。

情况 2 估计值大于 c。最坏情况下，桶 b 中只有最右边的一位在查询范围之内，且对所有大小比桶 b 小的桶来说都仅只有一个桶。于是，$c = 1 + 2^{j-1} + 2^{j-2} + \cdots + 1 = 2^j$，而估计值为 $2^{j-1} + 2^{j-1} + 2^{j-2} + \cdots + 1 = 2^j + 2^{j-1} - 1$。我们可以看到估计值最多比 c 大 50%。

4.6.5 DGIM条件的保持

假定长度为 N 的窗口采用了合适的桶表示，满足上面提到的 DGIM 条件。当新的位到达时，我们可能需要对桶进行修改，从而继续表示窗口并满足 DGIM 条件。首先，每当一个新的位到达时：

检查最左边的（即最早的）桶，如果该桶的时间戳已经达到当前时间戳减去 N，那么该桶的所有 1 不再在窗口之内，因此将该桶丢弃。

现在我们必须考虑到来的新位是 0 还是 1。如果为 0，那么不需要对现有的桶做任何改变。但是如果为 1，就可能需要做一些改变：

基于当前时间戳建立一个新的大小为 1 的桶。

如果仅有一个大小为 1 的桶，那么不需要做进一步的修改。但是，如果此时有三个大小为 1 的桶，就多了一个。此时，可以通过将最左边（最早）的两个大小为 1 的桶进行合并来解决问题。

为合并任两个相同大小的连续桶，将它们替换为一个两倍大小的桶。新桶的时间戳为被合并的最右边（时间上稍晚）那个桶的时间戳。

将两个大小为 1 的桶合并之后，可能会得到第三个大小为 2 的桶。这样的话，就需要将最左边的两个大小为 2 的桶合并为一个大小为 4 的桶。这样，又可能产生第三个大小为 4 的桶。如果这样，将最左边的两个桶合并为一个大小为 8 的桶。上述过程会在不同的桶大小上持续下去。但是由于最多只有 $\log_2 N$ 个不同的大小，上述两个相邻的具有相同大小的桶的合并过程只需要常数时间就可以完成。因此任意新位到达后的处理时间为 $O(\log_2 N)$。

例 4.13 假设从考虑图 4-2 中的桶在一个 1 到达时的处理过程开始。首先，最左边的桶很明显没有掉出窗口之外，因此不会丢弃任何桶。我们在当前时间戳 t 处创建一个新的大小为 1 的桶，称为 t。现在就有了三个大小为 1 的桶，因此需要将其中的左边两个桶合并成一个大小为 2 的桶，其时间戳为合并前右边的桶（即图 4-2 中真正出现的最右边的桶）的时间戳 $t-2$。

修改之后，有两个大小为 2 的桶，但是这是为 DGIM 规则所允许的。因此，增加 1 之后最终的桶序列如图 4-3 所示。   □

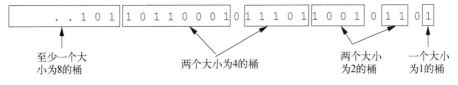

图 4-3   一个新的 1 到达时对桶进行修改后的示意图

4.6.6 降低错误率

前面，具有相同大小的桶的数目可以是 1 或者 2。接下来，我们假定对于指数增长的桶大小 1, 2, 4, …，具有相同大小的桶的数目是 $r-1$ 或者 r，其中 r 是一个大于 2 的整数。为了表示任意可能的 1 的数目，对于最大桶及大小为 1 的桶的数目必须放松限制条件，即它可以是 1 到 r 的任意一个整数。

这种表示下，桶合并的规则本质上仍然和 4.6.5 节中提到的完全一样。如果大小为 2^j 的桶数目为 $r+1$，则将最左边的两个桶合并为一个大小为 2^{j+1} 的桶。合并之后有可能导致大小为 2^{j+1} 的桶数目为 $r+1$，如果这样的话，则继续将较大的桶进行合并。

4.6.4 节介绍的错误率推导过程同样可以应用于此。但是，由于存在更多的较小的桶，我们能够得到一个更强的错误率上界。可以看到，当最左边的桶 b 中仅有一个 1 在查询范围之内时，错误率相对最大，此时的查询结果被过高估计。假定桶 b 的大小为 2^j，于是真实的查询结果值至少为 $1+(r-1)(2^{j-1}+2^{j-2}+\cdots+1)=1+(r-1)(2^j-1)$。该值在算法中被过高估计了 $2^{j-1}-1$。因此，错误率为

$$\frac{2^{j-1}-1}{1+(r-1)(2^j-1)}$$

不论 j 取何值，该错误率的上界为 $1/(r-1)$。因此，如果选择的 r 足够大，上述错误率就会小于任意想要的 $\varepsilon > 0$。

桶大小和链式进位加法器

当执行 4.6.5 节给出的基本算法时，桶大小的分布会呈现某种模式。想象两个大小为 2^j 的桶在位置 j 上出现 1，而另外一个大小为 2^j 的桶在相应位置上出现 0。那么当 1 到流中时，每个 1 后面的桶大小会构成连续的二进制整数。偶然的长桶序列合并就类似于链式加法器中的进位操作，比如从整数 101111 到 110000 时的进位操作。

4.6.7　窗口内计数问题的扩展

一个很自然的问题就是，本节提到的技术能否用于其他更一般的聚合问题，而不仅仅是计算二进制流中的 1 的数目？比如，一个很明显的方向就是考虑整数流并问我们能否估计流中大小为 N 的窗口内最近 k（$1 \leqslant k \leqslant N$）个整数的和。

当整数流既包含正数又包含负数时，不太可能利用 DGIM 算法来处理。假定有个流既包含大的正整数又包含绝对值很大的负整数，但是窗口内的所有整数之和非常接近于 0。对于这些大整数而言，任意不太精确的估计结果都会严重影响整个求和值的估计结果，因此错误率可能没有上限。

举例来说，假定我们和以往一样将上述整数流划分成多个桶，只不过这里的桶基于桶内整数和而不是 1 的位数来表示。如果只有一部分在查询范围之内的是桶 b，那么该桶的前半部分可能都是绝对值很大的负整数，而其后半部分都是大的正整数，当然桶中的整数和接近 0。如果我们基于整个和的一半来估计 b 的贡献，那么实质上其贡献为 0，但是桶 b 的实际贡献可能来自于其属于查询范围内的后半部分，具体的贡献值可能从 0 到所有的正整数之和不等。估计值和真实值的差距已经大大高于查询的实际结果，因此此时的估计结果毫无意义。

然而，有些扩展方法允许整数的存在。假设整个流仅由 1 和 2^m 之间的正整数构成（m 为正整数）。此时，可以将每个整数的 m 位二进制看成一个单独的位流，然后使用 DGIM 方法来对处于所有位流上的每个位置上的 1 计数。假定所有位流上第 i 位上的 1 的个数为 c_i（假定统计时按照整数的二进制从低位到高位的次序进行，初始值为 0），那么所有整数的和为

$$\sum_{i=0}^{m-1} c_i 2^i$$

如果使用 4.6.6 节的技术，即估计每个 c_i 的错误率不高于 ε，那么最后真正求和的估计错误率也不高于 ε。当所有的 c_i 都被过高或者过低估计了相同的比值时，会出现最坏情况。

4.6.8　习题

习题 4.6.1　假定采用图 4-2 所示的窗口，试分别估计当 $k = 5$ 和 $k = 15$ 时最后 k 位中 1 的个数，并给出两个估计结果与真实值的差值。

! 习题 4.6.2　对于位流 1001011011101 可以有多种桶划分方式，试给出所有的划分结果。

习题 4.6.3　给出图 4-3 中还有三个 1 到达窗口时桶的变化情况，可以假设图中所有的 1 都不离开窗口。

4.7　衰减窗口

前面假设有一个滑动窗口容纳流的某个尾部元素，该窗口要么由最近的固定 N 个元素组成，要么由过去某个时间点之后的元素组成。有时我们并不想将最近的元素和已过去一定时间的元素截然分开，而只是对最近的元素赋予更高的权重。本节主要考虑"指数衰减窗口"和一个非常有用的应用——寻找近期的最常见元素。

4.7.1　最常见元素问题

假定有一个由全世界售出的电影票所构成的数据流，每个元素当中还包括电影的名称。我们希望能够从该数据流中总结出"当前"最流行的电影。虽然"当前"的概念有些含糊，但是从直观上来说，我们希望降低诸如《星球大战 4：新希望》之类的电影的流行度。这是因为这些电影虽然售出了很多票，但是大部分票售出于几十年前。此外，一部近 10 周每周都售出 n 张票的电影会比仅上周售出 $2n$ 张票但是之前一张票都没售出的电影更流行。

一种解决方法是将每部电影想象成一个位流，如果第 i 张票属于这部电影，则第 i 位置 1，否则置 0。选择整数 N 作为计算流行度时需要考虑的最近电影票的数目。于是，可以采用 4.6 节的方法来估计每部电影的近期票房并按估计结果对电影排序。该技术对电影而言可能有效，因为电影的数目仅仅在几千部的范围内。但是如果统计的是亚马逊网站上的商品销售情况或者 Twitter 用户的发帖率，那么上述方法会失败。原因在于亚马逊商品和 Twitter 用户都非常多，而且上述方法只能产生近似的估计结果。

4.7.2　衰减窗口的定义

另一种方法是对问题进行重新定义，不再查询窗口内的 1 的数目。更精确地说，我们对流中已见的所有 1 计算一个平滑的累积值，其中采用的权重不断衰减。因此，元素在流中出现得越早，其权重也越小。形式化地，令流当前的元素为 $a_1, a_2, \cdots, a_t$，其中 a_1 是第一个到达的元素，而 a_t 是当前的元素。令 c 为一个很小的常数，比如 10^{-6} 或 10^{-9}。那么，该流的**指数衰减窗口**（exponentially decaying window）定义为

$$\sum_{i=0}^{t-1} a_{t-i}(1-c)^i$$

上述定义的效果是，流中元素的权重取决于其离当前元素时间的远近，流中越早元素的权重也越小。与此形成鲜明对照的是，对一个大小为 $1/c$ 的固定大小的窗口内的元素进行加权求和时，会对最近 $1/c$ 个元素都赋予权重 1，而对所有更早的元素赋予权重 0。上述两种做法的区别如图 4-4 所示。

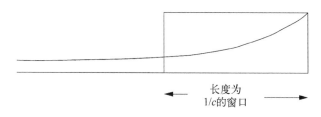

长度为
$1/c$ 的窗口

图 4-4　衰减窗口和定长等权重窗口的对比示意图

相对于定长滑动窗口来说，对指数衰减窗口中的求和结果进行调整要容易得多。对于滑动窗口而言，在每次新元素到达时必须要考虑它是否在窗口之外。也就是说，我们必须在求和结果之外保留元素的精确数目，或者使用诸如 DGIM 之类的近似模式。但是，在指数衰减窗口中，当新元素 a_{t+1} 到达时，需要做的仅仅是：

(1) 将当前结果乘上 $1-c$；

(2) 加上 a_{t+1}。

这种处理方法有效的原因在于，当新元素到来时，原有元素相对于当前元素而言又远离了一个位置，因此其权重必须乘上 $1-c$。另外，当前元素的权重为 $(1-c)^0 = 1$，因此，直接加上 a_{t+1} 可以正确体现新元素的贡献。

4.7.3　最流行元素的发现

回到电影票销售数据流中的最热门电影的发现问题。[①]我们将使用一个指数衰减窗口来解决该问题，可以将其中的常数 c 想象为 10^{-9}。也就是说，我们给出了一个大概能容纳最近 10 亿次购票记录的滑动窗口。对于每部电影，都想象有一个独立的位流来表示其购票记录。如果前面的电影票数据流中的位置对应当前电影，则该电影位流上相应位置置 1，否则置 0。该窗口中所有 1 的衰减求和结果度量了电影的热门程度。

假想流中可能的电影数目非常大，所以我们希望对于非热门电影的值不予记录。因此，可以给出一个阈值，比如 1/2。如果某部电影的热门度小于该值，则其得分将被丢弃。阈值可以是小于 1 的任何数，但是必须小于 1，原因很明显，马上就会解释。当有新的电影票信息到达流中时，进行如下操作。

---

① 本例只是为了说明问题。正如我们指出的那样，实际中电影数目并没有那么多，因此本质上并不一定需要这里的技术。但是可以想象一下（如果你愿意的话）电影的数目极大，因此要对每部电影的售票情况进行计算是不可行的。

(1) 对当前保留得分的每部电影，将其得分乘上 $(1-c)$。

(2) 假定新电影票对应的电影是 M。如果当前 M 的得分存在的话，将 M 的得分加上 1。如果 M 的得分不存在，那么为 M 建立一个初始为 1 的得分。

(3) 如果任意得分小于阈值 1/2 的话，那么它们会被丢弃。

任意时间保留得分的电影的数目是有限的，这一点看起来并不那么明显。然而，注意到所有得分的和为 $1/c$。得分为 1/2 或更高的电影数目不可能多于 $2/c$，否则所有的得分之和会大于 $1/c$。因此，在任意时间进行计数的电影数目上限是 $2/c$。当然，任何电影票销售记录实际上只会关注一小部分电影，因此真正计算的电影数目会远远小于 $2/c$。

4.8　小结

- **流数据模型**　该模型假定数据以较大速率到达处理引擎，因此无法在当前可用内存中存放所有数据。流处理的一种策略是保留流的某个概要信息，使之足够回答关于数据的期望的查询。另一种方法是维持最近到达数据的一个滑动窗口。

- **流抽样**　为创建能为某类查询所用的流样本，我们确定流中的关键属性集合。对任一到达流元素的键值进行哈希处理，使用哈希值来确定包含该键值的全部元素（或没有哪个元素）会是抽样样本的一部分。

- **布隆过滤器**　该技术允许属于某个特定集合的流元素通过，而大部分其他元素被丢弃。我们使用一个大的位数组和多个哈希函数。给定集合上的元素会哈希到桶（即数组中的每一位）中，这些位置上都会置 1。为了检查某个流元素是否属于给定集合，我们使用每个哈希函数对它进行处理，只有所有哈希结果对应的位置为 1 时才能接受该元素。

- **独立元素计数**　为了估计流中出现的不同元素的数目，可以将元素哈希成整数，并解释为二进制数。将任意流元素的哈希值中最长的 0 序列长度作为 2 的幂得到的结果会被作为独立元素数目的估计值。可以通过使用多个哈希函数并组合估计结果，首先组内取平均值，然后组间取中位数，最终可以得到可靠的估计结果。

- **流的矩**　流的 k 阶矩是流中至少出现一次的元素的出现次数的 k 次方之和。零阶矩是独立元素的个数，一阶矩是流的长度。

- **二阶矩估计**　二阶矩或者说奇异数有一个较好的估计方法。首先从流中随机选择一个位置，然后计算该位置开始往后的元素出现次数，最后将该数目乘 2 减 1，并与流长度相乘。对于采用上述方法随机选出的多个变量，也可以采用独立元素估计中所用的组合方法来得到可靠的估计结果。

- **更高阶矩的估计**　二阶矩的估计方法也可以直接用于 k 阶矩的估计，唯一不同的是将要公式 $2x-1$（其中 x 是从选择位置开始往后的元素出现次数）替换为 $x^k - (x-1)^k$。

- **窗口内 1 的数目估计**　可以将 0/1 二进制流窗口中的 1 分到多个桶中，从而估计出 1 的数目。每个桶中 1 的数目是 2 的幂，相同大小的桶数目为 1 或 2，且从右到左的桶大小非减。如果只记录桶的位置和大小信息，就可以在消耗 $O(\log_2^2 N)$ 空间的情况下表示大小为 N 的窗口内容。

❏ **有关1的数目的查询应答** 如果想知道二进制流的最近k个元素中1的大概数目，可以寻找一个最早的桶B，它至少包含查询范围的一部分（即包含最近的k个元素中的一部分），则最终的估计结果为B的一半大小加上所有后来的桶的大小。该估计值永远不会超出1的真实数目的50%。

❏ **1的数目的更精确估计** 通过修改相同大小的桶数目所满足的限制条件，就可以更精确地估计1的数目，假定允许相同大小的桶的数目为r或者$r-1$，那么就可以保证估计值不会超出真实值的$1/r$。

❏ **指数衰减窗口** 不同于采用固定窗口大小，可以将窗口想象为所有到达的元素，但是对于t个时间单位之前到来的元素赋予的权重是e^{-ct}（其中c是一个常数）。这样很容易保留一个指数衰减窗口的概要。例如，当一个新元素到达时，只需要将当前的求和值乘以$1-c$再加上当前元素的值即可。

❏ **指数衰减窗口下的高频元素获取** 可以将每个项都想象为由一个二进制位流表示，其中0表示当前项不是给定时间到达的元素，1表示当前项是给定时间到达的元素。可以找出那些二进制流的和不低于1/2的元素。当新元素到达时，将当前记录的得分和乘以$1-c$后加上1，并删除所有和小于1/2的项。

4.9　参考文献

很多流管理相关的思想出现在论文"View maintenance issues for the chronicle data model"提出的chronicle data model中。一篇有关流管理系统的较早的研究综述是"Models and issues in data stream systems"。另外，*Data Stream Management*是一本近年来关注流管理主题的书。

4.2节的抽样技术来自"Distinct sampling for highly-accurate answers to distinct values queries and event reports"。布隆过滤器通常归功于论文"Space/time trade-offs in hash coding with allowable errors"，尽管本质上相同的技术在论文"Nonadaptive binary superimposed codes"中以**叠加码**的形式出现。

尽管我们介绍的具体的独立元素计数算法出现在"The space complexity of approximating frequency moments"中，其本质思想来自论文"Probabilistic counting for database applications"。前者也是奇异数和更高阶矩计算的算法来源。但是，维持流中均匀选择样本的技术称为**蓄水池抽样**（reservoir sampling），来源于"Random sampling with a reservoir"。

窗口内1的数目的近似求解算法来自"Maintaining stream statistics over sliding windows"。

扫描如下二维码获取参考文献完整列表。

第 5 章

链接分析

5

在 21 世纪的头十年里，人们生活的一个最大改变就是，可以通过谷歌之类的搜索引擎高效准确地进行 Web 搜索。谷歌尽管并非最早的搜索引擎，却第一个战胜了几乎使搜索变得毫无意义的作弊者（spammer）。此外，谷歌提供了一个非凡的创新技术，称为 PageRank。本章主要介绍 PageRank 的概念和高效计算方法。

当然，发掘 Web 使用价值的人和别有用心谋私利的作弊者之间的斗争永无休止。当 PageRank 被用作搜索引擎的核心技术时，作弊者也发明了一些人为操纵网页 PageRank 的方法，这些方法统称为**链接作弊**（link spam）。[1]这使得有人提出了 TrustRank 等技术来对抗作弊者对 PageRank 的攻击。本章也会介绍这些检测链接作弊的方法。

本章最后还给出了 PageRank 的一些变形，包括主题敏感的 PageRank 技术（也用于对抗链接作弊）以及基于权威度和导航度对网页进行评分的 HITS 算法。

5.1　PageRank

PageRank 是一种不容易被欺骗的计算网页重要性的工具。为了介绍 PageRank 概念[2]提出的动机，本节首先会简单回顾搜索引擎的部分历史。然后通过介绍**随机冲浪者**（random surfer）的概念来解释 PageRank 有效的原因。最后，为了避免最简 PageRank 版本在面对某些特定 Web 结构时出现的问题，我们随之介绍随机冲浪者的**抽税**（taxation）或**回收**（recycling）技术。

5.1.1　早期的搜索引擎及词项作弊

在谷歌之前出现过很多搜索引擎，其中大部分利用网络爬虫从 Web 上抓取数据，然后通过倒排索引方式列出每个页面所包含的**词项**（term，通常为词或者其他非空格字符组成的字符串）。**倒排索引**（inverted index）是一种很容易从给定词项找到（指向）它所在的所有网页位置的数据结构。

当提交一个**搜索查询**（search query，一般指词项列表）时，所有包含这些词项的网页会被

---

① 链接作弊者有时打着"搜索引擎优化"的幌子出现，试图掩饰自己的不道德行为。

② PageRank 的名称来自谷歌的创始人及该理念的发明人拉里·佩奇（Larry Page）。

从倒排索引中抽取出来，并按照能够反映页面内词项作用的某种方式来排序。因此，词项出现在网页头部会使得该网页的相关性比词项出现在普通正文中的网页更高。同时，词项的出现次数越多，网页的相关性越高。

当人们开始使用搜索引擎在 Web 上寻找相关信息时，有些不道德的人发现这是欺骗搜索引擎让人们来访问其网页的"良机"。因此，一个在 Web 上卖 T 恤的人所关心的只是让人们来访问他的网页，而不管用户在网上找什么。于是，作弊者可以在网页上增加一个词项，如 movie，并将该词项重复几千次。搜索引擎可能认为该网页与电影高度相关，因此当用户输入查询 movie 时，搜索引擎就可能把该网页放在第一位。为了掩盖网页上重复出现的 movie，作弊者还可以将这些词的颜色和背景色设成一致。如果简单地在网页中加入 movie 并不奏效的话，作弊者还可以提交查询 movie 给搜索引擎，然后将第一个结果的内容直接复制到他的网页中，同样也可以采用和背景色一致的做法使得这些内容对浏览者并不可见。

这种欺骗搜索引擎让其认为本来不相关的页面与搜索词相关的技术称为**词项作弊**（term spam）。词项作弊者很容易实施作弊行为，使得早期的搜索引擎几乎不可用。为了对抗词项作弊，谷歌提出了两项创新。

(1) 使用 PageRank 技术来模拟 Web 冲浪者的行为。这些冲浪者从随机页面出发，每次从当前页面随机选择出链前行。该过程可以迭代多次。最终，这些冲浪者会在页面上汇合。较多冲浪者访问的网页的重要性被认为高于那些较少冲浪者访问的网页。谷歌在决定查询应答顺序时，会将重要的网页排在不重要的网页前面。

(2) 在判断网页内容时，不仅仅考虑网页上出现的词项，还考虑指向该网页的链接中或周围所使用的词项。值得注意的是，虽然作弊者很容易在其控制的网页中增加虚假词项，但是在指向当前网页的网页上添加虚假词项却并不那么容易，除非他们控制了这些网页。

简化的 PageRank 无法奏效

我们即将看到，通过模拟随机冲浪者的方式计算 PageRank 的时间开销很大。有人可能认为，只是计算每个网页的入链数目来估计冲浪者的结束位置概率会是一个好的近似方法。但是，如果只是这样做的话，那么假想的 T 恤商可以构建一个由上百万网页构成的垃圾农场（spam farm），其中的每个网页都指向 T 恤销售的网页。于是，该网页将看上去非常重要，从而欺骗搜索引擎。

上述两种技术综合在一起可以使刚才假想的 T 恤商难以欺骗谷歌。虽然 T 恤商仍然可以在网页中加入 movie，但谷歌认为其他网页对它的评价比自己的评价更重要，因此假词项的加入基本无效。当然，T 恤商的明显对策是建立多个网页，并增加这些网页到 T 恤销售网页的链接，每个链接上增加 movie 字样。但是由于其他网页可能并不会链向这些构造的网页，因此这些网页的 PageRank 不高。即使 T 恤商在他构造的网页之间增加很多链接，但是按照 PageRank 算法，这些网页的 PageRank 值仍然不高。因此，T 恤商的这些行为并不会让谷歌相信他的页面与电影有关。

我们有理由问这样一个问题，为什么随机冲浪者的模拟过程允许我们对刚才提出的网页"重要性"的直观概念进行近似估计？两种相互关联的动机引发了上述做法。

- Web用户会"用脚投票"。他们倾向于链接那些自己认为较好的或有用的网页，而不愿链接那些糟糕或无用的页面。
- 随机冲浪者的行为表明Web用户可能访问哪些网页。用户更可能访问有用而不是无用的网页。

但是，不管原因如何，PageRank 方法的有效性已经在实际中得到验证。因此，接下来我们将仔细介绍 PageRank 的计算方法。

5.1.2 PageRank 的定义

PageRank 是一个函数，对 Web 中（至少是抓取并发现其中链接关系的一部分网页）的每个网页赋予一个实数值。PageRank 越高，网页就越"重要"。并不存在一个固定的 PageRank 分配算法，实际上，一些基本方法的变形能够改变任意两个网页的相对 PageRank 值。接下来首先给出最基本也最理想化的 PageRank 的定义，然后给出面对真实 Web 结构时对基本 PageRank 所做的必要修改。

可以将 Web 想象成一个有向图，其中网页是图中节点，如果网页 p_1 到 p_2 存在一个或者多个链接，则 p_1 到 p_2 存在一条有向边。图 5-1 给出了一个非常小版本的 Web 图的例子，只包括 4 个网页，页面 A 到其他 3 个页面 B、C、D 都存在链接，页面 B 只链向 A 和 D，页面 C 只链向 A，而 D 只链向 B 和 C。

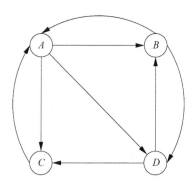

图 5-1 一个假想 Web 的例子

假定一个随机冲浪者从图 5-1 的页面 A 出发，由于 A 链向 B、C 和 D，所以他会以各 1/3 的概率分别访问 B、C 和 D，但是下一步继续访问 A 的概率为 0。同样，到达 B 点的随机冲浪者下一步会分别以 1/2 的概率访问 A 和 D，而到 B 或 C 的概率为 0。

一般地，可以定义一个 Web **转移矩阵**（transition matrix）来描述随机冲浪者的下一步访问行为。如果网页数目为 n，则该矩阵 M 是一个 n 行 n 列的方阵。如果网页 j 有 k 条出链，那么对每一个出边链向的网页 i，矩阵第 i 行第 j 列的矩阵元素 m_{ij} 值为 $1/k$，而其他网页 i 的 $m_{ij} = 0$。

例 5.1 图 5-1 对应的 Web 转移矩阵为

$$M = \begin{bmatrix} 0 & 1/2 & 1 & 0 \\ 1/3 & 0 & 0 & 1/2 \\ 1/3 & 0 & 0 & 1/2 \\ 1/3 & 1/2 & 0 & 0 \end{bmatrix}$$

该矩阵中，页面按照最自然的 A、B、C、D 来排序。因此，第一列表示的就是上面所提到的事实，即处于 A 的随机冲浪者将以各 1/3 的概率访问其他三个网页。第二列表示 B 处的冲浪者将以各 1/2 的概率访问 A 和 D。第三列表示 C 处的冲浪者下一步一定会访问 A。最后一列表示 D 处的冲浪者下一步将以各 1/2 的概率访问 B 和 C。 □

随机冲浪者位置的概率分布可以通过一个 n 维列向量来描述，其中向量中的第 j 个分量代表冲浪者处于网页 j 的概率。该概率就是理想化的 PageRank 函数值。

假定随机冲浪者处于 n 个网页的初始概率相等，那么初始的概率分布向量就是一个每维均为 $1/n$ 的 n 维向量 v_0。假定 Web 转移矩阵为 M，则第一步之后随机冲浪者的概率分布向量为 Mv_0，第二步之后的概率分布向量为 $M(Mv_0) = M^2v_0$，其余以此类推。总的来说，随机冲浪者经过 i 步之后的位置概率分布向量为 M^iv_0。

为了理解当前概率分布为 v 时下一步的概率分布为 $x = Mv$ 的原因，下面给出相关的推导过程。假定随机冲浪者下一步处于节点 i 的概率为 x_i，那么 $x_i = \sum_j m_{ij}v_j$。m_{ij} 表示的是处于节点 j 的冲浪者下一步访问节点 i 的概率（因为 j 到 i 不存在链接，所以该概率经常为 0），v_j 是当前处于节点 j 的概率。

上述行为实际上是一个称为**马尔可夫过程**（Markov process）的古典理论的一个例子。众所周知，如果满足下列两个条件，则随机冲浪者的分布将逼近一个极限分布 v，该分布满足 $v = Mv$：

(1) 图是**强连通**（strongly connected）图，即可以从任一节点到达其他节点；

(2) 图不存在**终止点**（dead-end），即那些不存在出链的节点。

很显然，图 5-1 满足上述两个条件。

当 M 乘上当前概率分布向量之后值不再改变时就达到了极限。对于这一点，也可以采用其他表述方式。我们知道，矩阵 M 的**特征向量**（eigenvector）是指对于某个特征值（eigenvalue）λ 满足 $\lambda v = Mv$ 的向量 v。上面提到的极限向量 v 正好是转移矩阵 M 的特征向量。实际上，由于 M 是一个**随机向量**，即它的每一列之和为 1，此时 v 是 M 的**主特征向量**（principal eigenvector，即最大特征值对应的特征向量）。我们也注意到，由于 M 是一个随机矩阵，其对应主特征向量的最大特征值为 1。

M 的主特征向量给出的是长时间后冲浪者最可能处于的位置。回想我们一开始提到的内容，PageRank 表示的直观意义是，冲浪者处于某个页面的概率越大，则该页面也越重要。这样我们可以从初始向量 v_0 出发，不断左乘矩阵 M，直至前后两轮迭代产生的结果向量差异很小时停止，从而得到 M 的主特征向量。实际中，对于 Web 本身而言，在错误控制在双精度的情况下，迭代 50～75 次已经足够收敛。

线性方程组求解

如果考察图 5-2 所示的四节点 Web，或许人们想可以通过高斯消去法求解方程 $v = Mv$。的确，该例通过这样做来论证了最后极限到底是多少。但是，在真实的例子中，图会由几百亿或者几千亿个节点组成，高斯消去法没有可行性，原因在于其时间复杂度是方程个数的三次方。因此，这种规模下的方程组求解只能通过我们提到的迭代过程来实现。即使每轮迭代的时间复杂度都是平方级，也可以利用 M 的稀疏性特点来加快执行速度。而 M 中平均每个页面差不多有 10 个链接，也就是说，每列只有 10 个元素非 0。

此外，PageRank 计算和线性方程组求解还有另外一个区别。方程组 $v = Mv$ 有无穷多个解，因为方程组的任一解的分量乘以一个固定常数 c 也是同一方程组的另一个解。当将向量中所有分量的和限制为 1 时（正如我们所做的那样），则可以得到唯一解。

例 5.2   假定对例 5-1 所示的矩阵 M 进行上述迭代运算。由于总共有四个节点，初始向量 v_0 的每个分量都是 1/4。通过不断左乘矩阵 M，我们依次得到下列向量序列

$$\begin{bmatrix} 1/4 \\ 1/4 \\ 1/4 \\ 1/4 \end{bmatrix}, \begin{bmatrix} 9/24 \\ 5/24 \\ 5/24 \\ 5/24 \end{bmatrix}, \begin{bmatrix} 15/48 \\ 11/48 \\ 11/48 \\ 11/48 \end{bmatrix}, \begin{bmatrix} 11/32 \\ 7/32 \\ 7/32 \\ 7/32 \end{bmatrix}, \cdots, \begin{bmatrix} 3/9 \\ 2/9 \\ 2/9 \\ 2/9 \end{bmatrix}$$

需要注意的是，本例中节点 B、C、D 的概率一直保持一致。B、C 节点概率必须始终保持一致是显而易见的，因为它们在矩阵中相应的行完全一致。至于节点 D 的概率为什么也一样则需要证明，我们将这个证明留到后面的习题中。考虑到上述向量的后三个分量必定完全一样，因此很容易发现上述向量序列的最终极限向量。矩阵 M 的第一行告诉我们节点 A 的概率必须是其他每个节点概率的 3/2 倍，因此 A 的极限概率为 3/9 = 1/3，其他三个节点的概率都是 2/9。

上例当中节点之间的概率差异并不大。但是在真实的 Web 当中，有几十亿个节点的网页之间的重要性差异很大，诸如亚马逊之类的网页上的真实概率会比普通节点高一个甚至几个数量级。   □

5.1.3   Web 结构

如果 Web 的图结构像图 5-1 一样具有强连通性的话事情就好办得多。然而，实际情况并非如此。一个关于 Web 结构的早期研究发现，Web 具有如图 5-2 所示的结构。Web 图中虽然存在一个很大的**强连通子图**（Strongly Connected Component，SCC），但是还存在以下几个大小几乎相当的其他部分。

(1) **IN 子图**（in-component）   它由能够随着链接到达 SCC 但是从 SCC 不能到达的网页组成。

(2) **OUT 子图**（out-component）   它由 SCC 能够到达但是不能到达 SCC 的网页组成。

(3) **卷须子图**（tendril）   它包括两种类型。一些卷须子图由可以从 IN 子图到达但不能到达 IN 子图的网页组成。另一些卷须子图由可以到达 OUT 子图但不能从 OUT 子图到达的网页组成。

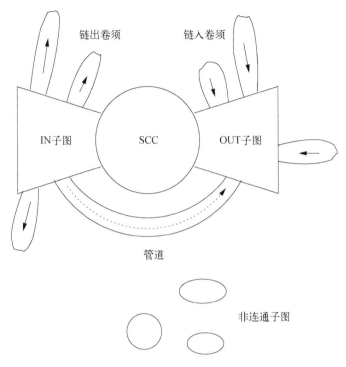

图 5-2 Web 的"蝴蝶结型"结构

另外，管道和孤立子图中还存在少量网页。

(a) **管道**（tube） 它由 IN 子图可达并可达 OUT 子图但是无法到达 SCC 或从 SCC 可达的网页组成。

(b) **孤立子图**（isolated component） 它由整个图中从大的子图（SCC、IN 子图和 OUT 子图）无法到达，也无法到达大子图的网页组成。

上述结构中有一些违背了马尔可夫过程迭代收敛到极限值所必需的假设条件。比如，一个随机冲浪者一旦进入 OUT 子图，就无法离开。于是，从 SCC 或 IN 子图出发的冲浪者最终会陷入 OUT 子图或者 IN 子图的链出卷须中。因此，冲浪者不会停止于 SCC 或 IN 子图中的某个网页，所以其概率也无从谈起。如果将这些概率解释为对网页的重要性的测度，那么我们就会给出错误的结论，认为 SCC 和 IN 子图中的任一网页没有任何重要性。

为了避免上述不正常现象的发生，常常会对 PageRank 加以修改。修改时，必须避免两个问题。第一个问题是没有任何出链的终止点问题。到达该网页的冲浪者会消失，这会造成所有能到达终止点的网页最终没有任何概率。第二个问题是存在这样的一组网页，虽然它们都有出链但从不链向这组网页之外的其他网页。这种结构称为**采集器陷阱**（spider trap）。[①]上述两个问题都可以

[①] 之所以采用这种名称是因为抓取网页并记录网页和链接的程序通常称为**采集器**。而采集器一旦进入一个采集器陷阱，将无法跳出。

通过一种称为"**抽税**"的方法来解决，我们假定随机冲浪者在任何一步都有一个固定的概率离开
Web，而新的冲浪者则从每个网页开始出发进行游走。接下来将针对上述每个问题来解释该方法
的过程。

5.1.4　避免终止点

一个没有出链的网页称为**终止点**。如果允许终止点存在的话，那么由于 Web 的转移矩阵之
中某些列之和不为 1 而为 0，该转移矩阵就不再是随机矩阵。一个列的和最多是 1 的矩阵称为**次
随机**（substochastic）矩阵。给定一个次随机矩阵 M，如果不断增加 i 来计算 $M^i v$，那么向量的部
分或者全部分量会变为 0。也就是说，重要性不断从 Web 中"抽出"，从而最终无法得到任何有
关网页相对重要性的信息。

例 5.3　在图 5-1 中去掉 C 到 A 的边得到图 5-3，此时 C 就变成一个终止点。对于随机冲浪
者来说，一旦到达 C，那么下一轮他就会消失。图 5-3 的转移矩阵 M 为

$$M = \begin{bmatrix} 0 & 1/2 & 0 & 0 \\ 1/3 & 0 & 0 & 1/2 \\ 1/3 & 0 & 0 & 1/2 \\ 1/3 & 1/2 & 0 & 0 \end{bmatrix}$$

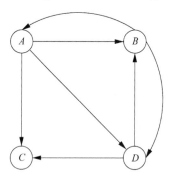

图 5-3　C 现在是一个终止点

因为矩阵 M 的第三列之和为 0 而非 1，所以我们注意到现在的 M 是一个次随机而非随机矩
阵。下面是初始向量（各分量值都是 1/4）不断左乘 M 得到的向量序列。

可以看到，随着迭代的进行，[1] 随机冲浪者在任何网页出现的概率都为 0。　　　　　　□

$$\begin{bmatrix} 1/4 \\ 1/4 \\ 1/4 \\ 1/4 \end{bmatrix}, \begin{bmatrix} 3/24 \\ 5/24 \\ 5/24 \\ 5/24 \end{bmatrix}, \begin{bmatrix} 5/48 \\ 7/48 \\ 7/48 \\ 7/48 \end{bmatrix}, \begin{bmatrix} 21/288 \\ 31/288 \\ 31/288 \\ 31/288 \end{bmatrix}, \cdots, \begin{bmatrix} 0 \\ 0 \\ 0 \\ 0 \end{bmatrix}$$

---

① 向量的每个分量都变成 0。——译者注

有两种方法可以处理上述终止点问题。

(1) 将终止点及其入链从图中删除。这样做之后可能又会创建更多的终止点，继续迭代剔除终止点。但是，最终我们会得到一个强连通子图，其中所有节点都非终止点。以图 5-2 为例，上述迭代剔除终止点的过程最终会去掉图中的 OUT 子图、卷须部分和管道部分，但是会留下 SCC、IN 子图和任何小的孤立子图部分。[①]

(2) 我们可以修改随机冲浪者在 Web 上的冲浪过程。这种称为"抽税"的方法也能解决采集器陷阱的问题，因此我们将在 5.1.5 节再介绍。

如果采用上述第一种迭代删除终止点的方法，那么可以采用任意合适的方法来解决剩余的图 G，包括若 G 中存在采集器陷阱时所采用的抽税法。然后，我们恢复到原图，但是仍然保留 G 中节点的 PageRank 值。不在 G 中的节点，若所有链向它的网页都在 G 中，那么这些网页 p 的 PageRank 除以出链数然后求和就可以得到该节点的 PageRank。还有一些其他节点，虽然不在 G 中，但是所有链向它的网页的 PageRank 都已计算出，那么可以采用同样的过程得到它的 PageRank。最终，所有 G 之外的节点都可以计算出其 PageRank 值。如果确保计算时的顺序与删除的顺序相反，那么这些节点的 PageRank 值则一定可以计算得到。

例 5.4 图 5-4 是图 5-3 的一个变形，其中引入了 C 的一个后继节点 E。但是 E 本身是一个终止点。如果把节点 E 以及节点 E 的入边删除，我们发现这时节点 C 会变成一个终止点。删除节点 C 之后，由于剩下的节点 A、B、D 都有出链，所以它们都不能删除。最终得到的结果如图 5-5 所示。

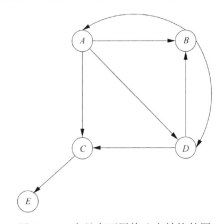

图 5-4　一个具有两层终止点结构的图

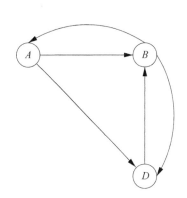

图 5-5　迭代删除终止点后的无终止点图

图 5-5 对应的转移矩阵为

$$M = \begin{bmatrix} 0 & 1/2 & 0 \\ 1/2 & 0 & 1 \\ 1/2 & 1/2 & 0 \end{bmatrix}$$

① 你可以认为 OUT 子图和全部卷须部分完全被剔除，但是需要记住的是，它们当中可能会有较小的强连通子图，比如采集器陷阱，这些是不会被剔除的。

该矩阵的行和列都按照 A、B、D 的顺序排列。为了得到该矩阵对应的 PageRank，我们从一个所有分量均为 1/3 的初始向量开始迭代计算，每次迭代都左乘矩阵 M。最终得到的向量序列为

$$\begin{bmatrix} 1/3 \\ 1/3 \\ 1/3 \end{bmatrix}, \begin{bmatrix} 1/6 \\ 3/6 \\ 2/6 \end{bmatrix}, \begin{bmatrix} 3/12 \\ 5/12 \\ 4/12 \end{bmatrix}, \begin{bmatrix} 5/24 \\ 11/24 \\ 8/24 \end{bmatrix}, \cdots, \begin{bmatrix} 2/9 \\ 4/9 \\ 3/9 \end{bmatrix}$$

于是我们得到，A、B 和 D 的 PageRank 分别是 2/9、4/9 和 3/9。接下来仍需要按照刚才删除相反的顺序来计算 C 和 E 的 PageRank。由于 C 最后一个被删除，首先计算 C 的 PageRank。我们知道所有 C 的链入网页的 PageRank 都已知。而这些链入网页为 A 和 D。从图 5-4 中可以看出，A 有三条出链，因此它对 C 贡献了其 1/3 的 PageRank。D 的出链有两条，因此它对 C 贡献了其 1/2 的 PageRank。于是，C 的 PageRank 为 $\frac{1}{3} \times \frac{2}{9} + \frac{1}{2} \times \frac{3}{9} = \frac{13}{54}$。

接下来计算 E 的 PageRank。该节点只有一个链入节点 C，而 C 只有一条出链。因此 E 的 PageRank 等于 C 的 PageRank。需要注意的是，当前所有节点的 PageRank 和已经超过 1，因此它们已经不能代表随机冲浪者的概率分布。当然，它们仍然是能够反映网页相对重要程度的合理估计值。□

5.1.5 采集器陷阱和"抽税"法

前面提到，采集器陷阱指的是一系列节点集合，它们当中虽然没有终止点，但是也没有出链指向集合之外。这些结构可能会有意无意地出现在 Web 中，导致在计算时将所有 PageRank 都分配到采集器陷阱之内。

例 5.5　将图 5-1 中 C 的出链改成指向自己的链接之后得到图 5-6。这种改变会使 C 变成一个简单的单节点构成的采集器陷阱。需要注意的是，通常来说采集器陷阱会包含很多节点。在 5.4 节我们会看到，作弊者可能会有意构造几百万个节点构成的采集器陷阱。

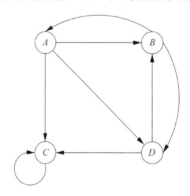

图 5-6　包含单节点采集器陷阱的图

图 5-6 的转移矩阵为

$$M = \begin{bmatrix} 0 & 1/2 & 0 & 0 \\ 1/3 & 0 & 0 & 1/2 \\ 1/3 & 0 & 1 & 1/2 \\ 1/3 & 1/2 & 0 & 0 \end{bmatrix}$$

按照通常的迭代方法来计算节点的 PageRank，会得到如下向量序列

$$\begin{bmatrix} 1/4 \\ 1/4 \\ 1/4 \\ 1/4 \end{bmatrix}, \begin{bmatrix} 3/24 \\ 5/24 \\ 11/24 \\ 5/24 \end{bmatrix}, \begin{bmatrix} 5/48 \\ 7/48 \\ 29/48 \\ 7/48 \end{bmatrix}, \begin{bmatrix} 21/288 \\ 31/288 \\ 205/288 \\ 31/288 \end{bmatrix}, \cdots, \begin{bmatrix} 0 \\ 0 \\ 1 \\ 0 \end{bmatrix}$$

不出所料，由于随机冲浪者一旦到达 C 就无法离开，所有的 PageRank 值最终都落在 C 上面。□

为了避免例 5.5 所示的问题，我们对 PageRank 的计算进行少许修改，即允许每个随机冲浪者能够以一个较小的概率**随机跳转**（teleport）到一个随机网页，而不一定要沿着当前网页的出链前进。于是，根据前面的 PageRank 估计值 v 和转移矩阵 M 估计新的 PageRank 向量 v' 的迭代公式为

$$v' = \beta M v + (1-\beta)e / n$$

其中，β 是一个选定的常数，通常取值在 0.8 和 0.9 之间；e 是一个所有分量都为 1、维数为 n 的向量；而 n 是 Web 图中所有节点的数目。$\beta M v$ 表示随机冲浪者以概率 β 从当前网页选择一个出链前进的情况。$(1-\beta)e/n$ 是一个所有分量都是 $(1-\beta)/n$ 的向量，代表一个新的随机冲浪者以 $(1-\beta)$ 的概率随机选择一个网页进行访问。

我们注意到，如果图中没有终止点，那么引入新的随机冲浪者的概率与随机冲浪者决定不沿当前页面的出链前行的概率完全相等。这种情况下，把冲浪者想象成要不沿某个出链前行、要不随机跳转到某个随机网页是十分合理的。但是，如果图中存在终止点，那么就存在第三种可能，即冲浪者无处可走。由于 $(1-\beta)e/n$ 并不依赖于向量 v 的分量之和，Web 的冲浪者总有部分概率处于 Web 之中。也就是说，即使存在终止点，v 的分量之和可能会小于 1，但是永远不会为 0。

例 5.6 本例考察新的 PageRank 计算方法在图 5-6 上的处理过程。本例中取 $\beta = 0.8$。因此，迭代的公式变成

$$v' = \begin{bmatrix} 0 & 2/5 & 0 & 0 \\ 4/15 & 0 & 0 & 2/5 \\ 4/15 & 0 & 4/5 & 2/5 \\ 4/15 & 2/5 & 0 & 0 \end{bmatrix} v + \begin{bmatrix} 1/20 \\ 1/20 \\ 1/20 \\ 1/20 \end{bmatrix}$$

值得注意的是，我们已通过将每个元素乘以 4/5，从而将因子 β 并入矩阵 M 中。因为 $1-\beta = 1/5$，$n = 4$，所以向量 $(1-\beta)e/n$ 的每个分量都是 1/20。下面给出了迭代初期的部分结果

$$\begin{bmatrix} 1/4 \\ 1/4 \\ 1/4 \\ 1/4 \end{bmatrix}, \begin{bmatrix} 9/60 \\ 13/60 \\ 25/60 \\ 13/60 \end{bmatrix}, \begin{bmatrix} 41/300 \\ 53/300 \\ 153/300 \\ 53/300 \end{bmatrix}, \begin{bmatrix} 543/4500 \\ 707/4500 \\ 2543/4500 \\ 707/4500 \end{bmatrix}, \cdots, \begin{bmatrix} 15/148 \\ 19/148 \\ 95/148 \\ 19/148 \end{bmatrix}$$

作为一个采集器陷阱，C 获得了超过一半以上的 PageRank 值。但是，这种效果受到了限制，其他每个节点也获得了一些 PageRank 值。   □

5.1.6   PageRank 在搜索引擎中的使用

前面介绍了如何在搜索引擎采集的 Web 中的部分网页上计算 PageRank，接下来考察如何使用 PageRank。当用户提交包含一个或多个搜索词项（单词）组成的查询时，每个搜索引擎都有自己的一个秘密公式来确定结果的排名顺序。据说谷歌使用了不同网页的 250 多个性质来决定网页的线性排序。

首先，至少包含查询中一个词项的网页才会被考虑排序。一般情况下，如果某个网页不包含所有词项，那么在通常的权重计算方法下，该网页很少有机会进入首先呈现给用户的前 10 名。所有通过的网页会计算一个得分，得分中的一个重要因素就是 PageRank。其他因素还包括词项是否在重要位置上出现，比如在网页头部或者在指向当前网页的链接上出现。

5.1.7   习题

习题 5.1.1   假定不采用"抽税"法，计算图 5-7 中每个网页的 PageRank 值。

习题 5.1.2   假定 $\beta = 0.8$，计算图 5-7 中每个网页的 PageRank 值。

! 习题 5.1.3   假定 Web 由 n 个节点组成的极大团加上这 n 个节点的一个共同链出节点组成。图 5-8 给出 $n = 4$ 时这样的一个图的情况。试确定每个网页的 PageRank 值（采用 n 和 β 的函数来表示）。

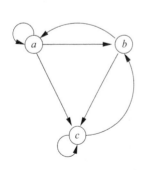

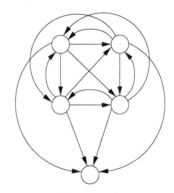

图 5-7   习题 5.1.1 所用的示例图   图 5-8   习题 5.1.3 讨论的图的一个例子

!! **习题 5.1.4** 对任意整数 n，构造一个 Web，使得 n 个节点中的任意一个都可能在这些节点中具有最高的 PageRank 值（该值也依赖于 β）。该 Web 中除了这 n 个节点外还允许有其他的节点。

! **习题 5.1.5** 对于例 5.1，转移矩阵为 M，如果向量 v 的第 2、第 3 和第 4 个分量都相等，通过归纳法来试证明对于任意 $n \geq 0$，向量 $M^n v$ 的这些分量也相等。

习题 5.1.6 假定我们按照 5.1.4 节的办法先从原始图中迭代地删除终止点，然后对剩余的图求解 PageRank 值，最终再估计删除终止点网页的 PageRank 值。假设给定如图 5-9 所示的一系列终止点的链式图，其首节点带一个自环。那么每个节点的 PageRank 是多少？

图 5-9 一系列终止点组成的链式图

习题 5.1.7 给定如图 5-10 所示的终止点树形图。也就是说，只有一个节点带自环，该节点也是一棵深度为 n 的完整二叉树的根节点。试采用和习题 5.1.6 一样的方法来计算这些节点的 PageRank。

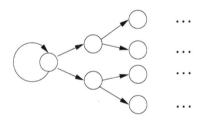

图 5-10 一系列终止点组成的树形图

5.2 PageRank 的快速计算

为计算大图结构上的 PageRank，必须执行 50 次左右的矩阵-向量乘法，直至某次迭代之后向量基本保持不变。大致来讲，2.3.1 节中提到的 MapReduce 方法会比较适用。但是，这里必须处理如下两个问题。

(1) Web 图上的转移矩阵 M 非常稀疏。因此，利用所有元素来表示矩阵的效率会很低。我们宁可倾向于只使用非零元素来表示矩阵。

(2) 我们可能不用 MapReduce，或者基于效率原因希望使用 2.2.4 节介绍的和 Map 任务配合使用的组合器来减少 Map 任务必须传给 Reduce 任务的数据量。这种情况下，2.3.1 节讨论的将矩阵分割成条的方法并不足以避免磁盘的大量使用（这样会产生内存"抖动"）。

本节主要讨论以上两个问题的解决方法。

5.2.1　转移矩阵的表示

每个网页平均约有 10 个出链，因此转移矩阵十分稀疏。假如我们分析一个 100 亿网页构成的图，那么矩阵中只有 10 亿分之一的元素非零。一个表示任意稀疏矩阵的合理方法是列出非零元素值及其位置。如果分别使用一个 4 字节整数来表示元素的行号和列号，使用一个 8 字节的双精度数字来表示元素的值，那么一个非零元素需要 16 字节来表示。也就是说，转移矩阵存储所需的空间与非零元素的数目呈线性关系，而不是与矩阵的行数或列数呈平方关系。

但是，对于 Web 的转移矩阵而言，我们还可以进一步压缩。如果按列给出非零的元素，那么我们知道每个元素的值都是 1 除以该页面的出链数目。于是，对每个列我们用一个整数来表示该页面的出度，同时对列中每个非零元素用一个整数来保存它所在的行号即可。这样，对于转移矩阵来说，每个非零元素只需要比 4 字节多一点的空间来存储即可。

例 5.7　让我们重复图 5-1 给出的 Web 图结构，其转移矩阵为

$$M = \begin{bmatrix} 0 & 1/2 & 1 & 0 \\ 1/3 & 0 & 0 & 1/2 \\ 1/3 & 0 & 0 & 1/2 \\ 1/3 & 1/2 & 0 & 0 \end{bmatrix}$$

我们还记得上述矩阵的行和列按顺序分别代表节点 A、B、C 和 D。图 5-11 给出该矩阵的一个紧凑表示。[①]

源网页	出度	目标网页
A	3	B、C、D
B	2	A、D
C	1	A
D	2	B、C

图 5-11　基于每个节点的出度和链向节点来表示转移矩阵的例子

例如，节点 A 的出度为 3，有三个链向节点。从图 5-11 的表示 A 的那一行可以推导出矩阵 M 中第一列在 A 那一行为 0（因为 A 没有出现在目标页列表中），B、C 和 D 各自对应的行都为 1/3。这些值之所以为 1/3，是因为图 5-11 表明 A 有三条出链。　　　　　　　　　　　　　　□

5.2.2　基于 MapReduce 的 PageRank 迭代计算

PageRank 算法的每次迭代过程都包括基于当前的 PageRank 向量 v 来估计下一轮的 PageRank 向量 v'，其计算公式为

[①] 这里的 M 并不稀疏，所以该表示好像并没有起到什么作用。但是，该例子给出了矩阵表示的一般过程，矩阵越稀疏，这种表示方法越节省空间。

$$v' = \beta Mv + (1 - \beta)e / n$$

我们记得，β 是一个略小于 1 的常数，e 是一个所有元素都为 1 的向量，n 是转移矩阵所代表的图的节点数目。

如果 n 足够小，那么每个 Map 任务可以将整个向量 v 存放在内存中，并且能为结果向量 v' 保留空间。如果这样，那么就只需在矩阵–向量乘法之外多做一点儿事情即可。额外的步骤就是将 Mv 的每个分量和 β 相乘然后加上 $(1-\beta)/n$。

但是，在当今的 Web 规模下，v 很可能已经大到无法在内存中存放。正如 2.3.1 节所述，将矩阵 M 分割成垂直条（参考图 2-4）并把 v 分割成对应水平条的行条化方法允许我们高效地执行 MapReduce 过程，此时任何一个 Map 任务上的向量都不大于 v，从而可以方便地驻留内存。

5.2.3 结果向量合并时的组合器使用

出于下列两条原因，5.2.2 节中给出的方法可能还是不够。

(1) 我们可能希望在 Map 任务中对结果向量的第 i 个分量 v'_i 累加值。这种改进与使用组合器的效果相同，因为 Reduce 函数仅仅简单地对同一个键进行累加。我们回顾一下前面介绍的基于 MapReduce 的矩阵向量乘法实现过程，就知道在 Reduce 过程中的键就是 $m_{ij}v_j$ 所对应的 i 值。

(2) 我们可能根本就不使用 MapReduce，而是在单机或者多机器上执行迭代操作。

接下来假设采用在 Map 任务中使用组合器的方法，上述第二种情况在本质上采用了相同的思路。

假定我们采用行条化方式将无法放入内存的矩阵和向量进行分割。那么矩阵 M 的一个垂直条和向量 v 的一个水平条将对结果向量 v' 的所有分量都有贡献。由于向量 v' 的长度和 v 相同，因此它也无法放入内存。另外，基于效率原因，矩阵 M 按列存储，其每一列都会对影响 v' 的任一分量。当我们要将某一项加到某个分量 v'_i 上时，该分量不太可能已经存在于内存当中。因此，大部分项需要将页面替换到内存之后才能加到合适的分量上去。这种称为**内存振荡**或**抖动**（trashing）的情况会使执行的时间开销呈数量级增长而不具可行性。

另一种策略是将整个矩阵分割成 k^2 个块，而向量仍然分割成 k 个水平条。图 5-12 给出了一个矩阵和向量在 $k=4$ 下的分割情况。需要注意的是，我们并没有给出矩阵乘以 β 或者加上 $(1-\beta)e/n$ 的示意图，这是因为不论采用什么策略，这些步骤都十分直接。

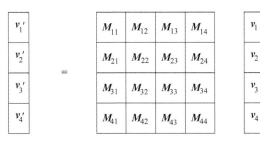

图 5-12 一个矩阵被分割成若干方块的示意图

这种方法下，我们使用 k^2 个 Map 任务。每个任务会处理矩阵 M 中的一个方块 M_{ij} 和向量 v 的一个水平条 v_j（必须是 v_j）。注意到向量的每个水平条都会传送给 k 个不同的 Map 任务，因此 v_j 会传给所有 k 个分别处理 M_{ij} $(i = 1, 2, \cdots, k)$ 的 Map 任务。因此，向量 v 会在传输网络中传送 k 次，而矩阵的每个块却只传送一次。由于采用 5.2.1 节所描述的方法对矩阵进行合理的编码之后，矩阵的大小会是向量大小的几倍，因此整个传输开销不会比最小可能的开销大太多。另外由于在 Map 任务中进行了相当多的组合处理，因此 Map 任务传输给 Reduce 任务的数据规模有所降低。

上述策略的优点在于，在处理 M_{ij} 时可以同时将 v 的第 j 个水平条和 v' 的第 j 个水平条保存在内存中。需要注意的是，M_{ij} 和 v_j 所产生的所有项仅对 v_i 有贡献，对 v' 的其他条带则没有任何贡献。

5.2.4　转移矩阵中块的表示

由于采用 5.2.1 节的特定方法对转移矩阵进行表示，我们必须考虑如图 5-12 所示的矩阵块如何表示。不过一列方块矩阵（前面我们称为一个垂直条）所需的空间会比将它们看成一个整体垂直条时所需的空间要大，所幸不是大很多。

对每个块来说，我们需要知道至少包含该块中一个非零元素的所有列的信息。如果每一维上的方块数目 k 很大，那么大部分块中的大部分列没有任何信息。对于给定的块，我们不仅需要列出每一列上非零的行，还必须重复那列对应节点的出度。因此，出度可能会重复出度本身的值那么多次。上述观察结果给出了一个垂直条上所有块的存储空间大小的上界，它是将垂直条看成整体时所需空间大小的两倍。

例 5.8　假定考虑例 5.7 中的矩阵在 $k = 2$ 下的分割情况。也就是说，左上象限代表 A 或 B 到 A 或 B 的链接，右上象限代表 C 或 D 到 A 或 B 的链接情况，其余以此类推。可以证明在这个小例子中，唯一能够避免的元素就是 M_{22} 中 C 对应的元素，因为 C 到 C 和 D 都没有链接。这四个块的示意图参见图 5-13。

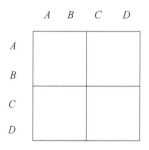

图 5-13　一个四节点的图被分割成四个 2×2 的方块

图 5-14a 中可以看到左上象限的表示情况。我们注意到，图 5-11 中 A 和 B 的出度完全一样，由于我们需要知道所有的链向网页的数目，而不是在相关块当中的链向网页数目。但是，A 或 B 的每个链向网页表示为图 5-14a 或图 5-14c 的一个而不是全部。我们还注意到在图 5-14d 中，C

不对应任何元素，这是因为在整个大矩阵的下半部（C 和 D 对应的行），C 不链向任何网页。 □

源网页	出度	目标网页
A	3	B
B	2	A

(a) 连接 A 和 B 到 A 和 B 的矩阵 M_{11} 的表示

源网页	出度	目标网页
C	1	A
D	2	B

(b) 连接 C 和 D 到 A 和 B 的矩阵 M_{12} 的表示

源网页	出度	目标网页
A	3	C、D
B	2	D

(c) 连接 A 和 B 到 C 和 D 的矩阵 M_{21} 的表示

源网页	出度	目标网页
D	2	C

(d) 连接 C 和 D 到 C 和 D 的矩阵 M_{22} 的表示

图 5-14 矩阵中所有块的稀疏表示

5.2.5 其他高效的 PageRank 迭代方法

5.2.3 节讨论的算法并非唯一的 PageRank 计算方法。接下来讨论几种使用更少处理器的方法。这些算法和 5.2.3 节给出的算法有一个共同的优秀性质：尽管向量 v 需要读 k 次（选择合适的参数 k 以保证向量 v 和 v' 的 $1/k$ 能够存入内存），但矩阵 M 只需要读一次。假定所有的 Map 任务在不同的处理器上并行执行的话，5.2.3 节给出的算法就需要 k^2 个处理器。

我们也可以将同一行的所有块分配给单个 Map 任务，从而将 Map 任务的数目降为 k。比如，图 5-12 中的 M_{11}、M_{12}、M_{13} 和 M_{14} 可以分配给一个 Map 任务。如果按照图 5-14 所示的方式进行块表示的话，那么就可以一次读入一行所有的块，因此矩阵不会消耗大量内存。在读入 M_{ij} 的同时，我们必须读入向量的垂直条 v_j。所以，k 个 Map 任务中的每一个任务会读入整个向量 v 和矩阵的 $1/k$。

虽然读入 M 和 v 的工作和 5.2.3 节的算法完全一样，但是这种方法的好处在于，每个 Map 任务可以为其专门负责的 v_i' 组合所有对应的项。换句话说，Reduce 任务除了将 k 个 Map 任务输出的 v' 的"碎片"拼接起来之外不做任何其他事情。

上述思路可以扩展到非 MapReduce 环境中。假定有单个处理器，矩阵 M 和向量 v 存储在磁盘上，M 采用刚才讨论的稀疏表示方法。我们首先可以模拟第一个 Map 任务，即利用 M_{11} 到 M_{1k} 和向量 v 的所有分量计算 v_1'。然后可以模拟第二个 Map 任务，即利用 M_{21} 到 M_{2k} 和向量 v 的所有分量计算 v_2'，其余以此类推。因此，同前面的算法一样，我们需要读取一次 M 和 k 次 v。我们可以将 k 取得尽量小，以保证 v 和 v' 的 $1/k$ 可以放入内存，同时读入的 M 部分也要和能够从磁盘读出的块尽量一样小（比如通常情况下的一个磁盘块大小）。

5.2.6　习题

习题 5.2.1　假设想存储一个 $n \times n$ 的布尔矩阵（矩阵元素仅为 0 或者 1），我们可以直接采用位来表示，或者采用整数对的方式来列出矩阵中的非零元素的位置，其中每个整数需要 $\lceil \log_2 n \rceil$ 位。前者适合于密集矩阵，后者适合于稀疏矩阵。那么在多稀疏的情况下（即非零元素的比例）稀疏的表示方法才能节省空间？

习题 5.2.2　使用 5.2.1 节的方法来表示下列图的转移矩阵：

(a) 图 5-4；

(b) 图 5-7。

习题 5.2.3　使用 5.2.4 节的方法来表示图 5-3 中的图的转移矩阵，其中假定每个方块的边长是 2。

习题 5.2.4　考虑一个类似图 5-9 具有 n 个节点的链式 Web 图结构，假定块的大小 k 可以被 n 整除，采用 5.2.4 节的方法对 Web 图的转移矩阵进行表示，试基于用 k 表示的函数来描述表示的空间大小。

5.3　面向主题的 PageRank

目前存在 PageRank 的一些改进方法。本节将介绍其中的一种，即基于网页的主题来加大它们的权重。这种强加权重的机制改变了随机冲浪者的行为方式，会使随机冲浪者更倾向于停留在某个覆盖已知主题的网页上。下一节中，我们会看到这种面向主题的 PageRank 也能够应用于抑制一种称为链接作弊的新作弊方式，而该作弊的目的就是欺骗 PageRank 算法。

5.3.1　动机

不同的人有不同的兴趣，而有时完全不同的兴趣却采用相同的查询词项来表达。一个经典的例子是查询 jaguar，它可以表示一种动物、一款汽车、MAC 操作系统的一个版本，甚至一款早期的游戏机产品。如果搜索引擎能够推断出用户的兴趣，比如汽车，那么就能够在返回相关网页给用户时做得更好。

理想情况下，每个用户都拥有一个私人的 PageRank 向量来代表每个网页在该用户下的重要性。然而，对 10 亿用户中的每一个都存储一个大小为数十亿的向量显然是不可行的，因此需要对问题进行简化。面向主题的 PageRank（topic-sensitive PageRank）对数量不多的主题中的每一个建立一个向量，该向量中的 PageRank 值会偏向该主题。然后我们力图按照用户对每个主题感兴趣的程度将用户分类。虽然肯定会丧失一部分精度，但好处是对每个用户只需要存储一个很短而不是巨大的向量。

例 5.9 一个有用的主题集合是 Open Directory（DMOZ）[①] 中的 16 个顶层类别（体育及医疗等）。基于该主题集合可以构建 16 个 PageRank 向量，每个向量对应一个主题。也许通过用户最近浏览的网页内容能够确定用户对哪个主题感兴趣，那么就可以使用该主题对应的 PageRank 向量来对网页排序。 □

5.3.2 有偏的随机游走模型

假定我们知道某些网页代表一个主题（比如体育），为了构建面向体育主题的 PageRank，可以安排随机冲浪者只到达一个随机的体育类网页，而不是到达任意类别的一个网页。这种做法的后果就是，随机冲浪者很可能停留在已知的体育类网页上，或者从这些已知的体育类网页上通过较短路径就可达的网页上。我们的一个直觉是，体育类网页链向的网页很可能与体育相关，而它们链向的网页也有可能与体育有关。当然，随着离已知体育类网页的距离越来越远，这些网页与体育相关的概率也会下降。

基于主题的 PageRank 的迭代数学公式与一般的 PageRank 的公式非常类似。唯一的不同在于如何加入新的冲浪者。假定整数集合 S 由已知属于某个主题的行或列号构成（该集合称为**随机跳转集合**），e_S 是一个向量，如果其分量对应的网页属于 S，则该分量置为 1，否则为 0。于是，S 的面向主题的 PageRank 值是迭代过程 $v' = \beta M v + (1-\beta) e_S/|S|$ 的极限。同以往一样，这里的 M 是 Web 的转移矩阵，而 $|S|$ 是集合 S 的大小。

例 5.10 再次考虑图 5-1 给出的原始的 Web 图结构，我们将它重置为图 5-15。假定 $\beta = 0.8$。于是转移矩阵乘以 β，得

$$\beta M = \begin{bmatrix} 0 & 2/5 & 4/5 & 0 \\ 4/15 & 0 & 0 & 2/5 \\ 4/15 & 0 & 0 & 2/5 \\ 4/15 & 2/5 & 0 & 0 \end{bmatrix}$$

假定我们现在的主题表示为随机跳转矩阵 $S = \{B, D\}$。那么向量 $(1-\beta) e_S/|S|$ 的第二维和第四维分量都是 1/10，而其他维分量为 0。主要原因是 $1 - \beta = 1/5$，S 的大小为 2，向量 e_S 中 B 和 D 所对应的分量为 1，而 A 和 C 对应的分量为 0。因此，必须要迭代的等式为

---

① 该目录参见 DMOZ 网站，它由人工分类的网页集合组成。

$$v' = \begin{bmatrix} 0 & 2/5 & 4/5 & 0 \\ 4/15 & 0 & 0 & 2/5 \\ 4/15 & 0 & 0 & 2/5 \\ 4/15 & 2/5 & 0 & 0 \end{bmatrix} v + \begin{bmatrix} 0 \\ 1/10 \\ 0 \\ 1/10 \end{bmatrix}$$

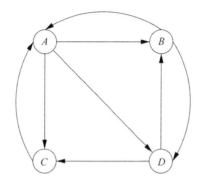

图 5-15　图 5-1 的 Web 图的例子的重置结果示意图

下面给出这个等式的几个初始的迭代结果。我们也可以只从随机跳转集合中的随机冲浪者出发开始迭代。尽管初始的分布不会影响最终的极限，但是它可能会有助于加快计算收敛的过程。

$$\begin{bmatrix} 0/2 \\ 1/2 \\ 0/2 \\ 1/2 \end{bmatrix}, \begin{bmatrix} 2/10 \\ 3/10 \\ 2/10 \\ 3/10 \end{bmatrix}, \begin{bmatrix} 42/150 \\ 41/150 \\ 26/150 \\ 41/150 \end{bmatrix}, \begin{bmatrix} 62/250 \\ 71/250 \\ 46/250 \\ 71/250 \end{bmatrix}, \cdots, \begin{bmatrix} 54/210 \\ 59/210 \\ 38/210 \\ 59/210 \end{bmatrix}$$

我们注意到，由于随机冲浪者集中访问 B 和 D，他们所获得的 PageRank 会超过例 5.2 中的值。在那个例子中，节点 A 的 PageRank 最高。　　　　　　　　　　　　　　　　　□

5.3.3　面向主题的 PageRank 的使用

为了将面向主题的 PageRank 集成到搜索引擎中，我们必须：

(1) 确定哪些主题需要构建特定的 PageRank 向量；

(2) 对每个主题选择一个随机跳转集合，使用该集合来计算面向当前主题的 PageRank 向量值；

(3) 对特定的搜索查询请求，寻找一种方法来确定最相关的主题或主题集合；

(4) 对上述查询，应用步骤(3)中选出的主题或主题集合的 PageRank 向量来返回应答结果。

前面已经介绍了一种选择主题集合的方法，即使用 Open Directory 中的顶层类别体系。除此之外还有一些其他的方法，但是可能需要至少对某些网页进行人工分类。

上述过程中的步骤(3)可能是最棘手的，前人已经提出了一些方法，包括以下三种。

(a) 允许用户从菜单中选择一个主题。

(b) 通过用户最近搜索查询或者最近搜索的网页上的词来推断主题。我们需要讨论如何基于词汇集合来推出一个主题，5.3.4 节将详细介绍具体的方法。

(c) 利用用户的信息（如他们的收藏夹或者 Facebook 上列出的兴趣）来推断主题。

5.3.4　基于词汇的主题推断

基于主题的文档分类已经是一个研究了几十年的问题，这里并不打算详细介绍。我们简单地认为，主题可以由关于该主题的那些文档中出现异常频繁的词来刻画。例如，Web 文档中 fullback（后卫）和 measles（麻疹）的出现都不太频繁，但是体育类网页中 fullback 的出现频率会远高于所有网页的平均值，同样，医疗类网页中 measles 的出现频率也会远高于平均值。

如果考察整个 Web 或者一个大的 Web 随机样本，可以获得每个词的背景频率。然后我们考察一个已知特定主题类别的大样本（比如 Open Directory 下的体育类别网页），得到每个词的频率，从而找出那些相对于背景而言出现频率更显著的词。为了进行最后的判断，一定要注意避免那些在体育类网页中具有相对较高的频率的极端罕见的词。这些词可能由于拼写错误而出现在一个或者多个体育类网页中。因此，我们可能需要在判断一个词是否能代表主题之前，给出出现频率的下界。

我们可以识别出那些在体育主题样本中出现频率远高于背景语料的词汇集合，而对于所有其他主题可以采用同样的方法进行处理。得到这些词汇集合之后，就可以对样本之外的其他网页按照主题分类。下面给出一个非常简单的做法。假定 S_1, S_2, …, S_k 分别代表主题集合中的每个主题所对应的词集合。令 P 为给定网页 P 中的词集合，计算 P 和每个 S_i 的 Jaccard 相似度（参见 3.1.1 节），将 P 分到最高 Jaccard 相似度对应的主题中。值得注意的是，上述计算得到的所有 Jaccard 相似度可能会非常低，当集合 S_i 非常小的时候更是如此。因此，如何选择合理大小的 S_i 以保证能够覆盖由集合表示的主题的各个方面非常重要。

我们可以利用上述方法或者其他方法来对用户最近检索的网页进行分类。可以认为用户对这些网页所属于的最大主题最感兴趣，或者按照这些网页属于各个主题的比例来混合多个面向主题的 PageRank 向量，从而得到代表用户兴趣的单个混合 PageRank 向量。对于用户当前收藏的网页也可以采用同样的处理方法，或者将最近浏览的网页和收藏的网页混合考虑。

5.3.5　习题

习题 5.3.1　在假设随机跳转集合分别为如下集合的情况下，计算图 5-15 所对应的面向主题的 PageRank 值：

(a) 仅包含 A；

(b) 包含 A 和 C。

5.4　链接作弊

很明显，谷歌使用的 PageRank 以及其他一些技术能够使得词项作弊方法失效。然而，作弊者又开始设计方法来欺骗 PageRank 算法以夸大某些网页的重要性。这种人工增加网页 PageRank

的方法称为**链接作弊**，而得到的信息统称为垃圾。本节首先考察作弊者如何进行链接作弊，然后考察一些能够降低这些作弊效果的方法，其中包括 TrustRank 及垃圾质量的度量方法。

5.4.1 垃圾农场的架构

为了提高某个或者某些特定网页的 PageRank 的目的而构建的一个网页集合称为**垃圾农场**（spam farm）。图 5-16 给出了垃圾农场的最简单形式。按照作弊者的观点，整个 Web 分成三部分。

(1) **不可达网页或不可达页**（inaccessible page） 即作弊者无法影响的网页。Web 中的大部分网页属于这一类。

(2) **可达网页或可达页**（accessible page） 这些网页虽然不受作弊者控制，但是作弊者可以影响它们。

(3) **自有网页或自有页**（own page） 作弊者拥有并完全控制的网页。

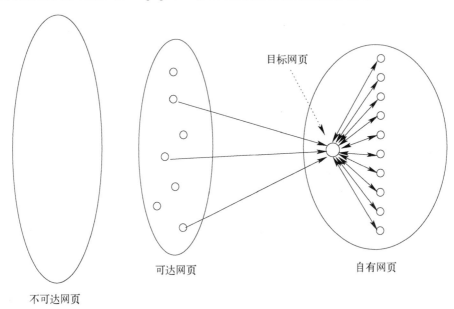

图 5-16 链接作弊者眼中的 Web 组成结构

作弊者的自有网页按照某种特定方式来组织（参考图 5-16 右部），而垃圾农场由作弊者的自有网页和从一些可达网页指向它们的链接共同组成。如果没有外部指入的链接，垃圾农场就不可能被一般搜索引擎的采集器所采集，因而毫无价值。

可达网页可能看起来有些奇怪，因为它们在不归作弊者所有的情况下却受影响。但是，现在有很多网站，如博客或者报纸等，邀请用户在网站上发表评论。为了从外部流入尽可能多的 PageRank 到自有网页，作弊者会发表很多诸如"我同意。请访问以下链接来阅读我的文章"之类的评论。

　　垃圾农场中有一个页面 t 称为**目标页**（target page），作弊者试图尽可能将更多的 PageRank 放在该页面上。存在数目为 m 的大量**支持页**（supporting page）用于积聚平均分发给所有网页的 PageRank（即 PageRank 的 $1-\beta$ 部分，它代表冲浪者到达一个随机页面）。由于每一轮迭代都有随机跳转的可能，因此支持页也可以尽量避免页面 t 的 PageRank 流失。需要注意的是，t 到每个支持页都有链接，而每个支持页同时都只链向 t。

5.4.2　垃圾农场的分析

　　假定 PageRank 计算时的参数为 β，通常取 0.85 左右。也就是说，该参数 β 代表的是当前网页的 PageRank 在下一轮迭代被分发给其链向网页的比例。假设整个 Web 中有 n 个网页，其中部分网页构成图 5-16 所示的垃圾农场，其中包含一个目标页 t 和 m 个支持页。令 x 为所有可达网页为垃圾农场所提供的 PageRank 总量，也就是说，x 是所有指向 t 的可达网页 p 的 PageRank 分量之和，即每个 p 的 PageRank 乘以 β 然后除以 p 的出度数之后进行累加求和。最后，令 y 为 t 的未知的 PageRank，接下来要求出 y。

　　首先，每个支持页的 PageRank 为

$$\beta y/m + (1-\beta)/n$$

　　上式的第一项代表 t 的贡献，t 的 PageRank y 会被"抽税"，因此只有 βy 会分发给 t 的链向网页。该 PageRank 会平均分给 m 个支持页。第二项来自整个 Web 中所有网页所平均分到的那一部分。

　　接下来计算目标页 t 的 PageRank y，来自三个信息源：

(1) 刚才假设的外部贡献 x；

(2) β 乘以每个支持页的 PageRank，即 $\beta(\beta y/m + (1-\beta)/n)$；

(3) $(1-\beta)/n$，同样来自 Web 中所有网页平均分到的那一部分。这部分值很小，为简化分析，将在后面忽略。

　　因此，基于(1)和(2)，有

$$y = x + \beta m \left(\frac{\beta y}{m} + \frac{1-\beta}{n} \right) = x + \beta^2 y + \frac{\beta(1-\beta)m}{n}$$

　　解上述方程可得

$$y = \frac{x}{1-\beta^2} + c \frac{m}{n}$$

其中 $c = \beta(1-\beta)/(1-\beta^2) = \beta/(1+\beta)$。

　　例 5.11　如果选择 $\beta = 0.85$，那么 $1/(1-\beta^2) = 3.6$，$c = \beta/(1+\beta) = 0.46$。也就是说，上述结构能够把外部的 PageRank 贡献放大到 360%，并且还可以获得垃圾农场网页数目和总的网页数目的比值 m/n 的 46%。　□

5.4.3   与链接作弊的斗争

对于搜索引擎来说，检测并消除链接作弊已经变得至关重要，其必要性就如同上个十年对付词项作弊一样。对付链接作弊有两种方法。第一，查找如图 5-16 给出的垃圾农场结构：某个网页链向大量网页，而这些网页又都回指该网页。搜索引擎肯定能够找出满足这些结构的网页并将其从索引中消除。但是这样一来，作弊者又提出了新的不同结构，这些结构本质上同样可以达到提高某个或某些目标页的 PageRank 的效果。也就是说，从本质上而言，图 5-16 给出的结构有无数变形，所以作弊者和搜索引擎之间的斗争可能会长期存在。

然而，第二种方法可以在不依赖链接作弊定位的同时去掉这些链接。更确切地说，搜索引擎可以修改 PageRank 算法的定义来自动降低链接作弊网页的重要度。下面将考虑两个不同的计算公式。

(1) TrustRank   它是面向主题的 PageRank 的一种变形，设计为可以降低垃圾网页的得分。

(2) 垃圾质量（spam mass）   这种计算能够识别可能为垃圾的网页并允许搜索引擎去掉这些网页或者大力降低这些网页的 PageRank。

5.4.4   TrustRank

TrustRank 是一种面向主题的 PageRank，其中"主题"指的是一个值得信赖的可靠网页集合（非垃圾网页）。它的基本理论为，虽然垃圾网页可能很容易链向可靠网页，但是可靠网页不太可能会链向一个垃圾网页。处于边界的网页就是 5.4.1 节讨论过的诸如博客或作弊者能够创建链接的其他网站。这些网站的网页不能被认为是可靠网页，尽管其本身的内容相当可靠。一个允许读者发表评论的知名报纸网站也是这样的一个例子。

为了实现 TrustRank，我们必须构建一个由可靠网页组成的合适的随机跳转集合。前人尝试了以下两种做法。

(1) 人工检查一系列网页，判断哪些十分可靠。比如，我们可以选择具有最高 PageRank 的那些网页来考察。依据的理论在于，尽管链接作弊可以将某个网页的 PageRank 从最低提高到中等，但是基本上不可能将某个垃圾网页的 PageRank 提到前几名。

(2) 选择一个成员受限的域名。依据的假设是，作弊者很难将网页放到这些域名下。比如，我们可以选择.edu 域名，而大学的网页不太可能会是垃圾农场。同样我们可以选择.mil、.gov 等域名。但是，这种做法的问题是这些网页大多来自美国的网站。为了使可靠网页的分布更好，我们们应该包括来自其他国家的同类网站，如 ac.il 或 edu.sg 等。

当前的搜索引擎很可能在常规中使用上述中的第二种实现策略，因此我们想象的 PageRank 实际上是 TrustRank 的一种形式。

5.4.5   垃圾质量

可以通过计算某个网页来自垃圾网页的 PageRank 占比来得到该网页的垃圾质量。在计算普通的 PageRank 的同时，也计算基于某个可靠的随机跳转网页集合的 TrustRank。假设页面 p 的

PageRank 是 r，TrustRank 是 t。那么 p 的**垃圾质量**（spam mass）是(r–t)/r。如果该值为负或者一个很小的正数意味着 p 可能不是一个垃圾网页，而如果该值接近 1 则表明 p 可能是垃圾网页。这样一来，就可能在 Web 搜索引擎的索引当中去掉这些具有较高垃圾质量值的网页，从而可以在不用识别垃圾农场所使用的特定结构的情况下，剔除大部分作弊垃圾信息。

例 5.12 对于图 5-1 分别考虑例 5.2 和例 5.10 对该图中的 PageRank 和面向主题的 PageRank 的计算。后一种情况下，随机跳转集合由节点 B 和 D 组成，所以我们假设这两个网页是可信网页。图 5-17 以表格形式给出了图中 4 个节点的 PageRank、TrustRank 和垃圾质量值。

节点	PageRank	TrustRank	垃圾质量
A	3/9	54/210	0.229
B	2/9	59/210	−0.264
C	2/9	38/210	0.186
D	2/9	59/210	−0.264

图 5-17 垃圾质量的计算

在这个简单例子中，唯一的结论就是事先确定为非垃圾的节点 B 和 D 具有负的垃圾质量值，因此它们不是垃圾。对于另外两个节点 A 和 C，由于其 PageRank 都高于 TrustRank，因此它们的垃圾质量都是正值。例如，A 的垃圾质量是 3/9–54/210 ≈ 8/105 和 PageRank 值 3/9 之间的比值 8/35 ≈ 0.229。而 C 的垃圾质量值为 0.186。然而，这些垃圾质量值仍然更接近于 0 而不是 1，所以这些网页有可能都不是垃圾。□

5.4.6 习题

习题 5.4.1 在 5.4.2 节中，我们分析了图 5-16 所示的垃圾农场，其中每个支持页都链向目标页。对于下列垃圾农场，重复 5.4.2 节的分析过程：

(a) 每个支持页只链向自己，而不是链向目标页；

(b) 每个支持页不链向任何网页；

(c) 每个支持页同时链向自己和目标页。

习题 5.4.2 对于图 5-1 给出的原始 Web 图，假定只有 B 是可靠网页：

(a) 计算每个网页的 TrustRank；

(b) 计算每个网页的垃圾质量。

！习题 5.4.3 假定两个垃圾农场主同意你链向他们的垃圾农场。你应该如何链接网页才能尽可能增加每个垃圾农场目标页的 PageRank？链向垃圾农场是否存在好处？

5.5 导航页和权威页

在 PageRank 首次实现后不久，有人提出了一个称为**导航页和权威页**（hubs and authorities）的思想。计算导航页和权威页的算法和 PageRank 的计算有很多相似之处，因为它也通过矩阵-

向量的反复相乘来进行某个不动点的迭代计算。然而，这两个思想之间也存在着显著的差异，不能互相替代。

该算法有时称为 HITS（hyperlink-induced topic search），其最早提出时并非如 PageRank 一样在搜索查询处理之前的预处理中进行，而是在查询处理过程中用于对与查询相关的结果排序。然而，接下来我们仍将它表述成对整个 Web 或者采集的部分 Web 进行计算的技术。有理由相信，事实上，ASK 搜索引擎曾经使用了类似的技术。

5.5.1   HITS 的直观意义

PageRank 对于每个网页使用了一维的重要性概念，而 HITS 算法却认为每个网页具有二维的重要性。

(1) 有某些网页提供了有关某个主题的信息，因此它们具有非常重要的价值，这些网页被称为**权威页**（authority）。

(2) 有些网页并不提供有关任何主题的信息，但是因为可以给出找到有关该主题的网页的信息，所以它们也具有重要价值。这些网页称为**导航页**（hub）。

例 5.13   大学的各个系通常会维护一个列出其所有课程的网页，网页上有指向每个课程网页的链接，每个课程网页上给出了有关课程的信息，包括任课老师、课本、课程内容提要等。如果要寻找关于某个具体课程的信息，那么你就必须访问该课程的网页，而系课程页面并不能提供很多信息。但是，如果要了解整个系里开设的课程，那么搜索每个课程网页的作用不大，而是需要系课程网页。该网页实际是有关课程信息的导航页。   □

PageRank 采用的是一个迭代的重要性定义，即"重要网页链向的网页也重要"。HITS 采用的则是两个概念的一个联合迭代定义，即"一个指向好的权威页的网页是一个好的导航页，而一个被好的导航页指向的网页是一个好的权威页"。

5.5.2   导航度和权威度的形式化

为了对上述直观定义进行形式化，对每个网页分配两个得分。一个得分代表网页的**导航度**（hubbiness），即该网页充当导航页的良好程度，而另一个得分代表权威度，即该网页充当权威页的良好程度。假设网页的两个得分可以分别采用向量 h 和 a 来表示。向量 h 的第 i 个分量代表第 i 个网页的导航度值，而 a 的第 i 个分量代表第 i 个网页的权威度值。

如前所述，网页的重要性会被分解到每个链出网页上，分解的结果可以通过转移矩阵来表示。通常，描述导航度和权威度计算的方法是，通过累加所有链出网页的权威度来估算当前页的导航度，而通过累加所有链入网页的导航度来估算当前页的权威度。如果只是这样做，那么计算得到的导航度和权威度通常会无限制增长。因此，通常会对 h 和 a 的值进行归一化以保证最大的分量值为 1。当然，另外一种做法是使所有的分量之和为 1。

为了给出 h 和 a 迭代的形式化描述，我们使用 Web 的一个**链接矩阵** L。如果有 n 个网页，那么 L 就是一个 $n \times n$ 的矩阵，如果网页 i 到 j 存在一个链接，则 $L_{ij} = 1$，否则 $L_{ij} = 0$。L 的**转置矩**

阵 L^T 在后面也会用到。也就是说，如果存在 j 到 i 的链接，那么 $L^T_{ij}=1$，否则 $L^T_{ij}=0$。我们注意到，L^T 与前面 PageRank 中使用的矩阵 M 非常类似，但是 L^T 是 0-1 矩阵，而 M 中有分数，其每一列上的值都是 1 除以该列对应网页的出度。

例 5.14 例如，我们在图 5-4 中的 Web 图的基础上重新改造得到一个新的图（图 5-18），下面用新图作为一个具体的执行样例。一个重要的发现就是，终止点或者采集器陷阱不会阻止 HITS 算法迭代收敛到一个有意义的结果（即两个向量）。因此，我们可以直接在图 5-18 上运行 HITS 算法，不需要"抽税"也不需要对图进行修改。链接矩阵 L 及其转置矩阵如图 5-19 所示。 □

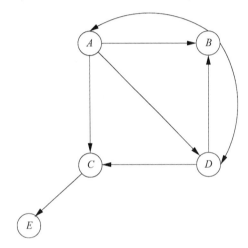

图 5-18 用于 HITS 算法的一个 Web 图例子

$$L = \begin{bmatrix} 0 & 1 & 1 & 1 & 0 \\ 1 & 0 & 0 & 1 & 0 \\ 0 & 0 & 0 & 0 & 1 \\ 0 & 1 & 1 & 0 & 0 \\ 0 & 0 & 0 & 0 & 0 \end{bmatrix} \qquad L^T = \begin{bmatrix} 0 & 1 & 0 & 0 & 0 \\ 1 & 0 & 0 & 1 & 0 \\ 1 & 0 & 0 & 1 & 0 \\ 1 & 1 & 0 & 0 & 0 \\ 0 & 0 & 1 & 0 & 0 \end{bmatrix}$$

图 5-19 图 5-18 中 Web 图对应的链接矩阵 L 及其转置矩阵

一个网页的导航度正比于其所有链出网页的权威度之和这个事实表示为等式 $h = \lambda L a$，其中 λ 是一个未知的代表所需的归一化因子的常数。同样，一个网页的权威度正比于其所有链入网页的导航度之和这个事实也可以表示为等式 $a = \mu L^T h$，其中 μ 是另一个归一化常数。将两个等式中的一个代入另外一个，就可以允许我们独立计算所有网页的导航度和权威度：

❑ $h = \lambda \mu L L^T h$；

❑ $a = \lambda \mu L^T L a$。

但是，由于 LL^T 和 $L^T L$ 不会像 L 和 L^T 那样稀疏，采用交互迭代的方式来计算 h 和 a 通常更好。也就是说，h 的初始向量为全 1 向量：

(1) 计算 $a = L^T h$，然后将最大的分量归一化为 1；

(2) 计算 $h = La$，重新进行归一化变换。

现在，我们得到了一个新的 h 向量，可以重复迭代执行(1)和(2)直到前后两个向量之间的差异已经足够小时停止计算，并将停止时的计算结果看成最终的极限。

例 5.15 对图 5-18 所示的 Web 图执行两轮 HITS 算法并将结果显示在图 5-20 中。最开始 h 向量中的所有分量都是 1。第 2 个向量中，通过计算 $L^T h$，即将链入网页的导航度值进行累加，我们可以估计网页之间的相对权威度，第 3 个向量是 a 的初始向量，实际是第 2 个向量进行缩放变换后的结果。此时，需要将第 2 个向量中的每个分量除以所有分量中的最大值 2。

$$
\begin{bmatrix} 1 \\ 1 \\ 1 \\ 1 \\ 1 \end{bmatrix}
\quad
\begin{bmatrix} 1 \\ 2 \\ 2 \\ 2 \\ 1 \end{bmatrix}
\quad
\begin{bmatrix} 1/2 \\ 1 \\ 1 \\ 1 \\ 1/2 \end{bmatrix}
\quad
\begin{bmatrix} 3 \\ 3/2 \\ 1/2 \\ 2 \\ 0 \end{bmatrix}
\quad
\begin{bmatrix} 1 \\ 1/2 \\ 1/6 \\ 2/3 \\ 1 \end{bmatrix}
$$

$$
\quad\ h \qquad\quad L^T h \qquad\quad a \qquad\quad La \qquad\quad h
$$

$$
\begin{bmatrix} 1/2 \\ 5/3 \\ 5/3 \\ 3/2 \\ 1/6 \end{bmatrix}
\quad
\begin{bmatrix} 3/10 \\ 1 \\ 1 \\ 9/10 \\ 1/20 \end{bmatrix}
\quad
\begin{bmatrix} 29/10 \\ 6/5 \\ 1/10 \\ 2 \\ 0 \end{bmatrix}
\quad
\begin{bmatrix} 1 \\ 12/29 \\ 1/29 \\ 20/29 \\ 0 \end{bmatrix}
$$

$$
\quad\ L^T h \qquad\quad a \qquad\quad La \qquad\quad h
$$

图 5-20　HITS 算法最初两次迭代的结果

第 4 个向量是 La，即对每个网页，根据其已经计算出的每个链出网页的权威度来计算其导航度。随后的第 5 个向量是第 4 个向量进行缩放变换的结果。这里缩放变换是除以最大的分量 3。第 6 到第 9 个向量重复了第 2 到第 5 个向量的过程，但是最终得到的第 9 个向量的导航度估计效果会好于第 5 个向量。

上述过程的极限可能不是很明显，但是可以基于一个简单的程序计算得到。最终得到的两个极限向量是

$$
h = \begin{bmatrix} 1 \\ 0.3583 \\ 0 \\ 0.7165 \\ 0 \end{bmatrix}
\qquad
a = \begin{bmatrix} 0.2087 \\ 1 \\ 1 \\ 0.7913 \\ 0 \end{bmatrix}
$$

上述结果是有道理的。首先，我们注意到网页 E 的导航度肯定为 0，这是因为它不链向任何网页。C 的导航度仅仅依赖于 E 的权威度，反之亦然。因此，它们的导航度毫无意外地都为 0。因为 A 指向三个具有最高权威度值的网页 B、C 和 D，所以 A 的导航度最大。同理，B 和 C 被两个权威度最高的网页 A 和 D 所指向，因此它们的权威度都最高。

对于 Web 规模的图而言，计算权威度–导航度的唯一办法就是迭代。但是，对于刚才的小规模例子，我们也可以通过解方程的方法来求解。根据上面的公式有方程 $\boldsymbol{h} = \lambda\mu\boldsymbol{L}\boldsymbol{L}^{\mathrm{T}}\boldsymbol{h}$。$\boldsymbol{L}\boldsymbol{L}^{\mathrm{T}}$ 为

$$\boldsymbol{L}\boldsymbol{L}^{\mathrm{T}} = \begin{bmatrix} 3 & 1 & 0 & 2 & 0 \\ 1 & 2 & 0 & 0 & 0 \\ 0 & 0 & 1 & 0 & 0 \\ 2 & 0 & 0 & 2 & 0 \\ 0 & 0 & 0 & 0 & 0 \end{bmatrix}$$

令 $v = 1/(\lambda\mu)$，并且令 $\boldsymbol{h}$ 的分量 a 到 e 分别对应网页 A 到 E。于是有方程组

$$va = 3a + b + 2d \qquad vb = a + 2b$$
$$vc = c \qquad vd = 2a + 2d$$
$$ve = 0$$

根据第 2 个方程可得到 $b = a/(v-2)$，而根据第 4 个方程有 $d = 2a/(v-2)$。如果在 a 的方程中将 b 和 d 替换，则有 $va = a(3 + 5/(v-2))$。将两边的 a 约去并进行变换得到关于 v 的方程 $v^2 - 5v + 1 = 0$。该方程的正根为 $v = (5 + \sqrt{21})/2 = 4.791$。既然我们知道 v 既不是 0 也不是 1，所以根据 c 和 e 的方程马上可以得到 $c = e = 0$。

最后，如果我们得到 a 是 $\boldsymbol{h}$ 中最大的分量并令 $a = 1$，则有 $b = 0.3583$，$d = 0.7165$。加上 $c = e = 0$，因此这些数值最终构成 $\boldsymbol{h}$ 的极限向量。向量 $\boldsymbol{a}$ 的值可以通过 $\boldsymbol{L}^{\mathrm{T}}$ 乘以 $\boldsymbol{h}$ 之后进行归一化得到。 □

5.5.3 习题

习题 5.5.1 计算图 5-1 给出的 Web 图中所有节点的导航度和权威度。

! 习题 5.5.2 假定有 n 个节点构成类似图 5-9 的链式图。试计算整个图的导航度和权威度向量，其中每个向量表示成 n 的函数。

5.6 小结

❑ **词项作弊** 词项作弊是指在网页中故意引入与内容无关的、用于误导搜索引擎的词项。由于易受词项作弊的攻击，早期的搜索引擎无法返回相关的结果。

❑ **谷歌针对词项作弊的解决办法** 谷歌通过两项技术来对付词项作弊：一是引入 PageRank 算法来确定 Web 上网页的相对重要性大小；二是相信其他网页对当前网页的评价，如指向某网页的链接当中或周围的信息，而不只是自我评价。

❑ **PageRank**　PageRank 是一种对每个网页分配一个实数值 PageRank 的算法。一个网页的 PageRank 值度量了该网页的重要性，或者作为好的搜索查询应答结果的可能性。在最简形式下，PageRank 是递归方程"重要网页指向的网页也重要"的解。

❑ **Web 的转移矩阵**　我们通过一个矩阵来表示 Web 中的链接情况，第 i 行和第 i 列表示的都是 Web 中的第 i 个网页。如果有一个或多个链接从 j 指向 i，那么第 i 行第 j 列上的元素值为 $1/k$，其中 k 是页面 j 链接的网页数目。转移矩阵的其他元素都为 0。

❑ **强连通 Web 图上的 PageRank 计算**　对于强连通 Web 图（任意节点之间可达），PageRank 是转移矩阵的主特征向量。计算 PageRank 可以从任意非零向量开始，反复利用转移矩阵乘以当前向量，来得到一个更优的估计。[①]大概 50 次迭代之后，估计值会非常接近极限值，即真正的 PageRank 值。

❑ **随机冲浪模型**　PageRank 的计算可以想象成对许多随机冲浪者的行为模拟。每个冲浪者从某个随机页面开始，每下一步都随机地访问当前页面所链接的页面。冲浪者在给定网页上停留的极限概率就是网页的 PageRank。这里的直觉是，人们倾向于构造链接指向他们认为有用的页面，因此随机冲浪者也倾向于停留在有用的页面上。

❑ **终止点**　终止点指的是一个没有出链的网页。终止点的存在会使部分或全部网页的 PageRank 在迭代计算中最终为 0，这些网页也可能是非终止点。我们可以在计算 PageRank 之前递归剔除所有没有出链的终止点。需要注意的是，剔除一个终止点可能会引入新的终止点，比如仅仅指向该删除节点的节点所以上述剔除过程必须要递归进行。

❑ **采集器陷阱**　采集器陷阱指的是一系列节点，它们可能互相链接，但是不会链接集合外的节点。在 PageRank 的递归计算中，采集器陷阱的存在会使所有的 PageRank 都流入该陷阱集合的节点。

❑ **抽税机制**　为了抑制采集器陷阱的效果（同时包括终止点问题，如果没有剔除的话），PageRank 通常不是最简单的与转移矩阵迭代相乘的形式，而是要进行必要的修改。修改时会选定一个参数 β，其通常取值在 0.85 左右。给定当前的 PageRank 估计值，下一步会将 β 乘以转移矩阵后再乘上该估计值，然后每一个分量加上 $(1-\beta)/n$，其中 n 是网页的总数。

❑ **抽税及随机冲浪者**　采用抽税系数 β 的 PageRank 的计算可以被想象成每个随机冲浪者有 $1-\beta$ 的概率离开 Web，并且引入相同数目的冲浪者随机停留在整个 Web 中。

❑ **转移矩阵的高效表示**　由于转移矩阵十分稀疏（几乎所有元素为 0），所以如果只列出非零元素，会同时节省时间和空间。然而，转移矩阵除了十分稀疏之外，非零元素还有一个特殊的性质，即任意给定列上的非零元素相等，并且等于当前列中非零元素数目的倒数。因此，转移矩阵优先采用一列一列的表示方法，而每一列给出列中非零元素的数目及非零元素所在的行号列表。

---

① 严格地说，这种方法有效所需要的限制条件要比简单的"强连通"更严格。但是，其他限制条件在非人工构造的大的 Web 子连通图中肯定能够满足。

❑ **极大规模矩阵–向量乘法** 对于 Web 规模的图结构而言，整个 PageRank 估计向量可能无法在一台机器的内存中存放。因此，我们可以将向量分成 k 段而将转移矩阵分成 k^2 个方块（称为块），并将每个块分配到一台机器。向量的每一段会传送到 k 台机器，因此向量复制的额外开销并不大。

❑ **转移矩阵中块的表示** 当将转移矩阵分成多个方块时，列会被分成 k 段。为了表示一列中的一段，如果该段中没有非零元素则不需要做任何事情。但是，如果该段中有一个或多个非零元素，那么对于该段进行表示时就需要整列当中非零元素的数目（这样才能知道非零元素的具体值[1]）以及非零元素所在的行号列表。

❑ **面向主题的 PageRank** 如果知道查询用户对某个主题感兴趣，那么对主题相关的网页赋予更高 PageRank 是很有意义的。为了计算这种形式的 PageRank，我们首先识别一个关于该主题的网页集合，然后将之用作随机跳转集合。PageRank 的计算也随之修改，以保证只有随机跳转集合中的网页才能共享抽税部分所占的 PageRank 值，而不是像一般 PageRank 一样让所有的网页共享抽税部分。

❑ **随机跳转集合的创建** 为使面向主题的 PageRank 可行，我们必须要识别出那些很可能与给定主题相关的网页。一种方法是使用 Open Directory（DMOZ）中已经人工进行主题分类的网页。另外一种方法是识别出与某个主题关联的词汇，然后选择这些词汇异常高频出现的网页放入随机跳转集合。

❑ **链接垃圾** 为了欺骗 PageRank 算法，一些无耻之徒构建了一系列网页组成的垃圾农场，其目标是集中提高某个特定目标页的 PageRank。

❑ **垃圾农场的结构** 通常情况下，一个垃圾农场包括一个目标页和很多支持页。目标页指向所有的支持页，而支持页只指向目标页。另外，最基本的要求是必须要创建从垃圾农场外部指入的链接。比如，作弊者可能在别人的博客或者讨论组发表评论并在评论中引入指向目标页的链接。

❑ **TrustRank** 一种抑制链接作弊效果的做法是计算一个称为 TrustRank 的面向主题的 PageRank，其中的远程跳转集合由一些可信的网页组成。比如，大学的主页可以组成可信集合。这种技术也会避免大量支持页共享 PageRank 计算中的抽税部分，从而优先降低这些网页的 PageRank。

❑ **垃圾质量** 为识别垃圾农场，可以同时计算所有网页的传统 PageRank 和 TrustRank。那些 TrustRank 值比 PageRank 值小得多的网页可能是垃圾农场的一部分。

❑ **导航页和权威页** PageRank 给出了一维角度下的重要性，而 HITS 算法却同时考虑重要性的两个不同方面。权威页是那些包含有价值信息的网页，而导航页本身并不包含有价值信息，却能给出有价值信息所在的位置链接。

❑ **HITS 算法的递归形式** 网页的导航度和权威度得分的计算依赖于回归方程组"导航页会指向很多权威页，而权威页会被很多导航页指向"的求解。对上述方程组求解的本质是

---

[1] 即列中非零元素数目的倒数。

进行矩阵–向量的迭代乘法运算，这一点很像 PageRank。然而，终止点或采集器陷阱的存在并不会影响 HITS 方程组的求解，这一点与 PageRank 的求解是不同的，因此在 HITS 算法的求解中，并不需要引入抽税机制。

5.7   参考文献

PageRank 算法最早见于论文 "Anatomy of a large-scale hypertextual web search engine"。有关 Web 结构的实验参见 "Graph structure in the web"，我们使用该结构来说明终止点和采集器陷阱存在的可能性。在 PageRank 算法迭代运算中使用的分块–水平条化方法来自 "Efficient computation of PageRank"。

面向主题的 PageRank 来自 "Topic-sensitive PageRank"。TrustRank 在论文 "Combating link spam with trustrank" 中介绍，垃圾质量的思想来自 "Link spam detection based on mass estimation"。

HITS 的思想在论文 "Authoritative sources in a hyperlinked environment" 中描述。

扫描如下二维码获取参考文献完整列表。

第 6 章

频繁项集

本章主要关注数据刻画的一类主要技术——频繁项集发现。该问题常常被看成"关联规则"发现，尽管后者主要是基于频繁项集发现而实现的一种更复杂的数据刻画方式。

我们首先介绍数据的"购物篮"模型，其本质上是"项"和"购物篮"两类元素之间的多对多关系，但是其中有一些关于数据形状的假设。频繁项集问题就是寻找出现在很多相同购物篮中（与该购物篮相关的）的项集。

频繁项集发现问题和第 3 章讨论的相似性搜索不同，前者主要关注包含某个特定项集的购物篮的绝对数目，而后者的主要目标是寻找购物篮之间具有较高重合度的项集，不管购物篮数目的绝对数量是否很低。

上述差异导致了一类新的频繁项集发现算法的产生。我们首先介绍 A-Priori 算法，其基本思路是，如果一个集合的子集不是频繁项集，那么该集合也不可能是频繁项集。基于这种思路，该算法可以通过检查小集合而去掉大部分不合格的大集合。接着，我们介绍基本的 A-Priori 算法的各种改进，这些改进策略集中关注给可用内存带来很大压力的极大规模数据集。

然后，我们还会考虑一些更快的近似算法，这些算法不能保证找到所有的频繁项集。这类算法当中的一些算法也应用了并行化机制，包括基于 MapReduce 框架的并行化方法。最后，我们将简要地讨论数据流中的频繁项集的发现问题。

6.1 购物篮模型

数据的**购物篮模型**（market-basket model）用于描述两类对象之间一种常见形式的多对多关系。一类对象是**项**（item），另一类对象是**购物篮**（basket），后者有时称为**交易**（transaction）。每个购物篮由多个项组成的集合（称为**项集**，itemset）构成。我们通常假设一个购物篮中项的总数目较小，相对于所有项的总数目而言要小得多。然而，通常假设购物篮的数目很大，导致在内存中无法存放。整个数据假定由一个购物篮序列构成的文件来表示。按照 2.1 节分布式文件系统的说法，所有购物篮是文件中的一系列对象，而每个购物篮是一种"项集"类型的数据。

6.1.1 频繁项集的定义

直观上看，一个在多个购物篮中出现的项集称为"频繁"项集。形式化地，假定有个**支持度**

阈值（support threshold）s。如果 I 是一个项集，I 的**支持度**（support）是指包含 I（即 I 是购物篮中项集的子集）的购物篮数目。如果 I 的支持度不小于 s，则称 I 是**频繁项集**（frequent itemset）。

例 6.1   图 6-1 中给出了一系列词的集合。每个集合都是一个购物篮，而词就是项。这些集合是通过在谷歌搜索 "cat dog" 然后从排名较高的网页摘要中生成的。因为购物篮是集合，所以不必担心在购物篮中出现两次的词。原则上说，项在购物篮中只能出现一次。另外，这些词中的大写被忽略。

---

(1) {Cat, and, dog, bites}
(2) {Yahoo, news, claims, a, cat, mated, with, a, dog, and, produced, viable, offspring}
(3) {Cat, killer, likely, is, a, big, dog}
(4) {Professional, free, advice, on, dog, training, puppy, training}
(5) {Cat, and, kitten, training, and, behavior}
(6) {Dog, &, Cat, provides, dog, training, in, Eugene, Oregon}
(7) {"Dog, and, cat", is, a, slang, term, used, by, police, officers, for, a, male–female, relationship}
(8) {Shop, for, your, show, dog, grooming, and, pet, supplies}

图 6-1   一个购物篮的例子，其中有 8 个购物篮，每个购物篮中的项是词

由于空集是任何集合的子集，空集 $\varnothing$ 的支持度是 8。但是因为空集不包含任何信息，所以通常情况下我们不会关注空集。

在所有的单元素集合中，显然 {cat} 和 {dog} 非常频繁。Dog 在除 (5) 之外的购物篮中都出现了，因此其支持度为 7，而 cat 出现在除 (4) 和 (8) 之外的购物篮中，因此其支持度为 6。and 的出现也很频繁，它出现在购物篮 (1)、(2)、(5)、(7) 和 (8) 中，因此其支持度为 5。a 和 training 各出现 3 次，而 for 和 is 各出现 2 次。其他词的出现次数都不多于 1 次。

假定给出的支持度阈值为 $s = 3$，那么有 5 个频繁的单元素集合 {dog}、{cat}、{and}、{a} 和 {training}。

接下来考虑双元素集合。一个双元素集合中的两个元素本身都必须是频繁的，这样该集合才有可能是频繁的。因此，所有可能的双元素频繁集合只有 10 个。图 6-2 给出了每个可能的双元素频繁集合所属的购物篮情况。

	training	a	and	cat
dog	4, 6	2, 3, 7	1, 2, 7, 8	1, 2, 3, 6, 7
cat	5, 6	2, 3, 7	1, 2, 5, 7	
and	5	2, 7		
a	none			

图 6-2   双元素集合在购物篮中的出现情况

例如，从图 6-2 给出的表格中可以看到，双元素集合{dog, training}只在购物篮(4)和(6)中出现。因此，其支持度为 2，该集合并非频繁项集。于是，在 $s = 3$ 的情况下，只有如下 5 个双元素集合是频繁的：

$$\{dog, a\}\{dog, and\}\{dog, cat\}\{cat, a\}\{cat, and\}$$

上述所有集合都至少出现 3 次，比如{dog, cat}出现了 5 次。

接下来考察三元素频繁项集是否存在。三个元素组成的项集要成为频繁项集，必须要求其中任意两个元素组成的集合都是频繁的。例如，集合{dog, a, and}不可能是频繁项集，这是因为如果它是的话，那么必定有{a, and}是频繁项集，但是这个集合并不频繁。{dog, cat, and}有可能是频繁项集，因为其任意两个元素组成的集合都是频繁项集。不过集合中的三个词只在购物篮(1)和(2)中一起出现，因此该集合实际上并不是频繁项集。由于{dog, cat, a}的每个双元素子集都是频繁的，因此其有可能是三元素频繁项集。实际上，所有三个词都同时在购物篮(2)、(3)和(7)中出现，因此它确实是个频繁项集。所有其他的三元素集合甚至连候选频繁项集都算不上，因为任何其他三元素集合的双元素子集不都是频繁的。因为只有一个三元素频繁项集，所以有可能不会存在四元素或者更多元素组成的频繁项集。 □

6.1.2 频繁项集的应用

购物篮模型的最早应用源于真实购物篮的分析。也就是说，超市和连锁商店会记录每个结账的购物篮（这里指真实意义下的购物车）的内容。这里的"项"指的是商店出售的不同商品，而"购物篮"指的是单个购物篮中所装的项集。一个大型的连锁商店或许有 100 000 个不同的项，所收集的购物篮数据可能有几百万个。

通过发现频繁项集，零售商可以知道哪些商品通常会被顾客一起购买。特别最重要的是，那些共同购买的频度远高于各自独立购买所预期的频度的项对或项集。我们将在 6.1.3 节中讨论上述问题的这个方面，但这里仅考虑频繁项集的搜索。通过这种分析我们将会发现，很多人喜欢同时购买面包和牛奶，但是这个结果并不会引起大家的兴趣，因为众所周知这两件商品都很流行。我们可能还会发现，很多人会同时购买热狗和芥末。同样，对于那些喜欢热狗的人而言，这一点也毫不奇怪。但是这个分析结果能够为超市提供智能营销的机会。他们可以为热狗做促销广告，同时提高芥末的价格。当人们到商店来购买便宜的热狗时，他们通常会想到还需要芥末，因此同时也会购买芥末。他们可能并没有注意到芥末的价格较高，也有可能认为不值得为寻找更便宜的芥末而去另外一家商店。

这类例子中最著名的一个是"尿布和啤酒"的关联故事。人们可能很难想到这两样商品会有关联，但是通过分析某个连锁商店的数据发现，购买尿布的人非常可能会购买啤酒。推测其主要原因在于，如果某个人购买尿布，那么他家里很可能有个婴儿；如果有个婴儿，那么他就不太可能到酒吧去喝酒，因此更可能带啤酒回家喝。前面提到对于热狗和芥末的营销手段同样可以用于尿布和啤酒。

在线零售及传统零售

　　3.1.3 节指出，在线零售商可以利用相似度计算方法来计算项之间的相似度，可能购买某些项的顾客本身不是很多，但是购买它们的顾客有很高的重合度。得到两个相似商品之后，在线零售商可以为购买其中一个商品的顾客推荐另外一个商品的广告。但是这种方式对传统零售商（指实体销售商）而言没有意义，因为如果某件商品购买的人不多，那么对它做广告就得不偿失。因此，第 3 章给出的技术对于（传统零售商）往往用处不大。

　　相反，在线零售商并不特别需要本章当中的数据分析过程，因为本章主要关注搜索出现频繁的项集。如果在线零售商仅限于频繁项集，那么他们就会丧失在"长尾"中选择商品而为每个顾客进行独立广告推荐的机会。

　　但是，频繁项集分析的应用并不仅限于购物篮数据。同样的模型可以用于挖掘很多其他类型的数据，举例如下。

　　(1) **关联概念**（related concepts）　这里的项是词，购物篮是文档（如网页、博客或者推文）。文档中的所有词就构成了对应购物篮中的所有项。如果要寻找在多篇文章中共现的词汇集合，那么这些集合大多被高频常见词（停用词）所占据，关于这一点我们在例 6.1 中就已经介绍过。在那里，尽管我们的意图是寻找包含猫和狗的网页摘要，停用词 and 和 a 却占据了频繁项集中的主要比例。不过，如果忽略所有停用词，那么我们希望在高频词对中发现某些能够代表联合概念的一部分词对。例如，我们可能期望类似{Brad, Angelina}[①]的词汇具有出人意料的共现频率。

　　(2) **文档抄袭**（plagiarism）　这里的项是文档，购物篮是句子。一篇文档中如果包含某个句子，则认为该句子对应的购物篮中包含文档对应的项。这种安排看上去有点颠倒，但是实际上恰是我们所需要的。我们记得，项和购物篮之间的多对多关系实际上可以任意。也就是说，"项 A 在购物篮 B 当中"并不一定意味着对象 A 真的在另一个对象 B 当中，比如这里指的就是"对象 A 是对象 B 的一部分"。本应用中，我们寻找那些在多个购物篮中共同出现的项对。如果发现这样的项对，也就是两篇文档有很多相同的句子。实际当中，甚至一到两个句子相同都是抄袭发生的有力证据。

　　(3) **生物标志物**（biomarker）　这里的项包括两种类型，一种是诸如基因或血蛋白之类的生物标志物，另一种是疾病。购物篮则是某个病人的数据集，包括其基因组和血生化分析数据，以及病史信息。频繁项集由某个疾病和一个或多个生物标志物构成，它们组合在一起给出的是疾病的一个检测建议。

6.1.3　关联规则

　　虽然本章的主题是从数据中抽取频繁项集，但是抽取结果往往采用 if-then 形式的规则集合来表示，这些规则称为**关联规则**（association rule）。一条关联规则的形式为 $I{\rightarrow}j$，其中 I 是一个项

　　[①] Brad 的全名是 Brad Pitt，即著名影星布拉德・皮特。Angelina 的全名是 Angelina Jolie，即著名影星安吉丽娜・朱莉。——译者注

集，而 j 是一个项。该关联规则的意义是，如果 I 中所有项出现在某个购物篮的话，那么 j "有可能"也出现在这一购物篮。

接下来通过定义规则的**可信度**（confidence）来给出"有可能"这个概念的形式化定义。规则 I→j 的可信度等于集合 I∪{j} 的支持度与 I 的支持度的比值。也就是说，该规则的可信度等于所有包含 I 的购物篮中同时包含 j 的购物篮的比例。

例 6.2 考虑图 6-1 所示的购物篮。规则{cat, dog}→and 的可信度为 3/5。这是因为 cat 和 dog 同时出现在 5 个购物篮(1)、(2)、(3)、(6)和(7)中，而 and 出现在其中的(1)、(2)和(7)中，也就是说出现在前面的 3/5 个购物篮当中。

另外一条规则{cat}→kitten 的可信度为 1/6。这是因为词 cat 出现在 6 个购物篮 (1)、(2)、(3)、(5)、(6)和(7)中，其中仅有(5)包含词 kitten。 □

如果关联规则左部项集的支持度相当大，那么单独的可信度就会有用。例如，只要知道很多人购买热狗且很多人同时购买芥末就行，并不一定需要知道人们在购买热狗时会有极大的可能性购买芥末。我们仍然可以使用 6.1.2 节讨论的对热狗进行促销的策略。然而，如果关联规则反映了真实的关系，即规则左部的项会某种程度地影响规则右部的项，那么关联规则往往会有更多的价值。

因此，可以将关联规则 I→j 的**兴趣度**（interest）定义为其可信度与包含 j 的购物篮比值的差值。也就是说，如果 I 对 j 没有任何影响，那么包含 I 的购物篮中包含 j 的比值就应该等于所有购物篮中包含 j 的比值，即该规则的兴趣度为 0。但是，不论从非正式还是严格意义上说，若一条规则的兴趣度很高或者是个绝对值很大的负值，都十分令人关注。前者意味着某个购物篮中 I 的存在在某种程度上会促进 j 的存在，而后者意味着 I 的存在会抑制 j 的存在。

例 6.3 啤酒和尿布的故事实际上说的是关联规则{diapers}→beer 具有很高的兴趣度。也就是说，购买尿布的人中购买啤酒的比值显著高于所有顾客中购买啤酒的比值。一条负兴趣度值的规则是{coke}→pepsi。也就是说，购买可口可乐的顾客一般不会同时购买百事可乐，尽管在所有顾客中购买百事可乐的比值不低，但他们一般只购买二者之一，而不会同时购买。类似地，规则{pepsi}→coke 的兴趣度预计也为负值。

为了数值计算的需要，我们回到图 6-1 给出的数据。由于出现 dog 的 7 个购物篮中有 5 个包含 cat，因此规则{dog}→cat 的可信度为 5/7。但是，cat 出现在所有 8 个购物篮中的 6 个，所以我们预计 7 个包含 dog 的购物篮中也有 75%包含 cat，规则的兴趣度为 5/7−3/4 ≈ −0.036，即基本为 0。规则{cat}→kitten 的兴趣度为 1/6−1/8 ≈ 0.042。这是因为包含 cat 的 6 个购物篮中仅有一个同时包含 kitten，而 kitten 出现在所有 8 个购物篮的一个当中。该兴趣度虽然为正值，但是也十分接近于 0，这意味着该关联规则并不十分"有趣"。 □

6.1.4 高可信度关联规则的发现

识别有用的关联规则并不比频繁项集发现难很多。对于后者，我们将留到后续章节中介绍。现在暂时假定，我们已经可以找到那些支持度不低于某个支持阈值 s 的频繁项集。

如果我们希望寻找的关联规则 $I \rightarrow j$ 能够应用于很多购物篮，那么 I 的支持度一定要相当高。实际当中，对于传统零售商店的销售而言，"相当高"大概相当于所有购物篮的 1% 左右。我们也希望规则的可信度相当高，或许是 50%，否则规则的实际用处不大。这样一来，集合 $I \cup \{j\}$ 的支持度也相当高。

假定已经找到所有达到支持度阈值的项集，并且对每个项集我们都计算出了具体的支持度值，那么我们就可以在这些项集中找到同时具有高支持度和可信度的所有关联规则。也就是说，如果一个具有 n 个项的集合 J 是频繁的，那么与 J 相关的可能的关联规则有 n 条，即 $J-\{j\} \rightarrow j$，其中 j 是 J 中的任意一个项。如果 J 是频繁的，那么 $J-\{j\}$ 的频繁度必定不会比 J 的低。因此，$J-\{j\}$ 也是一个频繁项集，并且 J 和 $J-\{j\}$ 支持度已经算出，它们之间的比值就是规则 $J-\{j\} \rightarrow j$ 的可信度。

我们必须假定存在的频繁项集不会太多，因此可能的高支持度、高可信度的关联规则也不会太多。原因在于，发现的每一条关联规则必须要起作用。但是如果我们给商店管理人员提供满足支持度和可信度阈值的 100 万条关联规则，他们甚至不会阅读这些规则，更谈不上使用这些规则了。同样，如果产生了 100 万个生物标志物，那么不可能运行必要的实验来逐一检验。所以，实际当中往往要调节支持度阈值使频繁项集不会太多。在后面的小节中我们就会看到，这个假设会产生重要的结果，使得频繁项集发现算法更加高效。

6.1.5   习题

习题 6.1.1   假定有 100 个项，编号是 1 到 100，同时有 100 个购物篮，编号也是 1 到 100。当且仅当 b 能被 i 整除时，项 i 放入购物篮 b 中。因此，项 1 放在所有的购物篮中，项 2 只放在 50 个偶数编号的购物篮中，其余以此类推。所有能整除 12 的数所对应的项组成第 12 号篮中的项集 $\{1, 2, 3, 4, 6, 12\}$。请回答下列问题。

(a) 如果支持度阈值是 5，那么哪些项是频繁的？

! (b) 如果支持度阈值是 5，那么哪些项对是频繁的？

! (c) 所有购物篮中项的数目之和是多少？

! **习题 6.1.2**   对于习题 6.1.1 中的项–购物篮数据，哪个购物篮是最大的？

习题 6.1.3   假设有 100 个项，编号从 1 到 100，同时有 100 个购物篮，编号也是 1 到 100。当且仅当 i 能被 b 整除时，项 i 放入购物篮 b 中。例如，第 12 号购物篮中的项是 $\{12, 24, 36, 48, 60, 72, 84, 96\}$。对这一数据重复习题 6.1.1 中的问题。

! **习题 6.1.4**   本题涉及的数据无法学到任何有关频繁项集的有趣信息，因为项集之间都不相关。假定项的编号是 1 到 10，每个购物篮包含项 i 的概率是 $1/i$，并且购物篮包含项的概率之间是互相独立的。也就是说，所有购物篮均包含项 1，而只有一半购物篮包含 2，1/3 的购物篮包含 3，其余以此类推。假定购物篮的数目足够大，购物篮的联合行为具有期望的统计性。令支持度阈值为购物篮的 1%，试找出频繁项集。

习题 6.1.5   对于习题 6.1.1 中的数据，下列关联规则的可信度是多少？

(a) $\{5, 7\} \rightarrow 2$；

(b) {2, 3, 4}→ 5。

习题 6.1.6 对于习题 6.1.3 中的数据，下列关联规则的可信度是多少？

(a) {24, 60}→ 8；

(b) {2, 3, 4}→ 5。

!! **习题 6.1.7** 对于下列购物篮数据，描述给出所有可信度为 100% 的关联规则：

(a) 习题 6.1.1 中的数据；

(b) 习题 6.1.3 中的数据。

! **习题 6.1.8** 证明习题 6.1.4 的数据中没有令人感兴趣的关联规则，也就是说任何关联规则的兴趣度都为 0。

6.2 购物篮和 A-Priori 算法

接下来将开始讨论如何寻找频繁项集或从频繁项集推出有用信息，比如具有高支持度和可信度的关联规则。本节会介绍一个最早对朴素算法进行改进的频繁集发现算法 A-Priori 及其多个变形。后面两节将会介绍一些改进措施。在介绍 A-Priori 算法本身之前，本节将首先简要介绍频繁项搜索时对数据存储和处理方式的一些假定。

6.2.1 购物篮数据的表示

前面我们提到，我们假设购物篮数据会以一个购物篮一个购物篮的方式存在一个文件中。该数据可能存储在 2.1 节提到的分布式文件系统中，而购物篮是文件中包含的对象。当然，上述数据也可能存在一个传统文件中，采用某种字符编码的方式来表示购物篮和篮中的项。

例 6.4 我们可以想象某个文件的头部为

$$\{23, 456, 1001\}\{3, 18, 92, 145\}\{\cdots$$

这里字符{和}分别表示一个购物篮的开始和结束。一个购物篮中的项以整数来表示，它们之间用逗号隔开。因此，本例中第一个购物篮中包含项 23、456 和 1001，而第二个购物篮中包含 3、18、92 和 145。 □

有可能一台机器接收了整个文件，还有可能我们用 MapReduce 或类似的工具将整个任务分配到多个处理器中，其中每个处理器只接收文件的一部分。但是有证据表明，将多个并行处理器上的任务组合来获得满足全局支持度阈值的精确项集集合是很难的，6.4.4 节将给出这个问题的解决办法。

我们同时假定，购物篮组成的文件太大以致无法在内存里存放。因此，任何算法的主要时间开销都集中在将购物篮从磁盘读入内存的过程。一旦一个装满购物篮的磁盘块处于内存中，我们就可以对它进行扩展，产生所有规模为 k 的子集。因为模型中的一个基本假设是购物篮的平均规模很小，所以在内存中产生所有项对所花费的时间会比购物篮的读入时间少很多。比如，如果某个购物篮中有 20 个项，则该购物篮中有 $\binom{20}{2}=190$ 个项对，这些项对可以很容易通过两层嵌套的 for 循环来生成。

我们想要生成的子集越大, 生成所需要的时间也越长。实际上, 对于 n 个项组成的购物篮而言, 大小为 k 的所有子集的生成时间大约为 $n^k/k!$。最终, 该时间会超过数据从磁盘传输的时间。然而:

(1) 通常情况下, 我们往往只需要较小的频繁项集, 因此 k 永远不会超过 2 或 3;

(2) 当确实需要一个更大的 k 的项集时, 往往可以去掉每个购物篮中不太可能会成为频繁项的那些项, 从而保证 k 增长的同时 n 却下降。

综上所述, 结论是, 通常可以假设每个购物篮上的检查工作时间与文件的大小成正比。这样我们就可以通过数据文件每个磁盘块读取的次数来度量频繁项集算法的执行时间。

此外, 我们要讨论的所有算法都具备一个共同的性质: 顺序读取购物篮文件。因此, 这些算法都可以通过购物篮文件的扫描次数来刻画, 它们的执行时间都与扫描次数乘以文件的大小成正比。我们无法控制数据的数量, 因此实际上只有算法的扫描次数才真正有关系, 所以在下面计算频繁项集算法的执行时间时, 我们主要关注算法的这一方面。

6.2.2 项集计数中的内存使用

然而, 还存在另一个必须考察的与数据相关的问题。当对数据进行一遍扫描时, 所有的频繁项集算法要求我们必须在内存中维护很多不同的计数值。例如, 我们必须记录每两个项在购物篮中的共现次数。如果没有足够的内存来存放这些数, 那么随机对其中的一个数加一都很可能需要将一个页面从磁盘载入内存。如果那样的话, 算法就会发生内存抖动现象, 从而运行速度可能会比从内存中直接找到这些数字慢好几个数量级。由此得出的结论就是, 我们不能对不能放入内存中的任何对象进行计数。因此, 每个算法必须有一个能处理的项数目的上限。

例 6.5 假定项的总数目是 n, 而某个算法必须计算所有项对的数目。因此, 我们需要空间来存储 $\binom{n}{2}$ 即 $n^2/2$ 个整数。如果每个整数需要 4 字节, 那么总共需要 $2n^2$ 字节。如果我们的机器有 2 GB 即 2^{31} 字节内存, 那么必须要求 $n \le 2^{15}$, 即差不多 n < 33 000。 □

以适当的方式来存储这 $\binom{n}{2}$ 个整数并很容易地对项对 {i, j} 计数并非易事。我们对项的表示方式还没有做任何假设。比如, 它们可能是诸如 bread 的字符串。如果将这些字符串以从 1 到 n 的连续整数来表示将更节省空间, 其中 n 指的是不同项的数目。如果项还没有采用这种表示方法, 就需要一个哈希表将它们从文件中的表现形式转换成整数。也就是说, 每次在文件中看到一个项, 我们就对它进行哈希。如果该项已经在哈希表中存在, 那么可以从哈希表中获得其对应的整数码。如果项不存在, 就将下一个可用的数 (即从到目前为止看到的不同的项的个数的计数中) 赋给它, 并将项及其整数码放入哈希表中。

1. 三角矩阵方法

即使将项都编码成整数后, 我们仍然会遇到必须只在一个地方对 {i, j} 计数的问题。例如, 我们可以要求 i < j, 且仅使用二维数组 a 中的元素 a[i, j] 来存放计数结果。但是, 这种策略会使得

数组的一半元素没有用。一个更节省空间的方法是使用一个一维的**三角数组**（triangular array）。此时，$\{i, j\}$ 对应元素 $a[k]$，其中 $1 \leq i < j \leq n$，$k = (i-1)(n-\dfrac{i}{2}) + j - i$。

这种布局的结果也相当于将所有项对按字典序排序，即一开始是 $\{1, 2\}$、$\{1, 3\}$、$\cdots$、$\{1, n\}$，接下来是 $\{2, 3\}$、$\{2, 4\}$、$\cdots$、$\{2, n\}$，其余以此类推，最后的几个元素分别是 $\{n-2, n-1\}$、$\{n-2, n\}$ 和 $\{n-1, n\}$。

2. 三元组方法

还有另外一种可能更合适的存储计数值的方法，这依赖于实际出现在某个购物篮中的可能项对的比例。我们可以将计数值以三元组 $[i, j, c]$ 的方式来存储，即 $\{i, j\}$ 对的计数值为 c（其中 $i < j$）。我们可以采用类似哈希表的数据结构，其中 i 和 j 是搜索键值。这样就能够确定对于给定的 i 和 j 是否存在对应的三元组，如果是则快速定位。这种方式我们称为存储数值的**三元组方式**（triples method）。

与三角矩阵方式不同，如果某个项对的计数值为 0，则三元组方式不一定需要存储某个值。另外，三元组方式对每个出现在购物篮中的项对都会存储三个而不是一个整数。对于哈希表或者其他支持快速检索的数据结构来说，还需要额外的存储空间。我们的结论是，如果在所有可能出现的 $\dbinom{n}{2}$ 个项对中至少有 1/3 出现在购物篮的情况下，三角矩阵方式更优。如果出现的比例显著小于 1/3，那么就要考虑使用三元组方式。

　　例 6.6　假定存在 100 000 个项，以及 10 000 000 个购物篮，其中每个篮中有 10 个项。那么三角矩阵的方式大约需要 $\dbinom{100\ 000}{2} = 5 \times 10^9$ 个整数计数值。[①]另外，所有篮中的项对的总数目是 $10^7 \dbinom{10}{2} = 4.5 \times 10^8$。即使在最极端的情况下，即每个项对只出现一次，此时仅有 4.5×10^8 个对具有非零计数值。如果使用三元组方式来存储计数值，那么我们仅需要上述整数的三倍，即 1.35×10^9 个整数。因此，这种情况下，三元组方式确实比三角矩阵方式使用的空间要少很多。

然而，即使购物篮的数目扩大 10 倍或 100 倍，项的分布往往会很不均匀以至于使用三元组方式仍然更好。也就是说，有些项对的计数值很高，而出现在一个或多个购物篮中的不同项对个数可能远低于这些项对出现的理论最大值。　　□

6.2.3　项集的单调性

我们将要介绍的算法的高效性主要归功于某个观察结果，即项集的**单调性**（monotonicity）：

如果项集 I 是频繁的，那么其所有的子集都是频繁的。

---

① 本章当中，对于大整数 n，我们都认为 $\dbinom{n}{2}$ 近似等于 $n^2/2$。

原因很简单。令 $J \subseteq I$。那么包含 I 中所有项的购物篮必定包含 J 中的所有项。因此，J 的出现次数一定不会低于 I 的出现次数，即如果 I 的出现次数至少是 s 的话，那么 J 的出现次数也至少是 s。由于 J 可能出现在某个不完全包含 I–J 中所有元素的购物篮中，因此 J 的出现次数完全有可能严格高于 I 的出现次数。

除了使 A-Priori 算法具有可行性外，单调性也为频繁项集信息的压缩提供了一种表示方法。给定支持度阈值 s，如果一个项集的超集不再是频繁的，则称该项集**极大**（maximal）。如果仅仅列出所有极大频繁项集，那么我们知道极大频繁项集的所有子集都是频繁的。除了极大频繁项集的子集之外，其他集合都是不频繁的。

例 6.7   再次考虑例 6.1 的数据，其中的支持度阈值为 $s = 3$。我们发现存在 5 个频繁的单元素项集，这 5 个元素分别是 cat、dog、a、and 和 training。除了 training 之外，其他 4 个元素的任意组合都是频繁的双元素项集。于是，一个极大的频繁项集是{training}，4 个满足支持度阈值 $s = 3$ 的双元素项集是：

$$\{dog, a\}、\{dog, and\}、\{dog, cat\}、\{cat, and\}和\{cat, a\}$$

三元素项集{dog, cat, a}是频繁项集，因此{dog, a}、{dog, cat}和{cat, a}不是极大频繁项集。同时不存在某个四元素项集不低于支持度阈值，因此，{training}、{dog, and}、{cat, and}和{dog, cat, a}构成所有的极大频繁项集，不会再有其他的集合。需要注意的是，我们可以从频繁的双元素项集推出诸如{dog}的单元素项集是频繁的。   □

6.2.4   二元组计数

你可能注意到了，迄今为止我们关注的都是计算两个项组成的项对的数目。这样做的一个合理原因是：实际当中大部分内存要用于频繁项对的确定。所有项的数目虽然有可能非常大，但是很少能够大到我们不能同时对内存中所有的单元素集计数的地步。

但是对于更大的集合，如三元组、四元组或更高的元组，情况又会怎样？前面提到过，为了使频繁项集的分析有意义，最后的结果集合数必须要少，否则我们甚至无法全部**读出**它们，更别说考虑它们的重要性了。因此，在实际当中支持度阈值通常设置得高得足以保证只有很少的频繁项集。前面介绍的单调性告诉我们，如果一个三元组是频繁的，则它所包含的三个二元组也都是频繁的。当然，也可能存在一些频繁的二元组，它们并不包含在任何频繁的三元组之中。所以，我们渴望找到比频繁三元组更多的频繁二元组，比频繁四元组更多的频繁三元组，其余以此类推。

由于三元组的个数远远多于二元组，上述结论仍然不足以避免对所有的三元组进行计数。而 A-Priori 及相关算法的一个任务就是避免对所有的三元组或更大的集合计数，后面我们会看到，这些算法能够很好地达到上述目的。因此，接下来我们将集中考虑计算频繁二元组的算法。

6.2.5   A-Priori 算法

目前我们暂时只集中关注频繁项对的发现。如果不论采用 6.2.2 节讨论的哪一种方法（三角矩阵方法或三元组方式）我们都有足够的内存用于所有项对计数，那么通过单遍扫描读取购物篮文件就很简单。对于每个购物篮，使用一个双重循环就可以生成所有的项对。每生成一个项对，我们就给对应的计数器加一。最后，检查所有项对的计数结果并找出那些等于或大于支持度阈值 s 的项对，它们就是频繁项对。

然而，当项对的数目太多而无法在内存中对所有的项对计数时，上述简单的方法就不再可行。A-Priori 算法被设计成能够减少必须计数的项对数目，当然其代价就是要对数据做两遍而不是一遍扫描。

1. A-Priori 算法的第一遍扫描

第一遍扫描中，我们要建立两张表。如有必要，第一张表要将项的名称转换为 1 到 n 的整数（参考 6.2.2 节中的描述）。另一张表则是一个计数数组，第 i 个数组元素是上述第 i 个项的出现次数。这些所有项的计数值的初始值都是 0。

在读取购物篮时，我们检查购物篮中的每个项并将其名称转换为一个整数。然后，将该整数作为计数数组的下标找到对应的数组元素。最后，对该数组元素加 1。

2. A-Priori 算法两遍扫描之间的处理

第一遍扫描之后，我们检查所有项的计数值，以确定哪些项构成单元素频繁项集。我们可能会看到，大部分单元素项集是不频繁的。这一点可能有些出人意料。但是，前面提到，我们常常将阈值 s 设置得足够高以保证频繁集不会太多。一个典型的 s 值为所有购物篮数目的 1%。想象一下自己到超市购物的情况，我们购买某些商品的次数肯定会超过总次数的 1%，这些商品可能是牛奶、面包、可口可乐或百事可乐什么的。我们甚至相信，虽然我们不购买尿布，但是会有 1% 的顾客会购买尿布。然而，货架上的大部分商品的顾客购买比例肯定不会超过 1%，比如奶油凯撒沙拉汁。

对于 A-Priori 算法的第二遍扫描，我们会只给频繁项重新编号，编号范围是 1 到 m。此时的表格是一个下标为 1 到 n 的数组，如果第 i 项不频繁，则对应的第 i 个数组元素为 0，否则为 1 到 m 的一个唯一整数。我们应将此表格称为**频繁项表格**。

3. A-Priori 算法的第二遍扫描

在第二遍扫描中，我们对两个频繁项组成的所有项对计数。从 6.2.3 节的讨论可知，除非一个项对中的两个项都频繁，否则这个项对也不可能是频繁的。因此，在扫描过程中我们不可能丢掉任何频繁项对。如果采用前面提到的三角矩阵方法来计数的话，则第二遍扫描所需的空间是 $2m^2$ 字节而不是 $2n^2$ 字节。需要注意的是，如果要使用一个大小正确的三角矩阵，那么就一定要只对频繁项进行重新编号处理。第一遍和第二遍扫描中所使用的完整内存结构集合如图 6-3 所示。

需要注意的另外一点是，上述非频繁项去除的好处会被放大：如果只有一半的项是频繁项，那么在计数过程中仅需要原来空间的 1/4。类似地，如果使用三元组方式，我们只需要对至少出现在一个购物篮中的两个频繁项组成的项对进行计数。

第二遍扫描的技术细节如下：

(1) 对每个购物篮，在频繁项集表中检查哪些项是频繁的；

(2) 通过一个双重循环生成该购物篮中所有的频繁项对；

(3) 对每个上述项对，在存储计数值的数据结构中相应的计数值上加 1。

最后，在第二遍扫描结束时，检查计数值结构以确定哪些项对是频繁项对。

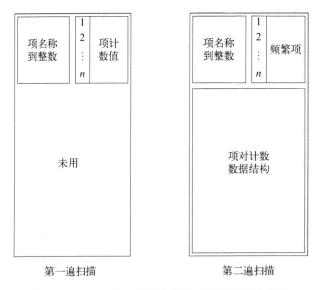

图 6-3 A-Priori 算法两遍扫描中的内存使用示意图

6.2.6 所有频繁项集上的 A-Priori 算法

上述不需要计算所有项对来发现频繁项对的思路同样可以用于更大频繁项集的发现，即不需要对所有的集合进行计数。在 A-Priori 算法中，对所有不同的集合大小 k，都要分别进行一遍扫描处理。如果不存在某个大小的频繁项集，那么基于单调性理论就知道不可能存在更大的频繁项集。因此，扫描过程就可以结束。

从某个集合大小 k 到下一个大小 $k+1$ 的转移模式可以概述如下。对每个集合大小 k，存在两个频繁项集的集合：

(1) C_k　大小为 k 的**候选**（candidate）项集集合，即必须要通过计算来确定到底是否真正频繁的项集组成的集合；

(2) L_k　大小为 k 的真正频繁的项集集合。

从一个集合到下一个集合、从某个大小到下一个大小的转移模式如图 6-4 所示。

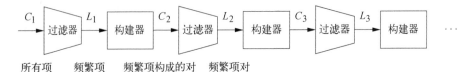

图 6-4 A-Priori 算法在构建候选集和过滤之间不断交替直到找到真正频繁项集的
　　　过程示意图

我们从 C_1 这个所有单元素集组成的项集（即项本身）开始。也就是说，在检查数据之前，就我们所知，任意项都可能是频繁的。第一次过滤是对所有的项进行计数，然后将那些不低于支持度阈值 s 的项组成频繁项集合 L_1。

L_1 中的每两个项构成 C_2 中的候选项对，即 C_2 候选项对中的每一个项都是频繁的。需要注意的是，我们并不显式地构造集合 C_2，而是利用 C_2 的定义，直接通过测试某个项对中的两个项是否都在 L_1 中来测试其是否属于 C_2。A-Priori 算法的第二遍扫描会对所有的候选项对计数，最后确定那些至少出现 s 次的项对。它们就构成了频繁项对 L_2。

上述模式可以一直按照我们的意愿继续下去。候选的三元组集合 C_3 被隐式地构建成三元组集合，三元组中的任意两个项组成的项对都来自 L_2。前面给出的频繁项集稀疏性的假设（在 6.2.4 节概括过）也意味着不会有太多的频繁项对，因此它们可以存放在内存里的一张表中。同样地，三元组候选集合的数目也不会太多，因此也可以通过一个一般性三元组方式对它们进行计数。也就是说，由于三元组用于对（即项对）二元组计数，对三元组计数也可以采用四元组的方式，即通过三个项编码加上一个关联计数值来表示。类似地，我们可以使用有 $k+1$ 个分量的元组的方式来对大小为 k 的集合计数，这个元组中的前 k 个元素是排好序的项编码，而最后一个元素是计数值。

为了找到 L_3 需要对购物篮文件进行第三次扫描。对于每个购物篮，我们只需要检查那些出现在 L_1 中的项。对于这些项，我们可以考察每个项对并确定该项对是否在 L_2 中出现。如果购物篮中的任意一个项没有出现在由本篮中的项组成的至少两个频繁项对中，那么它就不会是本篮中频繁三元组中的一部分。因此，对于同时包含在当前购物篮和 C_3 中的三元组的搜索范围相当有限。最后得到的三元组的计数值加 1。

例 6.8　假定某个购物篮中包含项 1 到项 10 这 10 个项。这些项中，已知项 1 到 5 都是频繁项，而已知的频繁项对是{1, 2}、{2, 3}、{3, 4}和{4, 5}。首先去掉那些非频繁项，只留下来项 1 到项 5。但是，项 1 和项 5 只出现在一个频繁项对中，所以它们不可能包含在购物篮的一个频繁三元组中。因此，我们必须考虑包含{2, 3, 4}的三元组。而此时该三元组显然只有一个。然而，该三元组不应该出现在 C_3 中，这是因为{2, 4}显然不频繁。　□

更大的频繁项集及候选集合的构建本质上与上述过程一致，上述过程一直持续到某遍扫描中不再发现新的频繁项集为止。也就是说：

(1) C_k 定义为大小为 k 的所有项集集合，每个项集中的任意 $k–1$ 个项组成的集合属于 L_{k-1}；

(2) 通过扫描购物篮，对且仅对 C_k 中规模为 k 的所有项集进行计数来寻找 L_k，至少出现 s 次的所有项集构成集合 L_k。

6.2.7　习题

习题 6.2.1　如果采用三角矩阵方法来对项对计数，且项的个数 n 为 20，那么数组元素 $a[100]$ 存放的是哪个项对的计数值？

! 习题 6.2.2　在 6.2.2 节给出的三角矩阵方法的描述中，有关 k 的公式包含了一个任意整数 i 除以 2 的计算过程，而 k 必须是整数。试证明按照公式计算得到的 k 实际上必然是整数。

！习题 6.2.3   假定某个购物篮数据集中包含 I 个项和 B 个购物篮。假定每个购物篮中都包含 K 个项。试通过 I、B、K 的函数表达式来对下列问题的结果进行表示。

(a) 如果采用三角矩阵方法来存放所有项对的计数值，而每个数组元素需要用 4 字节来存储，那么所需要的空间大小是多少？

(b) 出现次数非零的可能最大的项对数目是多少？

(c) 在什么情况下，可以肯定三元组方式所需的空间小于三角矩阵方法？

‼ 习题 6.2.4   如何通过一般化的三角矩阵方法来对所有的三元组项集计数？也就是说，将它们安排到一个一维数组中，且每个数组元素对应一个三元素集合。

！习题 6.2.5   假定支持度阈值为 5，找出下列数据集中极大频繁的项集：

(a) 习题 6.1.1 中的数据集；

(b) 习题 6.1.3 中的数据集。

习题 6.2.6   将 A-Priori 算法应用到下列数据集，其中支持度阈值为 5：

(a) 习题 6.1.1 中的数据集；

(b) 习题 6.1.3 中的数据集。

！习题 6.2.7   假定我们的购物篮满足下列假设。

(1) 支持度阈值为 10 000。

(2) 有 100 万个项，分别用整数 0, 1, …, 999 999 来表示。

(3) 有 N 个频繁项，即出现次数为 10 000 或更多的项。

(4) 有 100 万个项对出现 10 000 次或更多次。

(5) 有 $2M$ 个项对仅出现一次。这 $2M$ 个项对中，M 个项对由两个频繁项构成，而另外 M 个项对中至少包含一个非频繁项。

(6) 其他项对均不出现。

(7) 整数永远用 4 字节来表示。

假定运行 A-Priori 算法，并在第二遍扫描时可以选择两种方式来实现：一种是三角矩阵方法来对候选相对计数，另一种是采用项–项–计数值形式的三元组哈希表。我们忽略第一种情况下将原始项编号转换为频繁项编号所需的空间开销，同时忽略第二种情况下的哈希表空间开销。那么要在这个数据集上顺利运行 A-Priori 算法，所需要的最小内存是多少（表示成 N 和 M 的函数）？

6.3   更大数据集在内存中的处理

只要在需要最大内存的那一步内存足够大而不会发生内存抖动（在磁盘和内存之间反复传输数据）的话，A-Priori 算法就很好。通常需要最大内存的步骤就是对候选项对 C_2 计数。已经有人提出了多个算法来降低候选集 C_2 的大小。接下来我们首先考虑 PCY 算法，它能够利用 A-Priori 算法的第一遍扫描当中单元素项集计数通常不需要大量内存这个事实。然后介绍多阶段算法，它不仅利用 PCY 中的技巧而且通过插入额外的扫描过程来进一步降低 C_2 的大小。

6.3.1　PCY 算法

　　PCY 算法得名于其提出者 Park、Chen 和 Yu 的首字母组合。它主要利用了第一遍扫描中可能有大量未用内存空间这一观察结果。如果存在 100 万个项和上吉字节的内存，那么图 6-3 所示的两张表（一张是将项名称转换为小的整数的表，而另一张表存放的是对这些整数进行计数的数组）所需要的内存加起来不会超过总内存的 10%。PCY 算法利用剩余内存来组织一张整数数组，该数组是 4.3 节讨论的布隆过滤器的扩展。图 6-5 给出了该思路的示意图。

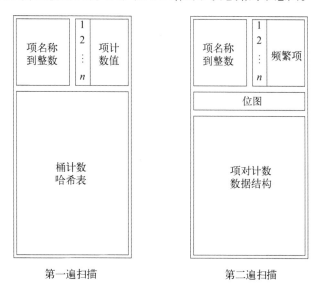

图 6-5　PCY 算法前两遍扫描中的内存组织示意图

　　可以将该数组想象成一个哈希表，其中每个桶中放置的是整数而不是普通哈希表中的键集合或布隆过滤器中的位。项对会被哈希到该哈希表的桶中。在第一遍扫描时对购物篮进行检查，我们不仅对篮中的每个项的计数值加 1，而且通过一个双重循环生成所有的项对。对于每个项对，我们将哈希结果对应的桶元素加 1。注意到项对本身并不会被放到哈希桶中，因此它只会影响桶中的单个整数。

　　第一遍扫描结束时，每个桶中都有一个计数值，记录的是所有哈希到该桶中的项对的数目之和。如果某个桶中的计数值不低于支持度阈值 s，那么该桶称为频繁桶（frequent bucket）。对于哈希到某个频繁桶中的项对，我们说不出什么。就我们所知的信息而言，它们可能都是频繁项对。但是如果某个桶中的计数值小于 s（此时该桶称为非频繁桶），那么我们知道所有哈希到该桶的项对都是不频繁的，即使它由两个频繁项构成。这个事实对于第二遍扫描很有帮助。我们可以通过下列方式来定义候选项对集合 C_2，其中的项对 $\{i, j\}$ 满足：

　　(1) i 和 j 都是频繁项；

　　(2) $\{i, j\}$ 哈希到一个频繁桶。

　　第二个条件正是 PCY 和 A-Priori 的本质区别。

　　例 6.9　根据数据及可用内存的大小情况，第一遍扫描中使用哈希表可能有益也可能无益。最差情况下，所有的桶都是频繁的，此时在第二遍扫描中 PCY 算法需要计算的项对数目和 A-Priori 算法完全一样。但是，有时我们可以预期大部分桶是非频繁的。这种情况下，PCY 能够减少第二遍扫描中所需的内存大小。

　　假定在第一遍扫描中有 1 GB 内存空间可以用于哈希表，再假定数据文件包含 10 亿个购物篮，其中每个购物篮中有 10 个项。每个桶中存放的是整数，通常可以通过 4 字节来表示。因此，我们可以在内存中维护 2.5 亿个桶。所有购物篮中的项对数目为 $10^9 \times \binom{10}{2} = 4.5 \times 10^{10}$，该数也是所有桶中的数之和。于是，平均的计数值为 $4.5 \times 10^{10}/2.5 \times 10^8 = 180$。如果支持度阈值 s 为 180 左右或更小，那么可以预期大部分桶是频繁的。然而，如果 s 大很多，比如说 1000，那么大部分桶一定是非频繁的。此时，可能的频繁桶的最大数目是 $4.5 \times 10^{10}/1000$，或者说 2.5 亿个桶中的 4500 万是频繁的。□

　　在 PCY 的两次扫描之间，哈希表被概括表示成一个**位图**（bitmap），其中每 1 位表示一个桶。位为 1 表示对应的桶是频繁的，而为 0 表示不频繁。因此将每 32 位表示的整数替换成 1 位，图 6-5 第二遍扫描中给出的位图只需要 1/32 的空间开销，而剩余空间用于计数值的保存。然而，如果大部分桶不频繁，那么可以预期第二遍扫描中所要计算的项对数目会远小于所有频繁项组成的项对数目。所以，在第二遍扫描中，PCY 可以在处理某些数据集时避免内存抖动，而此时 A-Priori 算法由于内存不足而无法避免内存抖动。

　　PCY 算法影响所需空间的第二遍扫描当中还有另一个微妙之处。由于频繁项可以重新编号在 1 和某个 m 之间，因此只要愿意就可以在 A-Priori 算法的第二遍扫描中使用三角矩阵方法，但是在 PCY 算法中却不能这样做。主要原因在于，PCY 想避免计算数的那些频繁项所组成的项对随机放置在三角矩阵中，它们在第一遍扫描当中碰巧哈希到一个非频繁桶中。目前还没有方法能够对矩阵进行压缩，以避免给不需要计数的项对保留空间。

　　因此，我们在 PCY 算法中不得不使用三元组方式。当频繁项构成的项对真正出现在桶中的比例较小时，上述限制可能无关紧要。这种情况下，我们想对 A-Priori 算法使用三元组方式。但是，如果频繁项构成的项对中的大部分共同出现在不止一个桶中，那么在 PCY 中就必须使用三元组方式，而 A-Priori 则可以使用三角矩阵方法。所以，如果 PCY 不能让我们避免至少 2/3 频繁项组成的对的计算，那么利用 PCY 而不是 A-Priori 算法就没有什么好处。

　　虽然 PCY 算法的频繁对发现与 A-Priori 算法显著不同，它们的后续频繁三元组以及更高元组的发现（如果有这些要求的话）却和 A-Priori 算法在本质上完全一样。这个说法对于本节介绍的 A-Priori 算法的每一个改进算法都成立。因此，从现在开始我们只考虑频繁对的构建过程。

6.3.2　多阶段算法

　　多阶段算法（multistage algorithm）通过使用多个连续的哈希表来进一步降低 PCY 算法中的候选对数目，代价则是需要两次以上的扫描过程来发现频繁项组成的对。图 6-6 给出了多阶段算法的概要示意图。

多阶段算法的第一遍扫描和 PCY 的一样。第一遍扫描之后，频繁桶会被识别出来并概括为一个位图，这和 PCY 算法的情况也一样。但是多阶段算法的第二遍扫描并不对候选对计数。取而代之的是利用可用内存基于另一个哈希函数建立另一张哈希表。由于第一张哈希表对应的位图占用了 1/32 的可用内存空间，第二张哈希表和第一张哈希表差不多有相同的桶数目。

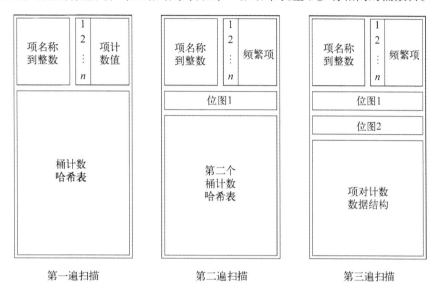

图 6-6　利用额外哈希表来减少候选对数目的多阶段算法示意图

在多阶段算法的第二遍扫描中，我们再次扫描购物篮文件。这时不需要对项重新计数，因为这些计数值已经从第一遍扫描中得到。然而，我们必须保留哪些项是频繁项的信息，因为这些信息将同时在第二遍和第三遍扫描过程中使用。在第二遍扫描中，我们将某些项对哈希到第二张哈希表的桶中。仅当某个项对满足在 PCY 算法第二遍扫描中进行计数的两个准则时才会被哈希，即当且仅当 i 和 j 都是频繁项并且 $\{i, j\}$ 对在第一遍扫描中被哈希到一个频繁桶才哈希 $\{i, j\}$。因此，第二张哈希表中的计数值之和应该会显著低于第一遍扫描中哈希表的计数值之和。这样的结果是，即使第二张哈希表的桶数目只是第一张哈希表的 31/32，我们也期望第二张表中的频繁桶数目远低于第一张表。

第二遍扫描之后，第二张哈希表也会被概括成一个位图存在内存中。两个位图加起来所占的空间比可用内存的 1/16 略低，因此仍然有大量的空间在第三遍扫描中对候选对计数。当且仅当 $\{i, j\}$ 满足下列条件时，它才属于 C_2：

(1) i 和 j 都是频繁项；

(2) $\{i, j\}$ 哈希到第一张哈希表的某个频繁桶中；

(3) $\{i, j\}$ 哈希到第二张哈希表的某个频繁桶中。

第三个条件是多阶段算法和 PCY 的本质区别。

可能有一点很明显，就是在多阶段算法的第一遍扫描和最后一遍扫描之间可以插入任意数目的扫描过程。当然这里存在的一个限制因素是每次扫描都必须要存放前面每次扫描中产生的位图。那么最终剩余的内存空间就不足以进行计数。不论有多少次扫描过程，真正频繁的项对永远都会哈希到一个频繁桶中，因此无法避免对它们的计数。

多阶段算法实现时可能会犯的一个不易察觉的错误

偶然情况下，多阶段算法在实现时可能会忽略 $\{i, j\}$ 成为候选对的第二个条件，即 $\{i, j\}$ 在第一次扫描中会哈希到一个频繁桶中。错误的推理过程如下：如果某个项对在第一次扫描中不会哈希到某个频繁桶中，那么它在第二次扫描中根本不会被哈希，因此也不会对第二次扫描中对应桶的计数值有任何贡献。虽然在第二次扫描中项对不会计数这一点确实是对的，但这并不意味着在它已经哈希到一个频繁桶的情况下，这次就不会再哈希到一个频繁桶中。因此，完全有可能的是，两个频繁项构成的 $\{i, j\}$ 会在第二次扫描中哈希到某个频繁桶中，同时它在第一次扫描中并不哈希到某个频繁桶中。所以，在多阶段算法的计数扫描中，必须检查所有三个条件。

6.3.3   多哈希算法

有时，多阶段算法中额外扫描的大多数好处可以在一次扫描中得到。PCY 的这种变形算法称为**多哈希算法**（multihash algorithm）。与在连续扫描过程中使用两个不同哈希表不同的是，多哈希算法在第一次扫描中同时在内存中使用两个哈希函数和两张独立的哈希表。图 6-7 给出了这种思路的示意图。

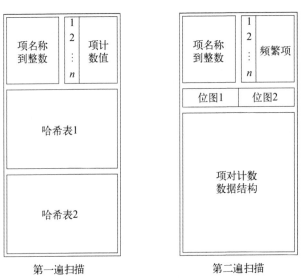

图 6-7   在一次扫描中使用多张哈希表的多哈希算法

在一次扫描中使用两张哈希表的风险在于，每张哈希表的桶数目大约是 PCY 算法中的大哈希表的一半左右。只要 PCY 的每个桶的平均计数值远小于支持度阈值，我们就可以使用两张一半大小的哈希表并仍然期望两张表中大部分桶是不频繁的。因此，这种情况下有很好的理由选择多哈希算法。

例 6.10 假定运行 PCY 算法时，平均每个桶中的计数值为 $s/10$，其中 s 为支持度阈值。那么使用两张一半大小的哈希表的多哈希算法中，平均计数值为 $s/5$。于是，两张表的每一个都最多有 1/5 的桶可能是频繁的。那么一个随机的非频繁对最多有 $(1/5)^2 = 0.04$ 的概率会哈希到两张哈希表的某个频繁桶中。

采用同样的推理方式，PCY 哈希桶中非频繁对哈希到哈希表的某个频繁桶中的概率最多是 1/10。也就是说，上述多哈希算法的版本中，必须计数的非频繁对数目是 PCY 算法的 2.5 倍。因此，我们必须期望在多哈希算法中，第二次扫描中所需要的内存大小要低于 PCY 算法所需要的。

但是上述概率上界并没反映问题的全部。对于两种算法来说，频繁桶的数目可能比最大值小很多，这是因为某些非常频繁的项对的存在会使桶中计数值的分布非常不均衡。但是，上述分析暗示某些数据和支持度阈值的可能性，我们可以通过在内存中同时运行多个哈希函数来做得更好。□

对于多哈希算法的第二次扫描而言，每张哈希表都像以往一样转换成一个位图。需要注意的是，图 6-7 中两个哈希函数对应的位图加在一起和 PCY 算法第二次扫描中单个位图所占据的空间大小完全一样。项对 $\{i, j\}$ 的条件属于 C_2，于是在第二次扫描中需要计数的条件和多阶段算法中第三次扫描的一样，即 i 和 j 必须都频繁，且必须在两个哈希表中都被映射到频繁桶中。

多阶段算法并不限于两张哈希表，因此可以像多哈希算法的第一次扫描一样将可用内存分成我们想要的多张哈希表。风险在于，如果使用了太多的哈希表，桶中的平均计数值将会超过支持度阈值。这样的话，任意哈希表中的非频繁桶都可能很少。即使某个项对必须在所有哈希表中都哈希到一个频繁桶然后进行计数，但是如果增加另一个哈希表，我们就可能发现某个非频繁项对成为候选对的概率会升高而不是降低。

6.3.4 习题

习题 6.3.1 下面给出了 12 个购物篮组成的集合。每个购物篮都由项 1 到项 6 的 3 个项组成：

$$\{1, 2, 3\} \ \{2, 3, 4\} \ \{3, 4, 5\} \ \{4, 5, 6\}$$
$$\{1, 3, 5\} \ \{2, 4, 6\} \ \{1, 3, 4\} \ \{2, 4, 5\}$$
$$\{3, 5, 6\} \ \{1, 2, 4\} \ \{2, 3, 5\} \ \{3, 4, 6\}$$

假定支持度阈值为 4。在 PCY 算法的第一次扫描中，我们使用一个具有 11 个桶的哈希表，集合 $\{i, j\}$ 会哈希到桶 $i \times j \bmod 11$。

(a) 不管采用什么方式，计算每个项及每个项对的支持度。

(b) 哪个项对会哈希到哪个桶中？

(c) 哪些桶是频繁的？

(d) 在 PCY 算法的第二次扫描中，哪些项对会被计数？

习题 6.3.2　假定在习题 6.3.1 的数据上运行多阶段算法，其支持度阈值仍然是 4。第一次扫描仍然和上一题中的一样，但是第二次扫描中我们将项对哈希到 9 个桶中，采用的哈希函数是将 $\{i, j\}$ 哈希到桶 $(i + j) \bmod 9$ 中。试确定第二次扫描每个桶中的计数值。第二次扫描是否减少了候选对集合的数目？注意到所有的项都是频繁的，因此某个项对不会在第二次扫描中被哈希的唯一原因在于，它在第一次扫描中哈希到了一个非频繁桶。

习题 6.3.3　假定在习题 6.3.1 的数据上运行多哈希算法。我们将使用两张哈希表，每张表都由 5 个桶构成。第一张哈希表使用的哈希函数将 $\{i, j\}$ 哈希到桶 $(2i + 3j + 4) \bmod 5$，而第二张哈希表所使用的哈希函数将集合哈希到桶 $(i + 4)j \bmod 5$。这些哈希函数并不对 i、j 对称，因此在评价每个哈希函数时都要对项进行排序，以保证 $i < j$。试确定 10 个桶中的计数值。支持度阈值必须多大，才能保证多阶段算法去除的项对数目比 PCY 算法去除的要多（假定 PCY 算法使用习题 6.3.1 中的哈希表和哈希函数）？

! 习题 6.3.4　假定使用 PCY 算法来寻找频繁项对，其中购物篮数据满足下列规格。

(a) 支持度阈值为 10 000。

(b) 存在 100 万个项，表示为整数 0, 1, $\cdots$, 999 999。

(c) 有 250 000 个频繁项，即出现次数不低于 10 000 次的项。

(d) 有 100 万个项对的出现次数不低于 10 000 次。

(e) 有 P 个项对，每个项对都由两个频繁项构成，但是这些项对仅出现一次。

(f) 其他项对一次都不出现。

(g) 整数一直都通过 4 字节来表示。

(h) 当对项对进行哈希时，它们会在桶之间随机分布，但是会尽可能地均匀分布。也就是说，可以假设每个桶都正好公摊出现了一次的 P 个项对。

假定内存包含 S 个字节。为了成功运行 PCY 算法，桶的数目必须充分大以保证大部分桶不是频繁的。另外，在第二次扫描中，必须有足够的空间来对所有候选对计数。在此数据上，能够成功运行 PCY 算法的最大 P 值是多少（结果采用 S 的函数来表示）？

! 习题 6.3.5　在习题 6.3.4 的假设条件下，多哈希算法能否在第二次扫描中减少内存需求？第一次扫描中使用的最优哈希表数目是多少（表示成 S 和 P 的函数）？

! 习题 6.3.6　假定使用三遍扫描的多阶段算法来发现频繁项对，其中购物篮数据满足下列规格。

(a) 支持度阈值为 10 000。

(b) 存在 100 万个项，表示为整数 0, 1, $\cdots$, 999 999。所有项都是频繁的，即出现至少 10 000 次。

(c) 有 100 万个项对的出现次数不低于 10 000 次。

(d) 有 P 个项对仅仅出现一次。

(e) 其他项对一次都不出现。

(f) 整数一直都通过 4 字节来表示。

(g) 当对项对进行哈希时，它们会在桶之间随机分布，但是会尽可能地均匀分布。也就是说，可以假设每个桶都正好公摊出现了一次的 P 个项对。

(h) 开始两次扫描中所使用的哈希函数完全独立。

假定内存的大小为 S 字节，多阶段算法第三次扫描中的期望候选项对数是多少（表示成 S 和 P 的函数）？

6.4　有限扫描算法

迄今为止讨论的频繁项集发现算法都对我们研究的每个不同规模的项集采用一遍扫描过程。如果内存太小以致无法容纳数据和提供对某规模频繁项集进行计数所需的空间，要计算所有频繁项集似乎无法避免 k 遍扫描。然而，有很多应用并不必须发现所有的频繁项集。比如，如果正在寻找某超市中一起购买的商品，我们将不会根据发现的所有频繁项集进行销售管理，因此发现大多数而不是全部频繁项集已经足够。

本节将介绍几种能够在最多两遍扫描之内发现全部或大部分频繁项集的算法。首先是一个显而易见的方法，只利用数据抽样样本而不是全部数据集进行计算。接下来是一个称为 SON 的两遍扫描算法，它能得到精确解，并且适合采用 MapReduce 或其他并行计算模式来实现。最后，我们介绍 Toivonen 算法，它平均使用两遍扫描来得到一个精确解，但是在少数情形下，它可能不会在某个给定时间内结束。

6.4.1　简单的随机化算法

我们可以不使用全部购物篮文件，而只选择购物篮的一个随机子集并将它看成整个数据集。我们必须调整支持度阈值以反映购物篮数目变小的事实。比如，如果整个数据集上的支持度阈值为 s，而我们从购物篮中的抽样比例是 1%，那么对于抽样子集而言，我们会检查那些至少在 $s/100$ 个购物篮出现的项集。

最安全的选择抽样样本的方法是首先读入整个数据集，然后每个购物篮都有某个固定的概率 p 被选为抽样样本。假定整个文件中有 m 个购物篮。最后，我们得到的抽样样本的大小非常接近 pm 个购物篮。然而，如果有理由相信购物篮在文件的出现次序已经是随机的，那么甚至不需要读入整个文件。我们可以选择最前面的 pm 个购物篮作为样本。如果购物篮文件是某个分布式文件系统的一部分，那么可以随机选择某些组块作为样本。

选择购物篮样本之后，我们使用部分内存来存放这些购物篮。剩余内存用于执行我们讨论过的某个算法，比如 A-Priori、PCY、多阶段或多哈希算法。但是，对于每个规模的项集大小，算法必须在内存样本上运行多遍扫描过程，直到发现不存在当前大小的频繁项集为止。由于样本已经常驻内存，因此不需要进行磁盘访问来读取样本。当发现每一规模的频繁项集时，它们可以写回磁盘。该操作和一开始从磁盘读取样本的操作是算法中仅有的磁盘 I/O 操作。

当然，如果我们从 6.2 节或 6.3 节选择的任一算法在存储样本之后没有足够的空间运行，那么算法会失败。如果需要更多内存，一种可选的做法就是每遍扫描中都将样本从磁盘读入内存。由于样本规模会远小于全部数据集，就能够避免前述算法所使用的大部分磁盘 I/O 操作。

为什么不只选择文件的前面部分？

在一个大文件中的某个部分选择样本的风险在于，数据并不在文件中均匀分布。例如，假设文件是某百货公司的真实购物篮信息列表，这些信息按照销售日期组织。如果只考察文件头部的购物篮，那么得到的是很早的数据。例如，尽管 iPod 后来可能十分流行，但是这些较早的购物篮中可能没有 iPod 的信息。

作为另一个例子，考虑一个记录不同医院里医疗测试的文件。如果每个组块来自不同的医院，那么随机选择组块仅仅会得到一个来自很小的医院子集的样本。如果不同医院所进行的测试本身不同或者测试的做法不同，那么数据可能相当不均衡。

6.4.2 抽样算法中的错误规避

我们必须对 6.4.1 节简单算法中的问题多加小心，它既不可能保证产生整个数据集上频繁的所有项集，也不能保证只产生整个数据集上的频繁项集。某个项集如果在整个数据集上是频繁的，但是在样本中不频繁，则它是**假反例**（false negative）。如果某个项集在样本中频繁但在整个数据集上不频繁，则它是**假正例**（false positive）。

如果样本足够大，那么不可能出现非常严重的错误。也就是说，一个支持度远大于阈值的项集几乎肯定可以从随机样本中识别出来，而支持度远小于阈值的项集也不太可能在样本中频繁出现。但是，一个在整个数据集上的支持度与阈值十分接近的项集在样本集上可能频繁性有所不同。

我们可以通过对整个数据集做一遍扫描来对样本中确认的所有频繁项集计数，从而去掉假正例。我们只保留那些既在样本也在整个数据集中频繁的项集作为频繁项集。需要注意的是，上述改进的做法将去掉所有假正例，但是假反例并没有进行计数因此仍然无法被发现。

为了在单遍扫描中完成上述任务，我们必须能够在内存中对所有大小的频繁项集进行一次性计数。如果能够在可用内存中成功运行简单算法，那么就有很好的机会一次性对所有频繁项集计数，原因在于：

(a) 频繁单元素集合和双元素集合（即项对）很可能占据所有频繁项集集合中的大部分比例，我们已经要求必须在一遍扫描中对它们全部进行计数；

(b) 现在拥有全部可用内存，因为不需要在内存中存放样本。

我们不可能完全去掉假反例，但是在内存数量许可的情况下可以减少它们的数目。前面已经假设如果 s 是支持度阈值，样本占全部数据集的比例为 p，那么样本上的支持度阈值为 ps。但是，这时我们可以使用一个更低的样本阈值，比如 $0.9ps$。更低的阈值意味着对每个规模而言需要对更多的项集进行计数，因此对内存的需求就会增加。如果内存足够，我们可以选出那些在样本上支持度不低于 $0.9ps$ 而在全部数据集上支持度不低于 s 的项集。如果进一步执行一个完整的扫描过程来去掉那些在样本上频繁但是在整个数据集上不频繁的项集，那么我们最终会去掉所有假正例，同时可能没有或仅有一些假反例。

6.4.3　SON 算法

接下来介绍一个改进的算法，能够在两次扫描的代价下去掉所有假反例和假正例。该算法基于作提出者 Savasere、Omiecinski 和 Navathe 的名字而命名，称为 SON 算法。它的基本思路是，将输入文件分成多个组块（这里的组块可以是分布式文件系统中的"组块"，或者就是一段文件）。将每个组块看成一个样本数据，然后在该组块上运行 6.4.1 节的算法。如果每个组块占整个文件的比例为 p，而 s 是支持度阈值。[①]我们可以将每个组块上发现的所有频繁项集存在磁盘上。

一旦所有的组块采用上述方法进行了处理，就可以将所有在一个或多个组块上发现的所有频繁项集进行合并。这些项集为**候选**（candidate）项集。注意到如果某个项集在任意组块上都不频繁，那么它在每个组块上的支持度都低于 ps。由于组块的数目是 $1/p$，因此我们得出结论：该项集在所有数据集上的支持度将低于 $(1/p)ps = s$。所以，在所有数据集上频繁的项集至少会在一个组块上是频繁的，于是我们可以确认所有真正频繁的项集都在候选项集中，也就是说不存在假反例。

当读取并处理每一个组块时，我们已经对整个数据进行了一遍扫描。在第二遍扫描中，我们对所有候选项集计数并选出支持度不低于 s 的频繁项集。

6.4.4　SON 算法和 MapReduce

SON 算法非常适合并行计算环境。每个组块可以并行处理，它们产生的频繁项集被合并成候选项集。我们可以将所有候选项集分布到多个处理器上进行处理，每个处理器计算每个候选项集在一个购物篮子集上的支持度，最后对它们求和，得到每个候选项集在整个数据集上的支持度。上述过程并不一定要采用 MapReduce 机制实现，但是存在一个很自然的方式采用 MapReduce 对两次扫描的每一次扫描进行表达。下面总结这个 MapReduce-MapReduce 序列的流程。

第一个 Map 函数　使用分配的购物篮子集，并采用 6.4.1 节的算法发现该子集中的频繁项集。如 6.4.1 节所述，如果每个 Map 任务得到整个输入文件的比例是 p，那么我们可以将支持度阈值从 s 降为 ps。最后的输出是一个键-值对 $(F, 1)$ 集合，其中 F 是样本中的一个频繁项集。值永远为 1，它与键没有任何关联。

第一个 Reduce 函数　每个 Reduce 任务被分配了一个键集合，每个键都是一个项集，而值部分被忽略。Reduce 任务只不过是产生那些出现一次或多次的键（即项集）。因此，第一次 Reduce 函数输出候选项集。

第二个 Map 函数　第二个 Map 函数对应的 Map 任务接收第一个 Reduce 函数的所有输出（即候选项集）和输入数据文件的一部分。每个 Map 任务计算每个候选项集在当前分配的购物篮数据集上的出现次数。其输出为一个键-值对 (C, v) 组成的集合，其中 C 是一个候选集，v 是 C 在本 Map 任务所分配数据上的支持度。

第二个 Reduce 函数　Reduce 任务将分配的项集看成键，并将关联的值求和。最终得到每个 Reduce 任务所分配的每个项集在整个数据集上的全部支持度。那些值求和之后不低于 s 的项集是

---

① 那么我们可以使用 ps 作为支持度阈值。——译者注

整个数据集上的频繁项集，因此 Reduce 任务会将这些项集及其计数值输出。那些全部支持度低于 s 的项集不会作为 Reduce 任务的结果输出。①

6.4.5　Toivonen 算法

该算法使用的随机方式与 6.4.1 节中的简单抽样算法使用的有所不同。在给定足够内存的情况下，Toivonen 算法将对小样本进行一遍扫描，同时对整个数据进行一遍完整的扫描。虽然该算法不会产生假正例和假反例，但是它也可能根本不产生任何结果，虽然这种情况发生的概率很小但不为零。如果发生了这种情况，那么算法就必须要反复循环直至得到一个结果为止。然而，在产生且只产生所有频繁项集之前所需要的平均扫描次数是一个很小的常数。

Toivonen 算法首先选择输入数据集中的一个小样本并基于该数据获得候选频繁项集。除了有必要将支持度阈值设置得比样本和所有数据的规模比值稍低之外，其余过程都和 6.4.1 节中相同。也就是说，如果整个数据集的支持度阈值是 s，样本占整个数据集的比例是 p，那么在样本中寻找频繁项集时的支持度阈值可以设置为 $0.9ps$ 或 $0.8ps$。该阈值设置得越低，就需要更多的内存来计算样本中的所有频繁项集，并且避免算法失败的可能性也越大。

在样本数据集上构建频繁项集之后，下一步就是要构建**反例边界**（negative border）。该边界由样本数据上的所有满足如下性质的非频繁项集组成，即这些项集的**直接子集**（immediate subset，即删除集合中的一个元素构建集合）在样本数据上都是频繁的。

例 6.11　假设所有项是 $\{A, B, C, D, E\}$，并且已知下列项集在样本数据集 $\{A\}$、$\{B\}$、$\{C\}$、$\{D\}$、$\{B, C\}$ 和 $\{C, D\}$ 上是频繁的。需要注意的是，只要购物篮数目本身不低于支持度阈值，那么空集 $\varnothing$ 也是频繁的，尽管严格来说我们介绍的算法都忽略了这个明显的事实。首先，因为 $\{E\}$ 在样本中不频繁，而其唯一的直接子集 $\varnothing$ 是频繁的，所以它属于反例边界中。

双元素集合 $\{A, B\}$、$\{A, C\}$、$\{A, D\}$ 和 $\{B, D\}$ 都属于反例边界。这些集合本身都不是频繁的，但是每个集合的两个直接子集都是频繁的。比如，$\{A, B\}$ 的两个直接子集 $\{A\}$ 和 $\{B\}$ 都是频繁的。而所有其他的 6 个双元素集合都不属于反例边界。因为集合 $\{B, C\}$ 和 $\{C, D\}$ 本身是频繁的，所以它们不属于反例边界。剩下的 4 个双元素集合都由 E 和另一个项构成，因为它们拥有一个非频繁的直接子集 $\{E\}$，所以都不属于反例边界。

这里三元组以及更多元素的集合都不属于反例边界。比如，因为 $\{B, C, D\}$ 的一个直接子集 $\{B, D\}$ 是不频繁的，所以它不在反例边界中。因此，最终反例边界由 $\{E\}$、$\{A, B\}$、$\{A, C\}$、$\{A, D\}$ 和 $\{B, D\}$ 这 5 个集合构成。　　　　　　　　□

为完成 Toivonen 算法，我们要对整个数据集进行一遍扫描，通过扫描对样本数据上的所有频繁项集或反例边界中的项集进行计数。两种可能的结果如下。

(1) 反例边界中的所有集合在整个数据集上也都不是频繁的。这种情况下，正确的频繁项集是那些在整个数据集上仍然频繁的样本频繁项集。

(2) 反例边界上的某些集合在整个数据集上是频繁的。此时我们无法确信在反例边界和样本

---

① 严格地说，Reduce 函数必须对每个键都要输出值。对于频繁项可以将值设为 1，而对非频繁项则设为 0。

数据上的频繁项集之外,是否存在一些更大的集合在整个数据集上也是频繁的。于是,此时无法得到结果,必须在一个新的随机样本数据上重新执行算法。

6.4.6 Toivonen 算法的有效性分析

很显然,由于 Toivonen 算法只会将那些在整个数据集上被计数且被判定为频繁的项集输出为频繁项集,它一定不会产生假正例。为了论证它永远也不会产生假反例,我们必须说明,当所有反例边界中的集合在整个数据集上都是不频繁的,那么就不可能有某个项集满足:

(1) 它在整个数据集上频繁;

(2) 但不在反例边界也不在样本数据的频繁项集集合中。

接下来我们使用反证法证明上述结论。也就是说假设上述结论不成立,即存在某个集合 S 在整个数据集上是频繁的,并且它既不属于反例边界也不属于样本数据上的频繁项集集合。同时,假定 Toivonen 算法在本轮当中产生了一个结果,该结果中的频繁项集集合肯定不包含 S。根据单调性理论,S 的所有子集也都应该是整个数据集上的频繁项集。假定 T 是 S 所有子集中在样本数据上非频繁的规模最小的子集。

我们可以断言 T 一定属于反例边界。T 肯定满足反例边界的一个条件,即它在样本数据集上是非频繁的。它同时也满足反例边界的另一个条件,即它的所有直接子集在样本数据集上都是频繁的。如果 T 的某个直接子集在样本数据上是非频繁的,那么就存在一个 S 的子集,其规模小于 T,但是在样本数据集上是不频繁的,这和前面有关 T 的假设发生了矛盾。

于是现在我们得到,T 不仅属于反例边界并且在整个数据集上是频繁的。因此,Toivonen 算法在这一轮不会产生任何结果。

6.4.7 习题

习题 6.4.1 假定有 8 个项 $A, B, \cdots, H$,集合 $\{A, B\}$、$\{B, C\}$、$\{A, C\}$、$\{A, D\}$、$\{E\}$ 和 $\{F\}$ 是极大频繁项集,试找出反例边界。

习题 6.4.2 在习题 6.3.1 给出的数据集上应用 Toivonen 算法,其中的支持度阈值为 4。将第一行中的购物篮数据作为样本数据,即 $\{1, 2, 3\}$、$\{2, 3, 4\}$、$\{3, 4, 5\}$ 和 $\{4, 5, 6\}$,即这些数据占整个文件的 1/3。经尺度变换后得到的支持度阈值为 1。

(a) 样本数据上的频繁项集是哪些?

(b) 反例边界是什么?

(c) 整个数据集扫描后的结果是什么?反例边界中是否有某个项集在整个数据集上是频繁的?

!! 习题 6.4.3 假定项 i 在 n 个购物篮构成的文件中正好出现 s 次,其中 s 是支持度阈值。如果将 $n/100$ 个购物篮的数据作为样本,并且将样本数据上的支持度阈值降为 $s/100$,那么项 i 频繁的概率是多少?这里假设 100 同时被 s 和 n 整除。

6.5 流中的频繁项计数

假定现在的数据是购物篮流而不是购物篮文件，我们仍然想从这个流中挖掘出频繁项集。第4 章提到，流和数据文件的区别在于，流元素只有到达之后才可用，并且通常情况下到达速率很高以至于无法存储整个流来支持简单查询。另外，一个流会随时间推移而不断变化，这一点非常普遍，因此今天的流频繁项集明天可能就不再频繁。

当考虑频繁项集时，流和文件的一个显著区别是流不会结束，因此只要某个项集反复在流中出现，它最终都会超过支持度阈值。所以，对于流而言，要考虑项集的频繁性，就必须将支持度阈值 s 看成项集出现的购物篮所占的比例。即使做了上述调整，我们仍然在度量该比例时对流的区段选择有多种做法。

本节会讨论从流中抽取频繁项对的多种方法。首先，考虑前一节中使用的抽样技术的方法。然后，考虑 4.7 节提到的衰减窗口模型，并对 4.7.3 节流行项发现的方法进行扩展。

6.5.1 流的抽样方法

在接下来的讨论中，我们都假设流元素为多个项构成的购物篮数据。或许估计流中当前频繁项集的最简单方法是，收集一定量的购物篮并将其存为一个文件。在该文件上执行本章介绍的一个频繁项集算法，同时忽略随后到来的流元素，或者将其存为另一个文件用于后续分析。当频繁项集算法结束时，我们对流中的频繁项集有一个估计。然后有如下选择。

(1) 我们可以在当前的应用上使用该频繁项集集合，但是立即启动所选频繁项集算法的另一个迭代运行过程。该算法在以下情况下二选一。

(a) 使用运行算法的第一次迭代中收集的文件。同时收集另外一个文件，用于当前迭代结束之后的算法的另一次迭代过程。

(b) 现在开始收集另一个购物篮文件，并当收集到的购物篮数目足够时运行算法。

(2) 我们可以继续对这些频繁项集的发生进行计数，同时记录从开始计数之后所看到的流中的购物篮总数。如果任一项集的购物篮出现比例显著低于比例阈值 s，则该集合可以从所有的频繁项集集合中去掉。在计算项集的购物篮出现比例时，一定要包括产生当前频繁项集的原始购物篮文件中的出现次数，这一点十分重要。否则，我们就有可能碰到虽然在某一小段时间内不频繁但是真正频繁的项集，这样就有可能将该项集去掉。当然，我们也应该允许采用某种方式在当前集合中加入新的频繁项集。可能的做法包括以下两种。

(a) 定期从流中收集新的购物篮数据片段，将它们作为数据文件用于选定频繁项集算法的另一次迭代。新的频繁项集合由两部分组成，一部分是本次迭代产生的频繁项集结果，另一部分是上次集合中那些没有被删除（因为变得不频繁就有可能会被删除）而留下来的那部分频繁项集。

(b) 在当前集合上加入一些随机项集，花一段时间计算它们的出现比例，直到有人确信它们当前是否频繁为止。选择新项集时可以不完全随机，而是集中关注那些所含项出现在多个已知频繁项集的项集。例如，一个好的选择是从当前频繁项集集合的反例边界（参见6.4.5 节）中选择新项集。

6.5.2 衰减窗口中的频繁项集

4.7 节提到，可以通过选择一个很小的常数 C 并给流窗口中的倒数第 i 个元素赋予 $(1-c)^i$ 或者大约 e^{-ci} 的权重值，来形成流中一个的衰减窗口。4.7.3 节实际上也给出了一种计算频繁项的方法，只不过那里的支持度阈值定义有所不同而已。也就是说，对每个项，我们考虑一个二进制流，在该项出现的流元素位置上置 1 而在其他位置上都置 0。该项的"得分"可以定义为该二进制流上所有为 1 的流元素的权重之和。我们只记录得分不低于 1/2 的所有项。不可能将得分的阈值置为比 1 大的值，因为某项在流中出现之前我们不会对其计数值进行初始化。当它第一次出现时，得分仅仅为 1（因为当前项的权重是 1 或者$(1-c)^0$）。

如果想将上述方法调整为可以处理购物篮流，那么必须做两项修改。第一项修改非常简单，把流元素变成购物篮而不是单个的项，所以给定的流元素可能会包含多个项。将这些项中的每一项都看成"当前"项并在其当前所有得分乘以 $1-c$ 之后加上 1，具体细节可以参见 4.7.3 节。如果购物篮中某些项当前还没有得分，则将它们的得分初始化为 1。

第二项修改要复杂一些。我们想找到所有的频繁项集而不只是单元素项集。如果一旦看见某个项集就对它进行初始化，那么可能会有太多计数值。比如，一个包含 20 个项的购物篮有超过100 万子集，这些子集都必须进行初始化。然而，正如前面提到的那样，如果在对项集得分初始化时要求值大于 1，那么我们永远无法得到任何项集。上述方法也无法有效工作。

一种处理上述问题的方法是看到某个项集的一个实例时就对它开始评分，但是对于到底从哪些项集开始评分则有所保留。我们可以借用 A-Priori 算法中使用的技巧，只有在项集 I 的所有直接真子集都已经评分之后，才对项集 I 开始评分。这种限制的结果是，如果 I 真的频繁，最终我们会对 I 开始进行计数，但是如果某个项集不至少是 A-Priori 算法意义下的候选项时，我们将永远不会开始对某个项集的计数。

例 6.12 假定 I 是一个很大的项集，会在流中每 $2/c$ 个购物篮周期性出现一次。那么它的得分以及其子集的得分将永远不会低于 $e^{-1/2}$，而该值大于 1/2。于是，一旦对 I 的某个子集建立了得分，该子集将一直继续评分下去。I 第一次出现时，仅仅会创建其单元素子集的得分。但是，I 下一次出现时，因为其每个双元素子集的直接子集都已经评分，所以它们也将开始评分。同样地，I 第 k 次出现时，其大小为 $k-1$ 的所有子集都已经评分，因此我们开始对其大小为 k 的子集评分。最后，我们到达集合大小 $|I|$，此时开始对 I 自己进行评分。□

6.5.3 混合方法

6.5.2 节给出的方法在某些方面具有一定的优势。它在每次流元素到达时需要做的工作量有限,并且一直可以提供衰减窗口中频繁项集的最新快照图。它的一个最大缺点是必须维护所有得分不小于 1/2 的项集的得分。我们可以通过加大参数 c 的值来限制需要评分的项集数目。但是 c 越大,衰减窗口就越小。因此,我们不得不接受对非常短时间内频率的局部波动信息进行追踪,而不是对很长时间内的信息进行整合。

我们可以将 6.5.1 节和 6.5.2 节的思想组合起来使用。例如,我们可以对流的某个抽样样本运行标准的频繁项集发现算法,其支持度阈值的设定也采用传统的方式。该算法发现的频繁项集将被视为都在当前时间到达。也就是说,它们会得到一个等于其计数值固定比例的分值。

更精确地说,假定上述的初始样本有 b 个购物篮,c 是衰减窗口的衰减常数,而衰减窗口中可以接受为频繁项集的最小得分为 s,那么频繁项集算法的初始运行中的支持度阈值为 bcs。如果发现某个项集 I 在样本中的支持度为 t,那么赋予其一个初始化得分 $t/(bc)$。

例 6.13 假定 $c = 10^{-6}$,衰减窗口中可以接受为频繁项集的最小得分为 10。再假定我们有一个 10^8 个购物篮构成的流样本。于是在分析该样本数据时,我们使用的支持度阈值为 $10^8 \times 10^{-6} \times 10 = 1000$。

考虑项集 I,其在样本数据上的支持度为 2000。那么我们使用的 I 的初始得分为 $2000/(10^8 \times 10^{-6}) = 20$。在初始化步骤之后,每次流中的一个购物篮到达时,其当前得分会乘以 $1-c = 0.999\,999$。如果 I 是当前购物篮的一个子集,那么再在其得分上加 1。如果 I 的得分小于 10,那么它将不再被考虑为频繁项集,从而从频繁项集集合中去掉。 □

可悲的是,我们对于新项集的得分初始化并没有很合适的办法。如果项集 I 没有得分,而 10 是我们想维护的最低分值,那么单个购物篮的得分不可能从 0 跳到大于 1 的一个值。增加新集合的最佳策略是在一个流样本上运行一个新的频繁项集计算过程,并将满足该样本上得分阈值要求且以前没有得分的项集加入项集集合。

6.5.4 习题

!! **习题 6.5.1** 假定我们在对一个衰减窗口中频繁项集计数,该衰减窗口的衰减常数是 c。再假定给定的流元素(购物篮)包含项 i 和 j 的概率是 p。另外,该购物篮包含 i 但不包含 j、包含 j 但不包含 i 的概率也都是 p。那么,我们将对 $\{i, j\}$ 进行评分的时间比例是多少(用 c 和 p 的函数来表示)?

6.6 小结

- ❑ **购物篮数据** 这种数据模型中假设有两种实体:项和购物篮。这两者之间存在一个多对多的关系。通常情况下,购物篮与小规模的项集相关联,而项可以与多个购物篮相关联。

- ❑ **频繁项集** 一个项集的支持度是包含其中所有项的购物篮数目。支持度不低于某个阈值的项集称为频繁项集。

- ❑ **关联规则** 关联规则是一个蕴含式:如果一个购物篮包含某个项集 I,那么它很可能也包含另一个特定的项 j。j 同样属于包含 I 的购物篮的概率称为规则的可信度。规则的兴趣度是指可信度与包含 j 的所有购物篮的比值的差值。

☐ **项对计数瓶颈** 为发现频繁项集，我们必须检查所有购物篮并计算某个规模的集合的出现次数。对于典型的数据而言，目标是产生数目不多但最频繁的项集，对项对的计数通常会占据大部分内存。因此，频繁项集发现方法通常会集中关注如何最小化项对计数所需的内存大小。

☐ **三角矩阵** 虽然我们可以使用一个二维数组来对项对计数，但是没有必要同时利用数组中的[i, j]和[j, i]元素来对项对{i, j}计数，因此使用二维数组的方式会浪费一半空间。通过安排项对(i, j)，其中按照词典序有 i < j，我们可以通过一维数组的方式只存储所需的计数值，这样就不会浪费空间，同时能够对任意项对的计数值进行高效访问。

☐ **项对计数值的三元组存储方法** 如果在所有可能的项对中，只有不到 1/3 的项对真正出现在购物篮中，那么采用(i, j, c)三元组的方式来存储项对(i, j)的计数值将更节省空间，其中 c 是项对{i, j}的计数值，且 i < j。采用类似哈希表的索引结构可以允许对{i, j}对应的三元组进行快速定位。

☐ **频繁项集的单调性** 项集的一个重要性质是，如果某个项集是频繁的，则其所有子集都是频繁的。该性质的逆否形式可以用于减少对某些项集的计数，即如果某个项集非频繁，则其所有超集都是非频繁的。

☐ **面向项对的 A-Priori 算法** 我们可以通过对购物篮进行两遍扫描来得到所有的频繁项对。在第一遍扫描中，我们对项本身进行计数并确定哪些项是频繁的。在第二遍扫描中，我们只对那些由第一遍扫描中发现的两个频繁项组成的项对进行计数。单调性理论能够证明忽略其他项对是合理的。

☐ **更大频繁项集的发现** 在 A-Priori 以及其他很多算法中，如果对每种规模的项集扫描一遍购物篮（一直到某个上限），那么就能允许我们发现比项对更大的频繁项集。为发现大小为 k 的频繁项集，单调性理论要求我们将注意力只限制到那些所有大小为 k−1 的子集都是已知频繁项集的项集上。

☐ **PCY 算法** 该算法通过在第一遍扫描中创建一张哈希表对 A-Priori 算法进行了改进，哈希表使用了项计数时不需要的所有内存空间来存储。项对被哈希处理，哈希表桶中存放的整数代表的是哈希到该桶中的项对数目。然后，在第二遍扫描中，我们只需对哈希到频繁桶（计数值不低于支持度阈值的桶）的两个频繁项进行计数处理。

☐ **多阶段算法** 我们可以在 PCY 算法的第一遍和第二遍扫描之间插入额外的扫描过程，并在这些扫描过程中将项对哈希到另外的独立哈希表中。在每个中间扫描过程中，我们只需哈希那些在以往扫描中哈希到频繁桶的两个频繁项。

☐ **多哈希算法** 我们可以对 PCY 算法的第一遍扫描进行修改，将可用内存划分给多个哈希表。在第二遍扫描中，只需要对在所有哈希表中都哈希到频繁桶的两个频繁项组成的项对进行计数。

☐ **随机化算法** 我们可以不对所有数据进行扫描，而是选择所有购物篮的一个随机样本数据进行处理。这个样本的规模足够小，以至于样本数据足以放入内存，并且项集计数所需空间的也足够。当然，样本数据上的支持度阈值也要根据数据比例进行适当的尺度变换处理。于是，可以在样本数据集上找到频繁项集，并希望它能很好地代表整个数据集。虽然该算法最多只需对整个数据集做一遍扫描，但是它仍然受限于假正例（在样本数据上频繁但是在整个数据集上不频繁的项集）和假反例（在整个数据集上频繁但是在样本数据上不频繁）的存在。

❑ **SON 算法**   对简单随机化算法的一个改进是将整个购物篮文件划分成多个小段，这些段足够小，以致段上的所有频繁项集都可以在内存中发现。候选项集由至少在一个段上出现的频繁项集组成。第二遍扫描可以允许我们对所有的候选项集进行计数并发现确切的频繁项集的集合。该算法特别适合于采用 MapReduce 机制来实现。

❑ **Toivonen 算法**   该算法首先在抽样数据集上发现频繁项集，但是采用的支持度阈值较低以保证在整个数据集上的频繁项集的丢失概率较低。下一步是检查购物篮整个文件，此时不仅要对所有样本数据集上的频繁项集计数，而且要对反例边界（那些自己还没发现频繁但是其所有直接子集都频繁的项集）上的项集计数。如果反例边界上的任意集合都在整个数据集上不频繁，那么结果是确切的。但是如果反例边界上的一个集合被发现是频繁的，那么需要在一个新的样本数据集上重复整个处理过程。

❑ **流中的频繁项集**   如果使用一个衰减常数为 c 的衰减窗口，那么就可以在购物篮看到某个项时开始其计数运算。如果我们看到某个项集出现在当前购物篮中，并且其所有最直接的真子集都已经计数，那么就开始该项集的计数过程。由于窗口不断衰减，我们将所有计数值乘以 $1-c$ 并去掉那些计数值低于 1/2 的项集。

6.7   参考文献

购物篮数据模型，包括关联规则和 A-Priori 算法来自论文 "Mining associations between sets of items in massive databases" 和 "Fast algorithms for mining association rules"。

PCY 算法来自论文 "An effective hash-based algorithm formining association rules"。多阶段和多哈希算法来自论文 "Computing iceberg queries efficiently"。

SON 算法来自论文 "An efficient algorithm formining association rules in large databases"。Toivonen算法来自论文 "Sampling large databases for association rules"。

扫描如下二维码获取参考文献完整列表。

第 7 章

聚　　类

聚类是对点集进行考察并按照某种距离测度将它们聚成多个"簇"的过程。聚类的目标是使得同一簇内的点之间的距离较短，而不同簇内的点之间的距离较大。图 1-1 给出了簇的一个示意图。但是，该图的目的是使三个簇分布在三个交叉路口周围，其中两个簇之间由于没有充分分开而互相渗透。

本章的目标是给出从数据中发现"簇"的方法。我们尤其对大数据量和/或高维空间或非欧空间的情况感兴趣。因此，我们将主要介绍几种假设数据无法在内存存放的算法。不过，一开始还是从基础讲起：两个最一般的聚类方法和非欧空间下的簇处理方法。

7.1　聚类技术介绍

本节首先回顾距离测度和空间的概念。接着定义两种主要的聚类方法——层次法和点分配法。然后转向讨论**维数灾难**（curse of dimensionality）问题，该问题会使得高维空间下的聚类非常难，但是正如我们将看到的那样，如果在聚类算法中使用得当，它也能使得某些简化处理成为可能。

7.1.1　点、空间和距离

点（point）集是一种适合于聚类的数据集，每个点都是某**空间**下的对象。在最一般的意义下，空间只是点的全集，也就是说数据集中的点从该集合中抽样而成。不过，必须注意欧氏空间下一个普遍的情形（参考 3.5.2 节），该情形具有一系列有益于聚类的重要性质。特别地，欧氏空间下的点就是实数向量。向量的长度就是空间的维度数，而向量的分量通常称为所表示点的**坐标**（coordinate）。

能够进行聚类的所有空间下都有一个距离测度，即给出空间下任意两点的距离。3.5 节已经介绍了距离的概念。尽管我们也会提到欧氏空间中的一些其他距离度量方法，如曼哈顿距离（每个维度上的差值之和）和 L_∞ 距离（所有维度上差值的最大值），但是常见的欧氏距离（点的坐标在各维上差值的平方和的算术平方根）可以作为所有欧氏空间下的距离测度。

例 7.1　聚类的经典应用常常涉及低维欧氏空间。例如，图 7-1 给出了多种犬类的身高和体重指标。我们无须知道哪个犬属于哪个类，只要看一下图 7-1 就知道这些犬可以分到三个簇中，每个簇恰好对应一种犬类。当数据规模较小时，任意聚类算法都可以最终构建正确的簇，或者只是简单地绘点并通过目测就已经足够。 □

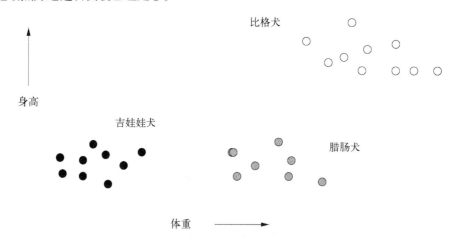

图 7-1   三种不同犬类的身高体重分布图

然而，现代聚类问题不会这么简单。它们可能牵涉非常高维欧氏空间或者根本不在欧氏空间下聚类。比如，基于文档间高频区分词的共现情况来依据主题对文档聚类具有挑战性。按照电影爱好者喜欢的电影类别对他们聚类同样具有挑战性。

3.5 节也讨论了非欧氏空间下的距离测度，包括 Jaccard 距离、余弦距离、海明距离和编辑距离等。回忆一下，一个点对上的函数要成为距离测度，必要要满足下列条件：

(1) 距离永远非负，只有点到自身的距离为 0；

(2) 距离具有对称性，在计算点之间的距离时不必考虑点的顺序；

(3) 距离遵守三角不等式，即 x 到 y 的距离加上 y 到 z 的距离永远不低于 x 直接到 z 的距离。

7.1.2   聚类策略

按照聚类算法的两种基本策略，可以将聚类算法分成两类。

(1) 一类称为**层次**（hierarchical）或**凝聚式**（agglomerative）算法。这类算法一开始将每个点都看成一个簇。簇与簇之间按照**接近度**（closeness）来组合，而接近度可以基于"接近"的不同含义采用不同的定义。当进一步的组合导致多个原因之一下的非期望结果时，上述组合过程结束。例如，当达到预先给定的簇数目时可以停止聚类，也可以使用簇的紧密度测度方法，一旦两个小簇组合后得到的簇内的点较为分散就停止簇的构建。

(2) 另一类算法涉及**点分配**（point assignment）过程，即按照某个顺序依次考虑每个点，并将它分配到最适合的簇中。该过程通常有一个短暂的初始簇估计阶段。一些变形算法允许临时的簇合并或分裂过程，或者当点为离群点（离当前任何簇都很远的点）时允许不将该点分配到任何簇中。

聚类算法也可以按照如下方式来分类。

(1) 是否假定在欧氏空间下聚类? 或者算法是否在任意距离测度下都有效? 我们将会看到,最本质的区别在于,欧氏空间下可以将点集合概括为其质心,即所有点的平均。而在非欧空间下,根本没有质心的概念,因此我们不得不寻找其他的簇概括方法。

(2) 算法是否假设数据足够小得能够放入内存? 或者数据是否必须主存放在二级存储器上? 例如,处理大量数据的算法往往不可能检查所有的点对,所以必须寻找捷径。因为不可能将所有簇的所有点同时放入内存,所以将簇的概括表示存放在内存中也是有必要的。

7.1.3 维数灾难

高维欧氏空间具有一些非直观的性质,有时称为"维数灾难"。非欧空间也往往具有同样的反常情况。"灾难"的一个表现是,在高维空间下,几乎所有点对之间的距离都差不多相等。另一个表现是,几乎任意两个向量都是近似正交的。接下来我们将一一探索这些问题。

1. 高维空间下的距离分布

考虑一个 d 维欧氏空间,假设在一个单位立方体内随机选择 n 个点,也就是说,每个点都可以表示成 $[x_1, x_2, \cdots, x_d]$,其中每个 x_i 都在 0 和 1 之间。如果 $d = 1$,就相当于在一个长度为 1 的线段上随机放置点。我们预计某些点对可能十分接近,比如,线段上的连续点。我们也预计某些点对可能离得十分远,比如分布在线段两段及其附近的点。这些点之间的平均距离是 1/3。[①]

假定 d 非常大,两个随机点 $[x_1, x_2, \cdots, x_d]$ 和 $[y_1, y_2, \cdots, y_d]$ 之间的欧氏距离为

$$\sqrt{\sum_{i=1}^{d}(x_i - y_i)^2}$$

这里,每个 x_i 和 y_i 都是 0 和 1 之间均匀选出的随机变量。由于 d 很大,我们可以预计对于某个 i,$|x_i - y_i|$ 将接近于 1。这样,几乎任意两个随机点的距离的下界为 1。实际上,通过更细致的论证可以给出除了极少点对之外的绝大部分点对之间距离的更强下界。然而,两个点之间的最大距离为 $\sqrt{d}$,可以认为除了极少点对之外的绝大部分点对之间的距离不会接近该上限。实际上,几乎所有点之间的距离都接近于平均距离。

如果实质上不存在互相接近的点对,那么从根本上就很难构建聚类簇。几乎没有理由将某个点对而不是另外一个点对集聚到一类。当然,数据可能不是随机的,即使在高维空间,也存在有用的簇。然而,上述基于随机数据的论证结果表明,在这么多距离近似相等的点对之中发现聚类簇将是一件很难的事。

2. 向量之间的夹角

再次假定在 d 维空间有三个随机点 A、B 和 C,其中 d 很大。这里不再假定这些点在一个单位立方体内,实际上它们可以在空间中的任意位置。那么,角 ABC 的大小是多少? 我们可以假定 A 和 C 分别为点 $[x_1, x_2, \cdots, x_d]$ 和点 $[y_1, y_2, \cdots, y_d]$,而 B 处于坐标原点。3.5.4 节已经介绍过,角

[①] 可以通过二重积分求解来证明这一事实,但是由于该证明并非讨论重点,所以这里并不给出。

ABC 的余弦等于 A 和 C 的点积除以它们的向量大小之积。也就是说，夹角 ABC 的余弦等于

$$\frac{\sum_{i=1}^{d} x_i y_i}{\sqrt{\sum_{i=1}^{d} x_i^2}\sqrt{\sum_{i=1}^{d} y_i^2}}$$

当 d 不断增长时，分母会随 d 线性增长，但是分子是随机值之和，有可能为正或负。因此，分子的期望值为 0。当 d 增长时，分子的标准差只会增长为 $\sqrt{d}$。因此，对于很大的 d 而言，任意两个向量的夹角余弦值几乎肯定接近于 0，即意味着夹角近似等于 90 度。

随机向量正交的一个重要推论是，如果有三个随机点 A、B 和 C，且知道 A 到 B 的距离是 d_1，而 B 到 C 的距离是 d_2，我们可以假设 A 到 C 的距离近似等于 $\sqrt{d_1^2 + d_2^2}$。在维数很低的情况下，上述规则即使在近似的情况下也不成立。一个极端的例子是，若 $d = 1$，那么若 A 和 C 分别在 B 的两边，则它们的距离是 $d_1 + d_2$，而如果它们在 B 的同一边，则距离为 $|d_1 - d_2|$。

7.1.4　习题

!习题 7.1.1　如果在一个长度为 1 的线段上均匀、独立地选择两个点，试证明这两个点的期望距离是 1/3。

!! 习题 7.1.2　如果在单位正方形内均匀选择两个点，那么这两个点之间的期望欧氏距离是多少？

!习题 7.1.3　给定一个 d 维欧氏空间，考虑每维仅由分量 +1 或 –1 构成的向量。需要注意的是，因为每个向量的大小为 $\sqrt{d}$，所以两个向量的大小之积（即夹角余弦计算公式中的分母）为 d。如果独立选择向量的每个分量，每个分量可能是 +1 或 –1，那么夹角余弦计算公式中分子（即向量对应分量积的和）的值的分布如何？当 d 不断增大时，向量夹角余弦的期望值如何变化？

7.2　层次聚类

我们首先考虑欧氏空间下的层次聚类。该算法仅可用于规模相对较小的数据集，但即使这样，通过精心实现也可以改进算法的执行效率。当层次聚类算法用于非欧空间时，还有一些与层次聚类相关的额外的问题需要考虑。因此，当不存在簇质心或者说簇中平均点[①]的时候，我们可以考虑采用**簇中心点**[②]（clustroid）来表示一个簇。

7.2.1　欧氏空间下的层次聚类

任意层次聚类算法的工作流程如下。首先，将每个点单独看成一个簇。随着时间的推移，算法会通过合并两个小簇而形成一个大簇。对于层次聚类算法，我们必须提前确定以下三个问题的答案。

---

① 将簇内所有点进行算术平均得到的点。——译者注
② 离平均点最近的实际簇内点。——译者注

(1) 簇如何表示?

(2) 如何选择哪两个簇进行合并?

(3) 簇合并何时结束?

一旦确定了答案, 层次聚类便可以简洁地描述为:

```
WHILE it is not time to stop DO
    pick the best two clusters to merge;
    combine those two clusters into one cluster;
END;
```

首先假定算法运行在欧氏空间下。此时可以允许通过簇质心或者簇内平均点来表示一个簇。注意到对于单点组成的簇, 该点就是簇质心, 因此可以很直观地对这些簇进行初始化。然后, 我们将簇之间的距离定义为其质心之间的欧氏距离, 并选择具有最短距离的两个簇进行合并。簇之间的距离也存在其他定义, 我们也可以不基于距离而基于其他方式来选择最好的两个簇进行合并。关于这一点的具体几种做法将在 7.2.3 节中讨论。

例 7.2　本例介绍基本的层次聚类算法在图 7-2 给出的数据上的处理过程。图中给出的是一个二维欧氏空间, 每个点都通过坐标(x, y)来表示。一开始, 每个点自己就构成一个簇, 其簇质心也就是点本身。在所有的点对之间, 有两个点对之间的距离最近: $(10, 5)$和$(11, 4)$或$(11, 4)$和$(12, 3)$。它们的距离都是$\sqrt{2}$。在这种等距情况下, 我们可随机选择这两组中的一组先进行合并, 比如先合并$(11, 4)$和$(12, 3)$。图 7-3 中给出了合并后的结果, 其中包括合并后新的簇的质心为$(11.5, 3.5)$。

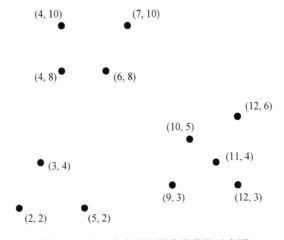

图 7-2　对 12 个点进行层次聚类的示意图

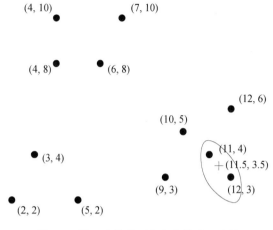

图 7-3   第一步将前两个点合并成一个簇

你可能认为下一步会将点(10, 5)和新簇进行合并，因为该点和新簇中的点(11, 4)相当接近。然而，距离规则要求我们只计算簇质心之间的距离，而点(10, 5)到新簇质心之间的距离是 $1.5\sqrt{2}$，比 2 稍大。因此，当前最近的两个簇是点(4, 8)和(4, 10)。接下来我们将它们合并成一个簇，其质心为(4, 9)。

此时，最近的两个簇质心为(10, 5)和(11.5, 3.5)，于是我们将这两个簇合并，得到一个包含三个点(10, 5)、(11, 4)和(12, 3)的簇。该簇的质心为(11, 4)，恰好是簇中的一个点，但这种情况纯属偶然。图 7-4 给出了这些簇的状态。

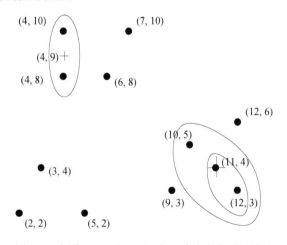

图 7-4   在图 7-3 基础上再进行两步聚类之后的效果

现在，有多对簇质心的距离是 $\sqrt{5}$，并且它们都是最近的簇质心对。图 7-5 给出了在这些候选对中选择三组进行合并的情况：

(1) (6, 8)和一个质心为(4, 9)的双元素簇进行合并；

(2) (2, 2)和(3, 4)进行合并；

(3) (9, 3)和一个质心为(11, 4)的三元素簇进行合并。

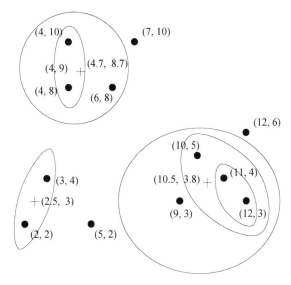

图 7-5 在图 7-4 基础上再进行三步层次聚类后的效果

后续可以进一步进行簇的合并过程。接下来讨论可供替换的算法停止规则。□

有多种方法可以用于停止簇聚类过程。

(1) 我们事先被告知或者确定数据中的簇数目。例如，如果事先被告知关于犬的数据来自吉娃娃犬、腊肠犬和比格犬三种犬类，那么我们就知道当剩余三个簇时则停止继续合并。

(2) 当现有簇的最佳合并会产生一个不恰当的簇时，则停止合并。在 7.2.3 节将讨论一个簇恰当与否的多种测试方法。然而，作为一个例子，我们可以坚持要求任意一个簇内的所有点到其质心的平均距离必须小于某个上界。该方法仅在我们有理由相信任何簇都不可能覆盖太多空间区域时才是一个明智的选择。

(3) 我们可以聚到只剩一个簇为止。然而，返回一个包含所有点的簇毫无意义。当然，我们可以返回反映所有点合并过程的树形表示。这种表示方式在很多应用中具有实际意义。比如，在某个应用中不同物种的基因组代表不同的点，距离测度反映了基因组中的差异。[①] 于是，层次聚类的树形表示可以表示物种的进化过程。也就是说，它反映了两个物种从同一祖先进化而来的可能顺序。

例 7.3 如果对图 7-2 的数据进行完全聚类，会得到图 7-6 所示的反映簇聚类过程的树形图。□

------

① 当然，该空间不是欧氏空间，但是层次聚类的那些原则只需要做少许修改就可以应用于非欧空间。

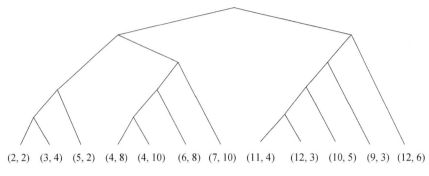

(2, 2) (3, 4) (5, 2) (4, 8) (4, 10) (6, 8) (7, 10) (11, 4) (12, 3) (10, 5) (9, 3) (12, 6)

图 7-6   图 7-2 中点的完全聚类树形图

7.2.2   层次聚类算法的效率

基本的层次聚类算法效率不高。在每一步当中，为了得到最佳合并，我们必须计算所有簇之间的距离。第一步的时间开销为 $O(n^2)$，后续步骤的时间开销分别正比于 $(n-1)^2$、$(n-2)^2$、$\cdots$。最终从 1 到 n 求平方和得到 $O(n^3)$，因此算法的复杂度为立方级。所以，除非点数目相当少否则算法难以执行。

但是，我们应该意识到有一些效率更高的算法实现方式。

(1) 第一步，必须计算所有的点对之间的距离，这一步的时间复杂度是 $O(n^2)$。

(2) 将这些对及其之间的距离存放到一个优先级队列[1]中，因此总是一步就能找到最短距离。优先级队列的构建算法复杂度也是 $O(n^2)$。

(3) 当决定将簇 C 和 D 合并时，删除优先级队列中包含其中一个簇的所有元素[2]。由于最多有 $2n$ 次删除操作，而优先级队列删除的操作时间是 $O(\log n)$，所以整个删除操作的时间开销是 $O(n \log n)$。

(4) 然后计算新簇和所有剩余簇的所有距离。由于最多有 n 个元素被插入优先级队列，而每次插入优先级队列操作的时间开销是 $O(\log n)$，所以上述计算过程的时间开销同样是 $O(n \log n)$。

由于最后两步最多执行 n 次，而最开始的两步只执行一次，上述算法实施的总时间开销为 $O(n^2 \log n)$。该开销优于 $O(n^3)$，但是仍对 n 的大小有很强的上界限制，否则该聚类算法仍无可行性。

7.2.3   控制层次聚类的其他规则

前面介绍了寻找最佳簇合并的一条规则，即寻找具有最小质心距离的两个簇进行合并。下面给出一些其他做法。

---

[1] 即堆结构。

[2] 由于涉及 C 和 D 的簇距离已经发生变化，下一步需要重新计算新簇和剩余簇的距离，而不涉及 C 和 D 的簇距离仍然存在优先级队列中保持不变。也就是说，不必重复计算没有发生改变的簇距离。——译者注

(1) 定义两个簇的距离为两个簇中所有点之间的最短距离，其中计算距离的两个点分别来自不同的簇。例如，在图 7-3 中，我们在下一步可以选择(10, 5)和那个双元素簇进行合并，因为该点和双元素簇的距离为 $\sqrt{2}$，而所有其他未聚类的点对之间的距离都比 $\sqrt{2}$ 要大。注意到在例 7.2 中，最终我们也实现了完全相同的合并，但是之前对其他的两个点对进行了合并。一般而言，本规则和质心距离规则有可能得到完全不一样的聚类结果。

(2) 定义两个簇的距离为两个簇中所有点对之间距离的平均值，其中计算距离的两个点分别来自不同的簇。

(3) 簇的**半径**（radius）是指簇内所有点到质心的最大距离。我们可以将结果簇具有最小半径的两个簇进行合并。一个轻微的修改是，选择结果簇内所有点到质心的平均距离最短的两个簇进行合并。另一个修改是，选择结果簇内所有点到质心的距离平方和最短的两个簇进行合并。在有些算法中，这些有关半径的不同定义统称为"半径"。

(4) 簇的**直径**（diameter）是指簇内任意两个点之间的最大距离。需要注意的是，和圆上定义的半径、直径并不一样，簇的半径和直径之间没有任何直接的关系，当然它们之间仍然存在正比的倾向。我们可以将结果簇具有最小直径的两个簇进行合并。和上面基于半径的多种合并规则一样，这里也存在类似的多种合并方法。

例 7.4 考虑图 7-2 中右边 5 个点构成的簇。这些点的质心为(10.8, 4.2)。两个离该质心最远且距离一样的点是(9, 3)和(12, 6)，它们到质心的距离都是 $\sqrt{4.68} \approx 2.16$。因此，其半径是 2.16。对于直径而言，我们发现簇中具有最远距离的两个点仍然是(9, 3)和(12, 6)，它们的距离即簇直径为 $\sqrt{18} \approx 4.24$。我们注意到，虽然在本例中直径近似等于半径的两倍，但并不正好是半径的两倍。主要原因在于质心并不处于点(9, 3)到(12, 6)的连线上。 □

对于合并过程的停止时间，我们也有一些不同的做法。前面已经提到，可以对于簇的个数 k 进行预先设定并当簇数目达到该值时停止。下面给出一些其他的做法。

(1) 当最佳合并得到的簇的直径超过某个阈值时停止聚类。同样可以基于半径或上面提到的任一种其他半径定义建立类似的聚类停止规则。

(2) 当最佳合并得到的簇的**密度**（density）低于某个阈值时停止聚类。簇的密度可以有多种定义方式。大概而言，它应该是簇的单位体积中的点的数目。该比值可以通过点数目除以簇直径或半径的某个幂进行估计。正确的幂可能是空间的维数。有时不管空间维数是多少，都选择 1 或 2 作为幂进行计算。

(3) 当有证据表明下一次簇对合并会产生很糟糕的结果时停止聚类。例如，我们跟踪所有当前簇的平均直径。只要对簇中的点进行合并时，该平均直径就会不断增加。然而，如果我们合并两个确实不应该合并的簇，平均的直径会突然大幅度增长。

例 7.5 再次考虑图 7-2。该图有三个自然的簇。计算最大簇（即例 7.4 给出的右边 5 个点所构成簇）的直径为 4.24。左下角三节点簇的直径是 3，即(2, 2)和(5, 2)之间的距离。左上角四节点簇的直径是 $\sqrt{13} \approx 3.61$。从 0 开始，经过 9 次合并之后平均直径达到 3.62，因此整个升幅明显很慢，大概每次合并平均直径上升 0.4。

如果必须合并上述三个自然簇中的两个，那么最佳方式是合并左边的两个簇。结果簇的直径为 $\sqrt{89} \approx 9.43$，即点 $(2, 2)$ 到 $(7, 10)$ 的距离。此时，平均直径为 $(9.43+4.24)/2 \approx 6.84$。这一步中平均直径的更改几乎相当于前面 9 步的更改值。这个比较也表明，最后一次合并不太明智，因此必须回退到上一步并停止聚类。 □

7.2.4 非欧空间下的层次聚类

当处于非欧空间时，必须使用一些基于点进行计算的距离测度，如 Jaccard 距离、余弦距离或编辑距离等。也就是说，我们无法基于点的"位置"进行距离计算。7.2.1 节中的算法要求计算点之间的距离，但是那里假定已经有某种计算距离的方法。当在非欧空间下必须对簇进行表示时会遇到问题，因为此时点集没有质心的概念，无法通过质心来代替点集。

例 7.6   对于我们讨论过的非欧空间下的任意非欧距离计算方式，上述问题都存在。但是为了具体化，假定我们使用编辑距离，并决定合并字符串 abcd 和 aecdb。这两个字符串的编辑距离是 3，可以很好地合并。但是，不存在某个字符串能代表它们的平均，或者某个字符串可以想象为很自然地在它们之间。我们可以选择从一个字符串到另一个字符串转变（单个插入或删除）过程中经过的某个字符串，比如 aebcd，但是可选的字符串很多。此外，当簇由两个以上的字符串构成时，"经过的字符串"这个说法就不再有意义。 □

在非欧空间下，当无法合并簇中的点时，我们仅有的选择是从簇中选择一个点来代表簇。理想情况是，该点非常接近簇内的所有点，因此在某种意义上说可以认为该点处于簇的"中心"。该代表点称为**簇中心点**（clustroid）。选择簇中心点的方法有很多，在某种意义上说，每种方法都设计为最小化中心点到簇内其他点之间的距离。有几种常用的选择中心点的方法，分别使得选出点的如下数值最小：

(1) 该点到簇中其他所有点的距离之和（求和）；

(2) 该点到簇中另外一点的最大距离（最大值）；

(3) 该点到簇中其他所有点的距离平方和（平方和）。

例 7.7   假定使用编辑距离，某个簇由四个点 abcd、aecdb、abecb 和 ecdab 组成。下表给出了它们之间的距离。

	ecdab	abecb	aecdb
abcd	5	3	3
aecdb	2	2	
abecb	4		

如果将四个点中的每个点都当成质心来分别应用上述的三条中心点选择规则，则有

点	求和	最大值	平方和
abcd	11	5	43
aecdb	7	3	17
abecb	9	4	29
ecdab	11	5	45

从上述结果中我们发现，在本例中无论采用上述三种方法中的哪一种，最终都会选择 aecdb 作为最后的簇中心点。但一般而言，不同的选择方法会产生不同的簇中心点。□

7.2.3 节概述的各种簇间距离计算方法也适合于非欧空间，只不过这里假设用簇中心点代替簇质心。例如，我们可以将簇中心点距离最近的两个簇进行合并，也可以使用两个簇上所有点对的平均或最小距离。

其他一些建议的准则包括基于半径或直径对簇密度进行度量。这些概念在非欧空间下仍然有意义。直径仍然是簇内任意两个点之间的最大距离。半径可以用中心点代替质心进行定义。此外，半径的定义一定要和先前中心点的定义保持一致才有意义。例如，如果我们定义的簇中心点是和其他点的距离的平方和最小的那个点，那么就将半径定义为距离的平方和（或其算术平方根）。

最后，7.2.3 节也讨论了簇合并的停止准则。除了基于半径概念的准则之外，其他准则都没有直接使用质心。刚才我们已经观察到"半径"在非欧空间下也很有意义。因此，当从欧氏空间转向非欧空间时，停止准则并没有实质性的改变。

7.2.5 习题

习题 7.2.1 在一维点集 1, 4, 9, 16, 25, 36, 49, 64, 81 上执行层次聚类算法，其中假定簇表示为其质心（平均），每一步质心最近的两个簇相合并。

习题 7.2.2 对于例 7.2，如果分别采用如下的两个簇间距离定义，那么最终的聚类结果会如何改变？

(a) 两个簇上点之间的最短距离，两个点分别来自不同的簇。

(b) 簇上点对之间的平均距离，两个点分别来自不同的簇。

习题 7.2.3 如果选择合并两个簇使得合并后的簇满足如下条件，试重复例 7.2 中的聚类过程：

(a) 合并后的簇具有最小半径；

(b) 合并后的簇具有最小直径。

习题 7.2.4 假定"密度"分别采用如下不同定义，试计算图 7.2 中 3 个簇中每个簇的密度：

(a) 半径的平方除以点的数目；

(b) 直径（非平方）除以点的数目。

按照(a)和(b)，任意两个簇合并后得到的簇的密度又是多少？密度计算结果的不同是否暗示簇应该或不应该合并？

习题 7.2.5 即使在欧氏空间中，我们也能选择簇中心点。考虑图 7-2 中自然的三个簇，计算每个簇的中心点。假定中心点的选择标准为"点到簇内其他点的距离之和最小"。

! 习题 7.2.6　考虑字符串空间，其中距离测度采用编辑距离计算。给出一个字符串集合的例子，使得若我们选择集合内到簇内其他点的距离之和最小的那个点作为中心点时可以得到一个点，但是如果选择集合内到簇内其他点的最大距离最小的那个点作为中心点，另外一个点会成为中心点。

7.3　k-均值算法

本节开始讨论点分配聚类算法。这类聚类算法中最著名的一个称为 k-均值（k-means）算法。该算法假定在欧氏空间下，并假定最终簇的数目 k 事先已知。尽管如此，k 有可能通过反复试验来推导得到。在介绍 k-均值这类算法之后，我们将集中关注一个以提出者命名的特别算法，称为 BRF。该算法能够在数据大到无法存入内存时执行 k-均值算法。

7.3.1　k-均值算法基本知识

图 7-7 给出了 k-均值算法的示意图。代表簇的 k 个初始点选择有多种方法，将在 7.3.2 节讨论。算法的核心是 for 循环部分，在该循环中我们考虑将 k 个选择点之外的每个点分配给最近的簇，这里的"最近"指离簇的质心最近。需要注意的是，当点分配到簇之后簇的质心可能会漂移。但是由于只有簇附近的点才可能会被分配给自己，簇的质心不会移动太多。

```
Initially choose k points that are likely to be in
    different clusters;
Make these points the centroids of their clusters;
FOR each remaining point p DO
    find the centroid to which p is closest;
    Add p to the cluster of that centroid;
    Adjust the centroid of that cluster to account for p;
END;
```

图 7-7　k-均值算法的示意图

上面算法中的最后一步可以采用另外一种做法：固定所有簇的质心，然后将包括 k 个初始点的所有点重新分配到这 k 个簇中。通常情况下，点 p 将被分配到它前一遍扫描中所分配的簇。但是，有些情况下，在 p 分配给某个原始簇时，其质心可能会远离 p，因此在后一遍扫描中 p 会被分配到另外一个簇中。实际上，甚至连原始 k 个点中的一些点最终也可能被重新分配。由于这些情况有些异常，这里不再详细讨论。

7.3.2　k-均值算法的簇初始化

首先，我们想选出极有可能处于不同簇的点作为初始簇，有下列两种做法。
(1) 选择彼此距离尽可能远的那些点。
(2) 对某个样本数据先进行聚类，比如采用层次聚类算法，因此输出 k 个簇。在每个簇中选择一个点，该点或许是离簇质心最近的那个点。

上面第二种做法几乎不需要详细阐述。第一种做法则存在很多变形。一个较好的选择是：

```
Pick the first point at random;
WHILE there are fewer than k points DO
    Add the point whose minimum distance from the selected
       points is as large as possible;
END;
```

例 7.8 考虑图 7-2 中的 12 个点，我们在图 7-8 中对它们进行复制。最坏情况下，选择中间附近的点作为初始点，比如(6, 8)。离它最远的点是(12, 3)，因此下一步我们选择(12, 3)。

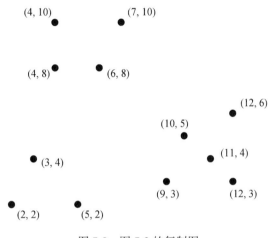

图 7-8　图 7-2 的复制图

在剩余的10个点中，离(6, 8)或(12, 3)的最短距离最大的那个点是(2, 2)。该点到(6, 8)的距离是 $\sqrt{52} \approx 7.21$，到(12, 3)的距离是 $\sqrt{101} \approx 10.05$，因此它的"得分"是 7.21。很容易检查其他的点到(6, 8)或(12, 3)中至少一个点的最短距离都小于 7.21。因此，最终我们选择(6, 8)、(12, 3)和(2, 2)作为初始点。注意，这三个点属于不同的簇。

如果我们选择了一个不同的初始点，比如(10, 5)，那么初始点的集合就有所不同。此时，三个初始点就是(10, 5)、(2, 2)和(4, 10)。同样，这三个点属于不同的簇。□

7.3.3　选择正确的 *k* 值

我们可能不知道在 *k*-均值算法中 *k* 的正确值。但是，如果能够在不同的 *k* 下对聚类结果的质量进行评价，往往可以猜测到正确的 *k* 值。回想一下 7.2.3 节特别是例 7.5 的讨论，我们看到如果给定一个合适的簇指标，如平均半径或直径，只要我们假设的簇的数目等于或高于真实的簇的数目，该指标上升趋势就会很缓慢。但是，当试图得到少于真实数目的簇时，该指标会急剧上升。上述思想的示意图可以参见图 7-9。

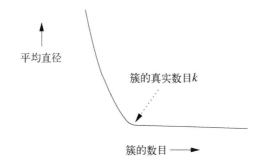

图 7-9   当簇数目低于数据中真实的簇数目时，平均直径或其他分散度指标会快速上升

如果对正确的 k 值一无所知，那么可以通过一系列聚类操作找到一个较好的值，聚类操作的次数的增长只与真实值呈对数关系。首先对 $k = 1, 2, 4, 8, \cdots$ 运行 k-均值算法，最终可以发现两个 k 值 v 和 $2v$，这两次聚类之间平均直径或其他反映簇内聚度的指标几乎没有下降。于是可以得出结论：数据中的 k 值应该在 $v/2$ 和 v 之间。[①]如果在该范围内使用二分查找（稍后讨论）的话，那么就可以在总共 $2 \log_2 v$ 次聚类中，通过另一个 $\log_2 v$ 次聚类操作找到最佳的 k 值。由于真实的 k 值不会低于 $v/2$，所以我们所使用的大量聚类操作与 k 呈对数关系。

由于"改变不大"这种说法并不精确，我们很难说清到底多大才是"太大"。但是，假定"改变不大"可以通过公式精确定义，则二分查找可以按照如下步骤进行。我们已知 k 在 $v/2$ 和 v 之间簇指标改变很大，否则就不需要对 $2v$ 个簇执行聚类操作。假设某一刻我们将 k 的范围缩小在 x 和 y 之间，令 $z = (x + y)/2$，以 z 为簇的目标数目运行聚类算法。如果 z 和 y 之间的簇指标改变不大，那么真实的 k 值就在 x 和 z 之间。于是，继续反复递归求解 k 的正确值。如果 z 和 y 之间的改变很大，那么就继续在 z 和 y 之间执行二分查找操作。

7.3.4   BFR 算法

BFR算法的名称来源于其提出者 Bradley、Fayyad 和 Reina 的名字。它是 k-均值算法的一个变形，其设计目的是在高维欧氏空间中对数据进行聚类。BFR 算法对簇的形状给出了一个非常强的假设，即它们必须以满足以质心为期望的正态分布。一个簇的在不同维度的均值和标准差可能不同，但是维度之间必须相互独立。例如，在二维空间下簇可以是雪茄状分布，但是雪茄绝不能偏离坐标轴。这一点在图 7-10 中表现得十分清楚。

BFR 一开始可以用 7.3.2 节讨论的方法之一来选择初始的 k 个点。然后，数据文件中的点按组块方式读入。这些组块可能是分布式文件系统中的组块，也可能是传统文件分割成的大小合适的组块。每个组块必须包含足够少的点以便能在内存中进行处理。内存中同时存放的还有 k 个簇的概要和一些其他数据，因此整个内存不止是为了存储一个组块。内存中除了输入组块之外还包括其他三种对象。

① 从图 7-9 看，随簇的数目的增加，平均直径会显著下降，当 k 在 v 和 $2v$ 之间下降得不再那么厉害时，表明可能拐点出现在前一次的两个值的区间内，即 k 应该在 $v/2$ 和 v 之间。——译者注

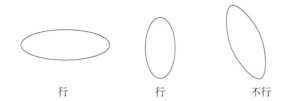

行　　　　　　　行　　　　　　不行

图 7-10　BFR 算法所使用数据中的簇在不同坐标下的标准差有所不同，但是簇的坐标
　　　　　必须与空间的坐标保持一致

(1) **废弃集**（discard set）　该集合由簇本身的简单概要信息组成。我们将简要介绍簇概要的这种形式。需要注意的是，簇概要本身没有被"废弃"，它们实际上不可或缺。然而，概要所代表的点已被废弃，它们在内存中除了通过该概要之外已经没有其他表示信息。

(2) **压缩集**（compressed set）　类似于簇概要信息，压缩集中放的也是概要信息，不同之处是，压缩集中只存放那些相互接近的点集的概要，而不是接近任何簇的点集的概要。压缩集所代表的点也被废弃，从这个意义上说，它们也不会显式地出现在内存中。我们将代表点的集合称为**迷你簇**（minicluster）。

(3) **留存集**（retained set）　留存集上的点既不能分配给某个簇，也不会和某个其他点充分接近而被放到压缩集中。这些点在内存中会与其在输入文件中一样显式存在。

图 7-11 给出的是到目前为止处理的点的代表方式。

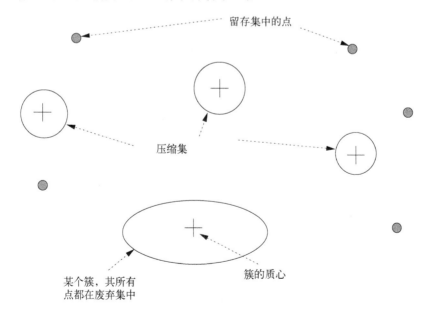

图 7-11　废弃集、压缩集和存留集中的点

如果数据为 d 维的话，废弃集和压缩集会通过 $2d+1$ 个值来表示。这些数包括以下三个。

(1) 所表示的点数 N。

(2) 所有点在每一维的分量之和。该数据是一个长度为 d 的向量 SUM，其第 i 维的分量为 SUM_i。

(3) 所有点在每一维的分量平方和。该数据是一个长度为 d 的向量 SUMSQ，其第 i 维的分量为 $SUMSQ_i$。

我们的实际目标是将一系列点表示为它们的数目、质心和每一维的标准差。基于上述 $2d+1$ 个值可以实现这个目标。点的数目是 N，质心的第 i 维坐标是 SUM_i/N，即该维度上所有分量的和除以点的数目。而第 i 维上的方差是 $SUMSQ_i/N-(SUM_i/N)^2$。该方差的算术平方根就是我们最后要求的每一维的标准差。

例 7.9　假定某个簇由点 $(5,1)$、$(6,-2)$ 和 $(7,0)$ 构成。于是 $N=3$、$SUM=[18,-1]$、$SUMSQ=[110,5]$。质心为 SUM/N，即 $[6,-1/3]$。第一维的方差是 $110/3-(18/3)^2 \approx 0.667$，因此标准差是 $\sqrt{0.667} \approx 0.816$。第二维的方差是 $5/3-(-1/3)^2 \approx 1.56$，因此其标准差为 1.25。　□

N-SUM-SUMSQ 表示的优点

BFR 算法中没有采用存储 N、质心及每个维度上的标准差，而是采用 N-SUM-SUMSQ 的方法来表示点集，这种做法存在一个显著的优点。考虑当需要在簇中增加一个新的点时我们需要做的事情。当然，N 会增加 1。但是，同时我们也能直接将该点的向量坐标加到 SUM 中得到新的 SUM，并将向量第 i 个分量的平方加到 $SUMSQ_i$ 上得到新的 $SUMSQ_i$。如果采用质心而不是 SUM 方式，那么需要做一些有关 N 的运算才能得到新的质心值，而标准差的重新计算也会复杂得多。类似地，如果想合并两个集合，我们只需要将 N、SUM 和 SUMSQ 的值直接相加即可，而如果采用质心和标准差的表示方式，则计算会复杂很多。

7.3.5　BFR 算法中的数据处理

接下来简单介绍组块中点的处理方法。

(1) 首先，所有充分接近某个簇质心的点会被加入该簇中。正如上面讨论的好处那样，将该点的信息加入该簇的 N-SUM-SUMSQ 表示非常简单。于是我们可以将这个点废弃掉。而我们将马上介绍 "充分接近" 到底是什么意思。

(2) 对于那些并不充分接近任意簇质心的点，我们将它们同留存集中的点一起进行聚类。这时可以使用任意基于内存的聚类算法，比如 7.2 节讨论的层次聚类算法。我们必须使用某些准则来确定何时将两个点合并到一个簇中或者将两个簇合并成一个簇比较合理。7.2.3 节涵盖了我们做出此决定的方法。多于一个点的簇会被概括表示并加入压缩集中，而单点簇则变成点的存留集。

(3) 现在，我们有通过尝试对新的点聚类而得到的迷你簇以及以前的存留集，同时还有基于以前压缩集的迷你簇。尽管这些迷你簇与 k 个簇中的任意一个都不能合并，但是它们可以相互合并。合并的准则仍然可以按照 7.2.3 节的讨论进行选择。需要注意的是，压缩集的表示形式（即 N-SUM-SUMSQ 表示）使得两个迷你簇合并后的诸如方差之类的统计值的计算相当容易。

(4) 分配给一个簇或迷你簇的点，即不在存留集中的点会和分配结果一起写出到二级存储器中。

最后，如果这是输入数据的最后一个组块，就必须对压缩集和存留集做点事。我们可以将它们看成离群点，根本不进行聚类操作，也可以将存留集中的每个点分配给质心离它最近的那个簇。我们可以将每个迷你簇与那个质心离它的质心最近的簇合并。

一个必须要考察的重要决策是，如何确定某个新的点 p 离 k 个簇中的一个足够近，这样将 p 加入簇才有意义。下面给出两种可能的方法。

(1) 将 p 加入某个簇时，该簇不仅质心离 p 最近，并且很不可能在所有的点处理之后，发现某个其他的簇的质心离它更近。该决策是一个复杂的统计计算。必须要假设点随机排序，并且我们知道将来有多少个点将被处理。这样做的优点在于，如果我们发现某个质心比其他质心更显著接近于 p，即使 p 离所有的质心都很远，那么也可以将 p 加入该簇中且 p 最终处于该簇。

(2) 可以计算 p 属于某个簇且距离该簇质心最远的概率。该计算利用了我们相信每个簇都由正态分布的点构成，其中点的坐标和空间的坐标保持一致。它可以允许我们通过点的**马氏距离**（Mahalanobis distance）来计算，关于该距离的概念我们将在下面介绍。

马氏距离本质上是点到簇质心的距离，并在每维通过簇的标准差进行归一化。由于 BFR 算法假定簇的坐标和空间的坐标保持一致，马氏距离的计算特别简单。令点 $p = [p_1, p_2, \cdots, p_d]$，$c = [c_1, c_2, \cdots, c_d]$ 是某个簇的质心，又令 σ_i 是簇中点在第 i 维上的标准差，则 p 和 c 之间的马氏距离为

$$\sqrt{\sum_{i=1}^{d} \left(\frac{p_i - c_i}{\sigma_i} \right)^2}$$

也就是说，我们对 p 和 c 的第 i 维的差通过除以簇在这维上的标准差进行归一化。公式的剩余部分采用欧氏空间的常规做法对每维上的归一化差值进行组合。

为将点 p 分配给某个簇，我们计算 p 和每个簇质心的马氏距离。我们选择那个质心具有最短马氏距离的簇，并当该距离小于某个阈值时将该点加入簇中。例如，假定我们设置的阈值是 4，如果数据都是正态分布的，那么离均值的标准差为 4 的概率小于百万分之一。因此，如果簇内的点真的是正态分布的话，那么将一个真正属于某个簇的点错误排除在外的概率小于 10^{-6}。这样的点只要不会在有其他点加入簇而导致质心移动后更接近另外的质心，那么最终还是可能会被分配到该簇。

7.3.6 习题

习题 7.3.1 对于图 7-8 中的点，如果使用 7.3.2 节的方法来选择三个初始点，并且选择的第一个点是 $(3, 4)$，那么剩下的点是哪两个？

‼ **习题 7.3.2**　试证明对于图 7-8，不论初始点选择什么，只要采用 7.3.2 节的方法进行选择，那么最终得到的三个初始点来自三个簇。**提示**：你可以通过穷举的方法依次选择 12 个点中的一个点来解决上述问题。但是，一个更一般性的可用的解决方案是考虑三个簇的直径和**最小簇间距离**（minimum intercluster distance），后者指的是选自两个不同簇的两个点之间的最短距离。能否基于点集的上述两个参数来给出一个一般性的定理证明？

! **习题 7.3.3**　给出一个数据集的例子以及 k 个初始质心的选择方法，使得当最后点重分配给最近的质心时，k 个初始点中至少有一个点会重分配到一个不同的簇中。

习题 7.3.4　对于图 7-8 给出的三个簇：

(a) 利用 BRF 算法中的方式计算所有簇的表示，即计算簇的 N、SUM 和 SUMSQ 值；

(b) 计算每个簇两个维度中每一维上的方差和标准差。

习题 7.3.5　假定三维空间下的点组成的某个簇在三个维度上的标准差分别是 2、3 和 5，计算原点 $(0, 0, 0)$ 到点 $(1, -3, 4)$ 的马氏距离。

7.4　CURE 算法

本节讨论另一个点分配类的大规模聚类算法 CURE（Clustering Using REpresentatives），该算法假定运行在欧氏空间下。然而，它对簇的形状没有任何假设，簇不需要满足正态分布，甚至可以拥有奇怪的弯曲状、S 形或环形。与基于质心的表示不同的是，正如该算法名称所暗示的那样，CURE 使用一些代表点的集合来表示簇。

例 7.10　图 7-12 给出了两个簇的示意图。里面的簇是一个普通的圆，而外面的簇是一个环绕第一个簇的环。这种安排并非完全无中生有。来自外星系的生物可能把我们的太阳系看成由两部分组成：一部分是一些对象聚成的内圆（行星），另一部分是一些对象聚成的外部环（库珀带），中间则几乎不存在任何对象。□

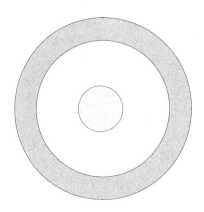

图 7-12　两个簇的示意图，其中一个簇环绕另一个簇

7.4.1 CURE算法的初始化

CURE 算法按照如下方式初始化运行。

(1) 抽取一部分样本数据在内存中进行聚类。从理论上来讲，这里可以使用任意聚类算法。但是由于CURE 被设计成处理形状古怪的簇，当两个簇具有相近点对时，通常建议采用层次聚类算法对这两个簇进行合并。该话题将会在接下来的例 7.11 中详细讨论。

(2) 从每个簇中选择一小部分点集作为簇的**代表点**。选择时我们使用 7.3.2 节所介绍的方法，以便选出的点集之间尽量相距较远。

(3) 对每个代表点移动一段距离，该距离是其位置到簇质心的距离乘以一个固定比例。或许一个较好的比例是 20%。需要注意的是，这一步必须在欧氏空间下进行，不然可能根本没有"两点间线段"的概念。

例 7.11 对于图 7-12 所示数据的一个样本，我们可以使用层次聚类算法。如果我们将簇之间的距离定义为两个簇中点之间的最短距离（计算两个点的距离时，每个点分别来自不同的簇），那么将正确地找到这两个簇。也就是说，环内的点互相聚合，而内圆中的点也互相聚合，但环内点和内圆中的点一直相距较远。需要注意的是，如果将簇之间的距离定义为簇质心之间的距离，那么使用该规则可能得不到我们直观上的正确结果。原因在于，两个簇的质心都在整个图的中心。

在算法第二步，我们选择每个簇中的代表点。如果构建簇的样本足够大，那么可以从簇中选择那些边界上彼此距离最大的点作为代表点。图 7-13 给出了样本中可能初始选出的代表点的示意图。

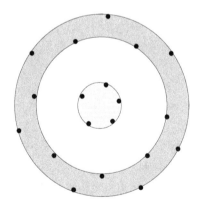

图 7-13 从每个簇中选择代表点，不同簇的代表点之间距离尽量远

最后，我们将代表点从真正的位置向质心方向移动这个距离的一个固定比例。需要注意的是，图 7-13 中两个簇的质心都在同一个位置，即内圆的圆心。于是，圆上的代表点按计划移到圆内。外环中的外边界上的点则会移到环内，而其内边界上的点会移到环外。图 7-13 中代表点的最终位置示意图参见图 7-14。 □

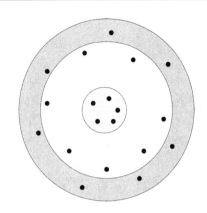

图 7-14　将代表点向簇质心方向移动20%的距离

7.4.2　CURE 算法的完成

CURE 算法的下一步是，当两个簇的某对代表点（每个点分别来自不同的簇）之间足够接近，那么就将这两个簇进行合并。用户可以就定义"接近"的距离进行选择。该合并过程可以重复，直到没有更足够接近的簇为止。

例 7.12　图 7-14 中的情形可以作为一个很有用的例子。有观点认为，图中的外环和内圆确实应该合并，因为它们的质心是一样的。比如，如果外环和内圆指间的分隔带要窄很多，那么可以说将两者的点合并成一个簇反映了真实的状况。例如，虽然土星的环之间有不宽的分隔带，然而将所有环可视化成一个对象而不是多个同心对象十分合理。对于图 7-14 中的情况，下列两个选择决定了到底将图 7-12 看成一个簇还是两个簇：

(1) 代表点到质心的移动比例；

(2) 两个簇的代表点进行合并的距离上限。

CURE 的最后一步是进行点分配。每个点 p 从二级存储器中读出并和代表点进行比较。我们将 p 分配给代表点离 p 最近的簇。　　　　　　　　　　　　　　　　　　　　□

例 7.13　在我们的运行样例中，外环中的点离环中某个代表点的距离肯定比该点离内圆中任一代表点的距离要短。同样，内圆中的点肯定离圆中的某个代表点最近。对于一个既不在外环也不在内圆中的离群点而言：如果在环外，那么它将被分配给外环；如果在外环和内圆之间的分隔带上，那么它可能被分配给外环，也可能被分配给内圆——当然可能在某种程度上更倾向于外环，原因在于外环的代表点已经向圆心方向移动了一段距离。　　　　　　　　　　　□

7.4.3　习题

习题 7.4.1　考虑一个同本节例子类似的外环和内圆构成的两个簇。假定：

(a) 圆的半径是 c；

(b) 环的内外两个圆的半径分别是 i 和 o；

(c) 两个簇的所有代表点都在簇的边界上；

(d) 代表点会从初始位置到簇质心移动一段距离，这段距离是初始位置到簇质心距离的20%；

(e) 在代表点移动之后，如果存在两个代表点其距离小于等于 d，那么就将两个簇合并。

试给出外环和内圆合并到一个簇的条件（基于 d、c、i 和 o 的表达式来表示）。

7.5　非欧空间下的聚类

接下来考虑一个处理非内存数据但不一定需要欧氏空间的聚类算法。该算法称为 GRGPF，其名称来源于提出者 V. Ganti、R. Ramakrishnan、J. Gehrke、A. Powell 和 J. French 的名字。GRGPF 算法同时采用了层次聚类和点分配聚类的思想。同 CURE 算法一样，它将簇表示成内存中的样本点。然而，它同时试图将所有簇组织成树状的层次结构，因此一个新的点可以通过树遍历方式分配到合适的簇中。树的叶节点中保存了某些簇的概要表示，而内部节点保存了经该节点能够到达的簇的描述信息的子集。聚类过程中试图通过簇之间的距离将簇聚合成组，因此叶节点上的簇互相接近，而某个内部节点所能到达的簇之间也相对比较接近。

7.5.1　GRGPF 算法中的簇表示

当不断把点分配到簇时，簇会变得越来越大。簇中的大部分点存储在磁盘上，这样在指导点的分配时就不可用，尽管它们可以被取出。簇在内存中的表示包含多个**特征**。在列出这些特征之前，如果 p 是簇中的任意一点，令 ROWSUM(p) 为 p 到簇中所有其他点的距离平方和。需要注意的是，尽管不在欧氏空间下，仍然存在某种点之间的距离测度方法 d，否则根本无法进行聚类。下列特征构成簇的**表示**。

(1) 簇中点的数目 N。

(2) 簇的中心点，这里的具体定义为簇中到所有其他点的距离平方和最小的那个点。也就是说，簇的中心点是具有最小 ROWSUM 值的簇内点。

(3) 簇中心点的 ROWSUM 值。

(4) 对于某个选定的常数 k，离簇的中心点最近的 k 个点及其 ROWSUM 值。当新的点加入到簇引起中心点变化时，这些点是表示的一部分。这里的假设是，新的中心点是离旧的中心点最近的 k 个点中的一个。

(5) 离中心点最远的 k 个点及其 ROWSUM 值。这些点是表示的一部分，我们可以基于这些点来考虑两个簇是否近到足以合并。这里的假设是，如果两个簇互相接近，那么远离其各自中心点的一对点互相接近。

7.5.2　簇表示树的初始化

簇被组织成一棵树，其节点可能非常大，或许是磁盘中的块或页。这和 B-树或 R-树中的情况一样，簇表示树也类似。树的每个叶节点保存尽可能多的簇表示。需要注意的是，簇表示的大小并不依赖于簇中点的数目。

簇表示树的内部节点保存了其每个子树代表的所有簇的中心点的一个样本，以及指向这些子树根节点的指针。这些样本大小固定，因此内部节点的子节点数目与其所在的深度无关。需要注意的是，在树上不断爬升的过程中，给定簇的中心点是样本一部分的概率会下降。

对于这棵簇表示树，我们可以通过抽取数据集的一个内存样本并进行层次聚类来做初始化处理。聚类的结果是一棵树 T，但是 T 并不等同于 GRGPF 算法中使用的树。更确切地说，我们从 T 中选出某些节点，这些节点能代表大小近似于某个期望值 n 的一系列簇。这些簇是 GRGPF 算法的初始簇，我们将它们的表示放在簇表示树的叶节点上。然后，我们将 T 中具有共同祖先的簇聚合成簇表示树中的内部节点，因此从某种意义上说，源于同一内部节点的簇会尽可能靠近。某些情况下，必须要对整棵树重排以保持平衡。这个过程就和 B-树的重组织类似，这里不再讨论细节。

7.5.3 GRGPF 算法中的点加入

现在我们从二级存储器中读出点并将每个点插入最近的簇中。从根节点开始，我们考察根节点的每个子节点的中心点样本。无论是哪个子节点，只要其中心点离新节点 p 最近，那么它就是我们下一个要考察的节点。当到达树中的任一节点时，我们会考察其子节点的样本中心点，并在下一步访问离 p 最近的中心点对应的子节点。注意到一个节点上样本中心点的一部分可能在更高层已经看到过，但是每一层都提供了其下层簇的详尽信息，因此我们每次到树的下一层时，都会看到很多新的样本中心点。

最后，我们到达叶节点。该节点包含其表示的每个簇的簇特征，而我们选择中心点离 p 最近的那个簇。当新节点 p 加入时，我们会调整该簇的表示。具体地：

(1) 在 N 上加 1；

(2) 将 p 与每个在表示中提到的点的距离平方加到 ROWSUM(q) 上。这些点 q 包括中心点、k 个最近的点和 k 个最远的点。

当 p 必须是表示的一部分时，我们还要估计 p 的 ROWSUM 值（例如，事实上 p 是 k 个离中心点最近的点中的一个）。需要注意的是，在没有从磁盘中读出簇中所有点时，我们不可能精确地计算 ROWSUM(p) 的值。我们使用的估计公式为

$$\text{ROWSUM}(p) = \text{ROWSUM}(c) + Nd^2(p, c)$$

其中 $d(p, c)$ 是 p 和簇中心点 c 的距离。需要注意的是，该公式中的 N 和 ROWSUM(c) 是新点 p 加入前这些特征的值，而在 p 加入之后，它们也要做出相应调整。

你也许对上述估计有效的原因非常好奇。7.1.3 节讨论了"维数灾难"问题，特别是我们看到在高维欧氏空间下几乎所有的角都是直角。当然，GRGPF 算法假设空间并不一定是欧氏空间，但是典型的非欧空间仍然受维度灾难影响，因为它们在很多方面与高维欧氏空间类似。若假设点 p、c 和簇中的另一个点 q 组成的角为直角，那么根据勾股定理，有

$$d^2(p, q) = d^2(p, c) + d^2(c, q)$$

如果对所有除 c 之外的点 q 求和并将 $d^2(p, c)$ 加到 ROWSUM(p) 上来说明中心点也是簇中的一个点这个事实，我们可以推出 ROWSUM(p) = ROWSUM(c) + $Nd^2(p, c)$。

现在，我们必须明白，如果新的点 p 是离簇中心点最近或最远的 k 个点之一，p 及其 ROWSUM 值就会变成簇的一个特征，它会代替另外一个特征，即不再是 k 个最近或最远的那个点的特征。我们还必须考虑 k 个最近点之一的 q 的 ROWSUM 值现在是否小于 ROWSUM(c)。如果 p 离这些点中的一个比离当前的中心点更近，这种情况可能会发生。如果这样的话，我们就交换 c 和 q 的角色。最后，真正的中心点有可能不再是最初 k 个最近点中的一个。对于这一点我们无法得知，因为在内存中看不到簇中的其他点。然而，这些点都存在磁盘上，并在簇特征重新计算时定期地调入内存。

7.5.4 簇的分裂及合并

GRGPF 算法假定簇的半径有上限。这里的半径的具体定义是 $\sqrt{\text{ROWSUM}(c)/N}$，其中 c 是簇的中心点，N 是簇中点的数目。也就是说，半径是簇中所有点到中心点距离平方和的平均值的算术平方根。如果某个簇的半径变得太大，它就会一分为二。该簇中的点会调入内存并划分成两个簇来最小化 ROWSUM 值。这两个簇的簇特征都要计算。

因此，该分裂簇的叶节点还有另一个簇要表示。我们可以像 B-树一样管理这棵簇表示树，因此通常而言，叶节点有空间再增加一个簇。然而，如果空间不够的话，那么叶节点必须分裂成两个叶节点。为实现分裂，我们必须在父节点上增加另外一个指针和更多的样本中心点。此外，可能还会有额外的空间，但是如果没有，那么该节点也必须分裂，我们通过最小化分配给不同节点的样本中心点的距离的平方来实现这一点。像 B-树中一样，这种分裂过程可以一直延续到根节点，并在需要的时候对根节点进行分裂处理。

可能出现的最坏情况是当前的簇表示树太大而无法放入内存。这时可以做的只有一件事，即提高簇半径的上限来减小簇表示树的空间，且我们考虑对两个簇进行合并。通常情况下，考虑代表信息在同一个或具有共同祖先的节点上这种意义下的相近簇就已经足够。但是，理论上而言，可以考虑将任意两个簇 C_1 和 C_2 合并成一个簇 C。

为合并簇，我们假设 C 的中心点为尽可能远离 C_1 或 C_2 的中心点的一个点。假定对于点 p 计算其在 C 中的 ROWSUM 值，其中 p 是 C_1 中 k 个离其中心点尽可能远的一个点。我们采用维数灾难的说法（即所有的角都近似等于直角）来证明下列公式的合理性。

$$\text{ROWSUM}_C(p) = \text{ROWSUM}_{C_1}(p) + N_{C_2}\left(d^2(p, c_1) + d^2(c_1, c_2)\right) + \text{ROWSUM}_{C_2}(c_2)$$

上述公式中，我们对 N 和 ROWSUM 都标以下标来表明所指的是哪个簇的特征。对于 C_1 和 C_2 的中心点，分别用 c_1 和 c_2 来表示。

更详细地说，要计算 p 到合并簇 C 中所有节点的距离平方和，首先计算 p 到 C_1 中所有节点的距离平方和 $\text{ROWSUM}_{C_1}(p)$。对 C_2 中的 N_{C_2} 个点 q，我们分别考虑 p 到 C_1 和 C_2 中心点且最终到 q 的路径。我们假设 p 到 c_1 的线段和 c_1 到 c_2 的线段的夹角为直角，且 p 到 c_2 的最短路径和 c_2 到 q 的线段之间的夹角也是直角。然后，我们使用勾股定理来证明每个 q 的路径长度的平方等于三条线段的平方和。

　　然后,我们必须结束合并后簇的特征计算,并且要考虑合并簇中所有已知 ROWSUM 值的点。这些点包括两个簇的质心、离每个簇中心点最近的 k 个点及离每个簇中心点最远的 k 个点中除去被选为新的簇中心点的那些点。我们可以计算新的簇中心点到上述 $4k + 1$ 个点中每一个点的距离,然后从中选出具有最小距离的 k 个“近”点和具有最大距离的 k 个“远”点。对于这些选出的点,采用和上面计算候选中心点完全一样的公式来计算它们的 ROWSUM 值。

7.5.5　习题

　　习题 7.5.1　使用 7.5.1 节的簇表示方法,将图 7-8 所示的 12 个点表示成单个簇,其中使用参数 $k = 2$ 作为表示中所需要的“近”点和“远”点个数。**提示**:由于距离是欧氏距离,我们可以通过两个点 x 坐标和 y 坐标差值的平方和来得到两个点的距离平方。

　　习题 7.5.2　对于图 7-8 右下角的 5 个点构成的簇,计算 GRGPF 算法意义下的簇半径(簇内所有点到中心点的距离平方和的平均值的算术平方根)。需要注意(11, 4)是簇中心点。

7.6　流聚类及并行化

　　本节主要简要介绍如何对流进行聚类。我们所考虑的模型能够处理这样一种情况:对于由 N 个点组成的滑动窗口(参考 4.1.3 节),对于任意 $m \leq N$,我们想知道对上述 N 个点中最后 m 个点进行最优聚类后的质心或中心点是哪些。另外,我们也会研究一个基于计算集群 MapReduce 机制实现的,在大规模固定点集上聚类的类似方法。本节只给出了一个表明可能性的粗略概述,该可能性依赖于我们对于流中簇演变方式的假设。

7.6.1　流计算模型

　　我们假设每个流元素都是某个空间下的一个点,而滑动窗口由最近的 N 个点组成。我们的目标是对流中点的子集进行预聚类,以便能够对任一 $m \leq N$ 快速回答诸如“最近 m 个点的聚类结果如何”之类的查询。该查询的变种有很多,取决于我们对簇的构成如何假设。例如,当我们真正查询的是最近 m 个点分割成精确的 k 个簇时,就可以使用 k-均值算法。否则的话,我们可以允许簇的数目发生变化,但是要使用 7.2.3 节或 7.2.4 节中的准则来确定簇合并成更大簇的停止时间。

　　我们对流中点所在的空间不做任何限制。它可以是欧氏空间,此时查询的结果就是所选簇的质心。它也可以是非欧空间,此时查询的结果就是所选簇的中心点,其中可以采用任意一种中心点定义(参考 7.2.4 节)。

　　如果假设所有流元素选出时的统计量在流中保持不变,问题就会简单得多。那么流的一个样本就好到足以对簇进行估计,于是我们实际上可以过段时间之后忽略流。然而,流模型通常假设流元素的统计量会随时间改变。例如,簇的质心会随着时间的推移缓慢漂移,簇之间还可能扩张、收缩、分裂或合并。

7.6.2 一个流聚类算法

本节将介绍一个称为 BDMO 算法（以提出者 B. Babcock、 M. Datar、 R. Motwani 和 L. O'Callaghan 的名字命名）的极度简化版本。算法的真实版本所包含的复杂结构要多很多，这些复杂结构用于保障最坏情况下的性能。

BDMO 算法建立在 4.6 节描述的流中计数的方法之上。它们的主要异同如下。

- 同 4.6 节算法相似，流中的点被划分并概括到大小为 2 的幂的桶中。这里，桶的大小是指所代表的点的数目，而不是前面所指的流元素 1 的数目。
- 同前面一样，桶的大小遵守每个相同大小的桶只有 1 个或 2 个的限制。然而，这里我们并不假设可能的桶大小序列从 1 开始。更确切地说，这里只需要每个桶的大小都是前一个大小的两倍即可，比如 3, 6, 12, 24, …。
- 如果沿时间回退，桶大小仍然需要满足非降的限制。同 4.6 节一样，我们可以得出有 $O(\log_2 N)$ 个桶的结论。
- 一个桶的内容包括以下几方面。
(1) 桶的大小。
(2) 桶的时间戳，即桶中最近的点。同 4.6 节一样，可以记录对 N 取模之后的时间戳。
(3) 一系列记录，它们代表当前桶当中的点已划分成的簇。这些记录包括以下几个。
    (a) 簇中点的数目。
    (b) 簇的质心或中心点。
    (c) 任意其他允许我们进行簇合并并为合并后的簇维护整个参数集合的近似值的参数。在 7.6.4 节讨论合并过程时我们会给出几个例子。

7.6.3 桶的初始化

假设最小的桶大小为 p，它是一个 2 的幂。因此，对于每 p 个流元素，我们建立一个新的桶，其中包含最近的 p 个点。该桶的时间戳是桶中最近的点的时间戳。我们可以将每个点单独看成一个簇，或采用选定的聚类策略进行聚类处理。例如，如果我们选定 k-均值算法，那么（假定 $k<p$）我们会通过某算法将这些点聚成 k 个簇。

不管初始使用什么聚类方法，我们都假设可以计算簇的质心或中心点，并可以对每个簇中的点计数。该信息成为每个簇记录的一部分。另外，我们也可以计算在合并过程中需要的其他参数。

7.6.4 桶合并

按照 4.6 节的策略，无论何时建立一个新桶，都必须检查桶序列。首先，如果某个桶的时间戳比当前时间要提前超过 N 个时间单位，那么该桶中任何信息都不在窗口中，于是我们可以将它从列表中清除。其次，可能已经建立了三个大小为 p 的桶，这种情况下我们必须合并三个桶中最早的两个桶。合并过程可能创建两个大小为 $2p$ 的桶，并且这种合并过程可能会递归下去，合并的桶也越来越大（参考 4.6 节）。

为合并两个连续桶，我们需要做下列工作。

(1) 桶的大小是正在合并的两个桶大小的两倍。

(2) 合并后的桶的时间戳等于两个连续桶中较新的那个桶的时间戳。

(3) 必须考虑是否要合并簇，如果是，就要计算合并后的簇的参数。我们将详细介绍算法的这一部分，包括考虑多个合并准则的例子和对所需参数的估计。

例 7.14 或许最简单的情形是在欧氏空间下使用 k-均值算法。我们通过簇内的点数目和质心来表示簇。每个桶中都正好有 k 个簇，因此可以选择 $p=k$，或者选择比 k 大的 p，当我们如 7.6.3 节一样初始建立一个桶时，将 p 个点聚成 k 个簇。我们必须寻找第一个桶中的 k 个簇和第二桶中的 k 个簇的最佳匹配。这里，"最佳匹配"是指相匹配的簇质心之间的距离之和最短。

需要注意的是，我们不考虑对来自同一个桶的两个簇进行合并，因为我们假设在连续桶中簇的演变不会太多。于是，期望能在两个相邻桶中各找到 k 个流中真正存在的每一个簇的表示。

当决定合并分别来自不同桶的两个簇时，合并后簇中的点数目肯定等于两个簇中的点数目之和。合并后的簇的质心是两个簇的质心的加权平均，其中权重分别是两个簇中的点数目。也就是说，如果两个簇分别有 n_1 和 n_2 个点，它们的质心分别是 c_1 和 c_2（假设质心是 d 维向量），那么合并后的簇有 $n=n_1+n_2$ 个点，其质心为

$$c = \frac{n_1 c_1 + n_2 c_2}{n_1 + n_2}$$ □

例 7.15 当簇变化十分缓慢时，例 7.14 中的方法已经足够。假设我们预计簇质心漂移得足够快，当对两个连续桶中的质心进行匹配时，我们可能会遇到非常模糊的情形，即不清楚给定两个簇中的哪个簇与另一个桶的给定簇是最佳匹配。避免这种情况发生的一种方法是，即使我们知道在查询时（参考 7.6.5 节）必须正好合并出 k 个簇，也可以在每个桶中建立多于 k 个簇。例如，我们可以选择一个比 k 大很多的数 p，并且当合并时，仅合并那些结果簇聚合度满足某个准则（参考 7.2.3 节）的簇。我们还可以采用层次聚类策略，通过最佳合并在每个桶中维护 $p>k$ 个簇。

具体来说，假定我们希望簇内所有点到其质心的距离之和有个上限。那么除了簇内点的数目和质心之外，可以将上述和的估计值也放入簇的记录中。当对某个桶进行初始化时，我们可以计算该和的精确值。但是当合并簇时，该参数只是一个估计值。假定我们对两个簇进行合并，并希望计算合并簇的距离之和。我们采用例 7.14 中的质心和点数目的定义，另外令 s_1 和 s_2 分别为两个簇中的距离之和，那么可以估计合并簇的半径为

$$n_1 |c_1 - c| + n_2 |c_2 - c| + s_1 + s_2$$

也就是说，任意点 x 到新质心 c 的距离可以通过该点到旧质心的距离（这些距离的和等于 s_1+s_2，即上式最右边两项）和旧质心到新质心的距离之和（这些距离的和为上式中左边两项）来估计。值得注意的是，根据三角不等式，上述估计值是一个上界。

另一种做法不是计算簇内所有点到质心的距离之和，而是计算所有点到质心的距离的平方和。这种做法下，如果两个簇的上述求和结果分别为 t_1 和 t_2，那么新簇当中的上述求和结果可以

用下式来估计：

$$n_1 |c_1 - c|^2 + n_2 |c_2 - c|^2 + t_1 + t_2$$

在存在所谓"维数灾难"的高维空间下，上述估计结果接近正确值。 □

例 7.16 我们的第三个例子假设在非欧空间，且对簇的数目没有任何限制。这里我们将借用 7.5 节中 GRGPF 算法中的几项技术。具体地说，我们用簇中心点和 ROWSUM 值（簇中每个节点到其中心点的距离平方和）来表示簇。我们在簇记录中也保留与中心点具有最大距离的点集这项信息。回想一下它们的目的是当该簇和其他簇合并时推荐一个中心点。

当合并桶时，我们可以从多种方法中选择一种来确定到底要合并哪些簇。例如，可以按照簇质心之间的距离大小对一对对簇排序。当两个簇的 ROWSUM 之和低于某个上限时，我们也可以当考虑两个簇时选择它们进行合并。另外一种方法是，如果两个簇的 ROWSUM 之和除以它们的簇中点数目低于某个上限，可以选择它们进行合并。任意其他讨论的确定何时合并簇的方法也都可以使用，只要我们安排维护合并决定所必需的数据（如簇直径）即可。

然后必须从离两个合并簇的中心点最远的点中选择一个新的簇中心点。我们可以使用 7.5.4 节给出的公式计算每个候选中心点的 ROWSUM 值。我们也依照那一节给出的策略来从每个簇中选择一个远距离点子集来作为合并簇的远距离点集，并对每个点计算新的 ROWSUM 和到中心点的距离。 □

7.6.5 查询应答

我们应该还记得，假设查询要求返回流中最近 m 个点中的簇，其中 $m \leq N$。由于随时间回退过程中所采用的簇合并的策略，我们有可能找不到一个桶集合能够精确覆盖最近的 m 个点。然而，如果选择能够覆盖最近 m 个点的最少桶集合，那么这些桶集合中不会有超过最近 $2m$ 个点。我们将这些选定桶中的所有点的质心或中心点作为查询的应答结果返回。为了使结果更好地近似于真正最近 m 个点所形成的簇，我们必须假设从 $2m$ 到 $m+1$ 个点上统计量将不会从根本上不同于最近 m 个点。但是如果统计量变化太快，那么回想一下 4.6.6 节的讨论，我们知道，对于任一 $\varepsilon > 0$，可以使用一个更复杂的桶方案来保证找到最多覆盖最近 $m(1+\varepsilon)$ 个点的桶。

选定想要的桶之后，我们将这些桶的簇放入缓冲池。然后，使用某种方法来确定哪些桶要进行合并。例 7.14 和例 7.16 给出了两个合并方法的例子。例如，如果像例 7.14 一样需要精确产生 k 个簇，那么可以将具有最近质心的簇进行合并直到只剩下 k 个簇为止。我们也可以采用多种方法来确定是否合并簇（参考例 7.16）。

7.6.6 并行环境下的聚类

现在简单考虑使用在一个**计算集群**（computing cluster）下可用的并行化机制。[1]假定给定了一个非常大的点集合，我们希望通过并行化机制来计算簇质心。最简单的方式是采用 MapReduce 策略，但是在大部分情况下我们被限制只能使用单个 Reduce 任务。

---

① 不要忘了本节当中的 cluster 有两种完全不同的含义。

首先建立多个 Map 任务，每个任务会分配整个点集的一个子集。Map 函数的任务是对收到的点进行聚类。输出是一系列键–值对集合，键都是固定的 1，值是一个簇的描述信息。该描述信息可以是 7.6.2 节提到的任意可能的信息，比如质心、簇中点的数目和簇的直径等。

所有键–值对都拥有相同的键，因此可以只需要一个 Reduce 任务。该任务获取每个 Map 任务产生的簇描述信息，并且必须对它们进行适当地合并。我们可以使用 7.6.4 节的讨论作为可能使用的多种策略的代表来产生最后的聚类结果，而这些结果将作为 Reduce 任务的输出。

7.6.7 习题

习题 7.6.1 在下列一维欧氏空间数据下执行 BDMO 算法，其中 $p = 3$。

1, 45, 80, 24, 56, 71, 17, 40, 66, 32, 48, 96, 9, 41, 75, 11, 58, 93, 28, 39, 77

聚类算法是 k-均值算法（$k = 3$）。在代表一个簇时，仅需要簇的质心和其中点的数目。

习题 7.6.2 利用习题 7.6.1 输出的聚类结果，以最佳质心作为最后 10 个点上的聚类结果查询的应答。

7.7 小结

- **聚类** 簇通常是某个空间下点形式数据的一个很有用的概要表示。为了对点进行聚类，需要在该空间下定义一个距离测度。理想情况下，同一个簇中的点之间距离较短，而不同簇的点之间距离较长。

- **聚类算法** 聚类算法一般采取以下两种形式中的一种。层次聚类算法一开始将每个点都看成一个簇，然后对相近的簇进行递归合并。点分配聚类算法依次考虑每个点，并将它们分配给最符合的簇。

- **维数灾难** 高维欧氏空间和非欧空间下的点往往表现得和直觉不符。这些空间下的两个非预期的性质是：随机点之间往往具有几乎相同的距离，以及随机向量往往近似相互正交。

- **质心和中心点** 在欧氏空间下，一个簇中的所有元素可以求平均，该平均值称为簇的质心。在非欧空间下，不能保证点具有"平均"的概念，因此不得不使用簇中的一个元素作为簇的代表元素或典型元素。这个代表点称为簇中心点。

- **中心点选择** 在非欧空间下，有多种方法可以用来定义簇中的典型点。例如，我们可以选择簇当中到其他点的距离之和最短、上述距离的平方和最短，或到其他点的最大距离最小的那个点。

- **半径和直径** 不论是欧氏空间还是非欧空间，我们都可以将簇的半径定义为从质心或中心点到簇中任意点的最大距离，定义直径为簇中任意两点之间的最大距离。也有一些其他的定义方法广为人知，尤其是半径的定义，例如从质心到其他点的平均距离。

- **层次聚类** 这类算法有很多变种，它们之间主要有两处不同。第一，它们选择下一步合并的方法可能多种多样；第二，停止合并的方法可能多种多样。

- **选择簇进行合并** 层次聚类中选择最佳合并簇对的一种策略是选择质心或中心点最近的两个簇进行合并。另一种方法是选择具有最相近的两个点的两个簇进行合并。第三种方法是使用两个簇中点之间的最短平均距离。

- **合并停止条件** 层次聚类可以一直执行到剩余固定数目的簇为止。另一种方法是，我们可以对簇进行合并，直至不可能再找到两个簇合并后足够紧凑，例如，合并后的簇的半径或直径低于某个阈值。还有一种策略是只要结果簇具有足够高的"密度"就继续合并，这里的密度可以有多种定义方式，但一般是点的个数除以表示簇大小的某个指标（如半径）。

- **k-均值算法** 这类算法属于点分配类型算法并假设在欧氏空间下进行。该算法假定真实中存在 k 个簇（k 为某个已知值）。选定 k 个初始簇质心之后，点将被一一考察并分配到最近的质心中去。在点分配过程中，簇的质心可能会发生漂移。一个可选的最后一步是，在保持质心固定不变的情况下对有的点进行重分配，该质心是第一遍扫描中得到的最终值。

- **k-均值算法的初始化** 一种寻找初始 k 个质心的方法是随机选择一个点，然后选择另外 $k-1$ 个点，每个后续点在选择时都要尽可能远离前面选出的点。另外一种初始化的方法是，开始选择一个小的点集样本，然后使用层次聚类算法将它们合并成 k 个簇。

- **k-均值算法中 k 的选择** 如果簇的数目事先未知，那么使用二分查找技术在不同的 k 值上运行 k-均值聚类算法。我们搜索最大的 k 值，以使得当簇数目降到 k 之下时，簇的平均直径会急剧增大。该搜索可以在一系列聚类操作中完成，且聚类的次数与真实的 k 值呈对数关系。

- **BFR 算法** 该算法是 k-均值算法的一个版本，被设计成可以处理无法在内存中存放的大规模数据。BFR 算法假设簇在坐标轴方向都满足正态分布。

- **BFR 算法中的簇表示** 点从磁盘中以每次一个组块的方式读出。内存中的簇用点的数目、所有点的向量和及所有点每一维分量上的平方和构成的向量来表示。簇当中那些远离簇质心的点表示成所谓的"迷你簇"，其表示方式和前面 k 个簇一样。还有一些不靠近任意其他点的点，就用自己表示，这些点称为"存留"点。

- **BFR 算法中的点处理** 一次内存装载中的大部分点会被分配给相近的簇，同时该簇的参数由于新点的加入而进行调整。未分配的点可以形成新的"迷你簇"，这些迷你簇可以和以前发现的迷你簇或存留点进行合并。最后一次内存装载之后，迷你簇和存留点可以合并到最近的簇中或者保存为离群点。

- **CURE 算法** 该算法属于点分配算法的一种。它被设计为欧氏空间下的一个算法，但是簇可以是任意形状。它能处理内存中无法存放的大数据。

- **CURE 算法中的簇表示** 算法一开始对一个小规模点集样本进行聚类，然后为每个簇选择代表点，选择时尽可能让这些代表点之间相距较大。最终的目标是从簇的边缘上选择代表点。但是，算法运行过程中，代表点会向簇质心方向移动一个固定比例的距离，因此它们会稍稍进入簇的内部。

❑ **CURE 算法中的点处理**   在对每个簇建立代表点之后，整个点集可以从磁盘读出并分配给一个簇。我们将给定点分配给与它最近的代表点所在的簇。

❑ **GRGPF 算法**   该算法也是点分配算法的一种。它能处理内存无法存放的大规模数据，并且不要求一定在欧氏空间使用。

❑ **GRGPF 算法中的簇表示**   簇表示为簇中点的数目、簇中心点、离中心点最近的一些点集和最远的一些点集。靠近中心点的点允许我们在簇演变时修改中心点，而远离中心点的点允许我们在恰当环境下对簇进行快速合并。对上述点中的每一个点，我们还要记录其 ROWSUM 值，即该点到簇中所有其他点的距离平方和的算术平方根。

❑ **GRGPF 算法中的簇组织**   簇的表示会组成成一棵类似于 B-树的树结构，其中树节点通常是磁盘块并包含许多簇有关的信息。叶节点保存尽可能多的簇的表示，而内部节点上保存了其子孙叶节点上簇的中心点的一个样本。树被组织成任意子树下的簇表示所对应的簇之间尽可能相近。

❑ **GRGPF 算法中的点处理**   通过一个点集样本对簇进行初始化之后，我们将每个点插入中心点离它最近的那个簇。由于采用的是树结构，我们可以从根节点开始，通过选择访问子节点来找到和给定点最近的中心点样本。按照这种规则得到一条到叶节点的路径，于是我们将该点插入此叶节点上与之最近的簇中心点所对应的簇中。

❑ **流聚类**   DGIM（一个在流滑动窗口中对 1 计数的算法）的一个一般化算法可以用于对演变缓慢的流中的点进行聚类。BDMO 算法使用类似于 DGIM 算法中的桶来进行处理，其中允许的桶的大小形成一个序列，每个桶的大小是前一个桶的大小的两倍。

❑ **BDMO 算法中的桶表示**   桶的大小是它所代表的点的数目。桶当中只保存所包含点的簇表示而不是点本身。每个簇表示包含点的数目的计数、簇质心或中心点以及其他一些在按照某种选定策略进行簇合并所必需的信息。

❑ **BDMO 算法中的桶合并**   当桶必须合并时，我们会从不同的桶中找到最佳的簇进行两两匹配，并将它们两两合并。如果流的演变较慢，那么可以预期连续的桶当中可能包含几乎相同的簇质心，因此上述匹配是有意义的。

❑ **BDMO 算法中的查询应答**   查询通常针对滑动窗口的一段后缀进行处理。我们考虑至少部分出现在这段后缀的所有桶中的所有簇并基于某种策略进行合并处理。最终得到的聚类结果作为查询的应答输出。

❑ **基于 MapReduce 的聚类**   我们可以将数据划分成组块，并利用一个 Map 任务对每一个组块进行聚类处理，从而实现聚类的并行化。每个 Map 任务输出的簇可以在单个 Reduce 任务中进行进一步的聚类处理。

7.8   参考文献

关于大规模数据聚类的最古老研究是论文 "BIRCH: an efficient data clustering method for very large databases" 提出的 BIRCH 算法。BFR 算法来自论文 "Scaling clustering algorithms to large databases"。CURE 算法参见论文 "CURE: An efficient clustering algorithm for large databases"。

GRGPF 算法的论文参见 "Clustering large datasets in arbitrary metric spaces"。B-树和 R-树的必备背景知识可以参考 *Database Systems: The Complete Book, Second Edition*。有关流聚类的研究来自论文 "Maintaining variance and k-medians over data stream windows"。

扫描如下二维码获取参考文献完整列表。

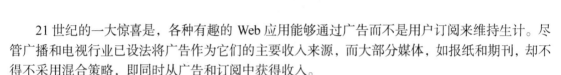

第 8 章

Web 广告

21 世纪的一大惊喜是，各种有趣的 Web 应用能够通过广告而不是用户订阅来维持生计。尽管广播和电视行业已设法将广告作为它们的主要收入来源，而大部分媒体，如报纸和期刊，却不得不采用混合策略，即同时从广告和订阅中获得收入。

到目前为止，从在线广告中获益最多的是搜索应用，而搜索广告的有效性主要源于一个将搜索查询和广告进行匹配的模型，称为 adwords。因此，本章主要关注广告匹配的优化算法。这里使用的算法属于一种特殊的类型，它们属于贪心算法且从特定技术角度来说是"在线"算法。因此，在讨论 adwords 问题之前，本章简单论述贪心算法和在线算法的相关问题。

另一个有趣的在线广告问题是在在线商店中选择广告商品。该问题涉及"协同过滤"技术，即通过发现行为相似的用户来向用户推荐商品。该主题将在 9.3 节讨论。

8.1 在线广告相关问题

本节总结在线广告涉及的技术问题。我们首先对当前 Web 上的广告类型做一个简单介绍。

8.1.1 广告机会

Web 为广告商提供了很多向潜在客户展示广告的途径。下面给出一些主要场景。

(1) 一些网站，如 eBay、Craig's List[1]或汽车交易网站等，允许广告商[2]以免费、付费或委托方式直接投放广告。

(2) 很多 Web 网站上的**展示广告**（display ad）。广告商按照每展示一次（某个用户下载一次网页则认为该网页上的广告被展示一次）的固定费率付费。通常，即使是同一个用户对网页进行第二次下载，也会导致一个不同的广告展示。因此，这会被看成第二次展示。

(3) 诸如亚马逊的在线商店在很多上下文中显示广告。这些广告并非由广告商品的生产者来付费，而是由在线商店选出，以最大化顾客对商品感兴趣的概率。我们将在第 9 章介绍这种类型的广告。

---

① Craig's List 是 1995 年由 Craig Newmark 在美国旧金山湾区创办的一个网上大型免费分类广告服务。——译者注
② 发布自己信息的付费者，也常常称为广告主。——译者注

(4) **搜索广告**（search ad）包含在搜索结果中。广告商要为某些查询进行投标以获得在搜索结果中展示广告的权利，但是他们只在广告被点击的情况下才付费。显示广告的选择过程非常复杂，我们将在本章介绍。该过程涉及广告商所投标的搜索词项、投标价格、广告的点击率以及广告商为此服务投入的总预算等。

8.1.2 直投广告

当广告商能够直接投放广告时，比如 Craig's List 的免费投放广告或者 eBay 上的 "buy it now" 功能，网站必须处理一些问题。广告通常是在应答查询词项（如 apartment Palo Alto）时展示。Web 网站可以像搜索引擎（参考 5.1.1 节）那样，使用词语倒排索引来返回包含查询中所有词项的广告。另一种方法是，网站可以要求广告商指定广告的参数并将这些参数存储在数据库中。例如，一则二手车的广告可以通过下拉菜单指定制造商、型号、颜色和年份等信息，因此只能使用含义明确的词项。查询者可以在查询时使用同样的词项菜单。

由于没有像 Web 链接一样的对象告诉我们哪些广告更重要，广告排序问题稍微复杂一些。我们使用的一种策略是**最近优先**（most-recent first）。该策略虽然很公平，但是容易被滥用，因为广告商可以频繁发布相似的广告。过度相似广告的发现技术已经在 3.4 节介绍。

另一种方法是试图度量广告的吸引力。广告每次显示时，记录一下查询者是否点击了该广告。一般来讲，有吸引力的广告将比那些没有吸引力的广告更频繁被点击。但是，在评价广告时，必须考虑如下几个因素。

(1) 广告在列表中的位置将对它是否被点击有很大的影响。到目前为止，出现在列表第一位的广告被点击的概率最高，当位序不断下降时，点击的概率呈指数级下降。

(2) 广告的吸引力可能取决于查询词项。例如，如果搜索查询包括 convertible（敞篷车），一则二手敞篷车的广告会更具吸引力。即使查询中包含车的品牌但是并没有指定是否是敞篷车，该广告也是一项很正当的应答结果。

(3) 在较精确地估计出点击率之前，所有的广告都应该有展示的机会。如果所有广告的点击率一开始都设成 0，那么这些广告有可能永远都不会展示，也就永远无法了解这些广告是否具有吸引力。

8.1.3 展示广告的相关问题

Web 上这种形式的广告和传统媒介上的广告十分相似。《纽约时报》上雪佛兰跑车的广告就属于展示广告，但是其实际效果有限。可能很多人浏览了这则广告，但是大部分人对买车不感兴趣，或者刚刚买了车，或者不开车，又或者有其他合理的原因忽略该广告。但是广告印刷的费用仍然由报纸（也因此由广告商）来承担。雅虎主页上的类似广告也出于类似原因而效率不高。这类广告的投放费用通常是每展示一次支付零点几美分。

传统媒介上的广告之所以没那么受人关注，主要原因是报纸或杂志是为特定目的而创办的。假设你是高尔夫俱乐部的老板，那么如果你在 *Golf Digest* 杂志上刊登广告，看到这则广告的人对其感兴趣的概率将会以数量级增长。该现象也解释了很多低发行量的专业杂志存在的原因。它们可以为一则广告的每次出现索取比通用媒介（如日报）更高的费用。同样的现象也发生在 Web 上。一则高尔夫俱乐部的广告出现在雅虎体育高尔夫频道上比出现在雅虎主页上更具价值，也比雅虎高尔夫频道的雪佛兰汽车广告更具价值。

然而，在 Web 上可以定制展示广告，而硬媒介则不可以。Web 上可以利用用户的信息来确定应该对用户显示哪些广告，而不管他们在浏览哪个网页。如果已知 Sally 喜欢高尔夫，那么不论她在阅读哪个网页，给她显示高尔夫俱乐部的广告都很有意义。我们可以采用下列方法来确定 Sally 喜欢高尔夫这件事：

(1) 她在 Facebook 中可能属于一个高尔夫相关的兴趣组；

(2) 她可能在 Gmail 邮件中多次提到高尔夫；

(3) 她可能在雅虎高尔夫频道上花费了大量时间；

(4) 她可能频繁提交高尔夫相关的查询给搜索引擎；

(5) 她可能收藏了一个或多个高尔夫课程网站。

上述方法以及其他很多类似的方法会引发巨大的隐私问题。但隐私问题的处理并非本书的目标，实际上也没有任何一种方法能解决所有问题。一方面，人们喜欢近来受到广告支持的免费服务，而这些服务依赖于比传统广告更高效的广告方式。人们的一个共识是，如果广告必须存在的话，那么让用户看到他们真正会用的东西比浏览混杂了很多不相关信息的网页要好得多。另一方面，如果这些隐私信息离开执行广告算法的机器而落入真实人们的手中，那么就有极大的被滥用的潜在危险。

8.2 在线算法

在介绍广告和搜索查询的匹配问题之前，我们稍微偏离一下主题，先考察匹配算法所属的一般类别。该类别称为**在线**（on-line）算法，这类算法中通常会包括一个称为**贪心**（greedy）的方法。在下一节中，我们将会给出一个用于简单的极大匹配问题的在线贪心算法的例子。

8.2.1 在线和离线算法

通常的算法工作流程如下：首先，将算法所需要的所有数据准备好；然后，算法以任意次序访问数据；最后，算法输出结果。这类算法称为**离线**（off-line）算法。

然而，有时候在算法必须做出某些决定之前并不能获得全部的数据。第 4 章介绍的流挖掘问题就是这样一个场景。在该场景下，我们只能保存有限的流数据，当有要求时必须应答整个流上的查询。流处理的一个极端形式是，必须在每个流元素到达之后就以输出方式对查询进行应答。于是我们必须在对未来一无所知时对当前每个元素进行决策。这类算法称为**在线算法**[①]。

---

① 这里我们又遇到了术语的双重含义问题。就像 7.6.6 节所提到的 cluster 一样，我们必须要恰当理解 "algorithms for computing clusters on computer clusters" 中的两个 cluster 的含义。这里的 on-line 指的是算法的一种固有属性，这和 "在互联网上" 的 on-line 是不一样的。我们要能对 "on-line algorithms for on-line advertising" 中的两个 on-line 进行区分。

说到这一点，如果能够对搜索查询选择广告采用离线方式来计算，那么实现就相对简单。我们可以知道一个月的搜索查询的价值所在，还可以知道广告商们为搜索词项投标的价格，以及他们当月的广告预算，这样就可以采用使搜索引擎的收益和每个广告商所得到的广告显示次数同时最大化的方法来分配广告。这里采用离线算法的问题在于，大部分查询用户并不想为搜索结果等上一个月。

因此，我们必须使用一个在线算法来将广告分配给查询。也就是说，当搜索查询到达时，必须立刻选择跟搜索结果一起显示的广告。我们可以使用过去的一些信息，比如，如果某个广告商的预算已经花完，那么就不一定要显示它的广告，并且我们可以考察某个广告目前所获得的**点击率**（click-through rate，广告显示后被点击的比值）。但是，我们无法使用关于未来搜索查询的任何信息。例如，我们并不知道后来是否有很多搜索查询使用了当前广告商出价更高的那些搜索词项。

例 8.1 这里给出一个很简单的例子来说明为什么与未来有关的信息有用。一个仿古家具制造商 A 对词项 chesterfield①的投标价格是 10 美分。一个更传统的厂商 B 同时为 chesterfield 和 sofa 付出的投标价格是 20 美分。他们两家的月广告预算都是 100 美元，并且没有其他厂商对这两个词投标。假定现在是月初，一个搜索查询 chesterfield 刚刚到达，并且我们假定对此查询只显示一则广告。

很显然，此时我们会显示 B 的广告，因为他们出价更高。然而，假定这个月的查询中有很多 sofa，但是 chesterfield 很少。于是，A 无法花费其 100 美元的预算，而 B 即使在将查询分配给 A 时仍然会花费其所有预算。特别地，如果至少有 500 个查询包括 soft 或 chesterfield，那么将查询给 A 不仅无害，可能还有好处。此时，B 的预算仍然可能花光，但是 A 的预算开销也会提高。需要注意的是，这种结果不论对搜索引擎还是广告商来说都有意义，因为搜索引擎期望最大化其总收益，而广告商 A 和 B 都希望在预算允许的条件下获得广告的所有展示机会。

如果能够预知未来的搜索查询分布，我们就可以知道这个月还会有多少 sofa 和 chesterfield 查询会到达。如果该数目低于 500，那么我们希望将该查询给 B 以获得最大收益。但是如果不低于 500，那么我们会将它给 A。由于我们无法预知未来，因此无法保证在线算法和离线算法的效果总是一样好。 □

8.2.2 贪心算法

很多在线算法属于**贪心算法**（greedy algorithm）一类。这些算法通过最大化当前输入元素和历史信息的某个函数，对每个输入元素都做出决策。

例 8.2 例 8.1 中所描述场景下的一个明显的贪心算法就是，将查询分配给还有预算的出价更高的广告商。对于上例的数据，前 500 个 sofa 或 chesterfield 查询会分给 B。此时，B 的预算被花完，从而不会再分配给 B 任何查询。这之后，剩下的 1000 个 chesterfield 查询会分给 A，而之后的 sofa 不会产生任何广告，因此它不会给搜索引擎带来任何收入。

---

① chesterfield 是某类沙发，可以搜索"切斯特菲尔德沙发"来获得此类沙发的信息。

最坏情况是 500 个 chesterfield 查询和 500 个 sofa 查询先后到达。这时离线算法能够以最优方式来分配查询，即将最早的 500 个查询分配给 A 从而获得 50 美元的收益，然后将后续的 500 个查询分配给 B 从而又获得 100 美元的收益。搜索引擎的总收益是 150 美元。但是如果采用贪心算法的话，会将前 500 个查询分配给 B，从而获得 100 美元的收益，但是对于后 500 个查询不会产生广告，因而无法获得收益。　□

8.2.3　竞争率

从例 8.2 可知，对于同一问题，在线算法不如最佳的离线算法效果那么好。我们最高的期望就是，存在某个小于 1 的常数 c，使得对于任一输入，一个具体的在线算法的结果至少是最优离线算法结果的 c 倍。常数 c 如果存在的话，将被称为在线算法的**竞争率**（competitive ratio）。

例 8.3　基于例 8.2 中特定数据的贪心算法的结果（100 美元）是最优算法结果（150 美元）的 2/3。这证明竞争率不可能高于 2/3。但是它有可能低于这个值。算法的竞争率可能取决于其所允许输入的数据类型。即使我们对例 8.2 的情况限制其输入，但是允许投标价格变化，那么可以说，该贪心算法的竞争率不会高于 1/2。我们将 A 的投标价格提高到一个低于 20 美分的值 ε。当 ε 接近 20 时，贪心算法仍然只会产生 100 美元的收益，但是最优算法的收益接近 200 美元。这个简单的例子表明，不可能比最优收益的一半还少，因此其竞争率的确是 1/2。不过，这类证明会留到后面的小节再讲。　□

8.2.4　习题

!习题 8.2.1　一个最小化竞争率的在线算法设计的流行例子是滑雪板购买问题[1]。假设你可以用 100 美元购买滑雪板，也可以以每天 10 美元的价格租用滑雪板。你决定从事这项运动，但是可能不知道是否会喜欢它。你可能尝试了多次滑雪但最终选择放弃。一个算法的好坏取决于每天滑雪的花销，我们一定要最小化这个开销。

一个用于确定到底是租用还是购买滑雪板的在线算法是"立即购买滑雪板"。如果你滑一次摔倒了，然后选择放弃，那么该算法的开销是每天 100 美元。最优的离线算法的开销是 10 美元。因此，"立即购买滑雪板"这个算法的竞争率最多是 1/10。实际上，只使用一天滑雪板是该算法的最坏结果，因此上述竞争率实际上是真正的竞争率。然而，在线算法"一直租用滑雪板"具有一个任意小的竞争率。如果你最终真正喜欢上了滑雪并且经常运动，那么 n 天之后，你已经花费了 $10n$ 美元或者说花费是每天 10 美元。最优的离线算法可能是马上买下滑雪板，此时的花费仅仅是 100 美元或者说每天 $100/n$ 美元。

给你的问题是：针对上述滑雪板购买问题，设计一个具有最佳竞争率的在线算法并给出最佳的竞争率。提示：因为你随时都可能摔倒并决定放弃滑雪，所以在线算法在决定时唯一能采用的是以前滑雪的次数。

---

[1] 感谢 Anna Karlin 提供这个例子。

8.3　广告匹配问题

接下来我们将介绍广告和搜索查询匹配问题的一个简化版本，即**极大匹配**（maximal matching）。该问题是一个涉及**二部图**（bipartite graph，也称为二分图。它是由左右两个节点集合组成的图，每条边连接的都是左集合的一个节点和右集合中的一个节点）的抽象问题。图 8-1 给出了一个二部图的例子。该例子中，节点 1、节点 2、节点 3 和节点 4 构成左集合，而节点 a、节点 b、节点 c 和节点 d 构成右集合。

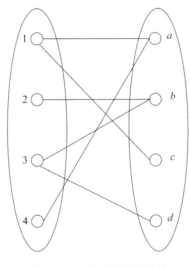

图 8-1　一个二部图的例子

8

8.3.1　匹配及完美匹配

假设给定一个二部图。一个**匹配**（matching）指的是一个由边构成的子集，对于这些边而言，任何一个节点都不会同时是两条或多条边的端点。如果所有的节点都出现在某个匹配中，则该匹配是**完美的**（perfect）。需要注意的是，只有左集合和右集合中的节点个数一样，才可能出现完美匹配。图中所有匹配中最大的那个匹配称为**极大**（maximal）匹配。

例 8.4　边集合 $\{(1, a), (2, b), (3, d)\}$ 是图 8-1 中二部图的一个匹配。该集合的每个元素都是二部图的一条边，其中任何一个节点的出现次数都不会超过一次。边集合 $\{(1, c), (2, b), (3, d), (4, a)\}$ 是一个完美匹配，在图 8-2 中这些边用黑线来表示。每个节点都正好出现一次。实际上，该匹配是本图的唯一完美匹配，而有些二部图的完美匹配数目不止一个。该匹配同时也是极大匹配，因为所有完美匹配都是极大匹配。　□

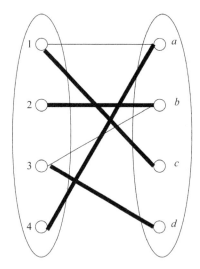

图 8-2   图 8-1 的唯一完美匹配

8.3.2   极大匹配贪心算法

对于发现极大匹配的离线算法，人们已经研究了好几十年。对于 n 节点的图来说，已经有非常接近 $O(n^2)$ 复杂度的算法。极大匹配问题的在线算法也被研究了很多年，这是我们将要讨论的算法类型。具体来讲，极大匹配贪心算法的工作流程如下。我们可以按照任意次序来考虑边。当考虑边 (x, y) 时，如果 x 和 y 都不是已有匹配中边的端点，则将其加入，否则跳过。

例 8.5   考虑图 8-1 中的一个贪心匹配算法。假定我们将边按照节点的词典顺序排列，也就是说，每条边先按照其左节点来排序，如果左节点相同，则按照右节点排序。于是所有边的考虑顺序是 $(1, a)$、$(1, c)$、$(2, b)$、$(3, b)$、$(3, d)$ 和 $(4, a)$。第一条边 $(1, a)$ 当然是匹配的一部分。第二条边 $(1, c)$ 因其左端点 1 已经在匹配中出现，所以不会被选到匹配中。因为 2 和 b 未出现在已有匹配中，所以第三条边 $(2, b)$ 将被选到匹配中。边 $(3, b)$ 由于 b 在匹配中已经存在而被拒绝，但是边 $(3, d)$ 因为两个端点都没在已有匹配中出现而被加入。最后，边 $(4, a)$ 由于 a 已在匹配中存在而被拒绝。因此，在上述边的考虑次序下，该贪心算法所产生的匹配是 $\{(1, a), (2, b), (3, d)\}$。正如我们所看到的，该匹配显然不是极大匹配。   □

例 8.6   贪心算法所产生的匹配甚至会比例 8.5 的结果还要差。在图 8-1 中，任意以 $(1, a)$ 和 $(3, b)$ 开始考虑边顺序（这两条边不管孰先孰后）的贪心算法，只会产生仅包含这两条边的匹配，不可能包含节点 2 或 4 的边。因此，该匹配结果的大小仅为 2。   □

8.3.3   贪心匹配算法的竞争率

对于 8.3.2 节的贪心匹配算法而言，我们给出的竞争率为 1/2。首先，该竞争率不会大于 1/2。我们已经看到，对于图 8-1，存在一个大小为 4 的完美匹配。但是，如果在考虑边的展示次序时采用例 8.6 所给出的任意一种顺序，得到的匹配的大小仅为 2，即最优匹配大小的 1/2。由于算法的竞争率是算法在所有可能的输入下得到的最小值和最优结果的比值，我们知道 1/2 是竞争率的上界。

假设 M_o 是极大匹配，M_g 是贪心算法所得到的匹配。令 L 是在 M_o 中匹配但在 M_g 中不匹配的左节点集合，令 R 是 L 中所有节点所连接的边的右节点的集合。那么，我们可以断言 R 中的每个节点在 M_g 中都有匹配。假定该断言不成立，即 R 中存在某个节点 r 在 M_g 中没有匹配。那么贪心算法最终会考虑某条边(l, r)，其中 l 属于 L。此时，由于我们假定不论是 l 还是 r 还没被贪心算法所匹配，这条边的两个端点都不在已有匹配中。该结果与贪心算法的流程定义相矛盾，也就是说，贪心算法将确定会匹配(l, r)。于是，我们可以得出结论：R 中的所有节点都在 M_g 的匹配中。

于是，我们可以知道上述集合和匹配的一些有关大小的信息。

(1) $|M_o| \leq |M_g|+|L|$ 这是因为在所有的左节点中，只有 L 中的节点才在 M_o 而不是 M_g 中找到匹配。

(2) $|L| \leq |R|$ 这是因为在 M_o 中，L 中的所有节点都能找到匹配。

(3) $|R| \leq |M_g|$ 这是因为 R 中的所有节点都能在 M_g 中找到匹配。

现在，通过上面的(2)和(3)可以得到$|L| \leq |M_g|$。加上(1)，我们有$|M_o| \leq 2|M_g|$，即$|M_g| \geq \frac{1}{2}|M_o|$。后面的不等式意味着竞争率至少是 1/2。前面我们已知竞争率至多等于 1/2，因此竞争率正好等于 1/2。

8.3.4 习题

习题 8.3.1 定义一个图 G_n，它包含 $2n$ 个节点

$$a_0, a_1, \cdots, a_{n-1}, b_0, b_1, \cdots, b_{n-1}$$

以及下列边。每个节点 a_i，其中 $i = 0, 1, \cdots, n-1$，都与节点 b_j 和 b_k 相连，其中 $j = 2i \bmod n$ 并且 $k = (2i + 1) \bmod n$。比如，图 G_4 包含如下的边

$$(a_0, b_0)、(a_0, b_1)、(a_1, b_2)、(a_1, b_3)、(a_2, b_0)、(a_2, b_1)、(a_3, b_2)和(a_3, b_3)$$

(a) 找出 G_4 的一个完美匹配；

(b) 找出 G_5 的一个完美匹配；

!! (c) 证明对于所有 n，G_n 都有一个完美匹配。

! **习题 8.3.2** 习题 8.3.1 中的图 G_4 和 G_5 各有多少个完美匹配？

! **习题 8.3.3** 对于图 8-1 而言，贪心算法是否能产生完美匹配取决于边的考虑顺序。在 6 条边所组成的所有 6!个可能顺序中，有多少个顺序能产生完美匹配？给出一个简单的检测方法，判断哪些顺序能产生完美匹配。

8.4 adwords 问题

现在我们考虑搜索广告中的基本问题，由于该问题最早在谷歌的 Adwords 系统中出现，我们

将它命名为 adwords 问题。然后我们考虑一个称为 Balance 的贪心算法，它能够提供较高的竞争率。我们会基于 adwords 问题的一个简化情形对该算法进行分析。

8.4.1   搜索广告的历史

2000 年左右，一家称为 Overture 的公司（后来被雅虎收购）引入了一种新的搜索方式。广告商可以对关键词（搜索查询中的字）进行投标，当用户查询该关键词时，所有对该关键词投标的广告商的链接会按照出价的高低显示出来。如果某个广告商的链接被点击，他就要为此点击向搜索引擎公司付费。

如果用户真的想查找广告，那么这类搜索非常有用，但是如果用户只想查找相关信息，这类搜索可能毫无用处。回想一下我们在 5.1.1 节讨论的观点：只有在搜索引擎可以为通用信息查询提供可靠的结果时，用户才会在购物时想到使用该引擎，否则不会访问该搜索引擎。

几年之后，谷歌在一个称为 Adwords 的系统中对上述思路进行了修改。那时候，谷歌的可靠性已经很好，因此人们愿意相信谷歌上显示的广告。谷歌将基于 PageRank 和其他客观准则返回的结果与广告的列表分开显示，因此同一个系统对只查询信息的用户有用，对那些期望购物的用户也有用。

Adwords 系统在以下多个方面超越了早期的系统，使得广告的选择更加复杂。

(1) 对于每条查询，谷歌显示的广告数目有限。因此，与 Overture 针对某个关键词只是简单地将广告进行排序不同，谷歌必须确定显示哪些广告，还要考虑广告的显示顺序。

(2) Adwords 系统的用户会指定一个预算，即他们愿意在一个月内为其广告的所有点击所付的费用。正如我们在例 8.1 暗示的那样，这些限制使得广告和搜索查询的匹配更加复杂。

(3) 谷歌并不是简单地按照广告商的出价来排序，而是按照其对每条广告的期望收益来排序。也就是说，对于每条广告，谷歌会基于其展示的历史数据观察其点击率。最终，一条广告的价值等于出价和点击率的乘积。

8.4.2   adwords 问题的定义

当然，显示哪些广告的决定必须在线给出。因此，接下来我们将只考虑解决 adwords 问题的在线算法，具体如下。

❑ 给定下列信息。

(1) 众多广告商为搜索查询设定的投标价格集合。

(2) 每个广告商-查询对所对应的点击率。

(3) 每个广告商的预算。我们假定预算的周期为一个月，当然实际中任意时间单位都有可能使用。

(4) 每个搜索查询所显示的广告数目上限。

❑ 对每个搜索查询，算法会给出一系列广告商的应答结果集合，该结果满足：

(1) 该集合的大小不会超过上述每条查询所显示的广告数目的上限；

(2) 该集合中的每个广告商都对本条搜索查询出价；

(3) 每个广告商必须剩余足够的预算来为广告的点击付费。

本节模型与真实 Adwords 系统的对比

本节介绍的简化模型和真实的 Adwords 系统在多个方面有所不同。

出价和搜索查询的匹配 在简化模型中，广告商为词语集合出价，只有当搜索查询和投标的词语集合完全一致时，广告商的广告才会显示出来。在实际中，谷歌、雅虎和微软都为广告商提供了一个称为**拓展匹配**（broad matching）的功能，当输入搜索查询时，与之非精确匹配的投标词语对应的广告也可以显示出来。这些例子包括，查询中包括了投标关键词的子集或超集，查询使用了与投标词语意义上非常相似的词语。对这种拓展匹配来说，搜索引擎会使用更复杂的收费公式，考查搜索查询和投标词语的关联性。不同搜索引擎的收费公式并不相同，并且这些公式也不会对外公开。

基于点击的付费方式 在简化模型中，当用户点击广告商的广告时，广告商必须按照该广告的出价来付费。这种机制称为**最高价拍卖**（first-price auction）。实际当中，搜索引擎会采用一个更复杂的称为**次高价拍卖**（second-price auction）的机制。在这种机制中，每个广告商大约按照仅随其后的出价来付费。例如，对于某个搜索查询，排名第一的广告商会以排名第二的广告商的出价加上 1 美分来付费。有证据表明，相对于最高价拍卖方式而言，次高价拍卖方式不易受广告商投机的影响，因此可以保证搜索引擎获得更高收益。

一次广告选择的**收益**（revenue）是每个选出广告的价值之和，其中每条广告的**价值**（value）等于对应查询的出价和广告点击率的乘积。一个在线算法的绩效是一个月（预算所假设的时间单位）内的总收益。我们将试图测度出算法的竞争率，即在任意搜索查询的顺序下算法的最小总收益除以同样查询顺序下最优离线算法所取得的收益。

8.4.3 adwords 问题的贪心方法

由于只有在线算法才适合 adwords 问题，我们首先考虑一个明显的贪心算法的性能。接下来我们要对环境进行一系列简化处理，目标是最终给出一个比该明显的贪心算法更好的算法。这些简化包括：

(1) 对每条查询只显示一个广告；

(2) 所有广告商的预算都相等；

(3) 所有广告的点击率都相等；

(4) 所有的出价不是 0 就是 1。我们也可以假设每个广告的价值（出价和点击率的乘积）相等。

于是，对每条搜索查询，贪心算法会选择出价为 1 的广告商。下例表明，该算法的竞争率是 1/2。

例 8.7 假定有两个广告商 A 和 B，只有两个可能的查询 x 和 y。A 仅为 x 出价，而 B 同时为

x 和 y 出价。每个广告商的预算都是 2。我们注意到，该例与例 8.1 的情况类似，不同的仅仅是每个广告商的出价都相同并且他们的预算都变少了。

假定查询的顺序是 $xxyy$。贪心算法能够将开始的两个 x 都分配给 B，于是没有人为后面的两个 y 提供预算。这种情况下，该贪心算法的收益为 2。但是，最优的离线算法可以将开始的两个 x 分配给 A，然后将后面的两个 y 分配给 B，于是获得的收益为 4。因此，上述贪心算法的竞争率不会超过 1/2。我们可以使用与 8.3.3 节同样的思路来推出，不管查询的顺序如何，贪心算法和最优算法的收益比最少为 1/2。 □

8.4.4 Balance 算法

有一种算法对贪心算法做了简单改进，对于 8.4.3 节给出的简单例子，竞争率为 3/4。该算法称为 Balance 算法，它将查询分配给出价最高且剩余预算最多的广告商。如果多个广告商的剩余预算相等，那么可以随意选择其中之一。

例 8.8 考虑和例 8.7 一样的情形。因为 A 和 B 都为 x 出价且它们的剩余预算相等，所以 Balance 算法可以将第一个查询 x 分配给 A 或 B。但是，第二个 x 必须分配给 A 和 B 中的另一个，因为其剩余的预算更多。由于 B 是唯一为 y 出价且有剩余预算的广告商，第一个 y 会分配给 B。最后一个 y 不会分配给任何一家，因为 B 的预算已经用完而 A 又没有对 y 出价。因此，该数据上 Balance 算法的总收益是 3。相比之下，由于可以将两个 x 分配给 A 而将两个 y 分配给 B，最优的离线算法的总收益为 4。于是，我们可以得出结论：对于 8.4.3 节给出的简化的 adwords 问题，Balance 算法的竞争率不会超过 3/4。接下来我们会看到，如果只有两个广告商，那么竞争率正好等于 3/4。然而随着广告商数目的不断增长，竞争率会下降到 0.63（实际上是 1–1/e），但是不会再低。 □

8.4.5 Balance 算法竞争率的一个下界

本节将证明，在上述简单的例子中 Balance 算法的竞争率为 3/4。给定例 8.8，我们只需证明 Balance 算法的总收益和最优离线算法总收益的比值不小于 3/4 即可。因此，假设有两个广告商 A_1 和 A_2，他们的预算都是 B。假定每个查询都会按照最优算法的结果分配给相应的广告商。否则，我们可以删除这些查询，此时最优算法的总收益不会受到影响，但是 Balance 算法的收益可能会降低。于是，当查询序列仅由最优算法分配的广告组成时，会获得最低的竞争率。

再假定两个广告商的预算都被最优算法花光。否则，我们可以降低预算，同样可以得出结论：最优算法的收益不会下降而 Balance 算法的收益只可能下降。这种改变会迫使我们对于不同的广告商采用不同的预算，但是我们仍然假设继续两者的预算都是 B。两个广告商的预算不一样时的扩展证明将作为习题留给大家。

图 8-3 是这 $2B$ 个查询在两种算法下如何分配给广告商的示意图。在图 8-3a 中我们会看到，在最优算法下 B 个查询的每一个都会分配给 A_1 或 A_2。接下来我们看看这些查询如何通过 Balance 算法来分配。首先，我们观察到 Balance 算法一定要先耗尽至少一个广告商的预算，比如说 A_2。否则的话，就可能有某个查询既不分配给 A_1 也不分配给 A_2，即使 A_1 和 A_2 都还有剩余预算。我们

知道，在最优算法中每个查询都会被分配，因此对每个查询而言至少有一个广告商为它出价。这种情况与 Balance 的操作定义有矛盾，如果可以的话 Balance 算法总会对查询进行分配。

因此，我们看到在图 8-3b 当中，A_2 被分配了 B 个查询。在最优算法下，这些查询可能会分配给 A_1 或 A_2。我们也看到，我们令分配给 A_1 的查询的数目为 y，而 $x = B - y$。我们的目标是证明 $y \geq x$。该不等式表明 Balance 算法的收益至少是 $3B/2$，或最优算法收益的 3/4。

我们注意到，x 也是 Balance 算法中没有分配的查询数目，而在最优算法中这些查询一定已经分配给 A_2。原因在于，A_1 的预算永远不会花光，因此最优算法下分配给 A_1 的任一查询肯定被 A_1 出过价。因为在 Balance 算法运行过程中，A_1 一直有预算，所以算法肯定会将该查询分配给 A_1 或 A_2。

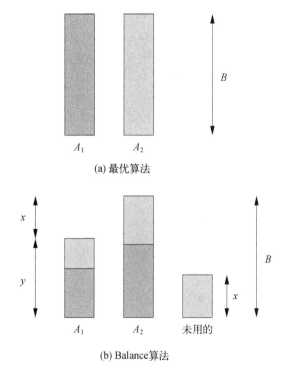

(a) 最优算法

(b) Balance算法

图 8-3 最优算法和 Balance 算法下将查询分配给广告商的示意图

有两种情况，取决于是否有更多在最优算法中分配给 A_1 的查询会在 Balance 算法中被分配给 A_1 或 A_2。

(1) 假设这些查询中至少有一半会被 Balance 算法分配给 A_1，于是 $y \geq B/2$，所以肯定有 $y \geq x$。

(2) 假设这些查询中有一半多会被 Balance 算法分配给 A_2。考虑这些查询中的后部分查询 q 被 Balance 算法分配给 A_2。此时，A_2 剩余的预算至少和 A_1 一样多，否则的话，Balance 算法会像最优算法一样将 q 分配给 A_1。由于最优算法分配给 A_1 的 B 个查询中超过一半的查询在 Balance 算法中会分配给 A_2，我们知道当 q 被分配时，A_2 的剩余预算少于 $B/2$。因此，此时 A_1 的剩余预算

也会少于 $B/2$。由于预算只会下降，我们知道 $x \leqslant B/2$。于是因为 $x + y = B$，所以 $y \geqslant x$。

在上述两种情况下，我们都得到结论 $y \geqslant x$，因此 Balance 算法的竞争率为 3/4。

8.4.6 多投标者的 Balance 算法

当广告商很多时，Balance 算法的竞争率可能会低于 3/4，但是不会低太多。Balance 的最差情况如下：

(1) 有 N 个广告商 $A_1, A_2, \cdots, A_N$；

(2) 每个广告商的预算为 $B = N!$；

(3) 有 N 个查询 $q_1, q_2, \cdots, q_N$；

(4) 广告商 A_i 只为 $q_1, q_2, \cdots, q_i$ 出价，而不对其他查询出价；

(5) 查询序列由 N 轮构成。第 i 轮由查询 q_i 的 B 次出现构成，别无其他。

对所有 i，最优的离线算法会将第 i 轮的 B 个查询 q_i 分配给 A_i。于是，所有的查询会分配给一个出价的广告商，该最优算法的收益为 NB。

但是，由于所有广告商都对 q_1 出价且 Balance 算法会优先考虑剩余预算最高的广告商，Balance 算法在第一轮将每个查询均等地分给 N 个广告商。于是，每个广告上会得到所有 q_1 查询中的 B/N。现在考虑第二轮中的查询 q_2，除了 A_1 之外的所有广告商都对它出价，所以它们会平均分配给 A_2 一直到 A_N，并且 $N-1$ 个广告商中的每个会获得其中的 $B/(N-1)$ 个 q_2 查询。正如图 8-4 所示的那样，这个模式同样会对第 i（$i = 3, 4, \cdots$）轮起作用，并且在第 i 轮中，A_i 一直到 A_N 会各自得到 $B/(N-i+1)$ 个 q_i 查询。

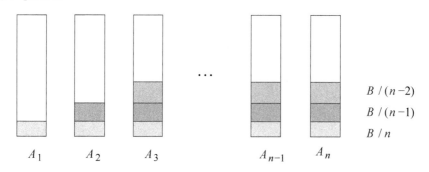

图 8-4 最坏情况下 N 个广告商上的查询分配情况

但是最终，分配有更多查询的广告商的预算会被花光。这种情况发生的最低轮次 j 满足

$$B\left(\frac{1}{N} + \frac{1}{N-1} + \cdots + \frac{1}{N-j+1}\right) \geqslant B$$

即

$$\frac{1}{N} + \frac{1}{N-1} + \cdots + \frac{1}{N-j+1} \geqslant 1$$

欧拉曾经证明，随着 k 的增大，$\sum_{i=1}^{k} 1/i$ 接近于 $\log_e k$。利用该结果，上述公式的左部可以约等于 $\log_e N - \log_e(N-j)$。

于是，我们寻找使得 $\log_e N - \log_e(N-j) = 1$ 近似成立的 j。如果用 $\log_e[N/(N-j)]$ 代替 $\log_e N - \log_e(N-j)$，会得到 $\log_e[N/(N-j)] = 1$，对该等式两边求 e 的幂有，$N/(N-j) = e$。解此方程有

$$j = N(1-\frac{1}{e})$$

该 j 即为所有广告商要么花光了预算、要么对剩下的查询没有出价的轮次的近似值。于是，Balance 算法获得的近似收益为 $BN(1-\frac{1}{e})$，这也是前 j 轮查询的收益。因此，Balance 算法的竞争率为 $1-\frac{1}{e}$，大约为 0.63。

8.4.7 一般性的 Balance 算法

当所有广告商出价非 0 即 1 时，Balance 算法能够运行得很好。但是，实际中的出价是任意值。在出价和预算为任意值时，Balance 算法不能对所有出价大小设立合理的权重。下面的例子说明了这一点。

例 8.9 假定有两个广告商 A_1 和 A_2 及一个查询 q。q 上的出价及预算为

广告商	出价	预算
A_1	1	110
A_2	10	100

如果 q 出现 10 次，那么最优的离线算法会将所有查询分配给 A_2 以获得 100 的收益。但是，由于 A_1 的预算更多，Balance 算法会将这 10 次查询都分配给 A_1，此时获得的收益是 10。实际上，我们可以很容易对这种思想进行扩展来表明，对任何类似的情形，没有任何高于 0 的竞争率适用于 Balance 算法。 □

为了使 Balance 算法适用于更一般的情况，我们必须要做两项修改。第一，在选择时，必须倾向于出价高的广告。第二，对剩余预算的处理不能那么绝对。与此相反，考虑剩余的预算比例，这样我们就倾向于使用每个广告商的部分预算。后一项修改将使得 Balance 算法更具规避风险的能力，它会使得任意广告商的预算不会剩余太多。可以证明（参考 8.7 节），进行如下一般化处理后的 Balance 算法的竞争率为 $1-1/e \approx 0.63$。

假设某个查询 q 到达，广告商 A_i 对 q 的出价是 x_i（需要注意的是 x_i 可以是 0）。另外，假定 A_i 预算中的节余比例为 f_i。令 $\Psi_i = x_i(1-e^{-f_i})$。那么将 q 分配给具有最大 Ψ_i 值的广告商 A_i。并且一旦出现相等情况，则进行随机选择。

例 8.10 考虑一般化的 Balance 算法在例 8.9 数据上的运行方式。一方面，对查询 q 的第一次出现，因为 A_1 的出价为 1，A_1 的剩余预算比例为 1，所以有 $\Psi_1 = 1 \times (1-e^{-1})$，即 $\Psi_1 = 1-1/e \approx 0.63$。

另一方面，$\Psi_2 = 10 \times (1-e^{-1}) \approx 6.3$。于是，第一个 q 会被分配给 A_2。

对于每个 q，情况都一样。也就是说，Ψ_1 一直保持为 0.63，而 Ψ_2 则不断下降。但是，Ψ_2 绝不会降到 0.63 之下。即使对第 10 个 q，当 A_2 的 90% 的预算都被花费掉的时候，$\Psi_2 = 10 \times (1-e^{-1/10})$。回想一下 1.3.5 节介绍的泰勒展开公式 $e^x = 1 + x + x^2/2! + x^3/3! + \cdots$。于是有

$$e^{-1/10} = 1 - \frac{1}{10} + \frac{1}{200} - \frac{1}{6000} + \cdots$$

或者近似地，$e^{-1/10} \approx 0.905$，因此，$\Psi_2 \approx 10 \times 0.095 = 0.95$。 □

这里不给出该算法竞争率为 $1-1/e$ 的证明，也不给出另一个奇怪事实的证明过程。该事实是，对于本节当中介绍的 adwords 问题，不存在竞争率超过 $1-1/e$ 的在线算法。

8.4.8 adwords 问题的最后论述

上面介绍的 Balance 算法并没有考虑不同广告的点击率不同的可能性。一种简单的做法是，在计算 Ψ_i 时将出价和点击率相乘，最终使该预期收益最大化。我们甚至可以将点击率信息融合到每个查询的每个广告上去，只要广告商为查询出了价即可。当分配一个具体的查询 q 时，我们会将广告在查询上的点击率作为一个因子融入最后的 Ψ 值的计算中去。

在实际中必须考虑的另外一个问题是查询的历史频率。例如，如果我们知道广告商 A_i 的预算足够小，使得本月当中肯定有足够的后续查询来满足 A_i 的需要，那么如果某些广告商 A_i 的费用已经花光时提高 Ψ_i 就毫无意义。也就是说，只要我们可以预计本月当中将有足够的查询给 A_i 以花光其全部预算，那么就可以维持 $\Psi_i = x_i(1 - e^{-1})$。如果查询序列控制在某个能够控制查询序列的竞争对手当中的话，上述改变可能会导致 Balance 算法性能下降。这样的竞争对手可以造成 A_i 出价的查询突然消失。然而，搜索引擎拥有很多查询，并且这些查询是随机产生的，因此在实际当中不必设想查询的分布会显著偏离正常的分布。

8.4.9 习题

习题 8.4.1 采用例 8.7 给出的简化假设，假设有三个广告商 A、B、C 和三个查询 x、y、z。每个广告商的预算都是 2。广告商 A 仅对 x 出价，B 对 x 和 y 同时出价，而 C 同时对 x、y 和 z 出价。注意，对于查询序列 $xxyyzz$，最优离线算法能够分配所有的查询，因此其产生的收益为 6。

! (a) 证明贪心算法将至少分配这 6 个查询中的 4 个。

!! (b) 寻找另一个查询序列，使得贪心算法能够分配的查询数目是最优离线算法的一半。

!! **习题 8.4.2** 对 8.4.5 节的证明进行扩展，以适应两个广告商的预算不等的情况。

! **习题 8.4.3** 对例 8.9 中的出价或/和预算进行修改，以使得竞争率尽可能接近 0。

8.5 adwords 的实现

尽管我们现在了解了该如何选择广告来应答某个搜索查询，但是还没有讨论如何对于给定的

查询寻找对应的投标。只要投标关键词集合和查询完全一致，那么解决方法就比较容易。但是，有一些查询/投标关键词匹配过程的扩展方法并不那么简单。本节会详细介绍这些方法。

8.5.1 投标和搜索查询的匹配

正如我们在 adwords 问题中介绍的那样，通常在实际当中广告商会对关键词集合投标。如果某个搜索查询正好是关键词集合的某个次序组合结果，那么就认为该投标和查询匹配而成为一个候选结果。为了避免词序问题，我们可以将所有投标关键词集合按照词典顺序排列。基于这个有序排列可以构建投标的哈希值，于是这些投标关键词可以像 1.3.2 节讨论的那样通过一个哈希表索引来存放。

搜索查询在查找之前也对词进行排序。我们排序后的查询词映射成哈希值，然后在哈希表中找出所有和这些词完全匹配的投标。因为只需要检查一个桶的内容，所以上述检索过程会非常快。

另外，我们可以将哈希表全部放入内存。假设有 100 万个广告商，每个广告商对 100 个查询进行投标，则每个投标记录需要 100 字节，因此总内存开销是 10 GB。10 GB 很可能在单台机器的内存限制之内。如果需要更多内存空间，我们可以将哈希表中的桶分割到所需的多台机器上。搜索查询哈希之后会发给相应的机器。

实际当中，对于单台机器或联合同时处理单条查询的多台机器而言，搜索查询的到达速度可能太快因而无法全部处理。在这种情况下，查询流会按照所需分割成多个段，然后每个段都分发一组机器来处理。实际上，为了使单条查询的整个处理过程能在内存中进行，一条查询的应答需要一组机器并行处理来实现。这个查询处理的过程与广告无关。

8.5.2 更复杂的匹配问题

但是，投标和对象匹配的可能性并不限制在对象为搜索查询且匹配准则是"相同词集合"的情况。例如，谷歌也将 adwords 中的投标与电子邮件相匹配，其匹配准则并不基于词语集合的等价性。与此相反，一个词语集合 S 上的投标会与 S 中所有词散布在其任何位置上的邮件相匹配。

该匹配问题要难得多。对于投标而言，我们仍然可以维护一张哈希表，但是一个包含一百个词的邮件有太多子集，不可能对全部集合甚至所有由三个或更少的词组成的小集合进行查找。实际上其他很多类似的应用也可以存在上述匹配模式，虽然在本书写作之际这些应用还没实现，但是将来有可能实现。这些应用中包括固定查询（即那些用户张贴在网站上的查询）用户期望当网站中存在可用的匹配信息时能得到通知。举例如下。

(1) Twitter 允许用户来跟踪某个指定用户的所有推文。但是，让用户执行某些词集合也是切实可行的，比如指定 "iPod 免费音乐" 的名称并检查出现所有这些词的所有推文，并不要求这些词在推文中按次序或相邻出现。

(2) 在线新闻网站通常允许用户通过关键词来选择新闻，比如 healthcare 或 Barack Obama。这样，如果一篇新的报道中包含上述单词或连续的词序列，用户就能得到通知。基于多种原因，该问题比邮件/adwords 问题要简单一些。即使对于长文章而言，单个词或连续词序列的匹配和词的小集合的匹配相比，也是一个相对不太耗时的过程。另外，用户能够搜索的词项集合是有限的，因此不可能有太多的"投标"需要匹配。即使有很多人希望获得有关同一词项的通知，也仅仅需要一个索引条目来将所有的关联用户放在列表中。但是，一个更先进的系统允许用户指定新闻报道中词集合的提醒，这就如同 Adwords 系统允许任何人对一个邮件中的词集合投标一样。

8.5.3 文档和投标之间的匹配算法

接下来我们将介绍一个支持多个投标与多篇文档匹配的算法。和前面一样，这里的投标是一个词集合（通常很小），而文档是一个更大的词集合，比如一封电子邮件、一篇推文或一篇新闻报道。我们假定每秒钟都可能有几百篇文档到来，而如果真有那么多文档，文档流可分割到多台或多组机器上进行处理。我们假设有很多投标，或许其数量级为 1 亿或 10 亿。和以往一样，我们尽可能地在内存中处理更多的数据。

同前面一样，我们将投标表示成某种排序下的词列表，但在该表示中加入了两类新元素。第一，对每个词列表都有一个**状态信息**。该信息用整数表示，指出列表中从头开始已经和当前文档匹配上的单词数目。当投标存储在索引中时，其状态值永远为 0。

第二，由于词序只可能是词典顺序，我们可以按照低频优先的方式对单词排序来减少工作量。然而，由于可能出现在电子邮件中的不同词的数目本质上是无限的，我们不可能采用这种方式对所有词排序。作为一种折中方案，可以在 Web 上或一个正在操作的文档流样本中找到最常见的 n 个词。这里，n 可能为 10 万或 100 万。这 n 个词会按照频率排序，从而占据列表的**尾部**，最高频的词会出现在最后一位。而对于所有不属于这 n 个高频词的词，我们假定它们的频率都一样并按照词典顺序排序。然后，任意文档的词都可以排序。如果某个词没有出现在 n 个高频词列表中，那么就将它以词典序放在这个排序的前面。文档中那些确实在最高频词列表中出现的词会在以频率逆序方式（即文档中最高频的词语最后出现）在非高频词之后出现。

例 8.11   假定有一篇文档为 "'Twas brillig, and the slithy toves"。英语中 the 出现的频率最高，and 次之。假定 twas 也是高频列表中的一员，不过它的出现频率肯定明显低于 the 和 and。其他词都不属于高频词表。

于是整个表的后部按照出现次序分别是 twas、and 和 the，即按照频率逆序排列。其他三个词以词典顺序排在表的前部。因此，在对文档中的词恰当排序之后最终得到 "brillig slithy toves twas and the"。   □

投标存放在哈希表中，其中的哈希键是投标按照上述次序的第一个关键词。投标对应的记录也包括当投标匹配之后要做的信息。若状态为 0，则不需要显式存储。还有一张哈希表，其任务是保存那些已经部分匹配的投标的副本。这些投标的状态至少是 1，但是不高于集合中的单词个数。如果状态是 i，那么该哈希表的哈希键是第 $(i+1)$ 个词。图 8-5 为这两个哈希表的示意图。在对一篇文档进行处理时，进行下列操作。

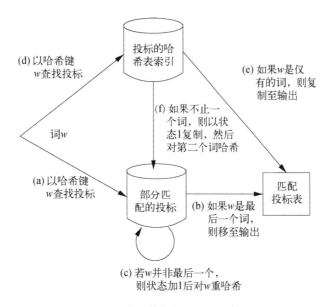

图 8-5　大规模投标和文档的管理

(1) 将文档中的词按照上面讨论的次序排序，同时去掉重复词。

(2) 对排序列表中的每个词 w，进行如下操作。

    (a) 在部分匹配哈希表中使用 w 作为哈希键，找到那些以 w 为键的投标。

    (b) 对这样的每个投标 b，如果 w 是 b 中最后的那个词，则将 b 移到已匹配投标表中。

    (c) 若 w 不是 b 中最后的那个词，则对 b 的状态值加 1，并利用比新状态值大 1 的位置上对应的词作为哈希键重新对 b 进行哈希处理。

    (d) 利用 w 作为所有投标表的哈希键，找到那些排序后第一个词为 w 的投标。

    (e) 对这样的每个投标 b，如果在列表中仅有一个词，那么将它复制到已匹配投标中。

    (f) 如果 b 由不止一个词构成，则将它以状态 1 加到部分匹配投标表中，并使用 b 中的第二个词作为哈希键。

(3) 将已匹配投标表作为结果输出。

低频优先这种做法的好处现在应该十分明显。某个投标只在其最低频词出现在文档时才会复制到第二个哈希表中。相比而言，如果使用词典顺序，会有更多的投标被复制到第二个哈希表中。通过最小化该哈希表的大小，我们不仅可以减少从(2)(a)到(2)(c)步的工作量，而且可以增大整个表存放在内存中的可能性。

8.6　小结

❑ **定向广告**　基于 Web 的广告相对于传统媒介（如报纸）上的广告的显著优点在于，Web 广告按照每个用户的兴趣来选择。这使得很多 Web 服务能够完全通过广告收益来支持其运营。

❑ **在线及离线算法**　在得到所有数据之后才产生答案的传统算法称为离线算法。而在线算法必须对流中的每一个元素都立即做出应答，此时只对过去的信息有所了解，而对未来的流中元素一无所知。

❑ **贪心算法**　很多在线算法是贪心算法，其意义是算法每一步的选择都基于某个目标函数的最小化来进行。

❑ **竞争率**　我们可以在所有可能的输入情况下，通过最小化在线算法与最优离线算法的收益比来度量在线算法的质量。

❑ **二部图匹配**　该问题包括两个节点集合和一个由这两个集合中节点相连而成的边的集合。目标是寻找极大匹配，即一个具有最大数目的边集合，其中每个节点的出现都不会超过一次。

❑ **匹配问题的在线解决方案**　在二部图（就此而言，或者是任何图）中寻找匹配的一个贪心算法是对边按照某种方式排序，然后依次对每条边进行处理，若这条边的两个端点都没出现在已有的匹配集合中，则将之加入匹配中。可以证明该算法的竞争率是 1/2，也就是说，它匹配的节点数目绝不会少于最优离线算法的一半。

❑ **搜索广告管理**　搜索引擎收到广告商对某些搜索查询的投标。对每个搜索查询某些广告会被显示，而一旦有人点击广告，广告商就要向搜索引擎付相应的出价额。每个广告商可以给出预算，即一个月内愿意为点击所付的总费用。

❑ **adwords 问题**　adwords 问题的数据包括广告商对某些搜索查询的一系列投标集合、每个广告商的总预算以及每个查询提交后每条广告的历史点击率。另一部分数据是搜索引擎收到的搜索查询流。目标是对每条查询选择在线的固定大小的广告集进行显示，选择时必须最大化搜索引擎的收益。

❑ **简化的 adwords 问题**　为明白广告选择的一些细节，我们考虑了 adwords 问题的一个简化版本，其中每个投标非 0 即 1，对每条查询只有一个广告会被显示，并且所有广告商的预算都相等。这个模型下，一个显然的贪心算法是将广告分配给那个对查询有投标并有剩余预算的广告商。可以证明，该算法的竞争率为 1/2。

❑ **Balance 算法**　相对于简单的贪心算法而言，Balance 算法的结果有所提高。某个查询的广告会被分配给那个对该查询投标并且剩余预算最多的广告商。一旦多个广告商的剩余预算相等，则可以从中随意选择。

❑ **Balance 算法的竞争率**　对简化的 adwords 模型而言，有两个广告商时，Balance 算法的竞争率是 3/4，而有多个广告商时，其竞争率为 1−1/e，约等于 63%。

❑ **一般性 adwords 问题的 Balance 算法**　当广告商的出价不同、预算不同且不同查询的点击率不同时，Balance 算法将广告分配给具有最高函数 $\Psi = x(1-e^{-f})$ 的值的广告商。x 是该广告商的投标价格和查询点击率的乘积，而 f 是广告商的未使用的预算比例。

❑ **adwords 算法的实现**　当投标关键词和查询完全一致时，算法实现的方式最简单。我们可以将查询表示成其词语的排序表。投标保存在哈希表或类似结构中，其哈希键就是词语的排序表。于是一个搜索查询能够通过在表中直接查找来和投标匹配。

❑ **词集和文档的匹配**　adwords 实现问题的更复杂的版本，其允许投标（仍然是搜索查询中的小集合）与更大的文档匹配，如电子邮件或推文。若一个投标集合的所有词都出现在文档中，不管这些词是否与投标中同序，也不管它们是否相邻，都认为投标和文档匹配。

❑ **词集合的哈希存储**　一个有用的数据结构能够对每个投标集合中的词按照低频优先方式存储。文档中的词也按照同样的次序排序。词集合会按照低频优先方式存储在哈希表中，其中第一个词作为哈希键。

❑ **投标匹配中的文档处理**　文档中的词按照低频优先方式处理。如果词集合的第一个词是当前词，则它会被复制到一个临时的哈希表中，并以第二个词作为哈希键。已在临时哈希表中的集合会被检查以确定它们的词键和当前词是否匹配。如果匹配，它们将以下一个词重建哈希。最后一个词匹配上的词集合会被复制至输出结果。

8.7　参考文献

论文"An experimental comparison of click- position bias models"考察了广告位置对点击率的影响。

Balance 算法来自论文"An optimal deterministic algorithm for b-matching"，其在 adwords 问题上的应用来自"Adwords and generalized on-line matching"。

扫描如下二维码获取参考文献完整列表。

8

第 9 章

推荐系统

有一大类 Web 应用涉及预测用户对选项的喜好，这种系统称为**推荐系统**（recommendation system）。本章将首先给出这类系统的一些最重要的应用示例。但是，为了集中关注问题本身，下面给出两个很好的推荐系统示例：

(1) 基于对用户兴趣的预测结果，为在线报纸的读者提供新闻报道；

(2) 基于顾客过去的购物和/或商品搜索历史，为在线零售商的顾客推荐他们可能想买的商品。

推荐系统使用一系列不同的技术。这些系统可以分成两大类。

□ **基于内容的系统**（content-based system） 这类系统主要考察的是推荐项的性质。例如，如果一个 Netflix 用户观看了多部西部牛仔片，那么系统就会将数据库中属于"西部牛仔"类的电影推荐给该用户。

□ **协同过滤系统**（collaborative filtering system） 这类系统通过计算用户或/和项之间的相似度来推荐项。为某用户推荐的项是与其相似的其他用户喜欢的。这类推荐系统可以使用第 3 章的相似性搜索和第 7 章的聚类技术的基本原理。但是，这些技术本身并不够，有一些新的算法已被证实在推荐系统中十分有效。

9.1 推荐系统的模型

本节会介绍一个基于喜好效用矩阵的推荐系统模型；然后介绍长尾的概念，该概念可以解释在线销售商相对于传统实体销售商的优势；最后简单总结几类推荐系统的有效应用。

9.1.1 效用矩阵

推荐系统应用中存在两类元素：一类称为**用户**（user），另一类称为**项**（item）。用户会偏爱某些项，这些偏好信息必须要从数据中梳理出来。数据本身会被表示成一个**效用矩阵**（utility matrix），其中每个用户–项对所对应的元素值代表的是当前用户对当前项的喜好程度。这些喜好程度值来自一个有序集合，比如 1 ~ 5 的整数集合，这些整数代表用户对项的评分（比如分别代表评论的星级）。我们假设该矩阵是稀疏的，即意味着大部分元素未知。一个未知的评分也暗示着我们对当前用户对当前项的喜好信息还不清楚。

例 9.1 图 9-1 给出了一个效用矩阵的例子，该矩阵代表用户对电影的评分结果（1 ~ 5 级，

其中 5 是最高级）。空白表示用户目前没有对当前电影评分。电影的名字：HP1、HP2 和 HP3
分别代表《哈利·波特》系列电影前三部；TW 代表《暮光之城》；SW1、SW2 和 SW3 分别
代表《星球大战》系列电影前三部。用户分别用大写字母 A、B、C 和 D 表示。

	HP1	HP2	HP3	TW	SW1	SW2	SW3
A	4			5	1		
B	5	5	4				
C				2	4	5	
D		3					3

图 9-1　用户对电影评分（1～5 级）的一个效用矩阵

我们注意到大部分用户–电影对应的元素是空白，这意味着该用户还没有对该电影进行评分。
该矩阵在实际中可能更稀疏，其中典型用户只对所有电影中的极小一部分进行了评分。　□

推荐系统的目标是预测效用矩阵的空白元素。比如，我们会问：用户 A 是否喜欢 SW2？从
图 9-1 给出的那个极小矩阵中，我们几乎无法获得任何证据来证明用户 A 喜欢 SW2。我们可以在
设计推荐系统时考虑电影的属性，比如制片人、导演、演员甚至电影名之间的相似度。如果这样
做的话，我们可能会注意到 SW1 和 SW2 之间的相似性，从而由于 A 不喜欢 SW1，而得出他也
不太可能喜欢 SW2 的结论。另一种做法是，如果有多得多的数据，我们可能会注意到，给 SW1
和 SW2 同时评分的用户倾向于对这两者给出相似的评分结果。于是，我们会认为与 A 给 SW1 评
分较低类似，A 也会给 SW2 一个较低的评分。

我们应该也意识到，很多应用中的具体目标与刚才所述稍有不同，但是对于应用而言是很合
理的。在这些应用中不必对效用矩阵中的每个空白元素都进行预测，只需要找出每一行中某些评
分可能较高的元素即可。在大部分应用中，推荐系统并不为用户提供所有项的一个排序，而是将
一些用户理应评价较高的项推荐给他们。系统甚至不必寻找具有最高期望评分值的所有项，而只
要找到它们的一个较大子集即可。

9.1.2　长尾现象

在讨论推荐系统的主要应用之前，我们先仔细考虑导致推荐系统必不可少的**长尾**（long tail）
现象。实体递送系统的主要特点是缺乏资源。实体店的货架空间有限，只能给顾客展示所有商品
的很小一部分。然而，在线商店能够显示任何可用商品给顾客。因此，实体书店的书架上可能有
数千种书，但是亚马逊能提供上百万种书。实体报社一天能够印刷数十篇的文章，而在线新闻服
务能够提供数以千计的新闻报道。

实际世界的推荐相当简单。首先，实体店不可能为每个单独顾客提供定制商品。因此，顾客
做出的选择只受控于一些汇总的数字。通常而言，书店只会列出最畅销的几本书，而报社只会印
刷那些他们认为大部分读者会感兴趣的文章。前一种情况下，销售数字控制了顾客的选择，而在
第二种情况下，编辑的判断起着决定性作用。

物质世界和在线世界的差别被称为**长尾现象**，图 9-2 给出了该现象的示意图。图中的纵坐标代表**流行度**（某个项被选择的次数），而所有项按照流行度在横坐标上排序。实体机构只列出图中竖线左部的最流行项，而相应的在线机构则会提供全范围的项，即不仅包括流行项也包括尾部项。

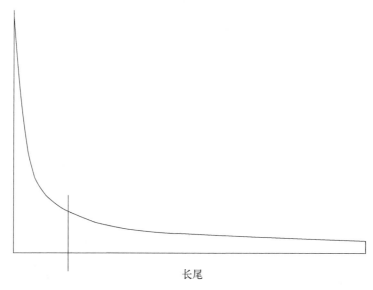

长尾

图 9-2　长尾：实体机构只能提供流行项，而在线机构可以提供所有项

《巅峰》和《攀越冰峰》的故事①

　　Chris Anderson 曾经讲述过关于一本名为《攀越冰峰》的书的故事，这也是一个有关长尾和设计很好的推荐系统如何影响销售事件的极端例子。《攀越冰峰》这本有关登山的书在出版时并不畅销，但是在它出版多年之后，一本相同主题的书《巅峰》出版了。亚马逊的推荐系统发现有些人会同时购买这两本书，于是开始为购买或正在考虑购买《巅峰》的顾客推荐《攀越冰峰》。如果没有在线书店的话，《攀越冰峰》这本书永远不会被潜在的顾客看到，但是在在线世界中，《攀越冰峰》自身最终变得非常畅销。实际上，它比《巅峰》还畅销。

长尾现象要求在线机构必须对每个用户进行推荐。将所有项推荐给用户是不太可能的，这里和实体机构的情况类似，即期望用户听说过他们喜欢的所有项也是不可能的。

---

① 《攀越冰峰》的英文原名为 *Touching the Void*，是英国登山家 Joe Simpson 于 1988 年写的一本书，描述了其在秘鲁安第斯冰河痛苦的濒死经验。《巅峰》的英文原名为 *Into Thin Air*，是美国作家 Jon Krakauer 于 1997 年写的一本关于珠穆朗玛峰山难的书。——译者注

9.1.3 推荐系统的应用

前面已经提到了推荐系统的多个重要应用，但是这里将它们合在一块进行介绍。

(1) **产品推荐** 或许最重要的推荐系统应用于在线零售商。前面我们已经提到亚马逊或类似的其他销售商是怎样尽力以建议的方式为每个老用户展示他们可能想购买的商品的。这些建议不是随机的，而是基于相似用户的购买决定或者本章将要介绍的其他一些技术。

(2) **电影推荐** Netflix 会为其用户推荐他们可能喜欢的电影。这些推荐基于用户提供的评分结果，这里的评分结果和图 9-1 效用矩阵样例中的评分十分类似。由于精确预测评分的重要性很高，Netflix 曾经提供过一个百万美元大奖，奖励给第一个超过其现有推荐系统 10% 的算法。①在三年竞赛之后，一个名叫 Bellkor's Pragmatic Chaos 的研发团队于 2009 年赢得了该奖金。

(3) **新闻报道推荐** 新闻服务机构已经试图基于读者过去所阅读的文章来识别读者的兴趣。这里的相似度可能基于文档中的重要词之间的相似度，或者基于具有类似阅读品味的读者所阅读的文章。相同的原则也适用于从数百万个博客中进行博客推荐，或者 YouTube 上的视频推荐，或者其他定期提供内容的网站上的内容推荐。

9.1.4 效用矩阵的填充

如果没有效用矩阵，那么基本不太可能进行项的推荐。然而，效用矩阵的数据获取往往十分困难。目前有两种通用方法可以用于发现用户对项的评分结果。

(1) 我们可以邀请用户对项评分。电影评分数据往往是通过这种方式获得，一些在线商店也从用户那里来获得评分数据。一些内容提供网站，如某些新闻网站或 YouTube 也会邀请用户对项进行评分。这种方法的效果十分有限，因为用户通常不愿意提供反馈，最终得到的信息也会由于它们主要来自那些愿意反馈的用户而带有偏向性。

(2) 我们可以根据用户的行为来推理。最明显的是，如果用户在亚马逊上购买了某个商品，或者在 YouTube 上观看了某部电影，或者阅读了一篇新闻报道，那么就有理由认为用户"喜欢"这些项。需要注意的是，这种评分结果实际上只有一个值，即 1，表示用户喜欢该项。通常，我们会发现这种数据下的效用矩阵中会把用户未购买或浏览产品表示为 0 而不是空白。然而，这里的 0 并不是比 1 低的一个级别，而是代表根本没有评分。更一般地，系统还可以从购物之外的其他行为中推出用户的兴趣。例如，如果某个亚马逊顾客浏览了某件商品的信息，我们就可以认为他对该商品感兴趣，即使他最终没有购买这件商品。

9.2 基于内容的推荐

正如本章一开始提到的那样，推荐系统主要有两类基本架构。

---

① 精确地说，获奖算法的 RMSE（root-mean-square error，均方根误差）必须要在测试数据（来自 Netflix 用户的真实评分测试数据）上比现有的 Netflix 算法低 10% 以上。为了开发算法，组织方为所有参赛者同样提供了来自 Netflix 用户真实评分数据的训练数据集。

(1) **基于内容的系统**集中关注项的属性。项之间的相似度通过计算它们的属性之间的相似度来确定。

(2) **协同过滤系统**集中关注用户和项之间的关系。项之间的相似度通过同时对其评分的用户的评分结果相似度来确定。

本节主要关注基于内容的推荐系统。下一节将介绍协同过滤系统。

9.2.1   项模型

在一个基于内容的系统中，我们必须为每个项建立一个**模型**（profile），即用于代表该项的重要特性的一条或多条记录。在简单情况下，项模型由一些很容易发现的项特征构成。例如，我们考虑与某个推荐系统可能有关的电影的如下特征。

(1) 电影中的演员集合。一些用户会偏向他们喜欢的演员所出演的电影。

(2) 导演。一些用户会偏向某些导演的电影作品。

(3) 电影的制作年份。一些用户喜欢老电影，而有些用户则只观看新上映的电影。

(4) 电影的**流派**（genre）或一般类型。一些用户只喜欢喜剧电影，而有些用户则喜欢剧情片或爱情片。

对于电影而言，还有一些其他的特征也可以使用。除了上面的最后一项即电影流派之外，其他的特征很容易从电影的描述中得到。流派则是一个很含糊的概念。但是，影评人往往从一个常用术语集合中指定一个类型。比如，**互联网电影数据库**（Internet Movie Database，IMDB）[①]会为每一部电影分配一个或多个流派。我们会在 9.3.3 节中讨论流派的具体构建方法。

许多其他类型的项也允许我们从可用数据中获得特征，即使这些数据有时必须手工录入。例如，商品往往有制造商所提供的有关商品所属类型的特征描述（如电视机的屏幕尺寸及机壳颜色）。书的描述和电影的描述有些类似，因此我们可以获得诸如作者、出版年份和流派之类的特征信息。音乐制品如 CD 和 MP3 下载就有演唱者、作曲者和流派等特征。

9.2.2   文档的特征发现

对于一些其他类型的项，其特征取值并不那么一目了然。这里我们将考察其中的两类：文档集和图像集。文档中有一些特殊的问题，我们将在本节介绍文档的特征抽取技术。图像则将在 9.2.3 节介绍，那里我们可以看到用户提供的特征也有成功的希望。

有多类文档对于推荐系统有用。例如，每天都有很多新闻报道，我们不可能一一阅读。推荐系统可以向用户推荐他们可能感兴趣的文章，但是如何才能区分文档的不同主题呢？网页是大量文档的集合，我们能否向用户推荐其想看的网页？同样，如果我们能对博客按照主题分类，那么也可以推荐博客给感兴趣的用户。

不过上述文档的特征信息并不明显。一种实际中有用的做法是从文档当中找出能够刻画主题

[①] 互联网电影数据库是一个关于电影演员、电影、电视节目、电视艺人、电子游戏和电影制作小组的在线数据库。IMDB 开办于 1990 年 10 月 17 日，从 1998 年开始成为亚马逊公司旗下的网站。——译者注

的关键词。对于如何识别这些关键词，我们在 1.3.1 节进行了简单介绍。首先，我们去掉大概几百个停用词，即那些与文档主题关系不大的常见词。对于剩余的词，计算它们在文档中的 TF.IDF 值，并将那些具有最高 TF.IDF 得分的词作为文档的关键特征。

于是，可以将具有最高 TF.IDF 得分的 n 个词作为一篇文档的特征。我们可以对所有文档都选择相同的 n，或者假定 n 是文档中词数目的一个固定比例值。我们也可以选择那些 TF.IDF 得分超过某个给定阈值的词语作为特征集的一部分。

现在，文档都表示成了词的集合。在直觉上我们期望这些词能够表达文档的主题或主要思想。例如，在一篇新闻报道中，我们期望具有最高 TF.IDF 得分的词包括文章中讨论的人名、所描述事件的独特属性和事件的发生地点等。为度量两篇文档的相似度，我们可以使用多个自然的距离测度方法。

(1) 可以使用文档词集合之间的 Jaccard 距离（参见 3.5.3 节）；

(2) 也可以使用被看成向量的集合之间的余弦距离（参见 3.5.4 节）。

为计算方法(2)中的余弦距离，可以将具有高 TF.IDF 得分的词语集合想象成向量，其中每个分量对应每个可能的词语。如果集合中包含某个词，则其对应的向量分量为 1，否则为 0。由于两篇文档中的词集合都很有限，向量本身的高维度对于计算来说并没有大的影响。即两个文档向量中的几乎所有分量都为 0，而 0 并不影响两个向量的内积大小。更精确地说，此时两个向量的点积就是两个词集合的交集的大小。而每个向量的大小是集合中词语个数的平方根。于是最终的夹角余弦值等于两个向量的内积除以它们的大小之积。

9.2.3 基于 Tag 的项特征获取

本节主要考虑图像数据库上的特征获取方法。图像的问题在于它们的数据通常由像素数组构成，而这些数据无法给出任何有关它们特征的信息。我们可以计算像素的简单属性，比如整幅图像中红色的平均数目，但是很少会有用户去查找红色图像或对红色图像有特别的爱好。

通过邀请用户采用词语或短语对图像进行标记，那么就可以从这些标记中获得有关图像特征的信息。因此，某个红色为主的图像可能被标记为 "St. Pertersburg Shopping Center"（圣彼得堡购物中心），而另一个图像被标记为 "sunset at Malibu"（马里布的日落）。这两者之间的区别很难通过已有的图像分析程序来发现。

对于几乎任意数据，都可以基于其标签来发现特征。最早试图标记大量数据的网站邀请用户来标记网页。这种标记的目的是支持一种新的、可用的搜索方式，即当用户输入标签集合作为搜索查询时，系统会返回采用这些标签来标记的网页。但是，在推荐系统中也可以使用这些标签。如果我们发现用户检索或收藏包含某个标签集合的很多网页，那么就可以将其他包含同样标签的网页推荐给他。

上述用于特征发现的标记过程的主要问题在于，只有在用户愿意不厌其烦地构造标签时才有效，并且标签的数量也要足够大，以保证偶然的错误标签不会对系统造成太大的影响。

两类文档相似度

回想一下，3.4 节给出了一个基于 shingling、最小哈希和 LSH 技术的相似文档发现方法。在那里，相似性的概念是基于词汇来定义的，即包含大量相同字符序列的文档之间的相似。对于推荐系统而言，相似性的概念有所不同。我们只对两篇文档中一些重要词语的出现感兴趣，即使这两篇文档在词汇方面没有什么相似之处。不过，相似文档发现的方法基本一致。一旦具备某种距离度量方式之后，不论是 Jaccard 还是余弦距离，我们都可以使用最小哈希（面向 Jaccard 距离）或随机超平面（面向余弦距离，参考 3.7.2 节）的方式先处理数据然后传送给 LSH 算法，从而找到那些在包含很多相同词汇意义上相似的文档对。

基于计算机游戏的标记过程

鼓励大家进行标记的一个有趣方向是 Luis von Ahn 最先倡导的"游戏"方法。他要求两个玩家在对一幅图像标注时互相合作。在一轮游戏中，他们可以推荐标签词，而这些标签词可以互换。如果他们的标签词一致，他们就"赢"了。如果不一致，他们会对同一幅图像再玩一轮，以期望同时获得相同的标签。虽然这是一个可尝试的具有创新性的方向，但问题是大众可能没有足够的兴趣来产生足够的免费工作以满足数据标注的需要。

9.2.4　项模型的表示

在基于内容的推荐中，我们的最终目标是构建由特征–值对构成的项模型，并基于效用矩阵中的每一行构建反映用户偏好的用户模型。9.2.2 节给出了构建项模型的一种方法。我们假想有一个由 0 和 1 构成的向量，1 代表某个高 TD.IDF 得分的词在文档中出现。因为文档中的特征都是词，所以用这种方式来表示模型十分容易。

接下来我们将上述向量方法推广到任意特征类型。对于具有离散值的特征集合而言这相当容易。例如，如果电影的一个特征是其中的演员集合，那么就可以假想对于每个演员都有一个元素，一旦某演员在电影中出现则对应元素设为 1，否则为 0。同样，我们可以采用类似的方式来处理导演和类型特征。这些特征都可以只通过 0 和 1 来表示。

有一类数值型特征不太容易通过布尔向量来表示。比如，我们可以将电影的平均分值作为一个特征[①]，而该平均值是一个实数。将每个可能的平均值作为一个元素没有什么意义，并且这样做会导致数字中隐含结构信息的丢失。也就是说，两个相近但不相等的评分结果会比差距更大的评分之间的相似度更高。同样，商品的数值特征，如 PC 机的屏幕尺寸或磁盘容量，在相差不大时会被认为相似。

数值特征可以在项表示向量中通过单个分量来表示。这些分量中存放的是特征的真实值。同一个向量中的某些元素是布尔值、另一些是整数或实数值，这一点并没有什么害处。我们仍然可

---

① 电影的评分并不是特别可靠的特征，这里只是一个例子。

以计算向量之间的余弦距离,虽然如果这样做,我们应该考虑对非布尔元素进行恰当的放缩变换,从而使得它们既不完全主导计算过程也不完全无关。

例 9.2 假定电影的唯一特征包括演员集合和平均评分。考虑两部分别包含五个演员的电影,其中有两个演员同时出现在两部电影中。另外,一部电影的平均评分是 3,另一部电影的平均评分是 4。两个向量看起来像下面这样。

$$0\ 1\ 1\ 0\ 1\ 1\ 0\ 1\ 3\alpha$$
$$1\ 1\ 0\ 1\ 0\ 1\ 1\ 0\ 4\alpha$$

但是,理论上还有无穷多个额外的元素,对于这两个向量,这些元素都表示为 0,其中每个元素代表两部电影中的演员之外的一个可能的演员。由于向量余弦距离的计算并不受 0 分量的影响,我们不必担心不在这两部电影中的演员的影响。

上述向量中的最后一维给出的是平均的评分。这里我们加上了一个未知的放缩因子 α。在此基础上可以计算向量之间的夹角余弦。向量的内积为 $2+12\alpha^2$,两个向量的大小分别为 $\sqrt{5+9\alpha^2}$ 和 $\sqrt{5+16\alpha^2}$。因此,上述两个向量的夹角余弦为

$$\frac{2+12\alpha^2}{\sqrt{25+125\alpha^2+144\alpha^4}}$$

如果 α 取 1,也就是说直接取平均评分的真实值,那么上述表达式的结果为 0.816。如果 α 取 2,即取平均评分值的两倍,那么余弦值为 0.940。也就是说,此时的两个向量比 α 取 1 时更加接近。同样,如果取 $\alpha=1/2$,那么余弦值变为 0.619,即两个向量看上去很不同。我们无法确定到底哪一个 α 取值是对的,但是可以看到数值特征放缩因子的取值会影响最后关于项相似度的决定。□

9.2.5 用户模型

我们不仅要为项建立向量表示,也需要将用户的偏好表示成同一空间下的向量。我们拥有将项和用户关联起来的效用矩阵。我们还记得,效用矩阵中的每个非空元素可以代表用户购买过该项(表示为 1)或类似关系,也可以是表示用户对项的评分或喜好程度的一个任意数字。

在上述信息下,要知道用户到底喜欢哪些项,最好的估计方法就是对这些项的模型进行某种累计。如果效用矩阵仅仅包含 1,那么最自然的累计方式就是用户在效用矩阵中元素为 1 的所有项的表示向量求平均值。

例 9.3 假定项是电影,通过片中演员构成的布尔向量来表示。另外,如果用户看过电影,则效用矩阵对应的元素为 1,否则为空白。如果用户 U 所看过的 20% 的电影中都包含演员茱莉亚·罗伯茨,那么用户 U 的模型中茱莉亚·罗伯茨对应的分量为 0.2。□

如果效用矩阵中元素不是布尔值,而是像 1 到 5 这样的评分值,那么我们就可以通过效用值计算项表示向量的权重。通过减去用户的平均评分来对效用值归一化是合情合理的。这种做法下,对于低于平均评分的项会得到一个负权重,而高于平均评分的项会得到一个正权重。我们会在

9.2.6 节讨论发现用户喜欢的项的方式时验证这种做法的有效性。

例 9.4   考虑同例 9.3 一样的电影信息，但是现在假设效用矩阵中的非空元素是 1 到 5 的评分值。假定用户 U 给出的评分值平均为 3。茱莉亚·罗伯茨在三部电影中出演角色，且这几部电影的评分分别为 3、4 和 5。于是，在用户 U 的模型中，茱莉亚·罗伯茨对应的分量应该是 3-3、4-3 和 5-3 的平均值 1。

另外，用户 V 给出的评分平均值为 4，且他也对茱莉亚·罗伯茨出演的三部电影进行了评分（这三部电影和用户 U 所评分的三部电影是否相同并不重要），这几个评分值分别为 2、3 和 5。因此，用户 V 的模型中，茱莉亚·罗伯茨对应的分量是 2-4、3-4 和 5-4 的平均值-2/3。   □

9.2.6　基于内容的项推荐

在项向量模型和用户向量模型的基础上，通过计算这两个向量之间的余弦距离就可以估计用户喜欢某个项的程度。如同例 9.2 一样，我们可能希望对非布尔型分量进行放缩变换。随机超平面和 LSH 技术可以用于将用户模型放入桶中。这种方式下，给定需要推荐一些项的用户，我们也可以应用这两种技术（随机超平面和 LSH）来确定在哪些桶中寻找那些可能与用户的余弦距离较短的项。

例 9.5   首先考虑例 9.3 的数据，用户的模型中会包括演员对应的分量，该分量正比于演员出现在用户喜欢的电影中的可能性。因此，推荐度最高（余弦距离最短）的那些电影中会有大量演员在用户喜欢的很多电影中出现。只要演员信息是我们唯一能够得到的电影特征信息，那么这也许是我们能做的最优情况。[①]

现在考虑例 9.4。我们观察到，用户的向量中倾向于出现在用户喜欢的电影中的演员对应的分量为正值，而倾向于出现在用户不喜欢的电影中的演员对应的分量为负值。考虑一个有用户喜欢的多个演员出演的电影，并且用户不喜欢的演员很少或没有。用户向量和电影向量的夹角余弦将是一个较大的正值，这意味着夹角接近 0 度，因此两个向量的余弦距离很短。

接下来，我们考虑一部电影，其中用户喜欢的演员和不喜欢的演员几乎一样多。这种情况下，用户向量和电影向量之间的夹角余弦接近于 0，即意味着两者的夹角在 90 度左右。最后，考虑一部电影中的大部分演员是用户不喜欢的。这种情形下，夹角余弦是一个绝对值较大的负值，也就是说，两个向量的夹角接近 180 度，即此时的余弦距离取最大值。   □

9.2.7　分类算法

推荐系统中有一个使用项模型和效用矩阵的方法与众不同，那就是将推荐看成一个机器学习问题。我们可以将给定数据看成训练集，然后对每个用户建立一个分类器来预测它对所有项的评分。各种不同的分类器的数目很多，但这不是这里要讨论的主题。但是，你应该意识到对推荐系统开发的分类器可能有多个选项，因此我们将只简单讨论一个常见的分类器——决策树。

[①] 我们注意到，所有的用户向量分量都很小并不影响推荐结果，因为余弦计算还包括除以每个分量大小的计算。也就是说，用户向量趋向于比电影向量短得多，但是有重要意义的只有向量的方向而已。

决策树是一棵组织成二叉树的节点集合。叶节点代表决策,在我们的例子中,决策可能是"喜欢"或者"不喜欢"。每个内部节点代表分类对象要满足的一个条件,这里的条件可能是涉及一个或多个项特征的谓词表达式。

为对项进行分类,我们从根节点开始,并将谓词表达式应用于项根节点。如果谓词表达式为真,则进入左子树,否则进入右子树。然后,在所访问的节点上都重复上述过程,直至到达某个叶节点。而该叶节点将项分为"喜欢"或"不喜欢"类。

决策树的构建需要对每个内部节点选择谓词表达式。尽管有很多选择最优谓词表达式的方法,但是它们都试图将树组织成两个子树,其中一棵子树覆盖所有或大多数训练集中的正例样本(这里是指定用户喜欢的项),另一棵子树覆盖所有或大多数训练集中的反例样本(这里指该用户不喜欢的项)。

一旦为节点 N 选择了一个谓词表达式,我们会按照是否满足谓词表达式将项分成两组。对每个组,我们再次寻找将该组中的所有正例和反例分开的最优谓词表达式。这些谓词表达式分配给 N 的子树。将样例划分并建立子树的过程可以运行到树的任一深度。如果某个节点的一组项都属于同类(即它们都是正例或反例),则我们停止树的构建并建立一个叶节点。

但是,我们可能希望在一个组得到大多数决定时就停止树的构建并建立一个子节点,尽管这时组中同时包含正例和反例。原因在于,很小的组的统计显著性不够高,无法依赖。基于这个原因,一个有所变化的策略是建立**集成**(ensemble)决策树,其中每个决策树都使用不同的谓词表达式,但是允许决策树的深度高于可用数据所支持的深度。我们称这类决策树为**过拟合**(overfitted)决策树。为对某个项分类,可以应用集成决策树中的每一棵树,最终根据它们的投票结果确定项的最终类别。这里我们不打算介绍集成决策树,而只是给出一棵简单的假想决策树样例。

例 9.6 假定项是新闻报道,特征是文档中具有较高 TD.IDF 得分的词(**关键词**)。我们进一步假设存在某个用户 U 喜欢有关棒球的文章,并且除了有关 New York Yankees 队[①]之外的文章他都喜欢。在效用矩阵中 U 所对应的那一行中,如果 U 读过当前文章则值为 1,否则为空白。我们将 1 看成"喜欢"而将空白看成"不喜欢"。谓词表达式将是关键词的布尔表达式。

由于 U 喜欢棒球,我们可能发现最适合根节点的谓词表达式为"homerun" OR("batter" AND "pitcher")。满足该表达式的项将倾向于是正例(U 在效用矩阵所对应的行中为 1 的文章),而不满足该表达式的项将倾向于是反例(U 在效用矩阵所对应的行中为空白的文章)。图 9-3 给出了决策树根节点还有其他节点的示意图。

假设不满足谓词表达式的那组文章包括足够少的正例,我们得出结论:此时所有的项都属于"不喜欢"类。那么我们可以对根节点的右子节点放置一个"不喜欢"的决策类别。然而,满足谓词表达式的文章中也包含了一些用户并不喜欢的文章,这些文章提到了 Yankees。因此,对于根节点的左子节点,我们建立另外一个谓词表达式。我们可能发现谓词表达式"Yankees" OR "Jeter" OR "Teixeira"最适合刻画关于棒球和 Yankees 的文章。于是,我们看到在图 9-3 给出的例子中,

---

① 美国纽约扬基队,美国棒球职业大联盟中最著名的球队之一,至今已有一百多年的历史。——译者注

对根的左子节点上应用上述谓词表达式。由于假定满足这个谓词表达式的项主要是反例而不满足表达式的项主要是正例，该左子节点的两个子节点都是叶节点。   □

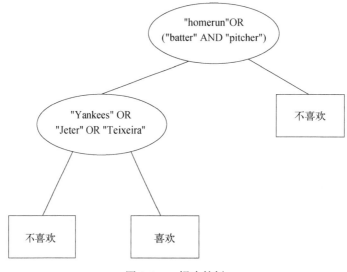

图 9-3   一棵决策树

不过对于推荐问题，不论采用什么类型的分类器，其构建时间都很长。例如，如果我们采用决策树，那么就需要为每个用户构建一棵决策树。构建决策树不仅需要考察所有的项模型，还不得不考虑很多不同的谓词表达式，其中还可能涉及复杂的特征组合过程。因此，该方法仅倾向于应用在规模相对较小的问题上。

9.2.8   习题

习题 9.2.1   三台计算机 A、B 和 C 的数值特征如下：

特征	A	B	C
处理器速度	3.06	2.68	2.92
磁盘大小	500	320	640
内存大小	6	4	6

我们可以想象基于这些数值来定义每台计算机的向量，比如，A 的向量为[3.06, 500, 6]。我们可以计算任意两个向量之间的余弦距离，但是如果不对向量的分量进行放缩变换的话，那么磁盘的大小会主导距离的计算结果，而其他分量本质上几乎不起作用。假设我们分别用 1、α 和 β 作为处理器速度、磁盘大小和内存大小的放缩变换因子。

(a) 基于 α 和 β，计算三台计算机的每一对向量之间的夹角余弦。

(b) 如果 $\alpha = \beta = 1$，上述向量之间的夹角分别是多少？

(c) 如果 $\alpha = 0.01$ 且 $\beta = 0.5$，上述向量之间的夹角又分别是多少？

! (d) 一个选择放缩因子的好方法是使得每个放缩因子与其对应分量的平均值成反比。这种情况下 α 和 β 的值是多少？上述向量之间的夹角又分别是多少？

习题 9.2.2 另一种对向量分量进行放缩变换的方式是首先对向量进行归一化。也就是说，计算每个分量的平均值然后对向量中的每一个分量减去对应的平均值。

(a) 对习题 9.2.1 中的三台计算机的向量进行归一化。

!! (b) 本题并不需要很难的计算，但是需要对向量夹角的含义有很深的理解。当向量的所有分量都非负时（类似于习题 9.2.1 中的数据），所有向量之间的夹角都不会大于 90 度。但是，当对向量进行归一化后，我们可能且一定会得到一些负的分量，于是此时得到的夹角可能会是任意值，即 0 到 180 度都有可能。另外，每一分量的平均值现在为 0，因此习题 9.2.1 问题(d)中按照与平均成反比的放缩变换没有意义。试给出一种对归一化后的向量进行恰当放缩变换的方法。如何解释归一化向量夹角很大或很小的情况？习题 9.2.1 中向量归一化之后的向量之间的夹角分别是多少？

习题 9.2.3 某个用户对习题 9.2.1 中的三台计算机进行了评分，结果是 A：4 星；B：2 星；C：5 星。

(a) 对该用户的评分进行归一化。

(b) 基于习题 9.2.1 的数据，计算用户的模型，其中的三个分量分别对应处理器速度、磁盘大小和内存大小。

9.3 协同过滤

现在我们将开始介绍另一种显著不同的推荐方法。与使用项的特征来确定项的相似度不同，这里集中关注两个项的用户评分之间的相似度。也就是说，我们将项的模型向量替换为其在效用矩阵中的列。另外，我们不再设法为用户建立模型向量，取而代之的是利用他们在效用矩阵中的行来进行表示。如果按照某种距离计算方法（如 Jaccard 距离或余弦距离）得到的两个用户的向量相似度较大，那么用户之间很相似。在对用户 U 进行推荐时，我们考察与之最相似的用户并将这些用户喜欢的项推荐给 U。这里的先识别相似用户然后基于相似用户进行推荐的过程称为**协同过滤**（collaborative filtering）。

9.3.1 相似度计算

我们必须处理的第一个问题就是如何通过效用矩阵中的行或列来计算用户或项之间的相似度。这里我们将图 9-1 重新生成为图 9-4。尽管该数据规模太小无法得到任何可靠的结论，但是通过这个小规模数据却能弄清楚选择距离计算方法的难处。我们具体观察用户 A 和 C，他们同时对两部电影进行了评分，但是看上去两个用户的观点几乎正好相反。我们期望一个好的距离计算方法能够让他们彼此远离。下面是一些可以考虑的距离计算方法。

	HP1	HP2	HP3	TW	SW1	SW2	SW3
A	4			5	1		
B	5	5	4				
C				2	4	5	
D		3					3

图 9-4　图 9-1 中引入的效用矩阵

1. Jaccard 距离

我们可以忽略矩阵中的具体值而只关注所评分的项集合。如果效用矩阵仅仅反映销售情况，那么这种距离计算方法就是一种好的可选方法。但是，如果效用反映的是更细节的评分信息，那么 Jaccard 距离会丢失重要信息。

例 9.7　A 和 B 的交集大小是 1，并集大小是 5。因此，他们的 Jaccard 相似度为 1/5，Jaccard 距离为 4/5，也就是说，他们之间的距离很大。相比而言，A 和 C 的 Jaccard 相似度为 2/4，因此其 Jaccard 距离也是 1/2。因此，从 Jaccard 距离来看，A 到 C 比 A 到 B 更近。但是，这个结论直观上看上去并不正确。A 和 C 在他们所看过的两部电影上评价都不一致，而 A 和 B 看上去都喜欢他们看过的同一部电影。□

2. 余弦距离

我们可以把效用矩阵的空白看成 0。这种做法在效果上会将评分的缺失看成更接近于不喜欢一部电影，因此是有问题的。

例 9.8　A 和 B 夹角的余弦为

$$\frac{4 \times 5}{\sqrt{4^2 + 5^2 + 1^2}\sqrt{5^2 + 5^2 + 4^2}} \approx 0.380$$

A 和 C 夹角的余弦为

$$\frac{5 \times 2 + 1 \times 4}{\sqrt{4^2 + 5^2 + 1^2}\sqrt{2^2 + 4^2 + 5^2}} \approx 0.322$$

更大的余弦（正数）意味着更小的夹角，也意味着更短的距离。因此，在上述距离计算方式下，我们会得到 A 更接近 B 而不是更接近 C 的结论。□

3. 数据的舍入处理

我们可以通过对评分数据的舍入处理，来去掉那些某个用户分别打高分和低分的电影之间表面上的相似度。例如，我们可以将评分 3、4 和 5 看成"1"而把评分 1 和 2 看成未评分。那么，这样处理之后的效用矩阵就变成图 9-5 中的矩阵。现在，A 和 B 之间的 Jaccard 距离就是 3/4，而 A 和 C 之间是 1，也就是说，C 看起来比 B 离 A 更远。这个结论在直觉上是正确的。如果对图 9-5 应用余弦距离也会得到同样的结论。

	HP1	HP2	HP3	TW	SW1	SW2	SW3
A	1			1			
B	1	1	1				
C					1	1	
D		1					1

图 9-5 效用值 3、4 和 5 被替换为 1，而 1 和 2 被忽略之后的效用矩阵

4. 评分归一化

如果对评分进行归一化处理，即将每个评分减去某个用户的平均评分值，我们会将低分值转换为负数而高评分值转换为正数。然后如果采用余弦距离，我们会发现对所看同一电影评价相反的用户有几乎相反的向量方向，也就是说可以把距离看成尽可能远。但是，对所看同一电影评价类似的用户有相对很小的向量夹角。

例 9.9 图 9-6 给出了图 9-4 矩阵所有评分进行归一化之后的矩阵。一个有趣的效果是，D 的评分值实际上都相当于空白。这是因为当考虑余弦距离时，0 和空白的效果一模一样。需要注意的是，D 对所有电影的评分都是 3，它们之间无法区分。因此，D 的评分确实不值得认真考虑。

	HP1	HP2	HP3	TW	SW1	SW2	SW3
A	2/3			5/3	−7/3		
B	1/3	1/3	−2/3				
C				−5/3	1/3	4/3	
D		0					0

图 9-6 图 9-1 引入的归一化效用矩阵

于是，A 和 B 夹角的余弦是

$$\frac{(2/3)\times(1/3)}{\sqrt{(2/3)^2+(5/3)^2+(-7/3)^2}\sqrt{(1/3)^2+(1/3)^2+(-2/3)^2}} \approx 0.092$$

A 和 C 夹角的余弦是

$$\frac{(5/3)\times(-5/3)+(-7/3)\times(1/3)}{\sqrt{(2/3)^2+(5/3)^2+(-7/3)^2}\sqrt{(-5/3)^2+(1/3)^2+(4/3)^2}} \approx -0.559$$

我们注意到，在这种距离计算方式下，A 和 C 之间的距离比 A 和 B 之间的距离大很多，并且两个距离值都不小。这两个观察结果都有直观意义，因为 A 和 C 在共同评分的两部电影上观点并不一致，而 A 和 B 在共同评分的一部电影上给出了相似的得分。 □

9.3.2 相似度对偶性

效用矩阵可以被看成有关用户信息的矩阵，也可以被看成有关项信息的矩阵，或者同时与两

种信息有关的矩阵。9.3.1 节介绍的任意一种寻找相似用户的技术都可以应用在效用矩阵的列向量上来寻找相似项,认识到这一点十分重要。实际中有两种方式可以打破这种对称性。

(1) 我们可以使用与用户相关的信息来推荐项。也就是说,给定用户,我们可以找到最相似的一些用户,此时或许可以采用第 3 章介绍的技术来实现这一点。可以基于这些相似用户的推荐决策来进行最后的推荐,例如推荐那些具有最高销售量或评分数的项。但是,这里并不对称。即使找到一对对的相似项,我们也必须花费额外的步骤来将项推荐给用户。关于这一点我们将在本小节结束的时候进一步探讨。

(2) 典型用户的行为和项的行为有一点不同,这与相似度计算有关。直观上说,项倾向于简单分类。例如,音乐往往属于单个流派。比如,一段音乐不可能同时属于 20 世纪 60 年代摇滚乐和 18 世纪前 10 年的巴洛克音乐。但是,有很多用户同时喜欢这两个年代的这两种音乐,这些用户会同时购买两种音乐的样品。上述区别的结果就是,由于项属于同一流派,而同时喜欢某个流派的用户可能会各自喜欢其他不同的流派,所以发现相似项要比相似用户容易得多。

正如上面的(1)提到的那样,预测效用矩阵中用户 U 和项 I 对应元素的价值有一种方法是找到与 U 最相似的 n(n 是一个事先预定的值)个用户,然后将他们对 I 的评分进行平均,当然这里只考虑对 I 进行过评分的用户。采用这种做法时,先对效用矩阵进行归一化通常更好。也就是说,对 n 个用户的每一个,将其对 I 的评分减去该用户对所有项的平均评分。将所有对 I 评分的用户的评分差求平均,然后将这个平均值加到 U 对所有项的平均评分值上。在 U 倾向于给特高分或特低分,或者对 I 评分的相似用户中的大部分(总数可能较少)倾向于给特高分或特低分这种情况时,上述归一化能够对估计值做出调整。

对偶地,我们利用项相似度来估计用户 U 和项 I 对应的元素值。首先找到和 I 最相似的 m 个项,然后将 U 给这 m 个项的评分值平均。同用户-用户相似度计算一样,我们只考虑 m 个项中 U 评过分的那些项,并且先对项的评分进行归一化可能也是明智之举。

需要注意的是,不管我们采用哪种方法来估计所使用的效用矩阵中的元素,仅仅找到一个元素是不够的。为了给用户 U 推荐项,我们必须要估计效用矩阵中 U 所在行的每一个元素,或者至少要找出该行所有或大部分具有较高估计值的空白元素。在选择相似用户还是相似项上的做法上需要做一个权衡。

　　❑ 如果寻找相似用户,那么我们只需要对用户U运用一次该过程。基于相似用户集合可以估计效用矩阵中U那行的所有空白元素。如果基于相似项来做的话,在估计U所在行之前,必须计算几乎所有项的相似项。

　　❑ 基于上面的观察结果,即发现同一流派的项要比发现只喜欢单个流派项的用户要容易得多,项之间的相似度常常可以提供更可靠的信息。

不论选择哪一种做法,我们都应该对每个用户预先计算那些有偏好的项,而不是一直等到做决定为止。由于效用矩阵演变比较缓慢,计算频率不高,并且假定在两次计算之间是固定的。

9.3.3 用户聚类和项聚类

因为效用矩阵的稀疏性使得有关用户–项对的信息很少，所以不论检测用户还是项的相似性都很难。从 9.3.2 节的观点来看，即使两个项属于同一流派，也可能只有极少用户会同时购买或对它们进行评分。同样，即使两个用户都喜欢某个或某些流派，他们也可能没有购买过一件相同的项。

处理这种缺陷的一种方法是对项和/或用户进行聚类。我们可以选择 9.3.1 节所提到或者其他的任何一种距离计算方法来对某个对象进行聚类，比如说项。第 7 章提到的任意一种聚类方法都可以采用。但是，我们将会看到，确实没有什么道理需要立即聚成少数簇。正好相反，我们可以采用层次方法进行处理，即使剩余许多簇还没合并也已经足以作为第一步。例如，我们可以留下一半簇一半项。

例 9.10 图 9-7 给出了图 9-4 效用矩阵经过聚类之后得到的效用矩阵，其中我们将三部《哈利·波特》电影聚成一个簇 HP，并且将三部《星球大战》电影聚成一个簇 SW。 □

	HP	TW	SW
A	4	5	1
B	4.67		
C		2	4.5
D	3		3

图 9-7 用户和项簇组成的效用矩阵

在一定程度上对项进行聚类之后，我们可以对效用矩阵进行修改以便矩阵中的列代表项簇，用户 U 和簇 C 对应的元素是 U 对 C 中项评分的平均值。需要注意的是，U 可能对 C 中的任何一个项都没有评过分，此时 U 和 C 对应的元素仍然为空白。

我们可以利用修改后的效用矩阵来对用户聚类，聚类时可以再次使用我们认为最合适的距离计算方法。利用某个能够留下很多簇的聚类算法，比如，簇的数目是用户的一半。再次对效用矩阵进行修改，使得行对应用户簇，就像列对应项簇一样。对于项簇，计算某个用户簇对应元素值，即对用户簇中的用户评分进行平均。

接下来，如果愿意，可以多次重复上述过程。也就是说，我们可以对项簇继续进行聚类并再次将效用矩阵中属于某个簇的列进行合并。然后可以再对用户进行处理，即对用户簇再次聚类。该过程可以一直反复进行，直到我们直观上认为得到的两种簇的数目合理为止。

一旦对用户和/或项聚类达到想要的程度并且计算出簇–簇的效用矩阵，那么可以采用下列方法来估计原始效用矩阵中的元素。假定我们想预测出用户 U 和项 I 对应的元素。

(a) 寻找 U 和 I 属于的簇，比如它们分别属于簇 C 和簇 D。

(b) 如果簇–簇效用矩阵中 C 和 D 对应的那个元素非空，那么就将该元素作为原始效用矩阵中 U 和 I 对应元素的估计值。

(c) 如果 C 和 D 对应的那个元素为空,那么可以利用 9.3.2 节所介绍的方法通过考虑与 C 或 D 相似度的簇来估计该元素。该元素的估计结果即作为原始效用矩阵中 U 和 I 对应元素的估计值。

9.3.4　习题

习题 9.3.1　图 9-8 给出了一个基于 1 到 5 级评分的效用矩阵,其中有 8 个项(a 到 h)和 3 个用户(A、B 和 C)。基于该矩阵的数据计算下列结果。

(a) 将上述效用矩阵看成布尔矩阵,计算每对用户之间的 Jaccard 距离。

(b) 将上述效用矩阵看成布尔矩阵,计算每对用户之间的余弦距离。

(c) 将评分 3 到 5 看成 1,将评分 1 和 2 还有空白看成 0。计算每对用户之间的 Jaccard 距离。

(d) 同(c)一样对效用矩阵进行处理,计算每对用户之间的余弦距离。

(e) 通过减去用户非空评分的平均值对效用矩阵进行归一化。

(f) 利用(e)中得到的归一化矩阵,计算每对用户之间的余弦距离。

习题 9.3.2　本题中对图 9-8 所示的矩阵的项进行聚类处理。具体步骤如下。

(a) 将 8 个项进行层次聚类,得到 4 个簇。聚类时采用下列做法。将所有评分 3、4 和 5 替换成 1,将所有评分 1、2 和空白替换成 0。使用 Jaccard 距离来计算上述处理结果列向量之间的距离。对于不止一个元素的簇,簇之间的距离定义为两个簇中的元素之间的最短距离。

(b) 然后,基于图 9-8 的原始矩阵构造一个新的矩阵,其中的行像以往一样对应用户,而列则对应簇。计算用户和项簇对应的元素,即用户对簇中所有项非空元素评分的平均值。

(c) 基于(b)中得到的效用矩阵,计算每对用户之间的余弦距离。

	a	b	c	d	e	f	g	h
A	4	5		5	1		3	2
B		3	4	3	1	2	1	
C	2		1	3		4	5	3

图 9-8　本节习题所使用的效用矩阵

9.4　降维处理

估计效用矩阵中的空白元素还有一个完全不同的方法,基于如下思路:认为效用矩阵实际上是两个细长矩阵的乘积。如果存在项和用户的一个相对小的特征集合能够确定大部分用户对大部分项的作用,那么上述观点就有意义。本节简单描述上述两个矩阵的发现方法,该方法称为 **UV 分解**,它是一个更一般理论[称为**奇异值分解**(Singular-Value Decomposition,SVD)]的一个实例。

9.4.1　UV 分解

将电影看成一个恰当的例子。大部分用户只会对小规模的特征进行反应,他们喜欢某些流派,可能喜欢某些著名的影星，或者喜欢某些有众多追随者的导演的作品。如果以 n 行 m 列的效用矩阵 M 开始（即 n 个用户 m 个项），那么我们可以找到一个 n 行 d 列的矩阵 U 和一个 d 行 m 列的矩阵 V，使得 UV 和 M 在 M 的非空白元素上非常相近。如果这样的话，可以证实有 d 维特征允许我们近距离刻画用户和项。则可以使用 UV 上的元素来估计效用矩阵 M 中相应的空白元素。该过程称为矩阵 M 的 UV 分解（UV-decomposition）。

例 9.11　我们将使用一个 5×5 的矩阵 M 来作为 UV 分解的例子，其中矩阵中只有两个元素未知。我们希望将 M 分解成一个 5×2 的矩阵 U 和一个 2×5 的矩阵 V。矩阵 M、U 和 V 如图 9-9 所示，其中 M 中已知元素用真实值表示，而 U 和 V 则用待确定的变量元素来表示。实际上该例子是最小的非平凡样例，其中 M 中已知元素的个数超过 U 和 V 的元素之和。因此我们可以期望，最佳分解结果的乘积在 M 的非空元素上并不精确一致。　　□

$$
\begin{bmatrix} 5 & 2 & 4 & 4 & 3 \\ 3 & 1 & 2 & 4 & 1 \\ 2 & & 3 & 1 & 4 \\ 2 & 5 & 4 & 3 & 5 \\ 4 & 4 & 5 & 4 & \end{bmatrix} = \begin{bmatrix} u_{11} & u_{12} \\ u_{21} & u_{22} \\ u_{31} & u_{32} \\ u_{41} & u_{42} \\ u_{51} & u_{52} \end{bmatrix} \times \begin{bmatrix} v_{11} & v_{12} & v_{13} & v_{14} & v_{15} \\ v_{21} & v_{22} & v_{23} & v_{24} & v_{25} \end{bmatrix}
$$

图 9-9　矩阵 M 的 UV 分解

9.4.2　RMSE

虽然我们可以选择多个评价指标来度量 UV 和 M 的相近程度，一个通常采用的指标是 RMSE（Root-Mean-Square Error，均方根误差），其中：

(1) 计算 M 中所有非空元素和 UV 中对应元素的差的平方和；

(2) 对上述平方和求平均，即除以 M 中的非空元素个数；

(3) 对上述结果求算术平方根。

对步骤(1)的平方和最小化也等价于对步骤(3)的算术平方根最小化。因此，在我们的例子中一般会忽略后面两步。

例 9.12　假设我们猜想 U 和 V 的每个元素都是 1（如图 9-10 所示）。由于 U、V 的乘积是一个全由 2 构成的矩阵，而这些元素远远低于 M 中元素的平均值，所以这是一个很弱的估计。尽管如此，我们可以计算这两个 U、V 的 RMSE，实际上，矩阵中的这些规整元素使得计算非常容易。考虑 M 中和 UV 中的第 1 行，对从中第 1 行的每个元素分别减去 2（UV 的元素值），我们得到 3、0、2、2、1。这些数的平方和为 18。我们对第 2 行进行同样的处理得到 1、-1、0、2、-1，它们的平方和为 7。由于 M 的第 3 行中的第 2 列元素为空，该元素在计算中被忽略，此时第 3 行处理的结果是 0、1、-1、2，其平方和为 6。第 4 行我们得到 0、3、2、1、3，其平方和为 23。第 5 行的最后一列的元素为空，我们得到 2、2、3、2，它们的平方和为 21。将上述 5 行的平方和求和，我们得到 $18 + 7 + 6 + 23 + 21 = 75$。通常情况下，得到这个数之后就可以停止计算，但是如果要得到真实的 RMSE 值, 再将它除以 M 中的非空元素个数 23 然后取算术平方根。这里最终的 RMSE 为 $\sqrt{75/23} \approx 1.806$。 □

$$\begin{bmatrix} 1 & 1 \\ 1 & 1 \\ 1 & 1 \\ 1 & 1 \\ 1 & 1 \end{bmatrix} \times \begin{bmatrix} 1 & 1 & 1 & 1 & 1 \\ 1 & 1 & 1 & 1 & 1 \end{bmatrix} = \begin{bmatrix} 2 & 2 & 2 & 2 & 2 \\ 2 & 2 & 2 & 2 & 2 \\ 2 & 2 & 2 & 2 & 2 \\ 2 & 2 & 2 & 2 & 2 \\ 2 & 2 & 2 & 2 & 2 \end{bmatrix}$$

图 9-10　所有元素都为 1 的 U、V 矩阵

9.4.3　UV 分解的增量式计算

寻找具有最小 RMSE 的 UV 分解过程包括一开始任意选择 U 和 V, 然后反复调整 U 和 V 使得 RMSE 越来越小。尽管在理论上说, 可以采用更复杂的调整方式, 但接下来我们仅考虑对 U 或 V 中的单个元素进行调整。不论采用何种调整方式, 在一个典型的例子中可能会存在多个**局部极小值**（local minimum）, 即不管在 U 和 V 上进行任何可行的调整都不会继续降低 RMSE。不过这些极小值中只有一个才是**全局极小值**（global minimum）, 即所有可能的 U 和 V 中 RMSE 最小的那个值。为增加找到全局极小值的机会, 我们必须选取多个不同的起点, 也就是多个不同的初始 U、V 矩阵。但是, 永远都无法保证我们得到的局部极小值就是全局极小值。

我们将使用图 9-10 给出的所有元素都为 1 的矩阵作为 U、V 的开始值, 然后对某些元素进行一些调整, 然后从中找到使得 RMSE 降低幅度最大的元素值。基于这些特殊的例子, 一般性的计算过程也应该十分明显, 但是我们将在例子中只改变一个元素来对 RMSE 进行最小化处理。接下来, 我们将 U 和 V 的元素表示成其所有变量的名称, 如图 9-9 给出的 u_{11} 和 u_{12} 等。

例 9.13　假定使用图 9-10 中的 U、V 矩阵开始计算, 并且我们决定通过变换 u_{11} 来尽可能地减少 RMSE 的值。令 u_{11} 的值为 x, 于是新的 U、V 矩阵如图 9-11 所示。

$$\begin{bmatrix} x & 1 \\ 1 & 1 \\ 1 & 1 \\ 1 & 1 \\ 1 & 1 \end{bmatrix} \times \begin{bmatrix} 1 & 1 & 1 & 1 & 1 \\ 1 & 1 & 1 & 1 & 1 \end{bmatrix} = \begin{bmatrix} x+1 & x+1 & x+1 & x+1 & x+1 \\ 2 & 2 & 2 & 2 & 2 \\ 2 & 2 & 2 & 2 & 2 \\ 2 & 2 & 2 & 2 & 2 \\ 2 & 2 & 2 & 2 & 2 \end{bmatrix}$$

图 9-11　u_{11} 作为一个变量的示意图

注意到矩阵乘积的结果中只有第 1 行才有变化, 于是当将 UV 和 M 进行比较时, 唯一的 RMSE 变化来自第 1 行。第 1 行对平方和计算的贡献是

$$\left(5-(x+1)\right)^2+\left(2-(x+1)\right)^2+\left(4-(x+1)\right)^2+\left(4-(x+1)\right)^2+\left(3-(x+1)\right)^2$$

该表达式可以简化为

$$(4-x)^2+(1-x)^2+(3-x)^2+(3-x)^2+(2-x)^2$$

我们希望得到使上述表达式最小的 x 值，于是令其导数为 0，于是有

$$-2\times\left((4-x)+(1-x)+(3-x)+(3-x)+(2-x)\right)=0$$

对上式简化有

$$-2\times(13-5x)=0$$

于是，$x=2.6$。

图 9-12 给出当 u_{11} 为 2.6 时的 $\boldsymbol{U}$、$\boldsymbol{V}$ 结果。注意到第 1 行的错误平方和已经从 18 降到 5.2，因此总的 RMSE（忽略平均和最后的算术平方根计算）从 75 降到 62.2。

$$\begin{bmatrix} 2.6 & 1 \\ 1 & 1 \\ 1 & 1 \\ 1 & 1 \\ 1 & 1 \end{bmatrix} \times \begin{bmatrix} 1 & 1 & 1 & 1 & 1 \\ 1 & 1 & 1 & 1 & 1 \end{bmatrix} = \begin{bmatrix} 3.6 & 3.6 & 3.6 & 3.6 & 3.6 \\ 2 & 2 & 2 & 2 & 2 \\ 2 & 2 & 2 & 2 & 2 \\ 2 & 2 & 2 & 2 & 2 \\ 2 & 2 & 2 & 2 & 2 \end{bmatrix}$$

图 9-12　u_{11} 的最优值为 2.6

假定下一个要调整的元素是 v_{11}。将 v_{11} 的值用变量 y 表示（如图 9-13 所示），那么 $\boldsymbol{UV}$ 的乘积中只有第 1 列受 y 的影响，于是我们只需计算 $\boldsymbol{UV}$ 和 $\boldsymbol{M}$ 的第 1 列差值的平方和。该和为

$$\begin{bmatrix} 2.6 & 1 \\ 1 & 1 \\ 1 & 1 \\ 1 & 1 \\ 1 & 1 \end{bmatrix} \times \begin{bmatrix} y & 1 & 1 & 1 & 1 \\ 1 & 1 & 1 & 1 & 1 \end{bmatrix} = \begin{bmatrix} 2.6y+1 & 3.6 & 3.6 & 3.6 & 3.6 \\ y+1 & 2 & 2 & 2 & 2 \\ y+1 & 2 & 2 & 2 & 2 \\ y+1 & 2 & 2 & 2 & 2 \\ y+1 & 2 & 2 & 2 & 2 \end{bmatrix}$$

图 9-13　v_{11} 变成变量 y

$$\left(5-(2.6y+1)\right)^2+\left(3-(y+1)\right)^2+\left(2-(y+1)\right)^2+\left(2-(y+1)\right)^2+\left(4-(y+1)\right)^2$$

上述表达式可以简化为

$$(4-2.6y)^2+(2-y)^2+(1-y)^2+(1-y)^2+(3-y)^2$$

像前面一样，我们可以对上式求导并令其为 0 来求出该表达式的最小值，即

$$-2\times\left(2.6(4-2.6y)+(2-y)+(1-y)+(1-y)+(3-y)\right)=0$$

该方程的解 $y = 17.4/10.76 \approx 1.617$。改进的 U 和 V 的估计结果如图 9-14 所示。

$$\begin{bmatrix} 2.6 & 1 \\ 1 & 1 \\ 1 & 1 \\ 1 & 1 \\ 1 & 1 \end{bmatrix} \times \begin{bmatrix} 1.617 & 1 & 1 & 1 & 1 \\ 1 & 1 & 1 & 1 & 1 \end{bmatrix} = \begin{bmatrix} 5.204 & 3.6 & 3.6 & 3.6 & 3.6 \\ 2.617 & 2 & 2 & 2 & 2 \\ 2.617 & 2 & 2 & 2 & 2 \\ 2.617 & 2 & 2 & 2 & 2 \\ 2.617 & 2 & 2 & 2 & 2 \end{bmatrix}$$

图 9-14　将 y 替换为 1.617 之后的矩阵结果

接下来再做一步改变来展示当 M 的元素为空白时可能发生的事情。我们下一步将对 u_{31} 进行改变，这里暂时称之为变量 z。新的 U 和 V 在图 9-15 中给出。z 的值只影响第 3 行的元素。

$$\begin{bmatrix} 2.6 & 1 \\ 1 & 1 \\ z & 1 \\ 1 & 1 \\ 1 & 1 \end{bmatrix} \times \begin{bmatrix} 1.617 & 1 & 1 & 1 & 1 \\ 1 & 1 & 1 & 1 & 1 \end{bmatrix} = \begin{bmatrix} 5.204 & 3.6 & 3.6 & 3.6 & 3.6 \\ 2.617 & 2 & 2 & 2 & 2 \\ 1.617z+1 & z+1 & z+1 & z+1 & z+1 \\ 2.617 & 2 & 2 & 2 & 2 \\ 2.617 & 2 & 2 & 2 & 2 \end{bmatrix}$$

图 9-15　u_{31} 变成变量 z

我们可以将第 3 行的错误平方和表示为

$$\left(2 - (1.617z + 1)\right)^2 + \left(3 - (z + 1)\right)^2 + \left(1 - (z + 1)\right)^2 + \left(4 - (z + 1)\right)^2$$

需要注意的是，因为 M 中第 3 行第 2 列的元素为空，所以在计算错误平方和时，该对应元素不起作用。上述表达式简化为

$$(1 - 1.617z)^2 + (2 - z)^2 + (-z)^2 + (3 - z)^2$$

对上述表达式求导并令其为 0，有

$$-2 \times \left(1.617(1 - 1.617z) + (2 - z) + (-z) + (3 - z)\right) = 0$$

该方程的根为 $z \approx 6.617/5.615 \approx 1.178$。图 9-16 给出了 UV 分解的下次估计。　□

$$\begin{bmatrix} 2.6 & 1 \\ 1 & 1 \\ 1.178 & 1 \\ 1 & 1 \\ 1 & 1 \end{bmatrix} \times \begin{bmatrix} 1.617 & 1 & 1 & 1 & 1 \\ 1 & 1 & 1 & 1 & 1 \end{bmatrix} = \begin{bmatrix} 5.204 & 3.6 & 3.6 & 3.6 & 3.6 \\ 2.617 & 2 & 2 & 2 & 2 \\ 2.905 & 2.178 & 2.178 & 2.178 & 2.178 \\ 2.617 & 2 & 2 & 2 & 2 \\ 2.617 & 2 & 2 & 2 & 2 \end{bmatrix}$$

图 9-16　将 z 替换为 1.178 之后的矩阵结果

9.4.4 对任一元素的优化

上面已经介绍了对矩阵 U 或 V 的单个元素选最优值的例子，接下来对通用的公式进行推导。同前面一样，假设 M 是一个拥有一些空白元素的 $n \times m$ 的效用矩阵，而 U 和 V 分别是 $n \times d$ 和 $d \times m$ 维的矩阵。我们用 m_{ij}、u_{ij} 和 v_{ij} 分别代表 M、U 和 V 的第 i 行第 j 列的元素。另外，我们假设 $P = UV$，并用 p_{ij} 来表示积矩阵 P 的第 i 行第 j 列的元素。

假定我们对 u_{rs} 进行变化来寻找使得 M 和 UV 之间 RMSE 最小的元素值。注意到 u_{rs} 仅仅影响积 $P = UV$ 的第 r 行的元素。于是，我们只需对所有 j 值（只要 m_{rj} 非空）关注元素

$$p_{rj} = \sum_{k=1}^{d} u_{rk} v_{kj} = \sum_{k \neq s} u_{rk} v_{kj} + x v_{sj}$$

在上述表达式中，我们已经将想改变的元素 u_{rs} 替换成了变量 x，并且使用了一个约定表达方法：$\sum_{k \neq s}$ 表示对 $k = 1, 2, \cdots, d$ 除 $k = s$ 之外的求和结果。

如果 m_{rj} 是矩阵 M 中的非空元素，则该元素对错误平方和的贡献为

$$(m_{rj} - p_{rj})^2 = \left(m_{rj} - \sum_{k \neq s} u_{rk} v_{kj} - x v_{sj} \right)^2$$

下面将使用另外一个约定表达式：$\sum_j$ 表示所有非空 m_{rj} 在 j 上的求和。

于是我们可以将受 $x = u_{rs}$ 影响的所有错误平方和写成表达式

$$\sum_j \left(m_{rj} - \sum_{k \neq s} u_{rk} v_{kj} - x v_{sj} \right)^2$$

为了求得使 RMSE 最小的 x，上述公式对 x 求导并令其为 0，有

$$\sum_j -2 v_{sj} \left(m_{rj} - \sum_{k \neq s} u_{rk} v_{kj} - x v_{sj} \right) = 0$$

同前面例子一样，我们可以忽略常数因子 -2，解上述关于 x 的方程，可得

$$x = \frac{\sum_j v_{sj} \left(m_{rj} - \sum_{k \neq s} u_{rk} v_{kj} \right)}{\sum_j v_{sj}^2}$$

对于 V 的一个元素，有一个类似的求其最优值的公式。如果我们想对 $v_{rs} = y$ 进行改变，则使 RMSE 最小的 y 值为

$$y = \frac{\sum_i u_{ir} \left(m_{is} - \sum_{k \neq r} u_{ik} v_{ks} \right)}{\sum_i u_{ir}^2}$$

这里，$\sum_i$ 表示所有非空 m_{is} 在 i 上的求和，而 $\sum_{k \neq r}$ 表示对 $k = 1, 2, \cdots, d$ 除 $k = r$ 之外的求和结果。

9.4.5 一个完整 UV 分解算法的构建

现在，我们有了能够搜索效用矩阵 M 的全局最优分解的工具。接下来要讨论四个方面的做法。

(1) 矩阵 M 的预处理。

(2) U 和 V 的初始化。

(3) U 和 V 的元素优化的排序。

(4) 结束尝试优化的过程。

1. 预处理

因为项的质量差异和用户评分等级是确定矩阵 M 中缺失元素的重要因素，所以在做任何其他事情之前，去掉这些影响常常十分有益。这种思想在 9.3.1 节中做过介绍。我们可以对每个非空元素 m_{ij} 减去用户 i 的平均评分。然后，结果矩阵可以通过减去项 j 的平均评分（在上述结果矩阵当中的评分）做进一步的修改。也可以首先减去项 j 的平均评分，然后在修改后的矩阵中减去用户 i 的平均得分。通过上述两种不同次序处理得到的结果不必相等，但是往往倾向于互相接近。第三种归一化的方式是 m_{ij} 减去用户 i 和项 j 的平均评分的平均值，即减去用户平均评分和项平均评分的和的二分之一。

如果选择对 M 进行归一化，那么根据分解结果进行预测时，必须进行还原处理。也就是说，不管采用什么预测方法，如果最后对归一化矩阵中的 m_{ij} 的估计值是 e，那么真实效用矩阵的 m_{ij} 是 e 加上当初在归一化过程中从第 i 行和第 j 列减去的值。

2. 初始化

正如前面提到的那样，许多局部极小值的存在使得我们会运行多个不同的优化从而希望在至少一次运行当中获得全局极小值，因此我们寻找最优答案的方式实际上存在一些随机性。我们可以改变 U 和 V 的初始值，或者改变寻找最优值的方式（接下来介绍），或者两者同时改变。

U 和 V 的一个简单初始化方法是给每个元素赋予相等的值，对于该值的一个很好的选择是将 UV 乘积的每个元素设为 M 中非空元素的平均值。注意到如果对 M 进行归一化，那么该值必然会是 0。如果选择 d 作为 U 或 V 中行列数较小的那个，而 a 是 M 中所有非空元素的平均值，那么 U 和 V 的元素应该是 $\sqrt{a/d}$。

如果想要多个 U 和 V 初始值，那么就可以对 $\sqrt{a/d}$ 进行随机干扰处理，并且每个元素上的处理相互独立。存在多种干扰处理的方法，我们选择其中一种有关差值分布的做法。例如，可以对每个元素增加一个均值为 0、方差为某个选定值的正态分布量，也可以加上一个从 $-c$ 到 $+c$ 的均匀分布量（c 为某个预定值）。

3. 执行优化

对于给定的 U、V 初始值，为达到局部极小值，我们必须要选择一个访问 U 和 V 中元素的顺序。最简单的方法是选择一个顺序（比如逐行），然后采用轮询方式访问 U 和 V。需要注意的是，我们对某个元素的一次优化并不意味着当其他元素都调整之后该优化结果仍然最优。因此，我们必须对元素反复访问，直到有理由相信不再可能有提高为止。

另一种方法是，我们可以从单个初始值开始，通过随机选择优化的元素，对多条不同的优化路径进行跟踪。为确信每个元素在每一轮中都被考虑，我们可以选择元素的一个排列，然后在每一轮中遵从该排列的次序进行处理。

4. 收敛到极小值

理想情况下，如果某一时刻 RMSE 变成 0，那么我们知道不可能再做优化。实际当中，由于通常而言 M 中的非空元素数目比 U 和 V 的总元素数目还多很多，我们无权期望可以将 RMSE 降到 0。因此，必须要检测出何时对 U 和/或 V 进行重新访问已经好处不大。我们可以对每一轮优化的 RMSE 提高结果进行跟踪，并在该值低于某个阈值时停止迭代。另外一种做法是观察由对每个元素优化所得到的提高，并当某个轮次中的最大提高低于某个阈值时停止迭代。

5. 避免过拟合

进行 UV 分解时的一个常见问题是我们会到达多个局部极小值中的一个，该极小值与给定数据非常吻合，但是并不完全反映数据背后的真实产生过程。也就是说，尽管 RMSE 在给定数据上可能很小，但是对于未来的数据预测却不尽如人意。这个问题被统计学家称为**过拟合**（overfitting）问题，存在如下一些处理的办法。

(1) 避免对第一个分量进行如下优化处理，即对一个元素的值按照仅仅当前值到最优值的某个比例移动，比如说一半比例。

(2) 早在迭代过程收敛之前就停止对 U 和 V 的元素进行再访问。

(3) 进行多次不同的 UV 分解，并利用每次分解得到的矩阵乘积的平均值来对 M 中的新元素进行预测。

梯度下降法

9.4 节所讨论的 UV 分解技术是**梯度下降法**（gradient descent）的一个应用实例。给定一些数据点（如矩阵 M 中的非空元素），对每个数据点都寻找误差函数（当前的 UV 乘积和矩阵 M 的 RMSE 值）下降程度最大的方向。在 12.3.4 节中，我们还将讨论有关梯度下降法的更多知识。此外，值得注意的一点是，我们介绍的方法在达到最小误差分解结果前，会多次访问 M 中的每个非空数据点，这对于大型的 M 来说可能需要大量的工作。因此，另一种可选的做法是在最小化误差时只随机选择部分数据点。这种方法称为**随机梯度下降法**（stochastic gradient descent），将在 12.3.5 节介绍。

9.4.6 习题

习题 9.4.1 从图 9-10 的分解开始，我们可以选择 U 或 V 中 20 个元素中的一个进行第一步优化。给出选择下列元素情况下进行第一步优化的结果：(a) u_{32}；(b) v_{41}。

习题 9.4.2 如果我们像图 9-10 一样对 U 和 V 的初始值都设为相同值，那么对 9.4.2 节的例子而言，使得矩阵 M 的 RMSE 最小的取值是多少？

习题 9.4.3 以图 9-16 的 U、V 矩阵为初始矩阵，按照顺序进行如下处理：

(a) 重新考虑 u_{11} 的值，在当前变化情况下寻找它的新的最优值；

(b) 选择 u_{52} 的最优值；

(c) 选择 v_{22} 的最优值。

习题 9.4.4 推导出 y 的公式，即 9.4.4 节中最后给出的元素 v_{rs} 的最优值的表达式。

习题 9.4.5 通过下列办法对本章例子中的矩阵 M 进行归一化处理：

(a) 首先对每个元素减去所在行的平均值，然后对修改后的矩阵中的每个元素减去所在列的平均值；

(b) 首先对每个元素减去所在列的平均值，然后对修改后的矩阵中的每个元素减去所在行的平均值。

请问上述两种处理之后的结果有没有区别？

9.5 Netflix 竞赛

对推荐系统的研究具有重大促进作用的一个事件是 Netflix 竞赛。Netflix 为第一个设计出比其当前使用的推荐系统 CineMatch 精度高 10%的系统的人或团队设立了 100 万美元的大奖。在三年多的工作之后，该奖金于 2009 年 9 月颁发。

Netflix 竞赛中包含一个公开数据集，其内容包括大概 50 万用户对 17 000 部左右电影（通常为小的子集）的评分数据。该数据来自一个更大的数据集，大家提出的算法要在该大数据集的一个非公开测试集中经受预测能力的测试。公开数据集中每个(用户,电影)对的数据包括 1 到 5 的一个评分以及评分的日期。

算法的效果通过 RMSE 指标来度量。CineMatch 的 RMSE 大概是 0.95，也就是说，预测评分和真实评分相差差不多整整一颗星。为了赢取奖金，提交算法的 RMSE 必须最多是 CineMatch 的 90%。

9.7 节给出了有关最后得奖算法的项目。这里我们只提一些在竞赛中有趣的事实，需要指出的是，有些事实并不是那么直观。

□ CineMatch 算法本身并不太好。实际上，早期人们就发现，一个最明显的预测算法只比 CineMatch 差 3%。这个算法中，某个用户 u 对电影 m 的评分是下列数值的平均：

(1) u 对所有评分电影的评分的平均值；

(2) 所有对 m 评过分的用户对该电影的评分的平均值。

□ 三个学生（Michael Harris、Jeffrey Wang 和 David Kamm）发现了 9.4 节提到的 UV 分解算法，辅以归一化和一些其他技巧处理之后的算法比 CineMatch 提高 7%。

□ 最后的得奖算法实际上是多个不同的独立开发的算法的组合。排名第二的团队如果提交得再早几分钟的话，那么他们的结果本可获胜。他们的算法也是多个独立算法的组合。这种不同算法的混合策略在以前很多疑难问题中使用过，上述结果表明，它仍然值得被记住。

□ 有一些方法尝试用 IMDB 中的数据去匹配 Netflix 竞赛中的电影名字，因此可以得到 Netflix 数据之外的有用信息。IMDB 中有与演员及导演相关的信息，并将电影分到 28 个流派中的一个或多个中去。有人发现，流派和其他信息没有作用。一个可能的原因是机器学习算法总能够发现相关信息。另一个原因是 Netflix 和 IMDB 电影名匹配中的实体消解问题并不容易得到精确解决。

❑ 评分的时间信息被证明有用。现在看起来，相对于看后过段时间再评分的电影来说，有些电影更可能为那些看后立即评分的用户所欣赏。《心灵点滴》就是这类电影中一个例子。与此相反，也有一些电影不受那些立即评分用户的喜欢，但是过一段时间之后会更受人喜欢。《记忆碎片》是这类电影的一个例子。由于人们无法从现有数据中获得观看和评分之间的时间延迟信息，通常比较安全的假设就是大部分用户会在电影刚出来不久就观看了电影。因此，我们可以检查任一电影的评分数据来发现其评分趋势随时间上升还是下降。

9.6 小结

❑ **效用矩阵** 推荐系统的处理对象是用户和项。效用矩阵提供了已知的某个用户对某个项的喜好程度信息。通常而言，大部分元素是未知的，给用户推荐项的本质问题是基于矩阵中的已知元素值对未知元素值进行预测。

❑ **两类推荐系统** 这些系统尝试通过发现相似项以及用户对这些相似项的反应来预测某个用户对某个项的反应。一类推荐系统是基于内容的，通过寻找项之间的共同特征来计算相似度。另一类推荐系统使用协同过滤方法，通过用户对项的偏好来计算用户的相似度和/或通过喜欢项的用户来计算项之间的相似度。

❑ **项模型** 由项的多个特征构成。不同类型的项的特征不同，基于这些特征可以计算内容相似度。文档的特征通常是那些重要的或具区分度的词。产品的特征可能包括诸如电视机的屏幕大小之类的属性。像电影一样的媒介具有流派和诸如演员或表演者的细节属性。如果可以从感兴趣的用户那里获得标签，那么它们也可以用作特征。

❑ **用户模型** 在基于内容的协同过滤系统中，我们可以通过用户喜欢的项当中的特征的出现频率来构建用户的模型。然后可以基于项模型和用户模型的相近程度来估计用户对项的喜好程度。

❑ **项的分类** 另外一种构建用户模型的方法是为每个用户构建一个分类器，比如决策树。将效用矩阵中与用户对应的行作为训练数据，分类器必须要预测用户对所有项的喜好结果，而不管用户对应的行中是否包含空元素。

❑ **效用矩阵行和列的相似度** 协同过滤算法必须计算效用矩阵行之间的相似度和/或列之间的相似度。如果矩阵中仅由 1 和空白（表示未评分）组成，那么 Jaccard 距离是一个合适的相似度计算方法。对于更一般的数据，余弦距离可能更合适。在计算余弦距离之前，通过减去平均值（按行、按列或者按两者）而对效用矩阵进行归一化处理通常是十分有用的。

❑ **用户聚类和项聚类** 由于效用矩阵中大部分元素为空，在使用 Jaccard 距离或余弦距离进行两行或两列的相似度计算时缺乏足够数据。相似度计算中使用的一个或多个预备步骤是将相似性很高的用户和/或项聚成以一个簇，这样就可以为最后的行或列比较提供更多的公共元素。

- **UV 分解**   一种预测效用矩阵中空元素的方法是找到两个细长矩阵 *U* 和 *V*，它们的乘积与给定的效用矩阵近似。由于 *UV* 的乘积在所有的用户–项对上都有值，这些值可以用于预测效用矩阵中的空元素值。这种方法有意义的直观原因在于，通常存在一个规模相对较小的特征集（规模指的是 *U* 的列或 *V* 的行数）确定用户是否喜欢某项。
- **RMSE**   一个度量 *UV* 和给定效用矩阵相近度的良好指标是 RMSE。首先效用矩阵中非空元素和 *UV* 中对应元素的差值平方和，然后求平均值，最后求该平均值的算术平方根从而得到 RMSE。
- **U 和 V 的计算**   UV 分解时一种找到较好 *U* 和 *V* 的方法是，一开始将 *U* 和 *V* 设为任意矩阵，然后重复对 *U* 或 *V* 的某个元素进行调整以最小化 *UV* 和给定效用矩阵上的 RMSE 值。尽管要获得全局极小值我们必须从多个不同的初始值开始迭代，或者对同一初始值的不同路径进行搜索，整个过程往往收敛于局部极小值。
- **Netflix 竞赛**   推荐系统研究的一个重要推动力来自 Netflix 竞赛。竞赛为最终的获胜者设立了 100 万美元的奖金。获胜者提供的算法在预测用户对电影的评分时，必须要比 Netflix 现有的算法好 10% 以上。该项大奖最终在 2009 年 9 月颁发。

9.7   参考文献

"Towards the next generation of recommendersystems: a survey of the state-of-the-art and possible extensions" 是 2005 年有关推荐系统的一篇综述。在线系统中长尾的重要性的论点来自 Chris Anderson 在《连线》杂志上发表的文章 "The long tail"，该文后来扩展成了《长尾理论：为什么商业的未来是小众市场》一书。

论文 "Games with a purpose" 讨论了如何利用计算机游戏抽取项标签的过程。

论文 "Amazon.com recommendations: item-to-item collaborative filtering" 讨论了项之间的相似度以及亚马逊在商品推荐时所使用的协同过滤算法的设计。

有三篇论文描述了赢取 Netflix 竞赛的三个算法的组合算法，分别是 "The BellKor solution to the Netflix grand prize" "The Pragmatic Theory solution to the Netflix grand prize" 和 "The BigChaos solution to the Netflix grand prize"。

扫描如下二维码获取参考文献完整列表。

第 10 章

社会网络图挖掘

通过分析来自社会网络的大规模数据可以获得大量信息。最著名的社会网络的例子是诸如 Facebook 之类的网站上的"朋友"关系。然而，正如我们将要看到的那样，还有很多其他数据源将人或其他实体连接在一起。

本章将介绍这种网络的分析技术。社会网络中的一个重要问题是识别"社区"。所谓的"社区"是指具有非同寻常的强连通性的节点子集（节点可以是构成网络的人或其他实体）。有些社区识别技术与第 7 章讨论的聚类技术十分类似。但是，社区并非要将网络节点截然分开，事实上它们通常存在交集。举例来说，你可能属于多个朋友社区或校友社区。同一社区的人通常互相认识，而不同社区的人很少会认识对方。你可能不希望自己只属于一个社区，因而将你所在各个社区的所有人归入一类也是不合理的。

本章还会探讨图的其他性质的高效发现算法。我们将讨论 Simrank 算法，它用于计算图中节点之间的相似度。Simrank 的一个有趣应用是它提供了一种将社区识别为"相似"节点集合的方法。然后，我们将通过三角形计数来度量社区的连通性（connectedness）。我们会给出图节点邻居大小（neighborhood size）的高效精确或近似度量算法。最后将考察传递闭包的高效计算算法。

10.1 将社会网络看成图

下面通过引入一个图模型来展开对社会网络的讨论。并非所有的图都适合表示我们直观认为的社会网络。因此，我们会讨论一种所谓"局部性"（locality）的思想。这里的局部性指社会网络的节点和边趋向于聚集为社区的性质。本节还会介绍实际中几种类型的社会网络。

10.1.1 社会网络的概念

当我们考虑社会网络时，往往会想起 Facebook、Twitter、Google+或者其他被称为"社交网络"的网站。实际上，这类网络确实是一大类被称为"社会网络"的网络的典型代表。社会网络的基本特点如下。

(1) 许多实体参与了网络的构成。通常，这些实体是人，但是也完全可以是其他对象。10.1.3 节会讨论一些其他对象的例子。

(2) 网络实体之间至少存在一种关系。在 Facebook 及同类网站当中，这种关系称为"朋友"

关系。有时这种关系要么存在要么不存在，如两个人要么是朋友要么不是。然而在其他一些社会网络的例子当中，关系存在一个度（degree）。这个度可以是离散型数据，比如在 Google+ 中的朋友、家人、熟人等关系或者没有关系。度也可以是一个实数值，一个例子就是两个人聊天的日平均用时比值。

(3) 对于社会网络有一个非随机性或局部性假设。该条件最难形式化，其直观意义是关系倾向于聚团。也就是说，如果实体 A 分别与 B、C 关联，那么 B 和 C 相互关联的概率会高于平均值。

10.1.2　将社会网络看成图

社会网络可以很自然地采用图来建模，该图有时也称为**社会图**（social graph）。图的节点为实体，如果节点之间存在刻画该网络的关系，那么节点之间有一条边。如果关系存在强弱之分，那么每条边上还标识出关系的强弱程度。社会图通常是无向图，比如 Facebook 中的朋友图。但是，社会图也可以是有向图，比如 Twitter 或 Google+ 中的粉丝关注图。

例 10.1　图 10-1 给出的是一个微型社会网络的例子。实体从 A 编号到 G。可以想象为"朋友"的关系用边来表示。比如，B 与 A、C、D 都是"朋友"。

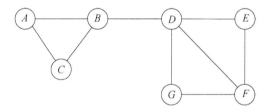

图 10-1　一个微型社会网络的例子

那么，从能否展示关系的局部性这个意义上来说，能否将图 10-1 中的图看成一个典型的社会网络呢？首先，图 10-1 中的图包含 9 条边，而节点之间所有可能的边数为 $\binom{7}{2}=21$。假设 X、Y、Z 是图 10-1 中的图的 3 个节点，其中 X、Y 及 X、Z 之间都有边，那么 Y 和 Z 之间存在边的期望概率是多少？如果图很大，那么上述概率会十分接近于所有可能节点对中存在边的比例，即在这个图中该概率为 $9/21 \approx 0.429$。然而，由于这个图很小，真实概率和所有可能节点对中边的比例之间存在显著差异。已知存在边 (X, Y) 和 (X, Z)，因此只剩余 7 条边。这 7 条边可以存在于剩余的 19 对节点[①]中任意一对之间。因此，(Y, Z) 之间存在边的概率是 $7/19 \approx 0.368$。

下面，必须计算图 10-1 中存在边 (X, Y) 和 (X, Z) 时边 (Y, Z) 也存在的概率。我们不需要担心哪个节点是 Y 哪个是 Z，只需要实际数一下可能是 Y 和 Z 的节点对数即可。如果 X 是 A，那么 Y 和 Z 肯定分别是 B 和 C 或者 C 和 B。由于边 (B, C) 存在，A 贡献了一个正例（即存在边）并且没有贡献任何反例（即不存在边）。X 分别为 C、E、G 时的情况本质上和为 A 时相同。每种情况下，

---

① 因为图中总共有 9 条边，除去 (X, Y) 和 (X, Z) 这两条边之后，还剩下 7 条边，当然也就剩下 21−2 = 19 对节点。

——译者注

X 只有 2 个邻居节点,且这 2 个邻居节点之间存在边。因此,至此我们有 4 个正例和 0 个反例。

接下来考虑 $X = F$ 的情况。F 有 3 个邻居节点 D、E、G。在 3 对邻居节点之间存在 2 条边,但是 G 和 E 之间不存在边。因此,这里增加了两个正例,同时也增加了第一个反例。当 $X = B$ 时,仍然有 3 个邻居节点,其中只有一对邻居节点 A 和 C 之间有边。因此,这里又增加了 2 个反例和 1 个正例。于是到此为止我们得到 7 个正例和 3 个反例。最后,当 $X = D$ 时,有 4 个邻居节点,而在 6 对邻居之间只有 2 条边。

因此,图 10-1 中的正例总数为 9,反例总数为 7。回到图 10-1,于是第三条边存在的比例为 $9/16 \approx 0.563$。该比例显著高于期望值 0.368。所以,我们的结论是,图 10-1 确实表现出了社会网络中期望出现的局部性。   □

10.1.3   各种社会网络的例子

不仅限于“朋友”网络,还存在各种各样的社会网络。下面列举其他一些同样存在关系局部性的网络的例子。

1. 电话网络

该网络中的节点是电话号码,代表一系列真实的个体。如果两个电话在某个固定时段内(比如上个月或者“曾经”)通过话,那么两个电话号码之间就有边。边的权重可以通过时段内的通话次数来表示。电话网络中的社区由通话频繁的人群组成,例如朋友、俱乐部会员或公司同事构成的社区。

2. 电子邮件网络

该网络中的节点是电子邮件地址,同样也代表一系列个体。边表示在两个地址之间至少单方向发送过至少一封电子邮件。另一种做法是只有在双方互发过邮件时才放置一条边。这种做法可以避免将垃圾邮件发送者看成他们发送对象的“朋友”。还有一种做法是将边标识为弱关系或强关系。强关系标识双方互发过电子邮件,而弱关系表示只有单方向的电子邮件发送。电子邮件网络中的社区和刚才提到的电话网络基本相同。一个与电子邮件网络十分类似的网络是手机短信网络。

3. 合作网络

该网络中的每个节点代表发表论文的一个作者。如果两个作者联合发表过一篇或者多篇论文,那么这两个作者之间有边。一种可选的做法是将两者共同发表的论文数目标识在边上。该网络中的社区是研究某个特定主题的研究人员集合。

对相同数据也可以采用另一种视角,即图中的节点由论文构成。如果两篇论文至少有一名作者相同,则建立边。这种网络下的社区是有关同一主题的论文集合。

还有一些其他类型的数据也能构成和上述类似的两个网络。例如维基百科文章的编辑人员或他们所编辑的文章本身。如果两个编辑人员编辑过同一篇文章,则他们之间有边。这里的社区则是对同一话题感兴趣的编辑人员的集合。类似地,也可以构建以文章为节点的网络,如果两篇文章被同一人员编辑过,则它们之间有边。这样构建得到的网络社区则是有关相似或相关话题的文章集合。

实际上,第 9 章给出的协同过滤数据往往也可以被看成一对网络,其中一个是顾客网络,而另一个是产品网络。购买同类产品（如科幻小说）的顾客构成一个社区，对偶地，相同顾客购买的产品也构成一个社区（如所有的科幻小说）。

4. 其他社会网络的例子

很多其他现象也会产生具有局部性的类似社会网络图的图，比如信息网络（文档、Web 图、专利）、基础设施网络（道路、航线、水管、电网）、生物网络（基因、蛋白、动物之间的食物链）以及其他类型的网络，如商品团购网络（如 Groupon）。

10.1.4 多类型节点构成的图

有些社会现象会涉及多个不同类型的实体。我们在"合作网络"部分刚刚提到，有些网络实际由两类节点构成。论文作者网络可以被看成包含作者节点和论文节点的网络。在上面的讨论中，我们摒除一类节点而只基于另一类节点来构建网络，但是并不一定要那么做。相反，我们可以将上述结构看成一个整体。

下面给出一个更复杂的网络的例子，其中用户在标记数据的网站上放置网页的标签。于是，这里存在三类实体：用户、标签和网页。如果用户倾向于频繁使用相同标签，或者倾向于标注相同网页，则可以认为用户之间存在某种程度的关联。类似地，如果标签出现在相同网页中或者被相同用户所使用，则可以认为它们之间有关系。而网页之间如果共享很多相同标签或者被很多相同用户所标注，则认为它们相似。

表达上述信息的一个自然的方式是 k 部图（k-partite graph），其中 k 为大于 1 的整数。在 8.3 节我们曾经遇到过二部图，即 $k=2$ 时的 k 部图。一般而言，一个 k 部图包含 k 个不相交的节点集合，其中同一节点集合内的节点之间没有边。

例 10.2 图 10-2 给出了一个三部图（即 $k=3$ 时的 k 部图）的例子，其中包含 3 个节点集合：用户集合 $\{U_1, U_2\}$、标签集合 $\{T_1, T_2, T_3, T_4\}$ 和网页集合 $\{W_1, W_2, W_3\}$。注意，这里所有的边连接了来自不同集合的节点。我们假设图 10-2 代表 3 类实体的信息。例如，边 (U_1, T_2) 表示用户 U_1 至少在一个网页中给出了标签 T_2。需要注意的是，这张图忽略了一个可能十分重要的信息：谁对哪个网页标注了什么标签？为表达这种三元信息，可能需要一个由 3 列构成的数据库关系，其中 3 列分别对应用户、标签和网页。 □

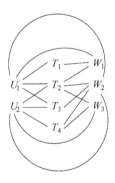

图 10-2 一个包含用户、标签和网页 3 类节点的三部图

10.1.5 习题

习题 10.1.1 可以将图 G 的边看成另一个图 G' 的节点。具体地说，可以采用如下的**对偶构建法**（dual construction）将 G 转换为 G'。

(1) 如果 (X, Y) 是 G 的一条边，则 XY 构成的无序集合为 G' 的一个节点。这里要注意的是，XY 和 YX 在 G' 中代表同一节点而不是两个不同的节点。

(2) 如果 (X, Y) 和 (X, Z) 是 G 的两条边，那么 G' 中存在一条从 XY 到 XZ 的边。也就是说，如果 G 中有两条边共享同一节点，那么这两条边对应的 G' 中的节点之间有一条边。

(a) 如果将上述构建法用于某个朋友网络，那么结果图中的边代表什么含义？

(b) 将上述构建法应用于图 10-1。

! (c) G' 中的节点 XY 的度与 G 中节点 X 和 Y 的度之间有什么关系？

!! (d) G' 中的边数和 G 中节点的度之间存在某种关系，试推导出该关系公式。

! (e) 上述转换虽然称为对偶构建法，但并不是一个真正的对偶法。这是因为对 G' 应用上述转换并不一定能得到一个与 G 同构的图。试给出两个 G 的例子，前一个例子中对 G' 应用上述转换能够得到与 G 同构的图，而后一个例子中做同样处理却得不到与 G 同构的图。

10.2 社会网络图的聚类

社会网络的一个重要性质是图中包含实体社区，每个社区由很多边互连而成。例如，学校中的朋友圈或者对相同主题感兴趣的研究人员就是典型的社区代表。本节将考察用于社区识别的图聚类算法。事实表明，第 7 章学过的聚类技术通常并不适用于社会网络图的聚类问题。

10.2.1 社会网络图的距离计算

如果我们将常规的聚类算法用于社会网络图，那么第一步就是定义距离。当边上有权重标识时，这些标识也许可以用于距离计算，当然这取决于这些标识所代表的具体含义。但是，当这些边上并不存在标识时（比如"朋友"网络图），那么要定义合适的距离我们能做的就不多。

第一直觉就是，如果两个节点之间有边，则假定它们之间的距离近，否则假定它们之间的距离远。因此，我们可以说如果存在边 (x, y)，那么距离 $d(x, y)$ 为 0，否则 $d(x, y)$ 为 1。我们也可以用其他两个值来代表上述两种情况，只要满足存在边时距离近的条件即可，比如 1 和 ∞。

上述两组二值"距离"，即 0–1 和 1–∞ 都不是真正意义上的"距离"。原因在于，当 3 个节点之间存在 2 条边时上述定义都违背了三角不等式。也就是说，如果存在边 (A, B) 和 (B, C)，但不存在边 (A, C)，那么按照上述定义，A 到 C 的距离将大于 A 到 B 的距离与 A 到 C 的距离之和。对于该问题我们通过某种方式来解决，比如有边时距离定义为 1，否则定义为 1.5。但是在下一节我们将会看到，基于二值定义的距离并不仅仅违反三角不等式。

10

10.2.2　应用标准的聚类算法

我们还记得，7.1.2 节中将聚类分成两类一般性方法，一类是层次（凝聚）法，另一类是点分配法。下面将考虑如何在社会网络上运行这两类方法。首先考虑 7.2 节介绍的层次方法。具体说来，在聚类算法中假定两个簇之间的距离为两个簇间所有节点的最短距离。

对社会网络图进行层次聚类，首先将两个有边连接的节点聚成一类。随后，不在同一簇内节点之间的边将被随机选出，来合并这两个节点所属的簇。这个过程将反复进行下去。上述选择之所以随机，是因为每条边所代表的距离都一样。

例 10.3　再回头考虑图 10-1，这里将该图复制为图 10-3。我们先就社区的构成达成一致。在最高层次上来说，看上去存在两个社区 $\{A, B, C\}$ 和 $\{D, E, F, G\}$。然而，我们也可以将 $\{D, E, F\}$ 和 $\{D, F, G\}$ 看成 $\{D, E, F, G\}$ 的子社区，这两个子社区之间共享了 2 个成员。而采用纯聚类算法永远不可能识别出这种重叠社区。最后，尽管意义不大，但是我们可以将任意存在边的节点看成一个二元素社区。

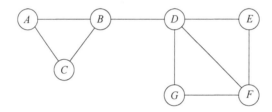

图 10-3　图 10-1 的复制图

对类似图 10-3 中的图进行层次聚类的一个问题就是，在某个点我们可能想将 B 和 D 合并，尽管它们实际属于两个簇。可能将 B 和 D 进行合并的原因在于，D 或者任意包含 D 的簇与 B 或任意包含 B 的簇的距离，与 A 和 C 到 B 的距离一样近。甚至有 1/9 的概率首先将 B 和 D 合并。

有一些办法可以降低发生错误的概率。我们可以运行多次层次聚类算法，选择最具相干性（coherent）的聚类结果。我们也可以选择一个更复杂的方式来计算多于一个节点的簇之间的距离（参考 7.2.3 节）。不管如何处理，在一个有多个社区的大型图当中，在初始阶段都很有可能使用某些不属于任一大社区的两个节点构成的边。　　　　　　　　　　　　　　　　　　　□

下面考虑使用点分配方法对社会网络进行聚类。同样，所有的边等距离这一事实会引入一系列随机因素，这些因素会导致节点的错误聚类结果。下面给出一个例子。

例 10.4　假定采用 k 均值方法来对图 10-3 进行聚类。我们假定输出结果为两个簇，即设定 $k = 2$。如果随机地选择两个起始节点，那么它们有可能属于同一簇。如果采用 7.3.2 节中的方法，即先随机选择一个节点，然后选择一个离它尽可能远的节点，结果也不会好太多。于是我们可能选择出任意一对没有互连的节点，比如图 10-3 中的 E 和 G。

然而，假定我们确实找到了两个合适的初始节点，比如 B 和 F。然后将 A 和 C 分配给 B，将 E 和 G 分配给 F。但是，由于 D 与 B 的距离等于其与 F 的距离，尽管 D "明显"属于 F，但 D 既可以分配给 B 也可以分配给 F。

如果先分配某些其他的点之后再决定 D 的归属的话，那么就有可能将 D 归于正确的簇。例如，如果将节点分配给到簇内所有节点平均距离最短的那个簇，那么只要不在其他任一节点分配之前分配 D，就能将 D 分配给 F 簇。但是，在大型图当中，开始的某些节点肯定会发生分配错误。 □

10.2.3 中介度

由于使用传统的聚类算法对社会网络进行聚类会存在不少问题，有人提出了多种发现社会网络社区的专用聚类技术。本节将讨论其中最简单的一种，该方法寻找那些至少可能属于同一社区的边。

一条边(a, b)的**中介度**（betweenness）定义为节点对(x, y)的数目，其中(a, b)处于 x 和 y 的最短路径上。更精确地说，由于 x 和 y 之间可能存在多条最短路径，边(a, b)的贡献记为这些路径中通过边(a, b)的比例。如同高尔夫一样，高分意味着成绩差。如果边(a, b)的得分高，那么意味着它处于两个社区之间，也就是说 a 和 b 不属于同一社区。

例 10.5 图 10-3 中边(B, D)的中介度最高，这一点任何人都不会惊讶。实际上，这条边位于 A、B、C 中任意一点到 D、E、F、G 中任意一点之间的最短路径上。因此，其中介度为 $3 \times 4 = 12$。与此形成对照的是，边(D, F)只在 4 条最短路径上，即 A、B、C 和 D 分别到 F。 □

10.2.4 Girvan-Newman 算法

为了利用边的中介度，必须计算所有边上的最短路径数目。下面将介绍一个称为 Girvan-Newman（简称 GN）的算法，该算法访问每个节点 X 一次，计算 X 到其他连接节点的最短路径数目。算法首先从节点 X 开始对图进行广度优先搜索（BFS）。注意，在 BFS 表示中，每个节点的深度就是该节点到 X 的最短路径长度。因此，处于同一深度的两个节点之间的边永远都不可能处于 X 到其他点的最短路径上。

不同深度节点之间的边称为 **DAG**（Directed Acyclic Graph，有向无环图）边。每条 DAG 边将至少处于一条到根节点 X 的最短路径上。如果存在一条 DAG 边(Y, Z)，其中 Y 在 Z 上一层（即 Y 离根节点更近），那么就把 Y 称为 Z 的**父节点**，而把 Z 称为 Y 的**子节点**。需要指出的是，DAG 中的父节点并不一定像树结构中那样只有唯一的一个。

例 10.6 图 10-4 是图 10-3 的一个以节点 E 开始的广度优先表示结果。实线边表示 DAG 边，而虚线边连接的是同层的节点。 □

GN 算法的第二步是将每个节点用根节点到它的最短路径的数目来标记。首先，将根节点标记为 1，然后从上往下，将每个节点 Y 标记为其所有父节点上的标记值之和。

例 10.7 图 10-4 给出了每个节点的标识值。首先，根节点 E 标识为 1。第一层的两个节点 D 和 F 的父节点都只是 E，因此它们都标为 1。第二层的节点是 B 和 G，B 的父节点只有 D，因此 B 和 D 的标记一样都是 1。G 的父节点为 D 和 F，因此其标记为 D 和 F 的标识之和，即 2。最后，第三层中的节点 A 和 C 的父节点都仅为 B，因此它们与 B 的标记一样，都是 1。 □

10

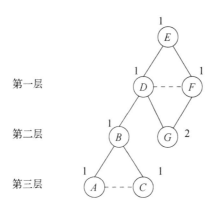

图 10-4 GN 算法第一步的结果示意图

GN 算法的第三步也是最后一步是对于每条边 e，对所有节点 Y，计算 Y 到根节点 X 经过 e 的最短路径比例之和。上述计算包括自下而上对节点和边的求和过程。除去根节点之外的每个点都给个**分值** 1，表示到该节点的最短路径。由于到该节点可能存在多条最短路径，上述分值可能被上面的节点和边所瓜分。整个计算的规则如下。

(1) DAG 中的每个叶节点（**叶节点**指的是那些与下层节点之间不存在 DAG 边的节点）都被赋予分值 1。

(2) 每个非叶节点被赋予的分值是 1 加上从该节点到其下层节点的所有 DAG 边的分值之和。

(3) 从上层节点到达下层节点 Z 的 DAG 边上的分值为 Z 的分值乘上从根节点到 Z 的最短路径中包含 e 的比例。形式上，假定 Z 的父节点为 $Y_1, Y_2, \cdots, Y_k$，再假定从根节点到 Y_i 的最短路径数目为 p_i，该值在第二步计算得到，图 10-4 给出了计算的示意图。于是，边 (Y_i, Z) 的分值为 Z 乘上 p_i 除以 $\sum_{j=1}^{k} p_j$。

当将每个节点都作为根节点计算一遍之后，将每条边的分值求和。由于每条最短路径会被重复发现两次（其中每一次分别以不同节点为根节点），最后每条边的分值还要再除以 2。

例 10.8 下面对图 10-4 的 BFS 表示进行分值计算。我们从第三层开始自下而上计算。首先，叶节点 A 和 C 会得到分值 1。这两个节点的父节点都只有一个，因此将它们的分值分别赋予边 (B, A) 和 (B, C)。

第二层中，G 是叶节点，因此其分值为 1。B 不是叶节点，因此其分值为 1 加上下层到达 B 的 DAG 边的分值之和。由于下层到达 B 的两条 DAG 边的分值均为 1，B 的分值为 3。很直观，3 表示 E 到 A、B、C 的最短路径都经过 B 这个事实。图 10-5 展示了至此分值的分配情况。

接下来处理第一层。B 只有一个父节点 D，于是边 (D, B) 获得 B 的全部分值 3。但是，G 有两个父节点 D 和 F，因此需要将 G 的分值 1 分给边 (D, G) 和 (F, G)。那么这里分配的比例如何呢？如果考察图 10-4 中的标识值，会发现 D 和 F 的标识值都是 1，这表明从 E 到 D 和 F 都有一条最短路径。因此，将 G 的分值均分给这两条边，即每条边上分配 $1/(1 + 1) = 0.5$。如果图 10-4 中 D 和 F 上的标识值分别为 5 和 3 的话，那么意味着有 5 条最短路径到 D，而只有 3 条到 F，于是边

(D, G)上将会分配 5/8 的分值，而边(F, G)上只分配 3/8 的分值。

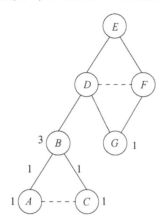

图 10-5　GN 算法的最后一步：第三层和第二层的结果

现在我们可以给第一层的节点分配分值。D 等于 1 加上下一层到它的两条边上的分值 3 和 0.5。于是 D 的分值最终为 4.5。而 F 的分值是 1 加上边(F, G)的分值，结果为 1.5。最后，由于 D 和 F 都只有一个父节点，边(E, D)和(E, F)上分别接受 D 和 F 的分值。所有这些分值的结果展示在图 10-6 中。

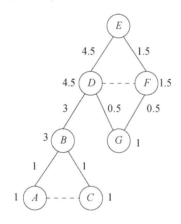

图 10-6　GN 算法的最后一步：所有分值计算的结果示意图

图 10-6 中每条边上的分值代表的是从 E 出发的最短路径计算的中介度贡献值。例如，边(E, D)的贡献值为 4.5。　　　　　　　　　　　　　　　　　　　　　　　　□

为完成中介度计算，我们必须以每个节点为根节点重复上述计算过程，并对计算得到的贡献值求和。最后，必须将这些和除以 2 才能得到真正的中介度值。这是因为每条最短路径都计算了两次，每次分别以路径的一个端点作为根节点。

10.2.5 利用中介度来发现社区

图中边上的中介度有点像节点之间的距离。由于它在无连接边的两个节点上没有定义,并且即使定义也可能不满足三角不等式,因此它并不是严格意义上的距离。然而,我们可以按照中介度升序对边进行聚类处理并将它们逐次加到图中。在每一步中,图的连通分量构成某些簇。所允许的中介度越大,得到的边就越多,获得的簇也越大。

更常见的做法是将上述想法表示成一个去边过程。从一个包含全部边的图开始,不断去掉具有最高中介度的边,直到图分裂为合适数目的连通分量为止。

例 10.9 假定对图 10-1 中的图进行处理。图 10-7 中只列出了图中每条边的中介度,而具体的计算过程留给读者来完成。数值中唯一微妙的部分在于,我们观察到 E 和 G 之间存在两条最短路径,一条经过 D 而另一条经过 F。因此,边(D, E)、(E, F)、(D, G)和(G, F)上的得分值都是其对应最短路径的一半。

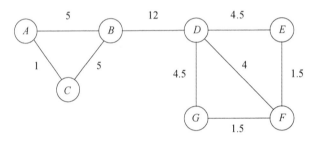

图 10-7 图 10-1 中所示图上所有边的中介度

很显然,边(B, D)的中介度最高,因此首先去掉这条边。这样处理之后得到了我们感觉最有意义的两个社区:$\{A, B, C\}$和$\{D, E, F, G\}$。接下来可以继续进行去边处理。按照中介度高低,依次去除的是两条 5 分的边(A, B)和(B, C),然后是两条 4.5 分的边(D, E)和(D, G),再之后是 4 分的边(D, F)。于是,剩下的图如图 10-8 所示。

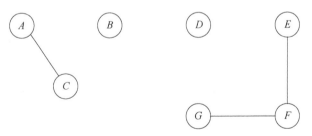

图 10-8 去除中介度不小于 4 的边之后的图

图 10-8 得到的"社区"看上去有点奇怪。该图意味着相对于 B 而言,A 和 C 之间关系更加紧密。也就是说,由于 B 在社区$\{A, B, C\}$外有一个朋友 D,它在某种意义上是该社区的"背叛者"。同理,D 也可以看成社区$\{D, E, F, G\}$的"背叛者",这也是在图 10-8 中这几个节点之间只有 E、

F 和 G 仍然连通的原因。   □

中介度计算的加速处理

　　如果利用 10.2.4 节中的方法对有 n 个节点、e 条边的图进行处理，那么计算所有边的中介度需要 $O(ne)$ 的时间。也就是说，从单个节点出发采用 BFS 需要 $O(e)$ 的时间来进行两步标识。而我们必须从每个节点出发，因此在 10.2.4 节中需要 n 次计算过程。

　　如果图很大（在 $O(ne)$ 的计算复杂度下，即使 100 万节点都算大），那么我们无法承受上述计算过程。然而，如果我们随机选择某个节点子集作为深度优先搜索的根节点，那么就可以得到每条边中介度的近似结果，这种做法在很多应用中被实际采用。

10.2.6　习题

　　习题 10.2.1　图 10-9 给出了一个社会网络图的例子。利用 GN 算法寻找从以下节点开始经过每条边的最短路径的数目：

(a) A

(b) B

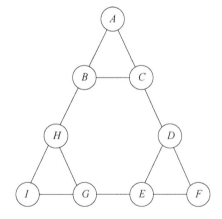

图 10-9　习题 10.2.1 所用的示意图

　　习题 10.2.2　利用对称性计算习题 10.2.1 中所有边的中介度。

　　习题 10.2.3　利用习题 10.2.2 中计算出的中介度，对图 10-9 中的图进行去边处理，在某个阈值上得到合理的社区结果。

10.3　社区的直接发现

　　前一节中，我们通过划分社会网络中的节点来得到社区。这种做法虽然相对比较高效，但是有很多局限性。它不可能把一个节点分配到两个社区中，导致每个节点最终都分配到各自社区中。

本节将会介绍一种通过寻找有很多边的节点子集直接发现社区的技术。有趣的是，在大规模图上应用该技术会涉及第 6 章讨论的大规模频繁项集的发现过程。

10.3.1　团的发现

为找到很多边互连的节点集合，第一个想法就是寻找图的一个大团（clique，任意两个节点之间都存在边的节点子集）。然而，这个任务也不容易。寻找极大团不仅仅是一个 NP 完全问题，从某种意义上说它甚至能跻身于最难的 NP 完全问题之列，因为即使对这个问题进行近似求解也很难。更进一步来说，我们有可能得到几乎所有节点之间都有边的节点集合，但是这里面只有相对很小的团存在。

例 10.10　假定图中的节点分别是 1, 2, 3, $\cdots$, n，只要对 k 取模不相等两个节点 i 和 j 之间就有边。那么，图中实际存在的边的比例可以用 $(k-1)/k$ 近似表示。该图中有很多大小为 k 的团，其中 $\{1, 2, 3, \cdots, k\}$ 是一个例子。

然而，不存在规模大于 k 的团。原因也很简单，因为任意 $k+1$ 个节点集合对 k 取模时至少有两个节点得到的余数值相等，所以它们之间不存在边。这是著名的"鸽舍原理"的一个应用案例。由于最多只会存在 k 个余数，对 $k+1$ 个节点我们不可能得到完全不同的余数。因此，上面的图中任意 $k+1$ 个节点构成的集合都不可能是团。□

10.3.2　完全二部图

我们回顾一下 8.3 节中讨论的二部图。一个**完全二部图**（complete bipartite graph）由一边的 s 个节点和另一边的 t 个节点组成，这两部分任意一对节点之间都有边。该图记为 $K_{s,t}$。可以这样类比，团是一般图的子图，而完全二部图是一般二部图的子图。实际上，s 个节点组成的团常常称为**完全图**（complete graph），记为 K_s，而完全二部图有时也称为**二部团**（bi-clique）。

正如我们在例 10-10 中看到的一样，不可能保证一个有很多边的图就一定有大的团，但可以保证的是，有很多边的二部图一定会存在大的完全二部子图[①]。如果图本身是一个 k 部图（参见 10.1.4 节的讨论），那么可以将两类节点和它们之间的边拿出来构成一个二部图。我们可以对该二部图进行搜索来获得二部子图作为社区的核心。例如，在例 10.2 中，我们重点关注标签和网页节点构成的二部图（参见图 10-2），并试图寻找其中的社区。这种社区由相关标签和应当标以其中很多或者全部标签的相关网页构成。

但我们也可以利用完全二部子图在具有相同节点类型的普通图上发现社区。随机将节点分到两个相等的组中。如果存在某个社区，那么可以期望该社区的一半节点属于上述每个组中，而一半的边存在于两个组之间。因此，仍有一定的机会来识别该社区中较大的完全二部子图。以该子图为核心，对于两个组中的任意节点，如果和已经属于社区的节点之间存在多条边，那么就可以将它加入社区。

---

① 这里不是指一个**生成**的子图，即通过选择某些节点并纳入所有边形成的子图。理解这一点很重要。这里的上下文中，只需要两侧任意一对节点之间存在边即可。也有可能同一侧的节点之间也存在边。

10.3.3 发现完全二部子图

假设给定一个很大的二部图 G，我们想从中寻找完全二部子图 $K_{s,t}$ 的实例。该问题可以被看作频繁项集的查找问题。为此，将 G 中一侧（称为左侧）的节点都看成"项"。我们假设寻找的 $K_{s,t}$ 有 t 个左侧节点，并且出于效率方面的考虑假定 $t \leq s$。"购物篮"对应的是 G 中另一侧（称为右侧）的节点。节点 v 对应购物篮中的成员由与 v 相连的左侧节点构成。最后，假设支持度阈值为 s，即 $K_{s,t}$ 中的右侧节点数目。

下面就可以将 $K_{s,t}$ 实例的发现问题表述成大小为 t 的频繁项集 F 的发现问题。也就是说，如果左侧的 t 个节点的集合是频繁的，那么它们至少共现于 s 个购物篮中。但是这里的购物篮指的是右侧的节点。每个购物篮对应与 F 中所有 t 个节点连接的那个节点。因此，大小为 t 的频繁项集以及这些项共同出现的 s 个购物篮一起构成一个 $K_{s,t}$ 实例。

例 10.11 回顾一下图 8-1，这里我们把它重画为图 10-10。左侧节点为 {1, 2, 3, 4}，右侧节点为 {a, b, c, d}。后者为购物篮，因此 a "篮"中包含"项" 1 和 4，即 $a = \{1, 4\}$。同理，$b = \{2, 3\}$，$c = \{1\}$，$d = \{3\}$。

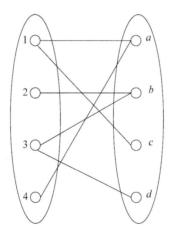

图 10-10 图 8-1 所示的二部图

如果 $s = 2$，$t = 1$，那么就必须寻找至少出现在两个购物篮中的大小为 1 的项集。而 {1} 是这样的一个项集，{3} 是另外一个。然而，在这个很小的例子中，对于一组更大、更有趣的 s 和 t 值（如 $s = 2$，$t = 2$）并不存在对应的项集。　　　□

10.3.4 完全二部子图一定存在的原因

本节中，我们必须证明任一具有足够高的边比例的二部图一定会有 $K_{s,t}$ 实例。接下来假设图 G 的左右两侧都有 n 个节点。之所以假设左右两侧的节点数目相等是为了简化计算，但是论证过程可以推广到两侧节点数目任意的情况。最后，用 d 表示所有节点的平均度数。

论证过程包括计算有 d 个项的购物篮上大小为 t 的频繁项集的数目。然后在右侧所有节点上

10

求和，于是得到左侧所有大小为 t 的节点子集的频率。再除以 $\binom{n}{t}$，就可以得到所有大小为 t 的项集的平均频率。至少有一个项集的频率不低于平均值，因此如果该平均值至少为 s，则我们知道一定存在 $K_{s,t}$ 的某个实例。

下面给出计算的具体细节。假定右侧第 i 个节点的度为 d_i，即 d_i 为第 i 个购物篮的大小。那么，该购物篮可以贡献 $\binom{d_i}{t}$ 个大小为 t 的项集。右侧 n 个节点的总贡献值是 $\sum_i \binom{d_i}{t}$。该求和结果显然取决于 d_i。然而，我们知道 d_i 的平均值为 d。众所周知，当每个 d_i 都等于 d 时，上述求和值取最小值。这里我们不打算证明这一点，但是可以给一个简单的例子来说明原因：由于 $\binom{d_i}{t}$ 大约随 d_i 的 t 次方的增长而增长，将 d_i 降低 1 得到某个 d_j 会减少 $\binom{d_i}{t} + \binom{d_j}{t}$ 的值。

例 10.12 假设仅有两个节点，即 $t = 2$，并且节点的平均度数为 4。于是 $d_1 + d_2 = 8$，下面计算兴趣度（interest）的和 $\binom{d_1}{2} + \binom{d_2}{2}$。如果 $d_1 = d_2 = 4$，则和 $\binom{4}{2} + \binom{4}{2} = 6 + 6 = 12$。但是，如果 $d_1 = 5$，$d_2 = 3$，则和 $\binom{5}{2} + \binom{3}{2} = 10 + 3 = 13$。如果 $d_1 = 6$，$d_2 = 2$，则和 $\binom{6}{2} + \binom{2}{2} = 15 + 1 = 16$。□

因此，在下面的叙述中，我们假定所有的节点都拥有平均度数 d。这样做会最小化项集计数的总贡献值，以便使至少存在一个大小为 t 的频繁项集（支持度不小于 s）成为可能。我们观察到如下现象：

□ 右侧 n 个节点对于大小为 t 的项集数目的总贡献为 $n\binom{d}{t}$；

□ 大小为 t 的项集数目为 $\binom{n}{t}$；

□ 因此，大小为 t 的项集的平均数目为 $n\binom{d}{t}\bigg/\binom{n}{t}$。如果我们要论证存在一个 $K_{s,t}$ 的话，那么该表达式一定不小于 s。

如果将上述二项式系数按照阶乘展开，有：

$$n\binom{d}{t}\bigg/\binom{n}{t} = nd!(n-t)!t!/((d-t)!t!n!)$$
$$= n(d)(d-1)\cdots(d-t+1)/(n(n-1)\cdots(n-t+1))$$

为简化上式，假设 n 远大于 d，并且 d 远大于 t。于是 $d(d-1)\cdots(d-t+1)$ 近似等于 d^t，而 $n(n-1)\cdots(n-t+1)$ 近似等于 n^t。因此，我们要求：

$$n(d/n)^t \geq s$$

也就是说，如果在每侧存在 n 个节点的社区，这些节点的平均度数为 d，且满足 $n(d/n)^t \geq s$，那么该社区必定包含一个完全二分子图 $K_{s,t}$。并且，利用第 6 章的方法，我们能高效地找到 $K_{s,t}$ 的实例，即使这个小的社区隐含在大图当中也能做到。也就是说，我们可以将图中所有节点看成购物篮和项，然后利用 A-Priori 或者其改进算法对整个图进行处理，以寻找满足支持度 s、大小为 t 的项集。

例 10.13 假设有一个两侧都包含 100 个节点的社区，每个节点的平均度数为 50，即所有可能的边中有一半实际存在。如果 $100(1/2)^t \geq s$，则该社区包含 $K_{s,t}$ 实例。例如，如果 $t = 2$，那么 s 可以大到 25。如果 $t = 3$，则 s 可以到 11；如果 $t = 4$，则 s 可以到 6。

但是，上面的近似计算给出的 s 的上界偏高。如果回到原始的公式 $n\binom{d}{t} \Big/ \binom{n}{t} \geq s$，会看到，对于 $t = 4$，要求 $100\binom{50}{4} \Big/ \binom{100}{4} \geq s$，于是有：

$$\frac{100 \times 50 \times 49 \times 48 \times 47}{100 \times 99 \times 98 \times 97} \geq s$$

上式左边得到的值不是 6，而是 5.87。但是，如果大小为 4 的项集的平均支持为 5.87 的话，那么不可能所有的项集的支持度都不高于 5。因此，可以确信至少有一个大小为 4 的项集的支持度不低于 6，因此在社区中存在 $K_{6,4}$ 的实例。 □

10.3.5 习题

习题 10.3.1 对于图 10-1 中的例子，在下列条件下各有多少 $K_{s,t}$ 的实例？

(a) $s = 1$，$t = 3$；

(b) $s = 2$，$t = 2$；

(c) $s = 2$，$t = 3$。

习题 10.3.2 假设有一个由 $2n$ 个节点形成的社区。将该社区随机划分为两个有 n 个成员的组，并在这两个组之间构建二分图。假定二分图中节点的平均度数为 d。对于下列条件，寻找使得 $K_{s,t}$ 实例一定存在的极大 (t, s) 对，其中 $t \leq s$。

(a) $n = 20$，$d = 5$；

(b) $n = 200$，$d = 150$；

(c) $n = 1000$，$d = 400$。

上面说的"极大"是指不存在另一个不同的对 (s', t') 使得 $s' \geq s$ 且 $t' \geq t$。

10.4 图划分

本节将考察另一种组织社会网络图的方法。我们借用矩阵理论中的重要工具（谱方法）来建立一个图划分问题，使得不同分支之间的边或称为"割"（cut）数目最少。最小割的目标必须要在处理之前理解清楚。比如，你刚刚加入 Facebook，还没联系上任何朋友。我们并不想将你的朋友划成一组而将其他人划成另一组，即使这样做可以将整个图划分成两个没有任何边的组。由于上述"割"法得到的组的大小太不均衡，因此它并不是我们想要的做法。

10.4.1 图划分的好坏标准

给定图，我们想将它的节点分成两个集合，使得连接两个集合的边（或割）数最少。但是，我们同时希望对"割"的选择有所限制，使得划分出的两个集合的大小大致相等。下面的例子将会展示这一点。

例 10.14 回顾一下图 10-1 中的例子。很显然，最好的划分给出{A, B, C}和{D, E, F, G}两个结果。此时，"割"中仅包含一条边(B, D)，即割的大小为 1。不存在其他的更小的非平凡割。

图 10-11 展示的是图 10-1 中例子的一个变形，这里增加了节点 H 及两条边(H, C)和(C, G)。如果我们想要的就是最小化割，那么最佳选择是将 H 归入一组而将其他节点归入另一组。但是很明显，如果我们不允许其中一个集合过小的话，那么最佳做法是使割包含两条边(B, D)和(C, G)，此时整个图被划分成大小相等的两个集合{A, B, C, H}和{D, E, F, G}。   □

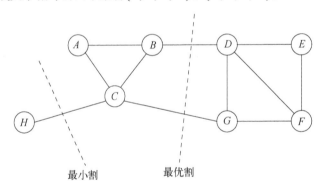

图 10-11 最小割并不一定是最优割

10.4.2 归一化割

一个"好"割的合适定义必须要平衡割本身的大小和割导致的不同集合大小的差异。一种较好的方法是"归一化割"（normalized cut）。首先，定义节点集合 S 的**容量**（volume）为至少一个端点在 S 中的边的数目，记为 Vol(S)。

假定将图中节点划分成两个不相交的集合 S 和 T，并令 Cut(S, T)为连接 S 中节点和 T 中节点的边的数目。那么，S 和 T 的**归一化割**为：

$$\frac{Cut(S,T)}{Vol(S)} + \frac{Cut(S,T)}{Vol(T)}$$

例 10.15 我们再次考虑图 10-11。一方面，如果选择 $S = \{H\}$，$T = \{A, B, C, D, E, F, G\}$，那么 $Cut(S, T) = 1$，而由于只有一条边和 H 连接，所以 $Vol(S) = 1$；另一方面，由于所有的边至少都有一个端点在 T 中，因此 $Vol(T) = 11$。因此，上述划分的归一化割为 $1/1+1/11 = 1.09$。

接下来考虑该图的首选割，即边 $\{B, D\}$ 和 $\{C, G\}$。于是 $S = \{A, B, C, H\}$，$T = \{D, E, F, G\}$，$Cut(S, T) = 2$，$Vol(S) = 6$，$Vol(T) = 7$。该划分的归一化割仅为 $2/6+2/7 = 0.62$。

10.4.3 描述图的一些矩阵

为了发展如何利用矩阵代数寻找较好图划分的理论，首先必须学习描述图的不同方面的三个矩阵。第一个大家都很熟悉，叫**邻接矩阵**（adjacency matrix），如果节点 i 和 j 之间有边，则矩阵的第 i 行、第 j 列的元素为 1，否则为 0。

例 10.16 我们将上面的例子重新画到图 10-12 中，其邻接矩阵如图 10-13 所示。需要注意的是，该矩阵的行和列依次对应 $A, B, \cdots, G$。例如，边 (B, D) 对应第 2 行第 4 列及第 4 行第 2 列的元素 1。

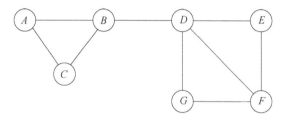

$$\begin{bmatrix} 0 & 1 & 1 & 0 & 0 & 0 & 0 \\ 1 & 0 & 1 & 1 & 0 & 0 & 0 \\ 1 & 1 & 0 & 0 & 0 & 0 & 0 \\ 0 & 1 & 0 & 0 & 1 & 1 & 1 \\ 0 & 0 & 0 & 1 & 0 & 1 & 0 \\ 0 & 0 & 0 & 1 & 1 & 0 & 1 \\ 0 & 0 & 0 & 1 & 0 & 1 & 0 \end{bmatrix}$$

图 10-12　图 10-1 的复制图　　　　　图 10-13　图 10-12 的邻接矩阵

我们所需要的第二个矩阵称为图的**度矩阵**（degree matrix）。该矩阵是一个对角阵。第 i 行第 i 列的元素给出的是第 i 个节点的度数。

例 10.17 图 10-2 中的图的度数矩阵在图 10-14 中给出。我们采用和例 10.16 中一样的节点次序。例如，由于节点 D 的度数为 4，度数矩阵第 4 行第 4 列的元素值为 4；由于第 4 行第 5 列的元素不在对角线上，因此其值为 0。

$$\begin{bmatrix} 2 & 0 & 0 & 0 & 0 & 0 & 0 \\ 0 & 3 & 0 & 0 & 0 & 0 & 0 \\ 0 & 0 & 2 & 0 & 0 & 0 & 0 \\ 0 & 0 & 0 & 4 & 0 & 0 & 0 \\ 0 & 0 & 0 & 0 & 2 & 0 & 0 \\ 0 & 0 & 0 & 0 & 0 & 3 & 0 \\ 0 & 0 & 0 & 0 & 0 & 0 & 2 \end{bmatrix}$$

图 10-14　图 10-12 中的图的度数矩阵

假设某个图有邻接矩阵 A 和度数矩阵 D。第三个矩阵称为**拉普拉斯矩阵**（Laplacian matrix），定义为 $L = D-A$，即度数矩阵和邻接矩阵的差矩阵。也就是说，拉普拉斯矩阵 L 和度数矩阵 D 的对角线元素相同。在对角线之外，如果节点 i 和 j 之间有边，则 L 中第 i 行第 j 列的元素为 –1，否则为 0。

例 10.18　图 10-12 中的图的拉普拉斯矩阵如图 10-15 所示。需要注意的是，矩阵中每行或每列的元素之和为 0，这也是任意拉普拉斯矩阵需要满足的条件。　□

$$
\begin{bmatrix}
2 & -1 & -1 & 0 & 0 & 0 & 0 \\
-1 & 3 & -1 & -1 & 0 & 0 & 0 \\
-1 & -1 & 2 & 0 & 0 & 0 & 0 \\
0 & -1 & 0 & 4 & -1 & -1 & -1 \\
0 & 0 & 0 & -1 & 2 & -1 & 0 \\
0 & 0 & 0 & -1 & -1 & 3 & -1 \\
0 & 0 & 0 & -1 & 0 & -1 & 2
\end{bmatrix}
$$

图 10-15　图 10-12 中的图的拉普拉斯矩阵

10.4.4　拉普拉斯矩阵的特征值

基于拉普拉斯矩阵的特征值和特征向量，我们可以得到对图进行最优划分的一个思路。在 5.1.2 节中我们已经发现，Web 转移矩阵的主特征向量（对应最大特征值的特征向量）能够反映出网页的重要性信息。实际上，在简单情况（不进行 "抽税" 处理）下，主特征向量就是 PageRank 向量。然而，当处理拉普拉斯矩阵时，事实证明这次却是最小特征值及其对应特征向量反映了我们所要的信息。

对任意拉普拉斯矩阵，其最小的特征值都为 0，其对应特征向量是 $[1, 1, \cdots, 1]$。为验证这一点，令 L 为 n 个节点的图对应的拉普拉斯矩阵，令 1 为所有元素为 1 的 n 维列向量。于是可以推出 $L1$ 为所有元素为 0 的列向量。推理过程为：考虑 L 的第 i 行，其在矩阵对角线上的元素为节点 i 的度数 d。此外，第 i 行同时有 d 个 –1 出现，而其他元素为 0。于是，将第 i 行乘以列向量 1 就相当于对其所有元素求和，该和为 $d + (-1)d = 0$。因此，我们可以得到 $L1 = 01$ 的结论。这表明 0 是矩阵 L 的特征值，1 为其对应的特征向量。

对于任意**对称**矩阵（即第 i 行第 j 列的元素等于第 j 行第 i 列的元素），存在一个非常简单的寻找第二小特征值的方法，即矩阵 L 的第二小特征值为函数 $x^{\mathrm{T}}Lx$ 在如下约束条件下的最小值，其中 $x = [x_1, x_2, \cdots, x_n]$ 是有 n 个元素的列向量。

(1) 向量 x 的大小为 1，即 $\sum_{i=1}^{n} x_i^2 = 1$；

(2) x 与最小特征值对应的特征向量正交。

也就是说，满足上述条件的 x 就是我们所要的对应第二小特征值的特征向量。

当 L 为一个 n 节点图的拉普拉斯矩阵时，我们还能知道更多信息。因为此时对应最小特征值的特征向量为 1，所以如果 x 与 1 正交，则有：

$$
x^{\mathrm{T}}1 = \sum_{i=1}^{n} x_i = 0
$$

此外，对于拉普拉斯矩阵 L，表达式 $x^{\mathrm{T}}Lx$ 有一个十分有用的等价形式。由于 $L = D - A$，D 和

A 分别为同一个图的度数矩阵和邻接矩阵，因此 $x^T L x = x^T D x - x^T A x$。我们计算一下等式右侧的两个值。$Dx$ 是列向量 $[d_1 x_1, d_2 x_2, \cdots, d_n x_n]$，其中 d_i 是图中第 i 个节点的度。因此，$x^T D x = \sum_{i=1}^{n} d_i x_i^2$。

接下来考虑 $x^T A x$。列向量 Ax 的第 i 个元素为所有 x_j 的和，其中 (i, j) 是图的一条边。因此，$-x^T A x$ 是所有分项 $-2 x_i x_j$ 的和，其中 (i, j) 是图的一条边。值得一提的是，这里出现了因子 2 是因为每个 $\{i, j\}$ 对应分项 $-x_i x_j$ 和 $-x_j x_i$。

我们可以对 $x^T L x$ 的所有分项分组，来将这些分项分配给每个 $\{i, j\}$ 对。基于 $-x^T A x$ 我们已经有分项 $-2 x_i x_j$，而基于 $x^T D x$，可以将分项 $d_i x_i^2$ 分配给 d_i 个包含节点 i 的对。于是，对于存在边互相连接的节点 i 和 j 所对应的每个 $\{i, j\}$ 对，对其分配的分项为 $x_i^2 - 2 x_i x_j + x_j^2$。该表达式等价于 $(x_i - x_j)^2$。因此，我们证明了 $x^T L x$ 等于在所有边 (i, j) 上对 $(x_i - x_j)^2$ 求和。

前面提到，在限制条件 $\sum_{i=1}^{n} x_i^2 = 1$ 的情况下，上述表达式的最小值就是第二小的特征值。直观上，我们可以尽量使 x_i 和 x_j 接近，只要 i、j 之间存在边。可以假想一下，令所有的 $x_i = \frac{1}{\sqrt{n}}$，因此，此时所有 $(x_i - x_j)^2$ 之和为 0。然而，上面的另一个条件是向量 x 与 1 正交，即要求所有的 x_i 之和为 0。加上必须有 $\sum_{i=1}^{n} x_i^2 = 1$，所以 x 的所有分量不能都为 0。因此，x 当中必须包含若干正值和若干负值。

我们可以将正值 x_i 对应的节点分到一组而将负值对应的节点分到另一组，从而得到图的一个划分。这种做法不能保证能得到大小相等的节点子集，但是这些集合的大小可能会比较接近。我们确信，这两个子集间的割边数目会较小，因为 x_i 和 x_j 同号得到的 $(x_i - x_j)^2$ 的结果可能会比异号时小。因此，在上述约束条件下最小化 $x^T L x$ 会使得当边 (i, j) 存在时 x_i 和 x_j 倾向于同号。

例 10.19 本例将上述技术应用于图 10-16 中的图。该图的拉普拉斯矩阵如图 10-17 所示。通过常规方法或者数学包可以得到该矩阵的所有特征值和特征向量。图 10-18 按特征值从小到大进行了简单排列。需要注意的是，这里没有将特征向量进行单位化处理，当然如果需要的话，处理起来也很容易。

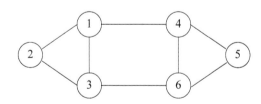

$$
\begin{bmatrix}
3 & -1 & -1 & -1 & 0 & 0 \\
-1 & 2 & -1 & 0 & 0 & 0 \\
-1 & -1 & 3 & 0 & 0 & -1 \\
-1 & 0 & 0 & 3 & -1 & -1 \\
0 & 0 & 0 & -1 & 2 & -1 \\
0 & 0 & -1 & -1 & -1 & 3
\end{bmatrix}
$$

图 10-16　用谱方法进行划分的图　　　　图 10-17　图 10-16 中图的拉普拉斯矩阵

特征值	0	1	3	3	4	5
特征向量	1	1	−5	−1	−1	−1
	1	2	4	−2	1	0
	1	1	1	3	−1	1
	1	−1	−5	−1	1	1
	1	−2	4	−2	−1	0
	1	−1	1	3	1	−1

图 10-18　图 10-17 中矩阵的特征值与特征向量

第二个特征向量有 3 个正值和 3 个负值，意味着可以将正值对应的{1, 2, 3}分成一组，而将{4, 5, 6}分成另一组。这并不出乎意料。   □

10.4.5　其他图划分方法

10.4.4 节给出了一个较好的使得割较小的图划分方法。利用与上面相同的特征向量可以得到其他一些好的图划分方法。首先，我们并不限制将特征向量中所有正值对应的节点放入一组而将负值对应的节点放入另一组。我们可以设置某个非零阈值。

例如，我们对例 10.19 进行修改以使阈值不为 0 而是–1.5。于是，对应特征向量中–1 的两个节点 4 和节点 6 会加入{1, 2, 3}这个组中。因此可以得到一个五个节点的组和一个仅由剩下的节点 5 构成的组。这种划分得到的割大小为 2，这和我们前面采用 0 作为阈值得到的结果完全一样，但是这里得到的两个组的大小差异很大，因此我们更倾向于原来的做法。但是，有一些情况下采用 0 作为阈值并不能得到等大小的组，比如图 10-18 中如果使用第三个特征向量就会遇到这种情况。

我们也可能希望划分的结果不止两个组。一种做法是先使用上面的做法将图一分为二，然后反复调用上述方法对划分结果继续处理，直到得到想要的结果为止。另一种做法是利用上面的多个特征向量而不仅限于第二个特征向量来对图进行划分。如果利用 m 个特征向量，并对每个特征向量设定一个阈值的话，那么我们可以得到 2^m 个组，其中每个组由满足高于或低于每个特征向量对应阈值的一个具体组合条件的节点所构成。

值得注意的是，除了第一个特征向量外的每一个特征向量都是最小化 $x^T L x$ 的向量 x，其约束条件是与前面所有的特征向量都正交。该约束条件是前面第二个特征向量约束条件的自然推广。因此，当每个特征向量试图产生一个最小割时，后续的特征向量必须满足越来越多的约束条件，这个事实通常会导致后续割的质量逐渐下降。

例 10.20　重新考虑图 10-16 中的图，其拉普拉斯矩阵的特征向量已经在图 10-18 中给出。对第三个特征向量，如果将阈值定为 0，则节点 1 和节点 4 会归入一组，而其他 4 个节点会归入另一组。这种划分并不差，但是这里得到的割大小为 4，这可以与前面采用第二个特征向量得到的割为 2 形成对照。

如果同时使用第二和第三个特征向量，那么由于节点 2 和节点 3 在两个特征向量中对应的值均为正数，它们会被归入一组。由于节点 5 和节点 6 在第二个特征向量中均对应负值而在第三个特征向量均对应正值，它们会归入另一组。节点 1 由于在第二个特征向量中对应正值而在第三个特征向量对应负值自成一组。同样，节点 4 由于在两个特征向量中均对应负值而自成一组。这样，上述做法将一个六节点的图划分成 4 组，该做法粒度太细以致划分没有什么意义。但是，至少上面两个节点的组中节点之间有条边，因此，它与我们能够获得如此大小的组的划分方法一样好。   □

10.4.6　习题

习题 10.4.1　对于图 10-9 中的图，构建：

(a) 邻接矩阵；

(b) 度数矩阵；

(c) 拉普拉斯矩阵。

！习题 10.4.2 对于习题 10.4.1(c)中构造的拉普拉斯矩阵，给出其第二小的特征值及其特征向量。该特征向量给出的划分如何？

‼ 习题 10.4.3 对于习题 10.4.1(c)中构造的拉普拉斯矩阵，给出第三小及更小的特征值及其特征向量。

10.5 重叠社区的发现

迄今为止，我们主要关注通过对社会网络图聚类来寻找社区。但是实际上，社区之间完全没有交集的情况很少见。本节给定一个社交网络图，然后会给出一个拟合模型，该模型可以最佳方式解释其可能是基于某种机制生成的，该机制假设两个个体通过边连接（即他们是"朋友"）的概率会随着他们所属的公共社区的数目而增加。这种分析中的一个重要工具是极大似然估计，我们将在介绍重叠社区的发现之前进行解释。

10.5.1 社区的本质

首先考虑两个重叠社区应该是什么样子的。这里的数据是社会网络图，节点是人。如果两个人为"朋友"，则表示这两个人的节点之间存在边。可以将该图想象为学校学生的一种表示，在该学校中有两个俱乐部：一个是国际象棋俱乐部，另一个是西班牙语俱乐部。可以假设，和学校的任何其他俱乐部一样，这两个俱乐部各自形成一个社区。还可以假设，国际象棋俱乐部的两个人更可能成为图中的"朋友"，因为他们在俱乐部彼此认识。同样，如果两个人都属于西班牙语俱乐部，那么他们之间认识的可能就很大，即他们很可能是朋友。

但是如果有两个人同时属于这两个俱乐部会怎样？现在他们可能认识的原因有两个，因此可以预期两人在社会网络图中成为朋友的概率会大很多。这里的结论就是，任一社区内的边会十分密集，但是两个社区交集内的边会更加密集，而三个社区交集内的边还要密集，以此类推。这种思想如图 10-19 所示。

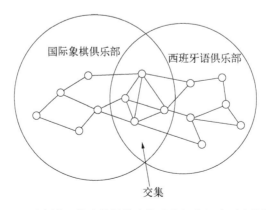

图 10-19 两个社区的重叠部分比非重叠部分具有更多的朋友边

10.5.2　极大似然估计

在介绍 10.5.1 节提到的重叠社区发现算法之前，先稍微偏一下题来学习一个称为**极大似然估计**（Maximum-Likelihood Estimation，MLE）的建模工具。MLE 背后的思想在于，我们对某种对象（如朋友图）实例的生成过程（即**模型**）建立某种假设。模型的参数确定了任一具体实例的生成概率，该概率称为这些参数值的**似然**（likelihood）。我们假设，给出最大似然的参数值对应着观察对象的正确模型。

下面给出一个例子，让 MLE 原理更清晰易懂。例如，我们想生成随机图。假设每条边出现的概率是 p，不出现的概率是 $1-p$，并且所有边出现或不出现之间是相互独立的。唯一能够调整的参数是 p。对每个 p 值而言，生成的图正好等于观察到的图都有一个虽小但是非零的概率。按照 MLE 原理，我们会声称，p 的真实值是使得观察到的图的生成概率最大的那个值。

例 10.21　可考虑图 10-19，其中有 15 个节点和 23 条边。15 个节点的配对数目为 $\binom{15}{2} = 105$，我们看到如果每条边的选择概率是 p 的话，那么生成图 10-19 中的图的概率（似然）就是函数 $p^{23}(1-p)^{82}$。不管 p 在 0 和 1 之间如何取值，该函数的值都是一个很小的值。但是函数本身是存在最大值的，可以通过求导并令导数为零来得到。也就是说：

$$23p^{22}(1-p)^{82} - 82p^{23}(1-p)^{81} = 0$$

上式可以重写为：

$$p^{22}(1-p)^{81}\left(23(1-p) - 82p\right) = 0$$

上式要成立，只有 $p = 0$ 或 1，或者

$$23(1-p) - 82p = 0$$

当 p 为 0 或 1 时，似然函数 $p^{23}(1-p)^{82}$ 的值最小而不是最大，因此似然函数取最大值只可能是最后一个式子为 0 时。即图 10-19 中图的生成概率在如下情况下取得最大值：

$$23 - 23p - 82p = 0$$

于是 $p = 23/105$。

上述结果并不出人意料，它表明 p 最可能的值是观察到的边占所有可能边的概率。但是，如果使用更复杂的机制来生成图或其他对象的话，那么以最大似然生成观察对象的参数值就不会那么一目了然。　　　　　　　　　　　　　　　　　　　　　　　　　　　　□

先验概率

当进行 MLE 分析时，通常假设参数可以在其取值范围内取任意值，并不偏向于其中的特定值。但是，如果情况并非如此的话，我们可以将观察到的对象的生成概率（参数值的一个函数）乘以参数值取真实值的相对似然函数。10.5.6 节的习题中提供了带参数先验分布假设情况下的 MLE 计算的例子。

10.5.3 关系图模型

下面将介绍一种合理的机制，称为**关系图模型**（affiliation-graph model），该机制可以从社区生成社会网络图。一旦明白该模型的参数如何影响观察到给定图的似然，就可以想办法求解具有最大似然的参数值。**社区–关系图**（community-affiliation graph）机制中的规定如下。

(1) 存在给定数目的社区，存在给定数目的个体（图的节点）。

(2) 每个社区可以拥有任意的个体集合作为成员。也就是说，个体对社区的隶属关系是模型的参数。

(3) 每个社区 C 都有一个概率 p_C 与之关联，该概率表示 C 中两个成员由于都是 C 中成员而通过边连接的概率。这些概率也是模型的参数。

(4) 如果一对节点属于两个或更多社区，那么如果某个包含这两个节点的社区按照规则(3)判定节点间有边的话，它们之间就有边。

(5) 一个社区中两个成员之间是否存在边，与这两个成员在其他包含它们的社区中是否存在边无关。

给定包含恰当数目节点的图时，我们必须计算通过上述机制生成图的概率。计算的关键点在于，给定个体到社区的分配以及 p_C 的值，如何计算边的概率。考虑节点 u、v 之间的边 (u, v)。假设 u 和 v 都是社区 C 和 D 的成员，并且不再同时属于其他社区。于是 u 和 v 之间不存在边的概率等于因为社区 C 没有边的概率与因为社区 D 没有边的概率之积。也就是说，图中不存在边 (u, v) 的概率为 $(1-p_C)(1-p_D)$，当然存在边的概率就是 1 减去上述概率值。

更一般地，如果 u 和 v 是社区的非空集合 M 中每个社区的成员，并且不是其他社区的成员，那么 u 和 v 之间存在边的概率为：

$$p_{uv} = 1 - \prod_{C \text{ in } M} (1 - p_C)$$

一个重要的特例是，如果 u 和 v 不同时属于任何社区，那么可以给 p_{uv} 赋一个很小的值 ε。这个值必须非零，否则对于任何任意两个节点都不属于同一社区的社区集合来说，就不能得到非零似然值。但是这个概率取得很小的话，就等于在计算时偏向每条观察到的边的两个节点都在某个社区中同时存在这种情况。

如果我们知道哪些节点在哪些社区当中，就可以利用例 10.21 的一个简单扩展来计算给定图在上述边概率条件下的似然。令 p_{uv} 为 u 和 v 同时属于的社区集合。那么 E 等于观察图中边集合的似然为：

$$\prod_{(u, v) \text{ in } E} p_{uv} \prod_{(u, v) \text{ not in } E} (1 - p_{uv})$$

例 10.22 考虑图 10-20 给出的微型社会网络图。假设图中有两个社区 C 和 D，其关联概率分别为 p_C 和 p_D。此外，假设已经确定（或者临时假设）$C = \{w, x, y\}$，$D = \{w, y, z\}$。一开始，考虑节点对 w 和 x。$M_{wx} = \{C\}$，也就是说，该节点对属于 C 但不属于 D。于是，$p_{wx} = 1 - (1-p_C) = p_C$。

类似地，x 和 y 只在 C 中同时出现，y 和 z 只在 D 中同时出现，w 和 z 只在 D 中同时出现。

因此，有 $p_{xy}=p_C$，$p_{yz}=p_{wz}=p_D$。而 w 和 y 同时属于两个社区，因此，$p_{wy}=1-(1-p_C)(1-p_D)=p_C+p_D-p_Cp_D$。最后，$x$ 和 z 在任何社区都不同时出现，因此 $p_{xz}=\varepsilon$。

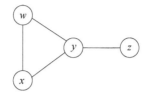

图 10-20　一张社会网络图

现在，在上述给定的隶属关系的假设下，我们可以计算图 10-20 中图的似然。该似然是出现图中的边对应的四对节点的概率的乘积，乘以 1 减去两对边不在图中的节点的概率。也就是说，我们要计算

$$p_{wx}p_{wy}p_{xy}p_{yz}(1-p_{wz})(1-p_{xz})$$

将前面讨论的表达式代入到上式的每个概率中，有：

$$(p_C)^2 p_D(p_C+p_D-p_Cp_D)(1-p_D)(1-\varepsilon)$$

注意，由于 ε 相当小，可以将上式中的 $1-\varepsilon$ 看成 1 并忽略。

我们必须寻找使得上述表达式最大的 p_C 和 p_D 值。首先，注意所有的因子要么独立于 p_C，要么随 p_C 的增大而增大。唯一的硬性条件是 $p_D \leq 1$，于是可以知道 $p_C+p_D-p_Cp_D$ 会随 p_C 的增大而增大。也就是说，当 p_C 取最大值（即 $p_C=1$）时，上述似然也达到最大值。

下面，我们必须要在 $p_C=1$ 的条件下寻找使得上述表达式最大的 p_D 值。此时，表达式变成 $p_D(1-p_D)$，很容易就知道当 $p_D=0.5$ 时该式取最大值。也就是说，给定 $C=\{w,x,y\}$ 以及 $D=\{w,y,z\}$，对于图 10-20，当 C 中所有成员之间都确定有边，同时属于 D 使得成员之间有边的概率是 50% 时，会出现最大似然。　　　　　　　　　　　　　　　　　　　　□

10.5.4　社区分配的离散优化

但是，例 10.22 只反映了解决方案的一部分。我们还需要寻找成员到社区的最佳分配方案，以使该分配得到的似然是最大的。一旦确定了分配方案，就可以寻找每个社区的概率 p_C，甚至对拥有大量社区的大型图来说也是如此。一个一般性方法称为"梯度下降法"，在 9.4.5 节已经有所介绍，后面还会从 12.3.4 节开始进一步介绍。

不幸的是，如何将每个社区的成员集合嵌入到梯度下降法当中不那么显而易见，这是因为社区构成的变化是离散的，而不是按照某种连续函数在改变，而连续又是梯度下降法所必需的。唯一可能的方式是从某个随机选择的分配开始，在所有可能的成员到社区的分配空间中进行搜索。在搜索更优的分配方案时，总是存在一个"当前"分配方案。

考虑对于分配的小幅度修改（比如某个社区插入或删除一个成员）。对每个这样的分配方案，

可以通过梯度下降法求解出最优的社区概率（即前面提到的 p_C）。如果对当前分配的改变会导致更大的似然，那么将结果分配设置为当前分配。如果改变并没有提高似然，那么尝试另一个从当前分配开始的修改。最后的分配以及最大化该分配似然的社区概率构成了整个图的关系图模型。

注意，由于只允许一个由简单修改（比如插入或者删除一个成员）构成的特定集合，最终的节点到社区的分配可能并非全局最优。有可能具有最大似然的模型与能达到的最佳分配大相径庭。也有可能通过从不同随机初始点开始重复上述过程来达到最优模型，这一做法往往也是适当的。

最后，上述讨论都假设社区的数目是固定的。我们也可以假设社区的数目可以轻微变化，比如将两个社区合并成一个或者增加一个由随机初始成员构成的新社区。另外一种方法是仍然假定社区的数目固定，但是寻找到该数目下的最佳模型之后，增加一个社区然后再次求解，看看最佳模型的似然是否提升。如果不提升，那么社区数目减去 1 之后看看似然是否提升。如果上述两种修改的任何一种能够提高似然，那么就沿着似然提升的方向重复上述过程，或者增加社区数目，或者减少社区数目。

对数似然

通常，我们会计算似然函数的对数值（称为**对数似然**，log likelihood）而不是函数本身。这样做有几个优点。求积变成了求和，这往往可以简化表达式。此外，跟对很多很小的数求积相比，对很多数求和更不容易产生数值舍入的错误。

10.5.5 避免成员隶属关系的离散式变化

对于关系图模型引发的问题有一个解决方案，其中成员和社区之间的隶属关系是离散的：一个成员要么属于该社区，要么不属于该社区。对于这种要么属于、要么不属于的成员社区隶属关系，有一个替代方案，就是对每个节点和每个社区之间，可以有一个"隶属强度"。直观上看，两个个体属于同一社区的程度越强，那么该社区促使两个个体之间有边的可能性也越大。该模型中，我们可以以连续方式对个体属于社区的隶属强度进行调整，就像在关系图模型中调节社区的关联概率一样。这种改进允许我们使用一些连续函数的优化方法（比如梯度下降法）来最大化似然的表达式。在这种新模型中，我们有：

(1) 像前面一样固定的社区和个体集合。

(2) 对每个社区 C 和个体 x，有一个**隶属强度**参数 F_{xC}。这些参数可以取任何非负值，如果值为 0 则意味着该个体确定不属于该社区。

(3) 社区 C 使得 u 和 v 之间存在边的概率为

$$p_C(u,v) = 1 - e^{-F_{uC}F_{vC}}$$

像以往一样，u 和 v 之间存在边的概率是 1 减去所有社区都不促使它们之间存在边的概率。也就是说，每个社区促使边存在的概率相互独立，如果任一社区促使两个节点之间存在边，那么它们之间就存在边。形式上，节点 u 和 v 之间存在边的概率 p_{uv} 可以采用下式来计算：

$$p_{uv} = 1 - \prod_C (1 - p_C(u, v))$$

如果将公式中的 $p_C(u, v)$ 替换为前面假设的概率，则有：

$$p_{uv} = 1 - e^{-\sum_C F_{uC} F_{vC}}$$

最后，令 E 为观察图中的边集合。像以往一样，可以将观察到的图似然写成在 E 中每条边 (u, v) 的概率 p_{uv} 的乘积。因此，在新模型中，边集合为 E 的图的似然计算公式为：

$$\prod_{(u,v) \text{ in } E} (1 - e^{-\sum_C F_{uC} F_{vC}}) \prod_{(u,v) \text{ not in } E} e^{-\sum_C F_{uC} F_{vC}}$$

通过取对数可以对上式进行简化。我们还记得某个函数的最大化同时也会使得该函数的对数最大化，反之亦然。因此，可以对上式取自然对数将求积变成求和计算。此外，简化过程中我们也用到了 $\log(e^x) = x$。于是有：

$$\sum_{(u,v) \text{ in } E} \log(1 - e^{-\sum_C F_{uC} F_{vC}}) - \sum_{(u,v) \text{ not in } E} \sum_C F_{uC} F_{vC} \qquad (10\text{-}1)$$

现在就可以求解使得式(10-1)最大的 F_{xC} 值。一种方法就是采用与 9.4.5 节中类似的方式来使用梯度下降法。也就是说，选择一个节点 x，朝着使式(10-1)值最大的方向调整所有的 F_{xC} 的值。注意，针对 F_{xC} 的变化，需要修改的因子只是 u 和 v 中一个节点为 x 而另一个节点为 x 的邻接节点所对应的参数。因为节点的度通常会比图中边的数目小很多，所以不必每一步都考察式(10-1)中的所有计算项。

连续优化与离散优化

10.5.5 节中使用的技巧非常常见。假设有这样一个问题，其中一些元素是连续的（例如，社区引入边的概率），而一些元素是离散的（例如，成员到社区的隶属关系）。当试图寻找该问题的最优解决方案时，将每个离散元素替换为连续变量可能是有意义的。这种改变虽然严格来说并不能代表实际情况，却能让我们只完成一个优化过程，该过程将使用诸如梯度下降法的某个连续优化方法。但是请注意，无论是执行 10.5.4 节中的离散优化，还是执行 10.5.5 节中的连续优化，我们都面临着这样的风险：最终得到的是局部最优解而不是全局最优解。

10.5.6 习题

习题 10.5.1 假设像例 10.21 一样，图是通过选择一个概率 p 并基于 p 独立选择每条边而生成的。对于图 10-20 中的图来说，p 取什么值可能使得观察到该图的似然最大？该图的生成概率是多少？

习题 10.5.2 在下列隶属关系（节点到两个社区）下，计算例 10.22 中图的 MLE 结果：

(a) $C = \{w, x\}$；$C = \{y, z\}$；

(b) $C = \{w, x, y, z\}$；$C = \{x, y, z\}$。

习题 10.5.3 例 10.22 考虑了将节点分配到两个社区 $C = \{w, x, y\}$ 和 $D = \{w, y, z\}$ 的初始匹配情况。假设社区的数目固定为 2，但是可以允许社区增加或删除一个节点来实现增量式修改。那么最终的最大化图 10.20 的观察似然的节点分配情况如何？此时的似然是多少？

习题 10.5.4 对于图 10-20，是否存在另外的分配结果，其似然和习题 10.5.3 的结果一样？

! **习题 10.5.5** 假设有一枚可能不是十分均匀的硬币，我们抛了数次，得到 h 次正面朝上 t 次正面朝下的结果。

(a) 如果每次硬币正面朝上的概率是 p，那么 MLE 的计算结果（以 h 和 t 的表达式来表示）是什么？

!(b) 假设有 90% 的概率该硬币是均匀的（即 $p = 0.5$），有 10% 的概率 $p = 0.1$。那么 h 和 t 取什么值时硬币均匀的可能性最大？

!!(c) 假设 p 取某个具体值的先验似然正比于 $|p{-}0.5|$。也就是说，p 更可能接近 0 或 1 而不是 1/2。如果看到 h 次正面朝上和 t 次正面朝下，那么 p 的极大似然估计结果是什么？

10.6 Simrank

本节将介绍另一种社会网络分析方法。这种技术称为 Simrank，尽管理论上适用于任何图，但是最适合应用于具有多类型节点的图。Simrank 的目标是计算同类型节点之间的相似度，它通过考察随机游走者从某个特殊点（**源节点**或称**初始节点**）出发随机游走的最终状态来计算。由于 Simrank 必须要对每个初始节点计算一次，因此受限于能够完全采用这种方式进行分析的图的规模。但是，我们也将提供一种 Simrank 的近似计算算法，其速度比迭代矩阵–向量乘积快得多。最后，我们将介绍如何将 Simrank 用于社区的发现。

10.6.1 社会网络上的随机游走者

在 5.1 节中，我们将 PageRank 看成随机游走者在 Web 图中的行为反映。类似地，我们可以考虑人们在社会网络图中"行走"。不同之处是，社会网络图往往是无向图，而 Web 图是有向图。但是，这种区别并不重要。无向图节点 N 上的游走者会以等概率走到其**邻居节点**（即和节点 N 有边的节点）。

例如，假设某个**游走者**从图 10-2（重画为图 10-21）中的节点 T_1 出发。第一步之后，他可能处于 U_1 或 W_1。如果第一步走到 W_1，那么下一步要么回到 T_1、要么走到 T_2。而若第一步走到 U_1，则下一步可能到 T_1、T_2 或者 T_3。

我们可以得出这样的结论：如果从 T_1 开始，那么至少初始几步很有可能走到 T_2，而且该可能性大于走到 T_3 或 T_4 的可能性。如果基于这种推理认为标签 T_1 和 T_2 存在某种相似性或相关，那么就十分有趣了。我们看到的证据是标签 T_1、T_2 均标识在同一网页 W_1 上，并且它们被同一个标注者 U_1 所使用。

但是，如果允许游走者继续随机地对图进行遍历，那么他处于任一具体节点的概率就不依赖于初始点。尽管除了图 10-21 满足的连通性之外，不依赖于起始点这一结论还需要满足其他条件，

10

该结论还是可以基于 5.1.2 节的马尔可夫过程得到。

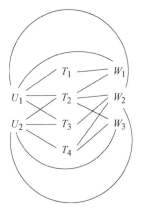

图 10-21　图 10-2 的复制图

10.6.2　带重启的随机游走

从上面的观察可以知道，只通过游走者的极限分布不可能计算出与某个具体节点的相似度。但是，在 5.1.5 节我们已经看到，可以引入一个小概率来表示游走者在随机行走中的停止概率。后来，在 5.3.2 节当中我们也已经了解到只选择一个网页子集作为跳转集合（即随机游走者在 Web 图中停止游走之后会去的网页集合）的多个原因。

这里，我们将这种思路运用到极致。假定关注社会网络中的一个特定点 N，我们想知道游走者从该点出发游走不远后到达的位置。于是，我们修改转移概率矩阵，使从任一节点转移到 N 的概率很小。令 M 为图 G 的转移矩阵。如果节点 j 的度为 k，且 j 和 i 之间有边，则 M 中第 i 行第 j 列的元素为 $1/k$。否则，该元素为 0。后面我们将讨论远程跳转，在这之前先看一个简单的转移矩阵的例子。

例 10.23　图 10-22 给出了一个简单的由 3 张图片和 2 个标签 Sky 和 Tree 所组成的网络的例子，其中的标签标注在某些图片上。图片 1 和图片 3 同时拥有 2 个标签，而图片 2 仅包括标签 Sky。直观上看，图片 3 要比图片 2 更接近图片 1，而对图片 1 进行带重启的随机游走者分析会得出同样的结论。

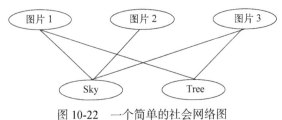

图 10-22　一个简单的社会网络图

下面的分析中将使用图片 1、图片 2、图片 3、Sky 和 Tree 这种节点次序。于是图 10-20 的转移矩阵为：

$$\begin{bmatrix} 0 & 0 & 0 & 1/3 & 1/2 \\ 0 & 0 & 0 & 1/3 & 0 \\ 0 & 0 & 0 & 1/3 & 1/2 \\ 1/2 & 1 & 1/2 & 0 & 0 \\ 1/2 & 0 & 1/2 & 0 & 0 \end{bmatrix}$$

第 4 列对应的是 Sky 这个节点，该节点与每个图片都相连。因此，它的度为 3，所以其转移矩阵中对应 3 个图片的元素均为 1/3。3 个图片对应前 3 行和前 3 列，因此第 4 列的前 3 行元素为 1/3。由于节点 Sky 与自己或节点 Tree 之间没有边，第 4 列的最后两行元素为 0。 □

同前面一样，令 β 为游走者继续随机游走的概率，因此 $1-\beta$ 为游走者远程跳转到初始节点 N 的概率。令 e_N 为一个列向量，其中对应节点 N 的元素为 1，其他元素为 0。那么如果 v 是某一轮中游走者位于每个节点的概率向量，v' 是下一轮位于每个节点的概率向量，则 v' 和 v 的关系如下：

$$v' = \beta M v + (1 - \beta) e_N$$

例 10.24 假设 M 是例 10.21 中的矩阵，$\beta = 0.8$。另外，假设节点 N 就是图片 1，也就是说，我们想计算其他图片和图片 1 的相似度。那么，v' 的迭代计算表达式如下：

$$v' = \begin{bmatrix} 0 & 0 & 0 & 4/15 & 2/5 \\ 0 & 0 & 0 & 4/15 & 0 \\ 0 & 0 & 0 & 4/15 & 2/5 \\ 2/5 & 4/5 & 2/5 & 0 & 0 \\ 2/5 & 0 & 2/5 & 0 & 0 \end{bmatrix} v + \begin{bmatrix} 1/5 \\ 0 \\ 0 \\ 0 \\ 0 \end{bmatrix}$$

由于图 10-22 是连通的，而原始的矩阵 M 又是随机的，于是可以推导出，如果初始向量 v 的分量之和为 1 的话，那么 v' 的分量之和也为 1。因此，我们可以通过在矩阵第一行都加上一个 1/5 来简化上面的表达式。也就是说，我们可以采用下面的矩阵–向量乘法来迭代计算：

$$v' = \begin{bmatrix} 1/5 & 1/5 & 1/5 & 7/15 & 3/5 \\ 0 & 0 & 0 & 4/15 & 0 \\ 0 & 0 & 0 & 4/15 & 2/5 \\ 2/5 & 4/5 & 2/5 & 0 & 0 \\ 2/5 & 0 & 2/5 & 0 & 0 \end{bmatrix} v$$

如果一开始令 $v = e_N$，那么随机游走者的分布概率向量序列如下：

$$\begin{bmatrix} 1 \\ 0 \\ 0 \\ 0 \\ 0 \end{bmatrix}, \begin{bmatrix} 1/5 \\ 0 \\ 0 \\ 2/5 \\ 2/5 \end{bmatrix}, \begin{bmatrix} 35/75 \\ 8/75 \\ 20/75 \\ 6/75 \\ 6/75 \end{bmatrix}, \begin{bmatrix} 95/375 \\ 8/375 \\ 20/375 \\ 142/375 \\ 110/375 \end{bmatrix}, \begin{bmatrix} 2353/5625 \\ 568/5625 \\ 1228/5625 \\ 786/5625 \\ 690/5625 \end{bmatrix}, \cdots, \begin{bmatrix} 0.345 \\ 0.066 \\ 0.145 \\ 0.249 \\ 0.196 \end{bmatrix}$$

10

从上面最后的极限向量可以看出，游走者处于图片 3 的可能性是处于图片 2 的两倍多。上述分析也印证了图片 3 与图片 1 比图片 2 与图片 1 更相似的直觉。

从例 10.24 中还会得到另外几项观察结果。首先，记住这里的分析只适用于图片 1。如果想知道哪些图片与另一张图片最相似，就要对那张图片进行分析。同样，如果想知道与 Sky 最接近的标签（在上面那个例子中，这个问题毫无意义，因为只有一个其他标签），那么就要重新安排，以便游走者只远程跳转到 Sky 节点。

其次，需要注意的是，由于初始的迭代中会有振荡，整个收敛过程需要时间。也就是说，一开始所有的权重都在图片一方，而到第二步大部分权重都在标签这方，到第三步大部分权重又重新回到图片这一方，但是到第四步大部分权重又移到标签那边。不过，在收敛到极限时，5/9 的权重处于图片一方而剩余 4/9 处于标签一方。一般而言，对于任意连通的 k-部图来说，上述过程都会收敛。

10.6.3　近似 Simrank

与任何 PageRank 类型的计算一样，Simrank 的直接计算涉及矩阵-向量乘法的反复使用。然而，当跳转集合中只有一个节点 S 时，距离 S 很远的节点肯定会得到一个非常小的 Simrank。如果可以接受与真实 Simrank 近似的结果，那么就可以使用另一种方法，其中甚至从不考虑远离 S 的节点。

我们将在图上模拟另一种游走方式。游走者并不移动到一个随机的邻居（如果它没有跳转到初始节点的话），而是移动或停留在原地，这两种选择具有相同的概率。如果它决定移动，那么将以相同的概率移动到任何邻居。然而，是否决定移动还有另一个方面的因素需要考虑。我们可以将游走者看作节点受限 PageRank 的一部分，或者是**剩余**（residual）PageRank 的一部分。剩余 PageRank 是指那些尚未分配给任何节点的 PageRank。只有在后一种情况下，我们才会考虑移动游走者。

因此，我们将使用两个向量 r 和 q，图中每个节点都对应向量中的一个分量。下文中，r 是每个节点的当前估计 PageRank，而 q 是每个节点的当前剩余 PageRank。然而，需要注意的是，随着计算的进行，这些向量的需要分量可能永远不会计算。记 q 中对应节点 U 的 q 分量为 q_U，类似地，r 中对应节点 U 的分量记为 r_U。一开始，我们假设 r 是一个全 0 向量，而 q 除了 $q_S = 1$ 之外都是 0。也就是说，q 的设置表明假设所有的游走者都从 S 出发，而 r 表明还没有确定它们中的任何一个会渐近地到达那里。

近似 Simrank 计算使用两个参数。我们继续使用 β 作为游走者继续随机游走的概率，也就是说，$1-\beta$ 是游走者将远程跳转到初始节点 S 的概率。第二个所需参数为 ε，较小的 ε 将对应最大的剩余 PageRank，即不愿意从一个节点传递给某个邻居的 PageRank 最大。因此，ε 越小，计算结果就越接近真正的 PageRank，当然此时也需要更长的计算时间。我们应该选择非常小的值，比如 0.01 除以图中的边数。这样算法直到剩余 PageRank 的总量最多为 0.01 时才会停止。近似 Simrank 算法重复以下步骤，直到再也找不到任何节点 U 的剩余 PageRank 除以该节点的度（即它可以传递给任何一个邻居的 PageRank 量）大于 ε 为止。

(1) 令 U 是 q_U 超过 ε 和 U 的度的乘积的任一节点。

(2) 当前 r_U 的基础上加上 $(1-\beta)q_U$。也就是说，这里给 U 加了一部分真实的 PageRank 值，这部分值等于剩余 PageRank 的与远程跳转到初始节点概率的乘积。

(3) 令 $q_U = \beta q_U / 2$。即在 U 未跳转的剩余 PageRank 中，将一半留给 U。

(4) 假设 U 的度为 d，然后对于每个与 U 相邻的节点 V，在 q_V 上加上 $\beta q_U / (2d)$。也就是说，U 节点未跳转剩余 PageRank 的另一半被平均分配给它的邻居。

例 10.25　让我们以近似 Simrank 的角度重新考虑例子 10.23，仍然使用图片 1 作为起始节点 S。这里将再次使用 $\beta = 0.8$，但是 ε 先不指定，因为对任何合理的较小值 ε 不会执行完所有的计算。图 10-23 总结了算法前五步的结果。

U	r_{P1}	r_{P2}	r_{P3}	r_{Sk}	r_{Tr}	q_{P1}	q_{P2}	q_{P3}	q_{Sk}	q_{Tr}
Initial	0	0	0	0	0	1	0	0	0	0
图片1	0.2	0	0	0	0	0.4	0	0	0.2	0.2
Tree	0.2	0	0	0	0.04	0.44	0	0.04	0.2	0.08
图片2	0.288	0	0	0	0.04	0.176	0	0.04	0.288	0.168
Sky	0.288	0	0	0.058	0.04	0.214	0.038	0.078	0.115	0.168
图片3	0.288	0	0.016	0.058	0.04	0.214	0.038	0.031	0.131	0.184

图 10-23　近似 Simrank 计算的前五步结果

第一行标记为 Initial，显示了 **r** 和 **q** 的初始值。我们以与例 10.23 相同的顺序显示了每个向量的每个分量：图片 1、图片 2 和图片 3，然后是 Sky 和 Tree。我们首选的 U 必须是初始节点图片 1，因为它是唯一具有一些剩余 PageRank 的节点。在步骤 (1)，把图片 1 剩余 PageRank 的 $(1-\beta)q_{P1}$ 转换为近似 PageRank。因此，r_{P1} 被设置为 0.2。在 q_{P1} 的剩余值 0.8 中，剩下 0.4，其余 0.4 平分给图片 1 的邻居 Sky 和 Tree。这些观察结果对表的第二行进行了解释。

然后，假设选择 Tree 作为节点 U 的下一个值。q_{Tr} 的值现在是 0.2，所以我们将该值的五分之一移动到 r_{Tr}，使该值变为 0.04。在剩下的 0.16 中，有一半仍然归于 q_{Tr}，其余部分被分到 q_{P1}（变成 0.44）和 q_{P3}（变成 0.04）。这些步骤对表的第三行进行了解释。上面还展示了三个额外步骤，每个步骤的 U 都有个可能选择的值，假设 ε 足够大，证明算法继续的正当性。请你自行完成接下来的三个步骤并继续模拟，模拟结果显示到小数点后三位。　□

10

10.6.4　近似 Simrank 有效的原因

对于上一节描述的算法，大家可能会很自然地提出如下几个问题。

(1) 为什么这种算法比直接使用单一初始节点作为跳转集的 PageRank 实现更高效？

(2) 为什么该算法收敛于真实 Simrank 的近似值？

(3) 为什么我们只分配了节点 U 剩余值的一半，而不是全部？

最后一个问题的答案最简单。之所以这样做是为了尽快分配剩余值。对于一些图来说，跳过步骤 (3) 在步骤 (4) 中给每个节点 V 额外的剩余值 $\beta q_U / d$ 是可以的。然而，在其他情况（比如二部图）下，分配节点 U 的全部剩余值将导致剩余值在两类边之间来回传递，这会造成与只分发一半剩余值相比，至少有一个大的剩余值花费更长的时间。

对于第一个问题，我们注意到每个有可能选择为 U 的节点都有 $q_U > \varepsilon$，通常情况下，该值会远大于 ε，因为 q_U 的真实下界为 ε 乘以 U 的度。观察到如果 $q_U > \varepsilon$，那么至少有 $\varepsilon(1-\beta)$ 的量从剩余向量移到近似 PageRank 向量 r。然而，两个向量所有元素的和都是 1，所以该算法的执行轮数不会超过 $1/\varepsilon(1-\beta)$。这是一个固定的轮数，而传统的 PageRank 算法所花费的时间至少与图中的节点数乘以矩阵–向量乘法的迭代次数成正比。此外，如果细心处理的话，我们可以将 q 中的元素组织成一个优先队列，这样就可以在 n 个节点的图中以 $O(\log n)$ 时间选择一个候选的节点 U。

最后，我们需要回答第二个问题：为什么结果接近真实的 Simrank？下面给出一个直观的证据。首先，在图上移动剩余值是对图上随机游走的模拟。游走者异步移动的事实（因为他们以 50% 的概率移动，而不是每一步肯定会移动）也并不重要。游走者最终还是会像他们进行同步随机游走那样分发自己。但是剩余值的分布并不是算法给出的答案。更确切地说，答案是当算法终止时的向量 r。事实上，从 q 移到 r 的值是随机时剩余值的 $1-\beta$ 倍，这取决于选择哪个节点作为 U 的顺序。然而，任何节点 V 的真正 PageRank 是游走者从初始节点 S 出发随机到达 V 的概率。通过随机挑选 U（在有足够大的剩余值的节点中选择），我们模拟一个随机时间下的选择，在该时间可以观察每个游走者，因此会得到近似正确的游走者分布。

10.6.5　Simrank 在社区发现中的应用

Simrank 的一个有趣的应用是查找给定节点（初始节点）所属的社区。然后，我们可以通过选择那些尚未分配给任何社区或只分配给少数社区的节点作为初始节点来查找网络中所有合理的社区。

假设我们从初始节点 S 开始，找到所有节点到这个节点的 Simrank。这里可以使用精确或近似 Simrank 算法来实现这一点。然后，根据节点的 Simrank 对除 S 之外的节点排序，并考虑首先将每个 Simrank 最高的节点添加到包含 S 的社区中。上述做法需要知道何时停止添加节点，因此需要停止准则。一种简单的方法是增加节点，直到边的**密度**即社区中的边占所有可能边的数量的比例（一个 n 节点社区中可能的连接边的数量为 $\binom{n}{2}$）低于某个阈值为止。

例 10.26　考虑图 10-22 中那个非常简单的网络。我们将使用图片 1 作为树池节点，因此是在试图找到包含该节点的较好社区。该网络实在太小，无法提供一个合理的社区集合，但它可以作为算法的一个例子。

从例 10.23 可以知道，以图片 1 作为初始节点的话，5 个节点的按照 Simrank 值排序分别为图片 1、Sky、Tree、图片 3 和图片 2。由这个列表的前 2 个节点组成的社区的密度为 1，因为在图片和 Sky 之间只存在 1 条可能的边，而这条边确实存在。当我们添加第 3 个节点 Tree 时，密度会下降到 2/3，因为可能的 3 条边中只有 2 条真实存在。加入第 4 个节点图片 3 时，密度仍然保持在 2/3，现在 6 条可能的边中有 4 条真实存在。如果加上最后 1 个节点，密度就会下降到 1/2，这是因为在整个网络 10 条可能的边中有 5 条真实存在。如果选择的密度阈值密度大于 2/3，那么将只选择前 2 个节点作为社区。而如果阈值 t 满足 $1/2 \leqslant t \leqslant 2/3$，那么会选择前 4 个节点作为社区。□

衡量社区 C 好坏的另一个指标是**传导率**（conductance）。为了定义传导率，首先需要定义社区 C 的**体积**，它是 C 中所有节点的度之和与 C 外所有节点的度之和中较小的那个值。于是，C 的传导率是指仅有一个端点在 C 中的边的数量与 C 的体积的比值。传导率背后的直觉思想在于，寻找的集合 C 既不能太小也不能太大，这样就可以通过去除相对较少的边来断开与整个网络的连接。小传导率意味着一个紧密团结的社区。

当考虑一次按照节点 Simrank 大小次序加入一个节点所形成的社区序列时，我们经常会发现在这个序列中有几个社区的传导率达到局部最小值。对于包含初始节点的社区而言，这些是最好的选择结果。如果有多个局部最小值，则有多个互相嵌套的社区，可以认为初始节点属于其中。

例 10.27 重复例 10.26，但这次使用传导率作为衡量社区优劣的标准。回想一下，我们添加节点的顺序是图片 1、Sky、Tree、图片 3、图片 2。设 C_i 为包含前 i 个节点的社区，设 c_i 为该社区的传导率。

第一种可能是 C_1 只包含节点图片 1。有 2 条边仅有 1 个端点在 C_1 中。于是 C_1 的体积在 2（它的 1 个节点的度数）和 8（其他 4 个节点的度数之和）中取最小值。因此，$c_1 = 2/\min(2, 8) = 1$。

现在考虑 $C_2 = \{$图片 1, Sky$\}$。有 3 条边在 C_2 中只有 1 个端点。C_2 的体积在 C_2 中 2 个节点的度数之和（$2 + 3 = 5$）和其他 3 个节点的度数之和（也是 5）之间取最小值 5。因此，$c_2 = 3/\min(5, 5) = 3/5$。

现在，考虑添加 Tree 得到 $C_3 = \{$图片 1, Sky, Tree$\}$中。有 3 条边在 C_3 中只有 1 个端点。C_3 中 3 个节点的度数之和为 $2 + 3 + 2 = 7$，其他 2 个节点的度数之和为 3。因此，$c_3 = 3/\min(7, 3) = 1$。大家可以继续生成这个序列，并发现 $c_4 = 1/\min(9, 1) = 1$。在本例中只有一个最小值，那就是 $c_2 = 3/5$。因此，我们认为包含图片 1 的最佳社区是 $C_2 = \{$图片 1, Sky$\}$。□

10.6.6 习题

习题 10.6.1 在图 10-22 中，如果从图片 2 开始随机游走，那么其他两张图片与图片 2 的相似度是多少？你认为哪张图片与图片 2 更相似？

习题 10.6.2 在图 10-22 中，如果从图片 3 开始随机游走，那么其他两张图片与图片 3 的相似度是多少？

! 习题 10.6.3 重复例 10.22 的分析过程，计算在进行下列修改之后图片 1 和其他图片的相似度：

(a) 将标签 Tree 加到图片 2 上；

(b) 将第三个标签 Water 加到图片 3 上；

(c) 将第三个标签 Water 加到图片 1 和图片 2 上。

注：上述修改是相互独立的，不能累加。

习题 10.6.4 继续从图 10.23 开始的模拟过程，其中假设 U 的下三个值分别是图片 1、Sky 和 Tree。

习题 10.6.5　可以说图 10.23 是近似 PageRank 算法的完整执行过程的最小 ε 值是多少?

!! **习题 10.6.6**　假设我们的网络只包含两个节点, 节点之间有一条边。这两个设节点分别表示为 S (初始节点, 远程跳转发生的位置) 和 T (另一个节点)。

(a) 假设我们运行 10.6.3 节的近似 PageRank 算法的修改版本, 其中所选节点未跳转剩余值的全部 (而不是仅仅一半) 被分配给它的邻居 (在本例中, 分配给仅有的一个邻居)。向量 r 和 q 的最终值序列是什么? 注意, 在这种情况下, U 的选择是确定的, 因为在任何步骤中, 两个节点中只有一个具有剩余 PageRank。对于非常小的 ε, 近似 PageRank 向量的极限值是多少?

(b) 假设对于这个相同网络, 我们运行原始算法, 其中只有一半的剩余值会分布到邻居。此时, 当 ε 极小时, PageRank 的极限值是什么?

习题 10.6.7　对于图 10.22 的网络, 计算初始节点为 Tree 时的 Simrank。然后, 对于如下要求, 找出最佳的包含 Tree 的社区:

(a) 密度至少为 2/3;

(b) 传导率取局部最小值。

! **习题 10.6.8**　假设我们的网络由单链中的节点组成, 即节点 $U_1, U_2, \cdots, U_n$ 中所有 U_i 和 U_{i+1} 之间存在边, 其中 $1 \leqslant i \leqslant n$。

(a) 计算由前 k 个节点组成的社区 $\{U_1, U_2, \cdots, U_k\}$ 的密度, 结果表示为 k 的函数。

(b) 计算由前 k 个节点组成的社区 $\{U_1, U_2, \cdots, U_k\}$ 的传导率, 结果表示为 k 的函数。

(c) 用密度来衡量一个社区的好坏, 那么 k 的最佳值是多少?

(d) 用传导率来衡量一个社区的好坏, 那么 k 的最佳值是多少?

10.7　三角形计数问题

社会网络图中一个最有用的性质是其中三角形或其他简单子图的数目。本节将介绍估计或精确计算大规模图中三角形数目的方法。下面先说明三角形计数的目的, 然后给出一些高效的计算方法。

10.7.1　为什么要对三角形计数

在有 n 个节点的图上随机加入 m 条边, 我们对该图中的三角形数目会有一个期望值。计算出这个期望值并不费劲。图中总共有 $\binom{n}{3}$ 个三节点集合, 这个值大约为 $n^3/6$, 也就是说有这么多组三节点可能组成三角形。在任意给定的两个节点之间加入边的概率为 $m \Big/ \binom{n}{2}$, 这个值约等于 $2m/n^2$。如果每条边的选择是独立的话, 那么任意三节点中包含三条边的概率为 $(2m/n^2)^3 = 8m^3/n^6$。因此, 在一个由 n 个节点和 m 条随机边构成的图中, 三角形的期望数目大约为 $(8m^3/n^6)(n^3/6) = \frac{4}{3}(m/n)^3$。

如果我们的图是一个 n 个成员间存在 m 对"朋友"的社会网络，则我们预期其中的三角形数目远高于随机图中的数目。原因在于，如果 A 和 B 是朋友，A 和 C 也是朋友，那么 B 和 C 是朋友的概率就远大于平均值。因此，三角形计数能帮助我们度量一张图看上去像社会网络的程度。

另外，我们也能对社会网络内部的社区进行分析。有证据表明，社区的年龄与三角形的密度息息相关。也就是说，当一个组刚刚成立时，人们会将他们志趣相投的朋友拉进来，但此时三角形的数目相对较少。如果 A 将 B 和 C 拉进来，很有可能 B 和 C 互不认识。当社区成熟时，由于 B 和 C 在同一社区，他们之间可能会发生交互。因此，很有可能在某个时间点完成三角形 $\{A, B, C\}$。

10.7.2 一个寻找三角形的算法

下面将开始研究三角形计数，首先给出一个在单处理器上运行最快的算法。假设一个图有 n 个节点，m 条边，其中 $m \geqslant n$。为方便起见，假设每个节点都是整数 $1, 2, \cdots, n$。

如果一个节点的度不小于 $\sqrt{m}$，则称该节点为**重节点**（heavy hitter）。如果某个三角形的三个顶点都是重节点，则称该三角形为**重节点三角形**（heavy-hitter triangle）。下面我们对重节点三角形和其他三角形分别采用不同的算法来计数。需要注意的一点是，重节点的数目不可能超过 $2\sqrt{m}$，否则所有重节点的度数之和就会大于 $2m$。由于在计算度数时每条边会计算两次，上述情况下边的数目就会超过 m。

假设图用它的边来表示，按照下列步骤来对图进行预处理。

(1) 计算每个节点的度。这一步只需要考察每条边并把边的两个端点的计数增加 1 即可，需要的时间为 $O(m)$。

(2) 以边的两个端点作为键对边建立索引。也就是说，给定两个节点，通过索引就可以确定这两个节点之间是否有边。这里采用哈希表就够用了。索引可以在 $O(m)$ 时间内构建，对于判定某条边是否存在只需要常数时间就可以完成，至少在期望意义上[1]如此。

(3) 以边的单个端点作为键对边建立另一个索引。给定节点 v，可以在正比于邻接节点数目的时间内返回这些邻接节点。同样，采用哈希表在期望意义上也已经足够，此时这里的键是单个节点。

下面对节点进行排序。首先，按照度对节点排序。然后，如果节点 u 和 v 的度相同，则由于 u 和 v 都是整数，此时可以按照它们的整数大小排序。也就是说，当且仅当下列条件之一成立时，称 $u < v$：

    (i) v 的度小于 u 的度，或者

    (ii) u 和 v 的度相等，并且 $v < u$。

重节点三角形　只有 $O(\sqrt{m})$ 个重节点，因此可以考虑这些节点中所有的三节点集合。重节点三角形可能有 $O(m^{3/2})$ 个，利用边索引可以在 $O(1)$ 时间内检查三条边是否都存在。因此，寻找所有重节点三角形的时间复杂度为 $O(m^{3/2})$。

---

[1] 于是，严格地说，这里的算法只是在期望运行时间而非最坏运行时间上最优。然而，大规模数字上的哈希行为概率与期望概率高度吻合。并且如果我们碰巧选择了一个使得某些哈希桶过大的哈希函数，可以重新哈希直到找到一个好的哈希函数为止。

其他三角形   我们采用不同的方法来寻找其他三角形。考虑每条边 (v_1, v_2)。如果 v_1 和 v_2 都是重节点，则忽略这条边。但是，如果假定 v_1 不是重节点并且有 $v_1 < v_2$。令 $u_1, u_2, \cdots, u_k$ 为与 v_1 相邻的节点。注意 $k < \sqrt{m}$，利用节点索引可以在 $O(k)$ 时间内找到这些节点，因此时间复杂度一定为 $O(\sqrt{m})$。对每个节点 u_i，可以利用前面的索引在 $O(1)$ 时间内判断边 (u_i, v_2) 是否存在。由于一开始已经计算了节点的度，因此也可以在 $O(1)$ 时间内得到 u_i 的度。当且仅当边 (u_i, v_2) 存在且 $v_1 < u_i$ 的情况下，对三角形 $\{v_1, v_2, u_i\}$ 计数。当 v_1 在三角形顶点中按照 < 关系排在其他两个顶点之前时，上述做法对每个三角形的计数只会进行一次。因此，对 v_1 的所有相邻节点进行处理需要花费 $O(\sqrt{m})$ 的时间。由于总共有 m 条边，其他类型三角形计数的时间为 $O(m^{3/2})$。

我们知道预处理的时间为 $O(m)$，寻找重节点三角形的时间为 $O(m^{3/2})$，而寻找其他三角形的时间也是 $O(m^{3/2})$。因此，算法的总时间为 $O(m^{3/2})$。

10.7.3   三角形寻找算法的最优性

10.7.2 节介绍的算法在最优算法的一个数量级之内。下面我们分析一下原因。考虑一个 n 节点的完全图。该图的边数为 $m = \binom{n}{2}$，三角形数目为 $\binom{n}{3}$。因为不可能用少于三角形数目的时间枚举这些三角形，所以我们知道任一算法都需要 $\Omega(n^3)$ 的时间。但是，$m = O(n^2)$，因此任一算法都需要 $\Omega(m^{3/2})$ 的时间。

有人可能想知道是否存在更适用于稀疏图而不是完全图的算法。然而，我们可以在完全图中加入任何一条长度不超过 n^2 的节点链。该节点链没有额外增加三角形的数目。它最多使得边的数目翻倍，但同时也会将节点数目增加到我们所要的那么大，实际上会将边/节点比降低到和 1 足够近，只要我们需要。由于仍然还是有 $\Omega(m^{3/2})$ 个三角形，我们知道该下界对所有可能的 m/n 都成立。

10.7.4   基于 MapReduce 寻找三角形

对于非常大的图，我们希望利用并行机制来加速计算过程。可以将三角形寻找表示为一个多路连接（multiway）问题，并使用 2.5.3 节的技术来对单个 MapReduce 作业用于三角形寻找的做法进行优化。2.5.3 节的多路连接技术通常比二路合并高效得多，而这里的用法只是其中一个场景而已。此外，并行算法的总执行时间本质上与 10.7.2 节单处理器算法的执行时间一样。

首先，假设图中节点的编号分别是 1, 2, $\cdots$, n，我们使用关系 E 来表示边。为避免对每条边表示两次，我们假设，如果 $E(A, B)$ 表示上述关系，那么不仅表示 A 和 B 之间存在一条边，而且整数 A、B 满足 $A < B$。[①]这种要求也去除了可能出现的环（节点到自己的边）。当然，在社会网络图中，我们通常假设不管怎样都不存在环，而环的存在可能会导致由不到三个节点组成的所谓"三角形"。

---

① 不要把这里的节点编号数字顺序和 10.6.2 节提到的 < 顺序混淆，后者包括节点的度。而在这里不需要计算节点的度，度与顺序没有关系。

利用上述关系，我们可以将边为 E 的图中的三角形集合表示为自然连接：

$$E(X,Y) \bowtie E(X,Z) \bowtie E(Y,Z) \tag{10-2}$$

要理解上述连接，我们必须意识到在上述三个 E 关系的使用中，每个关系都使用了不同的属性名称。也就是说，我们可以想象有三个 E 关系的副本，每个副本的元组一样，但是 schema 不同。在 SQL 语句中，上述连接操作可以使用单个 $E(A, B)$ 的关系重写为如下语句：

```
SELECT e1.A, e1.B, e2.B
FROM E e1, E e2, E e3
WHERE e1.A = e2.A AND e1.B = e3.A AND e2.B = e3.B
```

在该查询中，相等的属性 e1.A 和 e2.A 在连接操作中用属性 X 来表示。同样，e1.B 和 e3.A 对应属性 Y，而 e2.B 和 e3.B 对应属性 Z。

注意，在上述连接中每个三角形只出现一次。当 X、Y、Z 满足 $X<Y<Z$ 并能组成三角形时，一个由 v_1、v_2、v_3 构成的三角形便产生了。例如，如果三个节点的顺序为 $v_1<v_2<v_3$，那么 X 只能是 v_1，Y 只能是 v_2，Z 只能是 v_3。

2.5.3 节的技术可以用于优化式(10-2)的连接运算。还记得在例 2.15 中，我们考虑了每个属性值应该被哈希的连接路数。在本例当中，情况更加简单。关系 E 的三次出现无疑具有相同的大小，因此基于对称性，属性 X、Y 和 Z 都会哈希到相同数目的桶中。具体说来，如果将节点哈希到 b 个桶中，那么将有 b^3 个 Reducer。每个 Reduce 任务与一个三个桶号构成的序列(x, y, z)相关联，其中 x、y、z 都在 1 和 b 之间。

有多少 Map 任务，Map 任务就将关系 E 分解成多少部分。假定某个 Map 任务输入元素 $E(u, v)$并输出到某些 Reduce 任务。首先，将(u, v)看成连接 $E(X, Y)$的一个元组。于是可以对 u 和 v 进行哈希来获得 X 和 Y 的桶号，但是这时不知道 Z 的哈希桶号。因此，我们必须将 $E(u, v)$输送给与由三个桶号组成的序列$(h(u), h(v), z)$对应的所有 Reduce 任务，其中 z 为可能的 b 个桶中的任意一个。

但是，上述元组 $E(u, v)$ 也必须被看成 $E(X, Z)$的一个元组。因此，我们也要将元组 $E(u, v)$输送给与元组$(h(u), y, h(v))$对应的所有 Reduce 任务，其中 y 为任意的桶号。最后，我们将 $E(u, v)$看成 $E(Y, Z)$的一个元组，并将它输送给与$(x, h(u), h(v))$对应的所有 Reduce 任务，其中 x 为任意的桶号。所以，对于边关系 E 的 m 个元组中的每一个，所需的通信量是 $3b$ 个键–值对。也就是说，如果使用 b^3 个 Reduce 任务，那么最小的通信开销是 $O(mb)$。

接下来我们计算所有 Reduce 任务中的总执行开销。假设哈希函数能够将边进行充分随机的分布，以使得每个 Reduce 任务大致能获得相同的边数。由于分配给 b^3 个 Reduce 任务的总边数为 $O(mb)$，每个 Reduce 任务收到 $O(m/b^2)$条边。如果在 Reduce 任务中使用 10.7.2 节的算法，那么每个任务的总计算开销为 $O\big((m/b^2)^{3/2}\big)$，或者说 $O(m^{3/2}/b^3)$。因为存在 b^3 个 Reduce 任务，所以总计算开销为 $O(m^{3/2})$，这与 10.7.2 节中的单处理器算法一模一样。

10

10.7.5 使用更少的 Reduce 任务

如果采用某种合适的节点次序，可以将 Reduce 任务的数目大致降低为原来的 1/6。把节点 i 的"名字"想象成 $(h(i), i)$，其中 h 是 10.7.4 节当中使用的将节点映射到 b 个桶的哈希函数。将节点按照它们的名字排序，只考虑第一个元素（即节点哈希到的桶号），仅使用第二个元素来将可能处于同一桶的节点分开。

如果采用这种节点次序，那么仅当 $i \leqslant j \leqslant k$ 时，才需要 (i, j, k) 对应的那个 Reduce 任务。如果 b 很大，那么在 1 和 b 之间的 b^3 个三整数序列中，大约有 1/6 的序列能满足上述不等式。对任意 b，这种序列的数目为 $\binom{b+2}{3}$（参考习题 10.7.4）。因此，满足上述不等式的序列的精确比例为 $(b + 2)(b + 1)/(6b^2)$。

由于需要更少的 Reduce 任务，需要通信的键–值对数目大大减少。与前面把所有 m 条边都输送给 $3b$ 个 Reduce 任务不同，这里只需要将每条边输送给 b 个任务。具体地，考虑一条边 e，其两个顶点分别哈希到桶 i 和 j，这两个桶可能相同也可能不同。对所有可能的 b 个 1 和 b 之间的 k 值，考虑 i、j、k 构成的有序表，于是，与该有序表对应的 Reduce 任务需要这条边 e，而其他 Reduce 任务都不需要 e。

为将本节方法和上节方法比较，设 Reduce 任务的数目是个固定值 k。于是上节的方法将节点哈希到 $\sqrt[3]{k}$ 个桶上，因此通信量为 $3m\sqrt[3]{k}$ 个键–值对。本节方法则将节点哈希到约 $\sqrt[3]{6k}$ 个桶中，通信量为 $m\sqrt[3]{6}\sqrt[3]{k}$。因此，上节方法所需要的通信量是本节方法的 $3/\sqrt[3]{6} \approx 1.65$ 倍。

例 10.28 考虑 10.7.4 节的算法，其中 $b = 6$。于是，其 Reduce 任务的数目为 $b^3 = 216$，通信开销为 $3mb = 18m$。利用本节的算法，不可能精确地使用 216 个 Reduce 任务，但是如果选择 $b = 10$ 则可以比较接近。于是，Reduce 任务的数目为 $\binom{12}{3} = 220$，其通信开销为 $mb = 10m$。也就是说，本节方法的通信开销是上节方法的 5/9。 □

10.7.6 习题

习题 10.7.1 在下列图中分别有多少个三角形：
(a) 图 10-1；
(b) 图 10-9；
! (c) 图 10-2。

习题 10.7.2 在习题 10.7.1 中的每个图中确定：
(a) 能作为重节点的节点的最小度数是多少？
(b) 哪些节点是重节点？
(c) 哪些三角形是重节点三角形？

! **习题 10.7.3** 本题考虑在图中寻找正方形。也就是说，我们希望找到 4 个节点 a、b、c、d，

使得(a, b)、(b, c)、(c, d)、(d, a)这 4 条边都存在。假设图采用 10.7.4 节中的关系 E 来表示。那么不可能写出单个 4 个 E 副本的连接表达式，来表示图中所有可能的正方形。但是，我们可以写出 3 个这种连接表达式。此外，在某些情况下，我们必须在连接操作之后进行选择操作，来去掉那些对角节点是同一节点的"正方形"。可以假定节点 a 比其邻居节点 b 和 d 的数值低，但是根据 c 的不同，存在以下 3 种情况：

(i) 也低于 b 和 d，或者

(ii) 在 b 和 d 之间，或者

(iii) 比 b 和 d 都高。

(a) 给出分别满足上述 3 个条件的生成正方形的自然连接表达式。可以使用 4 种不同的属性 W、X、Y 和 Z，并假设存在 E 的 4 个副本分别拥有不同的 schema，于是上述连接可以表示为自然连接。

(b) 对哪个连接需要选择操作来保证对角顶点不是同一节点？

!! (c) 假设我们计划使用 k 个 Reduce 任务，对于(a)中的每个连接，需要将每个 W、X、Y、Z 哈希到多少个桶中才能最小化通信开销？

(d) 与数三角形不同，尽管能确信每个正方形仅通过 3 个连接中的一个就可以产生，但并不能保证每个正方形只会产生一次。举例来说，一个对角顶点的数值低于其他两个顶点的正方形只能通过连接(i)产生。对 3 个连接中的每一个，它会对每个正方形产生多少次？

! 习题 10.7.4　试证明满足 $1 \leqslant i \leqslant j \leqslant k \leqslant b$ 的整数序列(i, j, k)的数目是 $\binom{b+2}{3}$。提示：可以证明这些序列可以和长度为 b + 2 的包含 3 个 1 的二进制串一一对应。

10.8　图的邻居性质

图有一些重要性质与从给定节点出发经过较短路径到达的节点数目有关。本节将考察大规模图中有关路径和邻居的问题的求解方法。在有些情况下，对于有百万多节点的图来说，精确求解并不可行。因此，我们会在考察精确求解算法的同时考察一些近似算法。

10.8.1　有向图和邻居

本节将使用有向图作为网络模型。所谓**有向图**（directed graph）是指一个包含节点集合和**有向边**（arc）集合的图，其中每条有向边写成 $u \rightarrow v$，其中 u 是有向边的**源节点**（source），v 是**目标节点**（target）。上述有向边称为从 u 到 v 的有向边。

很多类型的图都可以通过有向边来建模。Web 就是一个主要的例子，其中有向边 $u \rightarrow v$ 表示从网页 u 到网页 v 存在一个链接。此外，有向边 $u \rightarrow v$ 也可以表示用户 u 在上月中和用户 v 打过电话。在另一个例子中，有向边可以表示在 Twitter 上用户 u 关注了用户 v。而在另一个图中，有向边可以表示论文 u 引用了论文 v。

此外，所有的无向图都可以用有向图来表示。对于无向图的一条无向边(u, v)，可以用两

条有向边 $u{\to}v$ 和 $v{\to}u$ 来代替。因此，本节的内容也可以应用于无向图，比如社会网络中的朋友图。

有向图中的一条**路径**（path）是指一个节点的序列 $v_0, v_1, \cdots, v_k$，其中对于每个 $i = 0, 1, 2, \cdots, k{-}1$，都存在有向边 $v_i{\to}v_{i+1}$。该路径的**长度**（length）为 k，即该路径上的有向边数目。注意，长度为 k 的路径上有 $k{+}1$ 个节点，因此节点到自己的路径的长度为 0。

节点 v 的 **d 径内邻居**（neighborhood of radius d）是指到 v 在 d 步路径之内能到达的节点 u 的集合，记为 $N(v, d)$。例如，$N(v, 0)$ 总是为 $\{v\}$，而 $N(v, 1)$ 是 v 加上 v 经过一条有向边能够到达的节点集合。更一般地，如果 V 是一个节点集合，那么 $N(V, d)$ 是指 V 中节点在 d 步之内能够到达的节点集合。

节点 v 的**邻居剖面/描述**（neighborhood profile）是其邻居 $N(v, 1)$, $N(v, 2)$, $\cdots$ 的大小构成的序列 $|N(v, 1)|$, $|N(v, 2)|$, $\cdots$。这里并不包含 $N(v, 0)$，因为其大小永远为 1。

例 10.29 考虑图 10-1 中的无向图，这里将其重画为图 10-24。为将它转换为有向图，将每条边想象成一对方向相反的有向边。例如，边 (A, B) 变成有向边 $A{\to}B$ 和 $B{\to}A$。首先，考虑节点 A 的邻居。我们知道 $N(A, 0) = \{A\}$，而由于 A 只存在到 B 和 C 的有向边，得到 $N(A, 1) = \{A, B, C\}$。同理，$N(A, 2) = \{A, B, C, D\}$，$N(A, 3) = \{A, B, C, D, E, F, G\}$。而更长路径的邻居都等于 $N(A, 3)$。

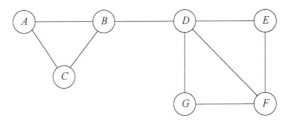

图 10-24　前面给出的微型社会网络的例子，这里把它看成有向图

然后，考虑节点 B。$N(B, 0) = \{B\}$，$N(B, 1) = \{A, B, C, D\}$，$N(B, 2) = \{A, B, C, D, E, F, G\}$。可以看出，$B$ 比 A 更接近网络的中心，该事实可以通过两个节点的邻居描述来反映。节点 A 的邻居描述为 3, 4, 7, 7, $\cdots$，而 B 的邻居描述为 4, 7, 7, $\cdots$。很明显，由于在每个相等路径长度上，B 的邻居大小总不小于 A 的邻居大小，所以 B 比 A 更接近网络中心。实际上，D 比 B 还要更接近网络中心，因为 D 的邻居描述为 5, 7, 7, $\cdots$，比 A 和 B 的邻居描述的相应值都大。　　□

10.8.2　图的直径

图的**直径**（diameter）是满足下列条件的最小整数 d：对于图中任何两个节点 u 和 v，都存在一条从 u 到 v 的长度小于或等于 d 的路径。在有向图中，上述定义只有在图为**强连通**（strongly connected）图时才有意义，也就是说，任一节点到其他节点之间都存在路径。我们可以回顾一下 5.1.3 节中对于 Web 的讨论，那里我们观察到 Web "中心" 处有一大部分子集是强连通的，但是整个 Web 不是强连通的。更确切地说，Web 中有些网页不再指向其他网页，还有些网页无法通过链接到达。

如果是无向图,那么除了无向边可以双向遍历之外,直径的定义与有向图上的没有什么两样。也就是说,我们可以将每条无向边看成两条相反方向的有向边。在无向图中,只要图是连通的,那么直径的定义就有意义。

例 10.30 对于图 10-24,其直径为 3。有些节点(比如 A 和 E)之间,不存在比 3 短的路径。但是,所有对节点之间都存在一条最长为 3 的路径。□

可以通过不断增加径长计算图的邻居大小来得到图的直径,直到邻居中不能再增加节点为止。也就是说,对于每个节点 v,找到那个使得 $|N(v, d)| = |N(v, d+1)|$ 成立的最小的 d。这个 d 是从 v 到其他任意可达节点的最短路径长度的紧致上界(tight upper bound),称为 $d(v)$。例如,对于例 10.29,$d(A) = 3$,$d(B) = 2$。如果存在某个节点 v 使得 $|N(v, d(v))|$ 不等于整个图的节点数目,那么该图不是强连通的,于是不能将任一有穷整数作为图的直径。但是,如果图是强连通的,那么图的直径为 $\max_v(d(v))$。

上述做法有效的原因在于,$N(v, d+1)$ 可以表示为 $N(v, d)$ 及其节点 u 经有向边可以到达的所有节点 w 组成的集合的并集。也就是说,可以从 $N(v, d)$ 出发,加入那些从其节点出发经有向边到达的所有目标节点。如果所有加入的节点已经在 $N(v, d)$ 中,那么不仅 $N(v, d+1)$ 等于 $N(v, d)$,后续所有的 $N(v, d+2), N(v, d+3), \cdots$ 都等于 $N(v, d)$。最后,由于 $N(v, d) \subseteq N(v, d+1)$,$|N(v, d)|$ 等于 $|N(v, d+1)|$ 的唯一可能就是两个集合相等。因此,如果 d 是满足 $|N(v, d)| = |N(v, d+1)|$ 的最小整数,那么也就表明,v 能到达的任何节点都可以通过一条长度不超过 d 的路径来到达。

六度分离

有一个著名的游戏称为 "six degrees of Kevin Bacon",其目标是在由共同出演一部电影的明星构成的一张图中寻找最长为 6 步的路径。推测认为,在这张图中任一电影明星到 Kevin Bacon 的距离都不超过 6 步。更一般的结论是,任意两个明星之间都可以通过一条不超过 6 步的路径相连,也就是说,这张图的直径为 6。直径小会使得邻居的计算更加高效,因此,如果所有社会网络都表现出与此类似的小直径现象,那么将十分有利。实际上,"六度分离" 指的是对由世界上人类构成的网络的一个推测,即两个人可以在 6 步之内到达对方,其中每条边意味着两个人互相认识。不幸的是,正如我们在 10.8.3 将会讨论到的那样,并非所有重要的图都表现出这种紧密连接的特性。

10

10.8.3 传递闭包和可达性

图的**传递闭包**(transitive closure)是指节点对 (u, v) 的集合,其中从 u 到 v 存在一条长度大于等于 1 的路径。上述断言有时候也写成 $Path(u, v)$。一个相关的概念是节点间的**可达性**(reachability)。如果 $u = v$ 或者 $Path(u, v)$ 为真[①],那么称 u 可以到达(reach)v。于是,计算传递闭包的问题就是寻找 $Path(u, v)$ 为真的所有节点对 (u, v)。可达性问题可以描述为,给定图中节点 u,寻找所有满足

[①] 注意,当节点 u 存在环时,这两个条件可以同时成立。

$Path(u, v)$为真且不等于u的v。

这两个概念与我们前面提到的邻居的概念相关。如果$N(u, \infty)$定义为$\bigcup_{i \geqslant 0} N(u, i)$，那么当且仅当$v = u$或者$Path(u, v)$为真时，$v$属于集合$N(u, \infty)$。于是，可达性问题就是计算给定节点$u$在所有径长情况下的节点集合的并集。从 10.8.2 节的讨论可以得出，在计算u的可达集合时，可以通过计算其邻居，直到满足$N(u, d) = N(u, d + 1)$的最小径长d为止。

传递闭包和可达性这两个问题相关，但在很多图的例子中，可达性问题的求解具有可行性，但传递闭包问题却无法求解。例如，假设有一个有 10 亿节点的 Web 图，如果想要寻找从某个给定网页出发可达的网页，我们在一台具有大内存的单机上就可以完成这一任务。但是，只是产生图的传递闭包就可能包含10^{18}对节点，这不太可行，即使使用大规模计算集群也难以做到这一点。[①]

10.8.4　基于 MapReduce 的可达性计算

如果采用并行化机制，那么传递闭包实际上比可达性求解更易并行化。如果在不求出整个传递闭包的情况下计算从v可达的节点集合$N(v, \infty)$，我们只能计算邻居的序列，这本质上是从v出发的广度优先搜索。采用关系术语来说，假定有关系$Arc(X, Y)$包含那些存在有向边$x \rightarrow y$的节点对(x, y)。我们想迭代计算某个关系$Reach(X)$，即所有从v出发可达的节点集合。经过i次迭代之后，$Reach(X)$包含了$N(v, i)$中所有的节点。

一开始，$Reach(X)$仅包含节点v。假定在某轮 MapReduce 处理之后，它包含了$N(v, i)$中的所有节点。为构建$N(v, i + 1)$我们必须先将关系$Reach$和Arc进行连接操作，然后映射到第二个字段并将结果和$Reach$原来的结果进行求并处理。采用 SQL 语言来描述的话，相当于进行了如下查询处理：

```
SELECT DISTINCT Arc.Y
FROM Reach, Arc
WHERE Arc.X = Reach.X;
```

上述查询要计算$Reach(X)$和$Arc(X, Y)$的自然连接，这一步可以通过 2.3.7 节中的 MapReduce 方法来实现。然后，我们要将Y的结果分组以去掉重复记录，这一步可以通过 2.3.8 节的另一个 MapReduce 作业来完成。

然后将该查询结果和$Reach$当前值进行求并处理。在某个迭代之后，我们会发现不会再增加新的$Reach$事实，这时迭代就可以结束。当前的$Reach$值将为$N(v, \infty)$。

上述过程的迭代次数取决于v所能到达的最远节点的距离。正如在上面"六度分离"附注栏中提到的一样，在很多社会网络图当中，直径都较小。如果是这样，利用 MapReduce 或者其他方法来实现可达性的并行化是可行的。所需的计算轮数不会太多，并且所需的空间不会大于图表示所需的空间。

但是，有些图所需要的迭代轮数却是一个严重问题。例如，在一个典型的 Web 图部分当中，

[①] 虽然我们无法完全计算传递闭包，但是在图存在大强连通分支的情况下，仍然可以得到很多关于图结构方面的信息。例如，5.1.3 节讨论的 Web 图实验包含大概 2 亿个节点。尽管从没列出传递闭包中的所有节点对，但已能够描述出 Web 的结构。所需算法会在 10.8.10 节进行介绍。

有人发现某个给定网页到大部分可达网页所需的路径长度为 10~15。而且还存在一些页面，它们之间必须通过上百步才能到达。例如，博客有时结构化很强，每条回复都只能通过相应评论才可达。如果出现连续争论的话会导致很长的路径，而且并不存在"快捷"路径。或者 Web 的一个包含 50 章的入门讲座，由于结构化很好，所以只能从第 i–1 章才能访问第 i 章。

10.8.5   半朴素求值

有一个常见的技巧可以使类似 10.8.4 节的迭代计算更高效。这里，每一轮都用有向边加入所有已知可达节点集合。但是，如果在上一轮就知道节点 u 是可达的，并且从 u 到某个节点 w 有一条有向边，那么我们其实已经发现 w 也是可达的。因此，在本轮中无须再次考虑节点 u。通过只在可达性被发现的后一轮来考虑 *Reach* 中的每个成员，我们可以节省大量工作。

改进的算法是所谓的**半朴素求值**（seminaive evaluation）[①]算法的一个实例，它不仅使用一个 *Reach*(X) 集合，还使用一个 *NewReach*(X) 集合，后者仅仅由上一轮中首次发现可达性的所有节点组成。一开始，我们将 *NewReach* 设置为源节点 v 的集合 {v}，而将 *Reach* 设置为空集。接下来，我们重复如下步骤，直到在某一轮 *NewReach* 是 *Reach* 的一个子集为止，即此时没有新的 *Reach* 事实可以被发现。

(1) 将 *NewReach* 中的每个节点插入 *Reach* 中。如果 *Reach* 没有更改，那么算法就已经发现了所有可达节点，迭代结束。

(2) 否则，计算下列查询的结果并将其作为新的值赋给关系 *NewReach*(X)：

```
SELECT DISTINCT Arc.Y
FROM NewReach, Arc
WHERE Arc.X = NewReach.X;
```

10.8.6   线性传递闭包

如果从每个节点出发计算其可达集，那么就可以应用 10.8.4 节的方法并行地计算整个传递闭包。然而，还有更直接的方法可以从关系 *Arc*(X, Y) 计算关系 *Path*(X, Y)，这些方法也很高效。计算传递闭包最简单的方法是从 *Path*(x, Y) = *Arc*(x, Y) 开始，在每一个并行迭代中，通过将路径扩展一条有向边来扩展已知路径的长度。这种方法称为**线性传递闭包**（linear transitive closure）。用 SQL 术语表达的话，是每轮计算通过如下语句计算新的路径：

```
SELECT DISTINCT Path.X, Arc.Y
FROM Path, Arc
WHERE Arc.X = Path.Y;
```

对于**可达性**，我们使用 join 和 grouping-and-aggregation 的 MapReduce 算法来执行这个查询，然后将查询结果与 *Path* 的旧值进行求并运算。得到结果将是下一轮 *Path* 的值。这里必须执行的

---

① 这个相当奇怪的术语背后有一段历史。20 世纪 80 年代，人们发现，通过在每轮使用全部递归关系来递归计算关系的"朴素"算法可以依靠在每轮只考虑新元组而进行改进。当时有个假设认为很快就会有一个更好的、名副其实的"非朴素"方法出现。然而，至今还没有这样的改进算法，所以就遗留下了"半朴素"这个术语。

轮数与可达性轮数相同。在 d 轮之后（其中 d 是图的直径），我们将走完所有长度为 $d+1$ 及以下的路径，因此在最后一轮中不会发现新的 *Path* 事实。此时，我们知道算法可以停止。

对于可达性，可以使用半朴素求值法来加速每一轮的连接操作。一个在超过一轮之前就被发现的事实 *Path(v, u)* 已经与每一个有用的 *Arc(u, w)* 事实进行过连接，于是在当前轮中不会添加任何新的 *Path* 事实。因此，我们可以通过以下半朴素半线性算法来实现线性传递闭包。

改进的算法使用关系 *Path(X, Y)* 和 *NewPath(X, Y)*，其中后者只包含上一轮发现的所有 *Path* 事实。一开始，我们将 *NewPath* 设置为 *Arc*，而 *Path* 为空集。重复以下步骤，直到在某一轮中 *NewPath* 是 *Path* 的子集为止。

(1) 将 *NewPath* 中的每个节点插入 *Path* 中。如果 *Path* 没有发生改变，那么我们就已经发现了所有的 *Path* 事实，迭代结束。

(2) 否则，通过将关系 *NewPath(X, Y)* 设置为以下查询的结果来计算它的新值：

```
SELECT DISTINCT NewPath.X, Arc.Y
FROM NewPath, Arc
WHERE Arc.X = NewPath.Y;
```

10.8.7　基于双重递归的传递闭包

有趣的是，传递闭包的并行计算会比严格的可达性或线性闭包计算快得多。通过一种双重递归（recursive-doubling）技术，能够在单遍迭代中将所知的路径长度翻倍。因此，在一个直径为 d 的图当中，只需要 $\log_2 d$ 次而不是 d 次迭代。如果 $d=6$，那么区别并不显著，但是如果 $d=1000$，$\log_2 d$ 大约为 10，那么迭代次数降低到了 1/100。

基于双重递归的可达性

我们前面声称计算可达性本质上需要的轮数等于图的直径。这并不完全正确，但是偏离 10.8.4 节中给出的可达性方法也存在缺点。如果我们想要集合 *Reach(v)*，那么可以通过双重递归来计算整个图的传递闭包，然后丢掉所有不以 *v* 作为第一个分量的对。但在完成之前，我们不能扔掉所有这样的对。在计算传递闭包期间，我们可能最终会计算许多事实 *Path(x, y)*，其中 *x* 和 *y* 均不能从 *v* 可达。即使它们可以从 *v* 可达，我们也不必知道 *x* 可以达到 *y*。如果图很大，即使我们能够存储 *Reach* 事实，存储所有 *Path* 事实基本上也是不可能的。

最简单的双重递归方法一开始是令关系 *Path(X, Y)* 等于有向边关系 *Arc(X, Y)*。假定 i 轮迭代之后，*Path(X, Y)* 中包含了所有的存在不长于 2^i 步路径的节点对 (x, y)。于是如果在下一轮将 *Path* 关系和自己连接，那么就可以发现所有路径不长于 $2 \times 2^i = 2^{i+1}$ 的节点对。在 SQL 中的双重递归查询如下：

```
SELECT DISTINCT p1.X, p2.Y
FROM Path p1, Path p2
WHERE p1.Y = p2.X;
```

假设 *Path* 包含了所有路径长度在 1 和 2^i 之间的节点对，那么上述 SQL 查询处理之后，就可以获得所有路径长度在 2 和 2^{i+1} 之间的节点对。如果将这个结果和 *Arc* 关系进行合并，那么就可以获得所有长度在 1 和 2^{i+1} 之间的路径。该合并结果又可以作为下次双重递归循环的 *Path* 关系来使用。上述查询本身可以通过两个 MapReduce 任务来实现，其中一个是做连接操作，另一个是做合并及去重操作。在并行可达性计算中我们已经观察到，2.3.7 节和 2.3.8 节介绍的 MapReduce 任务就可以完成上述操作。而 2.3.6 节讨论的合并操作并不真的需要一个单独的 MapReduce 作业，它可以组合到去重操作中完成。

如果图的直径为 d，那么在上述算法经过 $\log_2 d$ 次循环之后，*Path* 中就包含了路径长度不大于 d 的节点对 (x, y)，也就是说，其包含了传递闭包中的所有节点对。如果事先不知道 d，那么就需要多加一轮循环来验证不存在更多的节点对。但是如果 d 较大，那么该过程所需要的循环次数就比前面用于可达性的广度优先算法要少得多。

然而，上面的双重递归方法做了很多冗余的工作。下面给出一个例子来更清楚地说明这一点。

例 10.31 假设 x_0 到 x_{17} 的最短路径为 17。特别地，我们假设存在一条路径 $x_0 \rightarrow x_1 \rightarrow \cdots \rightarrow x_{17}$。我们在第 5 轮循环中发现 $Path(x_0, x_{17})$ 这个事实，此时 *Path* 包含了所有路径长度不大于 16 的节点对。当将 *Path* 与自身连接时，那条从 x_0 到 x_{17} 的路径将被发现 16 次。也就是说，可以利用 $Path(x_0, x_{16})$ 的事实并将它和 $Path(x_{16}, x_{17})$ 组合来得到 $Path(x_0, x_{17})$。也可以将 $Path(x_0, x_{15})$ 和 $Path(x_{15}, x_{17})$ 组合来发现相同的事实，另外还有很多做法也可以实现这一点。线性闭包算法只会在某一次发现上述路径：$Path(x_0, x_{16})$ 在 *NewPath* 中时。□

和前面的算法一样，双重递归算法也存在一个利用半朴素求值法加速的高效率版本。同样，我们利用 $Path(X, Y)$ 和 $NewPath(X, Y)$ 这两个关系。与前面将两个 *Path* 副本连接不同，后一个 *Path* 关系用 *NewPath* 关系来替代。注意，如果 u 到 v 的最短路径为 k 的话，那么可以将该路径分成长度分别为 $k/2$ 和 $k/2$ 的头尾两段路径。直到 $k/2$ 轮，尾部路径才会被发现，它出现在 *NewPath* 中，而这时头部路径肯定在此轮（k 为偶数时）或之前（k 为奇数时）被发现，因此其在 *Path* 中用于下一步和 *NewPath* 求并集。于是，下面的双重递归的半朴素版本将会有效。

一开始，我们将 *NewPath* 设置为 *Arc*，而 *Path* 为空集。我们重复以下步骤，直到在某一轮中 *NewPath* 是 *Path* 的子集为止。

(1) 将 *NewPath* 中的每个节点插入 *Path* 中。如果 *Path* 没有发生改变，那么我们就已经发现了所有的 *Path* 事实，迭代结束。

(2) 否则，通过将关系 $NewPath(X, Y)$ 设置为以下查询的结果来计算它的新值：

```
SELECT DISTINCT Path.X, NewPath.Y
FROM Path, NewPath
WHERE NewPath.X = Path.Y;
```

10.8.8 智能传递闭包

上述双重递归的一个变形称为**智能传递闭包**（smart transitive closure），它能够避免多次发现同一路径。每条长度超过 1 的路径可以分离成一个**头部**（head）和一个**尾部**（tail），其中头部的长度为 2 的幂，而尾部不能比头部长。

例 10.32 一条长度为 13 的路径的头部包含前 8 条有向边，而尾部由剩余的 5 条有向边组成。而长度为 2 的路径由长度均为 1 的头部和尾部组成。注意，1 也是 2 的某次方（0 次方），当一条路径本身的长度为 2 的幂时，其头部和尾部的长度相等。□

为采用 SQL 实现智能传递闭包，我们引入一个关系 $Q(X, Y)$，它在第 i 次循环后的功能是保存所有最短路径长度是 2 的幂的节点对(x, y)。另外，第 i 次循环后，如果 x 到 y 的最短路径不超过 $2^{i+1} - 1$，那么 $Path(x, y)$ 为真。需要注意的是，这里的 $Path$ 与 10.8.7 节介绍简单双重递归时的 $Path$ 的解释略有不同。

一开始，将 Q 和 $Path$ 都设成关系 Arc 的副本。第 i 次循环后。假定 Q 和 $Path$ 都包含上一段介绍的内容。需要注意的是，当 $i = 1$（即第 1 轮）时，Q 和 $Path$ 的初始值满足 $i = 0$ 时的条件。在第 $i + 1$ 轮，我们进行如下处理。

(1) 利用下列 SQL 查询，通过将 Q 与自身连接，计算一个新的 Q 值：

```
SELECT DISTINCT q1.X, q2.Y
FROM Q q1, Q q2
WHERE q1.Y = q2.X;
```

(2) 将第(1)步得到的 Q 减去 $Path$。需要注意的是，第(1)步已经发现所有长度为 2^{i+1} 的路径。但是这些路径所连接的节点对可能还会有更短的路径。第(2)步只保留 Q 中那些最短路径长度等于 2^{i+1} 的节点对(u, v)。

(3) 利用下列 SQL 查询，将 $Path$ 和第(2)步得到新的 Q 进行连接操作：

```
SELECT DISTINCT Q.X, Path.Y
FROM Q, Path
WHERE Q.Y = Path.X
```

循环一开始，$Path$ 包含了所有最短路径长度不大于 $2^{i+1} - 1$ 的节点对(y, z)，而新的 Q 包含了所有最短路径长度为 2^{i+1} 的节点对(x, y)。因此，上述查询的结果为所有最短路径长度在 $2^{i+1} + 1$ 和 $2^{i+2} - 1$ 之间的节点对(x, y)。

(4) 将新的 $Path$ 值设为第(3)步的结果关系、第(1)步的结果 Q 以及旧的 $Path$ 的并集。参与并集的三个集合分别代表最短路径长度在 $2^{i+1} + 1$ 和 $2^{i+2} - 1$ 之间、正好是 2^{i+1} 以及 1 和 $2^{i+1} - 1$ 之间的节点对。因此，最后的并集结果为所有最短路径长度不超过 $2^{i+2} - 1$ 的节点对，这也是有关每一轮之后"什么为真"的归纳假设所要求的。

每一轮智能传递闭包算法使用的步骤中包括连接、聚合（去重）或并集操作。因此每一轮都可以通过一个短 MapReduce 作业序列来实现。进一步而言，如果这些操作可以组合，那么可以省去大量的工作，比如利用工作流系统（参见 2.4.1 节）所允许的更一般的通信模式来实现。

有趣的是，智能传递闭包已经采用了半朴素技巧。在每一轮中，关系 Q 只包含 Q 中从前没有出现在 Q 中的事实，因为从 u 到 v 的最短路径比之前任何一轮中 Q 中所表示的最短路径都要长。此外，当我们将 Q 与 $Path$ 进行连接时，只使用了 Q 中在前几轮中没有出现的事实，因此 Q 是 10.8.7 节算法中的 $NewPath$ 的子集。

路径与路径事实

我们应该注意区分路径（path）和路径事实（path fact）这两个概念。前者是一系列有向边的序列，而后者是表示从节点 x 到节点 y 存在路径的一条语句。前面路径事实一般以 $Path(x, y)$ 形式来表示。智能传递闭包对每条路径只能发现一次，但是它可能多次发现同一条路径事实。原因在于，通常一幅图中会有多条从 x 到 y 的路径，甚至可能有多条从 x 到 y 的长度相等的不同路径。

通过智能传递闭包的路径发现并非都是相互独立的。例如，如果存在有向边 $w{\rightarrow}x{\rightarrow}y{\rightarrow}z$ 以及 $x{\rightarrow}u{\rightarrow}z$，那么路径事实 $Path(w, z)$ 就会被发现两次，一次是合并 $Path(w, y)$ 和 $Path(y, z)$ 得到，另一次是合并 $Path(w, u)$ 和 $Path(u, z)$ 得到。然而，如果有向边为 $w{\rightarrow}x{\rightarrow}y{\rightarrow}z$ 和 $w{\rightarrow}v{\rightarrow}y$，那么 $Path(w, z)$ 只会通过合并 $Path(w, y)$ 和 $Path(y, z)$ 发现一次。

10.8.9 多种方法的比较

从 10.8.4 节到 10.8.8 节中讨论的方法各有优缺点。最主要关注的问题是所需的轮数和执行每轮所需的时间。下面，我们将在一个有 n 个节点、e 条有向边和直径为 d 的有向图上考虑这些算法的开销。

对于上面讨论的所有算法，每一轮中连接操作的开销远超过分组、聚合和并集操作的开销。因此，只考虑连接操作的开销。此外，我们将假设连接操作的实现非常高效，就像 2.3.7 节中的算法那样。在该算法中，两个关系中每个关系的每个元组被送到一个 Reducer，每个 Reducer 的工作量是该 Reducer 中两个关系中每个关系的元组数目的乘积。最后，我们假设所有的算法都由它们的半朴素版本实现，因为它们比其对应朴素版本更有效。图 10-25 概括了分析的结果。

算法	计算	轮数
可达性	$O(e)$	d
线性传递闭包	$O(ne)$	d
双重递归	$O(n^3)$	$\log_2 d$
智能传递闭包	$O(n^3)$	$\log_2 d$

图 10-25 各种传递闭包算法的开销对比

这些算法的迭代次数前面已经讨论过。可达性和线性传递闭包将发现新的 *Reach* 或 *Path* 事实，直到其迭代所暗示的搜索允许任意节点从其他任意节点到达为止。这个迭代次数以图的直径为界。当计算全传递闭包时，总会有一些节点 u 和 v，使得从 u 到 v 的最短路径的长度为 d。因此，线性传递闭包总是需要 d 次迭代。然而，当从一个特定的节点 u 搜索时，它有可能使用比图直径短得多的路径到达它曾到达的所有节点。也就是说，d 的值可能是由一对不包含 u 的节点所确定的。对于图 10-25 最后两行的两个双重递归方法，我们注意到，在 $\log_2 d$ 轮，我们发现所有长度为 d 及以下的路径，因此此时发现了所有 *Path* 事实。

10

　　现在，考虑一下 10.8.4 节可达性算法半朴素版本中连接操作的开销。每个节点 u 只能在某一次迭代中出现在 *NewReach*。在这一次迭代中，所有端点为 u 的有向边出现在某个 *Reducer* 中。因此，在所有的迭代和每轮迭代的所有 Reducer 上，节点 u 与有向边连接的代价等于 u 的出度。请注意，每条有向边恰好为某个节点（有向边尾部的节点）贡献出度。因此，有向图节点的出度之和等于图中有向边的数目。这一观察证实了可达性的一轮成本以 $O(e)$ 为界是合理的。

　　对于半线性传递闭包，考虑一个节点 u 和所有轮次上对应于 u 的 Reducer。对每个节点 v，这些 Reducer 中只有一个可以接收 *NewPath*(v, u)这个事实。在那一次迭代中，该 Reducer 会将当前事实与所有 *Arc*(u, w)事实，从而导致其开销等于 u 的出度。如果我们固定 v，让 u 变化，那么所有 Reducer 处理在任一 u 上形式为 *NewPath*(v, u)的事实在，是所有节点 u 的出度之和，也是图中边的总数 e。然后，如果该开销在所有 n 个可能 v 上求和，我们发现所有 Reducer 在所有迭代中连接的事实总数为 $O(ne)$。

　　接下来，看看与 10.8.7 节的半朴素双重递归算法相关联的连接操作。每个事实 *NewPath* (u, w)只在某次迭代出现在 *NewPath* 中。在这轮迭代，它可能会遇到任何 *Path*(v, u)事实。因此，所有 Reducer 在所有迭代中的总工作量为 n^2（表示可能在 *NewPath* 中出现的不同事实的数量）乘以 n（表示出现时可能被连接的 *Path* 事实的数量）。这个参数证明了 $O(n^3)$的界对于半朴素双重算法的合理性。

　　最后来看看智能传递闭包。现在，我们在每轮做两个连接：一个是 Q 和它自己，另一个是 Q 和 *Path*。一个事实 Q(u, w)只能在某一次迭代出现，在最坏的情况下，它将与 n 个其他事实 Q(v, u)在那一轮出现。因此，总的工作最多为 $O(n^3)$，它是 n^2 个事实与 n 个事实的一个连接的乘积。第二个连接（Q 和 *Path*）上的参数也类似。注意，智能传递闭包计算的上限与双重递归算法相同。但是，正如在 10.8.8 节中讨论的那样，很大可能上使用智能传递闭包方法连接的 Path 事实数目比暴力双重递归方法要少，即使理论上两者在最坏的情况下是相同的。

10.8.10　基于图归约的传递闭包

　　图的**强连通分量**（strongly connected component，SCC）是一组满足如下条件的节点集合 S。

　　(1) S 中每个节点都可以到达其他节点。

　　(2) 不存在这样的节点：它在 S 外，能达到 S 中的任意节点，并且可以被 S 中的任意节点到达。在这个意义上说，S 是极大的。

　　典型的有向图（如 Web）包含很多 SCC。就计算传递闭包而言，SCC 的所有节点都会到达完全相同的节点，因此可以把 SCC 压成单个节点。J.E. Hopcroft 和 R.E. Tarjan 提出了一个十分优雅的算法，能够在图规模的线性时间内寻找 SCC。但是，该算法基于深度优先搜索，本质上是串行的，不太适合大规模图下的并行实现。

　　通过某种随机节点选择，再加上两次广度优先搜索，可以找到图的大部分 SCC。并且，SCC 越大，将它压成单点的可能性也越大，因此可能快速减小图的规模。将 SCC 归约成单点的算法如下。令 G 为待归约的图，G'是 G 中所有有向边反向以后得到的图。

(1) 从 G 中随机选择一个节点 v。

(2) 寻找 $N_G(v, \infty)$，即 G 中节点 v 可达的节点集合。

(3) 寻找 $N_{G'}(v, \infty)$，即 G' 中节点 v 可达的节点集合。一种等价的说法是，G 中所有可达 v 的节点集合。

(4) 构造包含 v 的 SCC S，即 $N_G(v, \infty) \bigcap N_{G'}(v, \infty)$。也就是当且仅当 v 可达 u 且 u 可达 v 时，u 和 v 才处于同一个 SCC 当中。

(5) 将 SCC S 替换成一个节点 s。为实现这一点，首先从 G 中删除 S 中的所有节点，然后将节点 s 加入 G 的节点集合中。将 G 中单个或两个端点都在 S 中的有向边删除。然后，当 S 中某个节点和 G 中节点 x 之间存在有向边时，将 s→x 加入 G 的有向边集合。最后，当 x 和 S 中某个节点之间存在有向边时，将 x→s 加入 G 的有向边集合。

上述步骤可以循环某个固定的次数。我们也可以循环直到图变得足够小为止，甚至可以考察所有节点直到每个节点都分配给某个 SCC 为止。注意，在极端情况下，如果 $N_G(v, \infty) \bigcap N_{G'}(v, \infty) = \{v\}$，那么节点 v 在一个仅仅由自己构成的 SCC 中。如果采用最后一种策略，那么最终得到的结果称为原始图 G 的**传递归约图**（transitive reduction）。传递归约图一定是无环图，因为一旦有环，那么就还存在一个不止单个节点的 SCC。然而，并没有必要把图归约成无环图，只要结果图的节点少到能够计算图的完整传递闭包即可。也就是说，节点数目少到能够处理一个规模与节点数平方成正比的结果即可。

虽然归约图的传递闭包并不与原始图的传递闭包完全相等，但是前者再加上每个原始节点所属的 SCC 信息已经足够传达原始图传递闭包所能传达的任何信息。如果想知道在原始图中 $Path(u, v)$ 的真假，寻找包含 u 和 v 的 SCC。如果其中一个或者两个节点从来都没组合到一个 SCC 当中，那么将该节点自身看成一个 SCC。如果 u 和 v 属于相同的 SCC，那么显然 u 可以到达 v。如果它们分别属于不同的 SCC s 和 t，那么在归约图上判断 s 能否到达 t。如果能，那么在原始图上 u 也能到达 v，否则 u 就不能到达 v。

例 10.33 再次考虑 5.1.3 节中"蝴蝶结型"的 Web 图。图中考察的节点数超过 2 亿，2 亿的平方级显然因数据规模太大而无法处理。图中有一个很大的称为 SCC 的部分，这部分被看成图的中心。由于有 1/4 的节点属于这个 SCC 中，只要其中一个节点被随机选上，那么它就会归约成单个节点。然而，尽管图中并没有显式地给出，但实际上在 Web 图中还存在很多其他的 SCC。比如，IN 子图中可能就包含很多大的 SCC，其中一个 SCC 中的节点可以彼此到达，并且能够到达 IN 子图中的其他节点，当然也可能到达中心 SCC 中的所有节点。所有 IN 子图、OUT 子图和管道子图中的 SCC 都可以归约成单个节点，因此最后可以得到一个规模非常小的图。□

10.8.11 邻居规模的近似计算

本节将对大规模图中每个节点的邻居描述进行求解。该问题的一个变形是对每个节点 v 计算其可达节点集合（即 $N(v, \infty)$）的大小，这两个问题导致了同一项技术的产生。回想一下前面我们提到过，对于一个有 10 亿节点的图，即使使用大规模计算集群，要计算每个节点的邻居也是完全不可行的。更进一步，即使我们想要的只是每个邻居中的节点数目，也需要记住目前为止发现的那些节点，否则无法知道一个新发现的节点是否已经在以前发现过。

此外，用 4.4.2 节介绍的 Flajolet-Martin 技术来发现每个邻居规模的近似值不是很难。我们还记得该技术需要使用较大数目的哈希函数。这里，我们将哈希函数应用于图中节点。当将哈希函数 h 应用于节点 v 时所得到的二进制串的一个重要性质是 "尾长"，即串尾部 0 的数目。对任意节点集合，该集合大小的估计值为 2^R，其中 R 是该集合的最大尾长。因此，我们并不存储集合的所有成员，而是记录该集合的 R 值。当然，由于 Flajolet-Martin 使用了很多不同哈希函数并组合从每个哈希函数得到的 R，因此我们需要记录每个哈希函数对应的 R 值。虽然如此，数百个 R 所需的空间远远少于列举大邻居所有成员的空间。

例 10.34　如果使用一个产生 64 位二进制串的哈希函数，那么存储每个 R 值只需要 6 位。例如，如果存在 10 亿个节点，我们想估计其中每个节点的邻居规模，我们可以用 15 GB 的空间来存储每个节点在 20 个哈希函数下的 R 值。　　　　□

如果对每个邻居集合存储了尾长，那么可以利用该信息并基于小规模邻居集合上的估计结果来计算更大的邻居集合的估计结果。也就是说，假设我们已经计算了所有节点 v 的 $|N(v, d)|$ 的估计值，而下一步想计算 $|N(v, d+1)|$。那么，对每个哈希函数 h，$N(v, d+1)$ 所对应的尾长 R 是下列数中的最大值：

(1) v 自己的尾长；

(2) h 和 $N(u, d)$ 所关联的 R 值，其中 $v{\to}u$ 是图的一条有向边。

需要注意的是，一个节点是经过 v 的某个后继者（successor）到达，还是经过许多不同的后继者到达，这一点无关紧要。两种情况下估计结果都一样。这个有用的性质我们在 4.4.2 节当中也利用过，当时是为了避免必须要知道某个流元素在流中出现一次还是多次。

下面介绍整个算法，该算法称为 ANF（Approximate Neighborhood Function）。我们选择 K 个哈希函数 $h_1, h_2, \cdots, h_K$。对每个节点 v 和径长 d，令 $R_i(v, d)$ 表示在 h_i 函数下 $N(v, d)$ 所有节点中的最大尾长。

基底： 对所有 i 和 v，将 $R_i(v, 0)$ 的初始化值设为 $h_i(v)$ 的尾长。

归纳： 假设我们已经对所有 i 和 v 计算了 $R_i(v, d)$。对所有 i 和 v，将 $R_i(v, d+1)$ 初始化为 $R_i(v, d)$。然后，以任一次序考虑图中的所有有向边 $x{\to}y$。对任意 $x{\to}y$，将 $R_i(x, d+1)$ 设为其当前值和 $R_i(y, d)$ 的最大值。

注意，可以以任意次序考虑有向边这一点能够在将所有 R_i 存在内存中的情况下进行大规模加速，而有向边集合很大，只能存在磁盘上。我们可以将所有包含有向边的磁盘块以流的方式读入，每次读入一个块。因此，对于每个存储有向边的磁盘块，每次循环仅需要一次磁盘访问。这种做法的优势与 6.2.1 节介绍的方法类似，在那里我们指出了诸如 A-Priori 的频繁项集算法如何利用流读取购物篮数据，其中每个磁盘块在每一轮循环中只被读取一次。

为估计 $N(v, d)$ 的大小，像 4.4.3 节讨论的那样，我们将 $i = 1, 2, \cdots, k$ 时的 $R_i(v, d)$ 的值组合在一起。也就是说，将所有的 R 值分成小组，取平均值并取平均值的中位数。

如果仅想估计可达集合 $N(v, \infty)$ 的大小，可以对 ANF 算法进行改进。于是，不需要对不同的

径长 d 来保存 $R_i(v, d)$。我们可以为每个哈希函数 h_i 和每个节点 v 保留一个 $R_i(v)$ 值。在处于任一轮循环时，考虑有向边 $x \rightarrow y$，我们简单地进行如下赋值：

$$R_i(x) := \max\big(R_i(x), R_i(y)\big)$$

当某一次循环中任一 $R_i(v)$ 的值都不发生改变时，循环可以结束。如果我们知道图直径为 d 的话，那么可以只循环 d 次就结束。

10.8.12 习题

习题 10.8.1 对于图 10-9，这里将它重画为图 10-26。

(a) 如果将该图表示成有向图，那么它有多少条有向边？

(b) 对于节点 A 和节点 B，它们的邻居描述是什么？

(c) 图的直径是多少？

(d) 图的传递闭包中有多少节点对？**提示**：不要忽视在本图中有些节点到自身存在长度大于 0 的路径。

(e) 如果通过双重递归来计算图的传递闭包，那么需要多少次循环？

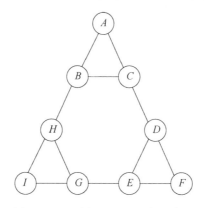

图 10-26　习题 10.8.1 所用的示意图

习题 10.8.2 智能传递闭包算法可以将任意长度的路径分成特定长度的头部和尾部。对于长度分别为 7、8、9 的路径，采用智能传递闭包算法得到的头部和尾部的长度分别是多少？

！习题 10.8.3 填写图 10-25 表格中可达性、线性传递闭包和双重递归算法的值，此时假定不使用半朴素技巧。

！习题 10.8.4 在 10.8.9 节中，我们观察到有向图中节点的出度之和等于图中的有向边数。对于无向图来说，节点的度和边数之间也有个类似的关系，试找出并证明这个关系。

习题 10.8.5 考虑图 10-23 中的社会网络的例子。假设我们使用某个哈希函数 h，它将每个节点（用大写字母表示）映射成它的 ASCII 码。注意，A 的 ASCII 码为 01000001，而 $B, C, \cdots$ 的 ASCII 码依次分别为 01000010, 01000011, $\cdots$。

(a) 使用上述哈希函数，计算每个节点在径长为 1 时的 R 值。每个邻居集合大小的估计值是多少？这些值与真实值对比如何？

(b) 接下来，计算每个节点在径长为 2 时的 R 值。同样计算每个邻居集合大小的估计值并与真实值进行比较。

(c) 图的直径为 3。计算每个节点的 R 值以及可达集合大小的估计值。

(d) 另一个哈希函数 g 等于 1 加上字母的 ASCII 值，对于该哈希函数重复(a)到(c)的计算。将 h 和 g 得到的估计值的平均值作为邻居集合大小的估计值，这些估计值离真实值有多近？

10.9 小结

- **社会网络图**　表示社会网络之间连接的图不仅巨大，而且具有某种形式的局部性，即一些小的节点子集（社区）中的边密度远远高于图中边的平均密度。

- **社区和簇**　虽然社区在很多方面类似于簇，但是它们之间也存在明显的差异。个体（节点）通常属于多个社区，而通常的距离计算方法并不适合于标识社区内节点之间的接近度。因此，将常规的聚类算法用于社区发现的效果不好。

- **中介度**　一种将节点划分为社区的方法是计算边的中介度，即所有节点对之间最短路径经过给定边的比例之和。通过将中介度高于给定阈值的边删除可以得到社区。

- **GN 算法**　GN 算法是一种有效的边中介度计算技术。对每个节点进行广度优先搜索，接着用一系列标识过程计算从根节点到其他每个节点通过每条边的路径份额。对每个根节点得到的边的份额求和便能得到边的中介度。

- **社区和完全二分图**　完全二分图包括两组节点，两组之间的所有节点对之间都存在边，而每组内部节点之间不存在边。任一足够密集的社区（即存在很多边的节点子集）都包含一个大的完全二分图。

- **完全二分图发现**　可以用发现频繁项集的技术来发现完全二分图。图中节点既可以被看成项也可以被看成购物篮。对应于某个节点的购物篮是其邻接节点集合，而每个邻接节点可以看成项。一个两组节点集合大小分别为 t 和 s 的完全二分图可以被看作寻找支持度为 s、大小为 t 的频繁项集。

- **图划分**　一种发现社区的方法是将图反复划分为多个大小近似相等的子图。图的割是指将图划分为两个节点集合，其大小为两个集合节点之间的边的数目。节点集合的容量是指至少有一个端点在该集合内的边的数目。

- **归一化割**　可以通过计算割的大小和割之后每个节点集合的容量的比例来对割归一化。然后将两个比值相加得到归一化后的割值。归一化割的值越小越好，这意味着该割的大小相对较小并且将所有节点划分成两个大小近似相等的节点集合。

- **邻接矩阵**　这些矩阵是对图进行描述的矩阵。如果节点 i 和 j 之间存在边，则矩阵中第 i 行 j 列的元素为 1，否则该元素为 0。

- **度矩阵**　如果第 i 个节点的度为 d，则该矩阵第 i 个对角元素为 d，非对角元素全部为 0。

❏ **拉普拉斯矩阵** 拉普拉斯矩阵等于度矩阵减去邻接矩阵。也就是说，拉普拉斯矩阵的第 i 行第 i 列元素为第 i 个节点的度，而如果节点 i 和 j 之间存在边（$i \neq j$），则矩阵第 i 行第 j 列的元素为-1，否则为 0。

❏ **图划分的谱方法** 任意拉普拉斯矩阵的最小特征值为 0，而其对应的特征向量的所有分量都为 1。较小的特征值对应的特征向量可以用于指导将图划分为大小近似的两部分，并且得到的划分的割较小。一个例子就是，将第二小的特征值对应的特征向量中的正负值对应的节点分成两组，通常能得到不错的效果。

❏ **重叠社区** 通常，个体往往属于多个社区。在描述社会网络的图当中，随着两个节点同时属于的社区数目的增多，两者为朋友的概率也会增大。

❏ **关系图模型** 有关社区隶属关系的一个合适的模型是，假设对每个社区来说，有因为该社区的存在导致两个成员成为朋友（在社会网络图中存在边）的概率。因此，两个节点有边的概率是 1 减去所有包含两个成员的社区都不导致两者有边的概率乘积。然后寻找节点到社区的分配以及对观察到的社会网络图进行最优描述的概率值。

❏ **极大似然估计** 这是一种重要的建模技术，对社区建模有用，同时也用在其他很多场景中。它将观察到的数据的生成概率计算为模型允许的所有参数值的一个函数。产生最高概率的参数值被认为是正确的，该参数值称为极大似然估计的结果。

❏ **梯度下降法的使用** 如果知道了成员到社区的隶属关系，就可以通过梯度下降或其他方法来寻找极大似然估计结果。但是，由于隶属关系是离散而非连续的，无法通过梯度下降法来获得最优的隶属关系。

❏ **利用隶属强度改进后的社区建模** 通过假设个体到每个社区存在隶属强度（如果不是成员则可能为 0），可以构建社会网络图中社区的 MLE 发现问题。如果将两个节点之间存在边的概率定义为其公共社区隶属强度的函数，就可以将 MLE 发现问题转换为一个连续问题，然后通过梯度下降法求解。

❏ **Simrank** 计算多类型节点图中两个点的相似度的一种方法是，让一个随机游走者从某个点出发进行游走，并且在相同节点上有一个固定的重启概率。游走者的期望分布概率可以看成节点到起始节点的一个很好的相似度度量。如果需要得到所有节点对之间的相似度，那么就需要以每个节点为初始点重复上述过程。

❏ **社会网络中的三角形** 每个节点上的三角形数目是度量社区紧密度的一个重要指标，它也往往反映了社区的成熟度。可以在 $O(m^{3/2})$ 的时间对图中的三角形进行枚举或者计数，但是一般而言并不存在更高效的算法。

❏ **基于 MapReduce 的三角形发现** 可以将三角形发现问题看成一个三路连接问题来使用单轮 MapReduce 过程实现。每条边都必须输送给多个 Reduce 任务，输送的 Reduce 任务数目与 Reduce 任务总数的立方根成正比，而所有 Reduce 任务的总运行时间与三角形发现串行算法的时间成正比。

❏ **邻居集合** 在有向或无向图中，节点 v 的径长为 d 的邻居是指从 v 出发最多在 d 步之内可达的节点集合。节点的邻居描述是指径长从 1 开始的所有值下的邻居序列。连通图的直径是指使所有节点邻居都包含整个图的径长中的最小值。

❑ **传递闭包**　如果节点 *u* 在节点 *v* 的某个径长下的邻居当中，则称 *v* 可达 *u*。图的闭包是指所有满足 *v* 可达 *u* 的节点对(*v*, *u*)的集合。

❑ **传递闭包计算**　由于传递闭包中包含的事实数目等于图中节点的平方数，直接计算大规模图的传递闭包是不可行的。一种做法是在计算传递闭包之前发现图的强连通分支并将它们归约成单个节点。

❑ **传递闭包和 MapReduce**　可以将传递闭包问题看成一个 *path* 关系（已知的 *v* 可达 *u* 的节点对(*v*, *u*)集合）和 *arc* 关系的迭代连接运算。这种做法需要图的直径次 MapReduce 循环运算。

❑ **半朴素求值**　在计算图的传递闭包时，因为 *path* 事实只在第一次发现的下一轮才有用，所以可以通过这一点来加速 *path* 关系的迭代计算。同样的思想可以用于加速可达性计算和其他类似的迭代算法。

❑ **基于双重递归的传递闭包计算**　一种使用更少 MapReduce 循环的做法是在每次循环中将 *path* 关系和自己进行连接运算。每次循环中，我们将对传递闭包有贡献的路径长度翻倍。因此，所需的循环次数是图直径的以 2 为底的对数值。

❑ **智能传递闭包**　双重递归会导致路径的重复发现，因此会增加总的计算时间（与反复将 *path* 与 *arc* 关系连接相比）。一种称为智能传递闭包的变形能够避免多次发现同一路径，其技巧在于在两条路径连接时，前一条的长度是 2 的幂。

❑ **邻居集合大小的近似计算**　利用 Flajolet-Martin 技术估计流中独立元素的个数，我们能够估计不同径长条件下的邻居集合大小。我们对每个节点保存一个尾长集合。在径长加 1 时，考察每条边(*u*, *v*)，对 *u* 的每个尾长，如果 *v* 的相应尾长比它大，则将它设成后者。

10.10　参考文献

Simrank 来自论文 "Simrank: a measure of structural-context similarity"。论文 "Similarity flooding: a versatile graph matching algorithm and its application to schema matching" 中的另一种做法是将两个节点的相似度看成从两个节点开始，经过随机游走到达同一节点的概率。论文 "Supervised random walks: predicting and recommending links in social networks" 结合节点分类和随机游走来对社会网络进行链接预测。论文 "Fast random walk with restart and its applications" 以个性化 PageRank 来考察 Simrank 计算的效率。

GN 算法来自论文 "Community structure in social and biological networks"。通过搜索完全二分图来发现社区来自论文 "Trawling the Web for emerging cyber-communities"。

谱分析的归一化割方法在论文 "Normalized cuts and image segmentation" 中有所介绍。"A tutorial on spectral clustering" 是有关谱方法聚类的一篇综述，而 "Community detection in graphs" 是图社区发现的一般性综述。"Community structure in large networks: natural cluster sizes and the absence of large well-defined clusters" 给出了实际中遇到的很多网络的社区分析。

重叠社区的检测可以参考论文"Overlapping community detection at scale: a nonnegative matrix factorization approach""Detecting cohesive and 2-mode communities in directed and undirected networks"和"Community detection in networks with node attributes"。

基于 MapReduce 的三角形计数算法参见论文"Counting triangles and the curse of the last reducer"。本章介绍的方法来自"Enumerating subgraph instancesby map-reduce",该论文同时给出了一个适用于任何子图的技术。论文"DOULION: counting triangles in massive graphs with a coin"讨论了三角形发现的随机算法。

ANF 算法最早出现在论文"ANF: a fast and scalable tool for data mining in massive graphs"中。"HyperANF: approximating the neighbourhood function of very large graphs on a budget"给出了 ANF 的一种额外加速方法。

智能传递闭包算法分别独立出现在论文"On the computation of the transitive closure of relational operators"和"Evaluation of recursive queries using join indices"中。基于 MapReduce 或类似系统的传递闭包实现在"Transitive closure and recursive Datalog implemented on clusters"中进行了讨论。

本章讨论的很多算法的一个开源 C++实现可以在 SNAP 库中找到。

扫描如下二维码获取参考文献完整列表。

10

第 11 章

降维处理

11

很多数据来源可以被看成大矩阵。在第 5 章中，我们看到如何将 Web 表示为转移矩阵。效用矩阵是第 9 章关注的重点。第 10 章则考察了表示社交网络的矩阵。在很多这样的应用当中，可以通过寻找在某种意义上接近原始矩阵的更小的矩阵来对矩阵进行概括。这些小矩阵的行数或者列数更少，因此相对于原始矩阵而言使用起来更加高效。寻找上述更小矩阵的过程称为**降维**（dimensionality reduction）。

9.4 节已经给出了一个初步的降维案例。那里，我们讨论了矩阵的 UV 分解，并给出了一个简单的分解算法。回想一下，大矩阵 *M* 在那里被分解成两个矩阵 *U* 和 *V*，*U* 和 *V* 的乘积 *UV* 是 *M* 的近似。*U* 的列数较少而 *V* 的行数较少，因此，*U* 和 *V* 都显著小于 *M*，但是它们一起能够代表 *M* 中的大部分信息，这些信息可用于预测个人对物品的评分。

本章将深入细致地探讨降维。首先讨论特征值及其在"主成分分析"（PCA）中的应用。然后介绍 UV 分解的一个更强大的版本——奇异值分解。最后，由于我们一直对处理大规模的数据感兴趣，所以我们会介绍另一种形式的矩阵分解方法，称为"CUR 分解"。它是奇异值分解的一个变体，如果原始矩阵稀疏的话，它会保证分解后的矩阵也稀疏。

11.1 特征值和特征向量

下面假设你已掌握了基本的矩阵代数知识，例如矩阵乘法、转置、行列式及线性方程求解等。本节将会定义某个对称矩阵的特征值和特征向量，并介绍它们的求解方法。记住，所谓对称矩阵是指矩阵的第 i 行第 j 列元素等于第 j 行第 i 列元素。

11.1.1 定义

令 *M* 为方阵，λ 为常量，*e* 为一个维度等于 *M* 行数的非零列向量。那么如果 $Me = \lambda e$，则 λ 是 *M* 的**特征值**，*e* 为 λ 对应的**特征向量**。

如果 *e* 是 *M* 的特征向量，*c* 为任一常数，那么 *ce* 仍然是相同特征值下的特征向量。常量乘以向量只改变向量的大小，但不改变其方向。因此，为避免由于向量大小造成的歧义，我们必须要求每个特征向量都是**单位向量**（unit vector），即向量元素的平方和为 1。即使如此也不能完全保证特征向量的唯一性，因为我们将向量乘以–1 不会改变向量元素的平方和大小。因此，我们通常要求特征向量的第一个非零元素为正数。

例 11.1 令 *M* 为矩阵

$$\begin{bmatrix} 3 & 2 \\ 2 & 6 \end{bmatrix}$$

该矩阵的一个特征向量为：

$$\begin{bmatrix} 1/\sqrt{5} \\ 2/\sqrt{5} \end{bmatrix}$$

其对应的特征值为 7。下面的等式

$$\begin{bmatrix} 3 & 2 \\ 2 & 6 \end{bmatrix}\begin{bmatrix} 1/\sqrt{5} \\ 2/\sqrt{5} \end{bmatrix} = 7\begin{bmatrix} 1/\sqrt{5} \\ 2/\sqrt{5} \end{bmatrix}$$

表明上述结果的正确性。上式两边求积的结果都等于：

$$\begin{bmatrix} 7/\sqrt{5} \\ 14/\sqrt{5} \end{bmatrix}$$

另外，我们也会发现上述特征向量为单位向量，因为 $(1/\sqrt{5})^2 + (2/\sqrt{5})^2 = 1/5 + 4/5 = 1$。 □

11.1.2 特征值与特征向量计算

5.1 节介绍了一种计算某个合适的矩阵 *M* 的**特征对**（eigenpair，特征值及其对应特征向量组成的对）的方法：首先从任一合适维度的单位向量 *v* 出发，然后反复计算 $M^i v$，直到其收敛为止[①]。当 *M* 为随机矩阵时，最后的极限向量是**主特征向量**（最大特征值对应的特征向量），其对应的特征值为 1。[②]这种称为**幂迭代**（power iteration）的求解主特征向量的方法通常能有效运行，即使主特征值（主特征向量对应的特征值）不为 1 也是如此，于是随着 *i* 增大，当 $M^i v$ 接近一个与主特征向量方向一致的向量（可能不是单位向量）时，$M^{i+1}v$ 与 $M^i v$ 的比值接近主特征值。

11.1.3 节将以幂迭代方法的一般化形式来寻找所有的特征对。然而，对于一个 $n \times n$ 的对称矩阵，存在一个运行时间为 $O(n^3)$ 的精确计算矩阵所有特征对的方法，我们将首先介绍。对于该矩阵，总有 *n* 个特征对，尽管某些情况下有些特征值相等。该方法首先将特征对的定义 $Me = \lambda e$ 重写为 $(M-\lambda I)e = 0$，其中：

(1) *I* 是 $n \times n$ 的**单位矩阵**，其主对角线上的值为 1，而其他位置上的值均为 0；

(2) **0** 是一个所有值都为 0 的向量。

线性代数中的一个客观事实是，要使 $(M-\lambda I)e = 0$ 对于某个非零向量 *e* 成立，那么 $M-\lambda I$ 的行

---

① 记住，如 5.1.2 节所述，M^i 表示 *M* 相乘 *i* 次。

② 注意，随机矩阵通常不是对称的。对称矩阵和随机矩阵是两类存在特征对且特征对可计算的矩阵。本章将主要关注面向对称矩阵的技术。

列式必须为 0。注意,$(M-\lambda I)$ 和矩阵 M 看上去基本类似,只是如果 M 的某个对角元素为 c,则 $(M-\lambda I)$ 对应位置上的元素为 $c-\lambda$。由于 $n \times n$ 矩阵的行列式有 $n!$ 项求和值,所以可以有多种 $O(n^3)$ 时间复杂度的算法对其进行求解,其中的一个例子就是中枢压缩法(pivotal condensation)。

$(M-\lambda I)$ 的行列式是 λ 的 n 阶多项式,通过该多项式得到的 n 个 λ 就是 M 的特征值。对每个值 c,可以求解方程 $Me = ce$。对于 n 个未知量(e 的 n 个元素)共有 n 个方程,但是因为每个方程中没有常数项,所以我们只能在一个常数因子下求解 e(即不同的结果之间只相差一个常数因子,参考例 11.2)。然而,利用任何求解结果,我们都可以将其按照所有元素平方和为 1 进行归一化,于是就可以得到特征值 c 对应的特征向量。

例 11.2 求解例 11.1 中如下 2×2 矩阵的特征对:

$$\begin{bmatrix} 3 & 2 \\ 2 & 6 \end{bmatrix}$$

于是,$M-\lambda I$ 为:

$$\begin{bmatrix} 3-\lambda & 2 \\ 2 & 6-\lambda \end{bmatrix}$$

该矩阵的行列式为 $(3-\lambda)(6-\lambda)-4$,而其必须等于 0,于是得到关于 λ 的方程 $\lambda^2 - 9\lambda + 14 = 0$。该方程的根是 $\lambda = 7$ 和 $\lambda = 2$,前者更大,因此为主特征值。令 e 为未知分量 x 和 y 构成的向量:

$$\begin{bmatrix} x \\ y \end{bmatrix}$$

我们需要解:

$$\begin{bmatrix} 3 & 2 \\ 2 & 6 \end{bmatrix} \begin{bmatrix} x \\ y \end{bmatrix} = 7 \begin{bmatrix} x \\ y \end{bmatrix}$$

于是通过矩阵乘法得到两个方程:

$$\begin{bmatrix} 3x + 2y = 7x \\ 2x + 6y = 7y \end{bmatrix}$$

注意,上述两个方程实际上表达同一个意思,即 $y = 2x$。于是,一个可能的特征向量为:

$$\begin{bmatrix} 1 \\ 2 \end{bmatrix}$$

但是该向量分量的平方和 5 并不等于 1,因此它不是单位向量。于是为得到同一方向下的单位向量,对每个分量都除以 $\sqrt{5}$。也就是说,最后的主特征向量为:

$$\begin{bmatrix} 1/\sqrt{5} \\ 2/\sqrt{5} \end{bmatrix}$$

其对应特征值为 7。这就是我们在例 11.1 中得到的特征对。

　　对于第二个特征对，我们利用特征值 2 代替特征值 7 重复上述过程，得到需要求解的有关 e 的方程为 $x = -2y$，最后得到的第二个特征向量为：

$$\begin{bmatrix} 2/\sqrt{5} \\ -1/\sqrt{5} \end{bmatrix}$$

当然，其对应的特征值为 2。　　　　　　　　　　　　　　　　　　　　　　　　　□

11.1.3　基于幂迭代方法的特征对求解

　　下面我们将对 5.1 节介绍的过程进行推广，推广之后的过程可以用于主特征向量计算，在 5.1 节当中，Web 随机矩阵的多个特征向量中所需要的仅仅是 PageRank 向量。下面首先对 5.1 节的方法稍加推广，从而计算主特征向量。然后对矩阵进行修改以从结果中去除主特征向量。此时得到的新矩阵的主特征向量是原有矩阵的次特征向量（第二大特征值对应的特征向量）。此过程可以持续下去，从而在找到每个特征向量之后去除它，之后采用幂迭代方法对剩下矩阵的主特征向量进行求解。

　　假设需要对矩阵 M 求解特征对，从任意非零向量 x_0 出发，然后反复迭代：

$$x_{k+1} := \frac{Mx_k}{\|Mx_k\|}$$

其中矩阵或向量 N 的 $\|N\|$ 指的是其 F 范数（Frobenius norm），即 N 中所有元素平方和的平方根。我们将矩阵 M 左乘当前的向量 x_k 直至收敛（即，$\|x_k - x_{k+1}\|$ 小于某个很小的事先给定的常数）。令 x 为 x_k 收敛时获得的值，则 x 近似为 M 的主特征向量。为得到相应的特征值，只需要简单进行如下计算：$\lambda_1 = x^{\mathrm{T}} M x$。由于 x 是单位向量，上述式子相当于求解方程 $Mx = \lambda x$。

　　例 11.3　对于例 11.2 中的矩阵

$$M = \begin{bmatrix} 3 & 2 \\ 2 & 6 \end{bmatrix}$$

我们令初始向量 x_0 的两个分量都为 1。为计算 x_1，我们乘以 Mx_0 得到：

$$\begin{bmatrix} 3 & 2 \\ 2 & 6 \end{bmatrix}\begin{bmatrix} 1 \\ 1 \end{bmatrix} = \begin{bmatrix} 5 \\ 8 \end{bmatrix}$$

该向量的 F 范数为 $\sqrt{5^2 + 8^2} = \sqrt{89} \approx 9.434$。将 5 和 8 分别除以 9.434，得到 x_1：

$$x_1 \approx \begin{bmatrix} 0.530 \\ 0.848 \end{bmatrix}$$

　　下一次迭代，我们计算得到：

$$\begin{bmatrix} 3 & 2 \\ 2 & 6 \end{bmatrix}\begin{bmatrix} 0.530 \\ 0.848 \end{bmatrix} \approx \begin{bmatrix} 3.286 \\ 6.148 \end{bmatrix}$$

　　上面得到的向量的 F 范数为 6.971，于是我们可以得到 x_2：

$$x_2 \approx \begin{bmatrix} 0.471 \\ 0.882 \end{bmatrix}$$

上述迭代的结果向量不断地向某个单位向量收敛, 其中该单位向量的第二个元素是第一个元素的两倍。也就是说, 上述通过幂迭代方法得到的极限向量就是主特征向量:

$$x \approx \begin{bmatrix} 0.447 \\ 0.894 \end{bmatrix}$$

最后, 我们可以计算主特征值如下:

$$\lambda = x^T M x = \begin{bmatrix} 0.447 & 0.894 \end{bmatrix} \begin{bmatrix} 3 & 2 \\ 2 & 6 \end{bmatrix} \begin{bmatrix} 0.447 \\ 0.894 \end{bmatrix} \approx 6.993$$

回想一下例 11.2, 真实的主特征值为 7。幂迭代方法会引入一些小误差, 误差的原因要么源于极限精度 (比如上述例子), 要么源于我们在得到精确特征向量之前停止了迭代过程。当计算 PageRank 时, 一些小误差无关紧要, 但是计算所有特征对时, 如果不注意的话这种误差会累加。□

为得到次特征对, 可以建立一个新的矩阵 $M^* = M - \lambda_1 x x^T$。然后, 在 M^* 上利用幂迭代方法计算其最大特征值。最后得到的 x^* 和 λ^* 对应的是原始矩阵 M 的次特征值和对应特征向量。

直观上看, 我们所做的是通过将关联特征值置为 0 来消除给定特征向量的影响。形式化证明基于如下两个观察结果。如果 $M^* = M - \lambda x x^T$, 其中 x 和 λ 是最大特征值对应的特征对, 那么有以下两点。

(1) x 也是 M^* 的特征向量, 不过此时对应的特征值为 0。证明如下。

观察到:

$$M^* x = (M - \lambda x x^T) x = Mx - \lambda x x^T x = Mx - \lambda x = 0$$

在倒数第二步, 由于 x 是单位向量, 我们使用 $x^T x = 1$ 这个事实。

(2) 反之, 如果 v 和 λ_v 是 M 除主特征对(x, λ)之外的特征对, 那么它们也是 M^* 的特征对, 证明如下:

$$M^* v = (M^*)^T v = (M - \lambda x x^T)^T v = M^T v - \lambda x (x^T v) = M^T v = \lambda_v v$$

上述一系列等式的推导需要如下前提证明。

(a) M 和 M^T 的特征值和特征向量集合一样。如果 M 是对称矩阵, 那么 $M = M^T$, 但是即使 M 非对称, 上述命题仍然正确, 这一点不在此给出证明。

(b) 矩阵的特征向量之间是**正交的** (orthogonal)。也就是说, 任意两个不同的特征向量之间的内积为 0。这一点在此也不给出证明。

例 11.4 继续例 11.3, 计算

$$M^* = \begin{bmatrix} 3 & 2 \\ 2 & 6 \end{bmatrix} - 6.993 \begin{bmatrix} 0.447 \\ 0.894 \end{bmatrix} \begin{bmatrix} 0.447 & 0.894 \end{bmatrix} \approx$$

$$\begin{bmatrix} 3 & 2 \\ 2 & 6 \end{bmatrix} - \begin{bmatrix} 1.397 & 2.795 \\ 2.795 & 5.589 \end{bmatrix} \approx \begin{bmatrix} 1.603 & -0.795 \\ -0.795 & 0.411 \end{bmatrix}$$

可以对上述矩阵重复原始矩阵 M 上的幂迭代过程，从而求得原始矩阵 M 的次特征对。　□

11.1.4　特征向量矩阵

假设有一个 $n \times n$ 的矩阵 M，其特征向量 $e_1, e_2, \cdots, e_n$ 可以看成一系列列向量。假设 E 为第 i 个列向量为 e_i 的矩阵。于是有 $EE^T = E^T E = I$。原因在于矩阵的特征向量之间是**正交**的。也就是说，这些向量都是单位向量。

例 11.5　对于例 11.2 的矩阵 M，对应的矩阵 E 为：

$$\begin{bmatrix} 2/\sqrt{5} & 1/\sqrt{5} \\ -1/\sqrt{5} & 2/\sqrt{5} \end{bmatrix}$$

于是 E^T 为：

$$\begin{bmatrix} 2/\sqrt{5} & -1/\sqrt{5} \\ 1/\sqrt{5} & 2/\sqrt{5} \end{bmatrix}$$

当计算 EE^T 时，有：

$$\begin{bmatrix} 4/5+1/5 & -2/5+2/5 \\ -2/5+2/5 & 1/5+4/5 \end{bmatrix} = \begin{bmatrix} 1 & 0 \\ 0 & 1 \end{bmatrix}$$

计算 $E^T E$ 时与此类似。注意，主对角线上的 1 是每个特征向量元素的平方和，由于它们都是单位向量，这个结果是合乎情理的。而对于非主对角线上的 0 来说，因为结果矩阵的第 i 行第 j 列元素是第 i 个和第 j 个特征向量的内积，而这些特征向量之间是正交的，所以这些内积都是 0。　□

11.1.5　习题

习题 11.1.1　求解与向量[1, 2, 3]同一方向的单位向量。

习题 11.1.2　继续计算例 11.4 中得到的矩阵的主特征向量。最后的结果和正确答案（参考例 11.2）相差多大？

习题 11.1.3　对任意如下 3 × 3 对称矩阵

$$\begin{bmatrix} a-\lambda & b & c \\ b & d-\lambda & e \\ c & e & f-\lambda \end{bmatrix}$$

其行列式等于 0 是一个 λ 的三次方程。以 a 到 f 为常量，给出这个方程。

习题 11.1.4　利用 11.1.2 节的方法，计算如下矩阵的特征对：

$$\begin{bmatrix} 1 & 1 & 1 \\ 1 & 2 & 3 \\ 1 & 3 & 5 \end{bmatrix}$$

！**习题 11.1.5**　利用 11.1.2 节的方法，求解如下矩阵的特征对：

$$\begin{bmatrix} 1 & 1 & 1 \\ 1 & 2 & 3 \\ 1 & 3 & 6 \end{bmatrix}$$

习题 11.1.6 对于习题 11.1.4 中的矩阵：

(a) 从全 1 的向量开始，利用幂迭代方法求解主特征向量的近似值；

(b) 计算矩阵主特征值的近似值；

(c) 采用 11.1.3 节的方法，通过去除主特征对的影响，构造一个新矩阵；

(d) 利用(c)中得到的新矩阵，求解习题 11.1.4 中原始矩阵的次特征对；

(e) 重复(c)到(d)，求解原始矩阵的第三特征对。

习题 11.1.7 对于习题 11.1.5 的矩阵，重复习题 11.1.6 的计算过程。

11.2 主成分分析

主成分分析（Principal Component Analysis，PCA）是这样一种技术：它对由一系列代表高维空间下的点的元组组成的数据集进行分析，寻找那些让元组尽可能排列成直线的方向。其思想是将元组集合看成矩阵 M 并求解矩阵 MM^T 或 M^TM 的特征向量。这些特征向量构成的矩阵可以被看作高维空间下的刚性旋转。当对原始数据应用上述转换操作时，主特征向量对应的轴就是点最"分散"的方向。更精确的说法是，该轴是数据方差最大的方向。换句话说，最好可以将点视为分布在轴的周围且到轴的偏差较小。同理，次特征向量（次特征值对应的特征向量）对应的轴就是到第一个轴的距离方差最大的那个方向，其余以此类推。

可以将 PCA 看成一种数据挖掘技术。高维数据可以用其到最重要的几个坐标轴上的投影来替代。这些坐标轴对应最大的那些特征值。因此，原始数据可以通过少得多的低维度来逼近，这些维度可以很好地概括原始数据。

11.2.1 一个示例

下面先通过一个人工构造的简单例子来开始 PCA 的阐述。在本例中，数据是二维的，这个维数太小以致 PCA 实际上并不真正有用。此外，如图 11-1 所示，数据只包含 4 个点，并且它们按照一个 45 度斜线的简单模式分布，这样可以让计算简单。也就是说，预期的结果是，这些点最好可以被看成沿着 45 度角分布，而在与该方向垂直的方向上方差较小。

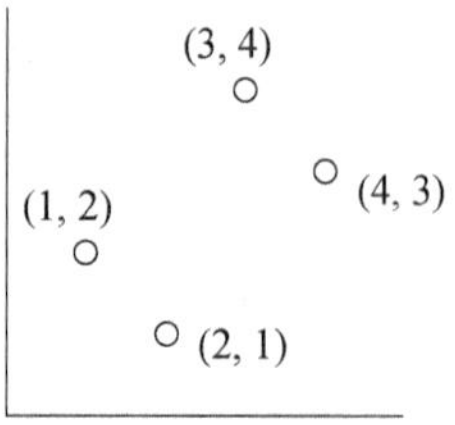

图 11-1 二维空间下的 4 个点

首先，将上述点表示成一个四行的矩阵 M，其中每行对应一个点，每个点的 x 轴的值和 y 轴的值构成两列。该矩阵为：

$$M = \begin{bmatrix} 1 & 2 \\ 2 & 1 \\ 3 & 4 \\ 4 & 3 \end{bmatrix}$$

计算 $M^T M$ 得到：

$$M^T M = \begin{bmatrix} 1 & 2 & 3 & 4 \\ 2 & 1 & 4 & 3 \end{bmatrix} \begin{bmatrix} 1 & 2 \\ 2 & 1 \\ 3 & 4 \\ 4 & 3 \end{bmatrix} = \begin{bmatrix} 30 & 28 \\ 28 & 30 \end{bmatrix}$$

和例 11.2 一样，通过求解如下方程可以得到上述矩阵的特征值：

$$(30 - \lambda)(30 - \lambda) - 28 \times 28 = 0$$

这里得到的解为：$\lambda = 58$ 和 $\lambda = 2$。

采用例 11.2 中的方法，我们必须要求解：

$$\begin{bmatrix} 30 & 28 \\ 28 & 30 \end{bmatrix} \begin{bmatrix} x \\ y \end{bmatrix} = 58 \begin{bmatrix} x \\ y \end{bmatrix}$$

于是将矩阵和向量相乘，有：

$$30x + 28y = 58x$$
$$28x + 30y = 58y$$

两个方程的结论一样，都是 $x = y$。因此，主特征值 58 对应的单位特征向量为：

$$\begin{bmatrix} 1/\sqrt{2} \\ 1/\sqrt{2} \end{bmatrix}$$

对于次特征值 2，重复上述过程，有：

$$\begin{bmatrix} 30 & 28 \\ 28 & 30 \end{bmatrix} \begin{bmatrix} x \\ y \end{bmatrix} = 2 \begin{bmatrix} x \\ y \end{bmatrix}$$

于是：

$$30x + 28y = 2x$$
$$28x + 30y = 2y$$

上述两个方程的结论也一样，即 $x = -y$。于是，特征值 2 对应的单位特征向量为：

$$\begin{bmatrix} -1/\sqrt{2} \\ 1/\sqrt{2} \end{bmatrix}$$

11

虽然前面承诺在构建特征向量时第一个分量用正值,但这里采用了相反的做法,因为在本例中这样做会更容易进行坐标变换。

下面我们构造矩阵 E,即 M^TM 矩阵的特征向量矩阵。将主特征向量先放到该矩阵中,从而得到特征矩阵向量:

$$E = \begin{bmatrix} 1/\sqrt{2} & -1/\sqrt{2} \\ 1/\sqrt{2} & 1/\sqrt{2} \end{bmatrix}$$

正交向量(互相正交的单位向量)构成的任意矩阵都代表欧氏空间下的一个坐标旋转。上面的这个矩阵可以看成一个 45 度的逆时针旋转。例如,将代表图 11-1 中 4 个点的矩阵 M 乘以 E,得到:

$$ME = \begin{bmatrix} 1 & 2 \\ 2 & 1 \\ 3 & 4 \\ 4 & 3 \end{bmatrix} \begin{bmatrix} 1/\sqrt{2} & -1/\sqrt{2} \\ 1/\sqrt{2} & 1/\sqrt{2} \end{bmatrix} = \begin{bmatrix} 3/\sqrt{2} & 1/\sqrt{2} \\ 3/\sqrt{2} & -1/\sqrt{2} \\ 7/\sqrt{2} & 1/\sqrt{2} \\ 7/\sqrt{2} & -1/\sqrt{2} \end{bmatrix}$$

例如,第一个点[1, 2]变换到点

$$\left[3/\sqrt{2}, 1/\sqrt{2} \right]$$

考察图 11-2,其中的虚线代表新的 x 轴,第一个点到该轴的投影位于距离原点 $3/\sqrt{2}$ 处。为证实这一点,注意第一个点和第二个点到新 x 轴的投影点一样,在原坐标系下为点[1.5, 1.5],于是该点到原点的距离为:

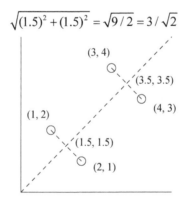

$$\sqrt{(1.5)^2 + (1.5)^2} = \sqrt{9/2} = 3/\sqrt{2}$$

图 11-2   图 11-1 在 45 度逆时针旋转轴下的情况

此外,新的 y 轴当然正好与虚线垂直。在 y 轴方向上,第一个点在新的 x 轴上方,距离为 $1/\sqrt{2}$。也就是说,点[1, 2]到点[1.5, 1.5]的距离为:

$$\sqrt{(1-1.5)^2 + (2-1.5)^2} = \sqrt{(-1/2)^2 + (1/2)^2} = \sqrt{1/2} = 1/\sqrt{2}$$

图 11-3 给出了在旋转后的新坐标系下的四个点的情况。

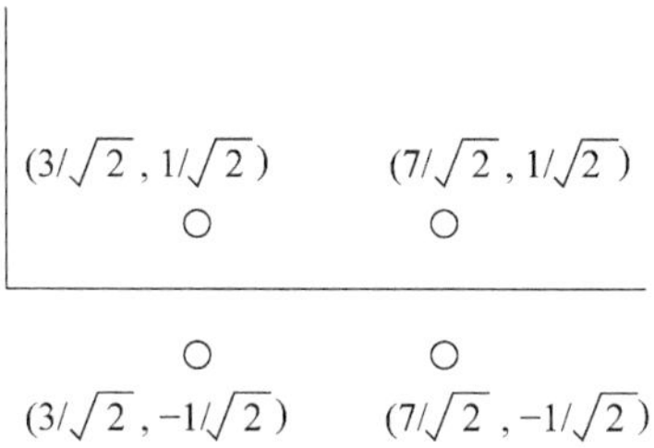

$(3/\sqrt{2}, 1/\sqrt{2})$ $(7/\sqrt{2}, 1/\sqrt{2})$

○   ○

○   ○

$(3/\sqrt{2}, -1/\sqrt{2})$ $(7/\sqrt{2}, -1/\sqrt{2})$

图 11-3　图 11-1 中的点在新坐标系下的情况

第二个点[2, 1]在新 x 轴的投影正好与第一个点一样。在新的 y 轴方向上，它在新 x 轴下方 $1/\sqrt{2}$ 处。这一点也可以通过变换后点矩阵中的第二行为 $\left[3/\sqrt{2}, -1/\sqrt{2}\right]$ 来加以确认。第三个点 [3,4]变换为 $\left[7/\sqrt{2}, -1/\sqrt{2}\right]$，而第四个点[4,3]变换为 $\left[7/\sqrt{2}, -1\sqrt{2}\right]$。也就是说，这两个点在新 x 轴下都投影到距离原点 $7/\sqrt{2}$ 的那个点，只不过在新 y 轴方向上一个在新 x 轴的上方 $1/\sqrt{2}$ 处，另一个在下方 $1/\sqrt{2}$ 处。

11.2.2　利用特征向量进行降维

我们可以从上面的例子看到一个一般性原则。如果 M 矩阵的每行代表某个任意维欧氏空间中的一个点，那么可以计算 $M^{\mathrm{T}}M$ 及其特征对。令 E 为特征向量为列组成的矩阵，其中最大特征值对应的特征向量排在最前面。定义矩阵 L 的对角线上为 $M^{\mathrm{T}}M$ 的特征值，最大的特征值排在最前面，而非对角线元素均为 0。那么，由于对每个特征向量 e 及其对应特征值 λ 都有 $M^{\mathrm{T}}Me = \lambda e = e\lambda$，于是有 $M^{\mathrm{T}}ME = EL$。

我们观察到 ME 是 M 中的点变换到一个新的坐标空间。在该空间下，第一个坐标轴（对应最大特征值的那个轴）最重要，形式化的说法是沿着该轴点的方差最大。而次特征对对应的第二个坐标轴，在相同意义上说是第二重要的，其余可以依此类推。如果想将 M 变换到一个低维空间，那么保留最重要部分的做法是使用最大特征值对应的向量并忽略其他特征值。

也就是说，令 E_k 为 E 的前 k 列。那么 ME_k 是 M 的一个 k 维表示。

例 11.6　令 M 是 11.2.1 节的那个矩阵。该数据只有二维，因此降维的唯一选择是令 $k = 1$，即将数据投影到一维空间。也就是说，我们可以计算 ME_1 得到：

$$\begin{bmatrix} 1 & 2 \\ 2 & 1 \\ 3 & 4 \\ 4 & 3 \end{bmatrix} \begin{bmatrix} 1/\sqrt{2} \\ 1/\sqrt{2} \end{bmatrix} = \begin{bmatrix} 3/\sqrt{2} \\ 3/\sqrt{2} \\ 7/\sqrt{2} \\ 7/\sqrt{2} \end{bmatrix}$$

11

上述变换的效果相当于将 M 中的点替换为其在图 11-3 中 x 轴上的投影。由于前两个点的投影相同，而后两个点的投影也相同，这种表示能够在一维上对这些点进行最好的区分。   □

11.2.3 距离矩阵

回到 11.2.1 节的例子，但这次不从 M^TM 而从 MM^T 的特征值开始。在我们的例子中，M 的行数大于列数，因此矩阵 MM^T 要比 M^TM 大。当然，当 M 的列数大于行数时，结果正好相反。在上述例子中，我们有：

$$MM^T = \begin{bmatrix} 1 & 2 \\ 2 & 1 \\ 3 & 4 \\ 4 & 3 \end{bmatrix} \begin{bmatrix} 1 & 2 & 3 & 4 \\ 2 & 1 & 4 & 3 \end{bmatrix} = \begin{bmatrix} 5 & 4 & 11 & 10 \\ 4 & 5 & 10 & 11 \\ 11 & 10 & 25 & 24 \\ 10 & 11 & 24 & 25 \end{bmatrix}$$

同 M^TM 一样，这里的 MM^T 也是对称矩阵。该矩阵的第 i 行第 j 列元素有一个十分简单的解释：它是 M 中第 i 个点和第 j 个点（M 的第 i 行和第 j 行）的内积。

M^TM 和 MM^T 的特征值之间具有十分强的关联。假定 e 是 M^TM 的一个特征向量，即有：

$$M^TMe = \lambda e$$

将等式两边左乘 M，即有：

$$MM^T(Me) = M\lambda e = \lambda(Me)$$

于是，只要 Me 不是零向量 $\mathbf{0}$，那么 e 也是 MM^T 的特征向量且 λ 也为 MM^T 的特征值。

反之也成立。也就是说，如果 e 是 MM^T 的特征向量且其对应特征值为 λ，那么由于 $MM^Te = \lambda e$，两边左乘 M^T 有 $M^TM(M^Te) = \lambda(M^Te)$。因此，如果 M^Te 不是 $\mathbf{0}$，那么 λ 也为 M^TM 的特征值。

当 $M^Te = \mathbf{0}$ 时会发生什么呢？这种情况下，$MM^Te = \mathbf{0}$，但是 e 不可能是 $\mathbf{0}$，因为特征向量不为 $\mathbf{0}$。然而，由于 $\mathbf{0} = \lambda e$，只能有 $\lambda = 0$。

因此我们的结论是，MM^T 的特征值是 M^TM 的特征值加上额外的 0。如果 MM^T 的维数小于 M^TM 的维数，那么反过来的结论也成立，即 M^TM 的特征值为 MM^T 的特征值加上额外的 0。

例 11.7 在我们的例子中，MM^T 特征值一定包含 58 和 2，这是因为在 11.2.1 节中我们知道这两个数是 M^TM 的特征值。因为 MM^T 是一个 4×4 矩阵，所以它还有另外两个特征值，且这两个特征值一定是 0。对应特征值 58、2、0、0 的特征向量矩阵如图 11-4 所示。   □

$$\begin{bmatrix} 3/\sqrt{116} & 1/2 & 7/\sqrt{116} & 1/2 \\ 3/\sqrt{116} & -1/2 & 7/\sqrt{116} & -1/2 \\ 7/\sqrt{116} & 1/2 & -3/\sqrt{116} & -1/2 \\ 7/\sqrt{116} & -1/2 & -3/\sqrt{116} & 1/2 \end{bmatrix}$$

图 11-4 MM^T 的特征向量矩阵

11.2.4 习题

习题 11.2.1 令 M 为如下点组成的矩阵：

$$\begin{bmatrix} 1 & 1 \\ 2 & 4 \\ 3 & 9 \\ 4 & 16 \end{bmatrix}$$

(a) M^TM 和 MM^T 分别是多少？

(b) 计算 M^TM 的特征对。

! (c) 你认为 MM^T 的特征值是多少？

! (d) 利用(c)中得到的特征值，计算 MM^T 的特征向量。

! **习题 11.2.2** 证明不论 M 为什么矩阵，M^TM 和 MM^T 都是对称矩阵。

11.3 奇异值分解

接下来介绍第二种对高维矩阵进行低维表示的矩阵分析形式。这种称为**奇异值分解**（Singular Value Decomposition，SVD）的方法可以对任意矩阵进行精确表示，也可以很容易去除表示中的非重要部分来获得任意维度的近似表示。当然，选择的维度越低，近似的精度也就越低。

下面首先介绍一些必要的定义，然后探索 SVD 可以通过定义少数几个"概念"将矩阵的行和列联系起来。我们会展示如何通过去除最不重要的那些概念来获得原始矩阵的一个较小的逼近表示，之后介绍如何利用这些概念来对原始矩阵进行更高效的查询。最后，我们给出了一个 SVD 的实现算法。

11.3.1 SVD 的定义

令 M 为一个 $m \times n$ 的 r 秩矩阵。回想一下，所谓矩阵的**秩**是指我们从矩阵中能够选择的最大行数（或者同样的列数），使得这些行的所有非零线性组合都不为零向量（我们称这些行集合或者列集合**相互独立**）。于是可以得到满足如下性质的矩阵 U、Σ 和 V（如图 11-5 所示）。

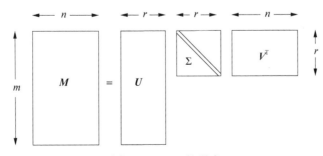

图 11-5 SVD 的形式

(1) **U** 为 $m \times r$ 的**列正交矩阵**，也就是说任意一列都是单位向量并且任意两列的的内积为 0。

(2) **V** 为 $n \times r$ 的列正交矩阵。需要注意的是，对于 **V** 我们通常用其转置矩阵 V^T，因此 V^T 的行是正交的。

(3) **Σ** 是对角矩阵，也就是说其非主对角线上的元素均为 0。**Σ** 对角线上的元素称为矩阵 **M** 的**奇异值**（singular value）。

例 11.8 图 11-6 给出的是一个秩为 2 的用户对电影的评分矩阵。在这个编造的例子当中，电影背后有两个"概念"：科幻片和爱情片。所有男孩只对科幻片评分，而所有女孩只对爱情片评分。正是这两个完全依附的概念使得矩阵的秩为 2。也就是说，我们可以选择前 4 行中的一行和后 3 行中的一行，然后发现不可能有非零线性组合的结果为 0。但是我们不可能选择 3 个独立行。例如，如果选择第 1、第 2 和第 7 行，那么第 1 行乘以 3 减去第 2 行，再加上 0 乘以第 7 行，结果就为 0。

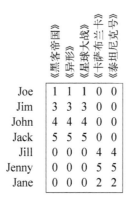

	《黑客帝国》	《异形》	《星球大战》	《卡萨布兰卡》	《泰坦尼克号》
Joe	1	1	1	0	0
Jim	3	3	3	0	0
John	4	4	4	0	0
Jack	5	5	5	0	0
Jill	0	0	0	4	4
Jenny	0	0	0	5	5
Jane	0	0	0	2	2

图 11-6　用户对电影的评分矩阵

对于列也有类似的观察结果。我们可以选择前 3 列中的一列和后 2 列中的一列，它们之间是相互独立的，而任意三列之间都不是相互独立的。

将图 11-6 中的矩阵 **M** 分解成 **U**、**Σ** 和 **V**，且所有元素都保留两位有效小数位，该分解得到的结果如图 11-7 所示。由于 **M** 的秩为 2，分解中令 $r = 2$。我们将在 11.3.6 节中介绍上述分解的计算过程。□

$$\begin{bmatrix} 1 & 1 & 1 & 0 & 0 \\ 3 & 3 & 3 & 0 & 0 \\ 4 & 4 & 4 & 0 & 0 \\ 5 & 5 & 5 & 0 & 0 \\ 0 & 0 & 0 & 4 & 4 \\ 0 & 0 & 0 & 5 & 5 \\ 0 & 0 & 0 & 2 & 2 \end{bmatrix} = \begin{bmatrix} 0.14 & 0 \\ 0.42 & 0 \\ 0.56 & 0 \\ 0.70 & 0 \\ 0 & 0.60 \\ 0 & 0.75 \\ 0 & 0.30 \end{bmatrix} \begin{bmatrix} 12.4 & 0 \\ 0 & 9.5 \end{bmatrix} \begin{bmatrix} 0.58 & 0.58 & 0.58 & 0 & 0 \\ 0 & 0 & 0 & 0.71 & 0.71 \end{bmatrix}$$

　　　　M　　　　　　　**U**　　　　　**Σ**　　　　　　　**V**^{T}

图 11-7　图 11-6 中矩阵 **M** 的 SVD 结果

11.3.2 SVD 解析

理解 SVD 的关键是将 U、Σ 和 V 中的 r 列看成原始矩阵 M 背后隐藏的"概念"。在例 11.8 中，这些概念非常清晰，一个是科幻片，另一个是爱情片。将 M 的行看成人，将列看成电影，那么矩阵 U 将人和概念联系起来。例如，图 11-6 中矩阵 M 的第 1 行对应的用户 Joe 只喜欢科幻片这个概念。U 中第 1 行第 1 列的值 0.14 比该列中的其他元素要小，这是因为虽然 Joe 只看科幻片，但是他给这些片子的评分并不高。因为 Joe 根本不会对爱情片评分，所以 U 的第 1 行第 2 列的元素为 0。

矩阵 V 将电影和概念联系起来。V^{T} 第 1 行前 3 列的元素 0.58 表明前三部电影《黑客帝国》《异形》和《星球大战》都属于科幻类，而该行最后 2 列的元素都为 0，这表明上述电影与爱情片这个概念没有任何关联。类似地，V^{T} 的第 2 行告诉我们电影《卡萨布兰卡》和《泰坦尼克号》只属于爱情片。

最后，矩阵 Σ 给出了每个概念的强度。在这个例子中，科幻片这个概念的强度为 12.4，而爱情片这个概念的强度为 9.5。直观上看，由于该数据中属于科幻片类型的电影更多，喜欢它们的用户也更多。因此，这里的科幻片概念更强。

一般而言，矩阵背后的概念不这么清晰可辨。尽管 Σ 总是非主对角线元素均为 0 的对角矩阵，但 U 和 V 中的 0 一般会更少。M 中行和列所代表的实体（可以类比于刚才例子中提到的用户和电影）会不同程度地部分属于多个不同概念。实际上，因为例 11.8 中矩阵 M 的秩等于想要的 U、Σ 和 V 列数，所以其分解特别简单。因此，我们能够得到 M 的精确分解结果，其中矩阵 U、Σ 和 V 都只包含两列，而如果精度可以无穷高的话，乘积 $U\Sigma V^{\mathrm{T}}$ 会精确等于 M。但实际上并不这么简单。当 M 的秩高于我们想要的 U、Σ 和 V 的行数时，分解并不是精确的。我们必须从精确结果中去除较小奇异值对应的 U 和 V 中的列，从而获得最佳的近似结果。下面的例子对例 11.8 进行了轻微的修改，能够诠释上述过程。

例 11.9 除了 Jill 和 Jane 也对《异形》评分（评分都不是很高）之外，图 11-8 和图 11-6 一样。图 11-8 中矩阵的秩为 3，例如第 1、第 6 和第 7 行相互独立，而你可以自行检查任意 4 行都不相互独立。图 11-9 给出了图 11-8 矩阵的分解结果。

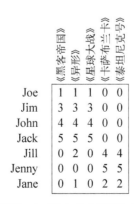

图 11-8　一个新的矩阵 M'，其中对《异形》增加了两个评分用户

因为所分解的矩阵的秩为 3，所以这里使用的是 U、Σ、V 的三列。U 和 V 的列仍然对应概念。第一列仍然对应"科幻片"，第二列对应"爱情片"。很难说第三列的概念到底是什么，但是由 Σ 给出的其权重相对于其他两个概念来说要低很多，所以这个概念是什么并不重要。   □

$$
\begin{bmatrix}
1 & 1 & 1 & 0 & 0 \\
3 & 3 & 3 & 0 & 0 \\
4 & 4 & 4 & 0 & 0 \\
5 & 5 & 5 & 0 & 0 \\
0 & 2 & 0 & 4 & 4 \\
0 & 0 & 0 & 5 & 5 \\
0 & 1 & 0 & 2 & 2
\end{bmatrix} =
$$
$$
M'
$$

$$
\begin{bmatrix}
0.13 & 0.02 & -0.01 \\
0.41 & 0.07 & -0.03 \\
0.55 & 0.09 & -0.04 \\
0.68 & 0.11 & -0.05 \\
0.15 & -0.59 & 0.65 \\
0.07 & -0.73 & -0.67 \\
0.07 & -0.29 & 0.32
\end{bmatrix}
\begin{bmatrix}
12.4 & 0 & 0 \\
0 & 9.5 & 0 \\
0 & 0 & 1.3
\end{bmatrix}
\begin{bmatrix}
0.56 & 0.59 & 0.56 & 0.09 & 0.09 \\
0.12 & -0.02 & 0.12 & -0.69 & -0.69 \\
0.40 & -0.80 & 0.40 & 0.09 & 0.09
\end{bmatrix}
$$
$$
U \qquad\qquad \Sigma \qquad\qquad V^{\mathrm{T}}
$$

图 11-9   图 11-8 矩阵 M' 的 SVD 结果

下一节当中，我们将考虑去掉一些最不重要的概念。例如，由于例 11.9 中的第三个概念没有给出什么信息，我们可能想去掉它，与该概念关联的奇异值非常小这一事实也印证了它的不重要性。

11.3.3   基于 SVD 的降维

假定我们想将一个非常大的矩阵 M 用其 SVD 的结果 U、Σ、V 来表示，但是这些矩阵仍然比较大，存储起来不方便。对这三个矩阵进行降维的最佳方法就是将最小的那些奇异值置为 0。如果将最小的 s 个奇异值置为 0，也就可以去掉矩阵 U 的 s 列和 V 的 s 行。

例 11.10   例 11.9 的 SVD 得到三个奇异值。假设我们想将矩阵的维度降低到 2，那么就可以将最小的奇异值 1.3 置为 0。对于图 11-9 产生的效果就是 U 的第 3 列和 V^{T} 的第 3 行在求积时只和多个 0 相乘，因此该行和该列与不存在没有什么两样。于是，只使用两个最大的奇异值得到的矩阵 M' 的近似矩阵如图 11-10 所示。

结果矩阵与图 11-8 中的原始矩阵 M' 相当接近。理想情况下，整个差异只是由于将最小奇异值置为 0 造成的。然而，在这个简单的例子中，由于 M' 的分解只保留两位有效小数位，因此差异主要缘自四舍五入带来的误差。

$$
\begin{bmatrix}
0.13 & 0.02 \\
0.41 & 0.07 \\
0.55 & 0.09 \\
0.68 & 0.11 \\
0.15 & -0.59 \\
0.07 & -0.73 \\
0.07 & -0.29
\end{bmatrix}
\begin{bmatrix}
12.4 & 0 \\
0 & 9.5
\end{bmatrix}
\begin{bmatrix}
0.56 & 0.59 & 0.56 & 0.09 & 0.09 \\
0.12 & -0.02 & 0.12 & -0.69 & -0.69
\end{bmatrix}
$$

$$
\approx
\begin{bmatrix}
0.93 & 0.95 & 0.93 & 0.014 & 0.014 \\
2.93 & 2.99 & 2.93 & 0.000 & 0.000 \\
3.92 & 4.01 & 3.92 & 0.026 & 0.026 \\
4.84 & 4.96 & 4.84 & 0.040 & 0.040 \\
0.37 & 1.21 & 0.37 & 4.04 & 4.04 \\
0.35 & 0.65 & 0.35 & 4.87 & 4.87 \\
0.16 & 0.57 & 0.16 & 1.98 & 1.98
\end{bmatrix}
$$

图 11-10 从图 11-7 的分解结果中去除最小的奇异值

到底应该保留多少个奇异值？

一条有用的经验法则是，保留足够的奇异值以便保留矩阵 Σ 90% 以上的**能量**（energy）。也就是说，保留的奇异值的平方和占所有奇异值平方和的 90% 以上。在例 11.10 中，总能量为 $(12.4)^2 + (9.5)^2 + (1.3)^2 = 245.70$，而保留的能量为 $(12.4)^2 + (9.5)^2 = 244.01$。因此，保留的能量超过 99%。但是，如果再去掉第二个奇异值 9.5 的话，保留的能量就只有 $(12.4)^2 / 245.70$，约等于 63%。

11.3.4 将较低奇异值置为 0 后有效的原因

可以证明，在降维时选择去掉那些低奇异值能够最小化原始矩阵 M 和其近似矩阵的均方根误差。由于矩阵元素的数目是固定的，且平方根是一个单调函数，于是可以对上述计算进行简化来比较两个矩阵的 F 范数。回想一下 M 的 F 范数 $\|M\|$ 是 M 中所有元素平方和的平方根。记住，如果 M 是某个矩阵和其近似矩阵的差别矩阵的话，那么 $\|M\|$ 与两个矩阵的 RMSE 成正比。

为解释为什么选择将最小的那些奇异值置为 0 可以最小化矩阵 M 和其近似矩阵的 RMSE 或 F 范数，接下来引入一些矩阵代数。假设 M 是三个矩阵 P、Q、R 的乘积，即 $M = PQR$。令 m_{ij}、p_{ij}、q_{ij} 和 r_{ij} 分别是 M、P、Q、R 的第 i 行第 j 列元素。那么根据矩阵乘法，有：

$$
m_{ij} = \sum_k \sum_l p_{ik} q_{kl} r_{lj}
$$

于是有：

$$
\|M\|^2 = \sum_i \sum_j (m_{ij})^2 = \sum_i \sum_j \left(\sum_k \sum_l p_{ik} q_{kl} r_{lj} \right)^2 \tag{11-1}
$$

当对求和项求平方时，正如对式(11-1)右部所做的那样，我们高效地构建求和项的两个副本（其中分别用了不同的下标），然后将第一个和的每一项与第二个和的每一项相乘，也就是说：

$$(\sum_k \sum_l p_{ik} q_{kl} r_{lj})^2 = \sum_k \sum_l \sum_m \sum_n p_{ik} q_{kl} r_{lj} p_{in} q_{nm} r_{mj}$$

于是，式(11-1)可以改写成：

$$\|M\|^2 = \sum_i \sum_j \sum_k \sum_l \sum_n \sum_m p_{ik} q_{kl} r_{lj} p_{in} q_{nm} r_{mj} \tag{11-2}$$

接下来考察 P、Q、R 是矩阵 M 的真实 SVD 结果时的情况。于是，P 是一个列正交矩阵，Q 是一个对角矩阵，而 R 是一个列正交矩阵的转置矩阵，也就是说，R 实际是**行正交矩阵**，即每行都是单位向量且任意两行之间的内积为 0。首先，由于 Q 是一个对角矩阵，那么只要 $k = l$ 和 $n = m$ 不成立的话，那么 q_{kl} 和 q_{nm} 就为 0。因此可以在式(11-2)中去掉有关 l 和 m 的求和项而设置 $k = l$ 和 $n = m$。于是，式(11-2)变为：

$$\|M\|^2 = \sum_i \sum_j \sum_k \sum_n p_{ik} q_{kk} r_{kj} p_{in} q_{nn} r_{nj} \tag{11-3}$$

下一步对求和重新调序，因此最里面变成对 i 求和。式(11-3)中包含 i 的因子只有 p_{ik} 和 p_{in}，而对 i 求和时其他因子都是常数。由于 P 是列正交矩阵，因此只有当 $k = n$ 时 $\sum_i p_{ik} p_{in}$ 才等于 1，其他情况下都等于 0。于是，对式(11-3)设置 $k = n$，去除 p_{ik} 和 p_{in}，并去除对 i 和 n 的求和，结果有：

$$\|M\|^2 = \sum_j \sum_k q_{kk} r_{kj} q_{kk} r_{kj} \tag{11-4}$$

由于 R 是行正交矩阵，有 $\sum_j r_{kj} r_{kj} = 1$。于是，我们可以去除 r_{kj} 以及对 j 去和，得到一个非常简单的 F 范数：

$$\|M\|^2 = \sum_k (q_{kk})^2 \tag{11-5}$$

再下一步将该上式应用到矩阵 M，其 SVD 为 $M = U \Sigma V^T$。令 Σ 第 i 个对角线元素为 σ_i，并假设保留 r 个对角线元素的前 n 个，而其余元素置为 0。假设这样处理之后得到的对角矩阵为 Σ'，得到的 M 的逼近矩阵为 $M' = U \Sigma' V^T$。于是 $M - M' = U(\Sigma - \Sigma') V^T$ 就是结果逼近矩阵和原始矩阵的误差。

如果将式(11-5)应用于矩阵 $M - M'$，有 $\|M - M'\|^2$ 等于 $\Sigma - \Sigma'$ 对角线元素的平方和。然而，$\Sigma - \Sigma'$ 的前 n 个对角线元素均为 0，而对 $n < i \leq r$，$\Sigma - \Sigma'$ 的对角线元素为 σ_i。也就是说，$\|M - M'\|^2$ 就是 Σ 对角线上那些置为 0 的元素值的平方和。为最小化 $\|M - M'\|^2$，选择 Σ 中最小的那些元素。因此，在保留 n 个对角线元素的限制下，上述做法能够使得 $\|M - M'\|^2$ 取最小值，也就是在相同的限制下使 RMSE 最小。

11.3.5　使用概念进行查询处理

本节将介绍 SVD 如何帮助我们快速、高质量地回答某些查询。假设我们对图 11-6 的秩为 2

的原始用户-电影评分矩阵进行了奇异值分解,得到图 11-7 的形式。Quincy 并非原始矩阵中包含的用户,但是他希望能够使用系统来知道他可能喜欢哪些电影。他看过的电影就只有一部《黑客帝国》,且他对该片的评分为 4。于是,可以将 Quincy 表示成向量 $q = [4, 0, 0, 0]$,就好像它也是原始矩阵的一行。

如果使用协同过滤的方法,我们可能会将 Quincy 和原始矩阵 M 中的其他用户进行比较。而这里的做法有所不同,我们通过将其向量乘以 SVD 结果矩阵 V,而将 Quincy 映射到"概念空间"。我们有 $qV = [2.32, 0]$,①也就是说,Quincy 对科幻片的兴趣较大,而对爱情片毫无兴趣。

现在我们得到了 Quincy 在概念空间下的表示,该表示来源于但不同于原始"电影空间"下的表示。一件有用的事情是将 $[2.32, 0]$ 乘以 V^T 从而将该表示映射回原始的"电影空间"。该结果为 $[1.35, 1.35, 1.35, 0, 0]$。这意味着 Quincy 可能喜欢影片《异形》和《星球大战》,而不喜欢《卡萨布兰卡》和《泰坦尼克号》。

可以在概念空间处理的另一类查询是寻找与 Quincy 相似的用户。我们可以使用 V 将所有用户映射到概念空间。例如,Joe 映射为 $[1.74, 0]$,Jill 映射为 $[0, 5.68]$。注意在这个简单的例子中,所有的用户要么是 100% 的科幻迷,要么是 100% 的爱情片粉丝,因此每个向量都有一维为 0。实际当中,人们要复杂得多,他们对多个概念有不同程度的兴趣,但绝非毫无兴趣。一般而言,我们可以在概念空间下通过余弦距离来计算用户的相似度。

例 11.11 对于上面介绍的例子,注意 Quincy 和 Joe 的概念向量分别是 $[2.32, 0]$ 和 $[1.74, 0]$,它们并不相同,但是方向一致。也就是说,它们的余弦距离为 0。另外,Quincy 和 Jill 的概念向量 $[2.32, 0]$ 和 $[0, 5.68]$ 的内积为 0,因此它们的夹角为 90 度。也就是说,它们的余弦距离为 1,是余弦距离可能的最大值。 □

11.3.6 矩阵 SVD 的计算

矩阵 M 的 SVD 与对称矩阵 M^TM 和 MM^T 的特征值之间具有很强的关系。这种关系使得可以通过后面两个矩阵的特征对来获得 M 的 SVD 结果。首先假设 M 的 SVD 结果为 $M = U\Sigma V^T$。于是有:

$$M^T = (U\Sigma V^T)^T = (V^T)^T \Sigma^T U^T = V\Sigma^T U^T$$

由于 Σ 是对角矩阵,对它进行转置没有任何效果。于是有 $M^T = V\Sigma U^T$。

因此有 $M^TM = U\Sigma V^T V\Sigma U^T$。回忆一下,$U$ 是一个正交矩阵,因此 U^TU 是一个单位矩阵,即有:

$$M^TM = V\Sigma^2 V^T$$

将上述等式的两端乘以 V,有:

$$M^TMV = V\Sigma^2 V^T V$$

---

① 需要注意的是,图 11-7 给出的是 V^T,但是这里要求乘以 V。

由于 V 也是正交矩阵，即 $V^{\mathrm{T}}V$ 也是单位矩阵，所以有：

$$M^{\mathrm{T}}MV = V\Sigma^2 \tag{11-6}$$

因为 Σ 是对角矩阵，所以 Σ^2 也是对角矩阵，它的对角线元素正好是 Σ 对应元素的平方。我们应该很熟悉式(11-6)，它表明 V 是 $M^{\mathrm{T}}M$ 的特征向量矩阵，而对角矩阵 Σ^2 对角线上的元素正好是相应的特征值。

因此，计算 $M^{\mathrm{T}}M$ 特征对的算法可以用于求解 M 的 SVD 结果中的矩阵 V，同时也可以得到 SVD 中的奇异值，此时只需要对 $M^{\mathrm{T}}M$ 的特征值求平方根即可。

这时只有 U 还没有计算出来，但是可以用计算 V 的方法计算 U。首先有

$$MM^{\mathrm{T}} = U\Sigma V^{\mathrm{T}}(U\Sigma V^{\mathrm{T}})^{\mathrm{T}} = U\Sigma V^{\mathrm{T}}V\Sigma U^{\mathrm{T}} = U\Sigma^2 U^{\mathrm{T}}$$

于是，通过和上面类似的一系列变换，可以得到：

$$MM^{\mathrm{T}}U = U\Sigma^2$$

也就是说，U 是 MM^{T} 的特征向量矩阵。

对于 U 和 V 还有一个细节需要解释。这两个矩阵都是 r 列，而 $M^{\mathrm{T}}M$ 和 MM^{T} 分别是 $n \times n$ 和 $m \times m$ 矩阵，n 和 m 都不小于 r。因此，$M^{\mathrm{T}}M$ 和 MM^{T} 应该分别另有 $n-r$ 和 $m-r$ 个特征对，但这些特征对并不出现 U、V 和 Σ 中。由于 M 的秩为 r，所有其他的特征值均为 0，所以这些特征值毫无用处。

11.3.7　习题

习题 11.3.1　图 11-11 给出了一个矩阵 M。可以看出矩阵第 1 列加上第 3 列减去第 2 列的 2 倍等于 0，所以该矩阵的秩为 2。

$$\begin{bmatrix} 1 & 2 & 3 \\ 3 & 4 & 5 \\ 5 & 4 & 3 \\ 0 & 2 & 4 \\ 1 & 3 & 5 \end{bmatrix}$$

图 11-11　习题 11.3.1 中的矩阵 M

(a) 计算矩阵 $M^{\mathrm{T}}M$ 和 MM^{T}。

! (b) 计算(a)中矩阵的特征值。

(c) 计算(a)中矩阵的特征向量。

(d) 基于(b)和(c)的结果计算原始矩阵的 SVD 结果。需要注意的是，这里只有 2 个非零特征值，所以矩阵 Σ 只有 2 个奇异值，而 U 和 V 只有 2 列。

(e) 将较小的奇异值置为 0，计算图 11-11 中原始矩阵 M 的一维近似矩阵。

(f) 原始奇异值有多少能量在一维近似矩阵中被保留？

习题 11.3.2 使用图 11-7 的 SVD 结果。假设 Leslie 对《异形》的评分为 3，对《泰坦尼克号》的评分为 4，于是 Leslie 在"电影空间"的表示为[0, 3, 0, 0, 4]。求 Leslie 在概念空间下的表示。该表示对 Leslie 喜欢例子中其他电影的预期结果是什么？

! **习题 11.3.3** 证明图 11-8 中矩阵的秩为 3。

! **习题 11.3.4** 11.3.5 节给出了猜测用户最喜欢的影片的方法。如果你能拿到的是少数几个人对一部电影的评分信息，那么如何利用类似的技术来预测最喜欢该电影的人是谁？

11.4 CUR 分解

SVD 存在一个问题，但是并没有在 11.3 节中的例子中体现出来。在大规模数据应用中，带分解的矩阵 M 通常十分稀疏，也就是说矩阵的大部分元素为 0。例如，因为大部分词语不会出现在绝大多数文档中，所以一个表示许多文档（矩阵的行）及其包含词语（矩阵的列）的矩阵就是个稀疏矩阵。类似地，大部分顾客购买的商品极其有限，因此由顾客和商品组成的矩阵也是稀疏矩阵。

我们无法处理包含数百万甚至数十亿行或列的密集矩阵。然而，对于 SVD，即使 M 是稀疏矩阵，U 和 V 也会是密集矩阵。[①]而对角矩阵 Σ 尽管是稀疏矩阵，但是它通常远小于 U 和 V，因此它的稀疏性无关紧要。

本节会考察另一个分解技术，称为 CUR 分解。它的优点在于，如果 M 很稀疏，那么类似于 SVD 中 U 和 V 的两个大矩阵（分别称为列矩阵 C 和行矩阵 R）也会稀疏。只有中间那个类似于 SVD 中 Σ 的矩阵是密集的，但是该矩阵较小，因此影响不大。

在 SVD 中，只要给定一个不小于矩阵 M 的秩的参数 r，就可以得到 M 的精确分解结果。而 CUR 分解得到的近似结果与设置的 r 的大小无关。有理论表明，当 r 变大时，M 一定会收敛，当然通常必须要使得 r 足够大，比如说 1%以内，但是此时的方法已经不切实际。然而，在一个相对较小的 r 之下进行分解时，分解结果可用且精确的可能性很大。

11.4.1 CUR 的定义

假设 M 是一个 m 行 n 列的矩阵，选定一个分解中使用的目标"概念"数目 r。M 的 CUR 分解结果包括一个从 M 中随机选出的 r 列所组成的 $m \times r$ 矩阵 C 和一个从 M 中随机选出的 r 行所组成的 $r \times n$ 矩阵 R。而另一个 $r \times r$ 矩阵 U 可以根据 C 和 R 采用如下方式构造。

(1) 令 $r \times r$ 矩阵 W 是 C 中列和 R 中行的交集矩阵。也就是说，W 中的第 i 行第 j 列元素是原 M 中的元素。它的列是 C 中第 j 列，行是 R 中第 i 行。

(2) 计算 W 的 SVD 结果，比如 $W = X\Sigma Y^T$。

(3) 计算对角矩阵 Σ 的**广义逆矩阵**（也称伪逆矩阵）Σ^+。也就是说，如果 Σ 的第 i 个对角线元素是 $\sigma \neq 0$，那么将其替换为 $1/\sigma$。而如果该元素为 0 的话，则仍然保持为 0。

---

① 图 11-7 中，U 和 V 碰巧有很多 0。但是，这只是一个编造的例子，不代表一般情况。

(4) 令 $U = Y(\Sigma^+)^2 X^T$。

11.4.3 节会给出一个展示完整 CUR 流程的例子，包括如何选择矩阵 C 和 R 来保证 M 的近似矩阵期望值较小。

伪逆矩阵有效的原因

通常假定矩阵 M 等于矩阵的乘积 XZY。如果所有的逆矩阵都存在，那么矩阵的乘积求逆规则为 $M^{-1} = Y^{-1}Z^{-1}X^{-1}$。由于 XZY 是一个 SVD 结果，我们知道 X 是列正交矩阵，Y 是行正交矩阵。这两种情况下逆矩阵和转置矩阵都相同。也就是说，XX^T 和 YY^T 都是单位矩阵。因此，$M^{-1} = Y^TZ^{-1}X^T$。

我们也知道 Z 是个对角矩阵。如果对角线上没有 0，那么就很容易得到 Z^{-1}，其对角元素是 Z 中对应元素的倒数。仅当 Z 对角线上存在 0 的时候，我们无法得到这样一个逆矩阵来和 Z 相乘以得到单位阵。因此，我们退而寻求所谓的"伪逆"矩阵，即对角矩阵 Z^+，此时 ZZ^+ 可以不是单位矩阵，但是当 Z 中第 i 个对角线元素不为 0 时，ZZ^+ 对应元素为 1，而当 Z 中第 i 个元素为 0 时，ZZ^+ 对应元素也为 0。

11.4.2　合理选择行和列

回想一下行和列的选择都是随机的。然而，该选择必须有所偏向才能保证更重要的行或者列有更大的机会被选中。为了行或列的重要性，我们必须使用 F 范数的平方值，即某行或列所有元素的平方和。令 $f = \sum_{i,j} m_{ij}^2$，即 M 的 F 范数的平方。于是每次选择第 i 行时，选择该行的概率为 $p_i = \sum_j m_{ij}^2 / f$。而每次选择第 j 列时，选择该列的概率为 $q_j = \sum_i m_{ij}^2 / f$。

例 11.12　重新考虑图 11-6 中的矩阵 M，这里我们用图 11-12 重新给出 M。M 的元素平方和为 243。分别代表科幻片《黑客帝国》《异形》和《星球大战》的三列的范数平方均为 $1^2 + 3^2 + 4^2 + 5^2 = 51$，因此每列的概率都是 $51/243 \approx 0.210$。剩下的两列每一列的范数平方均为 $4^2 + 5^2 + 2^2 = 45$，因此每列的概率为 $45/243 \approx 0.185$。

	《黑客帝国》	《异形》	《星球大战》	《卡萨布兰卡》	《泰坦尼克号》
Joe	1	1	1	0	0
Jim	3	3	3	0	0
John	4	4	4	0	0
Jack	5	5	5	0	0
Jill	0	0	0	4	4
Jenny	0	0	0	5	5
Jane	0	0	0	2	2

图 11-12　图 11-6 的矩阵 M

M 所有 7 行的范数平方值分别为 3、27、48、75、32、50 和 8。因此，其相应的概率分别为 0.012、0.111、0.198、0.309、0.132、0.206 和 0.033。　　　　　　　　　　　　□

接下来选择组成矩阵 C 的 r 列，我们采用从矩阵 M 中随机抽取的方式。但是，该选择过程并非基于均匀概率分布，实际上选择第 j 列的概率是 q_j。回想一下，该概率是该列所有元素的平方和除以矩阵所有元素的平方和。C 中每列从 M 中的选择都是相互独立的，因此某列可能会被选出多次。在解释 CUR 分解的基本知识之后，我们会讨论如何处理上述情况。

从 M 中选出每一列之后，对每列都除以该列可能被选上的次数的期望值的平方根，从而对该列做缩放处理。也就是说，如果 M 中的第 j 列被选出的话，那么其每个元素都要除以 $\sqrt{rq_j}$，最后将得到的结果列放到矩阵 C 中。

选择 M 中的行得到 R 的过程与此类似。从 M 中选择行来组成 R 时，选择第 i 行的概率是 p_i。回想一下，该概率是该行所有元素的平方和除以矩阵所有元素的平方和。于是，对于选出的第 i 行，可以通过除以 $\sqrt{rp_i}$ 来得到最后 R 中的行。

例 11.13　假设 CUR 分解中的 r 设置为 2。假设通过随机选择从图 11-12 中的 M 得到的列为第 2 列（对应影片《异形》）和第 4 列（对应影片《卡萨布兰卡》）。第 2 列为 $[1, 3, 4, 5, 0, 0, 0]^T$，接下来需要对它进行缩放处理，即要除以 $\sqrt{rq_2}$。从例 11.12 中我们知道第 2 列对应的概率为 0.210，于是需要除以 $\sqrt{2 \times 0.210} \approx 0.648$。保留小数点后两位数的话，缩放之后的列为 $[1.54, 4.63, 6.17, 7.72, 0, 0, 0]^T$。该列成为矩阵 C 的第 1 列。

矩阵 C 的第 2 列来自 M 的第 4 列 $[0, 0, 0, 0, 4, 5, 2]^T$，然后除以 $\sqrt{rp_4} = \sqrt{2 \times 0.185} \approx 0.430$。因此，最后 C 的第 2 列为 $[0, 0, 0, 0, 9.30, 11.6]^T$。

接下来选择组成 R 的行。最可能选择的行为 Jenny 和 Jack 对应的行，因此可以假设最后就选择了这两行，其中 Jenny 对应的行在前面。缩放之前 R 中的行为：

$$\begin{bmatrix} 0 & 0 & 0 & 5 & 5 \\ 5 & 5 & 5 & 0 & 0 \end{bmatrix}$$

要对第 1 行进行缩放，我们注意到其对应概率为 0.206，于是要除以 $\sqrt{2 \times 0.206} \approx 0.642$。为对上面第 2 行进行缩放，由于其对应概率为 0.309，因此除以 $\sqrt{2 \times 0.309} \approx 0.786$，最后得到的 R 为：

$$\begin{bmatrix} 0 & 0 & 0 & 7.79 & 7.79 \\ 6.36 & 6.36 & 6.36 & 0 & 0 \end{bmatrix}$$

　　　　　　　　　　　　□

11.4.3　构建中间矩阵

最后，我们必须构建在分解结果中连接 C 和 R 的中间矩阵 U。我们还记得 U 是一个 $r \times r$ 矩阵。为构建 U，我们开始使用另一个也是 $r \times r$ 的矩阵 W。W 的第 i 行第 j 列元素来自 M 中的相应元素，该元素对应的行是 R 的第 i 行，对应的列是 C 的第 j 列。

例 11.14 假定延续例 11.13 中的行列选择结果，于是有：

$$W = \begin{bmatrix} 0 & 5 \\ 5 & 0 \end{bmatrix}$$

W 的第 1 行对应 R 的第 1 行，即图 11-12 的矩阵 M 中 Jenny 对应的那一行。C 中的第 1 列来自 M 中《异形》对应的那列，由于 M 中相应行和列（行对应 Jenny，列对应《异形》）上的元素为 0，因此 W 中第 1 行第 1 列的元素为 0。第 1 行第 2 列上的 5 对应的是 M 中相应行和列（行对应 Jenny，列对应《卡萨布兰卡》）上的元素 5，而 M 中《卡萨布兰卡》对应的列正好是 C 中第 2 列的来源列。类似地，W 的第 2 行的两个元素分别对应 M 中 Jack 对应行及《异形》和《卡萨布兰卡》对应列上的元素。　□

矩阵 U 基于 W 来构建，其中用到了 11.4.1 节介绍的广义逆（也称伪逆）矩阵。首先将 W 进行奇异值分解，得到 $W = X\Sigma Y^{\mathrm{T}}$，然后将 Σ 中的非零元素（即奇异值）替换成其倒数，得到其伪逆矩阵 Σ^{+}。于是，$U = Y(\Sigma^{+})^2 X^{\mathrm{T}}$。

例 11.15 假设用例 11.14 中得到的矩阵 W 来构建 U。首先，W 的 SVD 结果如下：

$$W = \begin{bmatrix} 0 & 5 \\ 5 & 0 \end{bmatrix} = \begin{bmatrix} 0 & 1 \\ 1 & 0 \end{bmatrix} \begin{bmatrix} 5 & 0 \\ 0 & 5 \end{bmatrix} \begin{bmatrix} 1 & 0 \\ 0 & 1 \end{bmatrix}$$

右部的三个矩阵分别为 X、Σ 和 Y^{T}。Σ 的对角线上没有 0，因此将它们替换为其倒数得到广义逆矩阵：

$$\Sigma^{+} = \begin{bmatrix} 1/5 & 0 \\ 0 & 1/5 \end{bmatrix}$$

X 和 Y 均为对称矩阵，因此它们的转置矩阵就是自己本身。因此：

$$U = Y(\Sigma^{+})^2 X^{\mathrm{T}} = \begin{bmatrix} 1 & 0 \\ 0 & 1 \end{bmatrix} \begin{bmatrix} 1/5 & 0 \\ 0 & 1/5 \end{bmatrix}^2 \begin{bmatrix} 0 & 1 \\ 1 & 0 \end{bmatrix} = \begin{bmatrix} 0 & 1/25 \\ 1/25 & 0 \end{bmatrix}$$
　□

11.4.4　完整的 CUR 分解

至此，我们有一种方法来随机选择三个组成矩阵 C、U 和 R。它们的乘积近似于原始矩阵 M。正如一开始提到的，只在行列数目非常大时才能在形式上确保该近似矩阵和原始矩阵接近。然而，直观上来说，尽量选择具有高"重要性"（即 F 范数高）的行和列时，我们只抽取除了原始矩阵的最重要的一部分，选择的行数或列数甚至可能很小。作为例子，我们来看看本节得到的矩阵和原始矩阵的吻合程度。

例 11.16 对于上例而言，图 11-13 给出了分解结果。尽管该结果和原始矩阵 M 的差异不小，特别是和科幻片有关的数字，但是这些最终的结果值和原始值成正比。这个例子相当小，对小数目的行和列更像是武断选择而不是随机选择，所以无法期望 CUR 的分解结果收敛于精确值。

$$CUR = \begin{bmatrix} 1.54 & 0 \\ 4.63 & 0 \\ 6.17 & 0 \\ 7.72 & 0 \\ 0 & 9.30 \\ 0 & 11.63 \\ 0 & 4.65 \end{bmatrix} \begin{bmatrix} 0 & 1/25 \\ 1/25 & 0 \end{bmatrix} \begin{bmatrix} 0 & 0 & 0 & 11.01 & 11.01 \\ 8.99 & 8.99 & 8.99 & 0 & 0 \end{bmatrix}$$

$$\approx \begin{bmatrix} 0.55 & 0.55 & 0.55 & 0 & 0 \\ 1.67 & 1.67 & 1.67 & 0 & 0 \\ 2.22 & 2.22 & 2.22 & 0 & 0 \\ 2.78 & 2.78 & 2.78 & 0 & 0 \\ 0 & 0 & 0 & 4.10 & 4.10 \\ 0 & 0 & 0 & 5.12 & 5.12 \\ 0 & 0 & 0 & 2.05 & 2.05 \end{bmatrix}$$

图 11-13　图 11-12 中矩阵的 CUR 分解结果

11.4.5　去除重复行和列

　　某个行或列很有可能被选出多次。尽管分解后矩阵的秩少于所选择的的行和列数，但两次选择相同的行并没有太大坏处。然而，也有可能要将 R 中的 k 行（每行都来自矩阵 M 的同一行）组合成 R 的一行，这样 R 的行数就会变少。类似地，C 的 k 列（每列都来自矩阵 M 的同一列）也有可能要组成 C 中的一列。然而，不管是行还是列，最后得到的向量的每个元素应该乘以 $\sqrt{k}$。

　　当我们合并某些行或列时，有可能 R 的行数少于 C 的列数，或者相反。因此，W 不是一个方阵。但是，我们仍然可以通过将其分解为 $W = X\Sigma Y^{\mathrm{T}}$ 来得到其伪逆矩阵，此时矩阵 Σ 是包含全 0 行或全 0 列的对角矩阵，不管是全 0 行多还是全 0 列多。要对这样一个对角矩阵求伪逆，我们可以像以前一样对对角线上的元素进行处理（求非零元素的倒数或者保留原来的 0），但是之后必须对结果求转置。

　　例 11.17　假设

$$\Sigma = \begin{bmatrix} 2 & 0 & 0 & 0 \\ 0 & 0 & 0 & 0 \\ 0 & 0 & 3 & 0 \end{bmatrix}$$

有：

$$\Sigma^+ = \begin{bmatrix} 1/2 & 0 & 0 \\ 0 & 0 & 0 \\ 0 & 0 & 1/3 \\ 0 & 0 & 0 \end{bmatrix}$$

11.4.6　习题

习题 11.4.1　如下矩阵

$$M = \begin{bmatrix} 48 & 14 \\ 14 & -48 \end{bmatrix}$$

的 SVD 结果为：

$$\begin{bmatrix} 48 & 14 \\ 14 & -48 \end{bmatrix} = \begin{bmatrix} 3/5 & 4/5 \\ 4/5 & -3/5 \end{bmatrix} \begin{bmatrix} 50 & 0 \\ 0 & 25 \end{bmatrix} \begin{bmatrix} 4/5 & -3/5 \\ 3/5 & 4/5 \end{bmatrix}$$

求 M 的广义逆矩阵。

！习题 11.4.2　对图 11-12 中的矩阵求出其 CUR 分解结果，其中采用如下"随机"选择方法来选择两行和两列：

(a)《黑客帝国》和《异形》对应的两列及 Jim 和 John 对应的两行；

(b)《异形》和《星球大战》对应的两列及 Jack 和 Jill 对应的两行；

(c)《黑客帝国》和《泰坦尼克号》对应的两列及 Joe 和 Jane 对应的两行。

！习题 11.4.3　对图 11-12 中的矩阵求出其 CUR 分解结果，其中选出的两个"随机"行都是 Jack，而两列分别为《星球大战》和《卡萨布兰卡》。

11.5　小结

- **降维**　降维的目的是将原始大规模矩阵替换为两个或更多规模小得多的矩阵，而基于这些小矩阵又可以构建原始矩阵的近似矩阵，构建方法通常是求它们的乘积。

- **特征值与特征向量**　一个矩阵可能有多个特征向量，使得当用矩阵乘以特征向量时，其结果等于某个常数乘以该特征向量。该常数即为该特征向量对应的特征值。特征向量及其特征值一起称为一个特征对。

- **基于幂迭代的特征对求解**　我们可以通过如下方法求解矩阵的主特征向量（最大特征值对应的特征向量）：从任意向量开始，反复用矩阵乘以当前向量，得到一个新向量。当新旧向量之间的差异变得很小时，可以将该结果向量看成主特征向量的一个近似值。通过修改矩阵，用上述相同的迭代过程可以得到次特征向量（第二大特征值对应的特征向量）。类似地，可以用同样的方法按照特征值从大到小依次得到每个特征对。

- **主成分分析**　这种降维技术将多维空间的数据点集合看成矩阵，其中的行对应数据点，列对应维度。该矩阵和其转置矩阵的乘积具有特征对，其主特征向量可以被看成数据点最佳排列的空间方向。而第二个特征向量代表到主特征向量的方差最大的那个方向，其余依此类推。

- **基于 PCA 的降维**　通过将数据点矩阵表示为少数特征向量，就可以在给定矩阵列数的情况下对数据进行逼近，其中 RMS 误差最小。

❑ **奇异值分解**　矩阵的奇异值分解结果包括三个矩阵 U、Σ 和 V。U 和 V 是列正交矩阵，这意味着矩阵的列向量之间互相正交，其每个向量的大小为 1。Σ 是对角矩阵，其对角线上的元素称为奇异值。U、Σ 及 V 的转置矩阵的乘积等于原始矩阵。

❑ **概念**　当存在少数概念能够连接原始矩阵的行和列时，SVD 十分有用。例如，如果原始矩阵代表电影观众（行）对电影（列）的评分结果，那么所谓的概念可能是电影的类型。矩阵 U 将行和概念连接，Σ 表示概念的强度，V 将概念和列连接起来。

❑ **基于 SVD 的查询处理**　可以利用 SVD 来将原始矩阵中的新行或虚拟行与概念关联起来。用 SVD 结果中的矩阵 V 乘以该行向量就可以得到一个新的向量，该向量给出的是该行与每个概念的吻合程度。

❑ **利用 SVD 的降维**　在一个完整的 SVD 中，U 和 V 通常和原始矩阵规模相当。为了使用 U 和 V 中更少的类，可以将 U、V、Σ 中对应那些最小的奇异值的列删除。这种做法能够使得利用修改后的 U、Σ、V 重构的矩阵和原始矩阵的误差最小。

❑ **稀疏矩阵分解**　即使在给定矩阵稀疏时，SVD 得到的矩阵也是密集的。CUR 分解试图将稀疏矩阵分解成多个更小的稀疏矩阵，并且这些小矩阵的乘积近似于原始矩阵。

❑ **CUR 分解**　该方法从给定稀疏矩阵中选出一些列和一些行，分别得到矩阵 C 和 R，它们对应于 SVD 中的 U 和 V^{T}。用户可以选择任意数目的行和列。行和列的选择基于一种依赖于 F 范数（或者说元素平方和的平方根）的分布来随机进行。在 C 和 R 中间有一个方阵 U，它基于所选行和列的交集的伪逆来构建。

11.6　参考文献

有关矩阵代数的一本很好的参考书是《矩阵计算》[①]。

主成分分析的首次讨论参见论文 "On lines and planes of closest fit to systems of points in space"，其成文于一个世纪以前。

SVD 来自论文 "Calculating the singular values and pseudo inverse of a matrix"。SVG 已经取得很多应用，其中两个值得一提的是在 "Indexing by latent semantic analysis" 中用于文档分析以及在 "Singular value decomposition and principal component analysis" 中用于生物学。

CUR 分解来自论文 "Fast Monte Carlo algorithms for matrices III: Computing a compressed approximate matrix decomposition" 和 "Tensor-CUR decompositions for tensor-based data"，本章对它的介绍主要使用了后来的论文 "Less is more: compact matrix decomposition for large sparse graphs"。

扫描如下二维码获取参考文献完整列表。

11

---

① 该书已由人民邮电出版社出版，详见 *ituring.cn/book/1153*。——编者注

第 12 章

大规模机器学习

现在有很多算法被归入"机器学习"类。同本书介绍的其他算法一样，这些算法的目的都是从数据中获取信息。所有数据分析算法都旨在基于数据生成概要，以便人们根据这些概要信息进行决策。在很多例子中，第 6 章介绍的频繁项集分析方法生成了关联规则等信息，这些信息可以用于规划销售策略或者为其他目标服务。

然而，称为"机器学习"的算法不仅能够对数据进行概括，还可以被视作模型的学习器或者数据的分类器，因而从中可以学到数据中未来可以见到的某种信息。例如，第 7 章介绍的聚类算法可以产生一系列簇，这些簇不仅能告诉我们有关被分析数据（训练集）的信息，而且能够将未来数据分到聚类算法生成的某一个簇当中。因此，机器学习爱好者通常用"非监督学习"这个新词来表达聚类，术语**非监督**（unsupervised）表示输入数据并不会告诉聚类算法最后输出的簇到底应该是什么。在**有监督**（supervised）的机器学习（本章的主题）中，给出的数据中包含了至少对一部分数据进行正确分类的信息。已经分好类的数据称为**训练集**（training set）。

本章并不打算全面介绍机器学习中所有的方法，而只关注那些适用于处理极大规模数据的方法，以及有可能并行化实现的方法。我们会介绍学习数据分类器的经典的"感知机"方法，该方法能够找到一个将两类数据分开的超平面。之后，我们会考察一些更现代的、涉及支持向量机的技术。与感知机类似，这些方法寻找最佳的分类超平面，以使尽可能少（如果有的话）的训练集元素靠近超平面。最后讨论近邻技术，即数据按照某个空间下最近的一些邻居的类别进行分类。

12.1　机器学习模型

本节会介绍机器学习算法的框架，并给出基本的定义。

12.1.1　训练集

应用机器学习（通常简称为 ML）算法的数据称为训练集。**训练集**由一系列(x, y)对组成，每个(x, y)称为一个**训练样例**（training example）。

❑ x是一个向量值，通常称为**特征向量**（feature vector）或简称为**输入**。每个值或特征可以是指称型（也称类别型，指来自某个离散集合的值，比如{红, 蓝, 绿}），也可以是数值型（整型或实数型数据）。

❑ y是**类标签**（class label）或简称为**输出**，即x的类别值。

ML过程的目标是寻找一个函数$y = f(x)$来预测对于每个x对应的最佳y值。y的类型原则上是任意的，但是有一些常见的重要情形。

(1)y是实数。这种情况下，ML问题称为**回归**（regression）。

(2)y是布尔值（真或假），更普遍的做法是分别写成$+1$和-1。这种情况下，该问题称为**二分类**（binary classification）问题。

(3)y是某个有穷集合的元素。可以将该集合的元素想象为"类别"，每个元素代表一个类别。此时该问题称为**多类分类**（multiclass classification）问题。

(4)y是某个潜在无穷集合的元素，例如，当x为一个句子时的分析树。

12.1.2　一些例子

例 12.1　回想一下图7-1（也即图12-1），我们按照身高和体重将狗分成Beagles（比格犬）、Chihuahuas（吉娃娃犬）和 Dachshunds（腊肠犬）三类并描出散点图。给出每只狗的身高–体重对及对应的类别时，就可以将这些数据看成训练集。训练集中的每个(x, y)对包括一个形式为[身高，体重]的特征向量x，其对应的标签y是狗的类别。([5英寸, 2磅], Chihuahua)[①]就是训练集中的一个样例。

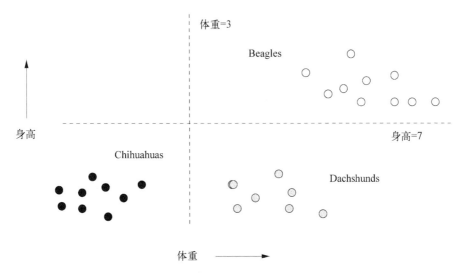

图 12-1　图 7-1 的复制图，其中给出了一些狗的身高和体重

实现决策函数f的一个恰当方式是想象两条虚线，如图12-1所示。水平线表示身高为7英寸，它可以将 Beagles 与 Chihuahuas 及 Dachshunds 分开。垂直线则表示体重为 3 磅，它可以将 Chihuahuas 与 Beagles 及 Dachshunds 分开。于是，f的实现算法如下：

12

—————————

① 1英寸约为2.54厘米，1磅约为0.45千克。——编者注

```
if (height > 7) print Beagle
else if (weight < 3) print Chihuahua
else print Dachshund;
```

回想一下，图 7-1 的原始意图是在不知道其表示的狗的类别的情况下对这些点进行聚类。也就是说，给定一个身高–体重向量之后，其对应的标签是未知的。这里，我们进行的是在相同数据下的有监督学习，此时将这些数据作为分类的训练集。   □

例 12.2　作为有监督学习的一个例子，可以将图 11-1（这里重新表示成图 12-2）中的四个点(1, 2)、(2, 1)、(3, 4)和(4, 3)看作训练集，其中特征向量是一维的。也就是说，可以将点(1, 2)看成([1], 2)，其中[1]是一维特征向量 x，2 是对应的标签 y，其他点也可以同样处理。

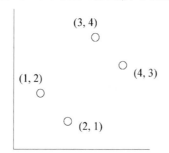

图 12-2   图 11-1 的复制图，用作一个训练集

假设我们想"学习"线性函数 $f(x) = ax + b$ 来得到训练集中点的最佳表示。这里的"最佳"有一个很自然的解释，就是得到的 $f(x)$ 和已知给定的 y 值的 RMSE 最小。也就是说，我们希望最小化：

$$\sum_{x=1}^{4} (ax + b - y_x)^2$$

其中 y_x 是 x 对应的 y 值。上式可以变换为：

$$(a+b-2)^2 + (2a+b-1)^2 + (3a+b-4)^2 + (4a+b-3)^2$$

对上式进行简化得到 $30a^2 + 4b^2 + 20ab - 56a - 20b + 30$。于是对 a 和 b 分别求导并令结果为 0，有：

$$60a + 20b - 56 = 0$$
$$20a + 8b - 20 = 0$$

上述方程组的解为 $a = 3/5$，$b = 1$。在这组值下，RMSE 的值为 3.2。

值得注意的是，这里学到的直线并不是 11.2.1 节中那条斜率为 1、通过坐标原点的主轴线 $y = x$。这条线的 RMSE 值为 4。区别在于，11.2.1 节讨论的 PCA 最小化点到选定轴投影长度的平方和，并且该选定轴必须通过原点。而这里，我们最小化的是点到这些线的垂直距离的平方和。实际上，即使我们要求学到的是通过原点的直线中 RMSE 最小的那条，我们也不会选择 $y = x$。你可以试试，$y = \dfrac{14}{15}x$ 的 RMSE 会比 4 小。   □

例 12.3 一个常见的机器学习应用涉及特征向量 *x* 为高维布尔向量的训练集。我们会关注文档数据，例如电子邮件、网页或者新闻报道。向量中的每个分量代表某部大词典中的一个词。我们可能会从词典中剔除停用词（十分常见的词），这是因为这些词一般对文档的主题贡献不大。类似地，我们可以将词典中的词限制为那些高 TF.IDF 得分（参考 1.3.1 节）的词，于是最终考虑的词能够反映文档的主题。

整个训练集由<*x,y*>对构成，其中向量 *x* 表示词典中的词在文档中是否出现，标签 *y* 可以是+1 或者–1，其中+1 表示文档（比如电子邮件）是垃圾。我们的目标是训练一个分类器来对未来的邮件进行判别，以确定它们是否为垃圾邮件。在例 12.4 中我们会给出机器学习的这个用途。

另外，*y* 也可以从某个有限的主题集合中选出，比如体育、政治等。还有，*x* 可以表示一个文档，或许是某个网页。此时，最终的目标是构造分类器来给每个网页分配一个主题。□

12.1.3 机器学习方法

机器学习算法有很多形式，这里并不打算一一介绍。下面列出机器学习算法的主要类别，主要根据函数 *f* 的表示形式来区分。

(1) **决策树**（decision tree）　9.2.7 节中做过简单介绍。*f* 的形式是一棵树，树中每个节点都有个 *x* 的函数，该函数确定到底选择哪个子节点或子树继续执行搜索。虽然我们在 9.2.7 节只给出了二叉树，但一般而言，决策树的每个节点可以有任意数目的子节点。决策树适用于二类分类和多类分类，尤其适合特征向量的维度不是很高的情况（特征数目太多容易导致过拟合）。

(2) **感知机**（perceptron）　感知机是应用于向量 *x* = [$x_1, x_2, \cdots, x_n$]的每个分量上的阈值函数。对于 $i = 1, 2, \cdots, n$，w_i 是与每个分量关联的权重，另外还有一个阈值 θ。如果

$$\sum_{i=1}^{n} w_i x_i > \theta$$

那么输出+1，否则输出–1。感知机适用于二类分类问题，即使特征数目非常大（比如文档中的词是否出现）也可以处理。12.2 节会介绍感知机。

(3) **神经网络**（neural net）　神经网络是感知机的无环网络，其中一些感知机的输出结果又作为其他感知机的输入。由于神经网络中可以有多个感知机用于输出结果，而一个或多个输出结果又可以代表一个类，所以神经网络适用于二类分类或多类分类问题。

(4) **基于实例的学习**（instance-based learning）　该方法使用整个训练集作为函数 *f*。给定一个新的特征向量 *x*，计算对应的 *y* 可能涉及对整个训练集的考察过程，尽管通常情况下对训练集的预处理过程可以使得 *f*(*x*)的计算更加高效。12.4 节将考察一类重要的基于实例的学习方法 kNN（*k*-nearest-neighbor）。例如，1NN 将数据分到其最近邻居对应的类别中。尽管这里我们关注的是 *y* 和 *x* 的分量都是实数的情况，但是存在适用于任意分类问题的 kNN 算法。

(5) **支持向量机**（support vector machine）　支持向量机是传统的权重和阈值选择算法进一步发展的结果。该算法得到的分类器在未见数据上常常能取得更精确的结果。12.3 节将介绍支持向量机。

12.1.4   机器学习架构

机器学习算法不仅可以按照所用算法（如 12.1.3 节）类别进行分类，还可以按照其背后的架构进行分类。这里说的架构是指处理数据和用数据构建模型的方式。

1. 训练、验证与测试

处理数据时一般要从训练集中留出一部分数据。留出来的数据称为**测试集**（test set）。在一些情况下，我们留出两个训练样本集合，除了测试集之外还有一个**验证集**（validation set，有时称为**开发集**）。区别在于，验证集用于帮助设计模型，而测试集只用于判断模型有多好。验证集要解决的问题是，很多机器学习算法易于和数据发生**过拟合**（overfitting），即可能从训练集中选择了人为的信息，而这些信息在更大的可能的数据中是非典型的。通过使用验证集来看看分类器到底效果如何，就可以发现分类器是否和数据发生过拟合。如果确实过拟合，那么可以对机器学习算法加入某些限制条件。例如，如果构建决策树，我们可以限制树的层数。

图 12-3 给出了上述"训练+测试"的架构。我们假定所有的数据都适合于训练（即所有数据都带有类别信息），但是我们从中划分出一小部分作为测试集，而剩余数据用于构建合适的模型或分类器。然后，将构建出的模型应用于测试集数据。由于我们事先知道测试集中每个元素的类别，所以就可以得到模型和测试集的吻合程度。如果模型在测试集上的错误率并不比它在训练集上的错误率高多少，那么就可以预期模型几乎没有什么过拟合，从而可用。反之，如果分类器在测试集上的效果远远差于其在训练集上的效果，那么可以猜想模型存在过拟合，因而需要重新思考分类器的构建方法。

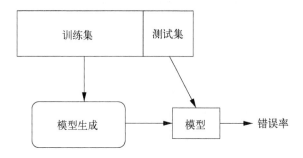

图 12-3   训练集用于构建模型，而测试集对该模型进行校验

对于测试集的选择并没有特别之处。实际上，如果将数据等分成 k 块，那么就可以利用相同数据多次重复先训练后测试的过程。我们依次将每个块作为测试数据，然后利用剩余的 $k-1$ 块作为训练数据。这种训练架构称为**交叉检验**（cross-validation）。

泛   化

我们应该记住，建立模型或者分类器的目的不是对训练集进行分类，而是对类别未知的数据进行分类。我们希望对这些数据进行正确分类，但是通常情况下我们无法知道模型在这些数据上的效果。如果数据的性质随时间改变，比如我们试图检测垃圾邮件，那么必须尽可能过一段时间就度量一下检测的效果。例如，在检测垃圾邮件时，我们可能要注意垃圾邮件不再被判为垃圾的报告率。

2. 批量学习与在线学习

通常情况下，我们会使用例 12.1 和例 12.2 所示的**批量学习**（batch learning）架构。也就是说，全部训练集在学习一开始就全部到位，而且它是算法所需的全部数据，不管要以什么方式一劳永逸地生成一个模型。另一种架构是**在线学习**（on-line learning），此时训练集以流方式到达，且同任意流一样，处理之后数据不可能再次访问。在在线学习中，我们自始至终都维护一个模型。当新训练数据到达时，我们可以选择对模型进行修改来适应新的样本。在线学习具有如下优势。

(1) 由于一次访问的训练样本不能多于一个，它能够处理极大规模的训练集。

(2) 它能随着时间的推移适应训练样本总体的变化。例如，谷歌就是这样训练其垃圾邮件分类器的。垃圾邮件制造者发送的新型垃圾邮件被接收者标识为垃圾邮件后，垃圾邮件分类器将随之进行调整。

一个适合某些情况的在线学习增强版是**主动学习**（active learning）。这里，分类器可能收到一些训练样本，但主要是待分类的未分类数据。如果分类器对分类结果没有把握（比如，新到达的样本离分类边界很近），那么它可以以某个显著的代价来要求真实结果。例如，分类器可以将样本发送到土耳其机器人（Mechanical Turk，简称 Turker）来得到真人的观点。通过这种方法，边界附近的样本也会成为训练样本，从而可以用于修改分类器。

3. 特征选择

有时候，设计一个好模型或分类器最难的部分是给出学习算法所使用的输入特征。我们重新考虑一下例 12.3，当时我们建议可以通过邮件中包含的词汇来将邮件分为垃圾邮件和非垃圾邮件。在例 12.4 中我们还具体实现了这样的一个分类器。正如例 12.3 所讨论的那样，集中关注某些词而忽略其他词也许更有意义，比如应该去除停用词。

然而，我们也要问：是否有其他信息有助于作出更好的垃圾判别决策？例如，垃圾邮件常常产生于特定的主机，这些主机可能属于垃圾邮件制造者，或者已经被用于制造垃圾的"僵尸网络"所占领。因此，将原始主机或主机邮件地址纳入到描述邮件的特征向量，可能可以帮助我们设计一个更好的、错误率更低的分类器。

4. 构建训练集

了解将数据转换成训练集的标签信息的来源是十分合理的要求。一种显而易见的方法就是手工构建标签，即专家查看每个特征向量，然后正确分类。近年来，众包技术已经用于数据标注。例如，很多应用中有可能使用土耳其机器人来标注数据。由于土耳其机器人不一定可靠，一种聪明的做法是使用系统将问题发给多个人回答，直到大多数人明显倾向于某个标签。

我们常常可以在 Web 上得到隐式标注的数据。例如，开放目录（Open Directory，DMOZ）拥有数百万标注主题的页面。这些数据可以用作训练集，让我们基于词语出现的频率来对其他网页或文档按照主题分类。另一种根据主题进行分类的方法是，浏览维基百科有关某个主题的网页并找到该网页链接的网页。可以安全地认为这些网页与给定主题相关。

在有些应用中，我们可以使用人们在亚马逊或 Yelp 之类的网站上对产品或服务给出的星级信息。例如，即使我们不知道某个产品评论的星级，但是可能想估计一下。如果使用带星级的评论作为训练集，那么可以归纳出与正面或负面评论强关联的词语（这称为**倾向性分析**或**情感分析**，sentiment analysis）。这些词语如果出现在其他评论中，则可以反映出这些评论的倾向性。

12.1.5   习题

习题 12.1.1   分别采用如下 $f(x)$ 重做例 12.2。

(a) 要求 $f(x) = ax$，也就是说一条通过原点的直线。那么在例 12.2 中讨论的 $y = \dfrac{14}{15}x$ 是否最优？

(b) 要求 $f(x)$ 是个二次函数，即 $f(x) = ax^2 + bx + c$。

12.2   感知机

感知机是一种线性二类分类器。它的输入为向量 $x = [x_1, x_2, \cdots, x_d]$，其中每个元素都取实数值。与感知机关联的是一个**权重向量** $w = [w_1, w_2, \cdots, w_d]$，其中每个元素也是实数。每个感知机都有一个**阈值** θ。如果 $w \cdot x > \theta$，那么感知机的输出为 +1；而如果 $w \cdot x < \theta$，则感知机输出 −1。$w \cdot x = \theta$ 这个特例往往被视为"出错"，其意义我们会在 12.2.1 节详细讨论。

权重向量 w 定义了一个 $d-1$ 维的超平面，即所有满足 $w \cdot x = \theta$ 的点 x 构成的集合（如图 12-4 所示）。超平面正方向的点被分到 +1 类，而负方向的点被分到 −1 类。感知机分类器只适用于**线性可分**（linearly separable）数据，其意义为存在某个超平面可以将所有正例点和负例点分开。如果存在许多这样的超平面，那么感知机将会收敛到其中一个超平面，因而会对所有训练点进行正确分类。如果不存在这样的超平面，那么感知机将不会收敛到任何一个超平面。下一节会讨论支持向量机，它们不会有这样的限制。它们将收敛于某个分隔器，尽管这个分隔器不是完美的，但也将在 12.3 节描述的评价指标下做得尽量好。

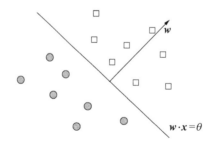

图 12-4   通过超平面将空间分成两个"半空间"的感知机

12.2.1 训练阈值为 0 的感知机

为训练感知机，我们来考察一个训练集并试图寻找一个权重向量 w 和阈值 θ，将所有 $y = +1$（正例）的特征向量分到超平面的正面，而将所有 $y = -1$（负例或反例）的特征向量分到超平面的负面。这一点有可能实现，也有可能实现不了，因为无法保证**任意**超平面都能够将训练集中的所有正例和负例完全分开。

一开始我们假定阈值为 0，在此基础上针对未知阈值的简单改进方法将在 12.2.4 节中讨论。假定存在一个能够将训练集中所有正例和负例分开的超平面，那么下面的方法就会收敛到这样一个超平面。

(1) 将权重向量 w 的所有元素初始化为 0。

(2) 选择一个很小的正实数 η 作为**学习率参数**（learning-rate parameter）。η 的选择会影响感知机的收敛。如果 η 太小，收敛速度就会慢。如果 η 太大，那么决策边界会不断跳动，最后即便可以收敛，也会造成收敛变慢。

(3) 依次考虑每个训练样例 $t = (x, y)$：

    (a) 令 $y' = w \cdot x$；

    (b) 如果 y' 和 y 的符号相同，那么什么都不做，t 已经正确分类；

    (c) 如果 y' 和 y 的符号相反或者 $y' = 0$，那么将 w 替换为 $w + \eta y x$。也就是说，沿 x 的方向稍微调整一下 w。

图 12-5 给出了上述变换 w 在二维空间下的一个例子。注意，在 x 方向移动 w 会将与 w 正交的超平面沿着 x 更可能分对的方向移动，尽管这并不能保证移动之后 x 就能分对。

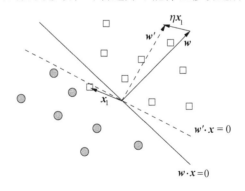

图 12-5　一个错误分类的点 x_1 移动向量 w

例 12.4　考虑训练一个识别垃圾邮件的感知机。训练集由 (x, y) 对构成，其中 x 是一个由 0 和 1 构成的布尔向量，每个分量 x_i 对应邮件中某个词的存在（$x_i = 1$）或不存在（$x_i = 0$）。如果邮件为垃圾邮件，则 $y = +1$，否则 $y = -1$。训练集中的词汇数目很大，为简单起见，我们使用一个只包含 and、viagra、the、of 和 nigeria 这 5 个词的例子。图 12-6 给出了由 6 个向量及其对应类别构成的训练集。

	and	viagra	the	of	nigeria	y
a	1	1	0	1	1	+1
b	0	0	1	1	0	−1
c	0	1	1	0	0	+1
d	1	0	0	1	0	−1
e	1	0	1	0	1	+1
f	1	0	1	1	0	−1

图 12-6 用于垃圾邮件分类的训练数据

在上例中，我们使用的学习率 η 为 1/2，而后我们按照图 12-6 给出的次序依次访问每个训练样本一次。一开始 $w = [0, 0, 0, 0, 0]$，计算得到 $w \cdot a = 0$。由于 0 不是正数，我们通过计算 $w := w + (1/2)(+1)a$ 将 w 沿 a 的方向移动。于是可以得到 w 的新值：

$$w = [0, 0, 0, 0, 0] + \left[\frac{1}{2}, \frac{1}{2}, 0, \frac{1}{2}, \frac{1}{2}\right] = \left[\frac{1}{2}, \frac{1}{2}, 0, \frac{1}{2}, \frac{1}{2}\right]$$

接下来，考虑 b。$w \cdot b = \left[\frac{1}{2}, \frac{1}{2}, 0, \frac{1}{2}, \frac{1}{2}\right] \cdot [0, 0, 1, 1, 0] = \frac{1}{2}$。由于 b 对应的 y 值为 −1，b 被错误分类。于是，可以对 w 赋值：

$$w := w + (1/2)(-1)b = \left[\frac{1}{2}, \frac{1}{2}, 0, \frac{1}{2}, \frac{1}{2}\right] - \left[0, 0, \frac{1}{2}, \frac{1}{2}, 0\right] = \left[\frac{1}{2}, \frac{1}{2}, -\frac{1}{2}, 0, \frac{1}{2}\right]$$

再接下来，处理训练样本 c。我们有：

$$w \cdot c = \left[\frac{1}{2}, \frac{1}{2}, -\frac{1}{2}, 0, \frac{1}{2}\right] \cdot [0, 1, 1, 0, 0] = 0$$

由于 c 的标签 y 为 +1，c 也被分错。于是，继续对 w 赋值：

$$w := w + (1/2)(+1)c = \left[\frac{1}{2}, \frac{1}{2}, -\frac{1}{2}, 0, \frac{1}{2}\right] + \left[0, \frac{1}{2}, \frac{1}{2}, 0, 0\right] = \left[\frac{1}{2}, 1, 0, 0, \frac{1}{2}\right]$$

下面处理训练样本 d。

$$w \cdot d = \left[\frac{1}{2}, 1, 0, 0, \frac{1}{2}\right] \cdot [1, 0, 0, 1, 0] = 1$$

由于 d 的标签 y 为 −1，d 也被分错。于是，继续对 w 赋值：

$$w := w + (1/2)(-1)d = \left[\frac{1}{2}, 1, 0, 0, \frac{1}{2}\right] - \left[\frac{1}{2}, 0, 0, \frac{1}{2}, 0\right] = \left[0, 1, 0, -\frac{1}{2}, \frac{1}{2}\right]$$

对训练样本 e，计算 $w \cdot e = \left[0, 1, 0, -\frac{1}{2}, \frac{1}{2}\right] \cdot [1, 0, 1, 0, 1] = \frac{1}{2}$。由于 e 对应的标签 y 为 +1，e 被正确分类，因此不需要对 w 进行修改。同样，对于 f，有：

$$\boldsymbol{w} \cdot \boldsymbol{f} = \left[0, 1, 0, -\frac{1}{2}, \frac{1}{2}\right] \cdot [1, 0, 1, 1, 0] = -\frac{1}{2}$$

因此，$\boldsymbol{f}$ 也被正确分类。如果我们检查 $\boldsymbol{a}$ 到 $\boldsymbol{d}$，会发现现在的 $\boldsymbol{w}$ 也能够对它们正确分类。于是，我们收敛到一个能够对所有训练样本正确分类的感知机。另外，它也表明 Viagra 和 Nigeria 能够对垃圾邮件具有标识作用，而 of 则标识非垃圾邮件。这看上去有一定的道理。而该感知机将 and 和 the 看成中立词，尽管我们可能倾向于赋予 and、or 和 the 相同的权重。 □

实际的邮件训练做法

当将邮件或其他大型文档表示为训练样本时，我们并不是真的想构建一个由 0 和 1 构成的向量，其中每个分量都对应邮件集合中出现的一个词，即使它只出现一次。这样做通常会生成一个几百万维的稀疏向量。实际上，我们会构建一张表（table），给出现在邮件中的所有词分配整数 1，2，$\cdots$，分别表示其对应向量分量的序号。当处理训练集中的一封邮件时，我们将出现在该邮件中（即邮件向量的对应分量为 1）的所有分量列成一个表（list），也就是说，可以使用向量的标准稀疏表示方法。如果将停用词从表示中去除，或者将低 TF.IDF 得分的词去除，就可以得到邮件的更加稀疏的表示，这样可以进一步提升数据的压缩效果。只有向量 $\boldsymbol{w}$ 需要用所有的分量（即邮件中出现的所有词）来表示，这是因为在处理过一系列训练样本之后，它不再是稀疏的。

12.2.2　感知机的收敛性

正如 12.2 节一开始提到的那样，如果数据点线性可分，那么感知机算法会收敛到某个分隔器。但是，如果数据并不线性可分，那么算法将最终在某个权重向量上反复迭代并陷入无限循环。不幸的是，在算法实际运行当中，通常很难分辨上述两种情况。当数据很大时，很难记住所有前面的权重向量来考察是否在重复某个向量。即使我们能够记住，重复的周期也很可能非常长，以至于我们早在重复之前就想结束算法。

与算法终止相关的另一个问题是，即使训练数据线性可分，整个数据集合也不一定线性可分。结果就是，算法进行了大量循环迭代以期能够收敛到某个分隔器，但是有可能得不到任何值。因此，我们需要一个策略来确定当收敛还没发生时感知机算法终止的时机。下面给出了算法终止的一些常用测试方法。

(1) 在固定迭代次数后终止。

(2) 当分错类的训练数据点的数目不再变化时终止。

(3) 从训练数据中分离出一个测试集，每次迭代后，在测试集上运行感知机算法。当测试集上的错分样本数目不再变化时终止算法。

另一种辅助收敛的技术是当迭代次数增加时降低训练率。例如，一开始可以将训练率设成 η_0，然后在第 t 次迭代之后将它降低到 $\eta_0/(1 + ct)$，其中 c 是一个很小的常数。

12.2.3　Winnow 算法

还有其他方法可以用于调整感知机算法中的权重。即使存在一个能够将所有正例和负例分开的超平面，也不能保证所有的算法都能收敛。一种能够收敛的算法称为 Winnow，接下来将介绍它的权重调整方法。Winnow 假设所有的特征向量都由 0 和 1 组成，类别用+1 和−1 来表示。在基本的感知机算法中权重向量 w 有可能出现正值和负值，而 Winnow 算法中的权重向量的分量都是正值。

在一般性的 Winnow 算法中，允许选择多种参数，下面将只考虑最简单的变形。但是，所有的变形都有一个基本思想，就是有一个正的阈值 θ。如果 w 为当前权重向量，x 是训练集中当前考虑的特征向量，则计算 $w \cdot x$，然后与 θ 对比。如果该内积太小，而 x 的类别为+1，那么就必须提高 x 中为 1 分量所对应的 w 中的权重。这些权重将乘以一个大于 1 的值，该值越大，训练率也越高，因此我们希望选择一个不是特别接近 1 的数（否则，收敛会特别慢），但是这个数也不能太大（否则权重向量会振荡）。类似地，如果 $w \cdot x \geq \theta$，但是 x 的类别为−1，那么就要降低 x 中为 1 分量所对应的 w 中的权重。此时，将这些权重乘以一个大于 0 小于 1 的数。同样，这里会选择一个离 1 不是特别近但也不是很小的数，这样可以避免收敛慢或者振荡。

下面，我们以 2 和 1/2 作为因子分别代表上述提高权重和降低权重的情况，来介绍算法的细节。Winnow 算法中权重向量 $w = [w_1, w_2, \cdots, w_d]$ 的每个分量都初始化为 1，而阈值 θ 初始化为训练样本向量的维度 d。令 (x, y) 为下一个要考虑的训练样本，其中 $x = [x_1, x_2, \cdots, x_d]$。

(1) 如果 $w \cdot x > \theta$ 且 $y = +1$，或者 $w \cdot x < \theta$ 且 $y = -1$，那么该样本被正确分类。此时，不对 w 做任何更改。

(2) 如果 $w \cdot x \leq \theta$ 但 $y = +1$，那么 x 中为 1 的分量所对应的 w 中的权重太低。此时，对这些权重进行加倍操作。也就是说，如果 $x_i = 1$，那么令 $w_i := 2w_i$。

(3) 如果 $w \cdot x \geq \theta$ 但 $y = +1$，那么 x 中为 1 的分量所对应的 w 中的权重太高。此时，对这些权重进行减半操作。也就是说，如果 $x_i = 1$，那么令 $w_i := w_i /2$。

例 12.5　重新考虑图 12-6 中的训练数据，初始化处理后 $w = [1, 1, 1, 1, 1]$，$\theta = 5$。首先，考虑特征向量 $a = [1, 1, 0, 1, 1]$，由于 $w \cdot a = 4 < \theta$，而 a 的类别标签为+1，该样本被错分。当标为+1 的样本被错分时，我们必须要将样本向量中为 1 的分量对应的权重加倍，于是新的 w 为 $[2, 2, 1, 2, 2]$。

接下来考虑训练样本 $b = [0, 0, 1, 1, 0]$，由于 $w \cdot b = 3 < \theta$，而 b 的类别标签为−1，因此不需要对 w 进行修改。

对于 $c = [0, 1, 1, 0, 0]$，由于 $w \cdot c = 3 < \theta$，而 c 的标签为+1，因此 c 中为 1 的分量对应的 w 中的权重全部要翻倍。由于 c 中第二和第三个分量为 1，因此新的 w 值为 $[2, 4, 2, 2, 2]$。

接下来的两个训练样本 d 和 e 都被正确分类，因此无须对 w 进行修改。但是，对于 $f = [1, 0, 1, 1, 0]$，由于 $w \cdot f = 6 > \theta$，而其类别标签为−1，因此必须对 f 中为 1 分量对应的 w 中的分量（也就是第一、第三和第四个分量）除以 2。新的 w 值为 $[1, 4, 1, 1, 2]$。

到现在为止我们还没收敛。事实证明，我们还需要重新遍历一遍 a 到 f。这样处理之后，算法会收敛到权重向量 $w = [1, 8, 2, 1/2, 4]$ 且阈值 $\theta = 5$，此时可以将图 12-6 中的所有训练样本正确分类。上述具体的 12 步收敛细节在图 12-7 中给出。该图给出了标签 y 以及 w 和相应特征向量的内积。最右边的 5 列给出的是每一步训练样本处理之后的权重向量 w 的 5 个分量。 □

x	y	$w \cdot x$	OK?	and	viagra	the	of	nigeria
				1	1	1	1	1
a	+1	4	no	2	2	1	2	2
b	−1	3	yes					
c	+1	3	no	2	4	2	2	2
d	−1	4	yes					
e	+1	6	yes					
f	−1	6	no	1	4	1	1	2
a	+1	8	yes					
b	−1	2	yes					
c	+1	5	no	1	8	2	1	2
d	−1	2	yes					
e	+1	5	no	2	8	4	1	4
f	−1	7	no	1	8	2	1/2	4

图 12-7　Winnow 算法作用在图 12-6 所示训练集上后，权重向量 w 的更新序列

12.2.4　允许阈值变化的情况

假设 12.2.1 节提到的阈值 0 或者 12.2.3 节提到的阈值 d 都不满足需要，或者我们并不知道最佳的阈值。此时可以将一个新的维度加到特征向量中，即将 θ 看成权重向量 w 的一个分量。也就是说：

(1) 将权重向量 $w = [w_1, w_2, \cdots, w_d]$ 替换为

$$w' = [w_1, w_2, \cdots, w_d, \theta]$$

(2) 将每个特征向量 $x = [x_1, x_2, \cdots, x_d]$ 替换为

$$x' = [\, x_1, x_2, \cdots, x_d, -1]$$

于是，对于新的训练样本向量和权重向量，可以认为阈值为 0 并运行 12.2.1 的算法。判断条件 $w' \cdot x' \geq 0$ 相当于 $\sum_{i=1}^{d} w_i x_i + \theta \times (-1) = w \cdot x - \theta \geq 0$，即 $w \cdot x \geq \theta$。而后者正好对应阈值为 θ 的感知机正向响应的条件。

我们也可以将 Winnow 算法应用于上述修改后的数据。Winnow 算法要求所有特征向量的分量都是 0 和 1。但是，如果处理 −1 时采用与 +1 相反的方式，就可以允许阈值 θ 对应的分量为 −1。也就是说，如果训练样本为正例，需要增加其他权重，同时将阈值对应的权重除以 2。而如果训练样本为负例，则需要降低其他权重，同时将阈值对应的权重乘以 2。

例 12.6　对图 12-6 的训练集进行修改，以容许增加第 6 个"词"来表示阈值的相反数 $-\theta$。新的数据如图 12-8 所示。

一开始权重向量 w 的分量都设置为 1（如图 12-9 的第一行所示）。使用第一个特征向量 a，有 $w \cdot a = 3$，由于训练样本为正例，内积也为正，所以我们感到高兴（因为不需要对 w 做任何修改）。但是对于第二个训练样本 b 有 $w \cdot b = 1$，由于训练样本为负例而上述内积为正数，必须要调整权重。由于 b 的第三维和第四维分量为 1，因此 w 对应分量替换为 1/2。而最后一个分量，即对应阈值 θ 的分量需要翻倍。这样得到的新权重向量为[1, 1, 1/2, 1/2, 1, 2]（如图 12-9 的第三行所示）。

	and	viagra	the	of	nigeria	θ	y
a	1	1	0	1	1	−1	+1
b	0	0	1	1	0	−1	−1
c	0	1	1	0	0	−1	+1
d	1	0	0	1	0	−1	−1
e	1	0	1	0	1	−1	+1
f	1	0	1	1	0	−1	−1

图 12-8　垃圾邮件的训练数据，其中第六维代表阈值的相反数

x	y	$w \cdot x$	OK?	and	viagra	the	of	nigeria	θ
				1	1	1	1	1	1
a	+1	3	yes						
b	−1	1	no	1	1	1/2	1/2	1	2
c	+1	−1/2	no	1	2	1	1/2	1	1
d	−1	1/2	no	1/2	2	1	1/4	1	2

图 12-9　Winnow 算法作用在图 12-8 所示训练集上后，权重向量 w 的更新序列

特征向量 c 是正例，但是 $w \cdot c = -1/2$，由于 c 中第二维和第三维分量为 1，因此，必须对 w 中的第二维和第三维分量加倍，而对 w 中最后一维对应阈值 θ 的分量进行减半处理。最终的 $w = $ [1, 2, 1, 1/2, 1, 1]在图 12-9 中的第四行给出。下一步处理的 d 是一个负例。由于 $w \cdot d = 1/2$，我们必须要调整权重。此时对权重向量的第一和第四个分量减半，而对最后一维向量进行加倍处理，得到 $w = $ [1/2, 2, 1, 1/4, 1, 2]。现在，所有的正例与权重向量的内积都是正数，而所有的负例和权重向量的内积都是负数，因此不再需要修改权重向量。

最后得到的感知机的阈值为 2，其对应 viagra 和 nigeria 的权重分别为 2 和 1，而对应 and 和 of 的权重更小。对应 the 的权重也是 1，这意味着判断垃圾邮件时 the 和 nigeria 的指示作用一样，而对此我们持怀疑态度。但是无论如何，该感知机确实能够正确地对所有样本进行分类。　　□

12.2.5　多类感知机

感知机的基本思想有多种扩展方式。下一节将介绍容许超平面支持更复杂的分类边界的变换。这里，我们将介绍感知机如何用于数据的多类分类问题。

假设训练集的样本有 k 个不同的类别标签。开始为每个类别训练一个感知机，这些感知机具

有相同的阈值 θ。也就是说，对于类别 i，将训练样本 (x, i) 看成正例，而将所有样本 (x, j) $(j \neq i)$ 都看成负例。假设对于类别 i，训练后的感知机权重向量最后确定为 w_i。

给定新的待分类向量 x，对于 $i = 1, 2, \cdots, k$ 都计算 $w_i \cdot x$。假定最大的那个 $w_i \cdot x$ 不低于 θ，那么就将 x 归为类别 i。否则，就假定 x 不属于 k 个类别中的任何类。

例如，假设要将网页分到多个主题（比如体育、政治、医药等）中，可以将网页表示成 0-1 向量，其中 1 表示对应单词出现在该网页中，而 0 表示不出现（当然，这里我们只是以这种方式来想象网页，实际中并不这样构建网页向量，即不会保留 0 对应的分量）。对于每个主题来说，都有一些词能够反映出该主题。比如，体育类网页常常包含诸如 win、goal 或者 played 之类的词。该主题对应的权重向量将会给这些刻画主题的词以更高的权重。

一个新的页面会归到权重向量和网页向量内积最大的那个主题下。另一种做法是，将网页分到内积大于某个阈值（可以假定该阈值高于训练中使用的阈值 θ）的所有主题上去。

12.2.6　变换训练集

当感知机必须使用一个线性函数来分开两类时，在应用感知机算法来分开这两类之前，往往可以对训练集向量进行转换。下面给出一个反映这种思路的例子。

例 12.7 在图 12-10 中可以看到从我家出发可以到达的位置点。横坐标和纵坐标分别表示位置的纬度和经度。有些位置已经被分到 day trips 类，因为它们非常近，在一天之内就可以到达，有些却分到 excursions 类，因为它们需要一天以上才能到达。这两类分别用圆点和方形表示。很显然，没有直线能够将这两者分开。但是，如果我们将这些点的笛卡儿坐标替换为极坐标，那么在变换之后的极坐标空间下，图 12-10 所示的虚线圆圈就成为一个超平面。我们将向量 $x = [x_1, x_2]$ 转换成 $[\sqrt{x_1^2 + x_2^2}, \arctan(x_2/x_1)]$。

图 12-10　将直角坐标变换为极坐标可以将该训练集转换成有分界超平面的训练集

实际上，我们也可以对上述数据进行降维处理。点的角度无关紧要，而只有半径 $\sqrt{x_1^2 + x_2^2}$ 起作用。因此，我们可以将点向量转换为单分量向量，该分量为该点到原点的距离。具有较小距离的点将被归入 day trip 类，而较大距离的点则被归到 excursion 类。此时对感知机的训练会相当容易。　□

12.2.7　感知机的问题

尽管感知机可以进行上述扩展，但它在对某些数据进行分类时，能力上仍然存在一些限制。最大的问题在于，有时候数据固有的性质就是不可能通过超平面来分开。图 12-11 给出了一个例子。在这个例子中，两个类的数据点在边界附近互相交错，因此任何穿过数据点的直线都至少在一边同时存在属于两个类的点。

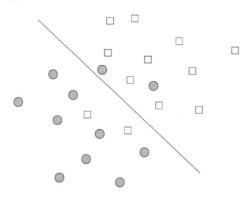

图 12-11　一个可能不存在任何分类超平面的训练集

可能有人反驳说，基于 12.2.6 节中的观察，有可能找到数据点的某个函数，将它们转换到另外一个线性可分的空间。但如果是这样的话，可能又会出现所谓的**过拟合**，这时由于分类器被精心设计成可以对每个训练样本进行正确分类，它在训练集上效果很好。但是，由于分类器利用了训练集的一些未来待分类样本没有的细节，它在新数据上的效果并不好。

另一个问题可以通过图 12-12 来展示。通常情况下，如果类别可以通过某个超平面来分开的话，那么就存在很多这样的超平面。但是，并非所有超平面都一样好。例如，如果在图 12-12 中选择顺时针方向最靠右的那条直线作为超平面，那么尽管问号（？）所标识的点直观上看更靠近方形表示的类别，此时却会被分到圆形表示的类别。在 12.3 节介绍支持向量机时，我们将会看到存在一种方法可以选择在某种意义上能够最公平地将空间分开的那条直线。

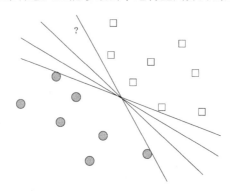

图 12-12　通常，如果有超平面能够将两类分开，就存在不止一个这样的超平面

还有一个问题通过图 12-13 来说明。一旦没有错分数据点，训练感知机的大部分规则就是马上停止算法。因此，选出的超平面刚刚设法对一些数据点正确分类。例如，图 12-13 中上面那条直线刚刚纳入两个方形类别的样本，而下面那条直线则刚刚纳入一个圆形类别的样本。如果这两条直线中的任何一条代表最后的权重向量的话，那么这些权重会偏向于两个类别中的一个。也就是说，它们确实能够对训练集中的数据点进行正确分类，但是上面那条直线会把线下紧靠的方形类样本分成圆形类，而下面那条直线则将线上紧靠的圆形类样本分成方形类。这里再提一次，12.3节将会给出一个更合适的分类超平面。

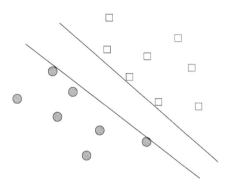

图 12-13　分类超平面刚刚达到可分区域，感知机就收敛

面向流数据的感知机

前面我们将训练集看成已存数据，感知机可以对该数据多次扫描复用。其实，感知机也可以用于流数据场景。也就是说，训练样本以无穷序列的方式到来，但是每个样本只可以使用一次。垃圾邮件的检测就是一个很好的训练流的例子。用户报告垃圾邮件，也同时报告那些被分为垃圾邮件的正常邮件。每封邮件到来时，都被看成一个训练样本，然后对当前权重向量进行修改，当然每次修改的量可能不大。

如果训练集是一个流，那么就永远不会真正收敛，并且实际上数据点很可能不会是线性可分的。然而，自始至终，我们得到的都是可能的最优分类面的一个近似。并且，如果流中的样本随时间不断演变，就像上面提到的垃圾邮件一样，那么我们得到的近似分类面就更倾向于最近的样本而不是很早以前的样本，这很像 4.7 节提到的指数衰减窗口技术。

12.2.8　感知机的并行实现

感知机的训练是一个固有的串行过程。如果涉及的向量的维度很大，那么可以通过并行计算内积来获得一定程度的并行。但是，我们在例 12.4 中曾提到，高维向量可能会稀疏，可以采用比考虑整个长度更简洁的表示。

为了获得显著的并行效果，我们必须对感知机算法稍加修改，这样很多训练样本（一"批"）可以使用相同的权重向量 w。与在每个错分的训练样本之后改变 w 时的顺序实现相比，这个修改略微改变了算法的做法。然而，如果学习率（learning rate，前面称为训练率）很低，就像通常那样，那么在考虑很多训练样本之后在这批训练样本中重用单个 w 的话，w 的结果值并不会有什么区别。例如，我们将并行算法形式化为如下的 MapReduce 作业。

Map 函数 每个 Map 任务接收一系列训练样本，并且都知道当前的权重向量 w。Map 任务对该系列样本中的每个特征向量 $x = [x_1, x_2, \cdots, x_k]$ 计算 $w \cdot x$，然后将该内积与取值为 +1 或 –1 的 x 的标签 y 进行对比。如果符号一致，那么对该训练样本就不生成任何键–值对。但是，如果两者符号不一致，那么对 x 的每个非零分量 x_i 都生成一个键–值对 $(i, \eta y x_i)$。这里，η 是指感知机训练中的学习率常数。注意，$\eta y x_i$ 是我们要加到当前 w 的第 i 个分量上的增量值，如果 $x_i = 0$，则无须生成键–值对。然而，为了并行的利益，我们会延迟上述修改，直到我们可以在 Reduce 阶段累计这些修改为止。

Reduce 函数 对每个键 i，处理它的 Reduce 任务会把相关的增量值累加后，加到 w 的第 i 个分量上。

或许，这些修改并不足以训练感知机。如果 w 发生任何修改，那么就需要重启一个新的 MapReduce 作业来完成同样的事情，或许此时会从训练集获得另外一系列数据。但是，即使全部训练集用于第一轮，可以再次使用它，这是因为 w 已经改变，其对 w 的作用已经有所不同。

并行化的一个关键技巧

12.2.8 节使用了将一个固有的串行过程转换为并行过程的方法，该方法在处理大型数据集时经常出现。在串行版本的算法中，有一个状态每一步都在变化。在本例中，这个状态就是权值向量 w。只要每一步状态的变化都很小，那么就可以固定该状态，并行化计算每一步串行步骤对这个确定状态的变化值。在并行步骤之后，合并这些变化值以创建一个新状态，并重复上述并行步骤直到收敛。

12.2.9 习题

习题 12.2.1 修改图 12-6 中的训练集，使样本 b 也包含词 nigeria（这仍然是个负例，因为或许有人谈论关 Nigeria 的旅行）。使用如下算法寻找能够区分所有正例和负例的权重向量：

(a) 12.2.1 节的基本训练方法；

(b) 12.2.3 节的 Winnow 方法；

(c) 12.2.4 节提到的在基本方法上容许可变阈值的做法；

(d) 12.2.4 节提到的在 Winnow 方法上容许可变阈值的做法。

! **习题 12.2.2** 对于如下训练集：

$$([1, 2], +1) \quad ([2, 1], +1)$$

$$([2, 3], -1) \quad ([3, 2], -1)$$

描述所有的向量 w 和阈值 θ，它们满足 $w \cdot x - \theta = 0$，并且能够正确分开所有数据点。

! **习题 12.2.3** 假定如下四个样本构成一个训练集:

$$([1, 2], -1) \quad ([2, 3], +1)$$

$$([2, 1], +1) \quad ([3, 2], -1)$$

(a) 阈值为 0 时,训练一个能够对上述数据点进行分类的感知机会出现什么现象?

!! (b) 能否通过修改阈值的方法,获得一个能够对上述数据点进行正确分类的感知机?

(c) 给出一个能够将上述数据点转换为线性可分的二项式变换。

12.3 支持向量机

我们可以把**支持向量机**(Support Vector Machine,SVM)看成感知机的一种改进版,它试图解决 12.2.7 节中提到的感知机面对的问题。SVM 会选择一个特定的超平面,它不仅能够把两个类别中的所有点分开,而且能够以最大化间隔(margin)的方式分开。这里的间隔是指超平面和训练集中离它最近的点之间的距离。

本节首先讨论训练样本可分条件下的支持向量机,并展示如何在这种情况下最大化间隔。然后,我们考虑训练样本非线性可分这个更复杂的问题。这种情况下的训练目标就有所不同。我们需要找到一个能够"最好"地分开这两个类的超平面。但这里"最好"的含义比较复杂。我们将给出一个损失函数来惩罚错误分类的点,同时也惩罚那些虽然能正确分类但离分隔超平面太近的点。这个问题将在 12.3.3 节中讨论。

12.3.1 支持向量机的机理

SVM 的目标是选择一个超平面 $w \cdot x + b = 0$[①],使得该超平面到训练集中任意点的距离 γ 最大,如图 12-14 所示。在图中,我们会看到两类的数据点以及一个能够将它们分开的超平面。

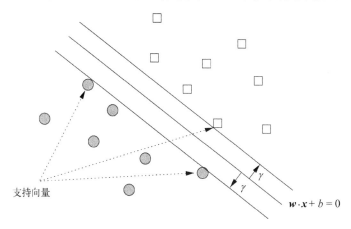

支持向量

$w \cdot x + b = 0$

图 12-14 SVM 会选择一个和训练数据点具有最大可能间隔 γ 的超平面

12

---

① 该式中超平面的常数 b 和 12.2 节感知机中的阈值 θ 的相反数是一回事。

直观上看，与靠近分类超平面的点相比，我们对于远离分类超平面的点的类别归属的判定更有把握。因此，我们期望所有的训练数据点都尽可能离超平面远一些（当然，它们要在超平面的正确一边）。选择具有最大间隔超平面的另一个好处是，在全体数据中可能存在训练集中不存在的更加靠近超平面的点。如果是这样的话，相对于选择一个也能分开训练数据点，但是离数据点很近的超平面而言，我们就有更大的机会对这些点进行正确分类。在选择离数据点很近的超平面时，新的离某个训练数据点较近、离超平面也较近的点就有可能被分错。关于这一点在 12.2.7 节的图 12-13 中已经讨论过。

另外，在图 12-14 中我们也看到两个平行的超平面，它们离中心超平面 $w \cdot x + b = 0$ 的距离都是 γ，且经过一个或多个支持向量（support vector）。支持向量是指那些真正约束分类超平面的数据点，这里说的"约束"是指它们离分类超平面的距离都是 γ。在大部分情况下，如图 12-14 所示，d 维数据点拥有 $d+1$ 个支持向量。但是，如果太多数据点正好出现在平行超平面上，就可能有更多的支持向量。我们会考察图 11-1 中数据点的例子，事实表明，所有四个数据点都是支持向量，而那里的二维数据通常只有三个支持向量。

我们的目标暂时可以像下面这样表述。

❑ 给定训练集 $(x_1, y_1), (x_2, y_2), \cdots, (x_n, y_n)$，对于所有 $i = 1, 2, \cdots, n$，在满足如下约束条件的情况下，通过变化 w 和 b 来最大化 γ：

$$y_i(w \cdot x_i + b) \geq \gamma$$

注意，这里的 y_i 取值必须为 +1 或 –1，分别代表 x_i 所处的超平面的一方，因此这里的 ≥ 永远是正确的。但是，可以用如下两种情况来轻松表达上述条件，即如果 $y = +1$，那么 $w \cdot x \geq \gamma$，而如果 $y = -1$，那么 $w \cdot x \leq -\gamma$。

不幸的是，上式实际上并不能真的发挥作用。问题在于通过增加 w 和 b，总能得到最大的 γ。例如，假设 w 和 b 满足上述约束条件。如果将 w 和 b 分别替换为 $2w$ 和 $2b$，那么对于所有 i，都有 $y_i((2w) \cdot x_i + 2b) \geq 2\gamma$，因此 $2w$ 和 $2b$ 总是比 w 和 b 更好的取值，因此最佳取值和最大 γ 永不存在。

12.3.2 超平面归一化

上面提到的直观性问题的解决方法即是对权重向量 w 进行归一化处理。也就是说，分类超平面垂线的度量单位为单位向量 $w/\|w\|$。回想一下，$\|w\|$ 是 F 范数，或者说是 w 所有分量的平方和的平方根。我们要求 w 的取值使得经过支持向量的两个平行超平面可以分别通过方程 $w \cdot x + b = 1$ 和 $w \cdot x + b = -1$ 来表述（如图 12-15 所示）。下面将分别把上述两个方程定义的超平面称为上（upper）超平面和下（lower）超平面。

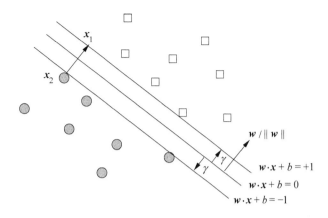

图 12-15　SVM 中的权重向量归一化

看上去我们已经将 γ 设置为 1。但是，由于这里使用的 w 是单位向量，而间隔 γ 是"单位"的数目，也就是说，沿着 w 方向的步子必须在超平面和两个平行的超平面之间。现在的目标变成最大化 γ，即分类超平面和上下平行超平面之间的单位向量 $w/\|w\|$ 的倍数。

第一步我们展示最大化 γ 和最小化 $\|w\|$ 是相同的。考虑其中一个支持向量 x_2（如图 12-15 所示）。令 x_1 为 x_2 到上超平面的投影（同样如图 12-15 所示）。注意，x_1 不一定是支持向量，或者甚至不是训练集中的点。x_2 到 x_1 的距离以 $w/\|w\|$ 为单位为 2γ，也就是说：

$$x_1 = x_2 + 2\gamma\frac{w}{\|w\|} \tag{12-1}$$

由于 x_1 在 $w\cdot x + b = +1$ 所在的超平面上，于是有 $w\cdot x_1 + b = 1$。如果用式(12-1)替换 x_1，有：

$$w\cdot\left(x_2 + 2\gamma\frac{w}{\|w\|}\right) + b = 1$$

于是有：

$$w\cdot x_2 + b + 2\gamma\frac{w\cdot w}{\|w\|} = 1 \tag{12-2}$$

由于 x_2 在超平面 $w\cdot x + b = -1$ 上，上式中的 $w\cdot x_2 + b = -1$。如果将 -1 移到式(12-2)的右边，然后两边都除以 2，就有：

$$\gamma\frac{w\cdot w}{\|w\|} = 1 \tag{12-3}$$

注意，$w\cdot w$ 是向量分量的平方和，也就是说，$w\cdot w = \|w\|^2$。于是根据式(12-3)有 $\gamma = 1/\|w\|$。

利用上式可以将 12.3.1 节介绍的优化问题进行重新组织。这里不是最大化 γ，而是最小化 $\|w\|$，该值在对 w 进行归一化时正好是 γ 的倒数。

12

❑ 给定训练集 (x_1, y_1), (x_2, y_2), $\cdots$, (x_m, y_n)，对所有 $i = 1, 2, \cdots, n$，在如下约束条件下通过变化 w 和 b 最小化 $\|w\|$：

$$y_i(w \cdot x_i + b) \geq 1$$

例 12.8　考虑图 11-1 中的 4 个点，假设它们交替为正例和负例。也就是说，训练集由如下 4 个数据点构成：

$$([1, 2], +1) \quad ([2, 1], -1)$$
$$([3, 4], +1) \quad ([4, 3], -1)$$

令 $w = [u, v]$。我们的目标是在将数据点代入约束条件后得到的条件下最小化 $\sqrt{u^2 + v^2}$。对第一个数据点 $x_1 = [1, 2]$ 及 $y_1 = +1$，约束条件为 $(+1)(u + 2v + b) = u + 2v + b \geq 1$。对于第二个数据点 $x_2 = [2, 1]$ 及 $y_2 = -1$，约束条件为 $(-1)(2u + v + b) \geq 1$ 或者说 $2u + v + b \leq -1$。对后面两个点进行同样的处理，得到所有的 4 个约束条件为：

$$u + 2v + b \geq 1 \quad 2u + v + b \leq -1$$
$$3u + 4v + b \geq 1 \quad 4u + 3v + b \leq -1$$

后面将详细介绍约束优化，该主题涉及的内容很广，有很多软件包可用。12.3.4 节将介绍其中一种称为梯度下降的算法，同时也介绍 SVM 的一个更一般的应用，该情况下不存在分类超平面。该方法的原理将在例 12.9 中阐释。

在上述简单的例子中，求解结果很明显，即 $b = 0$，$w = [u, v] = [-1, +1]$。这种情况下所有的 4 个约束条件都恰好满足（取等号），也就是说，每个点都是支持向量。这种情况不太常见，因为数据在二维空间时，一般预期只有 3 个支持向量。但是，正例和负例正好在平行线上这一事实使得 4 个约束条件恰好被满足。　　　　　　　　　　　　　　　　　　　　　　□

12.3.3　寻找最优逼近分界面

现在我们考虑在更一般的情况下如何寻找最优超平面，此时不管选择哪个超平面，都有一些点处于错误的一边，或许有些点在正确的一方，但是由于它们离分隔超平面太近，以致间隔的要求难以满足。这种情况的一个典型场景在图 12-16 中给出。图中有两个点被错分，它们处于分隔超平面 $w \cdot x + b = 0$ 的错误一边。同时，有两个点虽然分类正确，但是离分隔超平面太近。我们称这些点为**坏点**（bad point）。

在评估某个可能的超平面时，对每个坏点都会给予一定的惩罚。惩罚的总量会作为优化过程的一部分被确定，表示为从超平面（坏点在其错误的一方）指向坏点的箭头。也就是说，这些箭头度量了到超平面 $w \cdot x + b = 1$ 或 $w \cdot x + b = -1$ 的距离。前者是假定在分隔超平面之上的训练样本（因为对应的标签 y 为 +1）的基线，而后者是假定在分隔超平面之下（因为 $y = -1$）的训练样本的基线。

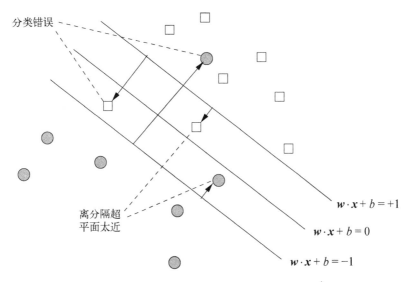

图 12-16　分类错误或者离分隔超平面太近的点会受到一定的惩罚，
惩罚量与指向该点的箭头的长度成正比

关于最小化的精确公式有多种选择。直观来说，我们期望像 12.3.2 节讨论的那样，$\|\boldsymbol{w}\|$ 越小越好。但是我们也希望坏点的惩罚项尽量小。在这两者之间进行折中，最普遍的形式包含两项，一项是 $\|\boldsymbol{w}\|^2$，另一项是某个常数乘以所有惩罚项之和。

注意，最小化 $\|\boldsymbol{w}\|$ 等价于最小化 $\|\boldsymbol{w}\|$ 的任一单调函数，因此最小化 $\|\boldsymbol{w}\|^2/2$ 是合理的，所以最小化 $\|\boldsymbol{w}\|^2/2$ 至少也是一种选择。事实表明这种选择十分合适，因为该式对 $\boldsymbol{w}$ 的任何分量的导数都是该元素本身。也就是说，如果 $\boldsymbol{w} = [w_1, w_2, \cdots, w_d]$，那么 $\|\boldsymbol{w}\|^2/2$ 等于 $\dfrac{1}{2}\sum_{i=1}^{n} w_i^2$，于是其偏导数 $\dfrac{\partial}{\partial w_i} = w_i$。正如我们即将看到的那样，这种结果是合理的，因为惩罚项对 w_i 的导数等于某个常数乘以遭受惩罚的每个训练样本特征向量的对应分量 x_i。这反过来也意味着向量 $\boldsymbol{w}$ 和训练样本向量以分量为单位时是相当的。

因此，下面将考虑如何对如下的具体函数进行最小化处理：

$$f(\boldsymbol{w},b) = \frac{1}{2}\sum_{j=1}^{d} w_i^2 + C\sum_{i=1}^{n} \max\left\{0,\ 1 - y_i\left(\sum_{j=1}^{d} w_j x_{ij} + b\right)\right\} \tag{12-4}$$

我们期望上面函数中的第一项 $\boldsymbol{w}$ 越小越好，而第二项表示对坏点的惩罚，其中常数 C 要选择适当，对坏点的惩罚方式会在后面解释。我们假定有 n 个训练样本 $(\boldsymbol{x_i}, y_i)$，其中 $i = 1, 2, 3, \cdots, n$，$\boldsymbol{x_i} = [x_{i1}, x_{i2}, \cdots, x_{id}]$。另外，和以前一样，$\boldsymbol{w} = [w_1, w_2, \cdots, w_d]$。注意，上面函数中的两个 $\sum_{j=1}^{d}$ 都表示向量的内积运算。

常数 C 称为**正则化参数**（regularization parameter），反映的是错误分类的重要程度。如果真的希望不会分错数据点，那么就选择一个较大的 C，但是此时要接受一个比较窄的间隔。如果能容忍一些分错的数据点，但期望大部分点远离分界面（即间隔很大），那么就选择一个较小的 C。

下面解释一下式(12-4)中的惩罚函数（即第二项）。对每个训练样本 $\boldsymbol{x}_i$，其对应求和中的第 i 项为：

$$L(\boldsymbol{x}_i, y_i) = \max\left\{0,\ 1 - y_i\left(\sum_{j=1}^{d} w_j x_{ij} + b\right)\right\}$$

L 是一个 hinge 函数（参见图 12-17），该值称为 hinge 损失（hinge loss）。令 $z_i = y_i\left(\sum_{j=1}^{d} w_j x_{ij} + b\right)$，当 z_i 大于等于 1 时，L 的值为 0，但是当 z_i 小于 1 时，L 随着减小线性增大。

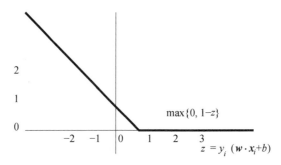

图 12-17 当 $z \leqslant 1$ 时，hinge 函数会线性减小，然后一直为 0

由于 $L(\boldsymbol{x}_i, y_i)$ 要对每个 w_j 求导，需要注意的是 hinge 函数的导数是不连续的。当 $z_i < 1$ 时，函数的导数为 $-y_i x_{ij}$，当 $z_i > 1$ 时，其为 0。也就是说，如果 $y_i = +1$（即第 i 个训练样本是正例），有：

$$\frac{\partial L}{\partial w_j} = \mathbf{if}\sum_{j=1}^{d} w_j x_{ij} + b \geqslant 1\ \mathbf{then}\ 0\ \mathbf{else} - x_{ij}$$

同样，如果 $y_i = -1$（即第 i 个训练样本是正例），有：

$$\frac{\partial L}{\partial w_j} = \mathbf{if}\sum_{j=1}^{d} w_j x_{ij} + b \leqslant -1\ \mathbf{then}\ 0\ \mathbf{else}\ x_{ij}$$

将 y_i 本身的值包括在内的话，可以将上面两种情况概括成一种：

$$\frac{\partial L}{\partial w_j} = \mathbf{if}\ y_i\left(\sum_{j=1}^{d} w_j x_{ij} + b\right) \geqslant 1\ \mathbf{then}\ 0\ \mathbf{else} - y_i x_{ij} \tag{12-5}$$

12.3.4 基于梯度下降法求解 SVM

求解式(12-4)的一种常见方法是使用二次规划。对于大规模数据来说，另一种称为**梯度下降**的方法更有优势。后者可以容许数据常驻在磁盘而不是内存，而常驻内存是二次规划求解方法的通常需求。为实施梯度下降法，我们计算式(12-4)对 b 及向量 w 的每个分量 w_j 的导数。由于期望最小化 $f(w, b)$，我们会在梯度相反的方向移动 b 及分量 w_j。每个分量的移动量和对该分量的求导结果成正比。

第一步我们使用 12.2.4 节中介绍的技巧将 b 作为权重向量 w 的一部分。注意，b 实际上是内积 $w \cdot x$ 上阈值的相反数，因此可以将 b 作为 w 的第 $d+1$ 维分量加入到 w 中，而对训练集中每个特征向量都增加一个值为+1的额外分量（这里不是 12.2.4 节所用的-1）。

接下来必须选择一个常数 η 来作为每次迭代中移动 w 时梯度的倍数。也就是说，对于所有 $j = 1, 2, \cdots, d+1$，我们按照如下方式对 w_j 赋值：

$$w_j := w_j - \eta \frac{\partial f}{\partial w_j}$$

式(12-4)中第一项 $\frac{1}{2}\sum_{j=1}^{d} w_i^2$ 的导数计算 $\frac{\partial f}{\partial w_j}$ 十分容易，结果为 w_j。[①] 但是，第二项涉及 hinge 函数，因此求导结果表达起来更难。下面将使用式(12-5)中的 if-then 表达式来描述这些求导结果，即有：

$$\frac{\partial f}{\partial w_j} = w_j + C \sum_{i=1}^{n} \left(\textbf{if } y_i \left(\sum_{j=1}^{d} w_j x_{ij} + b \right) \geq 1 \textbf{ then } 0 \textbf{ else } -y_i x_{ij} \right) \tag{12-6}$$

注意，上述公式在对权重 $w_1, w_2, \cdots, w_d$ 适用的同时，也对 w_{d+1}（即 b）适用。在下面的 if-then 条件中继续使用 b 而不是等价的 w_{d+1} 来进行描述，这样可以提醒我们寻找的是一个超平面。

为在训练集上执行梯度下降算法，我们要选择：

(1) 参数 C 和 η 的值；

(2) w 的初始值，包括其第 $d+1$ 维分量 b。

然后，重复如下过程：

(a) 计算 $f(w, b)$ 对 w_j 的偏导数；

(b) 对每个 w_j 减去 $\eta \frac{\partial f}{\partial w_j}$ 来调整权重向量 w。

例 12.9 图 12-18 给出了 6 个数据点，其中有 3 个正例和 3 个负例。我们预计最佳的分界线是水平的，唯一的问题在于，分界超平面及 w 的规模是否允许点(2, 2)错误分类或者离分界面很近。一开始，我们选择 $w = [0, 1]$，一个大小为 1 的垂直向量，同时选择 $b = -2$。这样，在图 12-18 中可以看到点(2, 2)处于初始超平面上，3 个负例数据点正好在间隔上。对于梯度下降要选择的参数值为 $C = 0.1$，$\eta = 0.2$。

12

[①] 但是需要注意的是，那里的 d 这里变成了 $d+1$，因为将对 w 求导时把 b 也作为了 w 的一维分量。

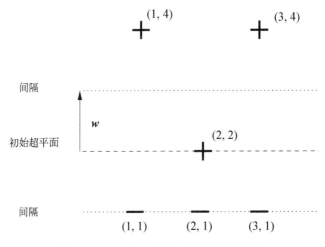

图 12-18　一个 6 个点的梯度下降的例子

　　一开始我们将 b 作为 w 的第三维分量，为了符号上的方便起见，我们不用传统的 w_1 和 w_2 而是用 u 和 v 来表示 w 的前两维分量。也就是说，$w = [u, v, b]$。此外，我们也将二维数据点组成的训练集扩展到三维，而增加的第三维永远为 1。这样，训练集变成：

$$([1,4,1],+1)\quad([2,2,1],+1)\quad([3,4,1],+1)$$
$$([1,1,1],-1)\quad([2,1,1],-1)\quad([3,1,1],-1)$$

　　在图 12-19 中，我们将 if-then 条件以及对式(12-6)中 i 上的求和结果的贡献值列成表，该求和结果必须乘上 C，然后加到 u、v 或 b 上，从而实现了式(12-6)。

					for u	for v	for b
if	$u + 4v + b \geqslant +1$	then	0	else	-1	-4	-1
if	$2u + 2v + b \geqslant +1$	then	0	else	-2	-2	-1
if	$3u + 4v + b \geqslant +1$	then	0	else	-3	-4	-1
if	$u + v + b \leqslant -1$	then	0	else	$+1$	$+1$	$+1$
if	$2u + v + b \leqslant -1$	then	0	else	$+2$	$+1$	$+1$
if	$3u + v + b \leqslant -1$	then	0	else	$+3$	$+1$	$+1$

图 12-19　对上述这些项求和并乘以 C，得到坏点对 f 对 u、v 和 b 求导的贡献

　　图 12-19 中 6 个条件中每一个的真与假决定了式(12-6)中对 i 求和那一项的贡献。下面将每个条件的状态表示为一系列的 x 和 o，其中 x 表示某个条件不成立，而 o 表示某个条件成立。图 12-20 给出了梯度下降算法的前几次迭代结果。

	$w = [u, v]$	b	Bad	$\partial/\partial u$	$\partial/\partial v$	$\partial/\partial b$
(1)	$[0.000, 1.000]$	-2.000	oxooooo	-0.200	0.800	-2.100
(2)	$[0.040, 0.840]$	-1.580	oxoxxx	0.440	0.940	-1.380
(3)	$[-0.048, 0.652]$	-1.304	oxoxxx	0.352	0.752	-1.104
(4)	$[-0.118, 0.502]$	-1.083	xxxxxx	-0.118	-0.198	-1.083
(5)	$[-0.094, 0.542]$	-0.866	oxoxxx	0.306	0.642	-0.666
(6)	$[-0.155, 0.414]$	-0.733	xxxxxx			

图 12-20   梯度下降算法的前几步

考虑第(1)行，初始值为 $w = [0, 1]$。不要忘了，我们使用 u 和 v 来表示 w 中的第一个和第二个分量，因此有 $u = 0$ 且 $v = 1$。我们还看到 b 的初始值为–2。我们必须使用这些 u 和 v 的值来评估图 12-19 中的条件。图 12-19 中的第一个条件是 $u + 4v + b \geqslant +1$。此时左边为 $0 + 4 + (-2) = 2$，因此该条件被满足。但是，第二个条件 $2u + 2v + b \geqslant +1$ 却不成立。此时，左边为 $0 + 2 + (-2) = 0$。该值为 0 意味着第二个点 $(2, 2)$ 正好在分隔超平面上，不在间隔之外。由于 $0 + 4 + (-2) = 2 \geqslant +1$，因此第三个条件也满足。后面三个条件也满足，而且实际上正好等式成立。例如，第四个条件是 $u + v + b \leqslant -1$，而不等式左部为 $0 + 1 + (-2) = -1$。因此，模式 oxooooo 表示这 6 个条件的结果，在图 12-20 的第一行也给出了该结果。

我们使用这些条件来计算偏导数。对于 $\partial f / \partial u$ 而言，我们使用 u 代替式 12-6 中的 w_j，于是有：

$$u + C(0 + (-2) + 0 + 0 + 0 + 0) = 0 + 1/10 (-2) = -0.2$$

上述求和结果乘以 C 可以如下解释：对于式(12-19)中 6 个条件中的每一个，如果相应条件满足则取 0，否则取 "for u" 那列的值。类似地，用 v 代替式(12-6)中的 w_j，有：$\partial f / \partial v = 1 + 1/10(0 + (-2) + 0 + 0 + 0 + 0) = 0.8$。最后，对 b 有 $\partial f / \partial b = -2 + 1/10(0 + (-1) + 0 + 0 + 0 + 0) = -2.1$。

接下来计算图 12-20 中的第(2)行新的 w 和 b。由于我们选择 $\eta = 1/5$，新的 u 值为 $0 - (1/5)(-0.2) = -0.04$，而新的 v 值为 $1 - (1/5)(0.8) = 0.84$，新的 b 值为 $-2 - (1/5)(-2.1) = -1.58$。

为计算图 12-12 第(2)行的导数，必须首先检查图 12-19 中条件的满足情况。前三个条件的结果没有改变，而后三个条件不再满足。例如，第四个条件为 $u + v + b \leqslant -1$，但是 $0.04 + 0.84 + (-1.58) = -0.7 > -1$。因此，坏点的模式变成 oxoxxx。现在导数的表达式中有更多的非零项。例如 $\partial f / \partial u = 0.04 + 1/10(0 + (-2) + 0 + 1 + 2 + 3) = 0.44$。

图 12-20 第(3)行的 w 和 b 值可以采用和第(2)行相同的方法来计算。新的计算结果并不会改变坏点的模式，其仍然为 oxoxxx。但是，当重复第(4)行的过程时，我们会发现所有的 6 个条件都不满足。例如，第一个条件 $u + 4v + b \geqslant +1$ 不再满足，这是因为 $-0.118 + 4 \times 0.502 + (-1.083) = 0.807 < 1$。在效果上看，尽管第一个点仍然正确分类，但它离分隔超平面已经非常近了。

我们会看到在图 12-20 的第(5)行中，第一个和第三个点对应的条件成立，于是坏点的模式又变回到 oxoxxx。但是，在第(6)行中，所有点又离分隔超平面非常近了，因此坏点模式回到 xxxxxx。你可以继续重复更新 w 和 b。

有人可能会有疑问，上述梯度下降过程为什么会收敛到至少还有点仍然在间隔内的情况？因

12

为此时存在一个明显的间隔为 1/2 的超平面（高度为 1.5 的水平线），可以把所有的正例和负例分开。原因在于，当选择 $C = 0.1$ 时，我们实际上不太关心间隔内有没有点，甚至点有没有被错分。重要的是存在一个较大的间隔（对应较小的$\|w\|$），即使有些点违反该间隔的要求。 □

12.3.5 随机梯度下降

12.3.4 节介绍的梯度下降算法常常称为批（batch）梯度下降算法，这是因为在每一轮迭代中，所有的训练样本都会一起进行"批"处理。这在小规模数据集上十分有效，但是在大规模数据集上时间消耗太大，因为在收敛之前我们必须访问每一个训练样本，而且这种访问往往会有多次。

另一种称为**随机**梯度下降的算法，每次只考虑一个或少量训练样本，然后在仅仅考虑很少训练样本就给出的方向上调整错误函数（SVM 中的 w）。可以使用其他的训练样本进行更多的迭代，这些样本可以随机或者按照某种固定的策略来选择。需要注意的是，在随机梯度下降算法中，有些训练样本可能**永远**都不会使用，这种情况是很正常的。

例 12.10 回想一下 9.4.3 节讨论的 UV 分解算法。该算法是作为批梯度下降算法的例子来介绍的。我们可以将需要通过 UV 乘积来逼近的矩阵 M 的每个非空元素看成一个训练样本，而将错误函数看成当前矩阵 U 和 V 的乘积与矩阵 M 之间的 RMS 误差（只考虑 M 中的非空元素）。

但是，如果 M 有大量非空元素，比如 M 表示亚马逊顾客的物品购买情况或者 Netflix 顾客对影片的评分情况，那么每次调整 U 和 V 时都反复扫描 M 中的所有非空元素就不切实际了。随机梯度下降算法会考虑 M 的单个非空元素，然后计算 U 和 V 每个元素的修改来使得 U、V 的乘积和 M 尽可能一致。我们不会对 U 和 V 中的元素进行彻底的修改，而是选择某个小于 1 的学习率 η，然后对 U 和 V 的每个元素进行修改，修改量为使得 U 和 V 在所选元素上与 M 保持一致的数值的一个 η 倍数。 □

在批量梯度下降和随机梯度下降之间存在一种称为小批量梯度下降（minibatch gradient descent）的折中版本。在这个版本中，我们将整个训练集划分为若干选定大小（比如 1000 个训练样本）的小批量样本。我们每次处理一个小批量样本，使用公式 12.4 计算 w 的变化，但只对选定的训练样本进行求和处理。

12.3.6 SVM 的并行实现

我们观察到的第一件事是随机梯度下降算法本质上是串行的，因为训练中系统的状态（向量 w 和常数 b）会随着每个训练样本的处理而改变。另外，批梯度下降又非常容易并行化，这是因为它始终从样本的同一状态开始使用每个训练样本，只在一次迭代结束时才对各样本的结果进行统一处理。

因此，我们可以用与 12.2.8 节感知机并行类似的方法，基于梯度下降法对 SVM 进行并行化处理。一开始从当前 w 和 b 出发，将训练样本非常多组小批量样本，并对每组小批量样本创建一个任务。每个任务在小批量任务中应用公式(12-4)，一次并行迭代完成之后状态 w 和 b 上的修改结果进行求和处理。新的状态通过将所有的修改求和而计算得到，上述过程通过将新状态分发给所有任务而不断迭代进行下去。

12.3.7　习题

习题 12.3.1　再执行三次图 12-20 的迭代过程。

习题 12.3.2　下面的训练集满足规则：每个正例向量的分量之和不小于 10，而每个负例向量的分量之和则小于 10。

$$([3,4,5],+1)\quad([2,7,2],+1)\quad([5,5,5],+1)$$
$$([1,2,3],-1)\quad([3,3,2],-1)\quad([2,4,1],-1)$$

(a) 上述 6 个向量中的哪些是支持向量？

! (b) 给出一个向量 w 和常数 b，使得 $w·x+b=0$ 定义的超平面能够很好地将正例和负例分开。确保 w 的规模（scale）能够保证所有的点都在间隔之外，也就是说，对每个训练样本(x,y)，都有 $y(w·x+b) \geq +1$。

! (c) 从(b)的结果开始，使用梯度下降算法来寻找最优的 w 和 b。注意，如果从某个分隔超平面出发并且 w 适当尺度化（scale），那么式(12-4)的第二项将永远为 0，这样可以较大幅度简化你的工作。

! **习题 12.3.3**　下面的训练集满足规则：每个正例向量的分量之和为奇数，而每个负例向量的分量之和则为偶数。

$$([1,2],+1)\quad([3,4],+1)\quad([5,2],+1)$$
$$([2,4],-1)\quad([3,1],-1)\quad([7,3],-1)$$

(a) 给出一个起始向量 w 和常数 b，能够至少分对三个点。

!! (b) 从(a)的结果出发，使用梯度下降算法来寻找最优的 w 和 b。

12.4　近邻学习

本节将考察多个"学习"样例，此时全部训练集都被存储，或者以某种方式进行过预处理，然后用于对未来的样本进行分类，或者计算与该样本最可能关联的标签值。我们将每个训练样本的特征向量看成某个空间中的一个数据点。当一个新的数据点到达并且需要分类时，我们会按照空间中的距离计算方式，寻找一个或多个与它最近的训练样本。然后将这些训练样本按照某种方式组合来估计出新样本的标签。

12.4.1　近邻计算的框架

首先，训练集要进行预处理并存储。当新样本（称为**查询样本**，query example）到来并且需要分类时，就进行决策。

为了设计对查询样本进行分类的近邻算法，必须要做如下决策。

12

(1) 采用哪种距离计算方法？

(2) 需要考察多少近邻？

(3) 如何对这些近邻设置权重？通常，我们会给出查询样本和其训练集中近邻之间距离的函数（称为**核函数**，kernel function），然后利用该函数来对近邻加权。如果不加权的话，那么就不用指定核函数。

(4) 如何计算查询样本的标签？该标签是这些近邻标签的某个函数，这些近邻或者加权或者不加权。如果不加权的话，那么就不用指定核函数。

12.4.2　最近邻学习

近邻学习的最简单情况是只选择离查询样本最近的训练样本进行学习。这种情况下，无须对近邻进行加权，因此也不需要核函数。对于标签确定函数而言也只有一种可能的选择，即选择最近邻的标签作为查询样本的标签。

例 12.11　图 12-21 给出了前面在图 12-1 中给出的一些狗的样本。为简单起见，我们去掉了大部分样本，而只保留了 3 只吉娃娃犬、2 只腊肠犬和 2 只比格犬。由于对狗进行描述的身高–体重向量是二维的，因此最简单高效的方法就是构建点的 Voronoi 图，即构建两点间的中垂线。每个点都会被一个区域所包围，包含离它最近的所有点。这些区域通常是凸的，尽管它们在某个方向可能开到无穷[①]。另一个令人惊讶的事实是，尽管对于 n 个点来说，存在 $O(n^2)$ 条中垂线，但是可以在 $O(n \log n)$ 时间找到 Voronoi 图。

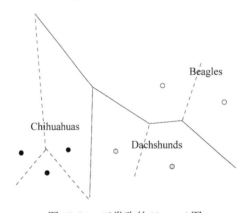

图 12-21　三类狗的 Voronoi 图

在图 12-1 中，我们会看到一个包含 7 个点的 Voronoi 图。区分不同品种的狗的边界用实线表示，而同一品种的狗之间的边界用虚线来表示。假设给定查询样本 q，注意 q 是图 12-21 所示空间中的一个点。我们找到 q 所落在的区域，然后将属于该区域训练样本的标签赋给 q。注意，寻

---

① 尽管一个点所在的区域是凸的，但两个或多个点的区域并集并不一定是凸的。因此，在图 12-21 中，我们会看到所有 Dachshunds 和所有 Beagles 的区域都不是凸的。也就是说，存在点 p_1 和 p_2 都分到 Dachshunds 类，但是两个点间的中点会分为 Beagles 类，反之亦然。

找 q 所在区域并不是太难，但是我们必须要确定 q 落在直线的哪一边。该过程与 12.2 节及 12.3 节比较向量 x 和与向量 w 垂直的超平面的过程一模一样。实际上，如果构成 Voronoi 图一部分的那些直线被正确处理的话，就可以在 $O(\log n)$ 次比较的情况下做出决策，此时不必将 q 和所有 $O(n \log n)$ 条构成 Voronoi 图一部分的那些直线进行比较。　□

12.4.3　学习一维函数

近邻学习的另一个简单有用的场景是数据只有一维这种情况。此时，训练样本的形式就是 $([x], y)$。下面我们将它写成 (x, y)，表示样本是一维向量。实际上，此时可以将训练集看成在某些 x 值下函数 $y = f(x)$ 的值组成的抽样样本集合，我们需要在所有点上把函数的值给插值出来。有很多规则可以使用，下面只给出一些流行的方法。正如 12.4.1 节所讨论的那样，这些方法在所用邻居的数目、是否对邻居加权以及如果加权权重和距离的关系如何等方面有所不同。

假设使用 k 近邻的方法，x 为查询点。令 $x_1, x_2, \cdots, x_k$ 为 x 的 k 个近邻，而与训练样本 (x_i, y_i) 关联的权重为 w_i。于是 x 的标签 y 的估计值为 $\sum_{i=1}^{k} w_i y_i \big/ \sum_{i=1}^{k} w_i$。注意，上述表达式中给出了 k 个近邻的标签的加权平均结果。

例 12.12　本例将使用由 $(1, 1)$、$(2, 2)$、$(3, 4)$、$(4, 8)$、$(5, 4)$、$(6, 2)$ 和 $(7, 1)$ 这 7 个点构成的训练集来展示 4 条简单规则。这些点表示当 $x=4$ 时会达到峰值而两边都呈指数衰减的一个函数。注意，本例训练集中的 x 满足均匀分布。并不要求这些点满足某种有规律的模式。下面给出了一些可能的插值方法。

(1) **最近邻法**　只使用 1 个最近的邻居。这样做没有必要考虑权重。这是将任一 $f(x)$ 的值设置为离查询点 x 最近的训练样本的标签值。在本例中应用该规则得到的结果在图 12-22a 中给出。

(2) **取 2 个近邻的平均**　近邻的数目取 2。不管这两个近邻离查询点 x 的远近如何，它们的权重都取 1/2。在本例中应用该规则得到的结果在图 12-22b 中给出。

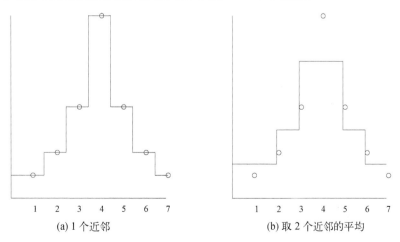

(a) 1 个近邻　　　　　　　　　　　　(b) 取 2 个近邻的平均

图 12-22　例 12.12 应用前两条规则后的结果

(3) **取 2 个近邻的加权平均** 再次选择 2 个最近邻，但是这次每个近邻的权重取它到查询点的距离的倒数。假设离查询点 x 最近的 2 个近邻为 x_1 和 x_2，且 $x_1 < x < x_2$，于是 x_1 的权重为其到 x 的距离的倒数，也就是 $1/(x-x_1)$，而 x_2 的权重为 $1/(x_2-x)$，于是最后的加权平均标签值为：

$$\left(\frac{y_1}{x-x_1} + \frac{y_2}{x_2-x}\right) \bigg/ \left(\frac{1}{x-x_1} + \frac{1}{x_2-x}\right)$$

分母分子都乘以 $(x-x_1)(x_2-x)$，上式可以简化为：

$$\frac{y_1(x_2-x) + y_2(x-x_1)}{x_2-x_1}$$

上述表达式表示的是 2 个近邻的线性插值，本例的结果如图 12-23a 所示。如果两个近邻在查询点 x 的同一边，那么等权重是合理的，此时的最终估计值为一个**外插**（extrapolation）值。图 12-23a 中给出了 $x=0$ 到 $x=1$ 中的一个外插值。通常而言，当数据点非均匀分布时，我们会发现查询点在内部位置上，在该位置上两个近邻位于同一边。

(4) **取 3 个近邻的加权平均** 我们可以对任意数目的近邻进行平均来估计查询点的标签。图 12-23b 给出了在本例中考虑 3 个近邻时的结果（没有考虑权重）。对 3 个近邻按照与查询点距离的反比进行加权处理是另外一种选择。 □

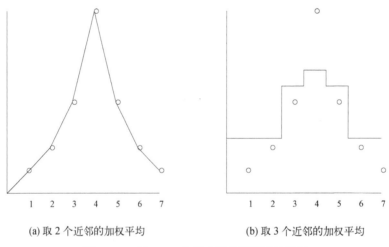

(a) 取 2 个近邻的加权平均　　　　　(b) 取 3 个近邻的加权平均

图 12-23　例 12.12 应用后两条规则后的结果

12.4.4　核回归

一种构建连续函数来较好地表示训练集中所有数据点的方法是考虑训练集中的所有点，但是此时使用一个随距离衰减的核函数来表示权重。一种流行的做法是使用正态分布（或者称**钟形曲线**，bell curve），于是对于查询 q 训练数据点 x 的权重为 $e^{-(x-q)^2/\sigma^2}$。这里，σ 是分布的标准差，查询 q 为均值。粗略地说，与 q 距离在 σ 内的点权重较大，而在此之外的点权重很小。使用核函数的优点在于，其自身是连续的并且在所有训练数据点上都有定义，这样就能确保从数据中学到的函数也是连续的（当采用更简单的权重机制时，有关上述问题的讨论可以参考习题 12.4.6）。

例 12.13 假设使用例 12.12 中的 7 个训练样本。为使计算更简单，这里不使用正态分布作为核函数，而使用另一个连续的距离函数 $w = 1/(x-q)^2$。也就是说，权重会随着距离的平方衰减。假设查询 q 为 3.5，7 个训练样本点 $(x_i, y_i) = (i, 8/2^{|i-4|})$（其中 $i = 1, 2, \cdots, 7$）的权重 $w_1, w_2, \cdots, w_7$ 在图 12-24 中给出。

图 12-24 中的行(1)和行(2)给出了 7 个训练样本点。查询 $q = 3.5$ 时每个点的权重在行(3)中给出。例如，对于 $x_1 = 1$，权重 $w_1 = 1/(1-3.5)^2 = 1/(-2.5)^2 = 4/25$。然后，行(4)给出了每个通过行(3)权重在相应 y_i 上的加权计算结果。比如，由于 $w_2 y_2 = 2 \times (4/9) = 8/9$，所以 x_2 对应的那一列的值为 8/9。

(1)	x_i	1	2	3	4	5	6	7
(2)	y_i	1	2	4	8	4	2	1
(3)	w_i	4/25	4/9	4	4	4/9	4/25	4/49
(4)	$w_i y_i$	4/25	8/9	16	32	16/9	8/25	4/49

图 12-24 当查询 $q = 3.5$ 时各数据点的权重

为计算查询 $q = 3.5$ 的标签，我们将训练集的标签进行加权求和计算（参考图 12-24 中的行(4)），最后的求和结果为 51.23。然后，将该值除以行(3)所有权重的和 9.29，于是有 $51.23/9.29 \approx 5.51$。这就是 $q = 3.5$ 的标签估计结果，直观上看还是比较合理的，因为 q 在标签为 4 和 8 的两个点的中间地带。 □

例 12.13 中极限的问题

假定 q 正好等于训练集中的某个样本 x。如果使用正态分布作为核函数，那么没有任何问题，此时 x 的权重为 1。但是，如果使用例 12.23 中的核函数，那么此时 x 的权重为 $1/(x-q)^2 = \infty$。好在，这个权重同时出现在估计 q 的标签的表达式的分母和分子中。可以证明，当 q 逼近 x 的极限计算时，不论在分母还是分子中，x 的标签的比重都远远超过其他项的比重，因此标签 q 的估计值也等于 x 的标签。这相当合理，因为在极限中 $q = x$。

12.4.5 处理高维欧氏空间数据

在 12.4.2 节我们看到，二维欧氏数据处理起来是十分容易的。当数据的维数增长、训练集的规模增大时，已经有多个大规模的数据结构被提出来用于寻找近邻。这里不打算覆盖所有这些数据结构，因为它们本身就可以自成一书，并且有很多地方可以学习这些统称为**多维索引结构**（multidimensional index structure）的技术。12.8 节给出了一些相关资源，介绍诸如 kd 树、R-树、四叉树之类的数据结构。

不幸的是，对于高维数据而言，无法避免对一大部分数据进行搜索。这也是 7.1.3 节中所谓"维数灾难"的另一种表现形式。对付这个"灾难"有如下两种办法。

(1) **VA 文件**　为了获得查询点的近邻，必须考察大部分数据，因此完全有可能避免使用复杂的数据结构。我们必须扫描所有文件，但是可以采用两步走的方式来实现。首先，使用少量位数来逼近每个训练向量中每个分量的值，从而建立一个文件的摘要。例如，如果我们只使用数值分量的高 1/4 位来表示的话，那么就可以创建一个全部数据集 1/4 大小的文件。但是，通过扫描该文件可以构建查询 q 的可能的 k 个候选近邻列表，该列表可能只是全部数据集的一小部分。然后，只考察完整文件中的这些候选近邻来确定前 k 个近邻。

(2) **降维**　我们可以将训练集的向量看成一个矩阵，其中每一行代表一个训练样本向量，每一列对应向量的一维。应用第 11 章中介绍的一种降维技术，将向量压缩到足够低维，以使得多维索引技术可以使用。当然，当处理查询向量 q 时，在搜索 q 的近邻之前也要对 q 进行同样的变换。

12.4.6　对非欧距离的处理

到目前为止，我们都假定距离度量采用欧氏距离。但是，大部分技术可以很自然地调整到任一距离函数 d。例如，在 12.4.4 节中我们提到可以采用正态分布作为核函数。由于考虑的是一个一维欧氏空间下的训练集，我们将幂写成 $-(x-q)^2$。但是，对于任一距离函数 d，我们可以使用点 x 到查询点 q 的距离 $d(x, q)$ 作为其权重，而 $d(x, q)$ 为：

$$e^{-(d(x-q))^2/\sigma^2}$$

注意，当数据在某个高维欧氏空间并且 d 为常用的欧氏距离、曼哈顿距离或 3.5.2 节介绍的其他任何一种距离时，上述表达式都是有意义的。当 d 为 Jaccard 距离或其他距离时，上述表达式也是有意义的。

但是，对于 Jaccard 距离以及 3.5 节讨论的另一种距离，我们也可以使用第 3 章讨论的局部敏感哈希。别忘了，这些方法只是近似方法，可能会产生伪负例，即离查询很近但是并不出现在搜索结果中的训练样本。

如果我们愿意偶尔接受这样的错误，那么就可以为训练集建立桶并将它们作为训练集的表示。这些桶经过设计以便能够检索出所有（或者几乎所有，因为存在伪负例）与给定查询 q 的相似度不低于某个值的训练集样本点。同样，查询哈希到的某个桶将包含距离 q 某个距离的所有点。我们希望在这些桶中能尽可能多地找到所需要的 q 的近邻。

但是，如果不同的查询和它们的近邻之间的距离完全不同，那么不会将全部都丢掉。我们可以选择多个距离 $d_1 < d_2 < d_3 < \cdots$，并利用每个距离来构建局部敏感哈希桶。对于查询 q，一开始选择查询 d_1 对应的桶。如果找到了足够数目的近邻，那么事情就结束了。否则，在 d_2 对应的桶上重复上述搜索过程，直到找到足够数目的近邻为止。

12.4.7　习题

习题 12.4.1　假设对例 12.11 进行修改，然后考察查询点 q 的 2 个近邻。当 2 个近邻具有相同标签时，将 q 分到该公共标签上，但如果两个近邻的标签不一样，则不对 q 进行分类。

(a) 对于图 12-21 中的三类狗，大致画出它们之间的类边界。

! (b) 对于任意训练数据，该边界是否永远都是分段直线？

习题 12.4.2 假设给定如下训练集（即例 12.9 使用的训练集）：

$$([1, 2], +1) \quad ([2, 1], -1)$$
$$([3, 4], -1) \quad ([4, 3], +1)$$

如果对于查询点，以单个近邻学习的结果作为其标签估计的话，哪个查询点会被标为+1？

习题 12.4.3 考虑如下一维训练集：

$$(1, 1), (2, 2), (4, 3), (8, 4), (16, 5), (32, 6)$$

在如下插值方法下，给出查询 q 的返回标签函数 $f(q)$：

(a) 最近邻的标签；

(b) 2 个近邻的标签的平均值；

! (c) 以距离为权重的 2 个近邻的标签加权平均值；

(d) 3 个近邻的非加权平均值。

! **习题 12.4.4** 将例 12.13 中的核函数应用到习题 12.4.3 的数据上。对于满足 $2<q<4$ 的查询 q，其标签是什么？

习题 12.4.5 使用例 12.12 的数据，查询点的标签估计为 4 个近邻的平均值，那么最后的估计函数是什么？

!! **习题 12.4.6** 像例 12.12 中一样的简单权重计算函数不必定义一个连续函数。可以看到，图 12-22 和图 12-23b 中构建的函数都不是连续的，图 12-23a 中的却是连续的。那么，两个近邻的加权平均是否永远是一个连续函数？

12.5 决策树

决策树是一个分支程序，它使用特征向量的属性来生成输入所属的类。我们通常以树的形式展示上述决策过程。本节将讨论如何设计能够对训练数据进行正确分类的树。在决策树中，每个非叶节点代表对输入的测试。它的子节点要么仍然是一个测试节点（用椭圆表示）要么是一个达标输出结论的叶节点（用矩形表示）。测试节点的子节点用测试结果来标记。通常情况下，该测试的结果只有真或假（是或否），但是一个测试也可以有任意数量的结果。

本节还将探讨如何在寻找最有效的决策树的同时利用并行性。由于过拟合是一个普遍性问题，我们还将讨论如何通过删除节点来约简树，以在不损失太多精度的同时减少过拟合。

12.5.1 使用决策树

接下来从一个例子开始，这个例子中包含一些训练数据以及一棵可能从这个训练数据中构造的决策树。图 12-25 中的表格给出了 12 个国家，包括它们的人口（以百万计）所属大洲和最受欢迎的运动。我们将把人口和所属大洲作为输入向量的特征，把最受欢迎的运动作为类或者说输出结果。我们假设并不知道这些国家的名字，而只是想从通过所属大洲和人口来预测这个国家最受欢迎的运动。特别地，我们想仅仅根据所属大洲和人口来预测这 12 个国家之外的国家中最受

12

欢迎的运动。

例 12.14   图 12-26 给出的是一棵能够正确对图 12-25 中 12 个国家进行分类的树。给定人口和所属大洲对一个国家进行分类，我们从根开始，并对根节点进行测试。如果测试结果为真，则就往左子节点走，如果测试结果为假，就往右子节点走到。当在非叶节点上时，就对该节点进行测试，并再次根据测试结果的满足与否移动到左子节点或右子节点。当到达一个叶节点时，就输出该叶节点对应的类。

国 家	大 洲	人 口	运 动
阿根廷	南美洲	44	足球
澳大利亚	大洋洲	34	板球
巴西	南美洲	211	足球
德国	欧洲	80	足球
俄罗斯	亚洲①	143	曲棍球
古巴	北美洲	11	棒球
加拿大	北美洲	36	曲棍球
美国	北美洲	326	棒球
西班牙	欧洲	46	足球
意大利	欧洲	59	足球
印度	亚洲	1342	板球
英国	欧洲	65	板球

图 12-25   各国最受欢迎的运动

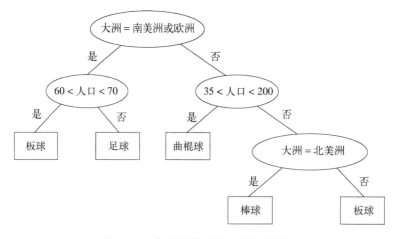

图 12-26   各国最受欢迎运动的决策树

① 从地理上看，俄罗斯实际上应该属于欧洲。——编者注

大家可以检查一下这 12 个国家中的每一个是否都被这棵树正确分类。以西班牙为例，西班牙所属大洲是欧洲，所以根节点满足测试条件。因此，我们继续沿着根节点的左子节点往下走，此时要求测试西班牙的人口是否在 6000 万和 7000 万之间。该测试条件不满足，因此我们沿着右子节点继续往下走，此时遇到的是一个叶节点，告诉我们西班牙最受欢迎的运动是足球。

然而，有许多国家不在图 12-25 所示的表格中，并且决策树在这些国家上运行结果不是很好。以巴基斯坦为例，它是亚洲的一个国家，人口有 1.82 亿。从根节点开始，因为巴基斯坦不是一个欧洲或南美国家，所以巴基斯坦并不满足根节点的测试条件。于是，我们就找到了根节点的右子节点。因为巴基斯坦的人口在 3500 万和 2 亿之间，所以我们继续向左子节点移动，然后得到巴基斯坦最受欢迎的运动是曲棍球。

我们刚刚面临的问题是过拟合。也就是说，根节点进行的测试是有意义的，足球在南美洲和欧洲最受欢迎。但是对人口的测试可能是无用的，因为一个国家的大小不可能与人们喜欢的体育运动有什么关系。在本例中，我们简单地使用人口来区分图 12-25 中到达树节点的少数国家。但与根节点不同的是，第二层次的测试并不能真正适用于更大范围的、不在这个例子中的那些没有见到的国家。

12.5.2 不纯度度量方法

为了设计决策树，我们需要在树的各个非叶节点上选择好的测试条件。我们希望使用尽可能浅的树，这样就可以快速地对新的数据点进行分类，也就有机会避免我们在例 12.14 中看到的过拟合。理想情况下，我们希望到达某个节点的所有输入具有相同的类，因为这样我们就可以将该节点作为叶节点，并对到达该节点的所有训练样本正确地分类。

我们可以通过**不纯度**（impurity）的概念来形式化上面想要的节点的这个属性。有很多不纯度的度量方法可以使用，但是它们都有一个性质：对于只能通过单个类的训练样本到达的节点，它们的值都是 0。以下是三个最常见的不纯度度量方法。每个用于 n 类训练样本到达的节点，其中 p_i 是属于 i 类的训练样本占总训练样本的比例，$i = 1, 2, \cdots, n$。

(1) 精确率：所有到达输入能够被正确分类的比例，或 $1 - \max(p_1, p_2, \cdots, p_n)$。

(2) 基尼系数：$1 - \sum_{i=1}^{n}(p_i)^2$。

(3) 熵：$\sum_{i=1}^{n} p_i \log_2(1/p_i)$。

例 12.15 考虑图 12-26 根节点的不纯度计算。这里有 4 个类。足球是训练样本中 5/12 的国家中最受欢迎的运动，棒球和曲棍球各占训练样本的 1/6，而板球占训练样本的 1/4。用精确率计算的话，根节点的不纯度是 1-5/12 = 7/12 = 0.583。根节点的基尼系数是 $1-(1/6)^2-(1/6)^2-(1/4)^2-(5/12)^2 = 103/144 \approx 0.715$。而根节点的熵是

$$1/6 \log_2(6) + 1/6 \log_2(6) + 1/4 \log_2(4) + 5/12 \log_2(12/5) \approx 1.875$$

注意这些不纯度的计算结果完全不同，但这一点并不重要。这些指标有不同的取值范围，具体可以参考习题 12.5.2。

根节点左子节点的不纯度要小很多。南美洲和欧洲的 6 个国家都会到达这个节点，其中 5 个国

家喜欢足球，另一个国家喜欢板球。因此，根据精确率指标，该节点的不纯度为 $1-5/6 = 1/6 \approx 0.167$，而基尼系数为 $1-(1/6)^2-(5/6)^2 = 5/18 \approx 0.278$，熵是 $1/6 \log_2(6) + 5/6 \log_2(6/5) \approx 0.643$。 □

12.5.3　决策树节点的设计

决策树节点设计的目标是产生不纯度的加权平均尽可能小的子节点，其中子节点的权重与到达节点的训练样本数成正比。理论上，节点上的测试条件可以是输入的任何函数。而由于这种可能的集合本质上是无限的，我们需要在每个节点上限制为简单测试。在接下来的介绍中，我们将把可能的测试限制为基于以下两个因素之一的二元决策：

(1) 输入向量的一个数值型特征与一个常数的比较；

(2) 检查输入向量的一个分类型特征是否在一组可能的值中。

例 12.16　注意，图 12.26 中根节点的子节点的测试并不满足数值型特征的测试条件(1)。例如，根节点的右子节点是两个比较条件"人口 > 55"和"人口 < 200"的逻辑与。但是，如果用两个节点替换单个节点并且每个节点测试其中一个条件的话，则可以同时使用这两个条件。根节点所属大洲这个属性是否属于"南美洲"和"欧洲"构成的集合中的隶属关系的测试，所以它确实满足上述条件(2)。 □

假设给定一个决策树的节点，这个节点被训练样本的一个子集所到达。如果节点纯度很高，即所有这些训练样本都有相同的输出，那么可以将节点作为叶节点，并将该输出作为节点的值。但是如果不纯度大于零，我们要找到能最大程度减少不纯度的方法。在选择测试时，我们可以自由地选择输入向量的任何属性。如果选择一个数字型属性，那么可以选择任意一个常数将训练样本分成两组，一组分给左子节点，另一组分给右子节点。或者，如果我们选择一个分类型属性的话，那么可以为隶属关系测试选择任何一组值构成的集合。下面将依次考虑上述每一种情况。

12.5.4　选择基于数值型特征的测试

假想要基于一个数值型特征 A 来分割一组训练样本。在上面的例子中，A 只能是人口和所属大洲这两个特征中的一个，所以 A 只能选人口这个特征。人口和所属大洲构成了样本的整个特征向量（回想一下，这里假设并没有看到国家的名称，而该名称仅用于标识每个训练样本）。为了选择最佳的分割点，我们进行如下处理。

(1) 根据特征 A 的大小对训练样本排序，在这种排序下令 A 的值依次为 $a_1, a_2, \cdots, a_n$。

(2) 对于 $j = 1, 2, \cdots, n$，计算每类训练样本分布在 $a_1, a_2, \cdots, a_j$ 上的数目（即每类训练样本特征 A 的取值分别为 $a_1, a_2, \cdots, a_j$ 的数目）。注意，这些数目可以增量式计算，因为每个类在统计到第 j 样本后的数目要不和统计到第 $j-1$ 个样本一样，要不在后者数目上加 1。

(3) 根据上一步计算得到的数目，计算不纯度的加权平均值，此时假设测试将前 j 个训练样本发送到左子节点其余 $n-j$ 个样本发送到右节点。在这里，我们必须假设不纯度可以从每个类的上述数目中计算得到。我们在 12.5.2 节中讨论的精确率、基尼系数和熵这三种不纯度指标均满足这一计算条件。

(4) 选择使加权平均不纯度最小的 j 值。但是请注意，在这一步不能使用所有可能的 j，因为 a_j 可能等于 a_{j+1}。我们需要将 j 的选择限制在 $a_j < a_{j+1}$ 上，于是可以使用 $A < (a_j + a_{j+1})/2$ 作为比较条件。

例 12.17 假设我们使用图 12-26 中的根节点进行比较，它将来自欧洲和南美洲的 6 个国家发送到左边的子节点，而其他 6 个国家发送到右边的子节点。现在，我们需要划分 6 个到达左子节点的国家，使根的左子节点的 2 个子节点的加权不纯度尽可能小。我们可以用所属大洲或者人口特征来进行分割，并且我们必须同时考虑这两个因素才能找到最大限度减少不纯度的分割。在这里，由于人口是唯一的数值型特征，我们将只考虑人口特征。在图 12-27 中，我们看到到达根节点左子节点的 6 个国家按照其人口排列的情况。

国家	人口	运动	n_S	n_C	$p_S \leqslant$	$p_C \leqslant$	$p_S >$	$p_C >$	Im $\leqslant$	Im $>$	加权
阿根廷	44	S	1	0	1	0	4/5	1/5	0	8/25	4/15
西班牙	46	S	2	0	1	0	3/4	1/4	0	3/8	1/4
意大利	59	S	3	0	1	0	2/3	1/3	0	4/9	2/9
英国	65	C	3	1	3/4	1/4	1	0	3/8	0	1/4
德国	80	S	4	1	4/5	1/5	1	0	8/25	0	4/15
巴西	211	S	5	1	5/6	1/6	—	—	—	—	—

图 12-27 为可能的分割计算基尼系数

图中按照列解释了如下计算过程。首先，标记为"运动"的列是最喜欢的运动，对于这组国家，它的值是足球（标记为 S）或板球（标记为 C）。标记为 n_S 和 n_C 的两列分别是累计到当前行位置的喜足球和板球的国家的数目。例如，在德国对应的那一行中，我们看到 $n_S = 4$，因为从阿根廷到德国的 5 行中有 4 行喜欢的是足球。在德国那一行中，还有 $n_C = 1$，因为前 5 行中只有一行喜欢板球运动。

接下来分别标记为 $p_C \leqslant$ 和 $p_C \leqslant$ 的两列，分别是到当前行为止喜欢足球和喜欢板球的国家比例。例如，在德国那一行，由于从阿根廷到德国的 5 行中有 4 行喜欢足球，所以 $p_S \leqslant = 4/5$。之后的两列标记为 $p_S >$ 和 $p_C >$，代表的也是相同意义的比例，只不过其统计的这一行下面的所有行（不包括当前后）。例如，对于西班牙那一行，我们看到 $p_S > = 3/4$，因为从意大利到巴西的 4 行中有 3 行喜欢足球，而另一行喜欢板球。注意，我们不必对一定通过累加来得到上述值。我们可以通过将最底行巴西的 n_S 值（即 5）减去 2 来得到西班牙的 $n_S = 2$。同样，我们知道西班牙下面会有一行喜欢板球，这是因为巴西和西班牙的 n_C 只相差 1。

接下来，我们看到有关不纯度的两列，它们分别标记为 Im $\leqslant$ 和 Im $>$。这些列代表的是当前设计节点的左子节点和右子节点的基尼系数，假设我们使用一个比较条件"人口 $< c$"，其中 c 是介于当前行和下一行人口之间的一个数。因此，在每一行中，我们有 Im $\leqslant = 1-(p_S\leqslant)^2-(p_C\leqslant)^2$ 和 Im $> = 1-(p_S>)^2-(p_C>)^2$。例如，在西班牙那一行，我们有 Im $\leqslant = 1-1^2-0^2 = 0$ 和 Im $> = 1-(3/4)^2-(1/4)^2 = 3/8$。

最后一列是两个子节点基尼系数的加权结果，这里用到达每个节点的国家数作为权重进行计算。例如，在西班牙这一行，如果我们把西班牙和下一个人口更多的国家意大利按人口分开的话，那么 2 个国家分到左子节点，4 个国家分到右子节点。因此，加权基尼系数为 $(2/6)0 + (4/6)(3/8) = 1/4$。

12

在 5 种可能的分割中，我们发现不纯度的最小值为 2/9，这是我们在意大利处分割后得到的。也就是说，我们会使用像"人口 < 60"一样的测试条件，这样阿根廷、西班牙和意大利这 3 个都喜欢足球的国家都被分到了左子节点。在其他 3 个国家中，两个喜欢足球，另一个喜欢板球，它们都被分到右子节点。因为左子节点是纯的，它形成一个叶节点，表明足球喜欢的运动，而右子节点需要再次分割。

严格来说，我们还必须考虑到，根的左子节点的测试可以根本不涉及人口特征，而是只对所属大洲进行测试。但是，我们无法比把欧洲和南美洲分开做得更好，此时加权后的基尼系数是 1/4。   □

12.5.5　选择基于分类型特征的测试

现在考虑如何使用分类型特征 A 的值对到达节点的训练样本进行分割。为了避免必须考虑 A 值的所有可能子集，下面将只考虑有两个类的情况。在前面的例子中，可以假设这两个类是足球类（标记为 S）和非足球类（标记为 N）。因为只有两个类，所以可以按照属于第一个类的训练样本比例对 A 的值进行排序。

由于只有两类，不纯度最低的分割肯定会基于一组值构成大集合，该集合是这个次序的前缀。也就是说，这个集合由在第一类中的比例高于某个阈值的 A 值构成。因此，分到左子节点的样本中包括第一类的很多样本，而分到右子节点的样本中包括第二类的很多样本。

于是，在有序的值列表中寻找分割的过程基本上与 12.5.4 节基于数值型特征的做法相同。不同之处在于，现在我们要往下看 A 值的列表，而不是往下看训练样本列表。下面将以上述例子中"大洲"这个分类型特征为例来介绍。

例 12.18　假设我们只识别出两个类：足球（S）和其他运动（N），下面看看如何设计图 12-26 的根节点。和前面一样，我们将使用 GINI 作为节点不纯度的计算方法。图 12-28 概括了我们的计算过程。在标记为 S 和 N 的列中，可以看到图 12-25 中最受欢迎的运动分别是足球和其他运动的训练样本数目。所属大洲按照喜欢足球的国家比例排列。因此，南美洲排名第一，因为它所有的训练样本都在 S 类中，然后就是欧洲，其中 75% 的训练样本在 S 类中，剩下的三个洲在足球类中均占 0%，图中用了某个任意方式进行了排序。

大洲	S	N	n_S	n_N	$p_S \leqslant$	$p_N \leqslant$	$p_S >$	$p_N >$	Im $\leqslant$	Im $>$	加权
南美洲	2	0	2	0	1	0	3/10	7/10	0	21/50	7/20
欧洲	3	1	5	1	5/6	1/6	0	1	5/18	0	5/36
北美洲	0	3	5	4	5/9	4/9	0	1	40/81	0	10/27
亚洲	0	2	5	6	5/11	6/11	0	1	60/121	0	5/11
大洋洲	0	1	5	7	5/12	7/12	—	—	—	—	—

图 12-28　对"所属大洲"集合计算基尼系数

图 12-28 中的下两列分别是 n_S 和 n_N，分别代表从上往下计数到当前为止 S 类和非 S 类样本的累积数目。例如，北美洲那行的 $n_S = 5$ 且 $n_N = 4$，因为前 3 行有 5 个样本属于 S，4 个样本属于 N。

注意, 在基于数值型特征的计算中, 可以通过从顶部到底部的单遍扫描来计算上述累加值。同样, 我们也可以通过减去最底行相应的 n_S 或者 n_N 得到下面所有行的数值。

接下来的两列分别表示到该行位置每个类别样本占总样本的比例。即 $p_S \leqslant = n_S/(n_S + n_N)$, $p_N \leqslant = n_N/(n_S + n_N)$。之后两列 (两栏) $p_S >$ 和 $p_N >$ 分别给出的这行之下所有行 S 和 N 类样本占总样本的比例。例如, 在北美洲对应的行中, 下面的行在类 S 中没有成员, 这是因为我们可以看到, 对北美洲行和下面一行都有 $n_S = 5$。同样, 下面的行类 N 中有 3 个成员, 这是因为南美洲行 n_N 的值是 4, 而最后一行 n_N 的值是 7。

再下面两列分别是 Im $\leqslant$ 和 Im $>$。如例 12.17 所示, 它们分别是是左子节点和右子节点的基尼系数, 这里假设当前行和其上面的所有行都被分到到左子节点, 而下面的所有行都被分到右子节点。然后, 最后一列给出了这些子节点的加权基尼系数。例如, 考虑北美洲行中的条目。如果我们使用测试 "所属大洲是否是南美洲、欧洲和北美洲中的一个? " 来将样本分割给左子节点, 那么 9 个训练样本将会分给左子节点, 而剩下的 3 个样本将会分给右子节点。因此, 这个分割的加权基尼系数是 $(9/12)(40/81) + (3/12)0 = 10/27$。

到目前为止, 最好的分割出现在欧洲这行, 其加权非纯度值为 5/36。这也是我们在图 12-26 中使用的分割方法。　□

12.5.6　决策树的并行设计

使用上面介绍的方法设计决策树会涉及大量计算。上面的过程必须应用于树的每个节点。此外, 虽然我们描述了如何处理输入向量的一个属性, 但必须对每个属性进行同样的处理, 然后再在所有属性中选择最佳分割。如果属性是数值型的, 我们需要对到达节点的所有训练样本进行排序。而如果属性是分类型的, 我们需要首先根据属性对训练样本进行分组, 然后按照属于第一类的样本比例值进行排序。此外, 如果实际上有两个以上的类, 我们需要考虑所有把类分为两组的方法, 然后, 这些分组结果扮演 12.5.5 节的讨论中两个类别的角色。

但是, 为了加快上述过程, 有很多简单的并行方法。

❑ 在一个节点上, 我们可以用并行方法找到所有属性上的最佳分割。

❑ 同一层节点可以并行设计。此外, 每个训练样本在每层最多只能到达一个节点。如果某个训练样本不在更高层到达叶节点的话, 那么在给定层会精确到达一个节点。因此, 即使不使用并行, 我们也希望每一层的总工作量大致相同, 而不是随着节点数量的增加而增加。

❑ 基于属性值对训练样本进行分组可以通过并行有效地进行。例如, 我们在 2.3.8 节中讨论了如何使用 MapReduce 完成这项任务。

❑ 并行可以大大加快排序速度。虽然我们不会在这里讨论它, 但是已有算法可以在最坏的情况下在 $O(\log^2 n)$ 个并行步骤中并行地完成 n 个对象的排序, 或者在平均 $O(\log n)$ 的并行步骤内完成 n 个对象的并行排序。

假设现在使用一个属性 A 设计一个节点, 可能此时与许多其他的节点-属性对正在并行处理。在分组 (如果 A 是非数值型属性) 和排序之后, 我们需要计算几个累加和。例如, 如果 A 是数值型属性，那么需要为每个训练样本和每个类计算该类中训练样本的数量，计算时需要包括这个训练样本和处于排序列表中所有之前的样本。累加和的计算似乎天生就是串行的，但正如我们即将看到的那样，它可以很好地并行化。一旦有了累加和，我们就可以并行地计算与列表中每个成员相关的所需比例和不纯度。注意，例 12.17 和例 12.18 中给出的逐行计算之间都是独立的，因此可以采用并行实现。

为了完成决策树的并行化，下面介绍如何并行计算累加和。正式地说，假设有一串数 $a_1, a_2, \cdots, a_n$，我们希望计算 $x_i = \sum_{j=1}^{i} a_j$，其中 $i = 1, 2, \cdots, n$。看起来，我们需要 n 步来计算所有的 x_i，当 n 很大也就是说训练集很大时，这可能会非常耗时。但是，有一个分治算法，可以通过 $O(\log n)$ 个并行步来计算所有的 x，算法描述如下。

基底：如果 $n = 1$，那么 $x_1 = a_1$。该基底需要一个并行步。

归纳：如果 $n > 1$，将 a 值列表尽可能均匀地分成左半部和右半部。也就是说，如果 n 是偶数，左半部是 $a_1, a_2, \cdots, a_{n/2}$，右半部是 $a_{n/2+1}, a_{n/2+2}, \cdots, a_n$。如果 n 是奇数，那么然后左半部以 $a_{\lceil n/2 \rceil}$ 结束，右半部从 $a_{\lceil n/2 \rceil}$ 开始。

递归步骤如图 12-29 所示。我们把这个算法并行应用到左半部和右半部。一旦这样处理完之后，左半部的最后得到的累加和（记为 $x_{n/2}$）就会与右半部的每个累加和并行相加。因此，如果右半部的第 i 个结果是 $\sum_{j=n/2+1}^{i} a_j$，那么，通过向其添加 $x_{n/2}$，就可以得到正确的 $\sum_{j=1}^{n/2+i} a_j$。

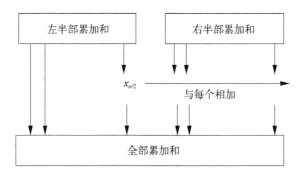

图 12-29   累计求和并行计算中的递归步骤

每次应用递归步骤时，我们只需要并行地进行一次加法。如果 n 是 2 的幂，那么每次递归步骤的应用将所需处理的大小除以 2，所以并行步骤的总数量是 $1 + \log_2 n$。如果 n 不是 2 的幂，那么执行递归步骤的次数不大于当 n 是下一个更高的 2 的幂时的处理次数。因此，对于任意 n，$1 + \lceil \log_2 n \rceil$ 次并行步骤就可以满足要求。

12.5.7   节点剪枝

如果在设计决策树时，为了使得每个叶节点纯度高，会尽可能使用更高层的树，但是这样做很可能对训练数据过拟合。如果可以使用其他样本来验证设计的话，这些样本要么是从训练数据中分出来的一个测试集，要么是一组新数据，那么我们就有机会对树进行简化处理，同时限制过拟合的发生。

找到一个子节点只为叶子节点的节点 N。通过用一个叶节点替换 N 及其子树来构建一个新树，并将该叶节点的多数类作为其输出。然后，在设计决策树时没有用于训练的数据上比较新旧两棵树的性能。如果新旧两棵树的错误率相差不大，那么在节点 N 上所做的决策可能会导致过拟合，没有代表决策树想要的那个整个样本集的属性。于是，可以抛弃旧的树，用更简单的新树来代替它。不过，如果新树上的错误率明显高于旧树，那么在节点 N 所做的决策实际上反映了数据的属性，那么就需要保留旧树而丢弃新树。在上述两种情况下，我们都应该继续查看子节点为叶节点的其他节点，看看是否可以用叶节点替换这些节点，而不会显著增加错误率。

例 12.19 考虑图 12-26 中的节点，它上面的测试条件是"大洲 = 北美洲"。该节点有 2 个叶节点作为子节点，因此这个节点就像上面提到的节点 N。在图 12-25 的训练数据中，N 是由古巴、美国和澳大利亚这 3 个样本到达的。由于当这 3 个训练样本中的 2 个都会转到标记为"棒球"的叶节点，我们将考虑用一个标记为"棒球"的叶节点替换 N。

考虑一下，如果将新旧树应用到世界上的所有国家集合会发生什么。首先，请注意，要到达节点 N，国家必须位于北美洲、亚洲、大洋洲或非洲中的一个。此外，它必须是一个小国（少于 3500 万人口）或一个人口众多的国家（超过 2 亿人口）。这里有很多可能的候选国家，比如非洲的小国，或者像中国或印度尼西亚这样的大国，没有一个国家把板球或棒球作为最受欢迎的运动。如果我们认为加勒比海和中美洲国家属于北美，那么 N 就会被更多的国家所达到，只有其中少数几个国家把棒球作为最受欢迎的运动。

最终的结论是，无论 N 是否被"棒球"叶节点所替代，这棵树在这些国家的错误率都非常显著，因此这两棵树应用于所有国家的错误率将大致相同。我们的结论是，这个节点 N 只反映了我们所选 12 个训练样本中的一小部分非典型样本。这样，N 就可以安全地被一个叶节点所代替，而不会大大增加整个国家集合上的错误率。 □

12.5.8 随机森林

由于多层的单棵决策树很可能在低层有很多代表过拟合的节点，存在另一种被证明在实际中非常有用的决策树使用方法。一种普遍的做法是使用多棵树构成的**决策森林**（decision forest），它们可以通过投票来确定给定数据点的类别。

集成方法

决策森林只是做出正确决策的重要策略的一个例子。我们可以使用几种不同的算法来做同一决定。然后，我们以某种方式将不同算法的观点结合起来，或许可以像 12.5.8 节一样学习最佳的结合权重。在决策森林的情况下，所有的贡献算法都是相同的类型，即决策树。然而，决策算法也可以有不同类型。例如，Netflix 竞赛的获胜解决方案（参见 9.5 节）就采用了这种做法，其中分别应用了几种不同的机器学习技术，然后将它们的电影评分结果结合在一起做出了更好的决策。

由于具有多个级别的单个决策树在较低级别上可能有许多表示过度拟合的节点,使用决策树的另一种方法在实践中已被证明非常有用。通常使用由许多树组成的决策林,它们对给定数据点所属的类别进行投票。森林中的每棵树都是根据随机或系统性选择的属性设计而成,并且它们的树高受到限制,通常是一或者二。因此,每棵树的每个叶节点的不纯度都很高,但是它们综合在一起在测试数据上的表现通常比任何一棵树都要好,无论这棵树有多高。此外,我们可以并行地设计森林中的每棵树,因此设计大量浅层树比设计一棵深层树甚至要更快。

将决策森林中所有树的结果组合起来的一种最明显的方法就是按照票数多少决策。如果有两个以上的类,那么我们只希望其中某个类获得多数选票,而此时可能不存在一个类的票数超过一半。然而,与直接投票相比,用更复杂的方法组合这些树的结果可能会得到更准确的答案。我们通常可以学习到适用于每棵树的决策的适当权重。

例如,假设我们有一个训练集 (x_1, y_1), (x_2, y_2), $\cdots$, (x_n, y_n) 以及由决策树集合 $T_1, T_2, \cdots, T_k$ 构成的决策森林。当将决策森林应用于其中一个训练样本 (x_i, y_i) 时,我们得到类别向量 $c_i = [c_{i1}, c_{i2}, \cdots, c_{ik}]$,其中 c_{ij} 是树 T_j 应用于输入 x_i 的结果。我们知道输入 x_i 的正确类是 y_i。因此,我们有一个新的训练集 (c_1, y_1), (c_2, y_2), $\cdots$, (c_m, y_m),我们可以用它来从随机森林所有树的决策中预测真正的类。例如,可以使用这个训练集来训练一个感知器或支持向量机。这样做,我们就会得到每棵树的决策上的正确权重,以便最佳地组合它们的意见。

12.5.9 习题

习题 12.5.1 假设一个训练集的样本有四类,这些类样本的比例分别是 1/2、1/3、1/8 和 1/24。如果分别采用精确率、基尼系数和熵作为不纯度度量指标的话,那么为这个训练集设计的决策树的根节点的不纯度是多少?

习题 12.5.2 如果一个数据集包含属于 n 个不同类别的样本,如果分别采用精确率、基尼系数和熵作为不纯度度量指标的话,那么最大的不纯度值是多少?

！习题 12.5.3 函数 f 的一个重要性质是**凸性**,即如果 $x < z < y$,那么

$$f(z) > \frac{z-x}{y-x} f(x) + \frac{y-z}{y-x} f(y)$$

不太正式的说法是,在 x 和 y 之间的 f 曲线位于点 $(x, f(x))$ 和 $(y, f(y))$ 之间的直线之上。下面假设有两个类,$f(x)$ 是不纯度函数,其中 x 是第一类样本的比例。

(a) 证明用于计算不纯度的基尼系数是凸函数。

(b) 证明用于计算不纯度的熵是凸函数。

(c) 举个例子来说明不纯度的精确度指标并不总是凸函数。**提示**:注意凸性要求严格的不等式,而直线是非凸的。

习题 12.5.4 为理解凸函数的重要性,请重复图 12-27 的计算过程,但此时使用精确度作为不纯度计算指标。那么哪里发生了问题?

习题 12.5.5 继续例 12.19 中的决策树,假设用一个标记为“棒球”的叶节点替换了标记为“大洲 = 北美洲”的节点,当这棵决策树被应用到世界上所有的国家时,你认为哪些其他内部节

点还可以被叶节点所替代而不会显著增加错误率？

12.6 各种学习方法的比较

本章以及其他地方介绍的每种方法都有其优势。在本节中我们会考虑如下问题。

☐ 该方法能够处理类别型特征还是只能处理数值型特征？

☐ 该方法能否有效处理高维特征向量？

☐ 该方法构建的模型是否在直观上能被理解？

感知机和支持向量机　这些方法能够处理上百万的特征，但是只有当特征为数值型时才有意义。并且，它们只在存在线性分隔面或至少存在能把类别近似分开的分隔面时才有效。但是，如果首先将数据点转换到一个可以线性分开的空间，那么就可以通过非线分隔面将数据点分开。模型表示为一个与分隔超平面正交的向量。该向量通常是高维向量，因此很难解释模型。

近邻分类及回归　这里的模型就是训练集本身，因此可以预期模型直观上是可以理解的。该方法可以处理多维数据，尽管此时维数越高，训练集的稀疏性也越大，找到与待分类数据点很近的训练数据点的可能性也越小。也就是说，"维数灾难"使得近邻方法在高维空间下存在问题。尽管可以允许只有几种取值的类别型特征，这些方法真的只适用于数值型特征。比如，像{男，女}这样的二值型类别特征中，两种值可以分别用 0 和 1 来替换，因此同一性别之间没有距离，而异性之间的距离为 1。但是，在有三种或者更多种取值的情况下就不能赋予等距的数值。最后，近邻方法需要设置很多参数，包括所用的距离（例如余弦距离或欧氏距离）、选择的近邻数目和所使用的核函数。不同的选择会导致不同的分类结果，并且在很多情况下，究竟哪种结果最好并不明显。

决策树　与本章的其他方法不同，决策树同时适用于类别型特征和数值型特征。由于每个决策都通过树的一个节点来表示，因此决策树产生的模型一般十分容易理解。但是，该方法仅仅对低维特征向量有用，原因在于构建很多层的决策树会导致过拟合问题，如 12.5.7 节所述。但是，如果某棵决策树的层数很少，那么此时甚至连少数特征都不会提及。因此，决策树的最佳使用方式往往是构建由多个低层决策树构成的**集成分类器**（ensemble）并按照某种方式将它们的决策结合起来。

12.7 小结

☐ **训练集**　训练集由（每一维表示一个特征的）特征向量以及该特征向量代表的对象的类别标签所组成。特征可以是类别型的，即属于一系列取值枚举构成的列表，也可以是数值型的。

☐ **测试集与过拟合**　当在某个训练集上训练分类器时，从中剔除一些数据并将这些剔除的数据作为测试集是一种有用的做法。在不使用测试集信息的情况下，生成一个模型或者分类器后，可以在测试集上运行分类器来看看效果如何。如果分类器在测试集上的效果不如在训练集上的效果，那么我们就对训练集进行了过拟合，即与只在训练集表现出的独特性保持一致，而该独特性并不在全体数据上表现出来。

- **批学习与在线学习** 在批学习中，训练集任何时候都可以用，并且可以重复多次使用。而在线学习使用的是训练样本流，每个样本只能使用一次。

- **感知机** 该机器学习方法假设训练集只有正负两类标签。当存在将正例特征向量和负例特征向量分开的超平面时，感知机可以有效运行。通过沿着当前错分点平均的方向的一个比值（称为学习率）来调整超平面的估计值，就可以收敛到该超平面。

- **Winnow 算法** 该方法是感知机的一个变形，它要求特征向量是布尔向量，即取值非 0 即 1。训练样本以循环方式依次考察，如果当前的训练样本分类结果是错的，那么待估计分隔面的分量会根据特征向量的分量为 1 或 0 进行增大或减小处理，处理的方向能够使得该样本在下一轮分对的可能性更大。

- **非线性分隔面** 当不存在一个能把训练样本点分开的线性函数时，仍然有可能使用感知机来对数据点分类。我们必须寻找一个函数来将数据点转换到一个线性可分的空间中去。

- **支持向量机** SVM 在感知机上有所改进，它通过寻找一个不仅能够将正例和负例分开而且能够使得间隔最大的分隔超平面来实现。所谓间隔是指离超平面最近的点到超平面的垂直距离。恰好在上述最短距离上的点称为支持向量。还可以将 SVM 设计成允许有些点离超平面很近甚至处于超平面的错误一边，但是对这些点的错误进行最小化处理。

- **SVM 方程求解** 我们可以建立一个基于与超平面正交的向量、该向量的大小（确定了间隔的大小）以及处于间隔错误一方的点的惩罚量的函数。正则化参数确定了宽间隔和小惩罚之间的相对重要程度。该方程可以通过多种方法求解，包括梯度下降法和二次规划法。

- **梯度下降法** 这是一种基于多个变量和一个训练样本来最小化某个损失函数的方法。给定某个训练样本，它不断寻找损失函数对每个变量的导数值，并将每个变量的值沿着损失函数减少的方向变化。这些变量的变化值可以是所有训练样本上的累加值（批量梯度下降），也可以是单个训练样本上的变化值（随机梯度下降），还可以是某个小规模训练集合上的累加值（小批量梯度下降）。

- **近邻学习** 在这种机器学习方法中，整个训练集都被用作模型。对每个待分类的查询点，我们会在训练集上寻找其最近的 k 个邻居。查询点的分类结果是这 k 个邻居标签的某个函数。最简单的情况是 $k = 1$，此时可以直接将最近邻的标签作为查询点的标签。

- **回归** 近邻学习的常见场景称为回归，这时只有一个特征向量并且所有分量和标签都是实数值，也就是说，数据定义了一个变量的实值函数。为估计未标注数据点的标签（即函数值），我们可以执行某个涉及 k 近邻的计算。例如，对这些近邻进行平均或加权平均，其中每个近邻的权重是该点到标签待确定的点的距离的一个减函数。

- **决策树** 这种学习方法会构造一棵树，其中每个内部节点都拥有一个关于输入的测试，并根据测试结果将输入发送给它的子节点之一。每个叶节点会给出一个关于输入所属类别的决策。

- **不纯度度量指标** 为了帮助设计一棵决策树，我们需要纯度的计算方法，而纯度度量的是到达决策树特定节点的一组训练样本接近单个类的程度。不纯度的可能度量指标包括精确率（错分训练样本的比例）、基尼系数（1减去每个类别样本比例的平方）和熵（每个类别中训练样本比例乘以该比例的倒数的对数然后对类别求和）。

- ❑ **设计决策树节点** 必须考虑在一个节点上用于测试的每个可能的属性，并且必须对以最小化子节点平均不纯度到达该节点的一组训练样本进行分割。对于一个数值属性，我们可以根据这个属性的值对训练样本排序，并使用一个测试条件来分割上述样本列表，以达到平均不纯度的最小化。对于一个分类型属性，我们按照属性取该值的训练样本属于某个特定类别的比例进行排序，并分割训练样本，以达到平均不纯度的最小化。

12.8 参考文献

感知机的介绍来自论文"The perceptron: a probabilistic model for information storage and organization in the brain"。论文"Large margin classification using the perceptron algorithm"介绍了最大化分隔超平面间隔的思想。讨论该主题的一本著名图书是 *Perceptrons: An Introduction to Computational Geometry*。

Winnow算法来自论文"Learning quickly when irrelevant attributes abound: a new linear-threshold algorithm"，其分析也可以参见"Empirical support for winnow and weighted-majority algorithms: results on a calendar scheduling domain"。

支持向量机出现在论文"Support-vector networks"中，《支持向量机导论》和"A tutorial on support vector machines for pattern recognition"都是非常有用的综述。论文"Training linear SVMs in linear time"讨论了特征稀疏（特征向量的大部分分量都为 0）情况下的一种更高效的算法。梯度下降法的用法可以参考论文"Large-scale machine learning with stochastic gradient descent"和"Stochastic gradient tricks, neural networks"。

有关近邻学习中高维索引的更多信息，请参考 *Database Systems: the Complete Book* 一书的第 14 章。

最原始的决策树构建工作来自论文"Induction of decision trees"。"Top-down induction of first-order logical decision trees"是有关本章描述方法的一篇非常著名的论文。

扫描如下二维码获取参考文献完整列表。

第 13 章

神经网络与深度学习

在 12.2 节和 12.3 节中，我们介绍了基于单一神经元设计出的部件，即感知机。感知机接受一组输入值，其中每个输入值都有一个关联的权重，基于这些输入值及对应权重可以计算得到一个数值，然后将该值和一个阈值进行比较，从而确定到底输出"是"还是"否"。只要类别线性可分，上述方法就可以将输入分成两个类别。然而，很多有趣、重要的问题并不是线性可分的。因此，本章将考虑**神经网络**（neural net）的设计。神经网络是一组感知机或者说神经**节点**（node）的集合，其中，每一层节点的输出是下一层节点的输入，而最后一层节点将输出整个神经网络的结果。多层神经网络的训练虽然需要大量的训练样本，但已被证实在可用时效果十分出众。该技术也被称作**深度学习**（deep learning）。

本章也将考虑一些特殊形式的神经网络，它们在面对某些特殊类型的数据时被证实非常有效。这些特殊神经网络有个特点就是网络中某些节点集合共享权重。由于学习网络中所有输入到所有节点的所有权重通常来说非常耗时且困难重重，上述特殊神经网络的训练得以大大简化，从而可以通过网络来识别输入的所属类别。本章会介绍专门用来识别图像的卷积神经网络（Convolutional Neural Network，CNN），还会介绍被用来识别序列（如词序列构成的句子）的循环神经网络（Recurrent Neural Network，RNN）以及长短期记忆神经网络（Long Short-Term Memory，LSTM）。

13.1 神经网络简介

下面先通过一个例子来介绍神经网络，然后引入神经网络的概貌及一些重要的术语。

例 13.1 这里的问题是希望学习这样一个概念，即如果某个位向量中有两个 1 连续出现，则认为它是一个"好"向量。因为我们希望处理小点的样本，所以这里假定位向量的长度为 4。因此，训练样本的形式就是$([x_1, x_2, x_3, x_4], y)$，其中每个$x_i$表示一个位，取值为 0 或者是 1。这里所有可能的训练样本有 16 个，我们假定其中的某个子集为训练集合。我们注意到，所有样本中一共有 8 个样本是"好"向量，而另外 8 个则是"坏"向量。比如，0111 与 1100 是好向量，而 1001 与 0100 就是坏向量[①]。

---

① 后面我们将位向量表示成位字符串，这样的话就可以省去这些 0、1 之间的逗号。

　　一开始，我们介绍一个能够精确解决上述简单问题的神经网络。虽然如何从训练样本出发设计这个神经网络才是我们要讨论的真正主题，但是该网络也可以作为实现这一主题的一个例子来看待。该神经网络的结构如图 13-1 所示。

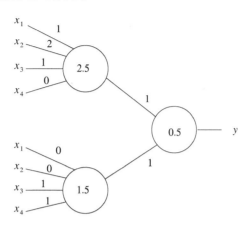

图 13-1　一个识别位向量中是否包含连续 1 的神经网络

　　图中的网络共有两层，第一层有两个节点，第二层只有单个节点，后者负责输出 y 的值。每个节点都是一个在 12.2 节中讨论过的感知机。第一层中的第一个节点对应的权重向量$[w_1, w_2, w_3, w_4] = [1, 2, 1, 0]$，阈值为 2.5。由于每一个输入 x_i 的取值要么为 0 要么为 1，那么为了能够让最后的总和 $\sum_{i=1}^{4} x_i w_i$ 能够达到阈值 2.5，必须满足 $x_2 = 1$ 并且 x_1 和 x_3 中至少有一个为 1。当且仅当输入是 1100、1101、1110、1111、0110 或 0111 的其中之一时，这个节点的输出为 1。也就是说，这个节点可以识别那些开头或者中间有两个连续 1 的位向量。它不能识别的"好"向量只剩下最后两位为 1 但是其他位置上不再有连续 1 的那些位向量，即 0011 和 1011。

　　幸运的是，网络第一层还有另外一个节点，其输入的权重向量为$[0, 0, 1, 1]$，阈值为 1.5，只有当 $x_3 = x_4 = 1$ 时，该节点输出为 1，其他情况下输出均为 0。因此，该节点能够识别输入向量 0011 和 1011 以及一些也能通过第一个节点识别的"好"向量。

　　我们再来看网络的第二层。这一层只有一个节点，其权重为$[1, 1]$，阈值为 0.5。因此，这个节点的作用相当于数字逻辑中的"或门"。两个输入节点中只要有一个为 1 时，此节点的输出就为 1。如果两个输入节点都是 0，那么此节点的输出为 0。因此，图 13-1 的神经网络能够准确区分"好"向量与"坏"向量。　　　　　　　　　　　　　　　　　　　　　　　□

　　在很多情况下可以假设节点的阈值为 0，这一点十分有用。回顾一下 12.2.4 节我们就知道，如果增加一个额外的输入，那么总是可以把一个非 0 阈值为 t 的感知机转换成一个阈值为 0 的感知机。所增加额外输入的值为 1，权重为 $-t$。例如，我们可以将图 13-1 转成图 13-2 所示的神经网络。

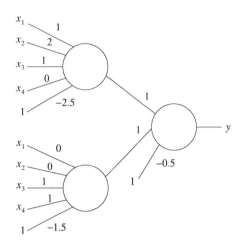

图 13-2　所有阈值都置为 0 的神经网络

13.1.1　神经网络概述

　　例 13.1 及图 13-1 给出的神经网络比实际中应用的情况简单得多。图 13-3 给出了一个更一般性的神经网络。网络的第一层或者说**输入层**（input layer）假定是一个长度为 n 的向量，该向量 $[x_1, x_2, \cdots, x_n]$ 的每一个分量都是网络输入的一部分。第一层之后是一层或者多层的**隐藏层**（hidden layer），网络的最后一层是**输出层**（output layer），负责输出网络的最终结果。网络中每一层的节点数目都可以不同。实际上，每一层节点数目的选择是神经网络设计中非常重要的一部分。特别地，我们注意到输出层可以包含多个节点。比如，神经网络可以将输入分到多个类别当中去，其中每个输出节点对应一个类别。

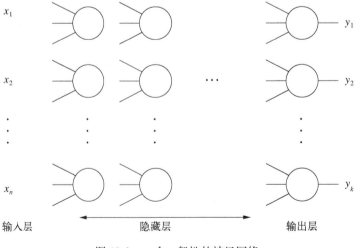

图 13-3　一个一般性的神经网络

除了输入层外的每一层都由一个或多个节点组成，这些节点在上图中排成列，每一列代表一层。这些节点中的每一个都可以想象成一个感知机。每个节点的输入由前一层部分或者全部节点的输出构成。像图 13-2 一样，如果给每一个节点加上一个额外的恒定输入（通常为 1），那么就可以假设每个节点的阈值为 0。对每一个节点来说，其每一个输入都会有一个对应的权重（weight）。假定每个输入 x_i 对应的权重为 w_i，那么该节点的输出依赖于所有输入的加权和 $\sum x_i w_i$。有时候，节点的输出是 0 或者 1：当加权和为正时输出 1，否则输出 0。然而，在 13.2 节我们即将看到，在学习神经网络权重的过程中，让输出结果总是接近 0 或者 1 是非常方便的，但是做法可能稍有不同。直观上的原因在于，可以使得神经网络的输出结果是输入的连续函数，那样就可以通过梯度下降方法收敛到网络中的所有理想权重。

13.1.2　节点间的连接

相邻层节点间的连接不同，得到的神经网络也不同。最一般的情况是每一个节点的输入为前一层所有节点的输出。如果一层中的节点都以前一层的全部节点的输出为输入，那么这种连接方式称为**全连接**（fully connected）。下面列出了其他一些可选的连接方式。

(1) **随机连接**　对某个 m，对于每个节点，从上一层选择 m 个节点，让且仅让这 m 个节点的输出为该节点的输入。

(2) **池化连接**　将一层的节点分成若干组。后一层（称为**池化层**）的每个节点对应前一层的每一组，该节点接受且仅接受该组中节点的输出作为输入。

(3) **卷积连接**　下一节和 13.4 节将会详细介绍这种连接方式。这种连接方式中，每一层的节点可以看成一个在多维（通常为二维）网格上的排列。卷积层中对应坐标为 (i, j) 的节点的输入为上一层中坐标 (i, j) 附近某个小区域内的所有节点。比如坐标为 (i, j) 的节点的输入为上一层中所有坐标为 (p, q) 并且满足 $i \leqslant p \leqslant i+2$ 且 $j \leqslant q \leqslant j+2$ 的节点，即左下角坐标为 (i, j) 的一个边长为 3 的正方形。

13.1.3　卷积神经网络

卷积神经网络（CNN）包含一个或者多个卷积层。当然，网络中也可以有其他非卷积层，例如全连接或者池化层。但是，卷积神经网络中有一个非常重要的附加限制条件：一个卷积层所有节点的输入权重必须相等。更精确地表达如下：假设卷积层中每个坐标为 (i, j) 的节点的某个输入是前一层中坐标为 $(i+u, j+v)$ 的节点（其中 u、v 都是很小的常数），那么对应此输入的权重 w 只与 u、v 有关而与 i、j 无关。对任意 i 和 j，(i, j) 节点的从前一层 $(i+u, j+v)$ 节点的输入对应的权重都必定是 w。

这个限制条件使得 CNN 的训练效率大大高于一般神经网络。原因在于，CNN 每一层的参数都要少很多，因此，与一般神经网络中每个节点或者每层都需要在训练过程中寻找各自的参数相比，CNN 只需要少得多的训练样本即可。

CNN 已经被证实在图像识别领域非常有用。实际上，CNN 的灵感就来自于人类视觉系统处理图片的机理。人眼的神经元与我们设计的神经网络类似，都是按层排列的。第一层网络的输入本质上是图片的一个像素，其中每个像素都是视网膜上某个感知器的感知结果。第一层节点负责识别非常简单的特征，比如明暗之间的边界。请注意，一个小正方形（比如 3 × 3）中的像素可用来刻画某个角度的一条边，比如左上角的像素代表亮点，其余 8 个像素代表暗点。另外，不管这个小正方形的位置在哪里，用来识别这种特定边的算法都是通用的。因此，上述发现表明 CNN 所加的所有节点共享权重这一限制条件是合理的。在人眼中，每一层都将前一层的结果进行进一步组合以识别越来越复杂的结构，比如长边界、相似的色块以及最终的人脸或者日常所见到的熟悉的对象。

13.4 节将会更加详细地讨论卷积神经网络。此外，CNN 只是节点组采用权重共享机制的这类网络的一个例子。比如，13.5 节中将要讨论专门用来分析序列（比如词序列组成的句子）循环神经网络与长短期记忆神经网络。

13.1.4　神经网络的设计事项

给定一个问题，建立解决该问题的神经网络是部分艺术与部分科学的结合。在开始训练网络以寻找满足要求的最优输入权重之前，需要做几个设计上的选择，这包括对如下问题的回答。

(1) 需要多少隐藏层？

(2) 每个隐藏层中包含多少个节点？

(3) 层与层之间如何连接？

另外，在之后的章节中，我们还将看到网络设计上的一些其他选择。

(1) 选择对什么损失函数进行最小化来计算最佳权重？

(2) 对每个门而言使用什么函数来对输入进行计算得到输出？前面介绍过，通常可以使用输入的加权和与 0 比较的结果作为节点的输出，但在通常情况下会有更好的计算方法。

(3) 在训练样本上使用什么算法来优化权重？

13.1.5　习题

!! 习题 13.1.1　试证明例 13.1 中的问题不能通过单个感知机解决，即"好"向量与"坏"向量线性不可分。

! 习题 13.1.2　考虑"n 位向量是否有连续两个 1"这个一般性的问题。假设网络只有一个由多个节点组成的隐藏层。那么，$n = 5$ 时该隐藏层最少需要多少个节点？$n = 6$ 呢？

! 习题 13.1.3　设计一个与异或门相似效果的神经网络，即两个输入一个为 0 一个为 1 时才输出 1，否则输出 0。**提示**：权重与阈值均可为负数。

! 习题 13.1.4　证明单个感知机无法实现与异或门一样的效果。

! 习题 13.1.5　设计一个网络，该网络接受三个 0 或 1 的输入，输出三个输入的异或值。也就是说，如果三个数中有奇数个 1，那异或值为 1，否则为 0。

13.2　密集型前馈网络

在上一节中，我们简单地展示了一个用来解决"位序列里是否包含连续两个 1"问题的神经网络。然而，神经网络的真正价值在于对给定训练数据设计网络的能力。为了设计网络，有很多的选项需要确定，比如 13.1.4 节中讨论的网络层数以及每一层的节点的个数。这些参数的选择更多的是艺术而非科学。而神经网络训练的计算部分主要涉及每个节点的权重选择，这一部分则更多的是科学而非艺术。权重选择的技术通常涉及梯度下降法的收敛性。但梯度下降需要一个损失函数，该函数必须是权重的连续函数。13.1.4 节中提到的感知机网络的输出为 0 或 1，因此是输入的非连续函数。本节将探讨各种修改网络中节点行为的方法，使得网络输出是输入的连续函数。这么一来，作用于最后一层输出的损失函数也就是连续函数。

13.2.1　基于线性代数的记法

利用线性代数的符号标记，可以简明地表示之前用来检测位序列中是否包含连续 1 的神经网络。输入向量[①]可以表示为 $x = [x_1, x_2, x_3, x_4]$，隐藏层的两个节点可以表示为 $h = [h_1, h_2]$。四条将输入节点跟第一个隐藏节点进行连接的边上的权重向量记为 $w_1 = [w_{11}, w_{12}, w_{13}, w_{14}]$。同样地，第二个隐藏节点对应的权重向量记为 w_2。

为什么要使用线性代数？

用线性代数去表示神经网络会带来记号上的整洁性。另一个原因是性能。事实上，图像处理单元（GPU）中有支持高度并行线性代数运算的电路。在 GPU 上利用单个线性代数运算符计算矩阵与向量的乘积，比基于嵌套循环来实现相同运算符的方法要快很多。现代深度学习框架（如 TensorFlow、PyTorch 和 Caffe）均利用了 GPU 的能力来实现神经网络计算的显著加速。

输入到隐藏层节点的阈值（即阈值的相反数）形成一个二维向量 $b = [b_1, b_2]$，此向量也常常被称为**偏置向量**（bias vector）。感知机用非线性的**阶梯函数**（step function）得到输出，该阶梯函数定义为：

$$\text{step}(z) = \begin{cases} 1 & \text{当 } z > 0 \\ 0 & \text{其他} \end{cases}$$

于是，每个隐藏节点 h_i 就可定义为：

$$h_i = \text{step}(w_i^{\mathsf{T}} x + b_i)，\text{对于 } i = 1,\ 2$$

这样就可以将 w_1 和 w_2 放在一起构成一个 2×4 的矩阵 W，其中 W 的第 i 行为 w_i^{T}。因此，隐藏节点就可以表示如下：

---

① 默认情况下，我们假设所有的向量都是列向量。然而，行向量书写起来通常更方便一些，本书中也将采用这种做法。但是在公式中，当实际想要的向量是行向量而不是列向量时，需要对向量进行转置运算。

$$h = \text{step}(Wx + b)$$

如果输入是一个向量，阶梯函数将作用于向量中的每个元素，从而输出一个等长的向量。我们也可以采用同样的方法来表示从隐藏层到最终输出的转换过程。这里最终的输出只是一个标量 y，因此我们不需要权重矩阵 W，而只需要一个权重向量 $u = [u_1, u_2]$ 以及一个偏置标量 c。由此可以得到：

$$y = \text{step}(u^{\mathsf{T}}h + c)$$

对于更大的输入和更多隐藏层的节点，线性代数的记法同样有效。这时，我们只需要扩大权重矩阵及偏置向量即可。也就是说，矩阵 W 的每一行都对应隐藏层中的一个节点，而每一列都对应前一层的一个输出（如果当前层是第一层，那此时矩阵 W 的每一列就对应一个输入）。偏置向量中每一个元素对应一个节点。如果输出层有多个节点，也可以用类似方法表示。比如在多类分类问题中，对于每一个类 i 都会有一个对应的输出节点 y_i。对于给定的输入，输出值给出的是该输入属于对应类别的概率。这种情况下输出向量 $y = [y_1, y_2, \cdots, y_n]$，其中 n 是类别数。前面介绍的简单神经网络输出的是一个布尔值，"真"或"假"分别对应不同的类别，因此在这里也可以将其输出表示成一个二维的向量。当输出也是向量的情况下，就可以将前面例子中使用的权重向量用表示隐藏层与输出层连接关系的权重矩阵来代替。

前面感知机的例子中使用了一个非线性的阶梯函数。更一般地，在输入的线性加权求和的结果上，我们也可以采用任意其他的非线性函数进行进一步处理。这样的函数称为**激活函数**（activation function）。13.2.2 节会在一开始介绍常用的激活函数。

在前面的简单例子中，输入和输出层之间只有一层隐藏层节点。而一般情况下，网络会像图 13-3 所示的那样有多层隐藏层。每个隐藏层都有自己相应的权重矩阵、偏置向量以及激活函数。由于所有从输入到输出的边的方向都朝前，我们称这样的无环网络为**前馈网络**（feedforward network）。

假设前馈网络一共有 l 层隐藏层，第 $l+1$ 层为输出层。第 i 层的权重矩阵与偏置向量分别为 W_i 与 b_i。则模型的参数为 $W_1, W_2, \cdots, W_{l+1}$ 以及 $b_1, b_2, \cdots, b_{l+1}$。我们的目标就是学习到这些参数的最优值来完成手头的任务。之后我们很快就会详细讨论如何学习这些模型的参数值。

13.2.2　激活函数

前面神经网络中节点（感知机）的输出是 0 或者 1（"否"或者"是"）。通常我们希望用多种方法来修改这个值，因此可以利用**激活函数**作用于上述节点的输出结果。有些情况下，激活函数可以作用于一层中的所有输出并对它们进行整体修改。需要激活函数的原因在于，我们将用梯度下降法来学习好的网络参数。因此，我们需要选择激活函数来很好地配合梯度下降。特别地，我们主要考察具有如下性质的激活函数。

(1) 数连续且处处可微（或者几乎处处可微）。

(2) 在期望的输入范围内，函数的导数不会饱和（即不会变得非常小，接近于 0）。过小的导数值会让训练变得停滞不前。

(3) 函数的导数不会**爆炸**（即不会变得非常大，趋近于无穷大）。大的导数会使得数值不稳定。

之前提到的阶梯函数不满足性质(2)和(3)。其导数在 0 处会出现梯度爆炸问题，而在其他地方均为 0。因此阶梯函数并不适用于梯度下降算法，也不适用于深度神经网络。

13.2.3 sigmoid 函数

由于不能使用阶梯函数，我们从一类 **sigmoid 函数**中来寻找可能的替代函数。这类函数之所以称为 sigmoid 函数，是因为它们的曲线呈现出 S 形。最常用的 sigmoid 函数是 logistic sigmoid 函数：

$$\sigma(x) = \frac{1}{1 + e^{-x}} = \frac{e^x}{1 + e^x}$$

注意到当 $x = 0$ 时，该 sigmoid 函数的取值为 1/2。当 x 变大，函数取值趋向于 1。而当 x 变小（负得越厉害），则函数取值趋向于 0。

同其他要介绍的函数一样，logistic sigmoid 函数作用在向量上就相当于作用在向量的每一个元素上。因此，假设 $\boldsymbol{x} = [x_1, x_2, \cdots, x_n]$，那么

$$\sigma(\boldsymbol{x}) = [\sigma(x_1), \ \sigma(x_2), \ \cdots, \ \sigma(x_n)]$$

相比于阶梯函数，用 logistic sigmoid 函数作为感知机的输出层函数有几个好处。首先，logistic sigmoid 函数连续可导，因此适用梯度下降算法来寻找最优权重。其次，由于函数的域值在[0, 1]，我们可以将网络的输出解释成概率。然而，logistic sigmoid 函数的一个缺点是当从 0 附近的关键区域快速离开时梯度很快饱和。因此，这些区域的梯度趋向于 0，导致梯度下降算法发生停滞。也就是说，权重一旦远离 0 附近区域后其值基本不会改变。

13.3.3 节将会讨论反向传播算法，我们将会看到必须要对激活函数与损失函数求导。作为习题，你可以证明如果 $y = \sigma(x)$，那么它的导数为

$$\frac{dy}{dx} = y(1 - y)$$

13.2.4 双曲正切函数

我们来看一个与 sigmoid 函数关联十分密切的函数，叫作**双曲正切**（hyperbolic tangent）函数。它的定义为：

$$\tanh(x) = \frac{e^x - e^{-x}}{e^x + e^{-x}}$$

通过非常简单的算术推导可以得到：

$$\tanh(x) = 2\sigma(2x) - 1$$

因此，双曲正切函数只是 sigmoid 函数经过平移与放大之后得到的结果。此函数有两个吸引人的性质：其域值为[-1, 1]且关于原点对称。该函数也有 sigmoid 函数类似的优点，但同样有梯度饱和问题。不难验证如果 $y = \tanh(x)$，那么有：

13

$$\frac{\mathrm{d}y}{\mathrm{d}x} = 1 - y^2$$

图 13-4 给出了 logistic sigmoid 函数与双曲正切函数的图像。请注意两个图中 x 轴的尺度是不同的。不难看出，经过平移和放大处理之后，两个函数完全等价。

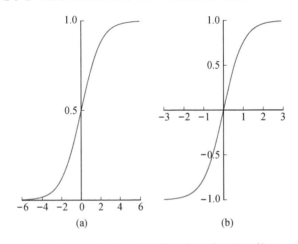

图 13-4　logistic sigmoid 函数(a)与双曲正切函数(b)

13.2.5　softmax 函数

sigmoid 函数作用于一个向量时，会分别计算每个分量上的 sigmoid 函数值。softmax 函数则与此不同，它在作用于一个向量时，整个向量都会参与运算。假设 $\boldsymbol{x} = [x_1, x_2, \cdots, x_n]$，那么 softmax 函数作用于该向量的结果为：$\mu(\boldsymbol{x}) = [\mu(x_1), \mu(x_2), \cdots, \mu(x_n)]$，其中

$$\mu(x_i) = \frac{\mathrm{e}^{x_i}}{\sum_j \mathrm{e}^{x_j}}$$

softmax 的作用是使向量中最大的元素趋向于 1，并使其他元素趋向于 0。在 softmax 作用后，向量的元素之和为 1。因此 softmax 函数的输出可以被解释为一个概率分布。

softmax 经常被用作网络的最终层来处理分类问题。输出向量中的每个元素对应一个目标类别，softmax 在某一维上的值可以看成当前输入属于该类别的概率。

同 sigmoid 函数类似，softmax 函数也存在梯度饱和问题。出现这个问题的原因是向量中的一个元素大于其他所有元素。然而，当 softmax 用作输出层时，针对这个问题其实存在一个简单的解决方案。这种情况下，我们可以选择交叉熵（cross entropy）作为损失函数，其取消了 softmax 函数定义中的幂运算从而避免导数饱和问题。交叉熵将会在 13.2.9 节中介绍。之后在 13.3.3 节中，我们会讨论 softmax 函数的微分问题。

---

softmax 函数的计算精度

softmax 的分母是 $\sum_j e^{x_j}$。如果 x_j 之间差别较大，那么指数函数会放大这个差别，导致有的值很小，有的值很大。过大的值与过小的值进行累加在定宽浮点表示（32 位或 64 位）中会导致精度问题。幸运的是，有一个技巧可以避免上述问题。我们发现对任意常数 c，都有：

$$\mu(x_i) = \frac{e^{x_i}}{\sum_j e^{x_j}} = \frac{e^{x_i-c}}{\sum_j e^{x_j-c}}$$

我们选取 $c = \max_j x_j$，这样对于每个 j 都有 $x_j - c \leqslant 0$。这就保证了 e^{x_j-c} 总是在 0 和 1 之间。这样会提升计算精度。大多数深度学习框架采用了这个技巧。

13.2.6　修正线性单元

修正线性单元（rectified linear unit，ReLU）函数定义为：

$$f(x) = \max(0, x) = \begin{cases} x, & \text{对于}\ x \geqslant 0 \\ 0, & \text{对于}\ x < 0 \end{cases}$$

该函数的名字源自电气工程中的半波修正模拟。ReLU 函数虽然在原点不可微，但是在其余地方处处可微，包括离 0 任意近的地方也都可微。在实际中，ReLU 函数在原点的导数可以取 0（左导数）或者 1（右导数）。

在现代神经网络里，ReLU 已经代替 sigmoid 函数成为默认的激活函数。ReLU 之所以这么流行主要是因为它的如下两个性质。

(1) ReLU 函数的梯度在 x 为正值时保持恒定，从不会发生饱和现象。在实际中发现，用 ReLU 替代 sigmoid 函数可以大大提升训练速度。

(2) 函数及其导数的计算都基于初级的数学运算，非常高效（不涉及指数计算）。

当 $x < 0$ 时，ReLU 函数也存在梯度饱和相关的问题。一旦节点的输入值为负值，那么在剩余的训练过程中，节点的输出就可能会在 0 处停滞不前。这个问题也被称为 **ReLU 垂死**（dying ReLU）问题。

ReLU 的一个变种尝试解决这个问题。这个称为**带泄露的 ReLU**（Leaky ReLU）函数的定义如下：

$$f(x) = \begin{cases} x, & \text{对于}\ x \geqslant 0 \\ \alpha x, & \text{对于}\ x < 0 \end{cases}$$

这里，α 通常是一个比较小的正数，比如 0.01。而**带参数的 ReLU**（Parametric ReLU，PReLU）将 α 视为可学习的参数并在训练过程中对其进行优化。

原始的 ReLU 和带泄露 ReLU 还有一个改进版本，称为**指数线性单元**（Exponential Linear Unit，ELU），其定义为：

13

$$f(x) = \begin{cases} x, & \text{对于 } x \geq 0 \\ \alpha(e^x - 1), & \text{对于 } x < 0 \end{cases}$$

这里，$\alpha \geq 0$ 是一个**超参数**。也就是说，在学习过程中 α 是个固定值，但可以尝试不同的 α 来确定哪一个 α 对于要解决的问题是最优的。当输入 x 为绝对值较大的负值时，ELU 的节点就会达到饱和值$-\alpha$。通常将 α 设成 1，参见图 13-5。采用 ELU 的节点的平均激活值趋向于 0，相比于其他 ReLU 变种，这样的性质可以加速模型训练的过程。

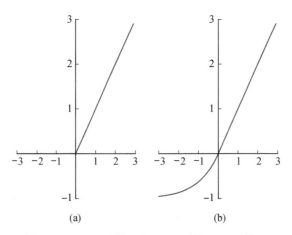

图 13-5　ReLU 函数(a)与 $\alpha = 1$ 下的 ELU 函数(b)

13.2.7　损失函数

损失函数量化了模型的预测值与真实世界中输出值（即训练集中的输出值）之间的差距。假设输入 x 对应的真实观察值是 $\hat{y}$ 而预测值是 y，那么损失函数 $L(y, \hat{y})$ 量化了在此输入上的预测误差。通常情况下，我们需要考虑大量观察结果（比如所有训练样本）上所有输入的误差，常用的做法是对所有训练样本上的损失做平均。

下面将考虑两种不同的情况。第一种情况下，只有一个输出节点，其输出的是一个实数值。此时我们研究的是"回归损失"。第二种情况下，有多个输出节点，每一个节点的输出值代表该样本是否属于相应类别。此时我们研究的是"分类损失"。后者将在 13.2.9 节进行讨论。

13.2.8　回归损失函数

假设模型输出单个的连续值，我们用$(x, \hat{y})$表示一个训练样本。对于相同的输入 x，神经网络的预测结果是 y。那么，该预测值的**平方误差**损失 $L(y, \hat{y})$为：

$$L(y, \hat{y}) = (y - \hat{y})^2$$

一般而言，我们需要计算一系列预测上的损失。假设观察到的输入–输出对（即训练集）为 $T = \{(x_1, \hat{y}_1), (x_2, \hat{y}_2), \cdots, (x_n, \hat{y}_n)\}$，模型预测出的相应值为 $P = \{(x_1, y_1), (x_2, y_2), \cdots, (x_n, y_n)\}$。那

么该集合上的**均方差**（mean squared error，MSE）为：

$$L(P,T) = \frac{1}{n}\sum_{i=1}^{n}(y_i - \hat{y}_i)^2$$

需要注意的是，均方差正好是均方根误差（RMSE）的平方。去掉平方根之后可以简化训练过程中的导数计算过程。在任何情况下，最小化 MSE 其实也是在自动最小化 RMSE。

采用均方差损失函数存在一个问题。由于平方运算的放大效应，损失函数会对异常点非常敏感。几个异常点将会左右损失函数的计算，从而使得模型忽略其他点的作用，导致训练过程易受剧烈波动的影响。一个解决方案是用 Huber **损失函数**（Huber loss function）。假设 $z = y - \hat{y}$，δ是一个常数，Huber 损失函数的定义为：

$$L_\delta(z) = \begin{cases} z^2, & \text{如果 } |z| \leqslant \delta \\ 2\delta(|z| - \frac{1}{2}\delta), & \text{其他} \end{cases}$$

图 13-6 对均方差与 Huber 损失函数进行了比较。

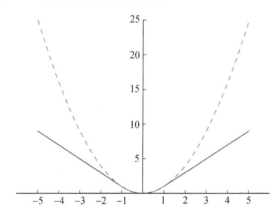

图 13-6　$z = y - \hat{y}$上的 Huber 损失函数（图中实线，$\delta = 1$）与均方差函数（图中虚线）

如果输出结果是一个向量而不只是单个数值，那么可以在均方差误差函数和 Huber 损失函数中使用$\|y - \hat{y}\|$来代替$|y - \hat{y}|$。

13.2.9　分类损失函数

考虑目标类为 $C_1, C_2, \cdots, C_n$ 的多类分类问题。假设每个训练样本都表示成(x, p)，其中 $p = [p_1, p_2, \cdots, p_n]$。这里的 p_i 表示输入 x 属于类 C_i 的概率，并满足 $\sum_i p_i = 1$。在很多情形下，我们很确定输入样例属于类 C_i，这时有 $p_i = 1$ 以及对于任一 $i \neq j$ 有 $p_j = 0$。一般来说，我们可以把 p_i 理解成输入 x 属于类别 C_i 的确定性，向量 p 表示的是所有目标类别上的**概率分布**。

对于多类分类问题，我们希望神经网络能够输出一个概率向量 $q = [q_1, q_2, \cdots, q_n]$，其中 $\sum_i q_i = 1$。像之前一样，我们将 q 理解成目标类别上的概率分布，其中 q_i 表示模型判别输入 x 属

13

于目标类 C_i 的概率。在 13.2.5 节中，我们讨论一个产生概率向量的简单办法，即在网络输出层中采用 softmax 作为激活函数。

由于标注好的真实输出值与模型的输出值都是概率分布，很自然地，我们期望寻找一个可以度量两个概率分布之间距离的损失函数。回忆一下 12.5.2 节中熵的定义，一个离散概率分布 $\boldsymbol{p}$ 上的熵 $H(\boldsymbol{p})$ 定义为：

$$H(\boldsymbol{p}) = -\sum_{i=1}^{n} p_i \log p_i$$

假设有一个 n 个符号组成的符号表，我们利用这张表的符号来构造消息。假设符号 i 在消息中每个位置上出现的概率是 p_i，来自信息论的一个关键结论是，如果我们采用最优的二进制编码来对消息进行编码的话，那么每个符号所需的平均位数为 $H(\boldsymbol{p})$。

假设我们在设计编码体系时，事先并不知道符号出现在消息中的概率分布 $\boldsymbol{p}$。但是，我们相信符号在消息中的概率分布为 $\boldsymbol{q}$。如果使用这种次优的编码机制，大家可能想知道此时每个符号的平均位数。一个来自信息论的著名结果表明，此时每个符号的平均位数是**交叉熵**（cross entropy）$H(\boldsymbol{p}, \boldsymbol{q})$，其定义如下：

$$H(\boldsymbol{p}, \boldsymbol{q}) = -\sum_{i=1}^{n} p_i \log q_i$$

注意到 $H(\boldsymbol{p}, \boldsymbol{p}) = H(\boldsymbol{p})$，而且通常情况下 $H(\boldsymbol{p}, \boldsymbol{q}) \geqslant H(\boldsymbol{p})$。交叉熵与熵的差值为编码每个符号需要额外增加的平均位数。此差值可以被用来合理刻画两个概率分布 $\boldsymbol{p}$ 与 $\boldsymbol{q}$ 的差距，也称作两个分布之间的 **KL 散度**（Kullback-Liebler divergence），记为 $D(\boldsymbol{p} \| \boldsymbol{q})$，其定义为：

$$D(\boldsymbol{p} \| \boldsymbol{q}) = H(\boldsymbol{p}, \boldsymbol{q}) - H(\boldsymbol{p}) = \sum_{i=1}^{n} p_i \log \frac{p_i}{q_i}$$

尽管 KL 散度常常被当作某种距离，但是因为它并不满足交换律，所以并非严格意义上的距离。然而，KL 散度作为这里的损失函数却足够完美，因为这里本身就存在着非对称性：$\boldsymbol{p}$ 是真实分布，而 $\boldsymbol{q}$ 是预测分布。另外，最小化 KL 散度等价于最小化交叉熵，这是因为 $H(\boldsymbol{p})$ 仅依赖于输入，与学习到的模型无关。

在实际中，交叉熵最常用作分类问题的损失函数。用作分类的神经网络通常用 softmax 作为输出层的激活函数。因为这些选项的配置非常普遍，所以在很多神经网络的实现框架（如 TensorFlow）直接提供了一个结合了 softmax 与交叉熵的函数。除了方便之外，这样做的另一个原因是结合后的函数在数值上更加稳定，其导数的形式更加简洁。这一点我们将在 13.3.3 节讨论。

13.2.10 习题

习题 13.2.1 给定 $y = \sigma(x)$，其中 σ 为 sigmoid 函数，证明

$$\frac{\mathrm{d}y}{\mathrm{d}x} = y(1 - y)$$

习题 13.2.2 给定 $y = \tanh(x)$，证明

$$\frac{\mathrm{d}y}{\mathrm{d}x} = 1 - y^2$$

习题 13.2.3 证明 $\tanh(x) = 2\sigma(2x) - 1$。

习题 13.2.4 证明 $\sigma(x) = 1 - \sigma(-x)$。

习题 13.2.5 证明对任意向量 $[v_1, v_2, \cdots, v_k]$，有 $\sum_{i=1}^{k} \mu(v_i) = 1$。

习题 13.2.6 图 13-7 给出了一个神经网络，包括其具体的权重与输入值。假设使用 sigmoid 函数来作为第一层节点的激活函数，使用 softmax 作为输出层的激活函数。

(a) 计算 5 个节点的输出值。

! (b) 假设所有权重以及每个 x_i 均为变量。请用权重与 x_i 来表示第一个（最上面）输出节点的输出结果。

! (c) 求(b)中的函数对第一层第一个节点（最上面的节点）的第一个（最上面那条边）输入权重的导数。

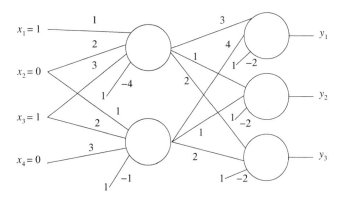

图 13-7 习题 13.2.6 中的神经网络

13.3 反向传播与梯度下降

我们现在研究深度网络的训练。训练一个网络的目的是为网络找到合适的参数（权重与阈值）。一般来说，训练集中包含了标注的输入/输出对。训练的过程就是最小化训练集上平均损失函数的过程。我们希望训练集能够代表模型未来遇到的数据。因此，训练集上的平均损失可以很好地衡量将来所有可能输入的平均损失。需要注意的是，由于深度网络有许多参数，学习到的参数有可能在训练集上的损失很小但在实际中表现很差。这种情况被称为过拟合，我们从 9.4.4 节开始就多次提到过这个问题。

暂时到目前为止，我们假定现在的目标是找出一套能最小化训练集上的期望损失的参数。通过梯度下降法可以达成这一目标。有一种称为**反向传播**（backpropagation）的优雅算法能够非常有效地计算这些梯度。在介绍反向传播算法之前，我们先引入一些预备知识。

13

13.3.1   计算图

计算图可以获得一个深度网络中的数据流。形式上，计算图是一个有向无环图。图中的每一个节点拥有一个操作对象（或运算对象），同时也可以拥有一个操作符或运算符（也可以没有）。操作对象可以是标量、向量或者矩阵。操作可以是一个线性代数运算符（比如+ 或者 ×）、一个激活函数（比如 σ）或者一个损失函数（比如 MSE）。如果一个节点同时拥有一个操作符与一个操作对象，那么就把操作符写在操作对象的上面。

当某个节点仅仅由一个操作对象构成时，这个节点的输出就是该操作对象的值。而当节点拥有操作符时，节点的输出就是将操作符作用于图中直接先驱得到的值，然后将该结果分配给当前操作对象。一般而言，这里的操作符可以是将输入转变成输出的任意表达式[①]。

例 13.2   图 13-8 给出了 $y = \sigma(Wx + b)$ 所描述的单层稠密型神经网络的计算图。x 是输入，y 是输出。然后，我们基于训练集合上的真实输出 $\hat{y}$ 计算 MSE 损失。也就是说，这里有一个 n 个节点组成的单层网络，n 维向量 y 代表每个节点的输出。有 k 个输入，$(x, \hat{y})$ 代表一个训练样本。矩阵 W 表示节点的输入上的权重，其中 W_{ij} 表示的是第 i 个节点第 j 个输入上的权重。最后，b 表示 n 维的偏置向量，其第 i 个元素是第 i 个节点上的阈值的相反数。

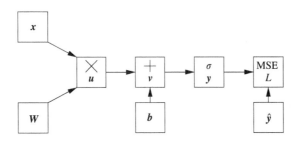

图 13-8   一个单层密集型网络上的计算图

在图 13-8 中，我们有

$$u = Wx$$
$$v = u + b$$
$$y = \sigma(v)$$
$$L = \text{MSE}(y, \hat{y})$$

上面的每一步都对应图中中间那一行从左到右的四个节点之一。第一步对应了操作对象操作为 u、操作符为×的节点。这里的例子中，必须要理解标记为 W 的节点是此操作符的第一个参数。如果有需要的话，可以给每一条入边标一个数字来代表其在参数中的次序，但是本例中的次序显而易见，因为列向量 x 不可能乘以矩阵 W，除非 W 本身恰好退化为一个行向量。第二步对应图中操作符为+、操作对象为 v 的节点。在这里，因为加法满足交换律，所以参数的顺序也无关紧要。   □

---

① 有时候操作符的操作对象之间的次序很重要。在这里我们忽略这些细节，而假定根据上下文这些都能够理解。

13.3.2 梯度、雅可比矩阵与链式法则

反向传播算法计算损失函数在网络参数上的梯度。然后，可以将参数往损失函数减少的方向上稍作调整。上述过程可以一直重复直到损失函数基本不太可能减少为止。这里回顾一下梯度的定义。给定一个从实数向量到标量的函数 $f: \mathbb{R}^N \to \mathbb{R}$，记 $\boldsymbol{x} = [x_1, x_2, \cdots, x_n]$，$y = f(\boldsymbol{x})$，那么 y 对于 $\boldsymbol{x}$ 的梯度 $\nabla_x y$ 可以写成：

$$\nabla_x y = \left[\frac{\partial y}{\partial x_1}, \ \frac{\partial y}{\partial x_2}, \ \cdots, \ \frac{\partial y}{\partial x_n} \right]$$

例 13.3 令 f 为损失函数，比如记为 L 的均方差损失函数，则该损失函数是模型输出结果 $\boldsymbol{y}$ 到标量的一个函数：

$$L(\boldsymbol{y}) = \|\boldsymbol{y} - \hat{\boldsymbol{y}}\|^2 = \sum_{i=1}^n (y_i - \hat{y}_i)^2$$

于是很容易就可以写出损失函数 L 对于 $\boldsymbol{y}$ 的梯度：

$$\nabla_x L = [2(y_1 - \hat{y}_1), \ (y_2 - \hat{y}_2), \ \cdots, \ 2(y_n - \hat{y}_n)] = 2(\boldsymbol{y} - \hat{\boldsymbol{y}}) \qquad \square$$

对于值域为向量的函数，其梯度可推广为**雅可比矩阵**（Jacobian）。假设有函数 $f: \mathbb{R}^m \to \mathbb{R}^n$ 以及 $\boldsymbol{y} = f(\boldsymbol{x})$。那么，雅可比矩阵定义如下[①]：

$$J_x(\boldsymbol{y}) = \begin{bmatrix} \dfrac{\partial y_1}{\partial x_1} & \cdots & \dfrac{\partial y_n}{\partial x_1} \\ \vdots & \ddots & \vdots \\ \dfrac{\partial y_1}{\partial x_m} & \cdots & \dfrac{\partial y_n}{\partial x_m} \end{bmatrix}$$

下面使用链式法则来进行求导计算。假设 $y = g(x)$，$z = f(y) = f(g(x))$，那么根据链式法则有：

$$\frac{\mathrm{d}z}{\mathrm{d}x} = \frac{\mathrm{d}z}{\mathrm{d}y} \frac{\mathrm{d}y}{\mathrm{d}x}$$

另外，如果 $z = f(u, v)$，其中 $u = g(x)$，$v = h(x)$，则有：

$$\frac{\mathrm{d}z}{\mathrm{d}x} = \frac{\partial z}{\partial u} \frac{\mathrm{d}u}{\mathrm{d}x} + \frac{\partial z}{\partial v} \frac{\mathrm{d}v}{\mathrm{d}x}$$

对于向量上的函数而言，可以用梯度与雅可比矩阵来表述链式法则。假设 $\boldsymbol{y} = g(\boldsymbol{x})$，$z = f(\boldsymbol{y}) = f(g(\boldsymbol{x}))$，那么有：

$$\nabla_x z = J_x(\boldsymbol{y}) \nabla_y z$$

如果 $z = f(\boldsymbol{u}, \boldsymbol{v})$，其中 $\boldsymbol{u} = g(\boldsymbol{x})$，$\boldsymbol{v} = h(\boldsymbol{x})$，那么有：

$$\nabla_x z = J_x(\boldsymbol{u}) \nabla_u z + J_x(\boldsymbol{v}) \nabla_v z$$

---

① 有时候雅克比矩阵被定义为这里所定义矩阵的转置矩阵。不管怎么定义，公式都是等价的。记住这里假定所有的向量都是列向量，除非进行了转置操作。但是为了便于写成一行，我们用行向量来展示这些向量。

13.3.3 反向传播算法

反向传播算法的目标是计算损失函数在网络参数上的梯度。考虑图 13-8 所示的计算图。这里的损失函数 L 是 MSE 函数。记 $\nabla_z(L)$ 为 $g(z)$，代表的是损失函数在向量 z 上的梯度。我们已经知道函数 L 对输出结果 y 的梯度为：

$$g(y) = \nabla_y(L) = 2(y - \hat{y})$$

我们在计算图上从后往前每一步都用一下链式法则。每一步都选择那些直接后继节点的梯度已经计算完毕的节点。假设 a 就是这样的一个节点，它只有一个直接后继节点 b（我们注意到，在图 13-8 中，每一个节点仅有一个直接后继节点）。由于我们已经处理完了节点 b，就已经计算出了梯度 $g(b)$。接下来可以利用链式法则计算 $g(a)$ 如下：

$$g(a) = J_a(b)g(b)$$

如果 a 有多个后继节点，我们可以用更一般形式的链式法则，即 $g(a)$ 是每一个 a 的后继的上述表达式之和。

由于每次梯度下降迭代中都需要计算一次上述梯度，为了避免重复计算，我们可以在计算图中增加额外的节点用于反向传播，每个节点对应一个梯度计算过程。一般来说，雅可比函数 $J_a(b)$ 同时是 a 和 b 的函数，因此 a、b 及 $g(b)$ 节点到 $g(a)$ 节点之间都会有边。流行的深度学习框架（如 TensorFlow）能够计算常用操作符（如图 13-8 中出现的操作符）的雅可比函数与梯度。这种情况下，开发者仅需提供计算图，而框架会自动添加反向传播的新节点。图 13-9 给出了添加梯度节点后的计算图。

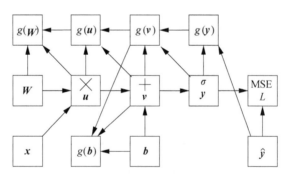

图 13-9 带梯度节点的计算图

例 13.4 我们来算一下图 13-8 中所有节点的梯度函数。我们已经知道了 $g(y)$，下一个需要计算的节点是 v：

$$g(v) = \nabla_v(L) = J_v(y)\nabla_y(L) = J_v(y)g(y)$$

注意到 $y = \sigma(v)$。由于 σ 单独作用于向量的每一个元素，雅可比 $J_v(y)$ 的形式非常简单。利用在 13.2.2 节中得到的 logistic sigmoid 函数的梯度，我们有：

$$\frac{\partial y_i}{\partial v_j} = \begin{cases} y_i(1 - y_i), & \text{如果} i = j \\ 0, & \text{其他} \end{cases}$$

因此，雅可比矩阵是一个对角矩阵。

$$J_v(\boldsymbol{y}) = \begin{bmatrix} y_1(1-y_1) & 0 & \cdots & 0 \\ 0 & y_2(1-y_2) & \cdots & 0 \\ \vdots & \vdots & \ddots & \vdots \\ 0 & 0 & \cdots & y_n(1-y_n) \end{bmatrix}$$

假设 $\boldsymbol{s} = [s_1, s_2, \cdots, s_n]$，其中 $s_i = y_i(1-y_i)$（即雅克比矩阵的对角元素），我们可以把 $g(\boldsymbol{v})$ 写成如下简单形式：

$$g(\boldsymbol{v}) = s \circ g(\boldsymbol{y})$$

这里 $\boldsymbol{a} \circ \boldsymbol{b}$ 是 $\boldsymbol{a}$ 与 $\boldsymbol{b}$ 每个对应元素相乘后得到的向量[①]。

得到 $g(\boldsymbol{v})$ 之后，就可以计算 $g(\boldsymbol{b})$ 和 $g(\boldsymbol{u})$ 了。我们有 $g(\boldsymbol{b}) = J_b(\boldsymbol{v})g(\boldsymbol{v})$ 以及 $g(\boldsymbol{u}) = J_u(\boldsymbol{v})g(\boldsymbol{v})$。由于

$$\boldsymbol{v} = \boldsymbol{u} + \boldsymbol{b}$$

很容易验证：

$$J_b(\boldsymbol{v}) = J_u(\boldsymbol{v}) = \boldsymbol{I}_n$$

这里 $\boldsymbol{I}_n$ 是 $n \times n$ 的单位矩阵，因此我们有：

$$g(\boldsymbol{b}) = g(\boldsymbol{u}) = g(\boldsymbol{v})$$

最后来算矩阵 $\boldsymbol{W}$ 的梯度。注意到 $\boldsymbol{u} = \boldsymbol{W}\boldsymbol{x}$。这里存在一个潜在问题，我们之前处理的都是向量，但是这里的 $\boldsymbol{W}$ 是一个矩阵。但是在 13.2.1 节中我们将矩阵排列成一个向量集 $\boldsymbol{w}_1, \boldsymbol{w}_2, \cdots, \boldsymbol{w}_n$，这里的 $\boldsymbol{w}_i^{\mathrm{T}}$ 是 $\boldsymbol{W}$ 的第 i 行。因此这里只需要单独地考虑矩阵中的每一行向量，并利用以往公式对其计算梯度。

$$g(\boldsymbol{w}_i) = J_{w_i}(\boldsymbol{u})g(\boldsymbol{u})$$

我们知道 $u_i = \boldsymbol{w}_i^{\mathrm{T}}\boldsymbol{x}$，另外对所有的 $i \neq j$，u_j 都与 $\boldsymbol{w}_i$ 毫无依赖。因此雅可比函数 $J_{w_i}(\boldsymbol{u})$ 在第 i 列以外的值均为 0，而在第 i 列的值等于 $\boldsymbol{x}$。因此我们有：

$$g(\boldsymbol{w}_i) = g(u_i)\boldsymbol{x} \qquad \qquad \square$$

例 13.5　我们之前提过，用于分类的神经网络经常用 softmax 作为最后一层的激活函数，并用交叉熵作为损失函数。我们现在计算这个组合算子的梯度。

假设这个组合算子的输入是 $\boldsymbol{y}$，记 $\boldsymbol{q} = \mu(\boldsymbol{y})$ 以及 $l = H(\boldsymbol{p}, \boldsymbol{q})$，这里 $\boldsymbol{p}$ 表示训练样本的真实概率分布向量。我们有：

$$\begin{aligned} \log(q_i) &= \log\left(\frac{\mathrm{e}^{y_i}}{\sum_j \mathrm{e}^{y_j}}\right) \\ &= y_i - \log\left(\sum_j \mathrm{e}^{y_j}\right) \end{aligned}$$

[①] 该运算有时也被称为**阿达玛积**（Hadamard product），以便与常用的内积区分开。内积计算是阿达玛积得到的向量的分量之和。

于是，注意到 $\sum_i p_i = 1$，我们有：

$$
\begin{aligned}
l &= H(\boldsymbol{p}, \boldsymbol{q}) \\
&= -\sum_i p_i \log q_i \\
&= -\sum_i p_i (y_i - \log(\sum_j \mathrm{e}^{y_j})) \\
&= -\sum_i p_i y_i - \log(\sum_j \mathrm{e}^{y_j}) \sum_i p_i \\
&= -\sum_i p_i y_i - \log(\sum_j \mathrm{e}^{y_j})
\end{aligned}
$$

求导后，有：

$$
\begin{aligned}
\frac{\partial l}{\partial y_k} &= -p_k + \frac{\mathrm{e}^{y_k}}{\sum_j \mathrm{e}^{y_j}} \\
&= -p_k + \mu(y_k) \\
&= q_k - p_k
\end{aligned}
$$

因此，我们最后得到如下十分简洁的结果：

$$
\nabla_y l = \boldsymbol{q} - \boldsymbol{p}
$$

这个组合起来的梯度没有饱和或者爆炸的问题，有助于模型训练。上述结果同时也解释了实际中 softmax 与交叉熵损失函数组合使用效果好的原因。　　　　□

13.3.4　梯度下降的迭代计算

给定一批训练样本，我们在计算图上对于每一个样本做一次正向（计算损失函数）与反向（计算梯度）的计算。我们对训练样本上的损失与梯度求平均来计算每个参数向量上的平均损失与平均梯度。每一次迭代，我们都会沿着梯度反向更新每个参数向量，从而使得模型损失下降。假设 z 为参数向量，计算：

$$
z \leftarrow z - \eta g(z)
$$

这里的 η 叫作学习率，是一个超参数。当两次迭代间的损失相差无几时（即达到了局部最小值）或者完成固定次数的迭代后，梯度下降的迭代过程就停止。

学习率的精心选择非常重要。太低的学习率意味着迭代直至收敛所需的迭代次数太多，而太高的学习率会导致训练中参数剧烈振荡从而难以收敛。为了选择合适的学习率，我们通常需要大量试错。一种可能也很常见的做法是采用可变学习率。一开始选择一个初始学习率 η_0，然后，在每一次迭代中，将学习率乘以因子 β（$0 < \beta < 1$），直到最后学习率变成一个足够小的值。

如果训练集很大，我们可能不希望每次迭代都用所有的数据来算梯度，因为这样太耗时耗力。这时，在每次迭代中我们只随机采样一个小批量的训练样本。因为在每一次迭代计算梯度时使用的都是不同的随机样本，因此这个一般梯度下降的变种被称为"随机梯度下降"（参见 12.3.5 节）。

我们还没有讨论梯度下降算法参数值的初始化问题。通常的方法是随机选择初始化参数。流行的做法包括在 $[-1, 1]$ 上进行随机均匀采样，或者按照正态分布进行采样。值得一提的是，如果所有权重的初始化值都一样，会导致同一层中所有节点的作用都类似，这样就达不到我们希望的好处：不同节点抽取输入中的不同特征。

13.3.5 张量

前面讨论的都是神经网络的输入为一维向量的情况。此外，还能将一维向量拓展到高维情况。

例 13.6 一张灰度照片可以被表示为一个两维的实数数组，数组中每一个元素对应了像素的强度。而对于彩色照片来说，每个像素通常需要一个三维向量来表示，即每一个像素本身也是三维向量，比如说各自对应了蓝、绿、红三种原色的强度。通常，当彩色照片作为神经网络的输入时，每个训练样本都可以被看作像素的二维数组，其中每个像素的值不是实数值，而是刚才提到的一个三维向量，其中每一维对应三种颜色中的一种颜色。 □

类似地，我们之前将神经网络中的每一层看成一列节点。但是没有理由不可以将某一层节点组织成一个二维甚至更高维数组。最后，我们之前假定输入是实数，每个节点的输出值也是实数。但是，每个节点的输入输出本身也可以是向量或者更高维结构。向量、矩阵的更高维的一般形式是**张量**（tensor），它是一个 n 维标量数组。

遗憾的是，我们讨论的反向传播算法只在向量上奏效，并不能直接拓展到高维张量。这种情况下，我们将采用与 13.3.3 节类似的技巧：将矩阵 W 展开成一个向量集合。就如将一个 $m \times n$ 的矩阵展开成 m 个 n 维向量一样，我们也可以将一个三维 $l \times m \times n$ 张量看成 lm 个 n 维向量，而其他更高维的张量也可以按照类似方式处理。

例 13.7 这个例子基于 MNIST 数据集。此数据集由 28×28 的黑白图片构成。每一张图片是一个边长为 28 的正方形二值数组。我们的目标是构建一个神经网络来判定一张图是否属于一个 $0 \sim 9$ 的手写数字，如果属于则判定属于哪个数字。考虑一张 28×28 矩阵代表的单张图片 X。假设网络的第一层是一个包含了 49 个节点的密集网络[1]，这些节点排列成一个 7×7 的数组。我们将隐藏层表示成一个 7×7 的矩阵 H，第 i 行 j 列节点的输出记为 h_{ij}。

我们可以将每个 28×28 中的输入与每个 7×7 中的节点之间的权重表示成一个 $7 \times 7 \times 28 \times 28$ 的**权重张量** W。此时，W_{ijkl} 表示图片中的第 (i, j) 个像素与第 (k, l) 个节点之间的权重。这样我们有：

$$h_{ij} = \sum_{k=1}^{28} \sum_{l=1}^{28} W_{ijkl} x_{kl}, \quad \text{对于} 1 \leqslant i, j \leqslant 7$$

这里为了简单起见省略了偏置项（即我们假设所有节点的阈值均为 0）。

我们也可以完全从另一个等价的角度来看问题。将输入 X 平展成一个长度为 784 的向量 x，也将隐藏层 H 展开成一个长度为 49 的向量 h。然后，我们将权重张量作如下展开：将后两维平展成一个向量来对应 x，前两维平展成一个向量来对应 h，从而得到一个 49×784 的权重矩阵。

---

[1] 事实上，解决该问题的神经网络的第一层有可能是卷积层，参见 13.4 节。

我们同 13.2.1 节的假设一样，用 w_i^T 来表示这个新权重矩阵的第 i 行。于是有：

$$h_i = w_i^T x，\quad 对于 1 \leq i \leq 49$$

显然，不论采用新表示还是旧表示，隐藏节点之间都是一一对应的。而且与 13.2.1 节一样，隐藏节点的输出都是由点积决定的。由此可见，张量其实只是一种将向量重新组织的更方便的形式而已。   □

因此，神经网络中的张量跟物理和其他数学类学科中的张量不同。这里讨论的张量只是一个嵌套的向量集合。唯一需要的张量操作是类似于例 13.7 中的**平展**操作。一旦我们把张量平展，就可以对这些张量使用 13.3.3 节讨论的反向传播算法进行处理。

13.3.6　习题

习题 13.3.1　本习题使用图 13-7 所示的神经网络。但是，这里假定输入的权重是变量而不是图中所示的常数。不过，我们注意到一些输入并不传入第一层的某个节点，因此这些输入与该节点之间的权重恒定为 0。假设输入向量为 x，输出向量为 y，隐藏层两个节点的输出为向量 z。另外，假设 x、z 之间的权重矩阵及偏置向量分别为 W_1 与 b_1，连接 z 与 y 的权重矩阵与偏置向量分别为 W_2 与 b_2。假设隐藏层的激活函数是双曲正切函数，输出层的激活函数是恒等函数（也就是不做任何改变就输出）。最后，假设损失函数采用均方差，其中 $\hat{y}$ 是给定输入 x 的真实输出向量。请画出输入 x 计算得到输出 y 的计算图。

习题 13.3.2　对于习题 13.3.1 中使用的神经网络：

(a) 求 $J_y(z)$ 的表达式；

(b) 求 $J_z(x)$ 的表达式；

(c) 用 $g(\tanh(z))$ 表示 $g(x)$；

(d) 用损失函数来表示 $g(x)$；

(e) 画出整个网络的包含梯度计算的计算图。

13.4　卷积神经网络

考虑一个处理 224×224 图像的全连接层。图像的每一个像素采用 3 色值编码（也称作通道，即红绿蓝的强度值）[①]。该图像到每个输出节点的权重数目总共有 $224 \times 224 \times 3 = 150\,528$。假设输出层一共有 224 个节点，那么我们将得到 3300 万个参数！由于图像的训练集一般包含成千上万幅图像，哪怕网络只有一层，巨大数目的参数都会容易迅速导致过拟合。

卷积神经网络（CNN）可以利用图像数据的性质大大减少参数的数目。CNN 引入了两种新的网络层：卷积层与池化层。

---

① 例如，ImageNet 中大部分图像是这个尺寸。

13.4.1　卷积层

卷积层利用了这样一个事实：图像特征通常可以通过一小块一小块连续的图像区域来描述。例如，在第一层卷积层中，我们可以识别图中物体的边缘部分。在之后的层中，我们可以识别像花瓣、眼睛这样更复杂的结构。卷积层之所以能够简化计算是基于这样一个事实：类似于边缘这种特征的识别并不依赖于该边缘在图像中的位置。因此，我们可以单独训练一个节点来识别边缘的一小部分，比如只观察一个 5×5 区域中的像素。这种做法有两个好处：

(1) 识别边缘的节点只需要关注 5×5 区域共 25 个像素的输入，而不再是 224 像素 × 224 像素。这样大大简化了训练后 CNN 的表示。

(2) 我们需要训练的权重个数大大减少。对于网络层的每个节点，每个输入到该节点只需要一个权重，也就是说每个像素采用 RGB 表示的话，那么一共只需要 75 个权重。而前面提到的普通全连接层需要 150 528 个权重。

我们也可以将卷积层中的节点理解成特征学习中的**过滤器**（filter，也称滤波器、卷积核）。一个过滤器的作用是检查图像中一小片连续区域，通常来说比如一个 5×5 的像素区域。另外，由于很多重要的特征可能在输入图像上的任何地方出现，我们可以将这个过滤器作用于输入图像的多个位置。

简单起见，我们假设输入只包括黑白图像，即每个像素只有单个取值的灰度图。因此，每一张图像可以用一个 224×224 的二维像素数组来编码。一个 5×5 的过滤器 F 可以用一个 5×5 的权重矩阵 W 与单个偏置 b 来编码。当过滤器作用于输入图像 X 中以像素 x_{ij} 为左上角的一个相同尺寸的正方形区域时，那么该位置上过滤器的**响应值** r_{ij} 为：

$$r_{ij} = \sum_{k=0}^{4} \sum_{l=0}^{4} x_{i+k, j+l} w_{kl} + b \tag{13-1}$$

接下来沿着输入图像的长和宽滑动过滤器，并将过滤器作用于相应位置。这么一来我们就能够覆盖到图像所有的 5×5 正方形区域。注意，过滤器能够作用到位置处于 $1 \leqslant i \leqslant 220$ 以及 $1 \leqslant j \leqslant 220$ 的区域，但是，对于更高的 i 和 j，过滤器没法“匹配”。然后，过滤器作用在图像上述区域的相应输出 r_{ij} 将被传给一个激活函数，得到过滤器的**激活图**（activation map）R。在大多数情形下，激活函数采用 ReLU 或者其某个变体。训练之后，我们学到了过滤器的权重 w_{ij}，过滤器就能够识别图像的某个特征，激活图给出的是图像上每个位置是否存在这个特征（或特征强度）。

例 13.8　在图 13-10b 中，我们将一个 2×2 的过滤器作用于图 13.10a 所示的一个 4×4 的图像。为此，我们把过滤器作用于图像上所有可能的 9 个 2×2 的正方形区域。图中，我们把过滤器放了图的右上角。我们不断地将该过滤器摆放到图像中相应正方形上面，然后将两个正方形的对应元素分别相乘再求和。理论上来说，我们还需要加上偏置，但在这个例子中假设偏置是 0。

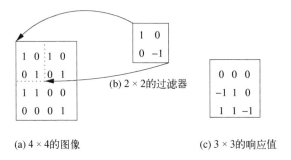

(a) 4 × 4的图像　　　　　　　　　　　(c) 3 × 3的响应值

图 13-10　将过滤器作用于图像

　　我们也可以换个角度来理解。我们把过滤器的行拼接起来形成一个向量，对图像上的子正方形也做类似操作。然后我们对两个向量进行点积运算。比如，上述例子的过滤器可以表示为[1, 0, 0, −1]，图像左上角的正方形可以表示为[1, 0, 0, 1]。两个向量的点积 $1 × 1 + 0 × 0 + 0 × 0 + (−1) × 1 = 0$。由此，我们可以得到卷积计算后图 13-10c 矩阵左上角的 0。

　　再讲一个计算的例子。如果我们把过滤器往下移一行，相应的向量点积值为 $1 × 0 + 0 × 1 + 0 × 1 + (−1) × 1 = −1$，因此卷积操作后第二行第一个元素的值为−1。　　　　　　　□

　　当我们处理彩色图片时，输入有三个通道。也就是说，每个像素用三个值来表示，每个颜色对应一个值。假定我们彩色图片的尺寸为 $224 × 224 × 3$。过滤器的输出同样有三个通道，因此过滤器由 $5 × 5 × 3$ 的权重矩阵 W 与单个的偏置参数 b 组成。最后得到的激活图仍旧是 $5 × 5$ 矩阵，其中的元素为：

$$r_{ij} = \sum_{k=0}^{4} \sum_{l=0}^{4} \sum_{d=1}^{3} x_{i+k, j+l, d} w_{kld} + b \tag{13-2}$$

　　在上述例子中，过滤器的大小为 5。一般情况下，过滤器的大小是卷积层的一个超参数。最常用的过滤器大小为 3、4 和 5。注意，过滤器的大小只包含过滤器的长和宽，过滤器的通道数通常与输入的通道数相同。

　　在上面给出的例子中，激活图比输入的大小略小一些。在很多情况下，为方便起见，我们需要激活图与输入有同样的尺寸。我们可以用**零填充**（zero padding）来扩展卷积层的输出，即按照输入补齐额外的零行向量和零列向量。p 零填充相当于在矩阵的顶部与底部各加 p 行零，同时在左边与右边各加 p 列零。这样就将输入的维度增加了 $2p$。在我们给出的例子中，大小为 2 的零填充会将输入扩大到 $228 × 228$，将激活图扩大到与原先输入图像相同的 $224 × 224$。

　　第三个超参数是**步长**（stride）。之前例子将过滤器作用于图像上每一个可能的点，或者说我们沿着输入的长和宽方向移动过滤器的步长为 $s = 1$。实际上，我们也可以以步长 2 或者 3 来移动过滤器。步长越大，激活图矩阵越小。

　　假设输入像素组成 $m × m$ 的正方形，输出为 $n × n$ 的正方形。过滤器的大小是 f，步长是 s，零填充的大小是 p，那么很容易证明：

$$n = (m − f + 2p) / s + 1 \tag{13-3}$$

特别地,我们需要选择一个能够整除 $m - f + 2p$ 的超参数 s。不然的话,可能会得到一个无效的卷积层配置,此时大多数深度学习框架会抛出异常。

直觉上,我们可以把过滤器的功能理解成寻找图中的特征,比如色块或者边缘。图像分类需要识别很多特征,因此我们会使用很多过滤器。理想情况下每个过滤器负责识别一种特征。训练 CNN 的过程中,我们希望每个过滤器能够学会识别其中一个特征。假定使用 k 个过滤器。简单起见,我们假设所有过滤器的大小、步长、零填充大小都相同。那么,卷积的输出结果就包含了 k 个激活图。因此,输出层的维度为 $n \times n \times k$,其中 n 采用式(13-3)计算。

卷积层(convolutional layer)由所有 k 个过滤器组成。给定 d 通道的输入,一个大小为 f 的过滤器需要 $df^2 + 1$ 个参数(df^2 个权重参数以及一个偏置)。因此 k 个过滤器一共需要 $k(df^2 + 1)$ 个参数。

例 13.9 接着之前 ImageNet 的例子,假设输入由 $224 \times 224 \times 3$ 的图像组成。我们采用 64 个过滤器组成的卷积层,每个卷积的大小为 5,步长为 1,零填充为 2。这样输出层的大小就是 $224 \times 224 \times 64$。每一个过滤器有 $3 \times 5 \times 5 + 1 = 76$ 个参数(包括偏置向量)。整个卷积层一共有 $64 \times 76 = 4864$ 个参数。这个数量要远远小于相同输入输出的全连接层。 □

13.4.2 卷积与互相关

本节简单介绍卷积神经网络名称的由来。本节讨论的内容并非本章其他内容的必备知识,你可以选择跳过。

卷积层的名字来源于泛函分析中的卷积操作,其被广泛应用于信号处理与概率论中。给定时域上的函数 f 和 g,它们的卷积 $(f*g)(t)$ 定义如下:

$$(f * g)(t) = \int_{-\infty}^{\infty} f(\tau)g(t-\tau)\mathrm{d}\tau = \int_{-\infty}^{\infty} f(t-\tau)g(\tau)\mathrm{d}\tau$$

如果 f 与 g 的定义域是整数,那么我们有如下离散版本的卷积操作定义:

$$(f * g)(i) = \sum_{k=-\infty}^{\infty} f(k)g(i-k) = \sum_{k=-\infty}^{\infty} f(i-k)g(k)$$

通常可以把卷积看成用函数 g 对函数 f 做的一个转换。在这里,函数 g 有时被称作**核函数**。当核函数定义在有限范围时,此时 $g(k)$ 仅仅定义在 $k = 0, 1, \cdots, m-1$ 上,上述定义可以简化为:

$$(f * g)(i) = \sum_{k=0}^{m-1} f(i-k)g(k)$$

我们也可以将此定义拓展到二维函数:

$$(f * g)(i, j) = \sum_{k=0}^{m-1}\sum_{l=0}^{m-1} f(i-k, j-l)g(k, l)$$

我们定义 g 的**翻转**(flipping)核函数 h,即对于 $i, j \in \{0, \cdots, m-1\}$,有 $h(i, j) = g(-i, -j)$,容易验证基于翻转核函数 h 的卷积 $f*h$ 可以写成:

$$(f * h)(i, j) = \sum_{k=0}^{m-1} \sum_{l=0}^{m-1} f(i+k, j+l) g(k, l) \tag{13-4}$$

如果忽略偏置 b，式(13-4)与式(13-1)非常相似。卷积层就是将输入同翻转核函数进行卷积操作。这也是卷积层为什么如此命名，而过滤器有时也被称为核函数。

互相关（cross-correlation）$f*g$ 的定义为 $(f*g)(x, y) = (f*h)(x, y)$，其中 h 是 g 的翻转核函数。因此，卷积层的操作也可以被看作输入与过滤器的互相关运算结果。

13.4.3　池化层

池化层接受卷积层的输入，然后得到一个更小的输出。可以通过**池化函数**计算输入矩阵小块连续区域的聚合值来实现上述规模缩减的过程。例如，我们可以对不重叠的 2 × 2 输入区域做**最大池化操作**。这种情形下，每一个不重合的 2×2 区域都对应一个输出节点，其输出值对应 2 × 2 区域中四个输入的最大值。不同通道上的聚合操作相互独立的。经过池化操作的输出层是原先输入层大小的 25%。池化层的定义有以下三个参数。

(1) **池化函数**，一般是取最大值函数，但理论上也可以是其他的聚合函数，比如取平均。

(2) 池的**大小** f，给出的是每个池所使用的 $f×f$ 正方形输入。

(3) **步长** s，跟卷积层上的步长类似。

实际中比较常用的池化层是 $f = 2$，$s = 2$，即会对不重叠的 2 × 2 区域进行池化。$f = 3$，$s = 2$ 也很常用，这种情形池化的 3 × 3 区域会有所重叠。在实际中，当 f 较大时，会造成较大的信息损失。注意，池化操作会缩小输入层的大小，但仍然会维持通道的个数不变。它也是对输入的每个通道独立操作。与卷积层不同的是，我们在最大池化层中一般不用零填充。

如果相信特征在微小平移变化下基本不变的话，那么池化操作确实是合适的。比如，我们在乎的是特征（比如腿、翅膀）的相对位置，而非绝对位置。这样的情况下，池化操作可以大大减小隐藏层的大小，从而向后续网络层输送更小的输入。

例 13.10　假设我们将大小为 2，步长为 2 的最大池化层作用于例 13.9 中卷积层的输出。经过池化操作，原先 224 × 224 × 64 的输出被缩小到了 112 × 112 × 64。　　□

13.4.4　CNN 架构

前面已经讨论了组成 CNN 的一些基本部件，接下来可以把这些部件组合起来构建神经网络。一个典型的 CNN 神经网络包含卷积层、池化层的交替，最后连接到一个或多个全连接层产生最终的输出。

例 13.11　图 13-11 展示了一个简化的网络结构，将 ImageNet 图像分到 1000 个类中，类似于 VGGnet。此网络严格由卷积层与池化层交替构成。在实际使用中，性能好的网络都是根据具体任务的需求精心调整的，可能会直接将卷积层一层一层堆叠起来，偶尔在中间插入一个池化层。另外，在最终输出之前通常会有不止一个全连接层。这里第一层的输入是一张 224 × 224 的三通道图片，之后前一层的输出是后一层的输入。

层类型	大小	步长	填充	过滤器个数	输出大小
卷积层	3	1	1	64	$224 \times 224 \times 64$
最大池化层	2	2	0	64	$112 \times 112 \times 64$
卷积层	3	1	1	128	$112 \times 112 \times 128$
最大池化层	2	2	0	128	$56 \times 56 \times 128$
卷积层	3	1	1	256	$56 \times 56 \times 256$
最大池化层	2	2	0	256	$28 \times 28 \times 256$
卷积层	3	1	1	512	$14 \times 14 \times 512$
最大池化层	2	2	0	512	$14 \times 14 \times 512$
卷积层	3	1	1	1024	$14 \times 14 \times 1024$
最大池化层	2	2	0	1024	$7 \times 7 \times 1024$
全连接层					$1 \times 1 \times 1000$

图 13-11 某个卷积神经网络的每一层

同大多数彩色图片处理器一样，网络的第一层是包含 64 个过滤器的卷积层，每一个过滤器都有 3 个通道。过滤器的大小为 3×3，步长为 1，因此过滤器的输入是图片中每个 3×3 的小正方形。零填充大小为 1，使得这一层的输入输出大小相同。更进一步而言，注意到可以将输出当成一个 224×224 的数组，数组中的每个元素包含了 64 个过滤器，每个过滤器对应一个 3 通道像素。

第一层的输出被送到后面的最大池化层，在池化层我们将 224×224 的数组分成 2×2 的正方形（因为池化层大小为 2，步长也为 2）。这样一来，224×224 的数组变成了 112×112 的数组，当然仍然存在 64 个相同的过滤器。

第三层又是一个卷积层，接受前一层的 112×112 的数组作为输入。这一层的过滤器比前面多，这里设计了 128 个过滤器。这么做的直观原因是第一层识别了一些诸如边缘这样非常简单的结构，但简单结构却是有限的。然而，第三层开始我们应该识别稍微复杂一些的特征。因为上一层做了池化操作，这些比较复杂的特征可能涉及图像中 6×6 大小的正方形。与此类似，后面的卷积层从前一层池化层接受输入，其过滤器能够代表更大、更复杂的特征。因此，我们每次会将过滤器的数目翻倍。

卷积层的节点个数是多少？

我们将卷积层中的节点称作过滤器。过滤器可能是单一节点，或者像例 13.11 中一样有多个节点，其中每个通道有一个节点。训练 CNN 时，需要确定每个过滤器的权重，因此节点数目不是很大。在例 13.11 中的第一层中，我们有 192 个节点，64 个过滤器的每一个有 3 个节点。然而，当使用训练好的 CNN 时，需要将每个过滤器作用在输入的每个像素上。因此，在例 13.11 中，第一层 64 个过滤器每一个都会应用到 $224 \times 224 = 50\ 176$ 个像素上。需要记住的是，虽然 CNN 的表示很简洁，但将网络用于数据上仍然需要大量的计算。顺便说一下，我们将在 13.5 节介绍的另一种特殊的神经网络也是如此。

13

第 11 层也就是最后一层, 是一个全连接层, 共有 1000 个节点, 分别对应我们想要识别的 1000 个图片类别。由于是全连接层, 每个类别都会接收之前一层总共 $7 \times 7 \times 3 = 147$ 个输出, 这里的 3 是因为上一层的所有过滤器都是三通道。 □

CNN 及其他神经网络架构的设计仍然更多的是艺术而非科学。但是过去几年中, 人们总结出了一些值得牢记于心的规律。

(1) 使用很多卷积层、每层带有多个小过滤器的深层网络, 优于使用大过滤器的浅层网络。

(2) 使用卷积神经网络的一个简单模式为, 用零填充来保留输入图像的空间范围, 池化函数专门用来缩小网络尺寸。

(3) 小步长比大步长好。

(4) 输入尺寸最好能被 2 整除很多次。

13.4.5 实现与训练

在式(13-1)中（将 5×5 推广为 $f \times f$）, 我们看到卷积输出矩阵的每个元素都是向量点积并求和的结果。为了将卷积写成向量形式, 我们必须将过滤器 F 与输入中的相关区域转成向量。考虑一个 $m \times m \times 1$ 的张量 X（也就是说, X 实际是一个 $m \times m$ 的矩阵）以及一个 $f \times f$ 的过滤器 F 和偏置项 b 的卷积, 并将 $n \times n$ 输结果矩阵记为 Z。接下来, 我们解释如何用单个向量–矩阵乘法来表示卷积运算。

首先将过滤器 F 平展成 $f^2 \times 1$ 的向量 g, 然后通过如下方法从矩阵 X 得到矩阵 Y：X 的每个每一个 $f \times f$ 的正方形平展成一个 $f^2 \times 1$ 的向量, 所有这些向量作为列形成 $f^2 \times n^2$ 的矩阵 Y。再构造一个 $n^2 \times 1$ 的向量 b, 其每一个元素均为偏置 b。从而根据

$$z = Y^{\mathrm{T}} g + b$$

得到一个 $n^2 \times 1$ 的向量 z。另外, z 中每一个元素都是卷积层的一个元素。因此, 可以将 z 重新排列成 $n \times n$ 的卷积层输出结果矩阵 Z。

注意到 X 的每个元素在 Y 中都重复了多次, 因此矩阵 Y 比输入 X 大很多（大概 f^2 倍）。因此, 这种实现方式非常耗费内存。但是, 在现代的硬件（如 GPU）上矩阵与向量的相乘非常快, 因此上述实现方式在实际中被广泛应用。

上述卷积的计算方式可以很容易拓展到多通道输入的情况。另外, 我们也能够处理不止一个过滤器的情况。那么, 我们需要把向量 g 换成一个 $df^2 \times k$ 的矩阵 G, 也需要使用一个更大的矩阵 Y（$df^2 \times n^2$）。除此之外, 我们还需要一个 $n^2 \times k$ 的矩阵 B, 其中每一列重复出现相应过滤器的偏置。最后, 卷积层的输出表示成一个 $n^2 \times k$ 的矩阵 C, 其每一列对应一个过滤器的输出, 其中：

$$C = Y^{\mathrm{T}} F + B$$

前面解释了如何通过卷积层进行前向传递。在训练中, 我们还需要通过卷积层做反向传播。由于卷积层输出中的每一个元素都是向量点积后再求和的结果, 可以用 13.3.3 节中讨论的方法来计算导数。已经有人证明, 卷积的导数仍然可以通过卷积来表示, 但在这里不做详细阐述。

13.4.6 习题

习题 13.4.1 假定图像大小为 512×512，我们使用一个大小为 3×3 的过滤器。

(a) CNN 层需要计算多少个输出？

(b) 需要多大的零填充才能保证卷积后的输出大小与输入一样？

(c) 假设不采用零填充，每一层的输出是下一层的输入，那么在多少层之后再无任何输出？

习题 13.4.2 如果过滤器的步长为 3，那么上题的(a)和(c)的答案分别是多少？

习题 13.4.3 假设我们得到一个 $m \times m$ 卷积层（带 k 个过滤器，其中每个过滤器通道数为 d）的输出结果。这些输出传递到一个大小为 f、步长为 s 的池化层。请问该池化层会输出多少个值？

习题 13.4.4 本题假设输入是 1 位（0 代表白色，1 代表黑色）。考虑一个 3×3 的过滤器，其权重记为 w_{ij}，其中 $0 \leq i \leq 2$ 以及 $0 \leq j \leq 2$，偏置项为 b。求使得过滤器的输出能够检测到下列简单特征的权重与偏置。

(a) 一个垂直的边界。其左列是 0，其他两列均为 1。

(b) 一个对角边界。只有右上角的三角形中的三个像素为 1，其余均为 0。

(c) 一个角落。右下角 2×2 的矩阵是 0，其余像素为 1。

13.5 循环神经网络

之前讨论的 CNN 是专门用来处理二维图像数据的一类神经网络，而本节讨论的**循环神经网络**（RNN）则是用来专门处理序列数据的。序列数据非常常见：一句话是词的序列，视频是图像的序列，股市行情是价格的序列。

考虑自然语言处理中的一个例子。我们把一个句子建模成词序列作为模型的输入。在处理完句子前面的每一段词序列后，我们希望预测句子的下一个词是什么，即每一步输出是一个单词的概率分布向量。这个例子中有两个模型设计中需要考虑的关键问题。

(1) 句子中某个位置的输出依赖于这个单词之前所有的单词，而不仅仅依赖于前一个单词。因此，网络需要保持住对过去的某些"记忆"。

(2) 句子背后的语言模型不会随位置的变化而变化，所以句中任何位置的参数（每个节点的权重）都相同。

这些考虑因素很自然地引出了循环神经网络，该网络中每一步都执行相同的操作，并且每一步的输入都依赖于前面步骤的输出。图 13-12 给出了一个典型的循环神经网络结构，其输入是序列 $x_1, x_2, \cdots, x_n$，输出是序列 $y_1, y_2, \cdots, y_n$。在上面的例子中，每个 x_i 代表一个单词，每个输出 y_i 是句子中下一个词的概率向量。输入 x_i 通常被编码成**独热向量**（one-hot vector）。独热向量的长度等于所有单词的数目[①]，输入单词对应的位置上取 1，其他位置都取 0。跟一般的神经网络比起来，RNN 有以下两个显著不同的特点。

[①] 因为理论上说单词的数目是无限的，所以实际当中我们可以只关注常见词或者当前应用中的关键词，这些词在独热向量中对应元素，而其他词则在向量中统一用一个额外元素来表示。

（1）RNN 的（几乎）每一层都有输入，并非只有第一层才有输入。

（2）前面 n 层的每一层的权重都限制成一样，这些权重表示成式(13-5)中的矩阵 U 和 W。因此，前面 n 层的每一层的节点都相同，不同层对应节点的权重参数也相同。这一点跟 CNN 中不同位置上的节点共享参数是很类似的。因此，RNN 中的这些节点其实是相同节点。

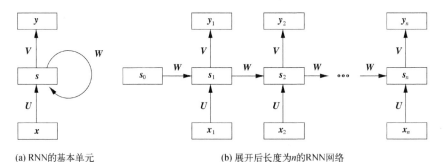

(a) RNN的基本单元　　　　(b) 展开后长度为n的RNN网络

图 13-12　RNN 架构

每一步 t 网络都有一个隐藏状态向量 s_t，其作用是记忆到目前为止已经看到的序列信息。t 时刻的隐藏状态是 t 时刻的输入以及 t–1 时刻的隐藏状态的函数。

$$s_t = f(Ux_t + Ws_{t-1} + b) \tag{13-5}$$

这里的 f 是一个非线性激活函数，比如双曲正切或者原始的 sigmoid 函数。U 和 W 是权重矩阵，b 是偏置向量。s_0 被定义为一个全零向量。t 时刻的输出是该时刻隐藏状态的函数，该隐藏状态先通过参数矩阵 V 进行变换然后经激活函数 g 进行处理，整个过程如下式所示：

$$y_t = g(Vs_t + c)$$

在上面给出的例子中，g 可能是一个 softmax 函数从而保证输出是一个合法的概率分布向量。

图 13-12 中的 RNN 在每一时刻都有一个输出。在诸如机器翻译的一些应用中，我们只需要在每个句子末尾产生一个单一输出。在这些情况下下，RNN 的单一输出会被一个或多个全连接层进一步处理产生最后的输出。

最简单的情况是假设 RNN 的输入是固定长度为 n 的序列。这样只需要简单地将 RNN 展开成固定的 n 步。在实际中，很多应用都要处理变长序列，比如不同长度的句子。我们有两种方法可以处理这个问题。

（1）**零填充**：将能处理的最长序列固定为 n，将那些短序列填充至长度 n。

（2）**分组装桶**：将句子按照不同长度分组，并对每一种长度的序列建立一个 RNN 模型。

还可以使用上述两种方法的组合。我们可以对少量不同长度建立分组，然后将序列分到最短长度至少和序列一样长的组中。然后，在组中利用零填充来处理比组内最大长度短的序列。

13.5.1　RNN 的训练

像其他任何神经网络一样，我们用反向传播法来训练 RNN。我们用一个例子来说明。假设我们输入序列的长度为 n，网络采用双曲正切作为状态更新的激活函数，用 softmax 函数作为输出，用交叉熵作为损失函数。由于网络有多个输出，其中在每个时刻都有一个输出，我们需要最小化总误差 e，即每个时刻 i 的损失 e_i 的总和：

$$e = \sum_{i=1}^{n} e_i$$

为简化起见，我们采用如下惯用记号。假设 $\boldsymbol{x}$ 和 $\boldsymbol{y}$ 是向量，z 是标量。我们做如下定义：

$$\frac{\mathrm{d}z}{\mathrm{d}\boldsymbol{x}} = \nabla_x z$$

$$\frac{\mathrm{d}\boldsymbol{y}}{\mathrm{d}\boldsymbol{x}} = J_x(\boldsymbol{y})$$

另外，假设 $\boldsymbol{W}$ 是矩阵，$\boldsymbol{w}$ 是将 $\boldsymbol{W}$ 中的行拼接在一起的向量。

$$\frac{\mathrm{d}z}{\mathrm{d}\boldsymbol{W}} = \frac{\mathrm{d}z}{\mathrm{d}\boldsymbol{w}}$$

$$\frac{\mathrm{d}\boldsymbol{y}}{\mathrm{d}\boldsymbol{W}} = \frac{\mathrm{d}\boldsymbol{y}}{\mathrm{d}\boldsymbol{w}}$$

这些记号很自然可以拓展到偏导数。

我们用反向传播来计算损失函数上网络参数的梯度。下面我们只关注 $\dfrac{\mathrm{d}e}{\mathrm{d}\boldsymbol{W}}$，$\boldsymbol{U}$ 与 $\boldsymbol{V}$ 的梯度与此类似，其推导过程将留作读者的练习。很显然有：

$$\frac{\mathrm{d}e}{\mathrm{d}\boldsymbol{W}} = \sum_{t=1}^{n} \frac{\mathrm{d}e_t}{\mathrm{d}\boldsymbol{W}}$$

对于时刻 t，有：

$$\frac{\mathrm{d}e_t}{\mathrm{d}\boldsymbol{W}} = \frac{\mathrm{d}\boldsymbol{s}_t}{\mathrm{d}\boldsymbol{W}} \frac{\mathrm{d}e_t}{\mathrm{d}\boldsymbol{s}_t}$$

作为习题，读者可以验证

$$\frac{\mathrm{d}e_t}{\mathrm{d}\boldsymbol{s}_t} = \boldsymbol{V}^{\mathrm{T}}(\boldsymbol{y}_t - \hat{\boldsymbol{y}}_t) \tag{13-6}$$

设 $\boldsymbol{R}_t = \dfrac{\mathrm{d}\boldsymbol{s}_t}{\mathrm{d}\boldsymbol{W}}$，我们注意到 $\boldsymbol{s}_t = \tanh(\boldsymbol{z}_t)$，其中 $\boldsymbol{z}_t = \boldsymbol{W}\boldsymbol{s}_{t-1} + \boldsymbol{U}\boldsymbol{x}_t + \boldsymbol{b}$，于是有

$$\boldsymbol{R}_t = \frac{\mathrm{d}\boldsymbol{s}_t}{\mathrm{d}\boldsymbol{z}_t} \frac{\mathrm{d}\boldsymbol{z}_t}{\mathrm{d}\boldsymbol{W}}$$

可以直接验证 $\dfrac{\mathrm{d}\boldsymbol{s}_t}{\mathrm{d}\boldsymbol{z}_t}$ 是一个对角矩阵 $\boldsymbol{A}$，其中：

$$a_{ij} = \begin{cases} 1 - s_{t_i}^2, & \text{当 } i = j \\ 0, & \text{其他} \end{cases}$$

需要注意的是，由于 s_{t-1} 也依赖于 W，所以 z_t 同时是 W 的直接和间接函数。因此 $\dfrac{\mathrm{d}z_t}{\mathrm{d}W}$ 必须表示为如下两者之和：

$$\frac{\mathrm{d}z_t}{\mathrm{d}W} = \frac{\partial z_t}{\partial W} + \frac{\partial z_t}{\partial s_{t-1}} \frac{\mathrm{d}s_{t-1}}{\mathrm{d}W}$$

我们容易验证：

$$\frac{\partial z_t}{\partial s_{t-1}} = W^{\mathrm{T}}$$

$\dfrac{\partial z_t}{\partial W}$ 形式更复杂一些，其结果矩阵 B 的大多数元素为 0，非零元素来自 s_{t-1}。我们把这个作为习题留给你自行验证。注意到 $\dfrac{\mathrm{d}s_{t-1}}{\mathrm{d}W}$ 有下面的递推形式：

$$R_t = A(B + W^{\mathrm{T}} R_{t-1})$$

令 $P_t = AB$，$Q_t = AW^{\mathrm{T}}$，最终可以得到：

$$R_t = P_t + Q_t R_{t-1} \tag{13-7}$$

我们可以用这个递推式来迭代计算 R_t 以及 $\dfrac{\mathrm{d}e}{\mathrm{d}W}$。初始化时，我们将 R_0 设成全零矩阵。上述计算 RNN 梯度的迭代办法被称作**随时间反向传播**（Backpropagation Through Time，BPTT），因为它反映了过去对现在的影响。

13.5.2　梯度消失与爆炸

RNN 是一种简单易用的序列学习模型，BPTT 算法的实现也很直接。然而不幸的是，RNN 有一个致命的弱点限制了它在实际中的应用。在学习相邻元素之间的短距离依赖时，RNN 非常有效，但是学习长距离依赖时，RNN 效果却不好。然而，长距离依赖在实际中至关重要，比如动词和主语、代词和其关联主语之间可以被任意多个单词或者子句分开。

为了理解 RNN 面对的这个限制，我们把式(13-7)展开如下：

$$
\begin{aligned}
R_t &= P_t + Q_t R_{t-1} \\
&= P_t + Q_t(P_{t-1} + Q_{t-1} R_{t-2}) \\
&= P_t + Q_t P_{t-1} + Q_t Q_{t-1} R_{t-2} \\
&\cdots
\end{aligned}
$$

最后我们有：

$$R_t = P_t + \sum_{j=0}^{t-1} P_j \prod_{k=j+1}^{t} Q_k \tag{13-8}$$

由式(13-8)，第 i 步对 R_t 的作用可以表示为：

$$R_t^i = P_i \prod_{k=i+1}^{t} Q_k \qquad (13-9)$$

式(13-9)包含了看上去和对角矩阵 A 类似的多个矩阵的乘积。正如多个小于 1 的数相乘每增加一个因子就更趋向 0 一样，$i \ll t$ 时的乘积 $\prod_{k=i+1}^{t} Q_k$ 在也就接近于 0。换句话说，越早期的节点贡献越小。这个现象被称为**梯度消失**（vanishing gradient）问题。

式(13-9)梯度消失的问题的原因在于所用的是双曲正切激活函数。如果用 ReLU，会得到许多元素值较大的矩阵的乘积，这又造成了**梯度爆炸**（exploding gradient）问题。梯度爆炸的处理比梯度消失要容易，因为每一步可以将梯度限制到一个固定的范围内。然而，最终得到的 RNN 仍然难以处理长距离依赖问题。

13.5.3　长短期记忆网络

长短期记忆网络（LSTM）是基本 RNN 模型的一个改进版本，目的就是为了解决长距离依赖的学习问题。过去几年里，LSTM 已经成为序列学习模型的标准做法，也在很多应用中取得了成功。下面先讨论 LSTM 背后的直觉思想，然后再给出模型的严格定义。LSTM 模型的主要元素包括如下三个。

(1) 通过清除记忆中信息从而**遗忘**（forget）信息的能力。例如，在分析一篇文本时，当句子结束时，我们可能会丢弃其包含的信息。再比如在分析电影中的帧序列时，新场景开始时我们可能想忘记旧场景的位置。

(2) 把选择性信息**存储**（save）到记忆的能力。例如，在分析产品评论时，我们可能只想保留表达观点的那些词（比如，excellent 和 terrible 等），而忽略其他单词。

(3) 能够**聚焦**（focus）在直接相关的记忆的能力。比如，聚焦在当前电影场景的人物相关信息，或者当前文本分析中句子的主语。我们可以使用一个两层的结构来达到这个目的：一个长时记忆，负责保留之前整个序列的长期信息；一个工作记忆，只限于负责短期直接相关的信息。

RNN 模型在每个时刻 t 只有一个隐藏状态向量 s_t。而 LSTM 则在每个时刻 t 还有一个额外的**单元状态向量**（cell state）c_t。直观上来讲，隐藏状态对应了短期工作记忆，而单元状态则对应长期记忆。两种状态向量的长度相同，其向量元素的范围都是[–1, 1]。短期工作记忆的大多数元素接近 0，只有一个相关元素才"打开"。

为了能让网络有遗忘、保存与聚焦的能力，这里引入一个叫作门（gate）的架构要素。门 g 也是一个向量，其长度跟状态向量 s 相同，门向量中每个元素的取值在 0 和 1 之间。哈达码乘积[①]$s \circ g$ 可以选择性通过部分状态向量的元素而过滤掉其他信息。通常情况下，门向量由隐藏向量与当前输入线性组合而成。然后我们用 sigmoid 函数将其所有元素都限制在 0 和 1 之间。一般来说，一

---

① 向量 $[x_1, x_2, \cdots, x_n]$ 与向量 $[y_1, y_2, \cdots, y_n]$ 的哈达码乘积是两个向量对应分量相乘得到的向量 $[x_1 y_1, x_2 y_2, \cdots, x_n y_n]$。该运算也可以用于同样维度的矩阵相乘。

个 LSTM 可能有多个不同类型的门向量，每类向量的目的不同。在 t 时刻，我们可以用如下方式建立一个门向量：

$$g = \sigma(Ws_{t-1} + Ux_t + b)$$

这里的 W 和 U 是权重矩阵，b 是偏置向量。

在 t 时刻，我们基于之前的隐藏状态与当前的输入计算一个候选的状态更新向量 h_t。

$$h_t = \tanh(W_h s_{t-1} + U_h x_t + b_h) \tag{13-10}$$

其中带下标 h 的 W、U 是两个权重矩阵，b 是一个偏置向量。我们学习并应用这些参数来计算每个 t 时刻的状态更新向量 h_t。

我们同时还计算其他两个门：遗忘门（forget gate）f_t 与输入门（input gate）i_t。遗忘门决定我们需要保留哪些长期记忆。输入门决定将候选状态的哪些部分保存到长期记忆中。这些门都用不同的矩阵跟偏置向量计算而成，这些矩阵和向量也是模型必须要学到的参数。我们用下标 f 与 i 来区分这些矩阵和向量：

$$f_t = \sigma(W_f s_{t-1} + U_f x_t + b_f) \tag{13-11}$$

$$i_t = \sigma(W_i s_{t-1} + U_i x_t + b_i) \tag{13-12}$$

通过上面两个门以及候选的更新状态向量，我们可以对长期记忆做如下的更新[1]：

$$c_t = c_{t-1} \circ f_t + h_t \circ i_t \tag{13-13}$$

我们上面更新了长期记忆，接下来我们需要更新短期记忆。实现这一点需要两步：第一步是创建一个输出门（output gate）o_t；第二步是将此门作用于长期记忆上，并采用双曲正切作为激活函数[2]。

$$o_t = \sigma(W_u s_{t-1} + U_u x_t + b_u) \tag{13-14}$$

$$s_t = \tanh(c_t \circ o_t) \tag{13-15}$$

这里用下标 u 来区分需要学习的另一对权重矩阵和偏置向量。

最后，时刻 t 的输出的计算方式与 RNN 完全类似：

$$y_t = g(Vs_t + d) \tag{13-16}$$

这里的 g 是激活函数，V 是权重矩阵，d 是偏置向量。

式(13-10)到式(13-16)介绍了 LSTM 如何更新单个时刻 t 的状态。我们可以把 RNN 当作 LSTM 的一个特殊情况。如果把 LSTM 中所有遗忘门都置 0（丢掉所有的长期记忆），将输入门全部置 1（保留整个状态更新），将所有输出门置 1（短期记忆与长期记忆相同），我们就得到了类似 RNN 的模型，唯一差别就是一个额外的双曲正切因子。

---

[1] 从技术上讲，遗忘门元素为 1 时保留相应的记忆条目，所以遗忘门实际上应该称为记忆门（remember gate）。类似地，输入门也可以更好地命名为保存门（save gate）。这里我们遵循在文献中常用的命名约定。

[2] 同样，输出门的更好的名称为聚焦门（focus gate），因为它在短期记忆中聚焦于长期记忆的某个方面。

LSTM 的选择性遗忘功能可以避免梯度消失的问题，相应的代价是相对于基本 RNN，这里引入了非常多的参数。虽然这里不给出严格的证明，但是我们注意到解决梯度消失的一个关键是式(13-13)中的长期记忆更新。基本的 LSTM 模型也有一些变体。最常见的是门控循环单元（Gated Recurrent Unit，GRU）模型，它只使用一个单一的状态向量来代替长期与短期两个状态向量。GRU 相比 LSTM 参数少一些，适合一些更小数据集的场景。

13.5.4 习题

习题 13.5.1 本题中，需要给 RNN 隐层状态的一个或多个节点设计输入权重。这里的输入是一个 0/1 位序列[①]。注意，可以用其他节点来帮助目标节点达到要求，也可以对节点的输出上做简单变换，于是“是”对应某个值，而“否”对应另一个值。

(a) 当前输入为 1 前一个输入为 0 时发信号的节点。

! (b) 过去三个输入均连续为 1 时发信号的节点。

!! (c) 当前输入和前一个输入相同时发信号的节点。

! **习题 13.5.2** 验证式(13-6)。

! **习题 13.5.3** 给出图 13-12 中一般 RNN 的梯度 $\dfrac{de}{dU}$ 和 $\dfrac{de}{dV}$ 的公式。

13.6 正则化

目前为止，我们模型的目标是在训练数据上最小化某种损失（比如预测误差），为此采用的算法是梯度下降与随机梯度下降。实际上，训练的真正目标是最小化以前没有见过的新输入的损失。我们希望训练样本对未来的输入有代表性，这样训练集上损失较小也就意味着未来未知输入上的损失较小。不幸的是，训练出的模型有时学到的是使得训练误差较小的训练集上的某些特性，但是这些特性并不能推广到新输入上。这就是我们熟悉的过拟合问题。

如何知道模型是否过拟合？一般来说，我们将数据分成训练集与测试集。我们在训练集上做训练，此时将测试集搁在一边，然后在测试集上对训练出来的模型进行评价。如果发现测试集上的性能比训练集差很多，就知道模型有过拟合问题。如果数据点之间相互独立，我们可以随机选取一部分数据构成测试集。一个通常的比例是 80:20，即 80% 的数据用作训练集，剩下 20% 的数据用作测试集。但是，在序列学习问题（如时间序列建模）中需要小心，任何一点上的序列状态都编码了过去的信息。在这种情况下，序列最后的片段是更好的测试集。

过拟合是影响所有机器学习模型的一般问题。但是，深度神经网络有比其他模型多得多的参数（权重和偏置），因此对过拟合更加敏感。已经有多种技术用于防止深度网络的过拟合，通常是牺牲训练上的精度来换取更好的泛化性。这个过程被称为**模型正则化**（model regularization）。本节将讨论深度学习中最重要的一些正则化方法。

---

① 我们应该明白，像其他任何神经网络一样，RNN 要从数据中学习得到，而不是像这里一样被设计出来。

13.6.1　范式惩罚

梯度下降并不能保证通过学习参数（权重和偏置）将模型损失降到一个全局最小值。实际当中，上述过程只能达到训练损失的局部最小点。损失函数通常有很多局部最小点，其中一些局部最小点的泛化能力可能更好。实际中，人们观察到，绝对值小的权重要比绝对值大的权重泛化性能更好。

于是，可以通过在损失函数上加上一项来使得梯度下降法倾向于学到更小的权重值。假设 w 是模型的权重向量，L_0 是模型中使用的损失函数。我们定义一个新的损失函数 L：

$$L = L_0 + \alpha \|w\|^2 \tag{13-17}$$

上述损失函数 L 会对大的权重值进行惩罚。这里 α 是一个超参数，用于在的原来损失函数 L_0 与权重的 L_2 范数之间进行平衡。除了 L_2 范数，我们也可以用 L_1 范数来代替 L_2 范数：

$$L = L_0 + \alpha \sum_i |w_i| \tag{13-18}$$

实际中发现，对大多数应用而言 L_2 范数的效果最好。L_1 范数惩罚项对于需要模型压缩的一些场景比较有效，因为此范数会使得尽可能多的权重为 0。

13.6.2　dropout

dropout 也是一种可以减少过拟合的技术，它通过在训练过程中随机对神经网络进行改变来实现这一点。之前我们提到过，每一步训练时我们都随机采样一个小批量输入进行处理。当使用 dropout 技术时，我们也会随机选择某个比例（如一半）的隐藏节点，将它们及其关联的边进行删除。然后，在这个修改过的网络上利用小批量样本做正向和反向的传播，并更新权重跟偏置。在处理完这个批次后，我们恢复被删除的节点跟边。在下一个小批量采样处理时，我们重新随机采样出新的不同的节点子集将其删除，并重复上述训练过程。

每次删除的隐藏节点比例称为 dropout 率（dropout rate），也是网络的一个超参数。当训练完成后，我们实际上还是使用整个网络进行推理，这时需要考虑的完整网络中包含的隐藏节点大于训练时用到的网络。因此，需要把每一个权重乘以 dropout 率作为隐层节点出边上最终的权重。

为什么 dropout 能够减少过拟合？人们提出了一些研究假说。最有信服力的一项研究结论是，dropout 使得一个单一网络和一群网络的表现一样有效。设想一下我们有一组网络，每个网络的拓扑结构与其他网络不同。假设我们用训练数据独立地训练每一个神经网络，然后用某种投票或者平均机制来构造一个更高级的模型。这种机制得到的网络会比任何单一的神经网络更有效。dropout 技术能在不显式构建一组网络的情形下达到类似的效果。

13.6.3　提前停止

在 13.6.1 节中，我们讨论了在训练样本（或者小批量样本）上迭代直至损失函数达到局部最小值为止。在实际中，这个方法会导致过拟合。人们发现，虽然在训练中训练集上的损失（**训练损失**）会下降，但是测试集上的损失（**测试损失**）往往并非如此。测试损失在训练初期会下降，然后到达某个最小值，之后会随着大量训练迭代而上升，即使此时训练损失还在持续下降。

直观上来说，当测试集上的损失函数开始增长时，训练的模型已经开始过度关注训练集本身的特性而非泛化模型。解决这个问题的一个简单方法是当测试损失开始下降时停止训练。但是，这个方法又存在一个微妙的问题：在测试损失最小时停止训练，有可能在不经意间过度拟合测试集（而不是训练集）。因此，测试误差这个指标不再能够可靠地反映模型在未见输入上的真实表现。

解决上述问题的常用方案是再创建一个称为验证集的第三个数据子集，来确定到底什么时候停止训练。这样，数据就不止分成训练集和测试集，而是分成三个集合：训练集、验证集和测试集。验证集与测试集均不参与训练过程。当验证集的损失停止下降时，就停止训练过程。由于测试集没有参与任何训练，测试集上的测试误差能够反映模型在未见输入上的真实表现。

13.6.4　数据增强

如果我们有额外的训练数据，大多数机器学习模型的性能会得到提升。一般来说，数据集越大，过拟合的可能性越小。如果实际训练数据有限，那么通常可以通过数据变换或者增加噪声的方式来构建人造的训练数据。例如，考虑我们在例 13.7 中提到的数字分类问题。显然，如果我们将图像旋转一定的角度，其仍然是一张相同数字的图像。因此，我们可以通过这种变换来创建更多的训练数据。从另一个角度来看，上述做法其实是对额外的领域知识进行编码（例如，一幅轻微失真的猫的图片仍然是猫的图片）。

13.7　小结

- **神经网络**　神经网络由一组感知机（节点）构成。这些感知机一般按层组织，每一层的输出是后一层的输入。第一层（输入层）接收外部的输入，最后一层（输出层）输出的是输入的类别。其他在中间的层被称为隐藏层，通过训练，它们通常能够识别一些中间的概念，我们需要这些中间概念来决定最终输出。
- **层的类别**　很多层是全连接层，也就是说层中的每一个节点接受前一层的所有节点作为输入。其他一些层是池化层，意味着其前一层的节点被分组，池化层的一个节点只接受一组节点的输出作为输入。在图像处理中也常常用到卷积层。
- **卷积层**　卷积层中的所有节点可以被看成排列为一个二维的像素数组，每一个像素由同样的一组节点所代表。不同像素和相应节点之间必须共享权重，因此这组节点实际上是同一个节点。因此模型学习到的权重是每个节点组的权重。节点组中的每个节点都来自一个像素。
- **激活函数**　神经网络节点的输出首先由输入的加权和确定，这些权重通过训练网络而获得。然后，将一个激活函数作用于这个加权和。常用的激活函数包括 sigmoid 函数、双曲正切函数、softmax 函数、ReLU 函数及其多个变种。
- **损失函数**　该函数衡量了训练集上网络输出与正确输出的差距。常用的损失函数包括均方差损失、Huber 损失、分类损失以及交叉熵损失，等等。
- **神经网络的训练**　在训练集上反复计算网络的输出及平均损失，从而进行神经网络的训练。通过利用反向传播算法将损失在网络中反向传播来对节点的权重进行调整。

13

- ❑ **反向传播**　通过选择可微的激活函数与损失函数，就可以计算损失函数对网络所有权重的导数。这样就能确定权重的调整方向从而降低损失。利用链式法则，就可以从最后一层往输入层一层层地计算权重的调整方向。
- ❑ **卷积神经网络**　这类网络一般包括大量卷积层，同时包含池化层和全连接层。卷积神经网络很适合处理图像，此时卷积层的第一层负责识别诸如边界一样的简单特征，后续层则不断识别更复杂的特征。
- ❑ **循环神经网络**　这类网络用于处理序列数据，比如句子（单词的序列）。序列中的每一层对应序列中的一个位置，节点被分成不同的组，每一组在每一层都有一个对应节点。组里的节点要求共享权重，因此训练过程只需要学习相对少量的权重。
- ❑ **长短期记忆网络**　通过引入第二种状态向量（单元状态）在一段时间后忘掉大部分信息的同时保留一些序列信息，LSTM 实现了对 RNN 的一个改进。另外，我们会学习门控向量来控制到底留下哪些输入、状态及输出信息。
- ❑ **避免过拟合**　在深度学习中避免过拟合有很多专用的方法，包括惩罚大权重、每一次应用梯度下降时随机丢弃一些节点，或者用一个验证集来决定当验证集上的损失见底时停止训练。

13.8　参考文献

有关 TensorFlow、PyTorch 和 Caffe 的信息，请分别参考其官方网站。MNIST 数据库参考 "The MNIST database of handwritten digits"。

反向传播作为训练深度神经网络的方法请参考论文 "Learning representations by back-propagating errors"。

卷积神经网络最初的想法源自论文 "Neocognitron, a self-organizing neural network model for a mechanism of pattern recognition unaffected by shift of position"，其定义了卷积层与池化层。但是，卷积层中节点共享权重的想法来自论文 "Phoneme recognition using time-delay neural networks"。神经网络在字符识别等重要任务上的应用参考论文 "Backpropagation applied to handwritten zip code recognition" 和 "Convolutional networks for images, speech, and time series"。CNN 在 ImageNet 的应用参考论文 "Image classification with deep convolutional neural networks"。

循环神经网络最早出现在论文 "Neural networks and physical systems with emergent collective computational abilities" 中。长短期记忆神经网络来自论文 "Long Short-Term Memory"。

扫描如下二维码获取参考文献完整列表。